ASSOCIATION FRANÇAISE

POUR

L'AVANCEMENT DES SCIENCES

Une table des matières est jointe à chacun des volumes du Compte Rendu des travaux de l'Association Française en 1901.

Une table analytique *générale* par ordre alphabétique termine la 2ᵐᵉ partie; dans cette table, les nombres qui sont placés après la lettre p se rapportent aux pages de la 1ʳᵉ partie, ceux placés après l'astérisque * se rapportent aux pages de la 2ᵐᵉ partie.

Les indications bibliographiques se trouvent à la table des matières des volumes.

IMPRIMERIE CHAIX, RUE BERGÈRE, 20, PARIS. — 13672-8-01.

ASSOCIATION FRANÇAISE

POUR

L'AVANCEMENT DES SCIENCES

FUSIONNÉE AVEC

L'ASSOCIATION SCIENTIFIQUE DE FRANCE

(Fondée par Le Verrier en 1864)

Reconnues d'utilité publique

CONFÉRENCES DE PARIS

COMPTE RENDU DE LA 30ME SESSION

PREMIÈRE PARTIE

DOCUMENTS OFFICIELS. — PROCÈS-VERBAUX

PARIS

AU SECRÉTARIAT DE L'ASSOCIATION

28, rue Serpente (Hôtel des Sociétés savantes)

ET CHEZ MM. MASSON et Cie, LIBRAIRES DE L'ACADÉMIE DE MÉDECINE

120, boulevard Saint-Germain

1901

ASSOCIATION FRANÇAISE

POUR L'AVANCEMENT DES SCIENCES

Fusionnée avec

L'ASSOCIATION SCIENTIFIQUE DE FRANCE

(Fondée par Le Verrier en 1864)

Reconnues d'utilité publique

MINISTÈRE

de

l'Instruction publique,

DES BEAUX-ARTS

et

DES CULTES

CABINET

—

N° 175

RÉPUBLIQUE FRANÇAISE

——

DÉCRET

LE PRÉSIDENT DE LA RÉPUBLIQUE FRANÇAISE,

Sur le rapport du Ministre de l'Instruction publique, des Beaux-Arts et des Cultes ;

Vu le procès-verbal de l'Assemblée générale de l'Association française pour l'avancement des sciences, tenue à Grenoble le 10 août 1885 ;

Vu le procès-verbal de l'Assemblée générale de l'Association scientifique de France, tenue à Paris le 14 novembre 1885, et les décisions prises par les deux Sociétés ;

Toutes deux ayant pour objet de réunir en une seule Association ces deux Sociétés susnommées ;

Vu les Statuts, l'état de la situation financière et les autres pièces fournies à l'appui de cette demande ;

La Section de l'Intérieur, de l'Instruction publique, des Beaux-Arts et des Cultes, du Conseil d'État entendue,

DÉCRÈTE :

ARTICLE PREMIER. — L'Association française pour l'avancement des sciences et l'Association scientifique de France, fondée par Le Verrier en 1864, toutes deux reconnues d'utilité publique, forment une seule et même Association.

Les Statuts de l'Association française pour l'avancement des sciences fusionnée avec l'Association scientifique de France (fondée par Le Verrier en 1864), sont approuvés tels qu'ils sont ci-annexés.

ART. 2. — Le Ministre de l'Instruction publique, des Beaux-Arts et des Cultes est chargé de l'exécution du présent décret.

Fait à Paris, le 28 septembre 1886.

Signé : JULES GRÉVY.

Par le Président de la République :

Le Ministre de l'Instruction publique, des Beaux-Arts et des Cultes,

Signé : RENÉ GOBLET.

Pour ampliation,

Le Chef de bureau du Cabinet,

Signé : ROUJON.

STATUTS ET RÈGLEMENT

STATUTS

TITRE Iᵉʳ. — But de l'Association.

ARTICLE PREMIER. — L'Association se propose exclusivement de favoriser, par tous les moyens en son pouvoir, le progrès et la diffusion des sciences, au double point de vue du perfectionnement de la théorie pure et du développement des applications pratiques.

A cet effet, elle exerce son action par des réunions, des conférences, des publications, des dons en instruments ou en argent aux personnes travaillant à des recherches ou entreprises scientifiques qu'elle aurait provoquées ou approuvées.

ART. 2. — Elle fait appel au concours de tous ceux qui considèrent la culture des sciences comme nécessaire à la grandeur et à la prospérité du pays.

ART. 3 — Elle prend le nom d'*Association française pour l'avancement des sciences, fusionnée avec l'Association scientifique de France, fondée par Le Verrier en 1864.*

TITRE 2. — Organisation.

ART. 4. — Les membres de l'Association sont admis, sur leur demande, par le Conseil.

ART. 5. — Sont membres de l'Association les personnes qui versent la cotisation annuelle. Cette cotisation peut toujours être rachetée par une somme versée une fois pour toutes. Le taux de la cotisation et celui du rachat sont fixés par le Règlement.

ART. 6. — Sont membres fondateurs les personnes qui ont versé, à une époque quelconque, une ou plusieurs souscriptions de 500 francs.

ART. 7. — Tous les membres jouissent des mêmes droits. Toutefois, les noms des membres fondateurs figurent perpétuellement en tête des listes alphabétiques, et ces membres reçoivent gratuitement, pendant toute leur vie, autant d'exemplaires des publications de l'Association qu'ils ont versé de fois la souscription de 500 francs.

ART. 8. — Le capital de l'Association se compose du capital de l'Association scientifique et du capital de la précédente Association française au jour de la fusion, des souscriptions des membres fondateurs, des sommes versées pour le rachat des cotisations, des dons et legs faits à l'Association, à moins d'affectation spéciale de la part des donateurs.

Art. 9. — Les ressources annuelles comprennent les intérêts du capital, le montant des cotisations annuelles, les droits d'admission aux séances et les produits de librairie.

Art. 10. — *(Supprimé par décret conformément à la proposition adoptée à l'unanimité par l'Assemblée générale tenue à Tunis, le 4 avril 1896.)*

TITRE III. — Sessions annuelles.

Art. 11. — Chaque année, l'Association tient, dans l'une des villes de France, une session générale dont la durée est de huit jours; cette ville est désignée par l'Assemblée générale, au moins une année à l'avance.

Art. 12. — Dans les sessions annuelles, l'Association, pour ses travaux scientifiques, se répartit en sections, conformément à un tableau arrêté par le Règlement général.

Ces sections forment quatre groupes, savoir :

1º Sciences mathématiques,
2º Sciences physiques et chimiques,
3º Sciences naturelles,
4º Sciences économiques.

Art. 13. — Il est publié chaque année un volume, distribué à tous les membres, contenant :

1º Le compte rendu des séances de la session ;
2º Le texte ou l'analyse des travaux provoqués par l'Association, ou des mémoires acceptés par le Conseil.

COMPOSITION DU BUREAU

Art. 14. — Le Bureau de l'Association se compose :

D'un Président,
D'un Vice-Président,
D'un Secrétaire,
D'un Vice-Secrétaire,
D'un Trésorier.

Tous les membres du Bureau sont élus en Assemblée générale.

Art. 15. — Les fonctions de Président et de Secrétaire de l'Association sont annuelles ; elles commencent immédiatement après une session et durent jusqu'à la fin de la session suivante.

Art. 16. — Le Vice-Président et le Vice-Secrétaire d'une année deviennent de droit, Président et Secrétaire pour l'année suivante.

Art. 17. — Le Président, le Vice-Président, le Secrétaire et le Vice-Secrétaire de chaque année sont pris respectivement dans les quatre groupes de sections, et chacun est pris à tour de rôle dans chaque groupe.

Art. 18. — Le Trésorier est élu par l'Assemblée générale; il est nommé pour quatre ans et rééligible.

Art. 19. — Le Bureau de chaque section se compose d'un Président, d'un Vice-Président, d'un Secrétaire et, au besoin, d'un Vice-Secrétaire élu par cette section parmi ses membres.

TITRE IV. — Administration.

Art. 20. — Le siège de l'Administration est à Paris.

Art. 21. — L'Association est administrée gratuitement par un Conseil composé :

1° Du Bureau de l'Association, qui est en même temps le Bureau du Conseil d'administration;

2° Des Présidents de section;

3° De trois membres par section; ces délégués de section sont élus à la majorité relative en Assemblée générale, sur la proposition de leurs sections respectives; ils sont renouvelables par tiers chaque année;

4° De délégués de l'Association en nombre égal à celui des Présidents de section; ils sont nommés par correspondance, au scrutin secret et à la majorité relative des suffrages exprimés, après proposition du Conseil; ils sont renouvelables par tiers chaque année.

Art. 22. — Les anciens Présidents de l'Association continuent à faire partie du Conseil.

Art. 23. — Les Secrétaires des sections de la session précédente sont admis dans le Conseil avec voix consultative.

Art. 24. — Pendant la durée des sessions, le Conseil siège dans la ville où a lieu la session.

Art. 25. — Le Conseil d'administration représente l'Association et statue sur toutes les affaires concernant son administration.

Art. 26. — Le Conseil a tout pouvoir pour gérer et administrer les affaires sociales, tant actives que passives. Il encaisse tous les fonds appartenant à l'Association, à quelque titre que ce soit.

Il place les fonds qui constituent le capital de l'Association en rentes sur l'État ou en obligations de chemins de fer français, émises par des Compagnies auxquelles un minimum d'intérêt est garanti par l'État; il décide l'emploi des fonds disponibles; il surveille l'application à leur destination des fonds votés par l'Assemblée générale, et ordonnance par anticipation, dans l'intervalle des sessions, les dépenses urgentes, qu'il soumet, dans la session suivante, à l'approbation de l'Assemblée générale.

Il décide l'échange ou la vente des valeurs achetées; le transfert des rentes sur l'État, obligations des Compagnies de chemins de fer et autres titres nominatifs sont signés par le Trésorier et un des membres du Conseil délégué à cet effet.

Il accepte tous dons et legs faits à la Société; tous les actes y relatifs sont signés par le Trésorier et un des membres délégué.

ART. 27. — Les délibérations relatives à l'acceptation des dons et legs, à des acquisitions, aliénations et échanges d'immeubles sont soumises à l'approbation du gouvernement.

ART. 28. — Le Conseil dresse annuellement le budget des dépenses de l'Association; il communique à l'Assemblée générale le compte détaillé des recettes et dépenses de l'exercice.

ART. 29. — Il organise les sessions, dirige les travaux, ordonne et surveille les publications, fixe et affecte les subventions et encouragements.

ART. 30. — Le Conseil peut adjoindre au Bureau des commissaires pour l'étude de questions spéciales et leur déléguer ses pouvoirs pour la solution d'affaires déterminées.

ART. 31. — Les Statuts ne pourront être modifiés que sur la proposition du Conseil d'administration, et à la majorité des deux tiers des membres votants dans l'Assemblée générale, sauf approbation du gouvernement.

Ces propositions, soumises à une session, ne pourront être votées qu'à la session suivante; elles seront indiquées dans les convocations adressées à tous les membres de l'Association.

ART. 32. — Un Règlement général détermine les conditions d'administration et toutes les dispositions propres à assurer l'exécution des Statuts. Ce Règlement est préparé par le Conseil et voté par l'Assemblée générale.

TITRE V. — Dispositions complémentaires.

ART. 33. — Dans le cas où la Société cesserait d'exister, l'Assemblée générale, convoquée extraordinairement, statuera, sous la réserve de l'approbation du gouvernement, sur la destination des biens appartenant à l'Association. Cette destination devra être conforme au but de l'Association, tel qu'il est indiqué dans l'article premier.

Les clauses stipulées par les donateurs, en prévision de ce cas, devront être respectées.

Le Chef de bureau du Cabinet,

Signé : N. ROUJON.

RÈGLEMENT

TITRE Iᵉʳ. — Dispositions générales.

ARTICLE PREMIER. — Le taux de la cotisation annuelle des membres non fondateurs est fixé à 20 francs.

ART. 2. — Tout membre a le droit de racheter ses cotisations à venir en versant, une fois pour toutes, la somme de 200 francs. Il devient ainsi membre à vie.

Il sera loisible de racheter les cotisations par deux versements annuels consécutifs de 100 francs.

Les membres ayant payé pendant vingt années consécutives la cotisation annuelle de 20 francs pourront racheter les cotisations à venir moyennant un seul versement de 100 francs.

Tout membre qui, pendant dix années consécutives, aura versé annuellement une somme de 10 francs en sus de la cotisation annuelle sera libéré de tout versement ultérieur. Ces versements supplémentaires seront portés au compte Capital.

La liste alphabétique des membres à vie est publiée en tête de chaque volume, immédiatement après la liste des membres fondateurs.

Les membres ayant racheté leurs cotisations pourront devenir membres fondateurs en versant une somme complémentaire de 300 francs.

ART. 3. — Dans les sessions générales, l'Association se répartit en dix-sept sections formant quatre groupes, conformément au tableau suivant :

1ᵉʳ GROUPE : *Sciences mathématiques.*

1. Section de mathématiques, astronomie et géodésie ;
2. Section de mécanique ;
3. Section de navigation ;
4. Section de génie civil et militaire.

2ᵉ GROUPE : *Sciences physiques et chimiques.*

5. Section de physique ;
6. Section de chimie ;
7. Section de météorologie et physique du globe.

3ᵉ GROUPE : *Sciences naturelles.*

8. Section de géologie et minéralogie ;
9. Section de botanique ;
10. Section de zoologie, anatomie et physiologie ;
11. Section d'anthropologie ;
12. Section des sciences médicales.
13. Section d'électricité médicale (1).

4ᵉ GROUPE : *Sciences économiques.*

14. Section d'agronomie ;
15. Section de géographie ;
16. Section d'économie politique et statistique ;
17. Section de pédagogie et enseignement ;
18. Section d'hygiène et médecine publique.

(1) La Section d'électricité médicale a porté provisoirement au Congrès de Paris (1900) le n° 18 ; le Conseil, dans sa séance du 6 novembre 1900, a décidé de la classer, dans le groupe des sciences naturelles, à la suite de la Section des sciences médicales.

ART. 4. — Tout membre de l'Association choisit, chaque année, la section à laquelle il désire appartenir. Il a le droit de prendre part aux travaux des autres sections avec voix consultative.

ART. 5. — Les personnes étrangères à l'Association, qui n'ont pas reçu d'invitation spéciale, sont admises aux séances et aux conférences d'une session, moyennant un droit d'admission fixé à 10 francs. Ces personnes peuvent communiquer des travaux aux sections, mais ne peuvent prendre part aux votes.

ART. 6. — Le Président sortant fait, de droit, partie du Bureau pendant les deux semestres suivants.

ART. 7. — Le Conseil d'administration prépare les modifications réglementaires que peut nécessiter l'exécution des Statuts, et les soumet à la décision de l'Assemblée générale.

Il prend les mesures nécessaires pour organiser les sessions, de concert avec les comités locaux qu'il désigne à cet effet. Il fixe la date de l'ouverture de chaque session. Il organise les conférences qui ont lieu à Paris pendant l'hiver.

Il nomme et révoque tous les employés et fixe leur traitement.

ART. 8. — Dans le cas de décès, d'incapacité ou de démission d'un ou de plusieurs membres du Bureau, le Conseil procède à leur remplacement.

La proposition de ce ou de ces remplacements est faite dans une séance convoquée spécialement à cet effet : la nomination a lieu dans une séance convoquée à sept jours d'intervalle.

ART. 9. — Le Conseil délibère à la majorité des membres présents. Les délibérations relatives au placement des fonds, à la vente ou à l'échange des valeurs et aux modifications statutaires ou réglementaires ne sont valables que lorsqu'elles ont été prises en présence du quart, au moins, des membres du Conseil dûment convoqués. Toutefois, si, après un premier avis, le nombre des membres présents était insuffisant, il serait fait une nouvelle convocation annonçant le motif de la réunion, et la délibération serait valable, quel que fût le nombre des membres présents.

TITRE II. — Attributions du Bureau et du Conseil d'administration.

ART. 10. — Le Bureau de l'Association est, en même temps, le Bureau du Conseil d'administration.

ART. 11. — Le Conseil se réunit au moins quatre fois dans l'intervalle de deux sessions. Une séance a lieu en novembre pour la nomination des Commissions permanentes; une autre séance a lieu pendant la quinzaine de Pâques.

ART. 12. — Le Conseil est convoqué toutes les fois que le Président le juge convenable. Il est convoqué extraordinairement lorsque cinq de ses membres en font la demande au Bureau, et la convocation doit indiquer alors le but de la réunion.

ART. 13. — Les Commissions permanentes sont composées des cinq membres du Bureau et d'un certain nombre de membres, élus par le Conseil dans sa séance de novembre. Elles restent en fonctions jusqu'à la fin de la session suivante de l'Association. Elles sont au nombre de cinq :

1° Commission de publication;
2° Commission des finances;
3° Commission d'organisation de la session suivante;
4° Commission des subventions;
5° Commission des conférences.

ART. 14. — La Commission de publication se compose du Bureau et de quatre membres élus, auxquels s'adjoint, pour les publications relatives à chaque section, le Président ou le Secrétaire, ou, en leur absence, un des délégués de la section.

ART. 15. — La Commission des finances se compose du Bureau et de quatre membres élus.

ART. 16. — La Commission d'organisation de la session se compose du Bureau et de quatre membres élus.

ART. 17. — La Commission des subventions se compose du Bureau, d'un délégué par section nommé par les membres de la section pendant la durée du Congrès et de deux délégués de l'Association nommés par le Conseil.

ART. 18. — La Commission des conférences se compose du Bureau et de huit membres élus par le Conseil.

ART. 19. — Le Conseil peut, en outre, désigner des Commissions spéciales pour des objets déterminés.

ART. 20. — Pendant la durée de la session annuelle, le Conseil tient ses séances dans la ville où a lieu la session.

TITRE III. — Du Secrétaire du Conseil.

ART. 21. — Le Secrétaire du Conseil reçoit des appointements annuels dont le chiffre est fixé par le Conseil.

ART. 22. — Lorsque la place de Secrétaire du Conseil devient vacante, il est procédé à la nomination d'un nouveau Secrétaire, dans une séance précédée d'une convocation spéciale qui doit être faite quinze jours à l'avance.

La nomination est faite à la majorité absolue des votants. Elle n'est valable que lorsqu'elle est faite par un nombre de voix égal au tiers, au moins, du nombre des membres du Conseil.

ART. 23. — Le Secrétaire du Conseil ne peut être révoqué qu'à la majorité absolue des membres présents, et par un nombre de voix égal au tiers, au moins, du nombre des membres du Conseil.

ART. 24. — Le Secrétaire du Conseil rédige et fait transcrire, sur deux registres distincts, les procès-verbaux des séances du Conseil et ceux des Assemblées générales. Il siège dans toutes les Commissions permanentes, avec voix consultative. Il peut faire partie des autres Commissions. Il a voix consultative dans les discussions du Conseil. Il exécute, sous la direction du Bureau, les décisions du Conseil. Les employés de l'Association sont placés sous ses ordres. Il correspond avec les membres de l'Association, avec les présidents et secrétaires des Comités locaux et avec les secrétaires des sections. Il fait partie de la Commission de publication et la convoque. Il dirige la publication du volume et donne les bons à tirer. Pendant la durée des sessions, il veille à la distribution des cartes, à la publication des programmes et assure l'exécution des mesures prises par le Comité local concernant les excursions.

TITRE IV. — Des Assemblées générales.

Art. 25. — Il se tient chaque année, pendant la durée de la session, au moins une Assemblée générale.

Art. 26. — Le Bureau de l'Association est, en même temps, le Bureau de l'Assemblée générale. Dans les Assemblées générales qui ont lieu pendant la session, le Bureau du Comité local est adjoint au Bureau de l'Association.

Art. 27. — L'Assemblée générale, dans une séance qui clôt définitivement la session, élit, au scrutin secret et à la majorité absolue, le Vice-Président et le Vice-Secrétaire de l'Association pour l'année suivante, ainsi que le Trésorier, s'il y a lieu ; dans le cas où, pour l'une ou l'autre de ces fonctions, la liste de présentation ne comprendrait qu'un nom, la nomination pourra être faite par un vote à main levée, si l'Assemblée en décide ainsi. Elle nomme, sur la proposition des sections, les membres qui doivent représenter chaque section dans le Conseil d'administration. Elle désigne enfin, une ou deux années à l'avance, les villes où doivent se tenir les sessions futures.

Art. 28. — L'Assemblée générale peut être convoquée, extraordinairement, par une décision du Conseil..

Art. 29. — Les propositions tendant à modifier les Statuts, ou le titre Ier du Règlement, conformément à l'article 31 des Statuts, sont présentées à l'Assemblée générale par le rapporteur du Conseil et ne sont mises aux voix que dans la session suivante. Dans l'intervalle des deux sessions, le rapport est imprimé et distribué à tous les membres. Les propositions sont, en outre, rappelées dans les convocations adressées à tous les membres. Le vote a lieu sans discussion, par *oui* ou par *non*, à la majorité des deux tiers des voix, s'il s'agit d'une modification au Règlement. Lorsque vingt membres en font la demande par écrit, le vote a lieu au scrutin secret.

TITRE V. — De l'organisation des Sessions annuelles et du Comité local.

Art. 30. — La Commission d'organisation, constituée comme il est dit à l'article 16, se met en rapport avec les membres fondateurs appartenant à la ville où doit se tenir la prochaine session. Elle désigne, sur leurs indications, un certain nombre de membres qui constituent le Comité local.

Art. 31. — Le Comité local nomme son Président, son Vice-Président et son Secrétaire. Il s'adjoint les membres dont le concours lui paraît utile, sauf approbation par la Commission d'organisation.

Art. 32. — Le Comité local a pour attribution de venir en aide à la Commission d'organisation, en faisant des propositions relatives à la session et en assurant l'exécution des mesures locales qui ont été approuvées ou indiquées par la Commission.

Art. 33. — Il est chargé de s'assurer des locaux et de l'installation nécessaires pour les diverses séances ou conférences; ses décisions, toutefois, ne deviennent définitives qu'après avoir été acceptées par la Commission. Il propose les sujets qu'il serait important de traiter dans les conférences, et les personnes qui pourraient en être chargées. Il indique les excursions qui seraient propres à intéresser les membres du Congrès et prépare celles de ces excursions qui sont acceptées par la Commission. Il se met en rapport, lorsqu'il le juge utile, avec les Sociétés savantes et les autorités des villes ou localités où ont lieu les excursions.

ART. 34. — Le Comité local est invité à préparer une série de courtes notices sur la ville où se tient la session, sur les monuments, sur les établissements industriels, les curiosités naturelles, etc., de la région. Ces notices sont distribuées aux membres de l'Association et aux invités assistant au Congrès.

ART. 35. — Le Comité local s'occupe de la publicité nécessaire à la réussite du Congrès, soit à l'aide d'articles de journaux, soit par des envois de programmes, etc., dans la région où a lieu la session.

ART. 36. — Il fait parvenir à la Commission d'organisation la liste des savants français et étrangers qu'il désirerait voir inviter.

Le Président de l'Association n'adresse les invitations qu'après que cette liste a été reçue et examinée par la Commission.

ART. 37. — Le Comité local indique, en outre, parmi les personnes de la ville ou du département, celles qu'il conviendrait d'admettre gratuitement à participer aux travaux scientifiques de la session.

ART. 38. — Depuis sa constitution jusqu'à l'ouverture de la session, le Comité local fait parvenir deux fois par mois, au Secrétaire du Conseil de l'Association, des renseignements sur ses travaux, la liste des membres nouveaux, avec l'état des payements, la liste des communications scientifiques qui sont annoncées, etc.

ART. 39. — La Commission d'organisation publie et distribue, de temps à autre, aux membres de l'Association, les communications et avis divers qui se rapportent à la prochaine session. Elle s'occupe de la publicité générale et des arrangements à prendre avec les Compagnies de chemins de fer.

TITRE VI. — De la tenue des Sessions.

ART. 40. — Pendant toute la durée de la session, le Secrétariat est ouvert chaque matin pour la distribution des cartes. La présentation des cartes est exigible à l'entrée des séances.

ART. 41. — Tout membre, en retirant sa carte, doit indiquer la section à laquelle il désire appartenir, ainsi qu'il est dit à l'article 4.

ART. 42. — Le Conseil se réunit dans la matinée du jour où a lieu l'ouverture de la session; il se réunit pendant la durée de la session autant de fois qu'il le juge convenable. Il tient une dernière réunion, pour arrêter une liste de présentation relative aux élections du Bureau de l'Association, vingt-quatre heures au moins avant la réunion de l'Assemblée générale.

Le Président et l'un des Secrétaires du Comité local assistent, pendant la session, aux séances du Conseil, avec voix consultative.

ART. 43. — Les candidatures pour les élections du Bureau doivent être communiquées au Conseil, présentées par dix membres au moins de l'Association, trois jours avant l'Assemblée générale.

Le Conseil arrête la liste des présentations qu'il a reconnues régulières vingt-quatre heures au moins avant l'Assemblée générale. Cette liste de candidature, dressée par ordre alphabétique, sera affichée dans la salle de réunion.

Art. 44. — La session est ouverte par une séance générale, dont l'ordre du jour comprend :

1° Le discours du Président de l'Association et des autorités de la ville et du département;

2° Le compte rendu annuel du Secrétaire général de l'Association;

3° Le rapport du Trésorier sur la situation financière.

Aucune discussion ne peut avoir lieu dans cette séance.

A la fin de la séance, le Président indique l'heure où les membres se réuniront dans les sections.

Art. 45. — Chaque section élit, pendant la durée d'une session, son Président pour la session suivante : le Président doit être choisi parmi les membres de l'Association.

Art. 46. — Chaque section, dans sa première séance, procède à l'élection de son Vice-Président et de son Secrétaire, toujours choisis parmi ses membres. Elle peut nommer, en outre, un second Secrétaire, si elle le juge convenable. Elle procède, aussitôt après, à ses travaux scientifiques.

Art. 47. — Les Présidents de sections se réunissent, dans la matinée du second jour, pour fixer les jours et les heures des séances de leurs sections respectives, et pour répartir ces séances de la manière la plus favorable. Ils décident, s'il y a lieu, la fusion de certaines sections voisines.

Les Présidents de deux ou plusieurs sections peuvent organiser, en outre, des séances collectives.

Une section peut tenir, aux heures qui lui conviennent, des séances supplémentaires, à la condition de choisir des heures qui ne soient pas occupées par les excursions générales.

Art. 48. — Pendant la durée de la session, il ne peut être consacré qu'un seul jour, non compris le dimanche, aux excursions générales. Il ne peut être tenu de séances de sections, ni de conférences, et il ne peut y avoir d'excursions officielles spéciales, pendant les heures consacrées à une excursion générale.

Art. 49. — Il peut être organisé une ou plusieurs excursions générales, ou spéciales, pendant les jours qui suivent la clôture de la session.

Art. 50. — Les sections ont toute-liberté pour organiser les excursions particulières qui intéressent spécialement leurs membres.

Art. 51. — Une liste des membres de l'Association présents au Congrès paraît le lendemain du jour de l'ouverture, par les soins du Bureau. Des listes complémentaires paraissent les jours suivants, s'il y a lieu.

Art. 52. — Il paraît chaque matin un Bulletin indiquant le programme de la journée, les ordres du jour des diverses séances et les travaux des sections de la journée précédente.

Art. 53. — La Commission d'organisation peut instituer une ou plusieurs séances générales.

Art. 54. — Il ne peut y avoir de discussions en séance générale. Dans le cas où un membre croirait devoir présenter des observations sur un sujet traité dans une séance générale, il devra en prévenir par écrit le Président, qui désignera l'une des prochaines séances de sections pour la discussion.

ART. 55. — A la fin de chaque séance de section, et sur la proposition du Président, la section fixe l'ordre du jour de la prochaine séance, ainsi que l'heure de la réunion.

ART. 56. — Lorsque l'ordre du jour est chargé, le Président peut n'accorder la parole que pour un temps déterminé qui ne peut être moindre que dix minutes. A l'expiration de ce temps, la section est consultée pour savoir si la parole est maintenue à l'orateur; dans le cas où il est décidé qu'on passera à l'ordre du jour, l'orateur est prié de donner brièvement ses conclusions.

ART. 57. — Les membres qui ont présenté des travaux au Congrès sont priés de remettre au Secrétaire de leur section leur manuscrit, ou un résumé de leur travail; ils sont également priés de fournir une note indicative de la part qu'ils ont prise aux discussions qui se sont produites.

Lorsqu'un travail comportera des figures ou des planches, mention devra en être faite sur le titre du mémoire.

ART. 58. — A la fin de chaque séance, les Secrétaires de sections remettent au Secrétariat :

1° L'indication des titres des travaux de la séance;
2° L'ordre du jour, la date et l'heure de la séance suivante.

ART. 59. — Les Secrétaires de sections sont chargés de prévenir les orateurs désignés pour prendre la parole dans chacune des séances.

ART. 60. — Les Secrétaires de sections doivent rédiger un procès-verbal des séances. Ce procès-verbal doit donner, d'une manière sommaire, le résumé des travaux présentés et des discussions; il doit être remis au Secrétariat aussitôt que possible, et au plus tard un mois après la clôture de la session.

ART. 61. — Les Secrétaires de sections remettent au Secrétaire du Conseil avec leurs procès-verbaux, les manuscrits qui auraient été fournis par leurs auteurs, avec une liste indicative des manuscrits manquants.

ART. 62. — Les indications relatives aux excursions sont fournies aux membres le plus tôt possible. Les membres qui veulent participer aux excursions sont priés de se faire inscrire à l'avance, afin que l'on puisse prendre des mesures d'après le nombre des assistants.

ART. 63. — Les conférences générales n'ont lieu que le soir, et sous le contrôle d'un président et de deux assesseurs désignés par le Bureau.

Il ne peut être fait plus de deux conférences générales pendant la durée d'une session.

ART. 64. — Les vœux exprimés par les sections doivent être remis pendant la session au Conseil d'administration, qui seul a qualité pour les présenter au vote de l'Assemblée générale.

ART. 65. — Avant l'Assemblée générale de clôture, le Conseil décide quels sont les vœux qui devront être soumis à l'acceptation de l'Assemblée générale et qui, après avoir été acceptés, recevant le nom de *Vœux de l'Association française*, seront transmis sous ce nom aux pouvoirs publics.

Il décide également quels vœux seront insérés aux comptes rendus sous le nom de : *Vœux de la ...ᵉ section* et quels sont ceux dont le texte ne figurera pas aux comptes rendus.

Il sera procédé, en Assemblée générale, au vote sur les vœux qui sont présentés par le Conseil comme vœux de l'Association.

Il sera ensuite donné lecture des vœux que le Conseil a réservés comme vœux de section.

Dans le cas où dix membres au moins demanderaient qu'un vœu de cette espèce fût transformé en vœu de l'Association, ce vœu pourra être renvoyé, par un vote de l'Assemblée, à l'Assemblée générale suivante. Avant la réunion de celle-ci, cette proposition sera étudiée par une Commission de cinq membres qui aura à faire un rapport qui sera imprimé et distribué à tous les membres de l'Association. Cette Commission comprendra deux membres de la section ou des sections qui ont présenté le vœu, et trois membres pris en dehors de celle-ci. Les premiers seront désignés par le bureau de la section (ou par les bureaux des sections) ayant émis le vœu, qui devront les faire connaître au plus tard lors de la séance du Conseil qui suivra l'Assemblée générale, et, à défaut, par le bureau de l'Association ; les trois autres membres seront nommés par le bureau.

TITRE VII. — Des Comptes rendus.

Art. 66. — L'Association publie chaque année : 1º le texte ou l'analyse des conférences faites à Paris pendant l'hiver ; 2º le compte rendu de la session ; 3º le texte des notes et mémoires dont l'impression dans le compte rendu a été décidée par le Conseil d'administration.

Art. 67. — Les comptes rendus doivent être publiés dix mois au plus tard après la session à laquelle ils se rapportent.

La distribution des comptes rendus est annoncée à tous les membres de l'Association par une circulaire qui indique à partir de quelle date ils peuvent être retirés au Secrétariat.

Les comptes rendus sont expédiés aux invités de l'Association.

Art. 68. — Sur leur demande, faite avant le 1er octobre de chaque année, les membres recevront les comptes rendus de l'Association par fascicules expédiés semi-mensuellement.

Art. 69. — Les membres qui n'auraient pas remis au Secrétaire de leur section, pendant la session, le résumé sommaire de leur communication devront le faire parvenir au Secrétariat au plus tard quatre semaines après la clôture de la session. Passé cette époque, le titre seul du travail figurera au procès-verbal, sauf décision spéciale du Conseil d'administration.

Art. 70. — L'étendue des résumés sommaires ne devra pas dépasser une demi-page d'impression (2000 lettres) pour une même question.

Art. 71. — Les notes et mémoires dont l'impression in extenso est demandée par les auteurs devront être remis au Secrétaire de la section pendant la session ou être expédiés directement au Secrétariat deux mois au plus tard après la clôture de la session. Les planches ou dessins accompagnant un mémoire devront être joints à celui-ci.

Art. 72. — Dix pages, au maximum, peuvent être accordées à un auteur pour une même question ; toutefois la Commission de publication pourra proposer au Conseil d'administration de fixer exceptionnellement une étendue plus considérable.

ART. 73. — Le Conseil d'administration, sur la proposition de la Commission de publication, pourra décider la publication en dehors des comptes rendus de travaux spéciaux que leur étendue ne permettrait pas de faire paraître dans les comptes rendus. Ces travaux seront mis à la disposition des membres qui en auront fait la demande en temps utile.

ART. 74. — L'insertion du résumé sommaire destiné au procès-verbal est de droit pour toute communication faite en session, à moins que cette communication ne rentre pas dans l'ordre des travaux de l'Association.

ART. 75. — La Commission de publication a tous pouvoirs pour décider de l'impression *in extenso* d'un travail présenté à une session. Elle peut également demander aux auteurs des réductions dont elle fixe l'importance ; si le travail réduit ne parvient pas au Secrétariat dans les délais indiqués, l'impression ne pourra avoir lieu.

Aucun travail publié en France avant l'époque du Congrès ne pourra être reproduit dans les comptes rendus. Le titre et l'indication bibliographique figureront seuls dans le procès-verbal.

ART. 76. — Les discussions insérées dans les comptes rendus sont extraites textuellement des procès-verbaux des Secrétaires de sections. Les notes fournies par les auteurs, pour faciliter la rédaction des procès-verbaux, devront être remises dans les vingt-quatre heures.

ART. 77. — La Commission de publication décide quelles seront les planches qui seront jointes au compte rendu et s'entend, à cet effet, avec la Commission des finances.

ART. 78. — Les épreuves seront communiquées aux auteurs en placards seulement ; une semaine est accordée pour la correction. Si l'épreuve n'est pas renvoyée à l'expiration de ce délai, les corrections sont faites par les soins du Secrétariat.

ART. 79. — Dans le cas où les frais de corrections et changements indiqués par un auteur dépasseraient la somme de 15 francs par feuille, l'excédent, calculé proportionnellement, serait porté à son compte.

ART. 80. — Les membres pourront faire exécuter un tirage à part de leurs communications avec pagination spéciale, au prix convenu avec l'imprimeur par le Conseil d'administration. Ces tirages à part sont imprimés sur un type absolument uniforme.

ART. 81. — Les auteurs qui n'ont pas demandé de tirage à part et dont les communications ont une étendue qui dépasse une demi-feuille d'impression recevront quinze exemplaires de leur travail, extraits des feuilles qui ont servi à la composition du volume.

ART. 82. — Les auteurs des communications présentées à une session ont d'ailleurs le droit de publier à part ces communications à leur gré : ils sont seulement priés d'indiquer que ces travaux ont été présentés au Congrès de l'Association française.

LISTE DES BIENFAITEURS

DE L'ASSOCIATION FRANÇAISE POUR L'AVANCEMENT DES SCIENCES

MM. UN ANONYME.

BISCHOFFSHEIM (Raphaël-Louis), Membre de l'Institut.
BOUDET (Claude), à Lyon.
BOURDEAU (J.-P.-L.), à Billère, près Pau.
BROSSARD (Louis-Cyrille), à Étampes.
BRUNET (Benjamin), ancien Négociant à la Pointe-à-Pitre, à Paris.
CHEUX, Pharmacien-major de l'armée, en retraite, à Ernée.
DELEHAYE (Jules), à Paris.
DES ROSIERS (J.-B.-A.), Propriétaire, à Paris.
EICHTHAL (le baron Adolphe d'), Président honoraire du Conseil d'administration
   de la Compagnie des chemins de fer du Midi à Paris.
FONTARIVE, à Linneville-sur-Gien.
GIRARD, Directeur de la Manufacture des tabacs de Lyon.
GOBERT, Président honoraire du Tribunal civil de Saint-Omer.
JACKSON (James), à Paris.
KUHLMANN (Frédéric), Correspondant de l'Institut, Chimiste, à Lille.
LEGROUX (le Commandant Adrien), à Orléans.
LOMPECH (Denis), à Miramont.
MASSON (G.), Libraire de l'Académie de Médecine, à Paris.
OLLIER, Professeur à la Faculté de Médecine de Lyon, Correspondant de l'Institut.
PARQUET (Mme Ve), à Paris.
PERDRIGEON, Agent de change, à Paris.
PEREIRE (Émile), à Paris.
POCHARD (Mme Ve), à Paris.
RIGOUT (Dr), à Paris.
ROUX (Gustave), à Paris.
SIEBERT, à Paris.
LA COMPAGNIE GÉNÉRALE TRANSATLANTIQUE, à Paris.
VILLE DE MONTPELLIER.
VILLE DE PARIS.

LISTE DES MEMBRES

DE

L'ASSOCIATION FRANÇAISE POUR L'AVANCEMENT DES SCIENCES

FUSIONNÉE AVEC

L'ASSOCIATION SCIENTIFIQUE DE FRANCE (*)

(MEMBRES FONDATEURS ET MEMBRES A VIE)

MEMBRES FONDATEURS

PARTS

ABBADIE (Antoine D'), Membre de l'Institut et du Bureau des Longitudes. *(Décédé).*   4
ALBERTI, Banquier *(Décédé)* 1
ALMEIDA (D'), Inspecteur général de l'Instruction publique *(Décédé)*. 1
AMBOIX DE LARBONT (le Général Henri D'), Commandant le département de la Seine, Adjoint au Commandant de la Place de Paris, 65, boulevard de Courcelles. — Paris.   1
ANDOUILLÉ (Edmond), sous-Gouverneur honoraire de la *Banque de France (Décédé).*   2
ANDRÉ (Alfred), Régent de la *Banque de France,* Administrateur de la *Compagnie des Chemins de fer de Paris à Lyon et à la Méditerranée,* ancien Député *(Décédé)* .   2
ANDRÉ (Édouard), ancien Député *(Décédé)* 1
ANDRÉ (Frédéric), Ingénieur en chef des Ponts et Chaussées *(Décédé).* 1
AUBERT (Charles), Avocat, 13, rue Caqué. — Reims (Marne) 1
AUDIBERT, Directeur de la *Compagnie des Chemins de fer de Paris à Lyon et à la Méditerranée (Décédé).* 2
AYNARD (Édouard), Membre de l'Institut, Président de la Chambre de Commerce, Député du Rhône, 11, place de La Charité. — Lyon (Rhône) 1
AZAM (Eugène), Professeur honoraire à la Faculté de Médecine de Bordeaux, Associé national de l'Académie de Médecine *(Décédé).* 1
BAILLE (J.-B.-Alexandre), ancien Répétiteur à l'École Polytechnique, Professeur à l'École municipale de Physique et de Chimie industrielles, 26, rue Oberkampf.— Paris.   1
BAILLIÈRE (Germer), ancien Libraire-Éditeur, ancien Membre du Conseil municipal, 10, rue de L'Éperon. — Paris. 1
BAILLON (H.), Professeur à la Faculté de Médecine de Paris *(Décédé).* 1
BALARD, Membre de l'Institut *(Décédé)* 1
BALASCHOFF (Pierre DE), Rentier *(Décédé).* 1
BAMBERGER (Henri), Banquier, 14, rond-point des Champs-Élysées. — Paris. 1
BAPTEROSSES (F.), Manufacturier. — Briare (Loiret). 1
BARBIER-DELAYENS (Victor), Propriétaire, *(Décédé).* 1
BARBOUX (Henri), Avocat à la Cour d'Appel, ancien Bâtonnier du Conseil de l'Ordre 14, quai de La Mégisserie. — Paris 1
BARTHOLONI (Fernand), ancien Président du Conseil d'administration de la *Compagnie des Chemins de fer d'Orléans,* 12, rue La Rochefoucauld. — Paris 1
BAUDOIN (Noël), Ingénieur civil, 51, rue Lemercier. — Paris. 1
BÉCHAMP (Antoine), ancien Professeur à la Faculté de Médecine de Montpellier, Correspondant de l'Académie de Médecine, 15, rue Vauquelin. — Paris. 1

(*) Ces listes ont été arrêtées au 18 Décembre 1901.

BECKER (Mme V^e), 260, boulevard Saint-Germain. — Paris 1
BELL (Édouard, Théodore), Négociant, 57, Broadway. — New-York (États-Unis d'Amérique) 1
BELON, Fabricant (Décédé). 1
BERAL (Éloi), Inspecteur général des mines en retraite, Conseiller d'État honoraire,
    ancien Sénateur, château de Pechfumat. — Frayssinet-le-Gélat (Lot) 1
BERDELLÉ (Charles), ancien Garde général des Forêts. — Rioz (Haute-Saône) 1
BERNARD (Claude), Membre de l'Académie française et de l'Académie des Sciences
    (Décédé). 1
BILLAULT-BILLAUDOT et Cie, Fabricants de produits chimiques, 22, rue de La Sorbonne.
    — Paris. 1
BILLY (DE), Inspecteur général des Mines (Décédé). 1
BILLY (Charles DE), Conseiller référendaire à la Cour des Comptes, 56, rue de Boulain-
    villiers. — Paris. 1
BISCHOFFSHEIM (L., R.), Banquier (Décédé). 1
BISCHOFFSHEIM (Raphaël, Louis), Membre de l'Institut, Ingénieur des Arts et Manu-
    factures, Député des Alpes-Maritimes, 3, rue Taitbout. — Paris 1
BLOT, Membre de l'Académie de Médecine (Décédé). 1
BOCHET (Vincent DU) (Décédé). 1
BOISSONNET (le Général André, Alfred), ancien Sénateur, 16, rue de Logelbach. — Paris . 1
BOIVIN (Émile), Raffineur, 64, rue de Lisbonne. — Paris. 1
BONAPARTE (le Prince Roland), 10, avenue d'Iéna. — Paris. 1
BONDET, Professeur à la Faculté de Médecine, Associé national de l'Académie de
    Médecine, Médecin de l'Hôtel-Dieu, 6, place Bellecour. — Lyon (Rhône) 1
BONNEAU (Théodore), Notaire honoraire (Décédé). 1
BORIE (Victor), Membre de la Société nationale d'Agriculture de France (Décédé). . . . 1
BOUCHARD (Charles), Membre de l'Institut et de l'Académie de Médecine, Professeur
    à la Faculté de Médecine, Médecin des Hôpitaux, 174, rue de Rivoli. — Paris. . . 1
BOUDET (F.), Membre de l'Académie de Médecine (Décédé). 1
BOUILLAUD, Membre de l'Institut, Professeur à la Faculté de Médecine (Décédé) 1
BOULÉ (Auguste), Inspecteur général des Ponts et Chaussées en retraite, 7, rue
    Washington. — Paris. 1
BRANDENBURG (Albert), Négociant (Décédé). 1
BRÉGUET, Membre de l'Institut et du Bureau des Longitudes (Décédé). 2
BRÉGUET (Antoine), Directeur de la Revue scientifique, ancien Élève de l'Ecole Polytech-
    nique (Décédé). 1
BREITTMAYER (Albert), ancien sous-Directeur des Docks et Entrepôts de Marseille, 8, quai
    de L'Est. — Lyon (Rhône). 1
BROCA (Paul), Professeur à la Faculté de Médecine de Paris, Membre de L'Académie de
    Médecine, Sénateur (Décédé). 1
BROCARD (Henri), Chef de Bataillon du Génie en retraite, 75, rue des Ducs-de-Bar.
    — Bar-le-Duc (Meuse) 1
BROET, ancien Membre de l'Assemblée nationale (Décédé). 1
BROUZET (Charles), Ingénieur civil, 38, rue Victor-Hugo. — Lyon (Rhône). 1
CACHEUX (Émile), Ingénieur des Arts et Manufactures, vice-Président de la Société
    française d'Hygiène, 25, quai Saint-Michel. — Paris 1
CAMBEFORT (Jules), Administrateur de la Compagnie des Chemins de fer de Paris à
    Lyon et à la Méditerranée, 13, rue de La République. — Lyon (Rhône). 1
CAMONDO (le Comte Abraham DE), Banquier (Décédé). 1
CAMONDO (le Comte Nissim DE) (Décédé). 1
CANET (Gustave), Ingénieur des Arts et Manufactures, Directeur de l'Artillerie de
    MM. Schneider et Cie, 42, rue d'Anjou. — Paris 1
CAPERON (père), Négociant (Décédé). 1
CAPERON (fils) (Décédé). 1
CARLIER (Auguste), Publiciste (Décédé). 1
CARNOT (Adolphe), Membre de l'Institut, Inspecteur général des Mines, Directeur de
    l'École nationale supérieure des Mines, Professeur à l'Institut national agronomique,
    60, boulevard Saint-Michel. — Paris 1
CASTHELAZ (John), Fabricant de produits chimiques, 19, rue Sainte-Croix-de-a-Bre-
    tonnerie. — Paris 1
CAVENTOU (père), Membre de l'Académie de Médecine (Décédé). 1
CAVENTOU (Eugène), Membre de l'Académie de Médecine, 43, rue de Berlin.
    — Paris. 1
CERNUSCHI (Henri), Publiciste (Décédé). 1

CHABAUD-LATOUR (le Général DE), Sénateur *(Décédé)* 1
CHABRIÈRES-ARLÈS, Trésorier-payeur général du département du Rhône *(Décédé)* . 1
CHAMBRE DE COMMERCE DE BORDEAUX (Gironde). 1
— — LYON (Rhône). 1
— — MARSEILLE (Bouches-du-Rhône) 1
— — NANTES, place de La Bourse. — Nantes (Loire-Inférieure) . 1
— — ROUEN (Seine-Inférieure) 1
CHANTRE (Ernest), sous-Directeur du Muséum des sciences naturelles, 37, cours
Morand. — Lyon (Rhône). 1
CHARCOT (Jean, Martin), Membre de l'Institut et de l'Académie de Médecine, Professeur
à la Faculté de Médecine, Médecin des Hôpitaux de Paris *(Décédé)*. 1
CHASLES, Membre de l'Institut *(Décédé)*. 2
Dr CHAUVEAU (Auguste), Membre de l'Institut et de l'Académie de Médecine, Inspecteur
général des Écoles nationales vétérinaires, Professeur au Muséum d'histoire naturelle,
10, avenue Jules-Janin. — Paris 1
CHEVALIER (J.-P.), Négociant, 50, rue du Jardin-Public. — Bordeaux (Gironde) . . . 1
CLAMAGERAN (Jules), ancien Ministre des Finances, Sénateur, 57, avenue Marceau.
— Paris 1
CLERMONT (Philippe DE), sous-Directeur honoraire du Laboratoire de Chimie de la Sor-
bonne, 38, rue du Luxembourg. — Paris. 1
Dr CLIN (Ernest-Marie), Lauréat de la Faculté de Médecine (Prix Montyon), ancien
Interne des Hôpitaux de Paris, Membre perpétuel de la *Société chimique (Décédé)* . 1
CLOQUET (le Baron Jules), Membre de l'Institut *(Décédé)* 1
COLLIGNON (Édouard), Inspecteur général des Ponts et Chaussées en retraite, Exami-
nateur honoraire de sortie à l'École Polytechnique, 6, rue de Seine. — Paris. . . 1
COMBAL, Professeur à la Faculté de Médecine de Montpellier *(Décédé)* 1
COMBEROUSSE (Charles DE), Ingénieur des Arts et Manufactures, Professeur au Conser-
vatoire national des Arts et Métiers et à l'École centrale des Arts et Manufactures.
(Décédé). 1
COMBES, Inspecteur général, Directeur de l'École nationale supérieure des Mines
(Décédé) 1
COMPAGNIE DES CHEMINS DE FER DU MIDI, 54, boulevard Haussmann. — Paris 5
— — D'ORLÉANS, 8, rue de Londres. — Paris 5
— — DE L'OUEST, 20, rue de Rome. — Paris 5
— — DE PARIS A LYON ET A LA MÉDITERRANÉE, 88, rue Saint-
Lazare. — Paris 5
— DES FONDERIES ET FORGES DE L'HORME, 8, rue Victor-Hugo. — Lyon (Rhône) 1
— DES FONDERIES ET FORGES DE TERRE-NOIRE, LA VOULTE ET BESSÈGES *(Dissoute)* 1
— DU GAZ DE LYON, 7, rue de Savoie. — Lyon (Rhône) 1
— PARISIENNE DU GAZ, 6, rue Condorcet. — Paris 4
— DES MESSAGERIES MARITIMES, 1, rue Vignon. — Paris. 1
— DES MINERAIS DE FER MAGNÉTIQUE DE MOKTA-EL-HADID (le Conseil d'admi-
nistration de la), 26, avenue de L'Opéra. — Paris 1
— DES MINES, FONDERIES ET FORGES D'ALAIS, 7, rue Blanche. — Paris . . . 1
— DES MINES DE HOUILLE DE BLANZY (Jules CHAGOT et Cie), à Montceau-les-
Mines (Saône-et-Loire) et 44, rue des Mathurins. — Paris 1
— DES MINES DE ROCHE-LA-MOLIÈRE ET FIRMINY, 13, rue de La République.
— Lyon (Rhône) 1
— DES SALINS DU MIDI, 94, rue de La Victoire. — Paris 2
— GÉNÉRALE DES VERRERIES DE LA LOIRE ET DU RHÔNE *(Dissoute)* 1
COPPET (Louis DE), Chimiste, villa Irène, rue Magnan. — Nice (Alpes-Maritimes). . . 1
CORNU (Alfred), Membre de l'Institut et du Bureau des Longitudes, Ingénieur en chef
des Mines, Professeur à l'École Polytechnique, 9, rue de Grenelle. — Paris. . . . 1
COSSON, Membre de l'Institut et de la *Société botanique de France (Décédé)*. 1
COURTOIS DE VIÇOSE, 3, rue Mage. — Toulouse (Haute-Garonne). 1
COURTY, Professeur à la Faculté de Médecine de Montpellier *(Décédé)* 1
CROUAN (Fernand), Armateur, vice-Président honoraire de la Chambre de Commerce
de Nantes, 8, rue de Monceau. — Paris 1
DAGUIN (Ernest), ancien Président du Tribunal de Commerce de la Seine, Adminis-
trateur de la *Compagnie des Chemins de fer de l'Est (Décédé)*. 1
DALLIGNY (A.), ancien Maire du VIIIe arrondissement, 5, rue Lincoln. — Paris . . . 1
DANTON, Ingénieur civil des Mines, 6, rue du Général-Henrion. — Neuilly-sur-Seine
(Seine). 1

DAVILLIER, Banquier *(Décédé)* 1
DEGOUSÉE (Edmond), Ingénieur des Arts et Manufactures, 164, boulevard Haussmann.
— Paris 1
DELAUNAY, Membre de l'Institut, Ingénieur des Mines, Directeur de l'Observatoire
national *(Décédé)* 1
Dr DELORE (Xavier), Correspondant national de l'Académie de Médecine, Agrégé à la
Faculté de Médecine, ancien Chirurgien en Chef de la Charité, 22, rue Saint-Joseph.
— Lyon (Rhône) 1
DEMARQUAY, Membre de l'Académie de Médecine *(Décédé)* 1
DEMAY (Prosper), Entrepreneur de travaux publics *(Décédé)* 1
DEMONGEOT, Ingénieur des Mines, Maître des requêtes au Conseil d'État *(Décédé)* . . . 1
DHOSTEL, Adjoint au maire du IIe arrondissement de Paris *(Décédé)* 1
Dr DIDAY (P.), Associé national de l'Académie de Médecine, ancien Chirurgien en chef
de l'Antiquaille, Secrétaire général de la *Société de Médecine (Décédé)* 1
DOLLFUS (Mme Auguste), 53, rue de la Côte. — Le Havre (Seine-Inférieure) 1
DOLLFUS (Auguste) *(Décédé)* 1
DORVAULT, Directeur de la *Pharmacie centrale de France (Décédé)* 1
DOUAY (Léon), (villa Ninck), 1, avenue Durante. — Nice (Alpes-Maritimes) et La Rosoie.
— Covolaire par Gossin (Var) 1
DRAKE DEL CASTILLO (Emmanuel), 2, rue Balzac. — Paris 1
DUMAS (Jean-Baptiste), Secrétaire perpétuel de l'Académie des Sciences, Membre de
l'Académie française *(Décédé)* 1
DUPOUY (Eugène), ancien Sénateur, ancien Président du Conseil général de la Gironde
(Décédé) 2
DUPUY DE LÔME, Membre de l'Institut, Sénateur *(Décédé)* 1
DUPUY (Paul), Professeur à la Faculté de Médecine de Bordeaux, 16, chemin d'Eysines.
— Caudéran (Gironde) 2
DUPUY (Léon), Professeur au Lycée, 43, cours du Jardin-Public. — Bordeaux (Gironde). 1
DURAND-BILLION, ancien Architecte *(Décédé)* 1
DUVERGIER, Président de la *Société des Sciences Industrielles de Lyon (Décédé)*. . . 1
ÉCOLE MONGE (le Conseil d'administration de l') *(Dissous)* . : 1
ÉGLISE ÉVANGÉLIQUE LIBÉRALE (M. Charles WAGNER, Pasteur), 91, boulevard Beau-
marchais. — Paris 1
EICHTHAL (le Baron Adolphe D'), Président honoraire du Conseil d'administration de
la *Compagnie des Chemins de fer du Midi (Décédé)*. 10
ENGEL (Michel), Relieur, 91, rue du Cherche-Midi. — Paris. 1
ERHARDT-SCHIEBLE, Graveur *(Décédé)* 1
ESPAGNY (le Comte D'), Trésorier-payeur général du Rhône *(Décédé)* 1
FAURE (Lucien), Président de la Chambre de Commerce de Bordeaux *(Décédé)*. . . . 1
FRÉMY (Mme Edmond) *(Décédée)* 1
FRÉMY (Edmond), Membre de l'Institut, Directeur et Professeur honoraire du Muséum
d'histoire naturelle *(Décédé)*. 1
FRIEDEL (Mme Charles) (née Combes), 9, rue Michelet. — Paris. 1
FRIEDEL (Charles), Membre de l'Institut, Professeur à la Faculté des Sciences de Paris
(Décédé). 1
FROSSARD (Charles), vice-Président de la *Société Ramond*, 14, rue Ballu. — Paris . . . 1
Dr FUMOUZE (Armand), Pharmacien de 1re classe, 78, rue du Faubourg-Saint-Denis.
—. Paris 1
GALANTE (Émile), Fabricant d'instruments de chirurgie, 2, rue de l'École-de-Méde-
cine. — Paris 1
GALLINE (P.), Banquier, Président de la Chambre de Commerce de Lyon *(Décédé)*. . 1
GARIEL (C.-M.), Professeur à la Faculté de Médecine, Membre de l'Académie de Mé-
decine, Ingénieur en chef, Professeur à l'École nationale des Ponts et Chaussées,
6, rue Édouard-Detaille (avenue de Villiers). — Paris. 1
GAUDRY (Albert), Membre de l'Institut, Professeur au Muséum d'histoire naturelle,
7 *bis*, rue des Saints-Pères. — Paris. 1
GAUTHIER-VILLARS (Albert), Imprimeur-Éditeur, ancien Élève de l'École Polytechnique.
(Décédé). 1
GEOFFROY-SAINT-HILAIRE (Albert), ancien Directeur du Jardin zoologique d'acclimatation,
ancien Président de la *Société nationale d'Acclimatation de France*, 9, rue de
Monceau. — Paris 1
GERMAIN (Henri), Membre de l'Institut, ancien Député, Président du Conseil
d'administration du *Crédit Lyonnais*, 89, rue du Faubourg-Saint-Honoré. — Paris. 1

GERMAIN (Philippe), 33, place Bellecour. — Lyon (Rhône). 1
GILLET (fils aîné), Teinturier, 9, quai de Serin. — Lyon (Rhône) 1
Dr GINTRAC (père), Correspondant de l'Institut *(Décédé)*. 1
GIRARD (Aimé), Membre de l'Institut, Professeur au Conservatoire national des Arts et
   Métiers et à l'Institut national agronomique *(Décédé)*. 1
GIRARD (Charles), Chef du laboratoire municipal de la Préfecture de Police, 2, rue
   de La Cité. — Paris. 1
GOLDSCHMIDT (Frédéric), Rentier, 33, rue de Lisbonne. — Paris 1
GOLDSCHMIDT (Léopold), Banquier, 10, rue Murillo. — Paris. 1
GOLDSCHMIDT (S.-H.) *(Décédé)* 1
GOUIN (Ernest), Ingénieur, ancien Élève de l'École Polytechnique, Régent de la
   Banque de France (Décédé) 1
GOUNOUILHOU (G.), Imprimeur, 11, rue Guiraude. — Bordeaux (Gironde) 1
Dr GRIMOUX (Henri), Médecin honoraire des Hôpitaux. — Beaufort (Maine-et-Loire) . 1
GRISON (Charles), Pharmacien *(Décédé)*. 1
GRUNER, Inspecteur général des Mines *(Décédé)*. 1
GUBLER, Professeur à la Faculté de Médecine de Paris, Membre de l'Académie de
   Médecine *(Décédé)* 1
Dr GUÉRIN (Alphonse), Membre de l'Académie de Médecine *(Décédé)* 1
GUICHE (le Marquis DE LA) *(Décédé)*. 1
GUILLEMINET (André), Membre des Sociétés de Pharmacie, Fabricant-Propriétaire des
   Produits pharmaceutiques de Macors, 30, rue Saint-Jean. — Lyon (Rhône). . . . 1
GUIMET (Émile), Négociant (Musée Guimet), avenue d'Iéna. — Paris 1
HACHETTE et Cie, Libraires-Éditeurs, 79, boulevard Saint-Germain. — Paris. . . . 1
HADAMARD (David), Négociant en Diamants, 53, rue de Châteaudun. — Paris. . . . 1
HATON DE LA GOUPILLIÈRE (J.-N.), Membre de l'Institut, Inspecteur général, Directeur
   honoraire de l'École nationale supérieure des Mines, 56, rue de Vaugirard. — Paris. 1
HAUSSONVILLE (le Comte D'), Membre de l'Académie française, Sénateur *(Décédé)* . . 1
HECHT (Étienne), Négociant *(Décédé)*. 1
HENTSCH, Banquier *(Décédé)*. 2
HILLEL frères, 2, avenue Marceau. — Paris 2
HOTTINGUER, Banquier, 38, rue de Provence. — Paris. 1
HOUEL (Jules), ancien Ingénieur de la *Compagnie de Fives-Lille*, ancien Élève de
   l'École centrale des Arts et Manufactures *(Décédé)* 1
HOVELACQUE (Abel), Professeur à l'*École d'anthropologie*, ancien Député *(Décédé)* . . 1
Dr HUREAU DE VILLENEUVE (Abel), Lauréat de l'Institut *(Décédé)*. 1
HUYOT, Ingénieur des Mines, Directeur de la *Compagnie des Chemins de fer du Midi*
   (Décédé). 1
JACQUEMART (Frédéric), ancien Négociant *(Décédé)*. 1
JAMESON (Conrad), Banquier, ancien Élève de l'École centrale des Arts et Manufac-
   tures, 115, boulevard Malesherbes. — Paris. 1
JAVAL, Membre de l'Assemblée nationale *(Décédé)*. 1
JOHNSTON (Nathaniel), ancien Député, 15, rue de la Verrerie. — Bordeaux (Gironde). 1
JUGLAR (Mme Joséphine), 58, rue des Mathurins. — Paris. 1
KANN, Banquier *(Décédé)*. 1
KŒNIGSWARTER (Antoine) *(Décédé)* 1
KŒNIGSWARTER (le Baron Maximilien DE), ancien Député *(Décédé)* 1
KRANTZ (Jean-Baptiste), Inspecteur général honoraire des Ponts et Chaussées, Sénateur
   (Décédé). 1
KUHLMANN (Frédéric), Correspondant de l'Institut *(Décédé)*. 1
KUPPENHEIM (J.), Négociant, Membre du Conseil des Hospices de Lyon *(Décédé)* . . . 1
Dr LAGNEAU (Gustave), Membre de l'Académie de Médecine *(Décédé)*. 1
LALANDE (Armand), Négociant *(Décédé)*. 1
LAMÉ-FLEURY (E.), ancien Conseiller d'État, Inspecteur général des Mines en retraite,
   62, rue de Verneuil. — Paris. 1
LAMY (Ernest), ancien Banquier *(Décédé)*. 1
LAN, Ingénieur en chef des Mines, Directeur *de la Compagnie des Forges de Châtil-*
   lon et Commentry (Décédé) 2
LAPPARENT (Albert DE), Membre de l'Institut, ancien Ingénieur des Mines, Profes-
   seur à l'École libre des Hautes-Études, 3, rue de Tilsitt. — Paris. 1
Dr LARREY (le Baron Félix, Hippolyte), Membre de l'Institut et de l'Académie de Mé-
   decine, ancien Président du Conseil de Santé des Armées *(Décédé)*. 1
LAURENCEL (le Comte DE) *(Décédé)* 1

LAUTH (Charles), Directeur de l'École municipale de Physique et de Chimie industrielles, Administrateur honoraire de la Manufacture nationale de porcelaines de Sèvres, 36, rue d'Assas. — Paris 1

LE CHATELIER, Inspecteur général des Mines *(Décédé)* 1

LECONTE, Ingénieur civil des Mines *(Decédé)*. 2

LECOQ DE BOISBAUDRAN (François), Correspondant de l'Institut, 113, rue de Longchamp. — Paris 1

LE FORT (Léon), Professeur à la Faculté de Médecine de Paris, Membre de l'Académie de Médecine, Chirurgien des Hôpitaux de Paris *(Décédé)*. 1

LE MARCHAND (Augustin), Ingénieur, les Chartreux. — Petit-Quévilly (Seine-Inférieure). 1

LEMONNIER (Paul, Hippolyte), Ingénieur, ancien Élève de l'École Polytechnique *(Décédé)* 1

LÈQUES (Henri; François), Ingénieur géographe, Membre de la *Société de Géographie*. — Nouméa (Nouvelle-Calédonie) 1

LESSEPS (le Comte Ferdinand DE), Membre de l'Académie française et de l'Académie des Sciences, Président-fondateur de la *Compagnie universelle du Canal maritime de l'Isthme de Suez (Décédé)* 1

LEUDET (Mᵐᵉ Vᵉ Émile), 11, rue de Longchamp. — Nice (Alpes-Maritimes) 1

Dʳ LEUDET (Émile), Correspondant de l'Académie des Sciences, Membre associé national de l'Académie de Médecine, Directeur de l'École de Médecine de Rouen *(Décédé)* . 1

LEVALLOIS (J.), Inspecteur général des Mines en retraite *(Décédé)*. 1

LE VERRIER (U., J.), Membre de l'Institut, Directeur de l'Observatoire national, Fondateur et Président de l'*Association scientifique de France (Décédé)*. 1

LÉVY-CRÉMIEUX, Banquier *(Décédé)*. 1

LOCHE (Maurice), Inspecteur général des Ponts et Chaussées, 24, rue d'Offémont. — Paris. 1

LORTET (Louis), Correspondant de l'Institut, Doyen de la Faculté de Médecine, Directeur du Muséum des sciences naturelles, 15, quai de L'Est. — Lyon (Rhône) . . 1

LUGOL (Édouard), Avocat, 11, rue de Téhéran. — Paris. 1

LUTSCHER (A.), Banquier, 22, place Malesherbes. — Paris. 2

LUZE (DE) (père), Négociant *(Décédé)*. 1

Dʳ MAGITOT (Émile), Membre de l'Académie de Médecine *(Décédé)*. 1

MANGINI (Lucien), Ingénieur civil, ancien Sénateur *(Décédé)*. 1

MANNBERGER, Banquier *(Décédé)*. 1

MANNHEIM (le Colonel Amédée), Professeur honoraire à l'École Polytechnique, 1, boulevard Beauséjour. — Paris. 1

MANSY (Eugène), Négociant, 15, rue Maguelonne. — Montpellier (Hérault) 1

MARÈS (Henri), Correspondant de l'Institut, Ingénieur des Arts et Manufactures *(Décédé)* 1

MARTINET (Émile), ancien Imprimeur *(Décédé)*. 1

MARVEILLE DE CALVIAC (Jules DE), château de Calviac. — Lasalle (Gard) 1

MASSON (Georges), Libraire de l'Académie de Médecine, Président de la Chambre de Commerce de Paris *(Décédé)*. 1

M. E. (anonyme) *(Décédé)*. 1

MÉNIER, Membre de la Chambre de Commerce de Paris, Député et Membre du Conseil général de Seine-et-Marne *(Décédé)*. 10

MERLE (Henri) *(Décédé)* 1

MERZ (John, Théodore), Docteur en Philosophie, the Quarries. — Newcastle-on-Tyne (Angleterre) 1

MEYNARD (J., J.), Ingénieur en chef des Ponts et Chaussées en retraite *(Décédé)*. . . 1

MILNE-EDWARDS (H.), Membre de l'Institut, Doyen de la Faculté des Sciences de Paris, Président de l'*Association scientifique de France (Décédé)* 1

MIRABAUD (Robert), Banquier, 56, rue de Provence. — Paris 1

Dʳ MONOD (Charles), Membre de l'Académie de Médecine, Agrégé à la Faculté de Médecine, Chirurgien des Hôpitaux, 12, rue Cambacérès. — Paris 1

MONY (C.), ancien Ingénieur du *Chemin de fer de Saint-Germain*, Directeur des *Houillères de Commentry (Décédé)*. 1

MOREL D'ARLEUX (Charles), Notaire honoraire, 13, avenue de l'Opéra. — Paris 1

Dʳ NÉLATON, Membre de l'Institut *(Décédé)* 1

NOTTIN (Lucien), 4, quai des Célestins. — Paris 1

OLLIER (Léopold) Correspondant de l'Institut, Professeur à la Faculté de Médecine, Associé national de l'Académie de Médecine, ancien Chirurgien titulaire de l'Hôtel-Dieu *(Décédé)*. . . . . 1.

Oppenheim (frères), Banquiers *(Décédés)*. 2
Parmentier (le Général Théodore), 5, rue du Cirque. — Paris 1
Parran (Alphonse), Ingénieur en chef des Mines en retraite, Directeur de la *Compagnie des minerais de fer magnétique de Mokta-el-Hadid*, 26, avenue de L'Opéra. — Paris. 1
Parrot, Professeur à la Faculté de Médecine de Paris, Membre de l'Académie de Médecine *(Décédé)* 1
Pasteur (Louis), Membre de l'Académie française, de l'Académie des Sciences et de l'Académie de Médecine *(Décédé)* 1
Pennès (J., A.), ancien Fabricant de produits chimiques et hygiéniques *(Décédé)*. . . 1
Perdrigeon du Vernier (J.), ancien Agent de change. — Chantilly (Oise). 1
Perrot (Adolphe), Docteur ès sciences, ancien Préparateur de Chimie à la Faculté de Médecine de Paris *(Décédé)*. 2
Peyre (Jules), ancien Banquier, 6, rue Deville. — Toulouse (Haute-Garonne). 1
Piat (Albert), Constructeur-mécanicien, 85, rue Saint-Maur. — Paris 1
Piaton, Président du Conseil d'administration des Hospices de Lyon *(Décédé)*. . . . 1
Piccioni (Antoine) *(Décédé)* 2
Poirrier (Alcide), Fabricant de produits chimiques, Sénateur de la Seine, 22, avenue Hoche. — Paris 2
Polignac (le Prince Camille de). — Radmansdorf (Carniole) (Autriche-Hongrie). . . 1
Pommery (Louis), Négociant en vins de Champagne, 7, rue Vauthier-le-Noir. — Reims (Marne) 1
Potier (Alfred), Membre de l'Institut, Ingénieur en chef des Mines, Professeur à l'École Polytechnique, 89, boulevard Saint-Michel. — Paris 1
Poupinel (Jules), Membre du Conseil général de Seine-et-Oise *(Décédé)* 1
Poupinel (Paul) *(Décédé)* 1
Prot (Paul), Industriel, Président du Syndicat de la Parfumerie française, 65, rue Jouffroy. — Paris 1
Quatrefages de Bréau (Armand de), Membre de l'Institut et de l'Académie de Médecine, Professeur au Muséum d'histoire naturelle *(Décédé)* 1
Quévillon (Fernand), Colonel-Commandant le 144e Régiment d'infanterie, Breveté d'État-Major, 33, rue de Strasbourg. — Bordeaux (Gironde) 1
Raoul-Duval (Fernand), Régent de la *Banque de France*, Président du Conseil d'administration de la *Compagnie Parisienne du Gaz* *(Décédé)* 1
Récipon (Émile), Propriétaire, Député d'Ille-et-Vilaine *(Décédé)*. 1
Reinach (Herman-Joseph), Banquier *(Décédé)*. 1
Renard (Charles), Ingénieur chimiste *(Décédé)*. 1
Renouard (Mme Alfred), 49, rue Mozart. — Paris. 1
Renouard (Alfred), Ingénieur civil, Administrateur de *Sociétés techniques*, 49, rue Mozart. — Paris. 1
Renouvier (Charles), Membre de l'Institut, ancien Élève de l'École Polytechnique, Publiciste, 37, rue des Remparts-Villeneuve. — Perpignan (Pyrénées-Orientales) . 1
Riaz (Auguste de), Banquier, 10, quai de Retz. — Lyon (Rhône). 1
Dr Ricord, Membre de l'Académie de Médecine, Chirurgien honoraire de l'Hôpital du Midi *(Décédé)*. 1
Riffaut (le Général) *(Décédé)* 1
Rigaud (Mme Ve Francisque), 8, rue Vivienne. — Paris 1
Rigaud (Francisque), Fabricant de produits chimiques, ancien Député, Membre du Conseil général de la Seine *(Décédé)* 1
Risler (Charles), Chimiste, Maire du VIIe arrondissement, 39, rue de L'Université. — Paris 1
Rochette (Ferdinand de la), Ingénieur-Directeur des *Hauts Fourneaux et Fonderies de Givors* *(Décédé)*. 1
Rolland, Membre de l'Institut, Directeur général honoraire des Manufactures de l'État *(Décédé)* 1
Dr Rollet de L'Ysle *(Décédé)* 1
Rosiers (des), Propriétaire *(Décédé)* 1
Rothschild (le Baron Alphonse de), Membre de l'Institut, 2, rue Saint-Florentin. — Paris. 1
Dr Roussel (Théophile), Membre de l'Institut et de l'Académie de Médecine, Sénateur et Président du Conseil général de la Lozère, 71, rue du Faubourg-Saint-Honoré. — Paris. 1
Rouvière (Albert), Ingénieur des Arts et Manufactures, Propriétaire-Agriculteur. — Mazamet (Tarn) 1
Saint-Laurent (Albert de), Avocat, 128, cours Victor-Hugo. — Bordeaux (Gironde). . 1

SAINT-PAUL DE SAINÇAY, Directeur de la *Société de la Vieille-Montagne (Décédé)* . . . 1
SALET (Georges), Maître de Conférences à la Faculté des Sciences de Paris *(Décédé)*. . . 1
SALLERON, Constructeur *(Décédé)*. 1
SALVADOR (Casimir) *Décédé)*. 2
SAUVAGE, Directeur de la *Compagnie des Chemins de fer de l'Est (Décédé)*. 2
SAY (Léon), Membre de l'Académie française et de l'Académie des Sciences morales
  et politiques, Député des Basses-Pyrénées *(Décédé)* 1
SCHEURER-KESTNER (Auguste), Sénateur *(Décédé)*. 1
SCHRADER (Ferdinand), ancien Directeur des classes de la *Société philomathique
  de Bordeaux (Décédé)*. 1
D SÉDILLOT (C.), Membre de l'Institut, ancien Médecin-Inspecteur général des armées,
  Directeur de l'École militaire de santé de Strasbourg *(Décédé)*. 1
SERRET, Membre de l'Institut *(Décédé)*. 1
D SEYNES (Jules DE), Agrégé à la Faculté de Médecine, 15, rue Chanaleilles.
  — Paris. 1
SIÉBER (H.-A.), 23, rue de Paradis. — Paris 1
SILVA (R., D.), Professeur à l'École centrale des Arts et Manufactures, ancien Professeur
  à l'École municipale de Physique et de Chimie industrielles *(Décédé)*. 1
SOCIÉTÉ ANONYME DES HOUILLÈRES DE MONTRAMBERT ET DE LA BÉRAUDIÈRE, 70, rue de
  L'Hôtel-de-Ville. — Lyon (Rhône) 1
SOCIÉTÉ ANONYME DES FORGES ET CHANTIERS DE LA MÉDITERRANÉE, 1 et 3, rue Vignon.
  — Paris. 1
SOCIÉTÉ DES INGÉNIEURS CIVILS DE FRANCE, 19, rue Blanche. — Paris. 1
SOCIÉTÉ GÉNÉRALE DES TÉLÉPHONES, 9, place de La Bourse. — Paris 1
SOLVAY (Ernest), Industriel, Sénateur, 45, rue des Champs-Élysées,—Bruxelles(Belgique). 1
SOLVAY ET Cⁱᵉ, Usine de produits chimiques de Varangéville-Dombasle par Dombasle
  (Meurthe-et-Moselle). 2
STRZELECKI (le Général Casimir) *(Décédé)* 1
D SUCHARD, 85, boulevard de Port-Royal. — Paris, et l'été aux Bains de Lavey
  (Vaud) (Suisse). 1
SURELL, Ingénieur en chef des Ponts et Chaussées en retraite, Administrateur de la
  Compagnie des Chemins de fer du Midi (Décédé). 1
TALABOT (Paulin), Directeur général de la *Compagnie des Chemins de fer de Paris à
  Lyon et à la Méditerranée (Décédé)*. 1
THÉNARD (le Baron Paul), Membre de l'Institut *(Décédé)*. 1
TISSIÉ-SARRUS, Banquier, 2, rue du Petit-Saint-Jean. — Montpellier (Hérault) . . . 1
TOURASSE (Pierre-Louis), Propriétaire *(Décédé)*. 8
TRÉBUCIEN (Ernest), Manufacturier, 25, cours de Vincennes. — Paris. 1
VAUTIER (Émile), Ingénieur civil *(Décédé)*. 1
VERDET (Gabriel), ancien Président du Tribunal de Commerce. — Avignon (Vaucluse). 1
VERNES (Félix), Banquier *(Décédé)*. 1
VERNES D'ARLANDES (Théodore) *(Décédé)*. 1
VERRIER (J. F. G.), Membre de plusieurs Sociétés savantes *(Décédé)*. 1
VIGNON (Jules), Rentier, 45, avenue de Noailles. — Lyon (Rhône) 1
VILLE D'ERNÉE (Mayenne). 1
VILLE DE MARSEILLE (Bouches-du-Rhône). 1
VILLE DE REIMS (Marne). 1
VILLE DE ROUEN (Seine-Inférieure) 1
D VOISIN (Auguste), Médecin des Hôpitaux *(Décédé)*. 1
WALLACE (Sir Richard) *(Décédé)*. 2
WORMS DE ROMILLY, ancien Président de la *Société française de Physique*, 25, avenue
  Montaigne. — Paris 1
WURTZ (Adolphe), Membre de l'Institut, Professeur à la Faculté de Médecine et à la
  Faculté des Sciences de Paris, Sénateur *(Décédé)* 1
WURTZ (Théodore), Propriétaire *(Décédé)* 1
YVER (Paul), Manufacturier, ancien Élève de l'École Polytechnique. — Briare (Loiret). 1

MEMBRES A VIE

ABBE (Cleveland), Météor., Weather-Bureau, department of Agriculture. — Washington-
City (Etats-Unis d'Amérique).
ADUY (Eugène), Prop., 27, quai Vauban. — Perpignan (Pyrénées-Orientales).

ALBERTIN (Michel), Pharm. de 1re cl., Dir. de *la Comp. des Eaux min.* et Maire de Saint-Alban, rue de L'Entrepôt. — Roanne (Loire).

ALLARD (Hubert), Pharm. de 1re cl., Prop.— Neuvy par Moulins (Allier).

ALPHANDERY (Eugène), 57, rue Sylvabelle. — Marseille (Bouches-du-Rhône).

ANGOT (Alfred), Doct. ès. sc., Météorol. tit. au Bureau cent. météor. de France, 12, avenue de L'Alma. — Paris.

APPERT (Aristide), anc. Indust., 58, rue Ampère. — Paris.

ARBEL (Antoine), Maître de forges. — Rive-de-Gier (Loire).

ARLOING (Saturnin), Corresp. de l'Inst. et de l'Acad. de Méd., Prof. à la Fac. de Méd., Dir. de l'Éc. nat.. vétér., 2, quai Pierre-Scize. — Lyon (Rhône).

Dr ARNAUD (Henri), 5, rue Saint-Pierre. — Montpellier (Hérault).

ARNOULD (Charles), Nég., Mem. du Cons. gén., 23, rue Thiers. — Reims (Marne).

ARNOUX (Louis-Gabriel), anc. Of. de marine. — Les Mées (Basses-Alpes).

ARNOUX (René), Ing.-Construc., anc. Ing. des ateliers Bréguet, anc. Ing.-Conseil de la *Comp. continentale Edison*, 45, rue du Ranelagh. — Paris.

ARVENGAS (Albert), Lic. en droit, 1, rue Raimond-Lafage. — Lisle-d'Albi (Tarn).

ASSOCIATION POUR L'ENSEIGNEMENT DES SCIENCES ANTHROPOLOGIQUES (École d'anthropologie), 15, rue de L'École-de-Médecine. — Paris.

BABINET (André), Ing. en chef des P. et Ch., 5, rue Washington. — Paris.

BAILLE (Mme J.-B., Alexandre), 26, rue Oberkampf. — Paris.

BAILLOU (André), Prop., 96, rue Croix-de-Seguey. — Bordeaux (Gironde).

BARABANT (Roger), Ing. en chef des P. et Ch., Dir. de la *Comp. des Chem. de fer de l'Est*, 14, rue de Clichy. — Paris.

BARD (Louis), Prof. de Clin. médic. à l'Univ., 6, rue Bellot. — Genève (Suisse).

BARDIN (Mlle), 2, rue du Luminaire. — Montmorency (Seine-et-Oise).

BARGEAUD (Paul), Percept. — Royan-les-Bains (Charente-Inférieure).

BARILLIER-BEAUPRÉ (Alphonse), Juge de paix, Grande-Rue. — Champdeniers (Deux-Sèvres).

BARON (Henri), Dir. hon. de l'Admin. des Postes et Télég., 18, avenue de La Bourdonnais. — Paris.

BARON (Jean), anc. Ing. de la Marine, Ing. en chef aux *Chantiers de la Gironde*, 50, rue du Tondu. — Bordeaux (Gironde).

Dr BARROIS (Charles), Prof. à la Fac. des Sc., 37, rue Pascal. — Lille (Nord).

Dr BARROIS (Jules), Doct. ès sc., Zool., villa de Surville, Cap Brun. — Toulon (Var).

BARTAUMIEUX (Charles), Archit., Expert à la Cour d'Ap., Mem. de la *Soc. cent. des Archit. franç.*, 66, rue La Boëtie. — Paris.

BASTIDE (Scévola), Prop.-vitic., Mem. de la Ch. de Com., 11, rue Maguelonne. — Montpellier (Hérault).

BAUDREUIL (Charles DE), 29, rue Bonaparte. — Paris.

BAUDREUIL (Émile DE), anc. Cap. d'Artil., anc. Élève de l'Éc. Polytech., 9, rue du Cherche-Midi. — Paris.

BAYARD (Joseph), Pharm. de 1re cl., anc. Int. des Hôp. de Paris, Sec. de la *Soc. des Pharm. de Seine-et-Marne*, 16, rue Neuville. — Fontainebleau (Seine-et-Marne).

BAYE (le Baron Joseph DE), Mem. de la *Soc. des Antiquaires de France*, Corresp. du Min. de l'Instruc. pub., 58, avenue de La Grande-Armée.— Paris et château de Baye (Marne).

BAYSSELLANCE (Adrien), Ing. de la Marine en retraite, Présid. de la rég. Sud-Ouest du *Club Alpin français*, anc. Maire, 84, rue Saint-Genès. — Bordeaux (Gironde).

BEHAGHEL (Henri), Prop., château de Beaurepaire. — Beaumarie-Saint-Martin par Montreuil-sur-Mer (Pas-de-Calais).

BEIGBEDER (David), anc. Ing. des Poudres et Salpêtres, 125, avenue de Villiers.— Paris.

BERCHON (Mme Ve Ernest), 96, cours du Jardin-Public. — Bordeaux (Gironde).

BERGERON (Jules), Doct. ès sc., Prof. à l'Éc. cent. des Arts et Man., s.-Dir. du Lab. de Géol. de la Fac. des Sc., 157, boulevard Haussmann. — Paris.

BERTHELOT (Eugène), Sec. perp. de l'Acad. des Sc., anc. Min., Mem. de l'Acad. française et de l'Acad. de Méd., Prof. au Col. de France, Sénateur, 3, rue Mazarine (Palais de l'Institut). — Paris.

BERTIN (Louis), Ing. en chef des P. et Ch. en retraite, 6, rue Mogador. — Paris.

BÉTHOUART (Alfred), Ing. des Arts et Man., Censeur de la *Banque de France*, anc. Maire, 5, rue Chanzy. — Chartres (Eure-et-Loir).

BÉTHOUART (Émile), Conserv. des Hypothèques, 17, rue de Patay. — Orléans (Loiret).

Dr BEZANÇON (Paul), anc. Int. des Hôp., 51, rue de Miromesnil. — Paris.

BIBLIOTHÈQUE-MUSÉE, 10, rue de l'État-Major. — Alger.

BIBLIOTHÈQUE PUBLIQUE DE LA VILLE, Grande-Rue. — Boulogne-sur-Mer (Pas-de-Calais).

BIBLIOTHÈQUE DE LA VILLE. — Pau (Basses-Pyrénées).

BIOCHET, Notaire hon. — Caudebec-en-Caux (Seine-Inférieure).

BLANC (Édouard), Explorateur, 52, rue de Varenne. — Paris.

BLANCHARD (Raphaël), Prof. à la Fac. de Méd., Mem. de l'Acad. de Méd., 226, boulevard Saint-Germain. — Paris.

BLAREZ (Charles), Prof. à la Fac. de Méd., 3, rue Gouvion. — Bordeaux (Gironde).

BLONDEL (Émile), Chim.-Manufac. — Saint-Léger-du-Bourg-Denis (Seine-Inférieure).

BOAS (Alfred), Ing. des Arts et Man., 34, rue de Châteaudun. — Paris.

Dr BŒCKEL (Jules), Corresp. de l'Acad. de Méd. et de la Soc. de Chirurg. de Paris, Chirurg. des Hosp. civ., Lauréat de l'Inst., 2, quai Saint-Nicolas. — Strasbourg (Alsace-Lorraine).

BOÉSÉ (Mlle Louise), 157, rue du Faubourg-Saint-Denis. — Paris.

BOÉSÉ (Jean), Nég.-Commis., 157, rue du Faubourg-Saint-Denis, — Paris.

BOÉSÉ (Maurice), 157, rue du Faubourg-Saint-Denis. — Paris.

BOFFARD (Jean-Pierre), anc. Notaire, 2, place de la Bourse. — Lyon (Rhône).

BOIRE (Émile), Ing. civ., 86, boulevard Malesherbes. — Paris.

BONNARD, (Paul), Agr. de philo., Avocat à la Cour d'Ap., 66, avenue Kléber. — Paris.

BONNIER (Gaston), Mem. de l'Inst., Prof. de Botan. à la Fac. des Sc., Présid. de la Soc. botan. de France, 15, rue de l'Estrapade. — Paris.

BORDET (Lucien), Insp. des Fin., anc. Élève de l'Éc. Polytech., 181, boulevard Saint-Germain. — Paris.

Dr BORDIER (Henry), Agr. de Phys. à la Fac. de Méd., 9, rue Grolée. — Lyon (Rhône).

Dr BOUCHACOURT (Léon), 69, boulevard Saint-Michel. — Paris.

BOUCHÉ (Alexandre), 68, rue du Cardinal-Lemoine. — Paris.

BOUCHER (Maurice), anc. Cap. d'Artil., anc. Élève de l'Éc. Polytech., 2, carrefour Montreuil. — Versailles (Seine-et-Oise).

BOUCHEZ (Paul), de la Librairie Masson et Cie, 120, boulevard Saint-Germain. — Paris.

BOUDIN (Arthur), Princ. du Collège. — Honfleur (Calvados).

BOULARD (l'Abbé Lucien), Curé. — Dammarie (Eure-et-Loir).

BOURGERY (Henri), anc. Notaire, Mem. de la Soc. Géol. de France, Les Capucins. — Nogent-le-Rotrou (Eure-et-Loir).

BOUVET (Julien), Substitut du Proc. de la République. — Wassy-sur-Blaise (Haute-Marne).

Dr BOY (Philippe), 3, rue d'Espalungue. — Pau (Basses-Pyrénées).

BRAEMER (Gustave), Chim. — Izieux (Loire).

BRENOT (J.), 10, rue Bertin-Poirée. — Paris.

BRESSON (Gédéon), anc. Dir. de la Comp. du Vin de Saint-Raphaël, 41, rue du Tunnel. — Valence (Drôme).

BRILLOUIN (Marcel), Prof. au Collège de France, Maître de Conf. à l'Éc. norm. sup., 31, boulevard de Port-Royal. — Paris.

Dr BROCA (Auguste), Agr. à la Fac. de Méd., Chirurg. des Hôp., 5, rue de L'Université. — Paris.

BRÖLEMANN (Georges), Administ. de la Soc. Gén., 52, boulevard Malesherbes. — Paris.

BROLEMANN (A., A.), anc. Présid. du Trib. de Com., 14, quai de l'Est. — Lyon (Rhône).

BRUHL (Paul), Nég., 57, rue de Châteaudun. — Paris.

BRUYANT (Charles), Lic. ès sc. nat., Prof. sup. à l'Éc. de Méd. et de Pharm., 26, rue Gaultier-de-Biauzat. — Clermont-Ferrand (Puy-de-Dôme).

BRUZON (Joseph) ET Cie, Ing. des Arts et Man., usine de Portillon (céruse et blanc de zinc). — Saint-Cyr-sur-Loire par Tours (Indre-et-Loire).

BRYLINSKI (Émile), Ing. des Télég., 5, avenue Teissonnière. — Asnières (Seine).

BUISSON (Maxime), Chim., 4, rue Paul-Féval. — Paris.

CAHEN D'ANVERS (Albert), 118, rue de Grenelle. — Paris.

CAIX DE SAINT-AYMOUR (le Vicomte Amédée DE), Publiciste, anc. Mem. du Cons. gén. de l'Oise, Mem. de plusieurs Soc. savantes, 112, boulevard de Courcelles. — Paris.

CALDERON (Fernand), Fabric. de prod. chim., 18, rue Royale. — Paris.

Dr CAMUS (Fernand), 25, avenue des Gobelins. — Paris.

CARBONNIER (Louis), Représ. de com., 18, rue Sauffroy. — Paris.

CARDEILHAC, anc. Juge au Trib. de Com., 20, quai de La Mégisserie. — Paris.

CARPENTIER (Jules), anc. Ing. de l'État, Succes. de Ruhmkorff, 34, rue du Luxembourg. — Paris.

Dr CARRET (Jules), anc. Député, 2, rue Croix-d'Or. — Chambéry (Savoie).

CARTAZ (Mme A.), 39, boulevard Haussmann. — Paris.

Dr CARTAZ (A.), anc. Int. des Hôp., 39, boulevard Haussmann. — Paris.

CAUBET, Doyen de la Fac. de Méd., 44, rue d'Alsace-Lorraine. — Toulouse (Haute-Garonne).

CAZALIS DE FONDOUCE (Paul-Louis), Ing. des Arts et Man., Sec. gén. de l'*Acad des Sc. et Lettres de Montpellier*, 18, rue des Étuves. — Montpellier (Hérault).

CAZENOVE (Raoul DE), Prop., 17, rue de La Charité. — Lyon (Rhône).

Dr CAZIN (Maurice), Doct. ès Sc., Chef du Lab. de la Clinique chirurg. de la Fac. de Méd. (Hôtel-Dieu), 3, rue de Villersexel. — Paris.

CAZOTTES (A., M., J.), Pharm. — Millau (Aveyron).

Dr CHABER (Pierre), 20, rue du Casino. — Royan-les-Bains (Charente-Inférieure).

CHABERT (Edmond), Ing. en chef des P. et Ch., 6, rue du Mont-Thabor. — Paris.

CHALIER (J.), 13, rue d'Aumale. — Paris.

CHAMBRE DES AVOUÉS AU TRIBUNAL DE 1re INSTANCE. — Bordeaux (Gironde).

CHAMBRE DE COMMERCE DU HAVRE. — Le Havre (Seine-Inférieure).

CHAMBRE DE COMMERCE DE SAINT-ÉTIENNE. — Saint-Étienne (Loire).

CHARCELLAY, Pharm. — Fontenay-le-Comte (Vendée).

CHARPENTIER (Augustin), Prof. à la Fac. de Méd., 31, rue Claudot — Nancy (Meurthe-et-Moselle).

CHARROPPIN (Georges), Pharm. de 1re cl. — Pons (Charente-Inférieure).

Dr CHASLIN (Philippe), anc. Int. des Hôp., Méd. de l'Hosp. de Bicêtre, 64, rue de Rennes. — Paris.

CHATEL, Avocat défens., bazar du Commerce. — Alger.

Dr CHATIN (Joannès), Mem. de l'Inst. et de l'Acad. de Méd., Prof. d'Histologie à la Fac. des Sc., 174, boulevard Saint-Germain. — Paris.

CHAUVASSAIGNE (Daniel), château de Mirefleurs par Les Martres-de-Veyre (Puy-de-Dôme).

CHAUVET (Gustave), Notaire, Présid. de la *Soc. archéol. et historique de la Charente.* — Ruffec (Charente).

CHEVREL (René), Doct. ès sc., Prof. à l'Éc. de Méd., 5, rue du Docteur-Rayer. — Caen (Calvados).

CHICANDARD (Georges), Lic. ès sc. Phys., Pharm. de 1re cl., Admin.-Dir. de la *Soc. anonyme des Prod. chim.* — Fontaines-sur-Saône (Rhône).

Dr CHIL-Y-NARANJO (Gregorio). — Palmas (Grand-Canaria).

CHOUËT (Alexandre), anc. Juge au Trib. de Com., 29, rue de Clichy. — Paris.

CHOUILLOU (Albert), Agric., anc. Élève de l'Éc. nat. d'Agric. de Grignon. — L'Arba (départ. d'Alger).

Dr CHRISTIAN (Jules), Méd. de la Maison nat. d'aliénés de Charenton, 57, Grande-Rue. — Saint-Maurice (Seine).

CLERMONT (Philibert DE), Avocat à la Cour d'Ap., 38, rue du Luxembourg. — Paris.

CLERMONT (Raoul DE), Ing. agronom. diplômé de l'Inst. nat. agronom., Avocat à la Cour d'Ap., anc. Attaché d'ambassade, 79, boulevard Saint-Michel. — Paris.

Dr CLOS (Dominique), Corresp. de l'Inst., Prof. hon. de la Fac. des Sc., Dir. du Jardin des Plantes, 2, allées des Zéphirs. — Toulouse (Haute-Garonne).

CLOUZET (Ferdinand), Mem. du Cons. gén., 88, cours Victor-Hugo. — Bordeaux (Gironde).

COLLIN (Mme), 15, boulevard du Temple. — Paris.

COLLOT (Louis), Prof. à la Fac. des Sc., Dir. du Musée d'Hist. nat , 4, rue du Tillot. — Dijon (Côte-d'Or).

COMITÉ MÉDICAL DES BOUCHES-DU-RHÔNE, 3, marché des Capucines. — Marseille (Bouches-du-Rhône).

CORDIER (Henri), Prof. à l'Éc. des langues orient. vivantes, 54, rue Nicolo. — Paris.

CORNU (Mme Alfred), 9, rue de Grenelle. — Paris.

COUNORD (E.), Ing. civ., 127, cours du Médoc. — Bordeaux (Gironde).

COUPRIE (Louis), Avocat à la Cour d'Ap., 71, rue Saint-Sernin. — Bordeaux (Gironde).

COUTAGNE (Georges), Ing. des Poudres et Salpêtres, Le Défends. — Rousset (Bouches-du-Rhône).

CRAPON (Denis). Ing., anc. Élève de l'Éc. Polytech., 2, rue des Farges. — Lyon (Rhône).

CREPY (Eugène), Filat., 19, boulevard de La Liberté. — Lille (Nord).

CRESPIN (Arthur), Ing. des Arts et Man., Mécan., 23, avenue Parmentier. — Paris.

Dr CROS (François), Méd. princ. de 1re cl. de l'Armée en retraite, 6, rue de L'Ange. — Perpignan (Pyrénées-Orientales).

CUNISSET-CARNOT (Paul), Premier Présid. de la Cour d'Ap., 19, cours du Parc. — Dijon (Côte-d'Or).

Dr DAGRÈVE (Élie), Méd. du Lycée et de l'Hôp. — Tournon-sur-Rhône (Ardèche).

DANGUY (Paul), Lic. ès sc., Prép., de Botan. au Muséum d'hist. nat., 7, rue de L'Eure. — Paris.

DAVID (Arthur), 29, rue du Sentier. — Paris.

DEGLATIGNY (Louis), Nég. en bois, 11, rue Blaise-Pascal. — Rouen (Seine-Inférieure).

DEGORCE (Marc-Antoine), Pharm. en chef de la Marine en retraite, 42, rue des Semis. — Royan-les-Bains (Charente-Inférieure).

DELAIRE (Alexis), Sec. gén. de la *Soc. d'Économ. sociale*, anc. Élève de l'Éc. Polytech., 238, boulevard Saint-Germain. — Paris.

Dr DELAPORTE, 24, rue Pasquier. — Paris.

DELATTRE (Carlos), Filat., anc. Élève de l'Éc. Polytech., 126, rue Jacquemars-Giélée. — Lille (Nord).

DELAUNAY (Henri), Ing. des Arts et Man., 39, rue d'Amsterdam. — Paris.

DELAUNAY-BELLEVILLE (Louis), Ing.-Construc., anc. Élève de l'Éc. Polytech., 17, boulevard Richard-Wallace. — Neuilly-sur-Seine (Seine).

DE L'ÉPINE (Paul), Rent., 14, rue de Fontenay. — Châtillon-sous-Bagneux (Seine).

DELESSE (Mme Ve), 59, rue Madame. — Paris.

DELESSERT DE MOLLINS (Eugène), anc. Prof., villa Verte-Rive. — Cully (canton de Vaud) (Suisse).

DELESTRAC (Lucien), Ing. en chef des P. et Ch., 3, rue Marengo. — Saint-Étienne (Loire).

DELMAS (Mme Ve Pauline), 5, place Longchamps. — Bordeaux (Gironde).

DELON (Ernest), Ing. des Arts et Man., 27, rue Aiguillerie. — Montpellier (Hérault).

Dr DELVAILLE (Camille). — Bayonne (Basses-Pyrénées).

DEMARÇAY (Eugène), anc. Répét. à l'Éc. Polytech., 80, boulevard Malesherbes. — Paris.

Dr DEMONCHY (Adolphe), 37, rue d'Isly. — Alger.

DENIGÈS (Georges), Prof. de Chim. biol. à la Fac. de Méd., 53, rue d'Alzon. — Bordeaux. (Gironde).

DENYS (Roger), Ing. en chef des P. et Ch., 1, rue de Courty. — Paris.

DEPAUL (Henri), Agric., château de Vaublanc. — Plémet (Côtes-du-Nord).

DÉPIERRE (Joseph), Ing.-Chim. — Cernay (Alsace-Lorraine).

DERVILLÉ (Stéphane), Nég. en marbres, anc. Présid. du Trib. de Com., 37, rue Fortuny. — Paris.

DESBOIS (Émile), 17, boulevard Beauvoisine. — Rouen (Seine-Inférieure).

DESBONNES (F.), Nég., 5, cours de Gourgues. — Bordeaux (Gironde).

DÉTROYAT (Arnaud). — Bayonne (Basses-Pyrénées).

DIDA (A.), Chim., 22, boulevard des Filles-du-Calvaire. — Paris.

DIETZ (Émile), Pasteur. — Rothau (Alsace-Lorraine).

DISLÈRE (Paul), Présid. de Sec. au Cons. d'État, anc. Ing. de la Marine, Présid. du Cons. d'admin. de l'Éc. coloniale, 10, avenue de L'Opéra. — Paris.

DOLLFUS (Gustave), Ing. des Arts et Man., Filat. — Mulhouse (Alsace-Lorraine).

DOMERGUE (Albert), Prof. à l'Éc. de Méd., 341, rue Paradis. — Marseille (Bouches-du-Rhône).

DOUMERC (Jean), Ing. civ. des Mines, 61, rue d'Alsace-Lorraine. — Toulouse (Haute-Garonne).

DOUMERC (Paul), Ing. civ., 36, rue du Vieux-Raisin. — Toulouse (Haute-Garonne).

DOUVILLÉ (Henri), Ing. en chef, Prof. à l'Éc. nat. sup. des Mines, 207, boulevard Saint-Germain. — Paris.

Dr DRANSART. — Somain (Nord).

DUBOURG (Georges), Nég. en drap., 27, rue Sauteyron. — Bordeaux (Gironde).

DUCLAUX (Émile), Mem. de l'Inst. et de l'Acad. de Méd., Prof. à la Fac. des Sc. et à l'Inst. nat. agronom., 39, avenue de Breteuil. — Paris.

DUCREUX (Alfred), Nég., Consul du Paraguay, Mem. du Cons. d'arrond., 9, boulevard National. — Marseille (Bouches-du-Rhône).

DUCROCQ (Henri), Cap. d'Artil., Breveté d'Ét.-Maj., 79, avenue Bosquet. — Paris.

DUFOUR (Léon), Dir.-adj. du Lab. de Biologie végét. — Avon (Seine-et-Marne).

Dr DUFOUR (Marc), Rect., Prof. d'ophtalmol. à l'Univ., 7, rue du Midi. — Lausanne (Suisse).

DUFRESNE, Insp. gén. de l'Univ., 61, rue Pierre-Charron. — Paris.

Dr DULAC (H.), 14, boulevard Lachèze. — Montbrison (Loire).

DUMAS (Hippolyte), Indust., anc. Élève de l'Éc. Polytech. — Mousquety, par l'Isle-sur-Sorgue (Vaucluse).

DUMAS-EDWARDS (Mme J.-B.) 23, rue Cassette. — Paris.

DUMINY (Anatole), Nég. en vins de Champagne. — Ay (Marne).

DUPLAY (Simon), Prof. à la Fac. de Méd., Mem. de l'Acad. de Méd., Chirurg. des Hôp., 70, rue Jouffroy. — Paris.

DUPONT (F.), Chim., Sec. gén. hon. de *l'Assoc. des Chim. de Sucreries et de Distilleries*, 154, boulevard Magenta. — Paris.

DUPRÉ (Anatole), Chim., 36, rue d'Ulm. — Paris.

DUPUIS (Charles), Dispacheur consult. de la marine, 3, rue Pajou. — Paris.

Dussaud (Élie), Prop., 31, cours Pierre-Puget. — Marseille (Bouches-du-Rhône).

Dutailly (Gustave), anc. Prof. à la Fac. des Sc. de Lyon, Député de la Haute-Marne, 84, rue du Rocher. — Paris.

Duval (Edmond), Ing. en chef des P. et Ch. en retraite, 34, avenue de Messine. — Paris.

Duval (Mathias), Prof. à la Fac. de Méd., Mem. de l'Acad. de Méd. Prof. d'anat. à l'Éc. nat. des Beaux-Arts, 11, cité Malesherbes (rue des Martyrs). — Paris.

Eichtral (Eugène d'), Admin. de la *Comp. des Chem. de fer du Midi*, 144, boulevard Malesherbes. — Paris.

Eichthal (Louis d'), château des Bézards. — Sainte-Geneviève-des-Bois, par Châtillon-sur-Loing (Loiret).

Élie (Eugène), Manufac., 50, rue de Caudebec. — Elbeuf-sur-Seine (Seine-Inférieure).

Elisen, Ing., Admin. de la *Comp. gén. Transat.*, 153, boulevard Haussmann. — Paris.

Ellie (Raoul), Ing. des Arts et Man. — Cavignac (Gironde).

Eysséric (Joseph), Artiste-Peintre, 14, rue Duplessis. — Carpentras (Vaucluse).

Fabre (Georges), Insp. des Forêts, anc. Élève de l'Éc. Polytech., 28, rue Ménard. — Nîmes (Gard).

Faure (Alfred), Prof. d'Hist. nat. à l'Éc. nat. vétér., anc. Député, 11, rue d'Algérie. — Lyon (Rhône).

Favereaux (Georges), 52, Quai Debilly, Paris.

Ferry (Émile), Nég., anc. Présid. du Trib. de Com. et du Cons. gén. de la Seine-Inférieure, 21, boulevard Cauchoise. — Rouen (Seine-Inférieure).

Ficheur (Émile), Doct. ès Sc., Prof. de Géog. à l'Éc. prép. à l'Ens. sup. des Sc., Dir. adj. du Serv. géol. de l'Algérie, 77, rue Michelet. — Alger-Mustapha.

Fière (Paul). Archéol., Mem. corresp. de la *Soc. franc. de Numism. et d'Archéol.* — Saïgon (Cochinchine).

Fischer de Chevriers, Prop., 23, rue Vernet. — Paris.

Flandin, Prop., 29, avenue d'Antin. — Paris.

Fortel (A.) (fils), Prop., 7, rue Noël. — Reims (Marne).

Fournier (Alfred), Prof. à la Fac. de Méd., Mem. de l'Acad. de Méd., Méd. des Hôp., 77, rue de Miromesnil. — Paris.

Dr François-Franck (Charles, Albert), Mem. de l'Acad. de Méd., Prof. sup. au Col. de France, 5, rue Saint-Philippe-du-Roule. — Paris.

Fron (Georges), Répét. à l'Inst. nat. agronom., 19, rue de Sèvres. — Paris.

Gardès (Louis, Frédéric, Jean), Notaire, anc. Élève de l'Éc. nat. sup. des Mines, 7, rue Saint-Georges. — Montauban (Tarn-et-Garonne).

Gariel (Mme C.-M.), 6, rue Édouard-Detaille (avenue de Villiers). — Paris.

Gariel (Mme Léon), 1, avenue de Péterhof. — Paris.

Garnier (Ernest), anc. Présid. de la *Soc. indust. de Reims*, 10, rue Nollet. — Paris.

Garréau (L.-Philippe), Cap. de frégate en retraite, 1, rue Floirac. — Agen (Lot-et-Garonne), et, l'hiver, 62, boulevard Malesherbes. — Paris.

Gasqueton (Mme Georges), château Capbern. — Saint-Estèphe-Médoc (Gironde).

Gatine (Albert), Insp. des fin., 1, rue de Beaune. — Paris.

Dr Gaube (Jean), 12, rue Léonie. — Paris.

Gauthier-Villars (Albert), Imp.-Édit., anc. Élève de l'Éc. Polytech., 55, quai des Grands-Augustins. — Paris.

Gauthiot (Charles), Sec. gén. de la *Soc. de Géog. com. de Paris*, Mem. du Cons. sup. des colonies, 63, boulevard Saint-Germain. — Paris.

Dr Gautier (Georges), Dir. du Lab. d'Électrothérap. et de la *Revue internat. d'Électrothérap*,, 13, rue Auber. — Paris.

Gayon (Ulysse), Corresp. de l'Inst., Doyen de la Fac. des Sc.,, Dir. de la Stat. agronom., 7, rue Duffour-Dubergier. — Bordeaux (Gironde).

Gelin (l'Abbé Émile), Doct. en philo. et en théolog., Prof. de math. sup. au col. de Saint-Quirin. — Huy (Belgique).

Gensoul (Paul), Ing. des Arts et Man., 42, rue Vaubecour. — Lyon (Rhône).

Gentil (Louis), Maître de conf. à la Fac. des Sc., 11, rue des Feuillantines. — Paris.

Gerbeau, Prop., 13, rue Monge. — Paris.

Gérente (Mme Paul), 19, boulevard Beauséjour. — Paris.

Dr Gérente (Paul), Méd. dir. hon. des asiles pub. d'aliénés, Sénateur d'Alger, 19, boulevard Beauséjour. — Paris.

Dr Giard (Alfred), Mem. de l'Inst., Prof. à la Fac. des Sc., Maître de conf. à l'Éc. norm. sup., anc. Député, 14, rue Stanislas. — Paris.

Gigandet (Eugène) (fils), Nég., 16, rue Montaux. — Marseille (Bouches-du-Rhône).

Gilbert (Armand), Présid. de Chambre à la Cour d'Ap., 12, rue Vauban. — Dijon (Côte-d'Or).

GIRARD (Julien), Pharm. maj. en retraite, 3, boulevard Bourdon. — Paris.

GIRAUD (Louis). — Saint-Péray (Ardèche).

GOBIN (Adrien), Insp. gén. hon. des P. et Ch., 8, quai d'Occident. — Lyon (Rhône).

GODARD (Félix), Ing. de la Marine hors cadres, 15, rue d'Édimbourg. — Paris.

Dr GORDON Y DE ACOSTA (D. Antonio DE), Présid. de l'*Acad. des Sc. médic., phys. et nat.*, esq. à Amargura. — La Havane (Ile de Cuba).

Dr GRABINSKI (Boleslas). — Neuville-sur-Saône (Rhône).

GRANDIDIER (Alfred), Mem. de l'Inst., 6, rond-point des Champs-Élysées. — Paris.

GRIMAUD (Émile), Imprim., 4, place du Commerce. — Nantes (Loire-Inférieure).

GROSS (Mme Frédéric), 25, rue Isabey. — Nancy (Meurthe-et-Moselle).

GROSS (Frédéric), Doyen de la Fac. de Méd., Corresp. nat. de l'Acad. de Méd., 25, rue Isabey. — Nancy (Meurthe-et Moselle).

Dr GUÉBHARD (Adrien), Lic. ès sc. math. et phys., Agr. de Phys. des Fac. de Méd. — Saint-Vallier-de-Thiey (Alpes-Maritimes).

Dr GUERNE (le Baron Jules DE), Natur., Sec. gén. de la *Soc. nat. d'Acclimat. de France*, 6, rue de Tournon. — Paris.

GUÉZARD (Mme Jean-Marie), 16, rue des Écoles. — Paris.

GUÉZARD (Jean-Marie), anc. Princ. Clerc de Notaire, 16, rue des Écoles. — Paris.

GUIBYSSE (Paul), Ing. hydrog. de la Marine, anc. Min., Député du Morbihan, 42, rue des Écoles. — Paris.

GUILMIN (Mme Ve), 8, boulevard Saint-Marcel. — Paris.

GUILMIN (Ch.), 8, boulevard Saint-Marcel. — Paris.

GUY (Louis) Nég., 232, rue de Rivoli. — Paris.

GUYOT (Mme Raphaël), 11, rue de Montataire. — Creil (Oise).

GUYOT (Raphaël), Pharm. de 1re cl., 11, rue de Montataire. — Creil (Oise).

HALLER-COMON (Albin), Memb. de l'Inst. et de l'Acad. de Méd., Prof. de Chim. organique à la Fac. des Sc., 1, rue Le Goff. — Paris.

HALLETTE (Albert), Fabric. de sucre. — Le Cateau (Nord).

HAMARD (l'Abbé Pierre, Jules), Chanoine, 6, rue du Chapitre. — Rennes (Ille-et-Vilaine).

HEITZ (Paul), Ing. des Arts et Man., anc. Élève de l'Éc. libr. des Sc. polit. Avocat à la Cour d'Ap., 29, rue Saint-Guillaume. — Paris.

HÉLIAND (le Comte d'), 21, boulevard de La Madeleine. — Paris.

HENRY (Louis, Isidore), Ing. en chef de 1re cl. de la Marine. — Brest (Finistère).

HÉRICHARD (Émile), Ing. civ., anc. Élève de l'Éc. nat. des P. et Ch., 56, rue des Peupliers. — Boulogne-sur-Seine (Seine).

HÉRON (Guillaume). Prop., château Latour. — Bérat par Rieumes (Haute-Garonne).

HÉRON (Jean-Pierre), Prop., 7, place de Tourny. — Bordeaux (Gironde).

HETZEL (Jules), Libr.-Édit., 12, rue des Saints-Pères. — Paris.

HOLDEN (Jonathan), Indust., 23, boulevard de La République. — Reims (Marne).

HOUDÉ (Alfred), Pharm. de 1re cl., Mem. du Cons. mun., 29, rue Albouy. — Paris.

HOURST (Émile), Lieut. de vaisseau, 97, avenue Niel. — Paris.

HOVELACQUE-KHNOPFF (Émile), 50, rue Cortambert. — Paris.

HUA (Henri), Lic. ès sc. nat., Botan., s.-Dir. de l'Éc. pratique des Hautes-Études (Muséum d'Hist. nat.), 254, boulevard Saint-Germain. — Paris.

HUBERT DE VAUTIER (Émile), Entrep. de confec. milit., 114, rue de La République. — Marseille (Bouches-du-Rhône).

Dr HUBLÉ (Martial), Méd.-maj. de 1re cl. au 52e Rég. d'Infant., Méd.-chef des salles milit. de l'Hôp. mixte. — Montélimar (Drôme).

HUMBEL (Mme Ve Lucien). — Éloyes (Vosges).

ISAY (Mme Mayer). — Blâmont (Meurthe-et-Moselle).

ISAY (Mayer), Filat., anc. Cap. du Génie, anc. Élève de l'Éc. Polytech. — Blâmont (Meurthe-et-Moselle).

JABLONOWSKA (Mlle Julia), 44, rue des Écoles. — Paris.

JACKSON-GWILT (Mrs Hannah), Moonbeam villa, Merton road. — New Wimbledon (Surrey) (Angleterre).

JACQUIN (Anatole), Confis., 12, rue Pernelle. — Paris, et villa des Lys. — Dammarie-les-Lys (Seine-et-Marne).

JARAY (Jean), 32, rue Servient. — Lyon (Rhône).

Dr JAUBERT (Adrien), Insp. de la vérif. des Décès, 57, place Pigalle. — Paris.

Dr JAVAL (Émile), Mem. de l'Acad. de Méd., Dir. du Lab. d'Ophtalm. à la Sorbonne, anc. Député, 5, boulevard de La Tour-Maubourg. — Paris.

JOBERT (Clément), Prof. à la Fac. des Sc. de Dijon, 98, boulevard Saint-Germain. — Paris.

JOLLOIS (Henri), Insp. gén. hon. des P. et Ch., 46, rue Duplessis. — Versailles (Seine-et-Oise).

JONES (Charles), 12, rue de Chaligny (chez M. Eugène Vauvert. — Paris.

JORDAN (Camille), Mem. de l'Inst., Ing. en chef des Mines, Prof. à l'Éc. Polytech., 48, rue de Varenne. — Paris.

Dr JORDAN (Séraphin), 11, rue Campania. — Cadix (Espagne).

JOUANDOT (Jules), Ing. du Serv. des Eaux de la Ville, 57, rue Saint-Sernin. — Bordeaux (Gironde).

JOURDAN (A., G.), Ing. civ. (chez M. Simon), 14, rue Milton. — Paris.

JULLIEN (Ernest), Ing. en chef des P. et Ch., 6, cours Jourdan. — Limoges (Haute-Vienne).

JUNDZITT (le Comte Casimir), Prop.-Agric., chemin de fer Moscou-Brest, station Domanow-Réginow (Russie).

JUNGFLEISCH (Émile), Mem. de l'Acad. de Méd., Prof. à l'Éc. sup. de Pharm., 74, rue du Cherche-Midi. — Paris.

KESSELMEYER (Charles), Présid.-Fondat. de la *Ligue docimale*, Rose villa, Vale road. — Bowdon (Cheshire) (Angleterre).

KNIEDER (Xavier), Admin.-délég. des Établissements Malétra. — Petit-Quévilly (Seine-Inférieure).

KOECHLIN-CLAUDON (Émile), Ing. des Arts et Man., 60, rue Duplessis. — Versailles (Seine-et-Oise).

KRAFFT (Eugène), anc. Élève de l'Éc. Polytech., 27, rue Monsclet. — Bordeaux (Gironde).

KREISS (Adolphe), Ing., 46, Grande-rue. — Sèvres (Seine-et-Oise).

KÜNCKEL D'HERCULAIS (Jules), Assistant de Zool. (Entomol.) au Muséum d'hist. nat., 55, rue de Buffon. — Paris.

LABRUNIE (Auguste), Nég., 2, rue Michel. — Bordeaux (Gironde).

LACOUR (Alfred), Ing. civ. des Mines, anc. Élève de l'Éc. Polytech., 60, rue Ampère. — Paris.

LADUREAU (Mme Albert), 27, rue de Fourcroy. — Paris.

LADUREAU (Albert), Ing.-Chim., 27, rue de Fourcroy. — Paris.

LAFARGUE (Georges), anc. Préfet, Percept. de Charenton, 8, rue Coëtlogon. — Paris.

LAFAURIE (Maurice), 104, rue du Palais-Galien. — Bordeaux (Gironde).

LAFFITTE (Jean, Paul), Publiciste, 18, rue Jacob. — Paris.

LAGACHE (Jules), Ing. des Arts et Man., Admin. de la *Soc. des Prod. chim. agric.*, 22, rue des Allamandiers. — Bordeaux (Gironde).

LALLIÉ (Alfred), Avocat, 18, rue Lafayette. — Nantes (Loire-Inférieure).

LAMARRE (Onésime), Notaire, 2, place du Donjon. — Niort (Deux-Sèvres).

LAMBLIN (l'Abbé Joseph), Prof. à l'Éc. Saint-François-de-Sales, 39, rue Vannerie. — Dijon (Côte-d'Or).

LANCIAL (Henri), Prof. au Lycée, 18, boulevard de Courtais — Moulins (Allier).

LANÈS (Jean), Chef du Cabinet du Présid. du Sénat (Petit-Luxembourg), 17, rue de Vaugirard. — Paris.

LANG (Tibulle), Dir. de l'Éc. La Martinière, anc. Élève de l'Éc. Polytech., 5, rue des Augustins. — Lyon (Rhône).

LANGE (Mme Adalbert). — Maubert-Fontaine (Ardennes).

LANGE (Adalbert), Indust., — Maubert-Fontaine (Ardennes).

Dr LANTIER (Étienne). — Tannay (Nièvre).

LARIVE (Albert), Indust., 22. rue Villeminot-Huart. — Reims (Marne).

LAROCHE (Mme Félix), 110, avenue de Wagram. — Paris.

LAROCHE (Félix), Insp. gén. des P. et Ch. en retraite, 110, avenue de Wagram. — Paris.

LASSENCE (Alfred DE), Prop., Mem. du Cons. mun., villa Lassence, 12, avenue de Tarbes. — Pau (Basses-Pyrénées).

Dr LATASTE (Fernand), anc. s.-Dir. du Musée nat. d'hist. nat., anc. Prof. de Zool. à l'Éc. de Méd. de Santiago-du-Chili. — Cadillac-sur-Garonne (Gironde).

LAURENT (Léon), Construc. d'inst. d'optiq., 21, rue de L'Odéon. — Paris.

LAUSSEDAT (le Colonel Aimé), Mem. de l'Inst., Dir. hon. du Conserv. nat. des Arts et Mét., 3, avenue de Messine. — Paris.

LEAUTÉ (Henry), Mem. de l'Inst., Ing. des Manufac. de l'État, Répét. à l'Éc. Polytech., 20, boulevard de Courcelles. — Paris.

LE BRETON (André), Prop., 43, boulevard Cauchoise. — Rouen (Seine-Inférieure).

LE CHATELIER (le Capitaine Frédéric, Alfred), anc. Of. d'ordonnance du Min. de la Guerre, 8, rue Mansart. — Versailles (Seine-et-Oise).

LECORNU (Léon), Ing. en chef des Mines, 3, rue Gay-Lussac. — Paris.

Dr LE DIEN (Paul), 155, boulevard Malesherbes. — Paris.

LEDOUX (Samuel), Nég., 29, quai de Bourgogne. — Bordeaux (Gironde).

LEENHARDT (Frantz), Prof. à la Fac. de Théol., 12, rue du Faubourg-du-Moustier. — Montauban (Tarn-et-Garonne).

LEFEBVRE (René), Insp. gén. des P. et Ch., 169, boulevard Malesherbes. — Paris.

LEFRANC (Émile), Mécan. 21, rue de Monsieur. — Reims (Marne).

D^r LE GRIX DE LAVAL (Auguste, Valère), 28, rue Mozart. — Paris.

LEJARD (Mme Ve Charles), 6, rue Édouard-Detaille (avenue de Villiers). — Paris.

LE MONNIER (Georges), Prof. de botan. à la Fac. des Sc., 3, rue de Sorre. — Nancy (Meurthe-et-Moselle).

Dr LÉON (Auguste), Méd. en chef de la Marine en retraite, 5, rue Duffour-Dubergier. — Bordeaux (Gironde).

Dr LÉPINE (Jean), anc. Int. des Hôp., 30, place Bellecour. — Lyon (Rhône).

LÉPINE (Raphaël), Corresp. de l'Inst., Assoc. nat. de l'Acad. de Méd.; Prof. à la Fac. de Méd., 30, place Bellecour. — Lyon (Rhône).

LE ROUX (F., P.), Prof. à l'Éc. sup. de Pharm., Examin. d'admis. à l'Éc. Polytech., 120, boulevard Montparnasse. — Paris.

LE SÉRURIER (Charles), Dir.des Douanes, 39, rue Sylvabelle.—Marseille(Bouches-du-Rhône).

LESOURD (Paul) (fils), Nég., 34, rue Néricault-Destouches. — Tours (Indre-et-Loire).

LESPIAULT (Gaston), Prof. et anc. Doyen de la Fac. des Sc., 5, rue Michel-Montaigne. — Bordeaux (Gironde).

LESTRANGE (le Comte Henry DE), 43, avenue Montaigne. — Paris et à Saint-Julien, par Saint-Genis-de-Saintonge (Charente-Inférieure).

LETBUILLIER-PINEL (Mme V^e), Prop, 68, rue d'Elbeuf. — Rouen (Seine-Inférieure).

Dr LEUDET (Robert), anc. Int. des Hôp., Prof. à l'Éc. de Méd. de Rouen, 72, rue de Bellechasse. — Paris.

Dr LEUILLIEUX (Abel). — Conlie (Sarthe).

LE VALLOIS (Jules), Chef de Bat. du Génie en retraite, anc. Élève de l'Éc. Polytech., 12, rue de Ponthieu. — Paris.

LEVASSEUR (Émile), Mem. de l'Inst., Prof. au Col. de France, 26, rue Monsieur-Le-Prince. — Paris.

LEVAT (David), Ing. civ. des Mines, anc. Élève de l'Éc. Polytech., 174, boulevard Malesherbes. — Paris.

LE VERRIER (Urbain), Ing. en chef, Prof. à l'Éc. nat. sup. des Mines et au Conserv. nat. des Arts et Mét., 70, rue Charles-Laffite. — Neuilly-sur-Seine (Seine).

LEWY D'ABARTIAGUE (William, Théodore), Ing. civ., château d'Abartiague. — Ossès (Basses-Pyrénées).

LEWTHWAITE (William), Dir.de la maison Isaac Holden,27,rue des Moissons.—Reims(Marne).

LINDET (Léon), Doct. ès sc., Prof. à l'Inst. nat. agronom., 108, boulevard Saint-Germain. — Paris.

Dr LIVON (Charles), Corresp. nat. de l'Acad. de Méd., Prof., anc. Dir. de l'Éc. de Méd. et de Pharm., Dir. du *Marseille médical*, 14, rue Peirier. — Marseille (Bouches-du-Rhône).

Dr LOIR (Adrien), Dir. de l'Institut Pasteur de la Régence, ancien Présid. de l'*Inst. de Carthage*, impasse du Contrôle civil. — Tunis.

LONGCHAMPS (Gaston GOHIERRE DE), Examin. à l'Éc. spéc. milit., 5, rue Vauquelin.—Paris.

LONGHAYE (Auguste), Nég., 22, rue de Tournai. — Lille (Nord).

LOPÈS-DIAS (Joseph), Ing. des Arts et Man., 28, place Gambetta. — Bordeaux (Gironde).

LORIOL-LE-FORT (Charles, Louis, Perceval DE), Natural. — Frontenex près Genève (Suisse).

LOUGNON (Victor), Ing. des Arts et Man., Juge d'Instruc. — Cusset (Allier).

LOUSSEL (A.), Prop., 86, rue de La Pompe. — Paris.

LOYER (Henri), Filat., 294, rue Notre-Dame. — Lille (Nord).

MACÉ DE LÉPINAY (Jules), Prof. à la Fac. des Sc., 105, boulevard Longchamp. — Marseille (Bouches-du-Rhône).

MADELAINE (Édouard), Ing. adj. attaché à l'Exploit. des *Chem. de fer de l'État*, anc. Élève de l'Éc. cent. des Arts et Man., 96, boulevard Montparnasse. — Paris.

MAGNIEN (Lucien), Ing. agric., Prof. départ. d'Agric., Présid. du Comité cent. d'études viticoles de la Côte-d'Or, 10, rue Bossuet. — Dijon (Côte-d'Or).

MAIGRET (Henri), Ing. des Arts et Man., 29, rue du Sentier. — Paris.

MAILLET (Edmond), Doct. ès Sc. Math., Ing. des P. et Ch., Répét. à l'Éc. Polytech., 11, rue de Fontenay. — Bourg-la-Reine (Seine).

Dr MALHERBE (Albert), Dir. de l'Éc. de Méd. et de Pharm., 12, rue Cassini. — Nantes (Loire-Inférieure).

MALINVAUD (Ernest), Séc. gén. de la *Soc. botan. de France*, 8, rue Linné. — Paris.

Dr MANGENOT (Charles), 162, avenue d'Italie. — Paris.

MARCHEGAY (Mme Ve Alphonse), 11, quai des Célestins. — Lyon (Rhône).

MARÉCHAL (Paul), 140, boulevard Raspail. — Paris.

MAREUSE (André), Étud., 81, boulevard Haussmann. — Paris.

MAREUSE (Edgard), Prop., Sec. du *Comité des Inscript. parisiennes*, 81, boulevard Haussmann. — Paris et château du Dorat. — Bègles (Gironde).

Dr MAREY (Étienne, Jules), Mem. de l'Inst. et de l'Acad. de Méd., Prof. au Col. de France, 11, boulevard Delessert. — Paris.

MARIN (Louis), Admin. du Collège des Sc. soc., 13, avenue de l'Observatoire. — Paris.

MARQUÈS DI BRAGA (P.), Cons. d'État hon., s.-Gouvern. hon. du *Crédit Foncier de France,* anc. Élève de l'Éc. Polytech., 200, rue de Rivoli. — Paris.

MARTIN (William), 42, avenue Wagram. — Paris.

Dr MARTIN (Louis DE), Mem. de la *Soc. nat. d'Agric. de France* et du Cons. de la *Soc. des Agric. de France*. — Montrabech par Lézignan (Aude).

MARTIN-RAGOT (J.), Manufac., 14, esplanade Cérès. — Reims (Marne).

MARTRE (Etienne), Dir. des contrib. dir. en retraite. — Perpignan (Pyrénées-Orientales).

MASCART (Éleuthère), Mem. de l'Inst., Prof. au Col. de France, Dir. du Bureau cent. météor. de France, 176, rue de L'Université. — Paris.

MASSOL (Gustave), Dir. de l'Éc. sup. de Pharm. (villa Germaine), boulevard des Arceaux. — Montpellier (Hérault).

MASSON (Pierre, V.), de la Librairie Masson et Cie, 120, boulevard Saint-Germain. — Paris.

MATHIEU (Charles, Eugène), Ing. des Arts et Man., anc. Dir. gén. construct. des *Aciéries de Jœuf*, anc. Dir. gén. et admin. des *Aciéries de Longwy*, Construc. mécan., Mem. du Cons. mun., 34, rue de Courlancy. — Reims (Marne).

MAUFROY (Jean-Baptiste), anc. Dir. de manufac. de laine, 4, rue de L'Arquebuse.— Reims (Marne).

Dr MAUNOURY (Gabriel), Chirurg. de l'Hôp., place du Théâtre. — Chartres (Eure-et-Loir).

MAUREL (Émile) Nég., 7, rue d'Orléans. — Bordeaux (Gironde).

MAUREL (Marc), Nég., 48, cours du Chapeau-Rouge. — Bordeaux (Gironde).

MAUROUARD (Lucien), Premier Sec. d'Ambassade, anc. Élève de l'Éc. Polytech., Légation de France. — Athènes (Grèce).

MAXWELL-LYTE (Farnham), Ing.-Chim., 60, Finborough road.—Londres, S.W. (Angleterre).

MAZE (l'Abbé Camille), Rédac. au *Cosmos*. — Harfleur (Seine-Inférieure).

MEISSAS (Gaston de), Publiciste, 3, avenue Bosquet. — Paris.

MÉNARD (Césaire), Ing. des Arts et Man., Concessionnaire de l'Éclairage au gaz. — Louhans (Saône-et-Loire).

MENTIENNE (Adrien), anc. Maire, Mem. de la *Soc. de l'Histoire de Paris et de l'Ile-de-France*. — Bry-sur-Marne (Seine).

MERCADIER (Jules), Insp. des Télég., Dir. des études à l'Éc. Polytech., 21, rue Descartes. — Paris.

MERCET (Émile), Banquier, 2, avenue Hoche. — Paris.

MERLIN (Roger). — Bruyères (Vosges).

Dr MESNARDS (P. DES), rue Saint-Vivien. — Saintes (Charente-Inférieure).

MEUNIER (Mme Hippolyte) *(Décédée)*.

Dr MICÉ (Laurand), Rect. hon. de l'Acad. de Clermont-Ferrand, 7, rue Sansas. — Bordeaux (Gironde).

MIRABAUD (Paul), Banquier, 86, avenue de Villiers. — Paris.

MOCQUERIS (Edmond), 58, boulevard d'Argenson. — Neuilly-sur-Seine (Seine).

MOCQUERIS (Paul), Ing. de la construct. à la *Comp. des Chem. de fer de Bône-Guelma et prolongements*, 58, boulevard d'Argenson. — Neuilly-sur-Seine (Seine) et à Sousse (Tunisie).

MOLLINS (Jean DE), Doct. ès sc., 40, rue des Clarisses. — Liège (Belgique).

Dr MONDOT, anc. Chirurg. de la Marine, anc. Chef de Clin. à la Fac. de Méd. de Montpellier, Chirurg. de l'Hôp. civ., 42, boulevard National. — Oran (Algérie).

Dr MONIER (Eugène), place du Pavillon. — Maubeuge (Nord).

MONMERQUÉ (Arthur), Ing. en chef des P. et C., 17, rue de Monceau. — Paris.

MONNIER (Demetrius), Ing. des Arts et Man., Prof. à l'Éc. cent. des Arts et Man., 3, impasse Cothenet, (22, rue de La Faisanderie). — Paris.

Dr MONPROFIT (Ambroise), anc. Int. des Hop. de Paris, Prof. à l'Éc. de Méd., Chirurg. de l'Hôtel-Dieu, 7, rue de La Préfecture. — Angers (Maine-et-Loire).

MONTEFIORE (Eward, Lévi), Rent., 36, avenue Henri-Martin. — Paris.

Dr MONTFORT, Prof. à l'Éc. de Méd., Chirurg. des Hôp., 14, rue de La Rosière. — Nantes (Loire-Inférieure).

MONT-LOUIS, Imprim., 2, rue Barbançon. — Clermont-Ferrand (Puy-de-Dôme).

MOREL D'ARLEUX (Mᵐᵉ Charles), 13, avenue de L'Opéra. — Paris.

Dᵣ MOREL D'ARLEUX (Paul), 33, rue Desbordes-Valmore. — Paris.

MORIN (Théodore), Doct. en droit, 50, avenue du Trocadéro. — Paris.

MORTILLET (Adrien DE), Prof. à l'Éc. d'Anthrop., Conserv. des collections de la Soc. d'Anthrop. de Paris, Présid. de la Soc. d'Excursions scient., 10 bis, avenue Reille. — Paris.

MOSSÉ (Alphonse). Prof. de Clin. méd. à la Fac. de Méd., Corresp. nat. de l'Acad. de Méd., 36, rue du Taur. — Toulouse (Haute-Garonne).

MOULLADE (Albert), Lic. ès Sc., Pharm. princ. de 1ʳᵉ cl. à la Réserve des Médicaments. 137, avenue du Prado. — Marseille (Bouches-du-Rhône).

NEVEU (Auguste), Ing. des Arts et Man. — Rueil (Seine-et-Oise).

NIBELLE (Maurice), Avocat, 9, rue des Arsins. — Rouen (Seine-Inférieure).

NICAISE (Victor), Étud. en Méd., 37, boulevard Malesherbes. — Paris.

Dᵣ NICAS, 80, rue Saint-Honoré. — Fontainebleau (Seine-et-Marne).

NIEL (Eugène), 28, rue Herbière. — Rouen (Seine-Inférieure).

NIVET (Gustave), 105, avenue du Roule. — Neuilly-sur-Seine (Seine).

NIVOIT (Edmond), Insp. gén. des Mines, Prof. de Géol. à l'Éc. nat. des P. et Ch., 4, rue de La Planche. — Paris.

NOELTING (Emilio), Dir. de l'Éc. de Chim. — Mulhouse (Alsace-Lorraine).

OCAGNE (Maurice D'), Ing., Prof. à l'Éc. nat. des P. et Ch., Répét. à l'Éc. Polytech. 30, rue La Boëtie. — Paris.

ODIER (Alfred), Dir. de la Caisse gén. des Familles, 4, rue de La Paix. — Paris.

ŒCHSNER DE CONINCK (William), Prof. adj. à la Fac. des Sc., 8, rue Auguste-Comte. — Montpellier (Hérault).

Dᵣ OLIVIER (Paul), Méd. en chef de l'Hosp. gén., Prof. à l'Éc. de Méd., 12, rue de La Chaîne. — Rouen (Seine-Inférieure).

OSMOND (Floris), Ing. des Arts et Man., 83, boulevard de Courcelles. — Paris.

OUTHENIN-CHALANDRE (Joseph), 5, rue des Mathurins. — Paris.

PALUN (Auguste), Juge au Trib. de Com., 13, rue Banasterie. — Avignon (Vaucluse).

Dᵣ PAMARD (Alfred), Associé nat. de l'Acad. de Méd., Chirurg. en chef des Hôp. 4, place Lamirande. — Avignon (Vaucluse).

PAMARD (Paul), Int. des Hôp., 1, rue de Lille. — Paris.

PASQUET (Eugène) (fils), 53, rue d'Eysines. — Bordeaux (Gironde).

PASSY (Frédéric), Mem. de l'Inst., anc. Député, Mem. du Cons. gén. de Seine-et-Oise, 8, rue Labordère. — Neuilly-sur-Seine (Seine).

PASSY (Paul, Édouard), Doct. ès Let., Lauréat de l'Inst. (Prix Volney), Maître de conf. à l'Éc. des Hautes-Études d'Histoire et de Philolog., 92, rue de Longchamp. — Neuilly sur-Seine (Seine).

PÉDRAGLIO-HOEL (Mᵐᵉ Hélène), 29, avenue Camus. — Nantes (Loire-Inférieure).

PÉLAGAUD (Élisée), Doct. ès sc., château de La Pinède. — Antibes (Alpes-Maritimes).

PÉLAGAUD (Fernand), Doct. en droit, Cons. à la Cour d'Ap., 15, quai de L'Archevêché. — Lyon (Rhône).

PELLET (Auguste), Doyen de la Fac. des Sc., 74, rue Ballainvilliers. — Clermont-Ferrand (Puy-de-Dôme).

PELTEREAU (Ernest), Notaire hon. — Vendôme (Loir-et-Cher).

PÉRARD (Joseph), Ing. des Arts et Man., Sec. gén. de la Soc. d'Aquiculture et de Pêche, 42, rue Saint-Jacques. — Paris.

PEREIRE (Émile), Ing. des Arts et Man., Admin. de la Comp. des Chem. de fer du Midi, 10, rue Alfred-de-Vigny. — Paris.

PEREIRE (Eugène), Ing. des Arts et Man., Présid. du Cons. d'admin. de la Comp. gén. Transat., 5, rue des Mathurins. — Paris.

PEREIRE (Henri), Ing. des Arts et Man., Admin. de la Comp. des Chem. de fer du Midi, 33, boulevard de Courcelles. — Paris.

PÉREZ (Jean), Prof. à la Fac. des Sc., 21, rue Saubat. — Bordeaux (Gironde).

PÉRICAUD, Cultivat. — La Balme (Isère).

PERIDIER (Louis), anc. Jug. au Trib. de Com., 5, quai d'Alger. — Cette (Hérault).

PERRET (Auguste), Prop., 50, quai Saint-Vincent. — Lyon (Rhône).

PETITON (Anatole), Ing.-Conseil des Mines, 91, rue de Seine. — Paris.

PETRUCCI (C., R.), Ing. — Béziers (Hérault).

PETTIT (Georges), Ing. en chef des P. et Ch., boulevard d'Haussy. — Mont-de-Marsan (Landes).

PHILIPPE (Léon), 23 bis, rue de Turin. — Paris.

Dr Prisalix (Césaire), Doct. ès Sc. Assistant de Pathol. comparée au Muséum d'hist. nat., 26, boulevard Saint-Germain. — Paris.

Piaton (Maurice), Ing. civ. des Mines, anc. Élève de l'Éc. Polytech., Mem. du Cons. mun., 49, rue de La Bourse. — Lyon (Rhône).

Piche (Albert), Avocat, Présid. de la *Soc. d'Éducat. popul.*, 26, rue Serviez. — Pau (Basses-Pyrénées).

Picou (Gustave), Indust., 123, rue de Paris. — Saint-Denis (Seine).

Picquet (Henry), Chef de Bat. du Génie, Examin. d'admis. à l'Éc. Polytech., 4, rue Monsieur-Le-Prince. — Paris.

Dr Pierrou. — Chazay-d'Azergues (Rhône).

Pillet (Jules), Prof. aux Éc. nat. des P. et Ch. et des Beaux-Arts. et au Conserv. nat. des Arts et Mét., anc. Élève de l'Éc. Polytech., 18, rue Saint-Sulpice. — Paris

Pinon (Paul), Nég., 36, rue du Temple. — Reims (Marne).

Pitres (Albert), Doyen hon. de la Fac. de Méd., Corresp. nat. de l'Acad. de Méd., Méd. de l'Hôp. Saint-André, 119, cours d'Alsace-et-Lorraine. — Bordeaux (Gironde).

Dr Planté (Jules), Méd. de 1re cl. de la Marine, 40, boulevard de Strasbourg. — Toulon (Var).

Poillon (Louis), Ing. des Arts et Man., Rancho Verde. — Teponaxtla par Cuicatlan (État d'Oaxaca) (Mexique).

Poisson (Jules), Assistant de Botan. au Muséum d'Hist. nat., 32, rue de La Clef. — Paris.

Polignac (le Comte Melchior de). — Kerbastic-sur-Gestel (Morbihan).

Pommerol, Avocat, anc. Rédac. de la Revue *Matériaux pour l'Histoire primitive de l'Homme.* — Veyre-Mouton (Puy-de-Dôme) et, 20, rue Pestalozzi. — Paris.

Porcherot (Eugène), Ing. civ., La Béchellerie. — Saint-Cyr-sur-Loire par Tours (Indre-et-Loire).

Porgès (Charles), Présid. du Cons. d'admin. de la *Comp. continentale Edison*, 25, rue de Berri. — Paris.

Dr Poupinel (Gaston), anc. Int. des Hôp., 12, rue Margueritte. — Paris.

Dr Poussié (Émile), 19, rue Tronchet. — Paris.

Pouyanne (C.-M.), Insp. gén. des Mines, 70, rue Rovigo. — Alger.

Dr Pozzi (Samuel), Mem. de l'Acad. de Méd., Prof. à la Fac. de Méd., Chirurg. des Hôp., Sénateur de la Dordogne, 47, avenue d'Iéna. — Paris.

Prat (Léon), Chim., 54, allées d'Amour. — Bordeaux (Gironde).

Preller (L.), Nég., 5, cours de Gourgues. — Bordeaux (Gironde).

Prevet (Charles), Nég., 48, rue des Petites-Écuries. — Paris.

Prévost (Georges), Ing. civ. des Mines, anc. Élève de l'Éc. Polytech., 30, quai de Bourgogne. — Bordeaux (Gironde).

Prévost (Maurice), Publiciste, 55, rue Claude-Bernard. — Paris.

Prioleau (Mme Léonce), 4, rue des Jacobins. — Brive (Corrèze).

Dr Prioleau (Léonce), anc. Int. des Hôp. de Paris, 4, rue des Jacobins. — Brive (Corrèze).

Privat (Paul, Édouard), Libr.-Édit., Juge au Trib. de Com., 45, rue des Tourneurs. — Toulouse (Haute-Garonne).

Dr Pujos (Albert), Méd. princ. du Bureau de bienfais., 58, rue Saint-Sernin. — Bordeaux (Gironde).

Quatrefages de Bréau (Mme Ve Armand de), 48, rue Saint-Ferdinand. — Paris.

Quatrefages de Bréau (Léonce de), Ing., Chef de serv. à la *Comp. des Chem. de fer du Nord*, anc. Élève de l'Éc. cent. des Arts et Man., 50, rue Saint-Ferdinand. — Paris.

Raclet (Joannis), Ing. civ., 10, place des Célestins. — Lyon (Rhône).

Raimbert (Louis), Chim., Direct. de Sucrerie, 10 bis, rue des Batignolles. — Paris.

Dr Raingeard, 1, place Royale. — Nantes (Loire-Inférieure).

Rambaud (Alfred), Mem. de l'Inst., Prof. à la Fac. des Let., anc. Min. de l'Instruc. pub., Sénateur et Mem. du Cons. gén. du Doubs, 76, rue d'Assas. — Paris.

Ramé (Mlle), 16, rue de Chalon. — Paris.

Ramé (Louis, Félix), anc. Présid. du Syndic. de la boulang. de Paris et de la Délég. de la boulang. franç., 16, rue de Chalon. — Paris.

Reinach (Théodore), Doct. ès Lettres et en Droit, 26, rue Murillo. — Paris.

Renaud (Georges), Dir. de la *Revue géographique internationale*, Prof. au Col. Chaptal, à l'Inst. com. et aux Éc. sup. de la Ville de Paris, 76, rue de La Pompe. — Paris.

Rénier (Édouard), Recev. partic. des Fin. en retraite, avenue Victor-Hugo. — Brioude (Haute-Loire).

Rey (Louis), Ing. des Arts et Man., Admin. de la *Comp. des Chem. de fer du Cambrésis*, 97, boulevard Exelmans. — Paris.

Ribero de Souza Rezende (le Chevalier S.), poste restante. — Rio-Janeiro (Brésil).

Ribot (Alexandre), anc. Min., Député du Pas-de-Calais, 6, rue de Tournon. — Paris.

Ribout (Charles), Prof. hon. de Math. spéc. au Lycée Louis-le-Grand, 30, avenue de Picardie. — Versailles (Seine-et-Oise).

Richier (Clément), Prop. — Nogent en Bassigny (Haute-Marne).

Ridder (Gustave de), Notaire, 4, rue Perrault. — Paris.

Rilliet (Albert), Prof. à l'Univ., 16, rue Bellot. — Genève (Suisse).

Risler (Eugène), Dir. hon. de l'Inst. nat. agronom., 106 bis, rue de Rennes. — Paris.

Riston (Victor), Doct. en droit, Avocat à la Cour d'Ap. de Nancy, 3, rue d'Essey. — Malzéville (Meurthe-et-Moselle).

Dr Rivière (Jean), Méd.-Maj. de 1re cl. au 20e Rég. d'Artil., rue Vauvert. — Poitiers (Vienne).

Robert (Gabriel), Avocat à la Cour d'Ap., 2, quai de L'Hôpital. — Lyon (Rhône).

Robin (A.), Banquier, Consul de Turquie, 41, rue de L'Hôtel-de-Ville. — Lyon (Rhône).

Robineau (Th.), Lic. en droit, anc. Avoué, 4, avenue Carnot. — Paris.

Rodocanachi (Emmanuel), 54, rue de Lisbonne. — Paris.

Rohden (Charles de), Mécan., 14, rue Tesson. — Paris.

Rohden (Théodore de), 14, rue Tesson. — Paris.

Rolland (Alexandre), Mem. de la Ch. de Com., Nég. en papiers, 7, rue Haxo. — Marseille (Bouches-du-Rhône).

Rolland (Georges), Ing. en chef des Mines, 60, rue Pierre-Charron. — Paris.

Rouget, Insp. gén. des Fin., 15, avenue Mac-Mahon. — Paris.

Rousseau (Henri), Ing. des P. et Cb., 12, rue de La Pompe. — Paris.

Rousselet (Louis), Archéol., 126, boulevard Saint-Germain. — Paris.

Sabatier (Armand), Corresp. de l'Inst., Doyen de la Fac. des Sc., 1, rue Barthez. — Montpellier (Hérault).

Sabatier (Paul), Corresp. de l'Inst., Prof. de Chim. à la Fac. des Sc., 11, allées des Zéphirs. — Toulouse (Haute-Garonne).

Sagnier (Henry), Dir. du Journal de l'Agriculture, 106, rue de Rennes. — Paris.

Saignat (Léo), Prof. à la Fac. de Droit, 18, rue Mably. — Bordeaux (Gironde).

Saint-Martin (l'Abbé Charles de), Vicaire, 7, rue des Carrières. — Suresnes (Seine).

Saint-Olive (G.), anc. Banquier, 9, place Morand. — Lyon (Rhône).

Dr Sainte-Rose-Suquet, 3, rue des Pyramides. — Paris.

Sanson (André), Prof. hon. à l'Inst. nat. agronom. et à l'Éc. nat. d'Agric. de Grignon, 18, rue Boissonnade. — Paris.

Schilde (le Baron de), château de Schilde par Wyneghem (province d'Anvers) (Belgique).

Schlumberger (Charles), Ing. de la Marine en retraite, 16, rue Chistophe-Colomb. — Paris.

Schmitt (Henri), Pharm. de 1re cl., 53, rue Notre-Dame-de-Lorette. — Paris.

Schmutz (Emmanuel), 1, rue Kageneck. — Strasbourg (Alsace-Lorraine).

Schwérer (Pierre, Alban), Notaire, 3, rue Saint-André. — Grenoble (Isère).

Sebert (le Général Hippolyte), Mem. de l'Inst., Admin. de la Soc. anonyme des Forges et Chantiers de la Méditerranée, 14, rue Brémontier. — Paris.

Sédillot (Maurice), Entomol., Mem. de la Com. scient. de Tunisie, 20, rue de L'Odéon. — Paris.

Segretain (le Général Léon), 23, rue de L'Hôtel-Dieu. — Poitiers (Vienne).

Selleron (Ernest), Ing. de la Marine en retraite, 76, rue de La Victoire. — Paris.

Serre (Fernand), Prop., 1, rue Levat. — Montpellier (Hérault).

Seynes (Léonce de), 58, rue Calade. — Avignon (Vaucluse).

Siégler (Ernest), Ing. en chef des P. et Ch., Ing. en chef adj. de la voie à la Comp. des Chem. de fer de l'Est, 48, rue Saint-Lazare. — Paris.

Siret (Louis), Ing. — Cuevas de Vera (province d'Almeria) (Espagne).

Société industrielle d'Amiens. — Amiens (Somme).

Société philomathique de Bordeaux, 2, cours du XXX Juillet. — Bordeaux (Gironde).

Société des Sciences physiques et naturelles, 143, cours Victor-Hugo. — Bordeaux (Gironde).

Société académique de Brest. — Brest (Finistère).

Société libre d'Agriculture, Sciences, Arts et Belles-Lettres de l'Eure. — Évreux (Eure).

Société centrale de Médecine du Nord. — Lille (Nord).

Société académique de la Loire-Inférieure, 1, rue Suffren. — Nantes (Loire-Inférieure).

Société centrale des Architectes français, 8, rue Danton. — Paris.

Société botanique de France, 84, rue de Grenelle. — Paris.

Société de Géographie, 184, boulevard Saint-Germain. — Paris.

Société médico-chirurgicale de Paris (ancienne Société médico-pratique), 29, rue de La Chaussée-d'Antin. — Paris.

Société française de Photographie, 76, rue des Petits-Champs. — Paris.
Société des Sciences, Lettres et Arts de Pau (Basses-Pyrénées).
Société industrielle de Reims, 18, rue Ponsardin. — Reims (Marne).
Société médicale de Reims, 71, rue Chanzy. — Reims (Marne).
Solms (le Comte Louis de), Ing. des Arts et Man. — Port-Louis (Morbihan).
Dr Sonnié-Moret (Abel), Pharm. de l'Hôp. des Enfants malades, 149, rue de Sèvres. — Paris.
Soret (Charles), Prof. à l'Univ., 6, rue Beauregard. — Genève (Suisse.
Soubeiran (Louis, Maxime), s.-Dir. de l'École prat. d'Indust. — Béziers (Hérault).
Steinmetz (Charles), Tanneur, 60, rue d'Illzach. — Mulhouse (Alsace-Lorraine).
Stengelin, Banquier, 9, quai Saint-Clair. — Lyon (Rhône).
Storck (Adrien), Ing. des Arts et Man., 78, rue de L'Hôtel-de-Ville. — Lyon (Rhône).
Suais (Abel), Ing. en chef des trav. pub. des Colonies, Dir. de la *Comp. impériale des Chem. de fer Éthiopiens*, 13, rue Léon-Cogniet. — Paris.
Surrault (Ernest), Notaire hon., 45, avenue de L'Alma. — Paris.
Dr Tachard (Élie), Méd. princ. de 1re cl., Dir. du Serv. de santé du 11e Corps d'armée, 16, passage Russeil. — Nantes (Loire-Inférieure).
Tanret (Charles), Pharm. de 1re cl., 14, rue d'Alger. — Paris.
Tanret (Georges), Étud., 14, rue d'Alger. — Paris.
Tarry (Gaston), anc. Insp. des Contrib. diverses. — Kouba (départ. d'Alger).
Tarry (Harold), Insp. des Fin. en retraite, anc. Élève de l'Éc. Polytech., villa Letellier-d'Aufresne. — Kouba (départ. d'Alger).
Dr Teillais (Auguste), place du Cirque. — Nantes (Loire-Inférieure).
Teissier (Joseph), Prof. à la Fac. de Méd., Corresp. nat. de l'Acad. de Méd., Méd. des Hôp., 8, place Bellecour. — Lyon (Rhône).
Testut (Léo), Prof. d'Anat. à la Fac. de Méd., Corresp. nat. de l'Acad. de Méd., 3, avenue de L'Archevêché. — Lyon (Rhône).
Teulade (Marc), Avocat, Mem. de la *Soc. de Géog.* et de la *Soc. d'Hist. nat. de Toulouse*, 22, rue Pharaon. — Toulouse (Haute-Garonne).
Teullé (le Baron Pierre), Prop., Mem. de la *Soc. des Agricult. de France*. — Moissac (Tarn-et-Garonne).
Dr Texier (Georges). — Moncoutant (Deux-Sèvres).
Thénard (Mme la Baronne Ve Paul), 6, place Saint-Sulpice. — Paris.
Thibault (J.), Tanneur, 18, place du Maupas. — Meung-sur-Loire (Loiret).
Dr Thibierge (Georges), Méd. des Hôp., 7, rue de Surène. — Paris.
Dr Theulié (Henri), Dir. de l'Éc. d'Anthrop., anc. Présid. du Cons. mun., 37, boulevard Beauséjour. — Paris.
Thurneyssen (Émile), Admin. de la *Comp. gén. Transat.*, 10, rue de Tilsitt. — Paris.
Tissot, Examin. d'admis. à l'Éc. Polytech. en retraite. — Voreppe (Isère).
Dr Topinard (Paul), 105, rue de Rennes. — Paris.
Tourtoulon (le Baron Charles de), Prop., 13, rue Roux-Alphéran. — Aix en Provence (Bouches-du-Rhône).
Trélat (Émile), Ing. des Arts et Man., Archit. en chef hon. du départ. de la Seine, Prof. hon. au Conserv. nat. des Arts et Métiers, Dir. de l'Éc. spéc. d'Archit., anc. Député, 17, rue Denfert-Rochereau. — Paris.
Tuleu (Mme Charles, Aubin), 58, rue d'Hauteville. — Paris.
Tuleu (Charles, Aubin), Ing. civ., anc. Élève de l'Éc. Polytech., 58, rue d'Hauteville. — Paris.
Urscheller (Henri), Prof. d'allemand au Lycée, 88, rue de Siam. — Brest (Finistère).
Dr Vaillant (Léon), Prof. au Muséum d'hist. nat., 36, rue Geoffroy-Saint-Hilaire.— Paris.
Dr Valcourt (Théophile de), Méd. de l'Hôp. marit. de l'Enfance. — Cannes (Alpes-Maritimes) et 64, boulevard Saint-Germain. — Paris.
Vallot (Joseph), Dir. de l'Observatoire météor. du Mont-Blanc, 114, avenue des Champs-Élysées. — Paris.
Valot (Paul), Doct. en Droit, Avocat, rue Kléber. — Lure (Haute-Saône).
Van Aubel (Edmond), Doct. ès sc. Phys. et Math., Prof. à l'Univ., 136t, chaussée de Courtrai. — Gand (Belgique).
Van Blarenberghe (Mme Henri, François), 48, rue de La Bienfaisance. — Paris.
Van Blarenberghe (Henri, François), Ing. en chef des P. et Ch. en retraite, Présid. du Cons. d'admin. de la *Comp. des Chem. de fer de l'Est*, 48, rue de La Bienfaisance.— Paris.
Van Blarenberghe (Henri, Michel), Ing. des P. et Ch., 48, rue de La Bienfaisance. — Paris.
Van Iseghem (Henri), Présid. du Trib. civ., anc. Mem. du Cons. gén. de la Loire-Inférieure, 7, rue du Calvaire. — Nantes (Loire-Inférieure).

Van Tiéghem (Philippe), Mem. de l'Inst., Prof. au Muséum d'hist. nat., 22, rue Vauquelin. — Paris.

Vandelet (O.), Nég., Délég. du Cambodge au Cons. sup. des Colonies. — Pnumpenh (Cambodge).

Vassal (Alexandre). — Montmorency (Seine-et-Oise) et 55, boulevard Haussmann. — Paris.

Vautier (Théodore), Prof. adj. à la Fac. des Sc., 30, quai Saint-Antoine. — Lyon (Rhône).

Dr Verger (Théodore). — Saint-Fort-sur-Gironde (Charente-Inférieure).

Vergnes (Auguste), Planteur à Mayumbá (Congo français), 2, rue des Jardins. — Castres (Tarn).

Vermorel (Victor), Construc., Dir. de la Stat. vitic. — Villefranche (Rhône).

Verney (Noël), Doct. en droit, Avocat à la Cour d'Ap., 4, rue du Jardin-des-Plantes. — Lyon (Rhône).

Veyrin (Émile), 2ter, rue Herran. — Paris.

Vieille-Cessay (l'Abbé Charles), Dir. au Grand-Séminaire, 12, rue Charles-Nodier. — Besançon (Doubs).

Dr Viennois (Louis, Alexandre). — Peyrins par Romans (Drôme).

Vignard (Charles), Lic. en droit, anc. Mem. du Cons. mun., Nég., anc. Juge au Trib. de Com., 16, passage Saint-Yves. — Nantes (Loire-Inférieure).

Dr Viguier (C.), Doct. ès sc., Prof. à l'Éc. prép. à l'Ens. sup. des Sc., 2, boulevard de La République. — Alger.

Villard (Pierre), Doct. en droit, 29, quai Tilsitt. — Lyon (Rhône).

Villiers du Terrage (le Vicomte de), 30, rue Barbet-de-Jouy. — Paris.

Vincent (Auguste), Nég., Armat., 14, quai Louis XVIII. — Bordeaux (Gironde).

Violle (Jules), Mem. de l'Inst., Maître de conf. à l'Éc. norm. sup., Prof. au Conserv. nat. des Arts et Mét., 89, boulevard Saint-Michel. — Paris.

Dr Vitrac (Junior), Chef de Clin. chirurg. à la Fac. de Méd., 16, rue du Temple. — Bordeaux (Gironde).

Vuillemin (Paul), Ing. civ. des Mines, 6, avenue de Saint-Germain. — Saint-Germain-en-Laye (Seine-et-Oise).

Vulpian (André), Lic. ès Sc. nat., 51, avenue Montaigne. — Paris.

Warcy (Gabriel de), 38, rue Saint-André. — Reims (Marne).

Dr Weiss (Georges), Ing. des P. et Ch., Agr. à la Fac. de Méd., 20, avenue Jules-Janin. — Paris.

Willm, Prof. de Chim. gén. appliq. à la Fac. des Sc. (Institut de Chimie), rue Barthélemy-Delespaul. — Lille (Nord).

Wouters (Louis), Homme de Lettres, anc. Chef de Cabinet de Préfet, 80, rue du Rocher. — Paris.

Yacht-Club de France, 6, place de L'Opéra. — Paris.

Zeiller (René), Mem. de l'Inst., Ing. en chef des Mines, 8, rue du Vieux-Colombier. — Paris.

Zivy (Paul), Ing. des Arts et Man., 148, boulevard Haussmann. — Paris.

LISTE GÉNÉRALE DES MEMBRES

DE L'ASSOCIATION FRANÇAISE

POUR L'AVANCEMENT DES SCIENCES

FUSIONNÉE AVEC

L'ASSOCIATION SCIENTIFIQUE DE FRANCE

———

Les noms des Membres Fondateurs sont suivis de la lettre **F** *et ceux des Membres à vie de la lettre* **R**. — *Les astérisques indiquent les Membres qui ont assisté au Congrès d'Ajaccio.*

———

Abadie (Alain), Ing. des Arts et Man., Sec. gén. de la *Comp. gén. de Trav. publ.*, 56, rue de Provence. — Paris.

Dr Abadie (Charles), 172, boulevard Saint-Germain. — Paris.

Abbe (Cleveland), Météor., Weather-Bureau, department of Agriculture. — Washington-City (États-Unis d'Amérique). — **R**

Académie d'Hippone. — Bône (départ. de Constantine) (Algérie).

Académie des Sciences, Belles-Lettres et Arts de Tarn-et-Garonne. — Montauban (Tarn-et-Garonne).

Aconin (Charles), Manufac., 21, rue Saint-Nicolas. — Compiègne (Oise).

Adam (François), Prof. au Collége Stanislas, 16, rue Le Verrier. — Paris.

Adam (Hippolyte), Banquier, Les Masurettes. — Boulogne-sur-Mer (Pas-de-Calais).

Adam (Paul), Prof. à l'Éc. nat. vétér. d'Alfort, Insp. princ. des Établis. classés, 1 rue de Narbonne. — Paris.

Adenot (Jacques), Dir. des Aciéries. — Imphy (Nièvre).

Adhémar (le Vicomte P. d'), Prop., 25, Grand'Rue. — Montpellier (Hérault).

Adrian (Alphonse), Pharm., Fabric. de prod. pharm., 9, rue de La Perle. — Paris.

*Aduy (Eugène)**, Prop., 27, quai Vauban. — Perpignan (Pyrénées-Orientales). — **R**

Agache (Edmond), 57, boulevard de La Liberté. — Lille (Nord).

Agache (Édouard), Prop. — Pérenchies (Nord).

Dr Aguilhon (Élie), 18, rue de La Chaussée-d'Antin. — Paris.

Albert Ier de Monaco (S. A. S. le Prince régnant), Corresp. de l'Inst., 10, avenue du Trocadéro. — Paris, et Palais princier. — Monaco.

Dr Albert-Weill (Ernest), Lic. ès Sc., 151, boulevard Magenta. — Paris.

Albertin (Michel), Pharm. de 1re cl., Dir. de la *Soc. des Eaux min.* et Maire de Saint-Alban, rue de L'Entrepôt. — Roanne (Loire). — **R**

Alcan (Félix), Libr.-Édit., anc. Élève de l'Éc. norm. sup., 108, boulevard Saint-Germain. — Paris.

Alché (Louis d'), Pharm. — Monclar (Lot-et-Garonne).

Alché (Séraphin d'), Pharm. —, Miramont (Lot-et-Garonne).

Dr Alezais (Henri), Chef des Trav. anat. à l'Éc. de Méd., 47, rue Breteuil. — Marseille (Bouches-du-Rhône).

Alger, 35, boulevard des Capucines. — Paris.

Alglave (Émile), Prof., à la Fac. de Droit de Paris, anc. Dir. de la *Revue scientifique*, 27, avenue de Paris. — Versailles (Seine-et-Oise).

Ali ben Ahmed, Interp. judic., 2, rue de Carthagène. — Tunis.

Dr Allaire (Georges), Chef des Trav. de Phys. à l'Éc. de Méd., 5, rue Santeuil. — Nantes (Loire-Inférieure).

Dr Allard (Félix), Lic. ès Sc. Phys., 46, rue de Châteaudun. — Paris.

Allard (Hubert), Pharm. de 1re cl., Prop. — Neuvy par Moulins (Allier). — R

Alluard (Émile), Doyen hon. de la Fac. des Sc., Dir. hon. de l'Observ. météor. du Puy-de-Dôme, 22 *bis*, place de Jaude. — Clermont-Ferrand (Puy-de-Dôme).

Dr Aloy (François, Jules), 5, rue Bayard. — Toulouse (Haute-Garonne).

Alphandery (Eugène), 57, rue Sylvabelle. — Marseille (Bouches-du-Rhône. — R

Alvin (Henry), Ing. des P. et Ch., attaché à la *Comp. des Chem. de fer d'Orléans*, 43, rue du Chinchauvaud. — Limoges (Haute-Vienne).

*Amans (Mme Paul), 45, avenue de Lodève. — Montpellier (Hérault).

*Dr Amans (Paul), Doct. ès Sc. 45, avenue de Lodève. — Montpellier (Hérault).

Amboix de Larbont (le Général Henri d'), Command. le départ. de la Seine, Adj. au Command. de la Place de Paris, 65, boulevard de Courcelles. — Paris. — F

Amet (Émile), Indust., Usine Saint-Hubert. — Sézanne (Marne).

Dr Amoedo (Oscar), 15, avenue de L'Opéra. — Paris.

Amtmann (Th.), Archiv.-Biblioth. de la *Soc. archéol.*, 26, rue Doidy. — Bordeaux (Gironde).

Andouard (Ambroise), Associé nat. de l'Acad. de Méd., Dir. de la Stat. agron. de la Loire-Inférieure. Prof. à l'Éc. de Méd. et de Pharm., 8, rue Clisson. — Nantes (Loire-Inférieure).

Andrault, Cons. à la Cour d'Ap. — Alger.

André (Charles), Prof. à la Fac. des Sc. de Lyon, Dir. de L'Observatoire. — Saint-Genis-Laval (Rhône).

*André (Alphonse-Eugène), Insp. de l'Ens. prim., Présid.-Fond. de l'*Œuvre des Voyages scolaires*, 43, rue des Capucins. — Reims (Marne).

André (Grégoire), Prof. de Pathol. int. à la Fac. de Méd., 18, rue Lafayette. — Toulouse (Haute-Garonne).

Dr Andrey (Édouard), 19, avenue de Clichy. — Paris.

Andrieux (Gaston), Indust., Juge sup. au Trib. de Com., 12, cours Gambetta. — Montpellier (Hérault).

Andurain (Lucien d'), Chim. (Maison Alphonse Huillard et Cie), rue du Commandant-Rivière. — Suresnes. (Seine).

Anger (Charles, Henri), Ing. chargé des Études du matériel roulant à la *Comp. du Chem. de fer du Nord*, anc. Élève de l'Éc. cent. des Arts et Man., 5, place des Vosges. — Paris.

Angellier (Auguste), Doyen de la Fac. des Lettres de Lille, 20, rue de Beaurepaire. — Boulogne-sur-Mer (Pas-de-Calais).

Anglas (Jules), Prépar. à la Fac. des Sc., 62, boulevard de Port-Royal. — Paris.

Angot (Alfred), Doct. ès Sc., Météor. tit. au Bureau cent. météor. de France 12, avenue de L'Alma. — Paris. — R

Anthoine (Édouard), Ing., Chef du serv. de la Carte de France et de la Stat. graph. au Min. de l'Int., anc. Élève de l'Éc. cent. des Arts et Man. 13, rue Cambacérès. — Paris.

Anthoni (Gustave), Ing. des Arts et Man., 17, avenue Niel. — Paris.

Dr Apert (Eugène), anc. Int. des Hôp., Chef de clin. méd. à la Fac. de Méd., 14, rue de Marignan. — Paris.

Appert (Aristide), anc. Indust., 58, rue Ampère. — Paris. — R

Appert (Léon), Commis.-pris. hon., 11, avenue d'Églé. — Maisons-Laffitte (Seine-et-Oise).

Arbel (Antoine), Maître de forges. — Rive-de-Gier (Loire). — R

Arcin (Henri), Nég., 1, rue de L'Arsenal. — Bordeaux (Gironde).

Dr Ardoin (Charles), 25, boulevard Carabacel. — Nice (Alpes-Maritimes).

Argent (Jules d'), Chirurg.-Dent., 245, rue Saint-Honoré. — Paris.

Dr Aris (Prosper), 17, rue du Lycée. — Pau (Basses-Pyrénées).

Arloing (Saturnin), Corresp. de l'Inst. et de l'Acad. de Méd., Prof. à la Fac. de Méd. Dir. de l'Éc. nat. vétér., 2, quai Pierre-Scize. — Lyon (Rhône). — R

Dr Armaingaud (Arthur), anc. Agr. à la Fac. de Méd., 61, cours de Tourny. — Bordeaux (Gironde).

Armengaud (Eugène), Ing. des Arts et Man., 21, boulevard Poissonnière. — Paris.

Dr Armet (Silvère). — Sallèles-d'Aude (Aude).

Armez (Louis), Ing. des Arts et Man., Député des Côtes-du-Nord, 14, rue Juliette-Lamber. — Paris et château Bourg-Blanc. — Plourivo par Paimpol (Côtes-du-Nord).

Arnaud (Gabriel), Nég. — **Mèze** (Hérault).

Arnaud (Jean-Baptiste), Ing. des P. et Ch. — Coulommiers (Seine-et-Marne).

*D**r Arnaud (Henri)**, 5, rue Saint-Pierre. — Montpellier (Hérault). — **R**

D**r Arnaud de Fabre (Amédée)**, 36, rue Sainte-Catherine. — Avignon (Vaucluse).

Arnould (Charles). Nég., Mem. du Cons. gén., 23, rue Thiers. — Reims (Marne). — **R**

Arnould (Charles), Insp. gén. des Poudres et Salpêtres, 16, quai de La Verrerie. — Melun (Seine-et-Marne).

Arnould (le Colonel Émile), Dir. de l'Éc. des Hautes-Études indust. à l'Univ. catholique, 11, rue de Toul. — Lille (Nord).

Arnould (Jean-Baptiste, Camille), Dir. de l'Enreg. et des Dom., 6, place Saint-Pierre. — Troyes (Aube).

Arnoux (Louis Gabriel), anc. Of. de marine. — Les Mées (Basses-Alpes). — **R**

Arnoux (René), Ing.-Construc., anc. Ing. des Ateliers Bréguet, anc. Ing.-Conseil de la *Comp. continentale Edison*, 45, rue du Ranelagh. — Paris. — **R**

Arnozan (Mlle** M. V.)**, 40, allées de Tourny. — Bordeaux (Gironde).

Arnozan (Gabriel), Pharm. de 1re cl., Mem. de la *Soc. de Pharm. de la Gironde*, 40, allées de Tourny. — Bordeaux (Gironde).

Arnozan (Xavier), Prof. à la Fac. de Méd., 27 *bis*, cours du Pavé-des-Chartrons. — Bordeaux (Gironde).

Arosa (Achille), Mem. de la *Soc. de Géog.*, 5, avenue Victor-Hugo. — Paris.

Arrault (Paulin), Ing. des Arts et Man., Construc. d'ap. de sond., 69, rue Rochechouart. — Paris.

D**r Arsonval (Arsène d')**, Mem. de l'Inst. et de l'Acad. de Méd., Prof. au Collège de France, 12, rue Claude-Bernard. — Paris.

Arth (Georges), Prof. à la Fac. des Sc., 7, rue de Rigny. — Nancy (Meurthe-et-Moselle).

Arvengas (Albert), Lic, en droit, 1, rue Raimond-Lafage. — Lisle-d'Albi (Tarn). — **R**

Ascoli (David), Nég.-Commis., 36, rue de Chabrol. — Paris.

Ascroft (Robert-Lamb), Nautical-Assessor in Fishery cases, 4, Park street. — Lytham (Lancashire) (Angleterre)

Association amicale des anciens Élèves de l'Institut du Nord, 17, rue Faidherbe. — Lille (Nord).

*Association pour l'Enseignement des Sciences anthropologiques** (École d'Anthropologie), 15, rue de L'École-de-Médecine. — Paris. — **R**

Association des Ingénieurs civils Portugais, place du Commerce. — Lisbonne (Portugal).

Astié (Gaston), Chirurg.-Dent., 27, rue Taitbout. — Paris.

Astor (Auguste), Prof. à la Fac. des Sc., 11, place Victor-Hugo. — Grenoble (Isère).

Aubert (Charles), Avocat, 13, rue Caqué. — Reims (Marne). — **F**

Aubert (Mme** Ephrem)**, 31, chaussée du Port. — Reims (Marne).

Aubert (Ephrem), Nég., 31, chaussée du Port. — Reims (Marne).

D**r Aubert (P.-F.)**, anc. Chirurg. de l'Antiquaille, 33, rue Victor-Hugo. — Lyon (Rhône).

Aubert (Mme** Raymond)**, 33, chaussée du Port. — Reims (Marne).

Aubert (Raymond), Adj. au Maire, Nég., 33, chaussée du Port. — Reims (Marne).

Aubin (Emile), Chim., Dir. du Lab. de la *Soc. des Agric. de France*, 12, rue Pernelle. — Paris.

*Aubrée (Jules)**, Avoué à la Cour d'Ap., 1, rue d'Estrées. — Rennes (Ille-et-Vilaine).

Aubrun, 86, boulevard des Batignolles. — Paris.

D**r Audé**. — Fontenay-le-Comte (Vendée).

Audiffred (Jean), Député de la Loire, 38, rue François-Ier. — Paris et à Roanne (Loire).

D**r Audouin (Pierre)**, 49, rue Saint-Sernin. — Bordeaux (Gironde).

Audra (Edgard), Trésor. de la *Soc. française de Photog.*, 3, rue de Logelbach. — Paris.

Augé (Eugène), Ing. civ., 6, rue Barralerie. — Montpellier (Hérault).

Auger (Mme** Émilie)**, 1, rue Le Goff. — Paris.

Ault du Mesnil (Geoffroy d'), Géol., Admin. des Musées, 1, rue de L'Eauette. — Abbeville (Somme).

D**r Auquier (Eugène)**, 18, rue de la Banque. — Nîmes (Gard).

Auric (André), Ing. des P. et Ch. — Valence (Drôme).

Authelin (Charles), Prépar. à la Fac. des Sc. — Nancy (Meurthe et-Moselle).

Auvray (Charles), Archit. de la Ville, 3, rue Daniel-Huet. — Caen (Calvados).

Aveneau de la Grancière (le Comte Paul), 10 *bis*, rue de Richemond. — Vannes (Morbihan).

Avenelle (Ernest), Dir. des Établiss. Rivière et Cⁱᵉ, 15, rue d'Elbœuf. — Rouen (Seine-Inférieure).

Aynard (Édouard), Mem. de l'Inst., Présid. de la Ch. de Com., Député du Rhône, 11, place de La Charité. — Lyon (Rhône). — **F**

Babinet (André), Ing. en chef des P. et Ch., 5, rue Washington. — Paris. — **R**

Dʳ Bachelot-Villeneuve. — Saint-Nazaire (Loire-Inférieure).

Baillaud, Doyen de la Fac. des Sc., Dir. de l'Observatoire. — Toulouse (Haute-Garonne.)

Baille (Mᵐᵉ Jean, Louis), 41, rue Réaumur. — Paris.

Baille (Jean, Louis), Opticien, 41, rue Réaumur. — Paris.

*Baille (Mᵐᵉ J.-B., Alexandre), 26, rue Oberkampf. — Paris. — **R**

*Baille (Mˡˡᵉ Julie), 26, rue Oberkampf. — Paris.

*Baille (J.-B., Alexandre), anc. Répét. à l'Éc. Polytech., Prof. à l'Éc. mun. de Phys. et de Chim. indust., 26, rue Oberkampf. — Paris. — **F**

Baillière (Germer), anc. Libraire-Édit., anc. Mem. du Cons. mun., 10, rue de L'Éperon. — Paris. — **F**

Baillière (Paul), Doct. en droit, Avocat à la Cour d'Ap., 20, boulevard de Courcelles. — Paris.

Baillou (André), Prop., 96, rue Croix-de-Seguey. — Bordeaux (Gironde). — **R**

*Bailly (Alfred), anc. Mem. du Cons. gén., Rédac. au *Républicain de Nogent-le-Rotrou*, rue Saint-Hilaire. — Nogent-le-Rotrou (Eure-et-Loir).

*Dʳ Bailly (Charles). — Chambly (Oise).

*Balédent (l'Abbé Pierre), Curé. — Versigny par Nanteuil-le-Haudouin (Oise).

Bamberger (Henri), Banquier, 14, rond-point des Champs-Élysées. — Paris. — **F**

Bapterosses (F.), Manufac. — Briare (Loiret). — **F**

Barabant (Roger), Ing. en chef des P. et Ch., Dir. de la *Comp. des Chem. de fer de l'Est*, 14, rue de Clichy. — Paris. — **R**

Dʳ Baraduc (Hippolyte, Ferdinand), Électrothérap., 191, rue Saint-Honoré. — Paris.

Dʳ Baratier. — Bellenave (Allier).

Barbe (Isidore), Prop., 144, rue Saint-Sernin. — Bordeaux (Gironde).

Barbelenet (Simon), Prof. de Math. au Lycée, 18, rue Tronson-Ducoudray. — Reims (Marne).

Barbier (Aimé), Etud., 18, boulevard Flandrin. — Paris.

Barbier (Philippe), Prof. à la Fac. des Sc., 212, route de Vienne. — Lyon (Rhône).

Barbier (Victor), Sec. gén. de l'*Acad. d'Arras*, 4, rue du Marché-aux-Filets. — Arras (Pas-de-Calais).

Barboux (Henri), Avocat à la Cour d'Ap., anc. Bâton. du Cons. de l'Ordre, 14, quai de La Mégisserie. — Paris. — **F**

Bard (Louis), Prof. de clin. médic. à l'Univ., 6, rue Bellot. — Genève (Suisse). — **R**

Bardin (Mˡˡᵉ), 2, rue du Luminaire. — Montmorency (Seine-et-Oise). — **R**

Bardot (Henri), Fabric. de prod. chim., 190, rue Croix-Nivert. — Paris.

Dʳ Barette, Prof. à l'Éc. de Méd., 13, rue de Bernières. — Caen (Calvados).

Dʳ Baréty (Alexandre). — Nice (Alpes-Maritimes).

Barge (Henri), Archit.-Entrep., anc. Élève de l'Éc. nat. des Beaux-Arts, Maire. — Janneyrias par Meyzieux (Isère).

Bargeaud (Paul), Percept. — Royan-les-Bains (Charente-Inférieure). — **R**

Bariat (Julien), Ing., Construc. de mach. agricoles. — Bresles (Oise).

Dʳ Barillet (Alexandre), 18, rue de Talleyrand. — Reims (Marne).

*Barillier-Beaupré (Alphonse), Juge de Paix, Grande-Rue. — Champdeniers (Deux-Sèvres). — **R**

Barisien (Ernest), Chef de bat. d'Infant. en mission milit., Ambassade de France. — Constantinople (Turquie).

Dʳ Barnay (Marius), 178 *bis*, rue de Vaugirard. — Paris.

Baron (Émile), Fabric. de savon, 23, rue Longue-des-Capucines. — Marseille (Bouches-du-Rhône).

Baron (Henri), Dir. hon. de l'Admin. des Postes et Télég., 18, avenue de La Bourdonnais. — Paris. — **R**

Baron (Jean), anc. Ing. de la Marine, Ing. en chef aux *Chantiers de la Gironde*, 50, rue du Tondu. — Bordeaux (Gironde). — **R**

Baron-Latouche (Émile), Juge au Trib. civ. — Fontenay-le-Comte (Vendée).

Dʳ Barral (Étienne), Agr. à la Fac. de Méd., 2, quai Fulchiron. — Lyon (Rhône).

Barrère (Eugène), Prop. — Gourbera par Dax (Landes).

Barret (Amédée), Photograv., 104, boulevard Montparnasse. — Paris.

Barrion (Georges), Ing. agron. 4, rue Al-Djazira. — Tunis.

Dr Barrois (Charles), Prof. à la Fac. des Sc., 37, rue Pascal. — Lille (Nord). — **R**

Dr Barrois (Jules), Doct. ès Sc., Zool., villa de Surville, Cap Brun. — Toulon (Var). — **R**

Barrois (Théodore) (fils), Prof. à la Fac. de Méd., Député du Nord, 220, rue Solférino. — Lille (Nord).

Barruet (Charles), Pharm., 4, place de La Croix-Morin. — Orléans (Loiret).

Bartaumieux (Charles), Archit., Expert à la Cour d'Ap., Mem. de la *Soc. cent. des Archit. franç.*, 66, rue La Boëtie. — Paris. — **R**

Dr Barth (Henry), Méd. des Hôp., Sec. de l'*Assoc. des Méd. de la Seine*, 2, rue Saint-Thomas-d'Aquin. — Paris.

Dr Barthe (Léonce), Agr. à la Fac. de Méd., Pharm. en chef des Hôp., 6, rue Théodore-Ducos. — Bordeaux (Gironde).

Barthe-Dejean (Jules), 5, rue Bab-el-Oued. — Alger.

*Barthélemy (François), 61, rue de Rome. — Paris.

Barthélemy (le Marquis François, Pierre de), Explorateur, 51, rue Pierre-Charron. — Paris.

Barthélemy (Louis), Dir. gén. de la *Soc. française des Poudres de sûreté*, 85, rue d'Hauteville. — Paris.

Barthelet (Edmond), Mem. de la Ch. de Com., 33, boulevard de La Liberté. — Marseille (Bouches-du-Rhône).

Bartholoni (Fernand), anc. Présid. du Cons. d'admin. de la *Comp. des Chem. de fer d'Orléans*, 12, rue La Rochefoucauld. — Paris. — **F**

Basset (Charles), Nég., cours Richard. — La Rochelle (Charente-Inférieure).

Basset (Gabriel), Prof. hon. à la Fac. de Méd., Méd. hon. des Hôp., 34, rue Peyrolières. — Toulouse (Haute-Garonne).

Dr Basset de Séverin (Paul, Henri), château Chamberjot. — Noisy-sur-École par La Chapelle-la-Reine (Seine-et-Marne).

Bastide (Scévola), Prop.-Vitic., Mem. de la Ch. de Com., 11, rue Maguelonne. — Montpellier (Hérault). — **R**

Bastit (Eugène), Doct. ès Sc., Censeur du Lycée. — Bourges (Cher).

Baton (Ernest), Prop., 5, rue de Sfax. — Paris.

Dr Battandier (Jules, Aimé), Prof. à l'Éc. de Méd., Méd. de l'Hôp. civ., 9, rue Desfontaines. — Alger-Mustapha.

Dr Battarel, Méd. de l'Hôp. civ., 69, rue Sadi-Carnot. — Alger-Mustapha.

Battarel (Pierre, Ernest), Ing. civ., château de Polangis, 1, route de Brie. — Joinville-le-Pont (Seine).

*Dr Battesti (Félix). — Bastia (Corse).

Battle (Étienne), rue du Petit-Scel. — Montpellier (Hérault).

Dr Batuaud (Jules), 127, boulevard Haussmann. — Paris.

Baudoin (Antonin), Pharm. de 1re cl., Dir. du Lab. de Chim. agric. et indust., 4, rue de Barbezieux. — Cognac (Charente).

Baudoin (Noël), Ing. civ., 51, rue Lemercier. — Paris. — **F**

Baudon (Alexandre), Fabric. de prod. pharm., 12, rue Charles V. — Paris.

Dr Baudouin (Marcel), anc. Int. des Hôp., Chef de Lab. à la Fac. de Méd., Dir. de l'Inst. internat. de Bibliog. scient., 93, boulevard Saint-Germain. — Paris.

Baudreuil (Charles de), 29, rue Bonaparte. — Paris. — **R**

Baudreuil (Émile de), anc. Cap. d'Artil., anc. Élève de l'Éc. Polytech., 9, rue du Cherche-Midi. — Paris. — **R**

Baudry (Charles), Ing. en chef du matér. et de la trac. à la *Comp. des Chem. de fer de Paris à Lyon et à la Méditerranée*, anc. Élève de l'Éc. Polytech., 27, quai de La Tournelle. — Paris.

*Baudry (Sosthène), Prof. à la Fac. de Méd., 14, rue Jacquemars-Giélée. — Lille (Nord).

Bayard (Joseph), anc. Int. des Hôp. de Paris, Pharm. de 1re cl., Sec. de la *Soc. des Pharm. de Seine-et-Marne*, 16, rue Neuville. — Fontainebleau (Seine-et-Marne). — **R**

Baye (le Baron Joseph de), Mem. de la *Soc. des Antiquaires de France*, Corresp. du Min. de l'Instruc. pub., 58, avenue de La Grande-Armée. — Paris et château de Baye (Marne). — **R**

Bayssellance (Adrien), Ing. de la Marine en retraite, Présid. de la rég. sud-ouest du *Club Alpin français*, anc. Maire, 84, rue Saint-Genès. — Bordeaux (Gironde). — **R**

Beauchais, 130, boulevard Saint-Germain. — Paris.

*Dr Beaudier (Henri). — Attigny (Ardennes).

Beaumont (Paul de), Notaire, Admin. des Hospices, 2 bis, rue Saint-Jean. — Bou'ogne-sur-Mer (Pas-de-Calais).

Beaufumé (A.), Attaché au Min. des Fin., 72, rue de Seine. — Paris.

Beaurain (Narcisse), Biblioth. de la Ville, 1, rue Restout. — Rouen (Seine-Inférieure).

Beauvais (Maurice), Sec. gén. de la Préfect., 13, rue Bonne-Nouvelle. — Angers (Maine-et-Loire).

Béchamp (Antoine), anc. Prof. à la Fac. de Méd. de Montpellier, Corresp. nat. de l'Acad. de Méd., 15, rue Vauquelin. — Paris. — **F**

Becker (Mme Ve), 260, boulevard Saint-Germain. — Paris. — **F**

Becker (A.), 9, quai Saint-Thomas. — Strasbourg (Alsace-Lorraine).

Becker (E.), Agent de change, 76, rue de Talleyrand. — Reims (Marne).

Becker (Mme John) (chez M. Boesé), 157, rue du Faubourg-Saint-Denis. — Paris.

Becker (John), Doct. en Droit (chez M. Boesé), 157, rue du Faubourg-Saint-Denis. — Paris.

Dr Béclère (Antoine), Méd. des Hôp., 5, rue Scribe, Paris.

Bedel (Louis), Entomol., 20, rue de L'Odéon. — Paris.

Dr Bedié (Joseph, Henri), 50, boulevard de La Tour-Maubourg. — Paris.

Bedout (Louis), château de la Plaine. — Cazaubon (Gers).

Beghin (A.), Prof. à l'Éc. nat. des Arts indust., 50, rue du Tilleul. — Roubaix (Nord).

Béhaghel (Henri), Prop., château de Beaurepaire. — Beaumarie-Saint-Martin par Montreuil-sur-Mer (Pas-de-Calais). — **R**

*Behal (Auguste), Prof. à l'Éc. sup. de Pharm., Pharm. de l'Hôpital Ricord, 53, rue Claude-Bernard. — Paris.

Beigbeder (David), anc. Ing. des Poudres et Salpêtres, 125, avenue de Villiers. — Paris. — **R**

Beille (Lucien), Agr. à la Fac. de Méd. de Bordeaux, Jardin Botanique. — Talence (Gironde).

Beleze (Mlle Marguerite), Mem. des Soc. botan. et mycol. de France, archéol. de Rambouillet et de l'Association française de botan., 62, rue de Paris. — Montfort-l'Amaury (Seine-et-Oise).

Belin (Marcel). — Chazelles-sur-Lyon (Loire).

Bell (Édouard, Théodore), Nég., 57, Broadway.— New-York (États-Unis d'Amérique).— **F**

Bellamy (Paul), Greffier en chef du Trib. civ., 19, rue Voltaire. — Nantes.

Belloc (Émile), Chargé de Missions scient., 105, rue de Rennes. — Paris.

Bellot (Arsène, Henri), anc. s.-Archiv. au Cons. d'État, 9, avenue Malakoff. — Paris.

Beltrami (Edmond), Dent., 2, rue de Noailles. — Marseille (Bouches-du-Rhône).

*Dr Belugou (Guillaume), chargé de cours à l'Éc. sup. de Pharm., 3, boulevard Victor-Hugo. — Montpellier (Hérault).

Bémont (Gustave), Chim., 21, rue du Cardinal-Lemoine. — Paris.

Bénard (Henri), Doct. ès Sc. Phys., Ag. de l'Univ., 5, rond-point Bugeaud. — Paris.

Bengesco (Mme Marie), Critique d'Art, 7, rue des Saints-Pères. — Paris.

Benoist, Notaire. — Senlis (Oise).

Benoist (Félix), Manufac., 30, rue de Monsieur. — Reims (Marne).

Benoist (Jules), Nég., 3, rue des Cordeliers. — Reims (Marne).

Benoît, boulevard Saint-Pierre. — Caen (Calvados).

Benoît (Arthur), Indust., 6, place du Général Mellinet. — Nantes (Loire-Inférieure).

Dr Benoît (René), Doct. ès Sc., Ing. civ., Dir. du Bur. internat. des Poids et Mesures, pavillon de Breteuil. — Sèvres (Seine-et-Oise).

Beral (Eloi), Insp. gén. des Mines en retraite, Cons. d'État hon., anc. Sénateur, château de Pechfumat. — Frayssinet-le-Gélat (Lot). — **F**

Béraud (Mme Ve Marie), 76, avenue de Villiers. — Paris.

*Berchon (Mme Ve Ernest), 96, cours du Jardin-Public. — Bordeaux (Gironde). — **R**

Berdellé (Charles), anc. Garde gén. des Forêts. — Rioz (Haute-Saône). — **F**

Berge (René), Ing. civ. des Mines, Mem. du Cons. gén. de la Seine-Inférieure, 12, rue Pierre-Charron. — Paris.

*Dr Berger (Louis, Emmanuel). — Coutras (Gironde).

Berger (Lucien), 8, rue Saint-Simon. — Paris.

Bergeret (Albert), Phototypie d'Art, 23, rue de La Pépinière. — Nancy (Meurthe-et-Moselle).

Dr Bergeron (Henri), 138, rue de Rivoli. — Paris.

Bergeron (Jules), Doct. ès Sc., Prof. à l'Éc. cent. des Arts et Man., s.-Dir. du Lab. de Géol. de la Fac. des Sc., 157, boulevard Haussmann. — Paris. — **R**

Bergès (Aristide), Ing. des Arts et Man. — Lancey (Isère)

Bergonié (Mme Jean), 6 bis, rue du Temple. — Bordeaux (Gironde).

Bergonié (Jean), Prof. de Phys. à la Fac. de Méd., Corresp. nat. de l'Acad. de Méd., Chef du serv. électrothérap. des Hôp., 6 bis, rue du Temple. — Bordeaux (Gironde).

Dr Bergounioux (Jean), Méd.-Maj. de 1re cl. à l'Hôp. milit. Bégin. — Saint-Mandé (Seine).

Dr Bérillon (Edgar), Méd.-Insp. adj. des Asiles pub. d'aliénés, Dir. de la Revue de l'Hypnotisme, 14, rue Taitbout. — Paris.

Bernard (Edmond), Prof., 59, avenue de Breteuil. — Paris.

Bernard (Gabriel), Contrôl. princ. des Contrib. dir. et du Cadastre, 170, boulevard Voltaire. — Paris.

Bernard (Georges, Eugène), Pharm. princ. de 1re cl. de l'Armée en retraite, 31, rue Saint-Louis. — La Rochelle (Charente-Inférieure).

Dr Bernard (Raymond), Méd.-Maj., Répét. à l'Éc. du Serv. de Santé milit. — Lyon (Rhône).

Bernard (Remy), Rent., 51, rue de Prony. — Paris.

Bernès (Henri), Prof. de Réth. au Lycée Lakanal, Mem. du Cons. sup. de l'Instruc. pub. 127, boulevard Saint-Michel. — Paris.

Bernheim (Maxime), Prof. de Clin. int. à la Fac. de Méd., 14, rue Lepois. — Nancy (Meurthe-et-Moselle).

Dr Bernheim (Samuel), 9, rue Rougemont. — Paris.

Bertault-Simon, Prop.-Viticult., 37, rue de Châlons. — Ay (Marne).

Bertaut (Léon), Nég., 213, boulevard Saint-Germain. — Paris.

Berthelot (Eugène), Sec. perp. de l'Acad. des Sc., Mem. de l'Acad. française et de l'Acad. de Méd., anc. Min., Sénateur, Prof. au Col. de France, 3, rue Mazarine (Palais de l'Institut). — Paris. — **R**

Berthier (Camille), Ing. des Arts et Man. — La Ferté-Saint-Aubin (Loiret).

Dr Bertholon (Lucien), v.-Présid. d'hon. de l'Inst. de Carthage, 8, rue des Maltais. — Tunis.

Berthoud (Louis), Horloger-Expert de la Marine, Biblioth. de l'Éc. d'Horlog., 37, rue de Pontoise. — Argenteuil (Seine-et-Oise).

Bertillon (Alphonse), Chef du serv. de l'Identité judiciaire à la Préf. de Police, 36, quai des Orfèvres. — Paris.

Dr Bertin (Georges), Corresp. de l'Acad. de méd., Prof. sup. à l'Éc. de Méd., Méd. des Hôp., 2, rue Franklin. — Nantes (Loire-Inférieure).

Bertin (Louis), Ing. en chef des P. et Ch. en retraite, 6, rue Mogador. — Paris. — **R**

Bertrand (Alexandre), Mem. de l'Inst., Conserv. du Musée. — Saint-Germain-en-Laye (Seine-et-Oise).

Bertrand (J.), Pharm. de 1re cl. — Fontenay-le-Comte (Vendée).

Dr Bertrand (Marc-Antoine). — Noirétable (Loire).

Besançon (Georges), Dir. de l'Aérophile, 14, rue des Grandes-Carrières. — Paris.

*Besnard (Félix), Avoué, Maire, 18, quai de Paris. — Joigny (Yonne).

Bessand (Charles), Admin. de la Comp. des Chem. de fer du Midi, 2 bis, rue du Pont-Neuf. — Paris.

Besson, Archit.-Vérif. — Montlhéry (Seine-et-Oise).

Dr Besson (Albert), Lauréat de l'Inst., anc. Méd. Maj., anc. Chef de Lab., 62, rue d'Alésia. — Paris.

Besson (Paul), Chim., 10, Neufeldeweg. — Neudorff près Strasbourg (Alsace-Lorraine).

Bétencourt (Alfred), Ing.-Chim., 64, rue d'Outreau. — Boulogne-sur-Mer (Pas-de-Calais).

Béthouart (Alfred), Ing. des Arts et Man., Censeur à la Banque de France, anc. Maire, 5, rue Chanzy. — Chartres (Eure-et-Loir). — **R**

Béthouart (Émile), Conserv. des Hypothèques, 17, rue de Patay. — Orléans (Loiret). — **R**

Dr Bettremieux (Paul), anc. Int. des Hôp. de Paris, 30, rue Saint-Vincent-de-Paul. — Roubaix (Nord).

Beutter (Frédéric), Ing. aux Aciéries de Saint-Étienne, 13, place Marengo. — Saint-Étienne (Loire).

Beyna (Auguste), Dir. de la succursale de la Comp. Algérienne, 8, avenue de France. — Tunis.

Beyssac (Jean Conilh de), Doct. en droit, Avocat à la Cour d'Ap., 18, rue Boudet. — Bordeaux (Gironde).

Dr Bezançon (Paul), anc. Int. des Hôp., 51, rue de Miromesnil. — Paris. — **R**

Dr **Bézy** (Paul), Agr. chargé du cours de Clin. infantile à la Fac. de Méd., Méd. des Hôp., 3, rue Maletache. — Toulouse (Haute-Garonne).

Biaille (Léon), Pharm. — Chemillé (Maine-et-Loire).

Bibliothèque-Musée, 10, rue de L'État-Major. — Alger. — **R**

Bibliothèque universitaire, 40, rue Saint-Vincent. — Besançon (Doubs).

Bibliothèque publique de la Ville, Grande-Rue. — Boulogne-sur-Mer (Pas-de-Calais). — **R**

Bibliothèque populaire de la Ville. — Orthez (Basses-Pyrénées).

Bibliothèque du Service hydrographique de la Marine, 13, rue de L'Université. — Paris.

Bibliothèque de l'École supérieure de Pharmacie de Paris, 4, avenue de L'Observatoire. — Paris.

Bibliothèque du Sénat, rue de Vaugirard. — Paris.

Bibliothèque de la Ville. — Pau (Basses-Pyrénées). — **R**

Bichat (Ernest, Adolphe), Corresp. de l'Inst., Doyen de la Fac. des Sc., 3 *bis*, rue des Jardiniers. — Nancy (Meurthe-et-Moselle).

Bichon (Edmond), Lic. ès Sc. Math. et Phys., Prof., Chim. diplômé, 76, rue de Marseille. — Bordeaux (Gironde).

Dr **Bidard** (E.), anc. Int. des Hôp., Mem. de la *Soc. d'Anthrop. de Paris*. — Domfront (Orne.)

Bidaud (Louis, François), Prof. de Phys. et de Chim. à l'Éc. nat. vétér. — Toulouse (Haute-Garonne).

Dr **Bidon** (Honoré), Méd. des Hôp., 12, rue Estelle. — Marseille (Bouches-du-Rhône).

Biehler (Charles), Dir. de l'Éc. prép. du Col. Stanislas, 22, rue Notre-Dame-des-Champs. — Paris.

Bienvenüe (Fulgence), Ing. en chef des P. et Ch., 9, rue Roy. — Paris.

Biétrix (Vincent), Ing. des Arts et Man., La Chaléassière. — Saint-Étienne (Loire).

*Bigne de Villeneuve (Armel de la), Commis. princ. de la Marine en retraite, 5 rue Royale. — Nantes (Loire-Inférieure).

Bignon (Jean), Ing. des Arts et Man., Agron. — Bourbon-l'Archambault (Allier).

Bigo (Émile), Imprim., 95, boulevard de La Liberté. — Lille (Nord).

Bigot (Alexandre), Prof. à la Fac. des Sc., 28, rue de Geôle. — Caen (Calvados).

*Dr **Bilhaut** (Marceau), Chirurg. de l'Hôp. internat., 5, avenue de L'Opéra. — Paris.

Bilhaut (Marceau) (fils), Étud. en Méd., 5, avenue de L'Opéra. — Paris.

Billault-Billaudot et Cie, Fabric. de prod. chim., 22, rue de La Sorbonne. — Paris. — **F**

Dr **Billon**, Maire. — Loos (Nord).

Billy (Alfred de), anc. Insp. des Fin., anc. Élève de l'Éc. Polytech., 24, place Malesherbes. — Paris.

Billy (Charles de), Cons. référend. à la Cour des Comptes, 56, rue de Boulainvilliers. — Paris. — **F**

Binet (Ernest), Prop., 32, rue Marie-Talbot. — Sainte-Adresse (Seine-Inférieure).

Dr **Binot** (Jean), anc. Int. des Hôp., 22, rue Cassette. — Paris.

Biochet, Notaire hon. — Caudebec-en-Caux (Seine-Inférieure). — **R**

Bioux (Léon), Chirurg.-Dent., Chef de clin. et Mem. du Cons. d'Admin. de l'Éc. dentaire de Paris, 6, rue Rameau. — Paris.

Bischoffsheim (Raphaël, Louis), Mem. de l'Inst., Ing. des Arts et Man., Député des Alpes-Maritimes, 3, rue Taitbout. — Paris. — **F**

Biscuit (Edmond), anc. Notaire. — Boult-sur-Suippe, par Bazancourt (Marne).

Biver (Hector), Ing. des Arts et Man., Mem. du Cons. d'admin. de la *Soc. anonyme de Saint-Gobain, Chauny et Cirey*, 8, rue Meissonier. — Paris.

Bizard (Émilien), Dir. de l'Exploit. des Docks (Hôtel des Docks), place de La Joliette. — Marseille (Bouches-du-Rhône).

Dr **Blache** (R., H.), Mem. de l'Acad. de Méd., 5, rue de Surène. — Paris.

Blaise (Émile), Ing. des Arts et Man., 1, rue Ballu. — Paris.

Blaise (Jules), Pharm., 31, boulevard de l'Hôtel-de-Ville. — Montreuil-sous-Bois (Seine).

Blanc (Édouard), Explorateur, 52, rue de Varenne. — Paris. — **R**.

Blanchard (Raphaël), Prof. à la Fac. de Méd., Mem. de l'Acad. de Méd., 226, boulevard Saint-Germain. — Paris. — **R**

Dr **Blanche** (Emmanuel), Prof. à l'Éc. de Méd. et à l'Éc. prép. à l'Ens. sup. des Sc., 12, quai du Havre. — Rouen (Seine-Inférieure).

Blanchet (Augustin), Fabric. de papiers, château d'Alivet. — Renage (Isère).

Dr **Blanchier**. — Chasseneuil (Charente).

Blandin (Frédéric, Auguste), Ing. des Arts et Man., anc. Manufac., Admin. de la *Banque de France*, avenue de la Gare. — Nevers (Nièvre), et 19, place de La Madeleine. — Paris.

Blarez (Charles), Prof. à la Fac. de Méd., 3, rue Gouvion. — Bordeaux (Gironde). — **R**

Blin, Fabric. de draps. — Elbeuf-sur-Seine (Seine-Inférieure).

*Dr Bloch (Adolphe), anc. Méd. de l'Hôp. du Havre, 24, rue d'Aumale. — Paris.

Blondeau-Bertault (Jules), Prop., Nég., Adj. au Maire. — Ay (Marne).

Blondel (André), Ing., Prof. à l'Éc. nat. des P. et Ch., 41, avenue de La Bourdonnais. — Paris.

Blondel (Édouard), Insp. gén. des Fin., anc. Élève de l'Éc. Polytech., 10, rue Chomel. — Paris.

Blondel (Émile), Chim., Manufac. — Saint-Léger-du-Bourg-Denis (Seine-Inférieure). — **R**

Blondlot (René), Corresp. de l'Inst., Prof. à la Fac. des Sc, 8, quai Claude-Lorrain. — Nancy (Meurthe-et-Moselle).

Blottière (René), Pharm. de 1re cl., 102, rue de Richelieu. — Paris.

Blouquier (Charles), 10, rue Salle-de-l'Évêque. — Montpellier (Hérault).

Boas (Alfred), Ing. des Arts et Man,, 34, rue de Châteaudun. — Paris. — **R**

Boas-Boasson (J.), Chim. chez MM. Henriet, Romanna et Vignon, 15, rue Saint-Dominique. — Lyon (Rhône).

Boban-Duvergé (Eugène), Mem. de la *Soc. d'Anthrop. de Paris*, 18, rue Thibaud. — Paris.

Boca (Léon),. 3, rue du Regard. — Paris.

*Bœckel (André), Étud. de la Fac. de Méd. de Nancy, 2, quai Saint-Nicolas. — Strasbourg (Alsace-Lorraine).

*Bœckel (Mme Jules), 2, quai Saint-Nicolas. — Strasbourg (Alsace-Lorraine).

*Bœckel (Mlle M.-L.), 2, quai Saint-Nicolas. — Strasbourg.

*Dr Bœckel (Jules), Corresp. nat. de l'Acad. de Méd. et de la *Soc. de Chirurg. de Paris*, Chirurg. des Hosp. civ., Lauréat de l'Inst., 2, quai Saint-Nicolas. — Strasbourg (Alsace-Lorraine). — **R**

*Boésé (Mme Jean), 157, rue du Faubourg-Saint-Denis. — Paris.

*Boésé (Mlle Louise), 157, rue du Faubourg-Saint-Denis. — Paris. — **R**

*Boésé (Jean), Nég.-commis., 157, rue du Faubourg-Saint-Denis. — Paris. — **R**

*Boésé (Maurice), 157, rue du Faubourg-Saint-Denis. — Paris. — **R**

*Bœuf (Félicien), Prof. à l'Éc. coloniale d'Agric. — Tunis.

Boffard (Jean-Pierre), anc. Notaire, 2, place de La Bourse. — Lyon (Rhône). — **R**

Dr Bogros. — La Tour-d'Auvergne (Puy-de-Dôme).

Bohn (Frédéric), Admin-Dir. de la *Comp. française de l'Afrique occidentale*, 46, rue Breteuil. — Marseille (Bouches-du-Rhône).

Boilevin (Ed.), Nég., Juge au Trib. de Com., 21, rue Victor-Hugo. — Saintes (Charente-Inférieure).

Boire (Émile), Ing. civ., 86, boulevard Malesherbes. — Paris. — **R**

Bois (Georges, Francisque), Avocat, 11, rue d'Arcole. — Paris.

Boissier (Louis), Ing.-Élect., (villa Ampère), 117, Saint-Just. — Marseille (Bouches-du-Rhône).

*Boissier (Pierre) (père), Ing.-Construc., 7, rue de la Douane (Malmousque). — Marseille (Bouches-du-Rhône).

Boissonnet (le Général André, Alfred), anc. Sénateur, 16, rue de Logelbach. — Paris. — **F**

Boivin (Mlle Louise), 284, rue Nationale. — Lille (Nord).

Boivin (Charles), Ing.-Archit., 284, rue Nationale. — Lille (Nord).

Boivin (Émile), Raffineur, 64, rue de Lisbonne. — Paris. — **F**

Boivin (Louis), 284, rue Nationale. — Lille (Nord).

Boix (Émile), Pharm., 46, rue des Augustins. — Perpignan (Pyrénées-Orientales).

Bollack (Léon), Auteur de la *Langue Bleue*, langue internat. prat., 147, avenue Malakoff. — Paris.

*Bonafous (Andelin), Ing. en chef des P. et Ch., 5, cours Napoléon. — Ajaccio (Corse).

Bonaparte (S. A. le Prince Roland), 10, avenue d'Iéna. — Paris. — **F**

Bondet, Prof. à la Fac. de Méd., Associé nat. de l'Acad. de Méd, Méd. de l'Hôtel-Dieu, 6, place Bellecour. — Lyon (Rhône). — **F**

Bonetti (Louis,), Électr., 69, avenue d'Orléans. — Paris

Bonfils (A.), Notaire, 27, boulevard de L'Esplanade.. — Montpellier (Hérault).

Dr Bonnal. — Arcachon (Gironde).

Bonnard (Paul), Agr. de Philo., Avocat à la Cour d'Ap., 66, avenue Kléber. — Paris. — **R**

*Dr Bonnet (Edmond), 11, rue Claude-Bernard. — Paris.

Dr Bonnet (Noël), 12, rue de Ponthiéu. — Paris.

Bonnevie (Victor), Recev. partic. des Fin. — Domfront (Orne).

Bonnier (Gaston), Mem. de l'Inst., Prof. de Botan. à la Fac. des Sc., Présid. de la *Soc. botan. de France*, 15, rue de L'Estrapade. — Paris. — R

Bonnier (Jules), Dir. adj. du Lab. d'évolution de la Sorbonne et de la Station zool. de Wimereux, 75, rue Madame. — Paris.

Bonpain (Jules), Ing. des Arts et Man., 45, rue d'Amiens. — Rouen (Seine-Inférieure).

Bontemps (Georges), Ing. civ. des Mines, 11, rue de Lille. — Paris.

Bonzel (Arthur), Sup. du Jug. de paix. — Haubourdin (Nord).

Dr Bordas (Léonard), Doct. ès Sc., Chef des trav. de Zool. à la Fac. des Sc. — Marseille (Bouches-du-Rhône).

Bordé (Paul), Ing.-Opticien, 29, boulevard Haussmann. — Paris.

Bordet Adrien, Avocat à la Cour d'Ap., 2, rue de la Liberté. — Alger.

Bordet (Léon), Prop. — La Jolivette commune de Chemilly par Moulins (Allier).

Bordet (Lucien), Insp. des fin., anc. Élève de l'Éc. Polytech., 181, boulevard Saint-Germain. — Paris. — R

+Dr Bordier (Henry), Agr. de Phys. à la Fac. de Méd., 9, rue Grolée. — Lyon (Rhône). — R

Bordo (Louis), Méd. de colonisation, Maire. — Chéragas (départ. d'Alger).

Borel, 305, cours Lafayette. — Lyon (Rhône).

Borély (Charles de), Notaire, 9, rue Aiguillerie. — Montpellier (Hérault).

Boreux, Insp. gén. des P. et Ch., 95, rue de Rennes. — Paris.

Borgogno (Célestin), Nég., 5, rue d'Orléans. — Nantes (Loire-Inférieure).

Dr Bories, anc. Méd.-Maj. de l'Armée. — Montauban (Tarn-et-Garonne).

Bornand (Louis, Henri), Juge-Informateur, 5, avenue de Rumini. — Lausanne (Suisse).

Bosq (Joseph), Prop., 63, cours Devilliers. — Marseille (Bouches-du-Rhône).

Bosteaux-Paris (Charles), Maire. — Cernay-lez-Reims par Reims (Marne).

Boubès (Jean, Georges), Prop., 15, place des Quinconces. — Bordeaux (Gironde).

Dr Bouchacourt (Léon), 69, boulevard Saint-Michel. — Paris. — R

Bouchard (Mme Charles), 174, rue de Rivoli. — Paris.

Bouchard (Charles), Mem. de l'Inst. et de l'Acad. de Méd., Prof. à la Fac. de Méd., Méd. des Hôp., 174, rue de Rivoli. — Paris. — F

Bouché (Alexandre), 68, rue du Cardinal-Lemoine. — Paris. — R

Boucher (Maurice), anc. Cap. d'Artil., anc. Élève de l'Éc. Polytech., 2, carrefour Montreuil. — Versailles (Seine-et-Oise). — R

Bouchez (Paul), de la Librairie Masson et Cie, 120, boulevard Saint-Germain. — Paris. — R

Bouclet-Lefèbvre, Armateur, 2, rue Magenta. — Boulogne-sur-Mer (Pas-de-Calais).

Boude (Frédéric), Nég., Mem. de la Ch. de Com., 8, rue Saint-Jacques. — Marseille (Bouches-du-Rhône).

Boude (Paul), Raffineur de soufre, 8, rue Saint-Jacques. — Marseille (Bouches-du-Rhône).

Dr Boude (Th.), 13, rue du Quatre-Septembre. — Bône (départ. de Constantine) (Algérie).

Boudet (Gabriel) (fils), Étud. en Méd., 1, rue du Général-Cérez. — Limoges (Haute-Vienne).

Boudier (Émile), Corresp. de l'Acad. de Méd., Pharm. hon., 22, rue Grétry. — Montmorency (Seine-et-Oise).

Boudin (Arthur), Princ. du Collège. — Honfleur (Calvados). — R

Boudinhon (Adrien), Ing., 85, Grande-Rue. — Saint-Chamond (Loire).

Dr Bouilly (Georges), Agr. à la Fac. de Méd., Chirurg. des Hôp., 9, rue Beaujon. — Paris.

Boulard (l'Abbé Lucien), Curé. — Dammarie (Eure-et-Loir). — R

Boulé (Auguste), Insp. gén. des P. et Ch. en retraite, 7, rue Washington. — Paris. — F

Dr Boulland (Henri), 36, boulevard Victor-Hugo. — Limoges (Haute-Vienne).

Bouquet de la Grye (Anatole), Mem. de l'Inst., Présid. du Bureau des Longit., Ing. hydrog. en chef de la Marine en retraite, 8, rue de Belloy. — Paris.

Bourdil (François-Fernand), Ing. des Arts et Man., 56, avenue d'Iéna. — Paris.

+Bourgery (Henri), anc. Notaire, Mem. de la *Soc. géol. de France*, Les Capucins. — Nogent-le-Rotrou (Eure-et-Loir). — R

Dr Bourneville, Méd. de l'Asile de Bicêtre, Rédac. en chef du *Progrès médical*, anc. Député, 14, rue des Carmes. — Paris.

Bourquelot (Émile), Memb. de l'Acad. de Méd., Prof. à l'Éc. sup. de Pharm., Pharm. de l'Hôp. Laënnec, 42, rue de Sèvres. — Paris.

Bourrette (Joannès), 63, rue Montorgueil. — Paris.

Bourse (Gustave), Manufac., 14, rue Popincourt. — Paris

Boursier (André), Prof. à la Fac. de Méd., 23, rue Thiac. — Bordeaux (Gironde).

Bousigues (Édouard), Ing. en chef des P. et Ch., 11, boulevard Diderot. — Paris.

Boutan (Louis), Doct. ès Sc., Maître de conf. à la Fac. des Sc., 15, rue de la Sorbonne. — Paris.

Boutillier (Antoine), Insp. gén. des P. et Ch. en retraite, Prof. à l'Éc. cent. des Arts et Man., 24, rue de Madrid. — Paris.

Boutmy (Mme Charles). — Messempré, par Carignan (Ardennes).

Boutmy (Charles), Ing. civ., Maître de forges. — Messempré, par Carignan (Ardennes).

Boutry-Lafrenay, Recev. princ. des Postes et Télég. en retraite, 1, rue du Collège. — Avranches (Manche).

*Dr Bouveault (Louis), Maître de conf. à la Fac. des Sc., anc. Élève de l'Éc. Polytech., 97, rue Monge. — Paris.

Bouvet (Auguste), Insp. régional de l'Ens. technique, 27, cours Lafayette. — Lyon (Rhône).

Bouvet (Julien), Substitut du Proc. de la République. — Wassy-sur-Blaise (Haute-Marne). — **R**

Bouvier (Gabriel), 82, rue de Maistre. — Paris.

Bouvier (Octave), Pharm.-Chim., 11, place Gambetta. — Bordeaux (Gironde).

Bovet (Alfred), Indust. — Valentigney (Doubs).

Dr Boy (Philippe), 3, rue d'Espalungue. — Pau (Basses-Pyrénées). — **R**

Dr Boy-Teissier (Jules), Méd. des Hôp., 24, rue Sénac. — Marseille (Bouches-du-Rhône).

Boyard-Dautrevaux (Eugène), Avocat, Présid. du Comité de la *Bibliothèque populaire*, 3, boulevard Daunou. — Boulogne-sur-Mer (Pas-de-Calais).

Boyer (Germain), Nég. en soies, 11, rue de La Bourse. — Saint-Étienne (Loire).

Braemer (Gustave), Chim. — Izieux (Loire). — **R**

Braemer (Louis), Prof. à la Fac. de Méd., 105, rue des Récollets. — Toulouse (Haute-Garonne).

Brancher (Marie-Antoine), Ing.-Construct., 36, avenue du Bois-de-Boulogne. — Paris.

Dr Brard. — La Rochelle (Charente-Inférieure).

Brasil (Louis), Lic. ès Sc., Prépar. à la Fac. des Sc., 4, rue Gémare. — Caen (Calvados).

Dr Braud (Aristide-Antoine). — Saint-Laurent-sur-Gorre (Haute-Vienne).

Dr Brégeat (Albert), Méd. sup. de l'Hôp., Dir. de la Santé, 2, rue d'Alger. — Oran (Algérie).

Breittmayer (Albert), anc. s.-Dir. des Docks et Entrepôts de Marseille, 8, quai de L'Est. — Lyon (Rhône). — **F**

*Dr Brémond (Félix), anc. Insp. du trav. dans l'Indust., v.-Présid. de la Commis. des Logements insalubres, 15, rue Condorcet. — Paris.

Brenier (Casimir), Ing.-Construc., 20, avenue de La Gare. — Grenoble (Isère).

Brenot (J.), 10, rue Bertin-Poirée. — Paris. — **R**

*Bressand (Mme Ve Gaston), 3, rue du Viel-Renversé. — Lyon (Rhône).

Bresson (Gédéon), anc. Dir. de la *Comp. du vin de Saint-Raphaël*, 41, rue du Tunnel. — Valence (Drôme). — **R**

Bretel (Auguste), Of. de Marine en retraite, Insp. technique de la *Foncière maritime* et du *Comptoir d'Escompte*, 12, place de La Bourse. — Paris.

Breton (Ludovic), Ing. civ., anc. Présid. de la *Soc. géol. du Nord*, 18, rue Royale. — Calais (Pas-de-Calais).

Breuil (l'Abbé Henri), École des Carmes, 74, rue de Vaugirard. — Paris.

Dr Breuillard (Charles), Méd. consult. — Saint-Honoré-les-Bains (Nièvre).

Breul (Charles), Juge au Trib. civ., 56^a, rue d'Ernemont. — Rouen (Seine-Inférieure).

Bricard (Henri), Ing. des Arts et Man., Dir. de l'Exploit. de la *Soc. anonyme des Forges et Chantiers de la Méditerranée*, 45, boulevard de Strasbourg. — Le Havre (Seine-Inférieure).

Bricka (Scipion) (fils), Nég. en vins, 27, rue Maguelone. — Montpellier (Hérault).

Brillouin (Marcel), Prof. au Collège de France, Maître de conf. à l'Éc. Norm. sup., 31, boulevard de Port-Royal. — Paris. — **R**

Brissaud (Édouard), Prof. à la Fac. de Méd., Méd. des Hôp., 5, rue Bonaparte. — Paris.

Brisse (Édouard-Adrien), Ing. des Mines, 46, rue de Dunkerque. — Paris.

Brissonnet (Jules), Lic. ès Sc. phys., Prof. sup. aux Éc. de Méd., Pharm. de 1re cl., 31, rue de Maubeuge. — Paris.

*Brives (Abel), Doct. ès sc., Prépar. à l'Éc. prép. à l'Ens. sup. des Sc., 16, rue Malakoff. — Alger-Mustapha.

d

Dr **Broca (André)**, Agr. de Phys. à la Fac. de Méd., anc. Élève de l'Éc. Polytech., 7, cité Vaneau. — Paris.

Dr **Broca (Auguste)**, Agr. à la Fac. de Méd., Chirurg..des Hôp., 5, rue de L'Université. — Paris. — **R**

Broca (Georges), Ing. des Arts et Man., 10, rue Édouard-Detaille (avenue de Villiers). — Paris.

Brocard (Henri), Chef de Bat..du Génie en retraite, 75, rue des Ducs-de-Bar. — Bar-le-Duc (Meuse). — **F**

Brochon (Eugène), Entrep. de maçon., 73, boulevard de Clichy. — Paris.

Brockhaus (F.-A.), Libr., 17 rue Bonaparte. — Paris.

Brolemann (A., A.), anc. Présid. du Trib. de Com, 14, quai de L'Est. — Lyon (Rhône). — **R**

Brölemann (Georges), Administ. de la *Société Générale*, 52, boulevard Malesherbes. — Paris. — **R**

Brossier, Attaché à la *Comp. du canal de Suez*, 9, rue Charras. — Paris.

Brouant, Pharm. de 1re cl., 91, avenue Victor-Hugo. — Paris.

Brouardel (Mme Paul), 68, rue de Bellechasse. — Paris.

Brouardel (Paul), Mem. de l'Inst. et de l'Acad. de Méd., Doyen hon. de la Fac. de Méd., 68, rue de Bellechasse. — Paris.

Brouzet (Charles), Ing. civ., 38, rue Victor-Hugo. — Lyon (Rhône). — **F**

Brugère (le Général Henry-Joseph), v.-Présid. du Cons. sup. de la Guerre, 20, avenue Rapp. — Paris.

Bruhl (Paul), Nég., 57, rue de Châteaudun. — Paris. — **R**

Brumpt (Émile,) Lic. ès Sc. nat., Prépar., à la Fac. de Méd., 16, rue Gustave-Courbet. — Paris.

Brun (E.), Méd.-Vétér., 9, rue Casimir-Perier. — Paris.

Brunet (Alphonse), Ing. de la *Soc. gén. de Dynamite*, anc. Élève de l'Éc. nat. sup. des Mines. — Saint-Chamond (Loire).

Dr **Brunet (Daniel)**, Dir.-Méd. en chef hon. des Asile pub. d'aliénés, 29, rue de Condé. — Paris.

Brustlein (Aymé), Ing. des Arts et Man., Dir. des Aciéries. — Unieux (Loire).

Bruyant (Charles), Lic. ès sc. nat., Prof. sup. à l'Éc. de Méd. et de Pharm., 26, rue Gaultier-de-Biauzat. — Clermont-Ferrand (Puy-de-Dôme). — **R**

Bruzon (Joseph) et Cie, Ing. des Arts et Man., usine de Portillon (céruse et blanc de zinc). — Saint-Cyr-sur-Loire par Tours (Indre-et-Loire). — **R**

Brylinski (Émile), Ing. des Télég., 5, avenue Teissonnière. — Asnières (Seine). — **R**

Buchet (Charles, François), Dir. de la *Pharmacie centrale de France*, 21, rue des Nonnains-d'Hyères. — Paris.

Buchet (Gaston), Zool., rue de L'Écu. — Romorantin (Loir-et-Cher).

Bucquet (Maurice), Présid. du *Photo-Club*, 12, rue Paul-Baudry. — Paris.

Buguet (Abel), Prof.-Agr. des Sc. phys. au Lycée, anc. Élève de l'Éc. norm. sup., 43, rue de La République. — Rouen (Seine-Inférieure).

Buirette-Gaulart (Eugène), Manufac. — Suippes (Marne).

Dr **Buisen (Sérafin)**, 11, rue Conde de Aranda. — Madrid (Espagne).

Buisson (Maxime), Chim., 4, rue Paul-Féval. — Paris. — **R**

Bujard (Amand), Indust. — Fontenay-le-Comte (Vendée).

Bulot, rue de Bourgogne. — Melun (Seine-et-Marne).

Bunau-Varilla (Maurice), 22, avenue du Trocadéro. — Paris.

Bunau-Varilla (Philippe), anc. Ing. des P. et Ch., 53, avenue d'Iéna. — Paris.

Bunodière (de la), Insp. adj. des Forêts. — Lyons-la-Forêt (Eure).

Dr **Bureau (Édouard)**, Mem. de l'Acad. de Méd., Prof. au Muséum d'hist. nat., 24, quai de Béthune. — Paris.

Dr **Bureau (Émile)**, Prof. sup. à l'Éc. de Méd., Sec. de la *Soc. des Sc. nat. de l'Ouest de la France*, 12, boulevard Delorme. — Nantes (Loire-Inférieure).

Dr **Bureau (Louis)**, Dir. du Muséum d'hist. nat., Prof. à l'Éc. de Méd., 15, rue Gresset. — Nantes (Loire-Inférieure).

Buret (Florent), Artiste-Peintre, 55, rue du Cherche-Midi. — Paris.

Burnan (Adrien), Banquier, 3, boulevard de La Banque. — Montpellier (Hérault).

Butin-Denniel, Cultiv., Fabric. de sucre. — Haubourdin (Nord).

Dr **Cabadé (Ernest)**. — Valence-d'Agen (Tarn-et-Garonne).

Cacheux (Émile), Ing. des Arts et Man., v.-Présid. de la *Soc. franç. d'Hyg.*, 25, quai Saint-Michel. — Paris. — **F**

Cadenat (Albert), Prof. de Sc. au Collège, 3, rue Poyat. — Saint-Claude (Jura).

Caffarelli (le Comte), anc. Député, 15, avenue Bosquet. — Paris; l'été à Les-chelles (Aisne).

Cahen (Gustave), Avoué au Trib. civ., 61, rue des Petits-Champs. — Paris.

Cahen d'Anvers (Albert), 118, rue de Grenelle. — Paris. — R

Cailliau-Brunclair (Ed.), Nég., 71, rue Gambetta. — Reims (Marne).

Caillol de Poncy (Octavien), Prof. à l'Éc. de Méd., 8, rue Clapier. — Marseille (Bou-ches-du-Rhône).

Caix de Saint-Aymour (le Vicomte Amédée de), Publiciste, anc. Mem. du Cons. gén. de l'Oise, Mem. de plusieurs Soc. savantes, 112, boulevard de Courcelles. — Paris. — R

Calamel (Hyacinthe), Ing. des Arts et Man., 30, rue Notre-Dame-des-Victoires. — Paris.

Calando (E.), 27, rue Singer. — Paris.

Calderon (Fernand), Fabric. de prod. chim., 18, rue Royale. — Paris. — R

Callandreau (Pierre), Mem. de l'Inst., Prof. à l'Éc. Polytech., Astron. à l'Observatoire national, Présid. de la Soc. astronomique de France, 16, rue de Bagneux. — Paris.

Calliet (Victor), Banquier, anc. Présid. du Trib. de Com., 11, avenue Darblay. — Corbeil (Seine-et-Oise).

Callot (Ernest), 160, boulevard Malesherbes. — Paris.

Cambefort (Jules), Admin. de la Comp. des Chem. de fer de Paris à Lyon et à la Méditerranée, 13, rue de La République. — Lyon (Rhône). — F

Dr Camous (Louis-Paul), Méd. des Hosp. civ., 2, rue de L'Opéra. — Nice (Alpes-Mari-times).

Campagne (Jean, Pierre, Paul), Lic. en droit (hôtel d'Angleterre). — Biarritz (Basses-Pyrénées).

Campan (Marius), Prof. de Math. au Lycée, 30, rue des Cultivateurs. — Pau (Basses-Pyrénées).

Campredon (Louis, F.), Nég. import. et export., 52, 54, 56, boulevard de Rome. — Marseille (Bouches-du-Rhône).

Camus (Mlle Marie Louise), 25, avenue des Gobelins. — Paris.

Dr Camus (Fernand), 25, avenue des Gobelins. — Paris. — R

Dr Camus (Lucien), Chef adj. du Lab. de Physiol. de la Fac. de Méd., 14, rue Monsieur-Le-Prince. — Paris.

Camuset (Charles), Ing. des Arts et Man., Fabric. de sucre. — Escaudœuvres (Nord).

Dr Candolle (Casimir de), Botan., 11, rue Massot. — Genève (Suisse).

Canet (Gustave), Ing. des Arts et Man., Dir. de l'artil. de MM. Schneider et Cie, 42, rue d'Anjou — Paris. — F

Cano y Leon (Manuel), Lieut.-Colonel du Génie, 2, rue Ayala. — Madrid (Espagne).

Cantagrel (Victor), Dir. de l'Éc. sup. de Com., anc. Élève de l'Éc. Polytech., 79, avenue de La République. — Paris.

Dr Cantonnet (Donat), 20, rue de La Nouvelle-Halle. — Pau (Basses-Pyrénées).

Cany (Mme-Ve Marie), Prop., 11, rue Foy. — Brest (Finistère).

Dr Capitan (Louis), Prof. à l'Éc. d'Anthrop., 5, rue des Ursulines. — Paris.

Carbonnier (Louis), Représent. de com., 18, rue Sauffroy. — Paris. — R

Cardeilhac, anc. Juge au Trib. de Com., 20, quai de La Mégisscrie. — Paris. — R

Cardon (Émile), Lic. en Droit, anc. Notaire, 59, boulevard Auguste-Mariette. — Bou-logne-sur-Mer (Pas-de-Calais).

Carette (Louis), Ing. des Arts et Man., 1, rue de Dunkerque. — Paris.

Carette (le Général Louis-Godefroy-Émile), Présid. du Comité techn. du Génie (Hôtel-des-Invalides). — Paris.

Carez (Léon), Doct. ès sc., 18, rue Hamelin. — Paris.

Dr Carlier (Victor), anc. Int. des Hôp. de Paris, Agr. à la Fac. de Méd., Chirurg. des Hôp., 16, rue des Jardins. — Lille (Nord).

Carnot (Adolphe), Mem. de l'Inst., Insp. gén. des Mines, Dir. de l'Éc. nat. sup. des Mines, Prof. à l'Inst. nat. agronom., 60, boulevard Saint-Michel. — Paris. — F

Carpentier (Georges), Pharm. de 1re cl., Lauréat de l'Éc. sup. de Pharm. de Paris, place des Marchés. — La Fère (Aisne).

Carpentier (Jules), anc. Ing. de l'État, Succes. de Ruhmkorff, 34, rue du Luxembourg. — Paris. — R

Dr Carre (Marius), Méd. en chef de l'Hôtel-Dieu. — Avignon (Vaucluse).

Carré (Ernest), Ing., Dir. de la Comp. des Tramways, 8, rue Henri-Martin. — Boulogne-sur-Mer (Pas-de-Calais).

Dᵣ **Carret** (Jules), anc. Député, 2, rue Croix-d'Or. — Chambéry (Savoie). — **R**

Carrière (Félix). — Royan-les-Bains (Charente-Inférieure).

Carrière (Gabriel), Présid. de la *Soc. d'étude des Sc. nat.*, Corresp. du Min. de l'Instruc. pub., 4ᴬ, rue Agrippa. — Nîmes (Gard).

Carrière (Paul), Pharm. — Saint-Pierre (Ile d'Oléron) (Charente-Inférieure).

Carrière (Paul), Insp. des Forêts. — Digne (Basses-Alpes).

Carrieu, Prof. à la Fac. de Méd., 10, rue du Jeu-de-Paume. — Montpellier (Hérault).

Cartailhac (Émile), Corresp. de l'Inst., 5, rue de La Chaine. — Toulouse (Haute-Garonne).

Cartaz (Mᵐᵉ **A.**), 39, boulevard Haussmann. — Paris. — **R**

***Cartaz** (Mˡˡᵉ), 39, boulevard Haussmann. — Paris.

***Dᵣ Cartaz** (A.), anc. Int. des Hôp., 39, boulevard Haussmann. — Paris. — **R**

Dᵣ Carton (Louis), Méd.-Maj. au 19ᵉ Rég. de Chasseurs à cheval, 33, rue Voltaire. — Lille (Nord).

***Casalonga** (Dominique, Antoine), Ing.-Conseil, Dir. de la *Chronique industrielle*, 15, rue des Halles. — Paris.

Cassé (Émile), Ing., 7, rue Lécluse. — Paris.

Castan (Adrien), Ing. des Arts et Man., 48, rue Saint-Louis. — Montauban (Tarn-et-Garonne).

Castanheira das Neves (J., P.), Ing. civ. du Corps des Ing. des Trav. pub., 405-3° D, rua do Salitre. — Lisbonne (Portugal).

Castanié (Ernest), Ing. en chef des Mines de Beni-Saf, 6, rue d'Orléans. — Oran (Algérie).

Castellan (F.), Ing. civ. des Mines, 52, quai Debilly. — Paris.

Castelot (E.), anc. Consul de Belgique, 5, place Saint-François-Xavier. — Paris.

Castets (Joseph), Prépar. de Chim. à la Fac. de Méd., 9, rue Lacornée. — Bordeaux (Gironde).

Castex (le Vicomte Maurice de), 6, rue de Penthièvre. — Paris.

Casthelaz (John), Fabric. de prod. chim., 19, rue Sainte-Croix-de-la-Bretonnerie. — Paris. — **F**

***Catalogne** (Paul de), Substitut du Proc. de La République, 54, rue Gioffredo. — Nice (Alpes-Maritimes).

***Catillon** (Alfred), Pharm., 3, boulevard Saint-Martin. — Paris.

Caubet, Doyen de la Fac. de Méd., 44, rue d'Alsace-Lorraine. — Toulouse (Haute-Garonne). — **R**

Dᵣ Causse (Henri), Agr. à la Fac. de Méd., 66, montée de Choulans. — Lyon (Rhône).

Dᵣ Cautru (Fernand), anc. Int. des Hôp., 6, rue Mogador prolongée. — Paris.

Cauvet (Alcide), Ing. des Arts et Man., Dir. hon. de l'Éc. cent. des Arts et Man., Mem. du Cons. gén. de la Haute-Garonne, château d'Ampouillac. — Cintegabelle (Haute-Garonne).

Cauvière (Jules), anc. Magist., Prof. à l'Inst. catholique, 15, rue Duguay-Trouin. — Paris.

Caventou (Eugène), Mem. de l'Acad. de Méd., 43, rue de Berlin. — Paris. — **F**

Cayeux (Lucien), Doct. ès sc., Prépar. à l'Éc. nat. sup. des Mines et à l'Éc. nat. des P. et Ch., 60, boulevard Saint-Michel. — Paris.

Cayla (Claudius), Recev. partic. des Fin., Mem. de la *Soc. d'Économ. polit.* et de la *Soc. de Statistique de Paris*. — Briey (Meurthe-et-Moselle).

Cazalis (Gaston), 23, rue Terral. — Montpellier (Hérault).

Cazalis de Fondouce (Paul, Louis), Ing. des Arts et Man., Sec. gén. de l'*Acad. des Sc. et Lettres de Montpellier*, 18, rue des Étuves. — Montpellier (Hérault). — **R**

Cazelles (Émile), Cons. d'État, 131, boulevard Malesherbes. — Paris.

Cazeneuve (Paul), Prof. à la Fac. de Méd., 21, quai Saint-Vincent. — Lyon (Rhône).

Cazenove (Raoul de), Prop., 17, rue de La Charité. — Lyon (Rhône). — **R**

Cazes (Edward, Adrien), Ing. des Chem. de fer du Midi en retraite, Admin. de la *Soc. immobilière*, 247, boulevard de La Plage. — Arcachon (Gironde).

Dᵣ Cazin (Maurice), Doct. ès sc., Chef du Lab. de la Clin. chirurg. de la Fac. de Méd. (Hôtel-Dieu), 3, rue de Villersexel. — Paris. — **R**

Cazottes (A.-M.-J.), Pharm. — Millau (Aveyron). — **R**

Célérier (Émile), Nég., 54, quai Debilly. — Paris.

Dᵣ Cénas (Louis), Méd. de l'Hôtel-Dieu, 6, rue du Général-Foy. — Saint-Étienne (Loire).

Cépeck (Auguste), anc. Conduct. des Trav. et Chef d'usine, Agent du serv. des Eaux de la *Comp. du Canal de Suez*. — Port-Saïd (Égypte).

Cercle des Élèves de l'École nationale d'Agriculture. — Grignon (Seine-et-Oise).

Cercle pharmaceutique de la Marne. — Reims (Marne).

Cérémonie (Émile), Vétér., 50, rue de La Tuilerie. — Suresnes (Seine).

Certes (Adrien), Insp. gén. hon. des Fin., 53, rue de Varenne. — Paris.

Dr Chaber (Pierre), 20, rue du Casino. — Royan-les-Bains (Charente-Inférieure). — R

Dr Chabert (Alfred). Méd. princ. de l'Armée en retraite, rue de La Vieille-Monnaie. — Chambéry (Savoie).

Chabert (Edmond), Ing. en chef des P. et Ch., 6, rue du Mont-Thabor. — Paris. — R

Dr Chabrié (Camille), Doct. ès sc., 3, rue Michelet. — Paris.

Chailley-Bert (Joseph), Avocat à la Cour d'Ap., 44, rue de La Chaussée-d'Antin. — Paris.

Chaintron (Adrien), Nég., 33, rue Friant. — Paris.

Chaize (Charles), Agric. et Publiciste. — Villerest par Roanne (Loire).

Chaize (Nicolas), Indust., 4, chemin de Guizey. — Saint-Étienne (Loire).

Chalier (J.), 13, rue d'Aumale. — Paris. — R

Chambeyron (Eugène), Présid. de la Soc. de Géog. de Lyon. — Saint-Symphorien-d'Ozon (Isère).

Chambre des Avoués au Tribunal de 1re instance. — Bordeaux (Gironde). — R

Chambre de Commerce de Lot-et-Garonne. — Agen (Lot-et-Garonne).

—	—	Bayonne (Basses-Pyrénées).
—	—	Bordeaux (Gironde). — F
—	—	Boulogne-sur-Mer (Pas-de-Calais).
—	—	Le Havre (Seine-Inférieure). — R
—	—	Lyon (Rhône). — F
—	—	Marseille (Bouches-du-Rhône). — F
—	—	Tarn-et-Garonne. — Montauban (Tarn-et-Garonne).
—	—	Nantes, place de la Bourse.—Nantes (Loire-Inférieure).—F
—	—	Narbonne (Aude).
—	—	Rouen (Seine-Inférieure). — F
—	—	Saint-Étienne (Loire). — R

Chambre syndicale du commerce en gros des Vins et Spiritueux de la Ville de Paris et du département de la Seine, 2, rue Le Regrattier. — Paris.

Dr Chambrelent (Jules, J.-B.), Agr. à la Fac. de Méd., 19, rue Jean-Jacques-Rousseau. — Bordeaux (Gironde).

Champigny (Armand), Pharm., 19, rue Jacob. — Paris.

Champigny (Armand), Ing. civ., 11, rue de Berne. — Paris.

Champigny (Félix, Jean), 23, rue Ibry. — Neuilly-sur-Seine (Seine).

Chandon de Briailles (le Comte Raoul), Nég. en vins de Champagne, 20, rue du Commerce. — Épernay (Marne).

Chanier (Eugène), Greffier du Trib. de Com., 45, boulevard Ledru-Rollin. — Moulins (Allier).

Chantemesse (André), Prof. à la Fac. de Méd., Mem. de l'Acad. de Méd., Insp. gén. adj. des Serv. sanitaires au Min. de l'Int., 30, rue Boissy-d'Anglas. — Paris.

Chanteret (l'Abbé Pierre), Doct. en droit. — Renaison (Loire).

*Chantre (Mme Ernest), 37, cours Morand. — Lyon (Rhône).

*Chantre (Ernest), s.-Dir. du Muséum des Sc. nat., 37, cours Morand. — Lyon (Rhône).—F

Chaperon (J., A.), s.-Dir. au Min. des Fin., 22, rue de Lisbonne. — Paris.

Chaplet (Frédéric), Ind., 2, rue d'Anvers. — Laval (Mayenne).

Chappelier (Albert), Ing. agron., Lic. ès Sc. nat., 46, rue du Faubourg-Poissonnière. — Paris.

Dr Chapplain (Jacques), Dir. hon. de l'Éc. de Méd. et de Pharm., 171, rue de Paradis. — Marseille (Bouches-du-Rhône).

Dr Chapuis (Scipion). — Bou-Farik (départ. d'Alger).

Charcelay, Pharm. — Fontenay-le-Comte (Vendée). — R

*Chardonnet (Anatole), Nég., 22, rue Hincmar. — Reims (Marne).

Charencey (Le Comte de), Mem. du Cons. gén. de l'Orne, 25, rue Barbet-de-Jouy. — Paris.

Charles (J.), Représent. de la Maison L. Verger et Cie, rue de L Orme. — Saint-Gratien (Seine-et-Oise).

Charlin (Mizaël), Rent., 16, rue des Saints-Pères. — Paris.

Charlot (Léon), Fabric. de caoutchouc, 24, rue Philippe-de-Girard. — Paris.

*Charlu (Mme Ve Julie), 68, rue Claude-Bernard. — Paris.

Charon (Ernest), Int. des Hôp., 27, rue des Boulangers. — Paris.

Charpentier (Augustin), Prof. à la Fac. de Méd., 31, rue Claudot. — Nancy (Meurthe-et-Moselle). — **R**

Dr **Charpentier (Eugène)**, Méd. des Hosp. (Hospice de la Salpêtrière), 49, boulevard de L'Hôpital. — Paris.

Charpentier (René), anc. Élève de l'Éc. Polytech., 4, rue Traversière. — Châlons-sur-Marne (Marne).

Charpin (Mlle Julie), Dir. de l'Éc. profes. Élisa-Lemonnier, 24, rue Duperré. — Paris.

Charroppin (Georges), Pharm. de 1re cl. — Pons (Charente-Inférieure). — **R**

Charruey (René), 7, rue des Chariottes. — Arras (Pas-de-Calais).

Charve (Léon), Prof. de Mécan. à la Fac. des Sc., 60, cours Pierre-Puget. — Marseille (Bouches-du-Rhône).

Charvet (Henri), Ing. civ., 5, place Marengo. — Saint-Étienne (Loire).

Dr **Chaslin (Philippe)**, anc. Int. des Hôp., Méd. de l'Hosp. de Bicêtre, 64, rue de Rennes. — Paris. — **R**

Chassaigne (Jules), s.-Chef au Min. des Fin. en retraite, 61, rue de Saint-Germain. — Argenteuil (Seine-et-Oise).

Chassaing (Eugène), Fabric. de prod. physiol., 6, avenue Victoria. — Paris.

Chatel, Avocat défens., Bazar du Commerce. — Alger. — **R**

Dr **Chatin (Joannès)**, Mem. de l'Inst. et de l'Acad. de Méd., Prof. d'Histologie à la Fac. des Sc., 174, boulevard Saint-Germain. — Paris. — **R**

Chaudier, Dir. de la Ferme-École. — Nolhac par Saint-Saulien (Haute-Loire).

Dr **Chauliaguet-Heim (Mme Juliette)**, 34, rue Hamelin. — Paris.

Chauvassaigne (Daniel), château de Mirefleurs par les Martres-de-Veyre (Puy-de-Dôme). — **R**

Dr **Chauveau (Auguste)**, Mem. de l'Inst. et de l'Acad. de Méd., Insp. gén. des Éc. nat. vétér., Prof. au Muséum d'hist. nat., 10, avenue Jules-Janin. — Paris. — **F**

Chauveau (Benjamin), Météor. adj. au Bureau cent. météor. de France, 51, rue de Lille. — Paris.

Dr **Chauveau (Claude)**, 225, boulevard Saint-Germain. — Paris.

Chauvet (Gustave), Notaire, Présid. de la Soc. archéol. et historique de la Charente. — Ruffec (Charente). — **R**

Chavane (Paul), Ing. des Arts et Man., Indust., Manufacture de Bains. — Bains-en-Vosges (Vosges).

Chavanon (Louis), Maire, 3, rue Voltaire. — Saint-Étienne (Loire).

Chavasse (Paul), Nég.-Prop., 38, quai de Bosc. — Cette (Hérault).

Dr **Chervin (Arthur)**, Dir. de l'Inst. des Bègues, 82, avenue Victor-Hugo. — Paris.

Cheuret, Notaire, 24, place de L'Hôtel-de-Ville. — Le Havre (Seine-Inférieure).

Dr **Cheurlot**, 48, avenue Marceau. — Paris.

Chevalier (Alexis), Nég., 184, boulevard de Caudéran. — Bordeaux (Gironde).

Chevalier (Auguste), Lic. ès sc. nat., Attaché au Lab. d'anatomie végét. du Muséum d'Hist. nat., 63, rue de Buffon. — Paris.

*Chevalier (Henri)**, Ing. des Arts et Man., 61, quai de Grenelle. — Paris.

Chevalier (J.-P.), Nég., 50, rue du Jardin-Public. — Bordeaux (Gironde). — **F**

Chevallier (Georges), Notaire. — Montendre (Charente-Inférieure).

Dr **Chevallier (Paul)**. — Compiègne (Oise).

Chevallier (Raymond), v.-Présid. de la Soc. d'Agric. de Compiègne, château de Bois-de-Lihus. — Moyvillers par Estrées-Saint-Denis (Oise).

Chevallier (Victor), Chim. de la Comp. des Salins du Midi, 46, rue Pitot. — Montpellier (Hérault).

Chevrel (René), Doct. ès sc., Prof. à l'Éc. de Méd., 5, rue du Docteur-Rayer. — Caen (Calvados). — **R**

Chevreux (Édouard), route du Cap. — Bône (départ. de Constantine) (Algérie).

Cheysson (Émile), Insp. gén. des P. et Ch., Prof. à l'Éc. nat. sup. des Mines, 4, rue Adolphe-Yvon. — Paris.

Dr **Chiaïs (François)**, Méd. de l'Hôp., rue Villarey. — Menton (Alpes-Maritimes), l'été, 41, rue Nationale. — Évian-les-Bains (Haute-Savoie).

Chicandard (Georges-R.), Lic. ès sc. phys., Pharm. de 1re cl., Admin.-Dir. de la Soc. anonyme des prod. chim. — Fontaines-sur-Saône (Rhône). — **R**

Dr **Chil y Naranjo (Gregorio)**. — Palmas (Grand-Canaria). — **R**

Dr **Chobaut (Alfred)**, 4, rue Dorée. — Avignon (Vaucluse).

Chômienne (Claudius), Ing. des Établis. Arbel. — Rive-de-Gier (Loire).

*Choquet (Jules, César)**, Chirurg.-Dent., 49, avenue de La Grande-Armée. — Paris.

Choquin (Albert), Bandagiste, Porte-Jeune. — Mulhouse (Alsace-Lorraine).

Chouët (Alexandre), anc. Juge au Trib. de Com., 29, rue de Clichy. — Paris. — **R**

Chouillou (Albert), Agric., anc. Élève de l'Éc. nat. d'Agric. de Grignon. — L'Arba (départ. d'Alger). .

*Chrétien (Louis)**, Prop., 70, rue Du Coudray. — Nantès (Loire-Inférieure).

Chrétien (Paul, Charles), Insp. de l'Éclairage élect. de la Ville, 15, rue de Boulainvilliers. — Paris.

Dr **Christian (Jules)**, Méd. de la Maison nat. d'aliénés de Charenton, 57, Grande-Rue. — Saint-Maurice (Seine). — **R**

Clamageran [Mme Jules), 57, avenue Marceau. — Paris.

Clamageran (Jules), anc. Min. des Fin., Sénateur, 57, avenue Marceau. — Paris. — **F**

Clarenc (Georges), Prof. de sc. nat. à l'Éc. prat. d'Agric. — Villembits par Trie (Hautes-Pyrénées).

Claude-Lafontaine (Lucien), Banquier, anc. Élève de l'Éc. Polytech., 32, rue de Trévise. — Paris.

Claudel (Victor), Fabric. de papiers. — Docelles (Vosges).

Claudon (Édouard), Ing. des Arts et Man., 15, rue Hégésippe-Moreau. — Paris.

Claverie (Auguste), Bandagiste., 234, rue du Faubourg-Saint-Martin. — Paris.

Clercq (Charles de), 46, rue Vital. — Paris.

Clermont (Philibert de), Avocat à la Cour d'Ap., 38, rue du Luxembourg. — Paris. — **R**

Clermont (Philippe de), s.-Dir. hon. du Lab. de Chim. de la Sorbonne, 38, rue du Luxembourg. — Paris. — **F**

Clermont (Raoul de), Ing. agron. diplômé de l'Inst. nat. agron.. Avocat à la Cour d'Ap., anc. Attaché d'ambassade, 79, boulevard Saint-Michel. — Paris. — **R**

Cloquet (Louis), Prof. à l'Univ., 2, rue Saint-Pierre. — Gand (Belgique).

Dr **Clos (Dominique)**, Corresp. de l'Inst., Prof. hon. à la Fac. des Sc., Dir. du Jardin des Plantes, 2, allées des Zéphirs. — Toulouse (Haute-Garonne). — **R**

Clos (Mme Élie), 8, Grand-Rond. — Toulouse (Haute-Garonne).

Dr **Clos (Élie)**, 8, Grand-Rond. — Toulouse (Haute-Garonne).

Clouzet (Ferdinand), Mem. du Cons. gén., 88, cours Victor-Hugo. — Bordeaux (Gironde). — **R**

Clunet (Édouard), Avocat à la Cour d'Ap., 11, rue Montalivet. — Paris.

Coadon (Alexandre), Fabric. de velours, 5, rue de La Comédie. — Saint-Étienne (Loire).

Coccoz (Victor), Chef d'escadron d'Artil. en retraite, 14, avenue du Maine. — Paris.

Cochon (J.), Conserv. des Forêts. — Chambéry (Savoie).

Cochot (Albert), Ing. civ., Archit. de la Ville, 75, Rempart-du-Nord — Angoulême (Charente).

Codron (E.), Fabric. de sucre. — Beauchamps par Gamaches (Somme).

Cohen (Benjamin), Ing. civ., 45, rue de La Chaussée-d'Antin. — Paris.

Cohn (Léon), Trés.-Payeur gén. de l'Eure. — Évreux (Eure).

*Coignard (Jean)**, Dent. D. E. A. P., 103, avenue de La Tranchée. — Saint-Symphorien (Indre-et-Loire).

Coignet (Jean), Ing. civ. des Mines, anc. Élève de l'Éc. Polytech., 12, quai des Brotteaux. — Lyon (Rhône).

*Colas (Albert)**, Publiciste, Les Liserons. — Villeneuve-le-Roi par Ablon (Seine-et-Oise).

Collard (E.), Pharm., 16, rue Leenhardt. — Montpellier (Hérault).

Dr **Collardot (Victor)**, Méd. de l'Hôp. civ., 3, rue Cléopâtre. — Alger.

*Collignon (Mme Édouard)**, 6, rue de Seine. — Paris.

*Collignon (Édouard)**, Insp. gén. des P. et Ch. en retraite, Examin. hon. de sortie à l'Éc. Polytech., 6, rue de Seine. — Paris. — **F**

Collignon (Félix), Dir. des Usines de la *Comp. royale Asturienne.* — Auby-lez-Douai (Nord).

Dr **Collignon (René)**, Méd.-Maj. de 1re cl. au 25e Rég. d'Infant., 6, rue de La Marine. — Cherbourg (Manche).

Collin (Mme), 15, boulevard du Temple. — Paris. — **R**

Collin (Émile), Paléoethnologue, 35, rue des Petits-Champs. — Paris.

Collin (Émile, Charles), Ing. des Arts et Man., 49, rue de Miromesnil. — Paris.

Collot (Louis), Prof. à la Fac. des Sc., Dir. du Musée d'Hist. nat., 4, rue du Tillot. — Dijon (Côte-d'Or). — **R**

Collot (Michel), Nég. en cuirs, 27, rue Turbigo. — Paris.

Colombié (Mme Paul), 7, rue du Marteau. — Villefranche-de-Rouergue (Aveyron).

Colombié (Paul), Avocat, 7, rue du Marteau. — Villefranche-de-Rouergue (Aveyron).

*Colomiati (Mlle N.), place du Ralliement. — Angers (Maine-et-Loire).
Colrat de Montrozier (Raymond), Explorateur, château de Nuzac. — Cavagnac par les Quatre-Routes (Lot).
Comité médical des Bouches-du-Rhône, 3, Marché des Capucines. — Marseille (Bouches-du-Rhône). — R
Commines de Marsilly (Arthur de), anc. Of. de Caval., villa Saint-Georges. — Saint-Lô (Manche).
Commission archéologique de Narbonne. — Narbonne (Aude).
Commission départementale de Météorologie du Rhône. — Lyon (Rhône).
*Commolet (Jean-Baptiste), Prof. de Math. au Lycée Carnot, 32, rue de Lévis. — Paris.
Compagnie des chemins de fer du Midi, 54, boulevard Haussmann. — Paris. — F
—   —   d'Orléans, 8, rue de Londres. — Paris. — F
—   —   de l'Ouest, 20, rue de Rome. — Paris. — F
—   —   de Paris à Lyon et à la Méditerranée, 88, rue Saint-Lazare. — Paris. — F
Compagnie des Fonderies et Forges de l'Horme, 8, rue Victor-Hugo. — Lyon (Rhône). — F
—   du Gaz de Lyon, 7, rue de Savoie. — Lyon (Rhône). — F
—   Parisienne du Gaz, 6, rue Condorcet. — Paris. — F
—   des Messageries Maritimes, 1, rue Vignon. — Paris. — F
—   des Minerais de fer magnétique de Mokta-el-Hadid (le Conseil d'Administration de la), 26, avenue de L'Opéra. — Paris. — F
—   des Mines, Fonderies et Forges d'Alais, 7, rue Blanche. — Paris. — F
—   des Mines de houille de Blanzy (Jules Chagot et Cie), à Montceau-les-Mines (Saône-et-Loire), et 44, rue des Mathurins. — Paris. — F
—   des Mines de Roche-la-Molière et Firminy, 13, rue de La République. — Lyon (Rhône). — F
—   des Salins du Midi, 94, rue de La Victoire. — Paris. — F
Compayré (Gabriel), Corresp. de l'Inst., Rect. de l'Acad., anc. Député, 30, rue Cavenne. — Lyon. (Rhône).
Conrad (Louis, Théophile), anc. Attaché à l'Admin. gén. de l'Assist. pub., 18, Grande-Rue. — Bourg-la-Reine (Seine).
*Conseil départemental d'Hygiène de l'Aisne. — Laon (Aisne).
Considère (Armand), Corresp. de l'Inst., Ing. en chef des P. et Ch. — Quimper (Finistère).
Constant (Lucien), Avocat, 66, rue des Petits-Champs. — Paris.
*Contamin (Félix), Rent., 12, avenue d'Alsace-Lorraine. — Grenoble (Isère).
Coppet (Louis de), Chim., villa Irène, rue Magnan. — Nice (Alpes-Maritimes). — F
Corbière (Louis), Prof. de Sc. nat. au Lycée, Lauréat de l'Inst., 70, rue Asselin. — Cherbourg (Manche).
Corbin (Paul), Indust., anc. Élève de l'Éc. Polytech. — Lancey (Isère).
Cordier (Henri), Prof. à l'Éc. des Langues orient. vivantes, 54, rue Nicolo. — Paris. — R
Cornil (Mme Victor), 19, rue Saint-Guillaume. — Paris.
Cornil (Victor), Prof. à la Fac. de Méd., Mem. de l'Acad. de Méd., Méd. des Hôp., Sénateur de l'Allier, 19, rue Saint-Guillaume. — Paris.
Cornu (Mme Alfred), 9, rue de Grenelle. — Paris. — R
Cornu (Alfred), Mem. de l'Inst. et du Bureau des Longit., Ing. en chef des Mines, Prof. à l'Éc. Polytech., 9, rue de Grenelle. — Paris. — F
Cornu (Félix), Fabric. de matières tinct. — Riant-Port par Vevey (Suisse).
Cornu (Mme Maxime), 27, rue Cuvier. — Paris.
Cornuault (Émile), Ing. des Arts et Man., Dir. de la *Soc. anonyme du Gaz et Hauts Fourneaux de Marseille*, 6, rue Le Peletier. — Paris.
*Corteggiani (J.), Prof. spéc. d'Agric. — Albertacca par Calacuccia (Corse).
Dr Cosmovici (Léon), Prof. à l'Univ., 11, strada Codrescu. — Jassy (Roumanie).
Cossé (Victor), Raffineur, 1, rue Daubenton. — Nantes (Loire-Inférieure).
Cosset-Dubrulle (Édouard) (fils), Fabric. de lampes de sûreté pour mines, 45, rue Turgot. — Lille (Nord).
Cossmann (Maurice), Ing., Chef des serv. techniques de l'Exploit., à la *Comp. des Chem. de fer du Nord*, anc. Élève de l'Éc. cent. des Arts et Man., 95, rue de Maubeuge. — Paris.
*Dr Costa de Bastelica, Corresp. de l'Acad. de Méd., Présid. de la *Soc. des Méd. de la Corse*, anc. Méd. princ. de l'Armée, 24, cours Napoléon. — Ajaccio (Corse).

Costa-Couraça (João da), Ing. au corps d'Ing. des Trav. pub., 6, rue Rosa-Aranjo.
— Lisbonne (Portugal).

Coste (Abdon), Prop., 40, rue des Augustins. — Perpignan (Pyrénées-Orientales).

Coste (Louis), Doct. ès Lettres, Biblioth. de la Ville. — Salins (Jura).

Cotard (Charles), Ing., anc. Élève de l'Éc. Polytech., 1, rue Misk. — Péra-Constanti-
nople (Turquie).

Cottance, Nég. en diamants, 29, rue de La Victoire. — Paris.

Cottancin (Rémi, Jean, Paul), Ing. des Arts et Man. (Trav. en ciment avec ossat. métal.),
47, boulevard Diderot. — Paris.

Cottereau-Rehm (Mme Ve Charles). — Pagny-sur-Moselle (Meurthe-et-Moselle).

Cottignies (Paul), Avocat gén. à la Cour de Casat., 8, rue Boccador. — Paris.

Couband (Paul), Sec. gén. de la Comp. fermière de Vichy, 24, boulevard des Capucines.
— Paris.

Coulet (Camille), Libr.-Édit., 5, Grande-Rue. — Montpellier (Hérault).

*Couneau (Émile), Prop., 4, rue du Palais. — La Rochelle (Charente-Inférieure).

Counord (E.), Ing. civ., 127, cours du Médoc. — Bordeaux (Gironde). — R

Coupier (T.), anc. Fabric. de prod. chim. — Saint-Denis-Hors par Amboise (Indre-et-
Loire).

Coupin (Henri), Doct. ès Sc., Prép. à la Fac. des Sc., 21, boulevard de Port-Royal.
— Paris.

Couprie (Louis), Avocat à la Cour d'Ap., 71, rue Saint-Sernin. — Bordeaux (Gironde).
— R

Couriot (Henri), Prof. à l'Éc. des Hautes-Études com. et à l'Éc. spéc. d'Archit., Chargé
de Cours à l'Éc. cent. des Arts et Man., 3, rue de Logelbach. — Paris.

*Courjon (Mme Antonin), 14, rue de La Barre. — Lyon (Rhône).

*Dr Courjon (Antonin), Dir. de la Maison de santé de Meyzieux, 14, rue de La Barre.
— Lyon (Rhône).

Dr Courmont (Jules), Agr. à la Fac. de Méd., Chef des trav. de Bactériologie, Méd. des
Hôp., 17, rue Victor-Hugo. — Lyon (Rhône).

Courot (Édmond), Colonel d'Infant. de Marine en retraite, 102, rue Denfert-Rochereau.
— Paris.

*Courtefois (Mme Gustave), 30, rue du Landy. — Clichy (Seine).

*Courtefois (Gustave), Indust., 30, rue du Landy. — Clichy (Seine).

Courtois (Henry), Lic. ès Sc. Phys., château de Mugès. — Damazan (Lot-et-Garonne).

Courtois de Viçose, 3, rue Mage. — Toulouse (Haute-Garonne). — F

Coutagne (Georges), Ing. des Poudres et Salpêtres, Le Défends. — Rousset (Bouches-du-
Rhône). — R

Coutanceau (Alphonse), Ing. des Arts et Man., 3, rue Michel. — Bordeaux (Gironde).

Couten (Louis), Minotier, 52, rue de Puty. — Verdun (Meuse).

Dr Coutière (Henry), Agr. à l'Éc. sup. de Pharm., 21 bis, boulevard de Port-Royal.
— Paris.

Coutil (Léon), Présid. de la Soc. normande d'Études préhist., rue aux Prêtres. — Les
Andelys (Eure).

Coutreau (Léon), Prop. — Branne (Gironde).

Couve (Charles), Courtier d'assurances., 28, rue Castéja. — Bordeaux (Gironde).

Couvreux (Abel), Ing., 78, rue d'Anjou. — Paris.

Couzinet (Henri), anc. Notaire. — Saint-Sulpice-d'Eymet (Dordogne).

Couzy (Louis), Insp.-Ing. des Postes et Télég. Chef du Serv. — Tananarive (Madagascar).

Coze (André) (fils), Dir. de l'Usine à gaz, 5, rue des Romains. — Reims (Marne).

Crapon (Denis), Ing., anc. Élève de l'Éc. Polytech., 2, rue des Farges. — Lyon
(Rhône). — R

Craponne (Paul de), Ing. princ. de la Comp. du Gaz, anc. Élève de l'Éc. cent. des Arts
et Man., 2, cours Bayard. — Lyon (Rhône).

Cravoisier (Émile), Mem. du Cons. et Sec. adj. de la Soc. de Géog. com. de Paris, 10, rue
Lord-Byron. — Paris.

Crémieu (Paul), Banquier. — Aix-en-Provence (Bouches-du-Rhône).

Crépin (Alphonse), Dir. d'Éc. com., rue de Paris. — Puteaux (Seine).

Crépy (Eugène), Filat., 19, boulevard de La Liberté. — Lille (Nord). — R

Créquy (Mme Octavie), 99, boulevard Magenta. — Paris.

Crespin (Arthur), Ing. des Arts et Man., Mécan., 23, avenue Parmentier. — Paris. — R

Creuzan (Mme Georges), 47, cours de l'Intendance. — Bordeaux (Gironde).

*Creuzan (Georges), Fabric. d'inst. de chirurg., 47, cours de l'Intendance. — Bordeaux
(Gironde).

Crié (L.), Prof. à la Fac. des Sc., Corresp. de l'Acad. de Méd., 79, avenue du Gué-de-Baud. — Rennes (Ille-et-Vilaine).

Dr Critzman (Daniel), anc. Int. des Hôp., 45, avenue Kléber. — Paris.

Dr Crocq (Jean), Agr. à l'Univ., Chef de service à l'Hôp. de Molenbeeck, 27, avenue Palmerston. — Bruxelles (Belgique).

*Croin (Paul), Prop., 13, rue du Nouveau-Siècle. — Lille (Nord).

Croizier (Jean-Baptiste), Expert-Agron., 52, rue de La Paix. — Saint-Étienne (Loire).

Dr Cros (François), Méd. princ. de 1re cl. de l'Armée en retraite, 6, rue de L'Ange. — Perpignan (Pyrénées-Orientales). — R

Crouan (Fernand), Armat., v.-Présid. hon. de la Ch. de Com. de Nantes, 81, rue de Monceau. — Paris. — F

Crouslé (Léon), Prof. à la Fac. des Lettres, 58, rue Claude-Bernard. — Paris.

Crova (André), Corresp. de l'Inst., Prof. à la Fac. des Sc., 12 bis, rue du Carré-du-Roi. — Montpellier (Hérault).

Dr Cruet, 2, rue de La Paix. — Paris.

Cugnin (Émile, Antoine), Chef de Bat. du Génie en retraite, 192, rue de Vaugirard. — Paris.

Dr Culot (Charles), anc. Int. des Hôp., 6, rue de La République. — Maubeuge (Nord).

Cunisset-Carnot (Paul), Premier Présid. de la Cour d'Ap., 19, cours du Parc. — Dijon (Côte-d'Or). — R

Curé (Émile), Prop., anc. s.-Préfet. — Provins (Seine-et-Marne).

Curie (Jules), Lieut.-Colonel du Génie en retraite, 155, boulevard de La Reine. — Versailles (Seine-et-Oise).

Cussac (Joseph de), Insp. adj. des forêts, 4, rue Pierre-Joigneaux. — Beaune (Côte-d'Or).

Dr Cyon (Élie de), anc. Prof. de Physiol., 4, rue de Thann. — Paris.

Dr Dagrève (Élie), Méd. du Lycée et de l'Hôp. — Tournon-sur-Rhône (Ardèche). — R

Dr Daguenet (Victor), Méd.-Maj. en retraite, 44, Grande-Rue. — Besançon (Doubs).

Daleau (François). — Bourg-sur-Gironde (Gironde).

Dalligny (A.), anc. Maire du VIIIe arrond., 5, rue Lincoln. — Paris. — F

Damoizeau, 52, avenue Parmentier. — Paris.

Damoy (Julien), Nég., 31, boulevard de Sébastopol. — Paris.

Danel, Imprim., 93, rue Nationale. — Lille (Nord).

Daney (Alfred), Nég., anc. Maire, 36, rue de La Rousselle. — Bordeaux (Gironde).

Danguy (Louis), Prof. départ. d'agric. de la Loire-Inférieure, 1, quai Duquesne. — Nantes (Loire-Inférieure).

Danguy (Paul), Lic. ès Sc., Prépar. de Botan. au Muséum d'hist. nat., 7, rue de L'Eure. — Paris. — R

Daniel (Lucien), Doct. ès Sc. nat., Prof. au Lycée, 18, rue de Palestine. — Rennes (Ille-et-Vilaine).

Danton, Ing. civ. des Mines, 6, rue du Général-Henrion. — Neuilly-sur-Seine (Seine). — F

Darbas (Louis), Conserv. du Musée Georges Labit, 23, rue d'Orléans. — Toulouse (Haute-Garonne).

*Darcy (Félix), Prof. au Petit-Lycée Condorcet, 23, rue Ballu. — Paris.

Dard (Jules, Marius), Minoterie Narbonne. — Hussein-Dey (départ. d'Alger).

Dr Darin (Gustave), 41, boulevard des Capucines. — Paris.

Darlan (Jean), anc. Min. de la Justice, Mem. du Cons. gén. de Lot-et-Garonne, 22, rue de Bellechasse. — Paris.

Darras (A.), Nég., 1, rue Keller. — Paris.

Darrasse (Léon), Fabric. de prod. chim., 13, rue Pavée-Marais. — Paris.

Dr Darzens (Georges), Répét. de Chimie à l'Éc. Polytech., 10, rue Lesdiguières. — Paris.

Dr Dassieu (Mathieu), 6, rue Serviez. — Pau (Basses-Pyrénées).

Dassonville (Charles, Léon), Doct. ès sc., Vétér. en 1er au 12e Rég. d'Artil. — Vincennes (Seine).

Dattez, Pharm., 17, rue de La Villette. — Paris.

Dauriat, Chef de dépôt en retraite de la Comp. des Chem. de fer de l'Est, 18, rue à Lécluse. — Paris.

autzenberg (Philippe), Zool., 213, rue de L'Université. — Paris.

Davanne (Alphonse), Présid. hon. du Cons. d'Admin. de la Soc. franç. de Photog., 82, rue des Petits-Champs. — Paris.

Daveluy (Charles), Dir. gén. hon. des Contrib. dir. et du Cadastre, 107, boulevard Brune. — Paris.

David (Arthur), 29, rue du Sentier. — Paris. — **R**

David (Émile), Pharm. — Objat (Corrèze).

David (Pierre), Prépar. de Phys. à la Fac. des Sc. — Clermont-Ferrand (Puy-de-Dôme).

Daymard (Victor), anc. Ing. de la Marine, Ing. en chef de la *Comp. gén. Transat.*, 47, rue de Courcelles. — Paris.

Debreuil (Charles), 50, quai Pasteur. — Melun (Seine-et-Marne).

Debruge (Arthur), Commis à l'admin. des Postes et Télég. — Bougie (départ. de Constantine) (Algérie).

Dr Dechamp (Paul, Jules), Méd. princ. de la Marine en retraite, villa Richelieu. — Arcachon (Gironde).

Déchet (Louis, J.-B.), 17, rue Paul-Bert. — Moulins (Allier).

Deck (Maurice), Armateur, 46, rue Marengo. — Dunkerque (Nord).

Defforges (Gilbert), Colonel Command. le 36e Rég. d'Infant., Breveté d'État-Maj., 2, rue de L'Est. — Melun (Seine-et-Marne).

Defrenne (Adolphe), Prop., 295, rue Nationale. — Lille (Nord).

Degeorge (Hector), Archit. S. C., Expert près le Trib. civ. et le Cons. de Préfect. de la Seine, 151, boulevard Malesherbes. — Paris.

Deglatigny (Louis), Nég. en bois, 11, rue Blaise-Pascal. — Rouen (Seine-Inférieure). — **R**

Degorce (Marc, Antoine), Pharm. en chef de la Marine en retraite, 42, rue des Semis. — Royan-les-Bains (Charente-Inférieure). — **R**

Degousée (Edmond), Ing. des Arts et Man., 164, boulevard Haussmann. — Paris. — **F**

Dehaut (E.), 147, rue du Faubourg-Saint-Denis. — Paris.

Dr Dehaut (Félix), Pharm. de 1re cl., 147, rue du Faubourg-Saint-Denis. — Paris.

Dr Dehenne (Albert), 34, rue de Berlin. — Paris.

Dehérain (Pierre, Paul), Mem. de l'Inst., Prof. au Muséum d'hist. nat. et à l'Éc. nat. d'Agric. de Grignon, 1, rue d'Argenson. — Paris.

Dehesdin (Gaston), Dir. de la *Soc. anonyme des Établissements Henry-Lepaute*, anc. Élève de l'Éc. Polytech., 11, rue Desnouettes. — Paris.

Déjardin (E.), Pharm. de 1re cl., anc. Int. des Hôp.; 109, boulevard Haussmann. — Paris.

Dejean de Fonroque (Abel), Chef de serv. de la *Comp. du Canal de Suez* en retraite, 202, boulevard Saint-Germain. — Paris.

Dejou (Paul), Pharm. de 1re cl. — La Ferté-Alais (Seine-et-Oise).

Dr Delabost (Merry), Dir. hon. et Prof. à l'Éc. de Méd., Chirurg. en chef de l'Hôtel-Dieu et des Prisons, 76, rue Ganterie. — Rouen (Seine-Inférieure).

*Delacour (Théodore), 94, rue de La Faisanderie. — Paris.

Delafon (Maurice), Ing. sanitaire, Indust., 14, quai de La Rapée. — Paris.

Delage (Pierre, Joseph), Ing. des Arts et Man., Adj. au Maire du XIe arrond., 90, boulevard Richard-Lenoir. — Paris.

Delage (Yves), Mem. de l'Inst., Prof. à la Fac. des Sc. de Paris, 14, rue du Marché. — Sceaux (Seine).

Delagrave (Charles), Libr.-Édit., 15, rue Soufflot. — Paris.

*Delair (Léon), Chirurg.-Dent. diplômé de la Fac. de Méd. de Paris, 23, rue de Rémigny. — Nevers (Nièvre).

Delaire (Alexis), Séc. gén. de la *Soc. d'Économ. sociale*, anc. Élève de l'Éc. Polytech., 238, boulevard Saint-Germain. — Paris. — **R**

Dr Delaporte, 24, rue Pasquier. — Paris. — **R**

Delattre (Carlos), Filat., anc. Élève de l'Éc. Polytech., 126, rue Jacquemars-Giélée. — Lille (Nord). — **R**

Delaunay (Henri), Ing. des Arts et Man., 39, rue d'Amsterdam. — Paris. — **R**

Delaunay-Belleville (Louis), Ing.-Construc., anc. Élève de l'Éc. Polytech., 17, boulevard Richard-Wallace. — Neuilly-sur-Seine (Seine). — **R**

Delcominète (Émile), Prof. à l'Éc. sup. de Pharm., 23, rue des Ponts. — Nancy (Meurthe-et-Moselle).

De L'Épine (Paul), Rent., 14, rue de Fontenay. — Châtillon-sous-Bagneux (Seine). — **R**

Delesse (Mme V^e), 59, rue Madame. — Paris. — **R**

Delessert de Mollins (Eugène), anc. Prof., villa Verte-Rive. — Cully (canton de Vaud) (Suisse). — **R**

Delestrac (Lucien), Ing. en chef des P. et Ch., 3, rue Marengo. — Saint-Étienne (Loire). — **R**

Dr Delineau (Auguste, Henri,), anc. Présid. de la *Soc. médic. des Praticiens*, 104, boulevard de Courcelles. — Paris.

*Delisle (Mme Fernand), 35, rue de L'Arbalète. — Paris.

*Dr **Delisle (Fernand)**, 35, rue de L'Arbalète. — Paris.

Delmas (Charles), Prop., 11, avenue de La Gare-d'Orléans. — Albi (Tarn).

. **Delmas (Fernand)**, Ing., Archit., Prof. d'Archit. à l'Éc. cent. des Arts et Man., 4 *bis*,
   rue de Lota (135, rue de Longchamp). — Paris.

Delmas (Jules), Étud., 5, place Longchamps. — Bordeaux (Gironde).

Delmas (Julien), Armat., 42, quai Duperré. — La Rochelle (Charente-Inférieure).

Delmas (Léon), Étud. à la Fac. des Sc. de Toulouse, 12, rue Henri - Teulière.
   — Montauban (Tarn-et-Garonne).

Delmas (Louis, Eugène), Ing. princ. chez MM. Schneider et Cie, anc. Elève de l'Éc.
   Polytech., 28, route d'Épinac. — Le Creusot (Saône-et-Loire).

Dr **Delmas (Maurice)**, Méd. des Thermes de Dax, 5, place Longchamps. — Bordeaux
   (Gironde).

Delmas (Mme Ve Paul), 5, place Longchamps. — Bordeaux (Gironde). — **R**

Deloche (René), Insp. gén. des P. et Ch., 78, rue Mozart. — Paris.

Delocre, Insp. gén. des P. et Ch., 1, rue Lavoisier. — Paris.

Delomier (Julien), Fabric. de rubans. — Feurs (Loire).

Delon (Ernest), Ing. des Arts et Man., 27, rue Aiguillerie. — Montpellier (Hérault). — **R**

Dr **Delore (Xavier)**, Corresp. nat. de l'Acad. de Méd., Agr. à la Fac. de Méd., anc.
   Chirurg. en chef de la Charité, 22, rue Saint-Joseph. — Lyon (Rhône). — **F**

Delorme (Eugène), Chef de Bureau au Min. des Fin., 14, rue du Regard. — Paris.

Delort (Jean-Baptiste), Prof. hon. de l'Univ. — Saint-Claude (Jura).

Delrieu, anc. Notaire, 27, rue de La Devise. — Bordeaux (Gironde).

Delsart (Paul), Prépar. de Phys. à la Fac. de Méd., 15, rue Eugène-Ferry. — Nancy
   (Meurthe-et-Moselle).

Délugin (Mme Antoine), 26, rue La Boëtie. — Périgueux (Dordogne).

Délugin (Antoine), anc. Pharm., 26, rue La Boëtie. — Périgueux (Dordogne).

Delune (Théodore), Nég. en ciment, 94, quai de France. — Grenoble (Isère).

Deluns-Montaud (Pierre), anc. Min. des Trav. pub., Min. plénipotentiaire, Chef de la
   Div. des Archives au Min. des Af. étrangères, 3, rue des Beaux-Arts. — Paris.

Dr **Delvaille (Camille)**. — Bayonne (Basses-Pyrénées). — **R**

Demarçay (Eugène), anc. Répét. à l'Éc. Polytech., 80, boulevard Malesherbes.
   — Paris. — **R**

Demesmay (Félix), Fabric. de ciment de Portland. — Cysoing (Nord).

Démichel (Alphonse), Construc. d'inst. de précis., 24, rue Pavée-Marais. — Paris.

Dr **Demonchy (Adolphe)**, 37, rue d'Isly. — Alger. — **R**

Démonet (François, Charles), Ing. des Arts et Man., Mem. du Cons. mun., 23, rue
   de La Commanderie. — Nancy (Meurthe-et-Moselle).

Demons (Albert), Prof. à la Fac. de Méd., Corresp. nat. de l'Acad. de Méd., 18, cours
   du Jardin-Public. — Bordeaux (Gironde).

Demont-Breton ·(Adrien), Artiste-Peintre. — Wissant (Pas-de-Calais) et Montgeron
   (Seine-et-Oise).

Demorlaine (Joseph), Garde. gén. des Forêts, 1, rue du Petit-Château. — Compiègne
   (Oise).

Demoussy (Émile), Assistant de physiol. végét. au Muséum d'hist. nat., 10, rue Chaptal. — Levallois-Perret (Seine).

Denigès (Georges), Prof. de Chim. biol. à la Fac. de Méd., 53, rue d'Alzon. — Bordeaux
   (Gironde). — **R**

Deniker (Joseph), Doct. ès sc., Biblioth. du Muséum d'hist. nat., 36, rue Geoffroy-
   Saint-Hilaire. — Paris.

Denise (Lucien), Archit., Ing. des Arts et Man., 17, rue d'Antin. — Paris.

Denoyel (Antonin), Prop., 9, rue du Plat. — Lyon (Rhône).

Denuzière (Charles), Distillateur-Liquoriste, 6, rue du Général-Foy. — Saint-Étienne
   (Loire).

Denys (Marcel), Maître de verreries. — Courcy par Loivre (Marne).

Denys (Roger), Ing. en chef des P. et Ch., 1, rue de Courty. — Paris. — **R**

Depaul (Henri), Agric., château de Vaublanc. — Plemet (Côtes-du-Nord). — **R**

Dépierre (Joseph), Ing.-Chim. — Cernay (Alsace-Lorraine). — **R**

Déplanque (J.), Ing. hydraul., 34, rue Tour-Notre-Dame. — Boulogne-sur-Mer (Pas-de-
   Calais).

Deprez (Édouard), Chef de Divis. à la Préf. de l'Aisne, 8, rue Milon-de-Martigny.
   — Laon (Aisne).

Deprez (Marcel), Mem. de l'Inst., Prof. au Conserv. nat. des Arts et Mét., 23, avenue
   de Marigny. — Vincennes (Seine). ·

Déroualle (Victor) (père), Ing. civ., 14, avenue de Launay. — Nantes (Loire-Inférieure).

Dr Deroye (André), Dir. de l'Éc. de Méd., 17, rue Piron. — Dijon (Côte-d'Or).

Deroye (Fernand), Insp. adj. des Forêts, 1, rue Sambin. — Dijon (Côte-d'Or).

Dervillé (Stéphane), Nég. en marbres, anc. Présid. du Trib. de Com., 37, rue Fortuny. — Paris. — **R**

*Desaubliaux (Jean), Étud., 21, rue Saint-Guillaume. — Paris.

Desbois (Émile), 17, boulevard Beauvoisine. — Rouen (Seine-Inférieure). — **R**

Desbonnes (F.), Nég., 5, cours de Gourgues. — Bordeaux (Gironde). — **R**

Deschamps (Arnold), v.-Présid. au Trib. de 1re inst., 17, rue de La Poterne. — Rouen (Seine-Inférieure).

Dr Deschamps (Eugène), Prof. de Phys. à l'Éc. de Méd., 22, rue La Monnaie. — Rennes (Ille-et-Vilaine).

Des Étangs (A.), Présid. hon. du Trib. civ. — Châtillon-sur-Seine (Côte-d'Or).

Desharnoux, 69, rue Monge. — Paris.

Dr Deshayes (Charles), anc. Méd. des Hôp., Méd. des Douanes et des *Chem. de fer de l'Ouest*, 35, rue Pavée. — Rouen (Seine-Inférieure).

Deshayes (Victor), Ing. civ. des Mines, 79, rue Claude-Bernard. — Paris.

Deslandres (Henri), Doct. ès Sc., Astronome à l'Observatoire de Meudon, anc. Élève de l'Éc. Polytech., 43, rue de Rennes. — Paris.

*Deslandres (Paul), Archiv.-Paléog., 62, rue de Verneuil. — Paris.

Desmarets, Dir. de l'Observat. météor., 11, rue Fortier. — Douai (Nord).

Desmaroux (Louis), Ing. en chef des Poudres et Salpêtres en retraite, 32, rue Lacépède. — Paris.

Desmarres (Robert), Ing. civ. des Mines, 20, rue de Penthièvre. — Paris.

Dr Desnos (Ernest), Sec. gén.. de l'*Assoc. française d'Urologie*, 31, rue de Rome. — Paris.

Desormos, Ing. en chef des P. et Ch. — Sisteron (Basses-Alpes).

Despécher (Jules), 37, rue Caumartin. — Paris.

Dr D'Espine (Adolphe), Prof. de Pathol. int., 6, rue Beauregard. — Genève (Suisse).

Desplats (Henri), Doyen de la Fac. libre de Méd. et de Pharm., 56, boulevard Vauban. — Lille (Nord).

Dr Desprez (Eugène, Marius), 27, rue de La Sous-Préfecture. — Saint-Quentin (Aisne).

Desprez (H.), Dir. du *Comptoir Maritime*, anc. Élève de l'Éc. Polytech., 6, place de La Bourse. — Paris.

Desroziers (Edmond), Ing. élect., Expert près le Trib. de la Seine et Arbitre près le Trib. de Com., 10, avenue Frochot. — Paris.

Dr Destot (Étienne), 15, rue Saint-Dominique. — Lyon (Rhône).

Dethan (Adhémar), Pharm. de 1re cl., 25, rue Baudin. — Paris.

Dethan (Georges), Pharm. de 1re cl., 14, rue de La Paix. — Paris.

Détroyat (Arnaud). — Bayonne (Basses-Pyrénées). — **R**

Devay (Mme Ve Justin), 82, rue Taitbout. — Paris.

Devienne (Joseph), Cons. à la Cour d'Ap., 1, rue Vaubecour. — Lyon (Rhône).

Deville (Jules), Nég., Mem. de la Ch. de Com., 24, rue Lafon. — Marseille (Bouches-du-Rhône).

Devoucoux (Georges), Chirurg.-Dent. diplômé de la Fac. de Méd., 13, rue Caumartin. — Paris.

Dewatines (Félix), Relieur, Artiste-Peintre, Admin. du Musée des Arts décoratifs, 87, rue Nationale. — Lille (Nord).

Dida (A.), Chim., 22, boulevard des Filles-du-Calvaire. — Paris. — **R**

Didier (Mme Laurence), 17, rue de Saint-Pétersbourg. — Paris.

Diéderichs-Perrégaux, Manufac. — Jallieu par Bourgoin (Isère).

Dietz (Émile), Pasteur. — Rothau (Alsace-Lorraine). — **R**

Dieulafoy (Georges), Prof. à la Fac. de Méd., Mem. de l'Acad. de Méd., Méd. des Hôp., 38, avenue Montaigne. — Paris.

Dislère (Paul), Présid. de Sect. au Cons. d'État, anc. Ing. de la Marine, Présid. du Cons. d'admin. de l'Éc. coloniale, 10, avenue de L'Opéra. — Paris. — **R**

Doin (Octave), Libr.-Édit., 8, place de L'Odéon. — Paris.

Doisy (H., L.), Fabric. de sucre et Cultivat. — Margny-lez-Compiègne (Oise).

Dollfus (Adrien), Dir. de la *Feuille des Jeunes Naturalistes*, 35, rue Pierre-Charron. — Paris.

Dollfus (Mme Auguste), 53, rue de La Côte. — Le Havre (Seine-Inférieure). — **F**

Dollfus (Auguste), Présid. de la *Soc. indust.*, avenue de La Paix. — Mulhouse (Alsace-Lorraine).

Dollfus (Charles), 16, avenue Bugeaud. — Paris.

Dollfus (Gustave), Ing. des Arts et Man., Filat. — Mulhouse (Alsace-Lorraine).— R
*Dombre (Louis), Ing. civ. des Mines, Dir. des *Mines de Douchy*. — Lourches (Nord).
*Domergue (Albert), Prof. à l'Éc. de Méd., 341, rue Paradis. — Marseille (Bouches-du-Rhône). — R
Dr Donnezan (Albert), Présid. de la Soc. *des Méd. et Pharm. des Pyrénées-Orient.,* 5, rue Font-Froide. — Perpignan (Pyrénées-Orientales).
*Dr Dor (Henri), Prof. hon. à l'Univ. de Berne, 9, rue du Président-Carnot. — Lyon (Rhône).
Dr Dorain (Albert), Méd.-Insp. des Éc. pub., 2, rue de L'Échelle. — Nantes (Loire-Inférieure).
*Dornier (Mlle Blanche), 48, rue Pierre-Corneille. — Lyon (Rhône).
*Dr Dornier (Virgile), Méd. princ. de l'Armée territoriale, 48, rue Pierre-Corneille. — Lyon (Rhône).
Douay (Léon), 1, avenue Durante (villa Ninck). — Nice (Alpes-Maritimes) et La Rosoie — Covolaire par Gossin (Var). — F
Doumenjou (Paul), Avoué. — Foix (Ariège).
Doumer (Emmanuel), Prof. à la Fac. de Méd., 57, rue Nicolas-Leblanc. — Lille (Nord).
Doumerc (Jean), Ing. civ. des Mines, 61, rue d'Alsace-Lorraine. — Toulouse (Haute-Garonne). — R
Doumerc (Paul), Ing. civ., 36, rue du Vieux-Raisin. — Toulouse (Haute-Garonne). — R
Doumergue (François), Prof. au Lycée, 2, rue des Arènes. — Oran (Algérie).
Doussaint (Maurice), anc. Prépar. à la Fac. des Sc. de Bordeaux, Chef du Labor. chim. de la Soc. *Fabrica de Mieres*. — Mieres par Ablana (Asturies) (Espagne).
Douvillé (Henri), Ing. en chef, Prof. à l'Éc. nat. sup. des Mines, 207, boulevard Saint Germain. — Paris. — R
Dr Doyon (A.), Associé nat. de l'Acad. de Méd., Méd. des Eaux. — Uriage (Isère), et 27, rue de Jarente. — Lyon (Rhône).
Drake del Castillo (Emmanuel), 2, rue Balzac. — Paris. — F
*Dramard (Léon), Rent., 8, rue Saint-Vincent. — Fontenay-sous-Bois (Seine).
Dr Dransart. — Somain (Nord). — R
Dr Dresch. — Pontfaverger (Marne).
Dreyfus (Félix), Nég., 1, rue Bonaparte. — Paris.
Drioton (Clément), Mem. de la Commis. des Antiquités de la Côte-d'Or et de la Soc. *de Spéléologie*, 23, rue Saint-Philibert. — Dijon (Côte-d'Or).
*Drouet (Paul), Prop., Hameau du Bosq. — Croissanville (Calvados).
Drouin (Alexis), Ing.-Chim., 95, rue de Rennes. — Paris.
Dr Drouineau (Gustave), Insp. gén. des Serv. admin. au Min. de l'Int., 105, rue Notre-Dame-des-Champs. — Paris.
*Druart (Émile), Nég. en matér. de construc. et charbons de terre, 37, chaussée du Port. — Reims (Marne).
Dubail-Roy (Gustave), Sec. de la Soc. *belfortaine d'Émulation*, 42, faubourg de Montbéliard. — Belfort.
Dubertret (L.-M.), Prop., 11, rue Newton. — Paris.
Dubiau (Paul), Ing. de l'*Assoc. des Prop. d'appareils à vapeur du Sud-Est*, 80, rue Paradis. — Marseille (Bouches-du-Rhône).
Dubief (Mlle), 9 *bis*, rue de Moscou. — Paris.
Dr Dubief (Henri), Méd.-Insp. des épidémies du départ. de la Seine, 9 *bis*, rue de Moscou. — Paris.
Dr Dublassy (Étienne), 44, rue de La République. — Oullins (Rhône).
Dubois (Marcel), Prof. à la Fac. des Lettres., 76, rue Notre-Dame-des-Champs. — Paris.
*Dr Dubois (Raphaël), Prof. à la Fac. des Sc., 27, rue du Juge-de-Paix. — Lyon (Rhône).
Dubois de l'Estang (Étienne), Insp. des Fin., 4, rue Saint-Florentin. — Paris.
Dubourg (A.), Avoué à la Cour d'Ap., 51, rue de La Devise. — Bordeaux (Gironde).
Dubourg (Élisée), Doct. ès sc., Chef des trav. de chim. à la Fac. des Sc., 66, rue Pélegrin. — Bordeaux (Gironde).
Dubourg (Georges), Nég. en drap., 27, rue Sauteyron. — Bordeaux (Gironde). — R
Dubourg (Paul), Nég., Mem. du Cons. gén., 5, rue du Perron. — Besançon (Doubs).
*Dubuisson (Alphonse), Archit., 93 *bis*, rue des Stations. — Lille (Nord).
Duburcq-Gastellier (Félix-Amable), Rent., rue de Coulommiers. — La Ferté-sous-Jouarre (Seine-et-Marne).

Duchâtaux (Victor), Avocat, anc. Présid. de l'*Acad. nat. de Reims*, 12, rue de L'Échauderie. — Reims (Marne).

Duchemin (Émile), Présid. de la Ch. de Com., 33, place Carnot. — Rouen (Seine-Inférieure).

Duclaux (Émile), Mem. de l'Inst. et de l'Acad. de Méd., Prof. à la Fac. des Sc. et à l'Inst. nat. agron., 39, avenue Breteuil. — Paris. — R

Ducor (Mⁿᵉ Paul), 87, avenue de Villiers. — Paris.

Ducor (Mˡˡᵉ Marie-Thérèse), 87, avenue de Villiers. — Paris.

Dr Ducor (Paul), 87, avenue de Villiers. — Paris.

Ducournau (F.), Chirurg.-Dent., 42, rue Cambon. — Paris.

Ducreux (Alfred), Nég., Consul du Paraguay, Mem. du Cons. d'arrond., 9, boulevard National. — Marseille (Bouches-du-Rhône). — R

Ducrocq (Henri), Cap. d'Artil., Breveté d'Ét.-Maj., 79, avenue Bosquet. — Paris. — R

Dufay (Adrien), Biblioth. de la Ville, 7, rue du Puits-Chatel. — Blois (Loir-et-Cher).

Dufet (Henri), Maître de conf. à l'Éc. norm. sup., Prof. de Phys. au Lycée Saint-Louis, 35, rue de L'Arbalète. — Paris.

Dufour (Léon), Dir.-adj. du Lab. de Biologie végét. — Avon (Seine-et-Marne). — R

Dr Dufour (Marc), Rect., Prof. d'Ophtalmol. à l'Univ., 7, rue du Midi. — Lausanne (Suisse). — R

Dufresne, Insp. gén. de l'Univ., 61, rue Pierre-Charron. — Paris. — R

Dufresne (L.), Lieut. de vaisseau en retraite, La Chaletière. — Sainte-Honorine-la-Guillaume (Orne).

Duguet (Francis), Chim., 12, rue Le Peletier. — Paris.

Dr Duguet (Jean-Baptiste), Mem. de l'Acad. de Méd., Agr. à la Fac. de Méd., Méd. des Hôp., 60, rue de Londres. — Paris.

Duguet (Raymond), Étud., 60, rue de Londres. — Paris.

Duhotoy (Charles), Entrep. de Trav. pub. — Saint-Martin-lez-Boulogne par Boulogne-sur-Mer (Pas-de-Calais).

Dulac (Frédéric), Propr., 40, place Gambetta. — Bordeaux (Gironde).

Dr Dulac (H.), 14, boulevard Lachèze. — Montbrison (Loire). — R

Dr Du Lac (Dieudonné). — La Gauphine par Cazouls-les-Béziers (Hérault).

Dumas (Hippolyte), Indust., anc. Élève de l'Éc. Polytech. — Mousquety par l'Isle-sur-Sorgue (Vaucluse). — R

Dumas-Edwards (Mᵐᵉ J.-B.), 23, rue Cassette. — Paris. — R

Dumée (Paul,), Pharm., vis-à-vis la Cathédrale. — Meaux (Seine-et-Marne).

Duminy (Anatole), Nég. en vins de Champagne. — Ay (Marne). — R

Dumollard (Félix), 6, rue Hector-Berlioz. — Grenoble (Isère).

Dumont (Arsène), Démog., 17, rue de Bras. — Caen (Calvados).

Dumont (Paul, Charles), Doct. en droit, Biblioth. de l'Univ., 16, place de La Carrière. — Nancy (Meurthe-et-Moselle).

*Dr Dunogier (Simon), 51, cours de Tourny. — Bordeaux (Gironde).

Du Pasquier, Nég., 6, rue Bernardin-de-Saint-Pierre. — Le Havre (Seine-Inférieure).

Dr Dupau (Justin), Chirurg. en chef de l'Hôtel-Dieu, 1, Jardin Royal. — Toulouse (Haute-Garonne).

Duplay (Simon), Prof. à la Fac. de Méd., Mem. de l'Acad. de Méd., Chirurg. des Hôp., 70, rue Jouffroy. — Paris. — R

Dupont (F.), Chim., Sec. gén. hon. de l'*Assoc. des Chim. de Sucreries et Distilleries*, 154, boulevard Magenta. — Paris. — R

*Dr Dupouy (Abel), 43, avenue du Maine. — Paris.

Dupré (Anatole), Chim., 36, rue d'Ulm. — Paris. — R

Dr Dupuis, Mem. du Cons. gén., 1, rue de Poitiers. — Bressuire (Deux-Sèvres).

Dupuis (Charles), Dispacheur consult. de la marine, 3, rue Pajou. — Paris. — R

Dupuy (Léon), Prof. au Lycée, 43, cours du Jardin-Public. — Bordeaux (Gironde). — F

Dupuy (Paul), Prof. à la Fac. de Méd. de Bordeaux, 16, chemin d'Eysines. — Caudéran (Gironde). — F

Duran (Paul, Émile), Ing. des Arts et Man., Nég., route d'Eauze. — Condom (Gers).

Duran-Loriga (Juan, J.), Command. d'Artil. et Prof. de Math., 20, plaza de Maria Pita. — La Corogne (Espagne).

Durand (Eugène), Prof. hon. à l'Éc. nat. d'Agric., 6, rue du Cheval-Blanc. — Montpellier (Hérault).

Dr Durand (Jean), Méd. des Hôp., 116, cours d'Alsace-et-Lorraine. — Bordeaux (Gironde).

*Durand-Claye (Mme Ve Alfred). — La Bretèche par Palaiseau (Seine-et-Oise) et l'hiver 69, rue de Clichy. — Paris.

Durand-Claye (Léon), Insp. gén. des P. et Ch. en retraite, 81, rue des Saints-Pères. — Paris.

Durand-Gasselin (Hippolyte-Marie), Indust., 10, passage Saint-Yves. — Nantes (Loire-Inférieure).

Dr Durante (Gustave), anc. Int. des Hôp., 32, avenue Rapp. — Paris.

Duranteau (Mme la Baronne Albert), château de Laborde d'Antran. — Ingrande par Châtellerault (Vienne).

Duranteau (le Baron Albert), Prop., château de Laborde d'Antran. — Ingrande par Châtellerault (Vienne).

Dr Dureau (Alexis), Biblioth. de l'Acad. de Méd., Archiv. hon. de la *Soc. d'Anthrop. de Paris*, 49, rue des Saints-Pères. — Paris.

Durègne (Mme Ve E.), 22, quai de Béthune. — Paris.

Durègne (Émile), Ing. des Télég., 34, cours de Tourny. — Bordeaux (Gironde).

Duret (Théodore), Homme de lettres, 4, rue Vignon. — Paris.

Dr Duroselle (Fernand), 17, rue de La Pâture— Amiens (Somme).

Duroy de Bruignac (Albert), Ing. des Arts et Man., 15, rue du Sud. — Versailles (Seine-et-Oise).

Durthaller (Albert), Nég. — Altkirch (Alsace-Lorraine).

Dussaud (Élie), Prop., 31, cours Pierre-Puget. — Marseille (Bouches-du-Rhône). — R

Dussaut (Louis), Recev. princ. des Contrib. indir., Entreposeur des Tabacs. — Châtellerault (Vienne).

Dutailly (Gustave), anc. Prof. à la Fac. des Sc. de Lyon, Député de la Haute-Marne 84, rue du Rocher. — Paris. — R

Dutens (Alfred), 12, rue Clément-Marot. — Paris.

Dr Dutertre (Émile), Chirurg. de l'Hôp. Saint-Louis, 12, rue de La Coupe. — Boulogne-sur-Mer (Pas-de-Calais).

Duval (Edmond), Ing. en chef des P. et Ch. en retraite, 34, avenue de Messine. — Paris. — R

Duval (Mathias), Prof. à la Fac. de Méd., Mem. de l'Acad. de Méd., Prof. d'Anat. à l'Éc. nat. des Beaux-Arts, 11, cité Malesherbes (rue des Martyrs). — Paris. — R

Duvergier de Hauranne (Emmanuel), Mem. du Cons. gén. du Cher, 3, rue Gounod. — Paris et château d'Herry (Cher).

Duvert (Georges) Indust., La Gabie. — Verneuil-sur-Vienne (Haute-Vienne).

Dybowski (Jean), Insp. gén. de l'Agric. coloniale, Dir. du Jardin d'Essai colonial. — Nogent-sur-Marne (Seine).

Early (Ch., Sydney), Ing. civ., 41, rue du Bras-d'Or. — Boulogne-sur-Mer (Pas-de-Calais).

Ecoffey (Eugène), Entrep., 24, rue Dauphine. — Paris.

École spéciale d'Architecture, 136, boulevard Montparnasse. — Paris.

Égli (Arthur), anc. Indust. — Paliseul (Belgique).

Église évangélique libérale (M. Charles Wagner, pasteur), 91, boulevard Beaumarchais. — Paris. — F

Eichthal (Eugène d'), Admin. de la *Comp. des Chem. de fer du Midi*, 144, boulevard Malesherbes. — Paris. — R

Eichthal (Louis d'), château des Bézards. — Sainte-Geneviève-des-Bois par Châtillon-sur-Loing (Loiret). — R

Élie (Eugène), Manufac., 50, rue de Caudebec. — Elbeuf-sur-Seine (Seine-Inférieure). — R

Elisen, Ing., Admin. de la *Comp. gén. Transat.*, 153, boulevard Haussmann. — Paris. — R

Ellie (Raoul), Ing. des Arts et Man. — Cavignac (Gironde). — R

Emerat, Nég., rue d'Orléans. — Oran (Algérie).

Engel (Michel), Relieur, 91, rue du Cherche-Midi. — Paris. — F

Enlart (Mlle Antoinette). — Airon-Saint-Vaast par Montreuil-sur-Mer (Pas-de-Calais).

Enlart (Mme Camille), 14, rue du Cherche-Midi. — Paris.

*Enlart (Camille), Mem. résid. de la *Soc. des Antiquaires de France*, 14, rue du Cherche-Midi. — Paris.

Érard (Paul), Ing. des Arts et Man. — Jolivet par Lunéville (Meurthe-et-Moselle).

Erceville (le Comte Charles d'), 42, rue de Grenelle. — Paris.

Essars (Pierre des), s.-Chef au Secrét. gén. de la Banque de France, 14, rue d'Édimbourg. — Paris.

Dr **Eternod**, Prof. à l'Univ. de Genève. — Les Acacias (canton de Genève) (Suisse).

Dr **Eury**. — Charmes-sur-Moselle (Vosges).

Eymard (Albert), 130 *bis*, avenue de Neuilly. — Neuilly-sur-Seine (Seine).

*__Eysséric (Joseph)__, Artiste-Peintre, 14, rue Duplessis. — Carpentras (Vaucluse). — **R**

Fabre (Charles), Doct. ès sc., Prof. adj. à la Fac. des Sc., Dir. de la Stat. agronom., 18, rue Fermat. — Toulouse (Haute-Garonne).

Fabre (Cyprien), Nég., anc. Présid. de la Ch. de Com., 71, rue Sylvabelle. — Marseille (Bouches-du-Rhône).

Fabre (Ernest), Ing. des Arts et Man., Dir. de la *Soc. anonyme des Chaux hydraul. de l'Homme-d'Armes.* — L'Homme-d'Armes par Montélimar (Drôme).

Fabre (Georges), Insp. des Forêts, anc. Élève de l'Éc. Polytech., 28, rue Ménard. — Nîmes (Gard). — **R**

Fabrègue (Jules), Chef de bureau au Min. de la Justice, 3, rue des Feuillantines. — Paris.

Dr **Fabriès (Ernest)**. — Sidi-Bel-Abbès (départ. d'Oran) (Algérie).

Fabvre (Édouard), Avocat. — Blaye (Gironde).

Dr **Fage (Arthur)**, Prof. à l'Éc. de Méd., 17, rue Pierre-l'Ermite. — Amiens (Somme).

Faget (Marius), Archit., 34, rue du Palais-Gallien. — Bordeaux (Gironde).

Fagnon (Ernest), Nég. en vins, Mem. du Cons. mun., 42, rue de Battant. — Besançon (Doubs).

Dr **Faguet (Charles)**, anc. Chef de clin. à la Fac. de Méd. de Bordeaux, 8, rue du Palais. — Périgueux (Dordogne).

Faillet (Eugène), Mem. du Cons. mun., 52, rue de Sambre-et-Meuse. — Paris.

Dr **Faisant (Léon)**. — La Clayette (Saône-et-Loire).

Fallot (Emmanuel), Prof. de Géol. à la Fac. des Sc., 56, rue de Turenne. — Bordeaux (Gironde).

Farcy (Joseph), Prof. spécial d'Agric. — Draguignan (Var).

*__Farjon (Ferdinand)__ Indust.., anc. Élève de l'Éc. Polytech., 22, rue Dutertre. — Boulogne-sur-Mer (Pas-de-Calais).

*__Farjon (Roger)__, Ing., anc. Élève de l'Éc. Polytech. 22, rue Dutertre. — Boulogne-sur-Mer (Pas-de-Calais).

*__Faucheur (Edmond)__, Manuf., Présid. du *Comité linier du Nord de la France*, 18, square Rameau. — Lille (Nord).

Fauchille (Auguste), Doct. en Droit, Lic. ès Lettres, Avocat à la Cour d'Ap., 56, rue Royale. — Lille (Nord).

Faupin (Georges), Avocat, 37, rue Cérès. — Reims (Marne).

Faure (Alfred), Prof. d'Hist. nat. à l'Éc. nat. vétér., anc. Député, 11, rue d'Algérie. — Lyon (Rhône) — **R**

Faure (Fernand), Prof. à la Fac. de Droit, Dir. gén. hon. de l'Enregist., des Domaines et du Timbre, anc. Député, 79, rue Mozart. — Paris.

*__Fauré-Hérouart (Dominique)__, Nég., Maire. — Montataire (Oise).

Fauvel (Pierre), Doct. ès Sc. nat., Prof. adj. de Zool. à la Fac. libre des Sc., 14, rue Gutenberg. — Angers (Maine-et-Loire).

Favereaux (Georges), 52, quai Debilly. — Paris. — **R**

Favre (Louis), Ing. agron., 18, rue des Écoles. — Paris.

Favrel (Georges), Agr. à l'Éc. sup. de Pharm., 22, rue Sainte-Catherine. — Nancy (Meurthe-et-Moselle).

Faye (Hervé), Mem. de l'Inst., anc. Présid. du Bureau des Longit., 39, rue Cortambert. — Paris.

Fayot (Louis), Ing., Dir. des Ateliers de la Maison Bréguet, rue de L'Abbaye-des-Prés, — Douai (Nord).

Febvre-Wilhélem (Mme Édouard), villa du Rendez-Vous. — Chaumont (Haute-Marne).

Febvre-Wilhélem (Édouard), Mem. du Cons. gén., villa du Rendez-Vous. — Chaumont (Haute-Marne).

Feineux (Edmond), 4, boulevard de Maupeou. — Sens (Yonne).

Félix (Marcel), 13, rue de Tocqueville. — Paris.

Féret (Alfred) (fils), Prop. vitic., Présid. du *Comice agric. de Tunisie*, domaine de Zama. — Souk-el-Kmis (Tunisie).

Féret (Alfred) (père), Indust., 16, rue Étienne-Marcel. — Paris.

Féret (René), Dir. du Lab. des P. et Ch., anc. Élève de l'Éc. Polytech., 4 *bis*, place Frédéric-Sauvage. — Boulogne-sur-Mer (Pas-de-Calais).

Fernet (Émile), Insp. gén. de l'Instruc. pub., 23, avenue de L'Observatoire. — Paris.

e

Ferrand (Mme V^e), 3, place d'Iéna.. — Paris.
Ferrand (Mlle Madeleine), 3, place d'Iéna. — Paris.
Ferrand (Henry);, 3, place d'Iéna. — Paris.
Ferrand. (Lucien), Étud., 68, rue Ampère. — Paris.
*Ferray (Édouard), Pharm. de 1re cl., Présid. du Trib. et de la Ch. de Com. Maire.
   — Évreux (Eure).
Ferré (Gabriel), Prof.. à la Fac. de Méd:, 29, rue Saint-Genès..—Bordeaux (Gironde).
Ferrouillat (Prosper), Lic. en droit, Syndic de la Presse départ., 10, rue. du. Plat.
   — Lyon (Rhône).
*Ferry (Mme Émile), 21, boulevard Cauchoise.. — Rouen (Seine-Inférieure).
*Ferry (Émile), Nég., anc. Présid. du Trib. de Com., et du Cons. gén. de la Seine-Infé-
   rieure, 21, boulevard Cauchoise. — Rouen (Seine-Inférieure). — **R**
Ferté (Émile), 3, rue de La Loge. — Montpellier (Hérault).
*Ferton (Charles), Cap. d'Artil., Command. l'Artil. de la Place. — Bonifacio (Corse).
Féry (Charles), Chef des trav. prat. à l'Éc. mun. de Phys. et de Chim. indust., 42, rue
   Lhomond. — Paris.
Ficheur (Émile), Doct. ès sc., Prof. de Géol. à l'Éc. prép. à l'Ens. sup. des Sc.,
   Dir.-adj. du Serv. géol. de l'Algérie, 77, rue Michelet. — Alger-Mustapha. — **R**
Fière (Paul), Archéol., Mem. corresp. de la *Soc. française de Numism. et d'Archéol.*
   — Saïgon (Cochinchine). — **R**
Dr Fiessinger (Charles), Corresp. nat. de l'Acad. de Méd. — Oyonnax (Ain).
Fiévet (Gustave), Pharm. de 1re cl., Mem. de la *Soc. chim.*, 53, rue Réaumur. — Paris.
Figuier (Albin), Prof. à la Fac. de Méd., 17, place des Quinconces. — Bordeaux
   (Gironde).
Dr Filhol (Henri), Mem. de l'Inst., Prof. au Muséum d'Hist. nat., 9, rue Guénégaud.
   — Paris.
Filloux, Pharm. — Arcachon (Gironde).
Dr Fines (Jacques), Méd. en chef de l'Hôp. civ., Dir. de l'Observ. météor., 2,. rue du
   Bastion-Saint-Dominique. .— Perpignan (Pyrénées-Orientales).
Fischer (H.), 13, rue des Filles-du-Calvaire. — Paris.
Fischer de Chevriers, Prop., 23, rue Vernet. — Paris. — **R**
Fisson (Charles), Fabric. de chaux hydraul. natur. — Xeuilly (Meurthe-et-Moselle).
Flamand (G., B., M.), Chargé du cours de Géog. ·physique· du Sahara à l'Éc. prép. à
   l'Ens. sup. des Sc., 6, rue Barbès. — Alger-Mustapha.
Flammarion (Camille), Astronome, 40, avenue de L'Observatoire.. — Paris.; et à l'Ob-
   servatoire. — Juvisy-sur-Orge (Seine-et-Oise).
Flandin, Prop., 29, avenue d'Antin. — Paris. — **R**
Fleury (Jules, Auguste), Ing. civ. des Mines, Prof. à l'Éc. des sc. politiques, 6, rue du
   Pré-aux-Clercs. — Paris.
Fliche, Prof. à l'Éc. Forest., 9, rue Saint-Dizier. — Nancy (Meurthe-et-Moselle).
Floquet (Gaston), Prof. à la Fac. des Sc., 17, rue Saint-Lambert. — Nancy (Meurthe-
   et-Moselle).
*Florent (Mme Paul), 22, rue des Encans. — Avignon (Vaucluse).
*Florent (Mlle Pauline), 22, rue des Encans. — Avignon (Vaucluse).
*Florent (Paul), Indust., anc. Présid. du Trib. de Com., 22, rue des Encans. — Avignon
   (Vaucluse).
Fochier (Alphonse), Prof. de Clin. obstétric. à la Fac. de Méd., 3, place Bellecour.
   — Lyon (Rhône).
Fock (Abraham), Ing. civ., villa La Bruyère, avenue Meutque. — Arcachon (Gironde).
Dr Fontan (Émile, Jules), Méd. princ. de 1re cl., Prof. à l'Éc. de Méd. navale, 9, avenue
   Colbert. — Toulon (Var).
Fontane (Marius), anc. Sec. gén. de la *Comp. du Canal de Suez*, 5, rue Cernuschi.
   — Paris.
Fontaneau (Éléonor), anc. Of. de Marine, anc. Élève de l'Éc. Polytech., 8, cours Bugeaud.
   — Limoges (Haute-Vienne).
Fontès (Joseph), Ing. en chef des P. et Ch.,. 3, rue Romiguières. — Toulouse (Haute-
   Garonne).
Forestier (Charles), Prof. hon. de Lycée, 34, rue d'Alsace-Lorraine. — Toulouse
   (Haute-Garonne).
Dr Fort (Auguste), 6, rue des Capucines. — Paris.
Fortel (A.) (fils), Prop., 7, rue Noël. — Reims (Marne). — **R**
Fortin (Raoul), 24, rue du Pré. — Rouen (Seine-Inférieure).

Fortoul (l'Abbé Eugène), Doct. ès Sc., 57, boulevard de Sébastopol. — Paris.

Fougeron (Paul), 55, rue de La Bretonnerie. — Orléans (Loiret).

Fouju (Gustave), Représ. de com., 33, rue de Rivoli. — Paris.

Fouqué (Ferdinand, André), Mem. de l'Inst., Prof. au Col. de France, 23, rue Humboldt. — Paris.

Fourcade-Cancellé (Édouard), Caissier central de la Comp. du Canal de Suez, 23, rue des Imbergères. — Sceaux (Seine).

Fourdrignier (Édouard), Archéol., 5, Grande-Rue. — Sèvres. (Seine-et-Oise).

Foureau (Fernand), Lauréat de l'Inst., Explorat., Ing. civ., Mem. de la Soc. de Géog. — Bussière-Poitevine (Haute-Vienne).

Fouret (Georges), Examin. d'admis. à l'Éc. Polytech., 4, avenue Carnot. — Paris.

Fouret (René), 22, boulevard Saint-Michel. — Paris.

Fourmaintreaux (Jules), Céram., rue des Potiers. — Desvres (Pas-de-Calais).

*Dr Fournier (Alban). — Rambervillers (Vosges).

Fournier (Alfred), Prof. à la Fac. de Méd., Mem. de l'Acad. de Méd., Méd. des Hôp., 77, rue de Miromesnil. — Paris. — R.

Dr Fournier (Edmond), Lic. ès sc. nat., anc. Int. des Hôp., Chef de clin. à la Fac. de Méd.. 77, rue de Miromesnil. — Paris.

Fournier (Eugène), Doct. ès sc., Collaborateur de la Carte Géol. de France, 41, rue de Lodi. — Marseille. (Bouches-du-Rhône).

Dr Foveau de Courmelles (François, Victor), Lic. ès sc. Phys., ès Sc. Nat. et en Droit, Lauréat de l'Acad. de Méd., 26, rue de Châteaudun. — Paris.

Foville (Alfred de), Mem. de l'Inst., Cons.-Maître à la Cour des Comptes, anc. Dir. de l'Admin. des Monnaies et Médailles, anc. Élève de l'Ec. Polytech., 3, rue du Regard. — Paris.

Francezon (Paul), Chim. et Indust., 7, rue Mandajors. — Alais (Gard).

François (Philippe), Doct. ès sc., Chef des travaux pratiques à la Fac. des Sc., 20, rue Monsieur-le-Prince. — Paris

Dr François-Franck (Charles, Albert), Mem. de l'Acad. de Méd., Prof. sup. au Col. de France, 5, rue Saint-Philippe-du-Roule. — Paris. — R.

Francq (Léon), Ing. civ. des Mines, Lauréat de l'Inst., 48, avenue Victor-Hugo. — Paris.

Francq (Pierre, Roger), Étudiant, 48, avenue Victor-Hugo. — Paris.

Dr Frat (Victor), 23, rue Maguelone. — Montpellier (Hérault).

Frébault (Émile), Pharm., Insp. de Pharm. — Châtillon en Bazois (Nièvre).

Frémont-Saint-Chaffray (Mme Berthe), 54, rue de Seine. — Paris.

Dr Frey (Léon), Prof. à l'Éc. dentaire de Paris, 25, rue Taitbout. — Paris.

Dr Fricker, 6, square de Latour-Maubourg. — Paris.

Friedel (Mme Ve Charles) (née Combes), 9, rue Michelet. — Paris. — F

Frison, Chirurg.-Dent., 9, rue de Surène. — Paris.

Dr Frison (A.), 5, rue de La Lyre. — Alger.

Frizeau (G.), Avocat à la Cour d'Ap. de Bordeaux. — Branne (Gironde).

Froidevaux (Henri), Sec. de l'Office colonial près la Fac. des Lettres, 12, rue Notre-Dame-des-Champs. — Paris.

Froissart (Émile), Chef d'Escadron au 15e rég. d'Artil., 16, rue Jean-de-Gouy. — Douai (Nord).

Frolov (le Général Michel), 36, quai des Eaux-Vives. — Genève (Suisse).

Fron (Albert), Garde gén. des Forêts. — Ecole Forestière des Barres-Vilmorin. — Nogent-sur-Vernisson (Loiret).

Fron (Émile), Météor. tit. au Bur. cent. météor. de France, 19, rue de Sèvres. — Paris.

Fron (Georges), Répét. à l'Inst. nat. agronom., 19, rue de Sèvres. — Paris. — R

Frontard (Jules), Censeur du Lycée, 2, rue Ancelot. — Le Havre (Seine-Inférieure).

Frossard (Charles), v.-Présid. de la Soc. Ramond, 14, rue Ballu. — Paris. — F

Dr Fumouze (Armand), Pharm. de 1re cl., 78, rue du Faubourg-Saint-Denis. — Paris. — F

Dr Fumouze (Victor), 132, rue Lafayette. — Paris.

Gabeau (Charles), Interp. milit. princ. en retraite, château de Fontaines-les-Blanches. — Autrèche (Indre-et-Loire).

*Dr Gaches-Sarraute-Barthélemy (Mme Inès), 61, rue de Rome. — Paris.

Gadeau de Kerville (Henri), Homme de sc., 7, rue Dupont. — Rouen (Seine-Inférieure).

Gaillard (Mme Eugène), 11, rue Lafayette. — Paris.

Dr Gaillard (Eugène), 11, rue Lafayette. — Paris.

Gaillot (Jean-Baptiste, Amable), s.-Dir. de l'Observatoire nat. de Paris. — Arcueil (Seine).

Gaillot (Léon), Dir. de la Stat. agronom. de l'Aisne, avenue Brunehaut.— Laon (Aisne).

Gain (Edmond), Doct. ès sc. nat., Maître de conf. à la Fac. des Sc., 7, rue de Lorraine. — Nancy (Meurthe-et-Moselle).

Gaitte (Michel), Conduc. des P. et Ch., 3, place de La Badouillère. — Saint-Étienne (Loire).

*Galante (Émile), Fabric. d'inst. de chirurg., 2, rue de L'École-de-Médecine.—Paris. — F

Dr Galezowski (Xavier), 103, boulevard Haussmann. — Paris.

Galicher (J.) (fils), Relieur, 81, boulevard Montparnasse. — Paris.

Galimard (Joseph), Doct. en Pharm , Pharm. de 1re classe, Mem. de la Soc. Chim. et de la Soc. de Spéléologie. — Abbaye de Flavigny-sur-Ozerain (Côte-d'Or).

Dr Galippe (Victor), Chef de lab. à la Fac. de Méd., 12, place Vendôme. — Paris.

Galland (Gustave), Filat. — Remiremont (Vosges).

Gallé (Émile), Maître de verrerie, Mem. de l'Acad. de Stanislas, 39, avenue de La Garenne. — Nancy (Meurthe-et-Moselle).

Gallice (Henry), Nég. en vins de Champagne, faubourg du Commerce. — Épernay (Marne).

Gallois (Lucien), Maître de conf. à l'Éc. norm. sup., 59, rue Claude-Bernard. — Paris.

Dr Gallois (Paul), anc. Int. des Hôp., 97, boulevard Malesherbes. — Paris.

Gallopin (Abel), Lic. en Droit, place Saint-Denis. — Montoire-sur-Loir (Loir-et-Cher).

Gandoulf (Léopold), Princ. hon. du Collège, 9, rue Villars. — Grenoble (Isère).

Dr Gandy (Paul). — Bagnères-de-Bigorre (Hautes-Pyrénées).

Dr Garand (A.), 1, rue de La Paix. — Saint-Étienne (Loire).

Gardair (Aimé), Dir. de la Comp. gén. des Prod. chim. du Midi, 51, rue Saint-Ferréol. — Marseille (Bouches-du-Rhône).

Gardères (Sylvain), Mem. du Cons. mun., 2, place Royale. — Pau (Basses-Pyrénées).

Gardès (Louis, Frédéric, Jean), Notaire, anc. Élève de l'Éc. nat. sup. des Mines, 7, rue Saint-Georges. — Montauban (Tarn-et-Garonne). — R

*Gariel (Mme C.-M.), 6, rue Édouard-Detaille (avenue de Villiers). — Paris. — R

*Gariel (C.-M.), Prof. à la Fac. de Méd., Mem. de l'Acad. de Méd., Ing. en chef, Prof. à l'Éc. nat. des P. et Ch., 6, rue Édouard-Detaille (avenue de Villiers). — Paris. — F

*Gariel (Mme Léon), 1, avenue de Péterhof. — Paris.

Gariel (Léon), Ing. agron., 1, avenue de Péterhof. — Paris.

Garnier (Ernest), anc. Présid. de la Soc. indust. de Reims, 10, rue Nollet. — Paris. — R

Garnier (Jules), anc. Ing. des Mines du Gouvern. à la Nouvelle-Calédonie, 47, rue de Clichy. — Paris.

Garnier (Louis), Nég. en tissus, 16, rue de Talleyrand. → Reims (Marne).

Garnier (Paul), Ing.-Mécan., Horlog., 16, rue Taitbout. — Paris.

Garreau (L.-Philippe), Cap. de frégate en retraite, 1, rue de Floirac. — Agen (Lot-et-Garonne), et l'hiver, 62, boulevard Malesherbes. — Paris. — R

Garric (Jules), Banquier, 3, rue Esprit-des-Lois. — Bordeaux (Gironde).

Garrigou (Félix), Prof. à la Fac. de Méd., 38, rue Valade. — Toulouse (Haute-Garonne).

Garrigou-Lagrange (Paul), Avocat, Sec. gén. de la Soc. Gay-Lussac, 23, avenue Foucaud. — Limoges (Haute-Vienne).

Gascard (Albert) (père), anc. Pharm., Indust., Juge sup. au Trib. de Com. — Bihorel-lez-Rouen par Rouen (Seine-Inférieure).

Gascard (Albert) (fils), Prof. à l'Éc. de Méd. et de Pharm., 33, boulevard Saint-Hilaire. — Rouen (Seine-Inférieure).

Gasqueton (Mme Georges), château Capbern. — Saint-Estèphe (Gironde). — R

Gasqueton (Georges), Avocat, anc. Maire, château Capbern. — Saint-Estèphe (Gironde).

*Gaté-Richard (Michel), Prop., faubourg Saint-Hilaire. — Nogent-le-Rotrou(Eure-et-Loir).

Gatine (Albert), Insp. des Fin., 1, rue de Beaune. — Paris. — R

Dr Gaube (Jean), 12, rue Léonie. — Paris. — R

Dr Gaube (Jules, Jean), 12, rue Léonie. — Paris.

*Gauchas (Mme (Alfred), 6, rue Messonier. — Paris.

*Dr Gauchas (Alfred), 6, rue Meissonier. — Paris.

Gauchery (Paul), Lic. ès Sc. Nat., Int. des Hôp., 47, rue de Vaugirard. — Paris.

*Gauckler (Paul), Corresp. de l'Inst., Agr. d'Histoire, Chef du serv. des Antiquités et Arts, 66, rue des Selliers. — Tunis.

*Gaudry (Albert), Mem. de l'Inst., Prof. au Muséum d'Hist. nat., 7 bis, rue des Saints-Pères. — Paris. — F

Gauthier (Antoine), Fabric. de rubans, 10, rue Mi-Carême. — Saint-Étienne (Loire).

*Gauthier-Villars (Albert)**, Imprim-Édit., anc. Elève de l'Éc. Polytech., 55, quai des Grands-Augustins. — Paris.

*Gauthiot (Charles)**, Sec. gén. de la *Soc. de Géog. com. de Paris*, Mem. du Cons. sup. des Colonies, 63, boulevard Saint-Germain. — Paris. — **R**.

Gautier (Gaston), anc. Présid. du *Comice agric.*, 6, rue de La Poste. — Narbonne (Aude).

Dr Gautier (Georges), Dir. du Lab. d'Électrothérap. et de la *Revue internat. d'Électrothérap.*, 13, rue Auber. — Paris. — **R**.

Gavelle (Émile), Filat., 289 *bis*, rue Solférino. — Lille (Nord).

Gavelle (Julien), boulevard de La Gare. — Cormeille-en-Parisis (Seine-et-Oise).

Gay (Tancrède), Prop., 17, rue Chanzy. — Reims (Marne).

Gayet (Alphonse), Prof. à la Fac. de Méd., Corresp. nat. de l'Acad. de Méd., anc. Chirurg. tit. de l'Hôtel-Dieu, 106, rue de L'Hôtel-de-Ville. — Lyon (Rhône).

Gayon (Ulysse), Corresp. de l'Iust., Doyen de la Fac. des Sc., Dir. de la Stat. agron., 7, rue Duffour-Dubergier. — Bordeaux (Gironde). — **R**

Gazagnaire (Joseph), anc. Sec. de la *Soc. entomol. de France*, 29, rue Centrale. — Cannes (Alpes-Maritimes).

Gazagne (Gaston), Chef de sect. à la *Comp. des Chem. de fer de Paris à Lyon et à la Méditerranée*, 40, rue de L'Hôtel-de-Ville. — Arles-sur-Rhône (Bouches-du-Rhône).

Gelin (l'Abbé Émile), Doct. en philo. et en théolog., Prof. de Math. sup. au Col. de Saint-Quirin. — Huy (Belgique). — **R**

Dr Gémy, Chirurg. de l'Hôp. civ., 1, impasse Berbrugger. — Alger.

Genaille (Henri), Ing. civ., Chef de l'entret. des bâtiments à l'Admin. cent. des *Chem. de fer de l'État*, 68, boulevard Rochechouart. — Paris.

Géneau de Lamarlière (Léon), Doct. ès sc., Chargé d'un cours d'Hist. nat. à l'Éc. de Méd., Lauréat de l'Inst., 115, rue Clovis. — Reims (Marne).

Geneste (Philippe), Archit., 9, quai de Retz. — Lyon (Rhône).

Genis (Louis), Ing., Dir. de la *Soc. d'Assainis.*, 95, rue de Prony. — Paris.

Gensoul (Paul), Ing. des Arts et Man., Admin. de la *Comp. du Gaz de Lyon*, 42, rue Vaubecour. — Lyon (Rhône). — **R**

Gentil (Louis), Maître de conf. à la Fac. des Sc., 11, rue des Feuillantines. — Paris. — **R**

Dr Geoffroy (Jules), 15, rue de Hambourg. — Paris.

Geoffroy Saint-Hilaire (Albert), anc. Dir. du Jardin zool. d'Acclimat., anc. Présid. de la *Soc. nat. d'Acclimat. de France*, 9, rue de Monceau. — Paris. — **F**

Georges (H.), Nég., v.-Consul de l'Uruguay, 1, rue de L'Arsenal. — Bordeaux (Gironde).

Georgin (Éd.), Étud., 7, faubourg Cérès. — Reims (Marne).

Gérard (l'Abbé Félicien), Lic. ès Sc. nat., Prof. à l'Éc. Saint-François de Salles, 39, rue Vannerie. — Dijon (Côte-d'Or).

Gérard (René), Prof. de Botan. à la Fac. des Sc., Dir. du Jardin botan. de la Ville, 67, avenue de Noailles. — Lyon (Rhône).

Gérard (René), Dir. au Min. des Fin., 43, rue Blanche. — Paris.

Gerbeau, Prop., 13, rue Monge. — Paris. — **R**

*Dr Gerber (Charles)**, Prof. à l'Éc. de Méd., Chef des travaux prat. à la Fac. des Sc., 25, boulevard Gazzino. — Marseille (Bouches-du-Rhône).

Gérente (Mme Paul), 19, boulevard Beauséjour. — Paris. — **R**

Dr Gérente (Paul), Méd.-Dir. hon. des Asiles pub. d'aliénés, Sénateur d'Alger, 19, boulevard Beauséjour. — Paris. — **R**

Germain (Henri), Mem. de l'Inst., Présid. du Cons. d'admin. du *Crédit Lyonnais*, anc. Député, 89, rue du Faubourg-Saint-Honoré. — Paris. — **F**

Germain (Philippe), 33, place Bellecour. — Lyon (Rhône). — **F**

Gervais (Alfred), Dir. de la *Comp. des Salins du Midi*, 2, rue des Étuves. — Montpellier (Hérault).

Gévelot, Nég., 30, rue Notre-Dame-des-Victoires. — Paris.

Geymüller (le Baron Henry de), Corresp. de l'Inst. de France, Arch., 3, rue Louise. — Baden-Baden (Grand-Duché de Bade).

*Giard (Mme Alfred)**, 14, rue Stanislas. — Paris.

*Dr Giard (Alfred)**, Mem. de l'Inst., Prof. à la Fac. des Sc., Maître de conf. à l'Éc. Norm. sup., anc. Député, 14, rue Stanislas. — Paris. — **R**

Gibou (Édouard), Prop., 87, avenue Henri-Martin. — Paris.

Gigandet (Eugène) (fils), Nég., 16, rue Montaux. — Marseille (Bouches-du-Rhône). — **R**

Gignier (Justin, Régis), Pharm., anc. Maire. — Romans (Drôme).

Gilardoni (Camille), Manufac. — Altkirch (Alsace-Lorraine).

Gilardoni (Frantz), Manufac. — Altkirch (Alsace-Lorraine).
Gilardoni (Jules), Manufac. — Altkirch (Alsace-Lorraine).
Gilbert (Armand), Présid. de Chambre à la Cour d'Ap., 12, rue Vauban. — Dijon
 (Côte-d'Or). — R
Gillard (Gabriel), Chirurg.-Dent. diplômé de la Fac. de Méd., 4, carrefour de l'Odéon.
 — Paris.
Gillet (fils ainé), Teintur., 9, quai de Serin. — Lyon (Rhône). — F
Gillet (Albert), 156, boulevard Pereire. — Paris.
Dr Gillet (Henry), 3, place Pereire. — Paris.
Gillet (Stanislas), Ing. des Arts et Man., 32, boulevard Henri-IV. — Paris.
Dr Gillot (François, Xavier), 5, rue du Faubourg-Saint-Andoche. — Autun (Saône-et-
 Loire).
Gilot (Paul, Louis), Caissier d'Agent de Change, 34, rue Saint-Didier. — Paris.
Girard (Charles), Chef du Lab. mun. de la Préf. de Police, 2, rue de La Cité.—Paris.—F
Dr Girard (Henry), Méd. de la Marine, Prof. à l'Éc. de Méd. navale, 25, avenue
 . Vauban. — Toulon (Var).
Dr Girard (Joseph de), Agr. à la Fac. de Méd., 4, rue des Trésoriers-de-la-Bourse.
 — Montpellier (Hérault).
Dr Girard (Jules), Prof. à l'Éc. de Méd., Mem. du Cons. mun., 4, rue Vicat. — Grenoble
 (Isère).
Girard (Jules, Augustin), Mem. de l'Inst., Prof. hon. à la Fac. des Lettres, 5, rond-point
 Bugeaud. — Paris.
Girard (Julien), Pharm.-Maj. en retraite, 3, boulevard Bourdon. — Paris. — R
Girard (Max), Agréé au Trib. de Com., 2, rue Rossini. — Paris.
Girardon (Henri), Ing. en chef des P. et Ch., 5, quai des Brotteaux. — Lyon (Rhône).
Girardot (Louis, Abel), Géol., Prof. au Lycée, 63, rue des Salines. — Lons-le-Saunier
 (Jura).
Girardot (V.), Nég., 15, 17, place des Marchés. — Reims (Marne).
Giraud (Louis). — Saint-Péray (Ardèche). — R
*Giraux (Mme Louis), 22, rue Saint-Blaise. — Paris.
*Giraux (Louis), Nég. 22, rue Saint-Blaise. — Paris.
Giresse (Édouard), Sénateur de Lot-et-Garonne, Mem. du Cons. gén., Maire. — Meilhan
 (Lot-et-Garonne).
Dr Girin (Francis), 24, rue de La République. — Lyon (Rhône).
Dr Girod (Paul), Prof. à la Fac. des Sc. et à l'Éc. de Méd., 26, rue Blatin.
 — Clermont-Ferrand (Puy-de-Dôme).
Giry (Mme Marius), 8, rue Sainte. — Marseille (Bouches-du-Rhône).
Giry (Marius), Fabric. de papiers et de pâte de bois, 8, rue Sainte. — Marseille (Bou-
 ches-du-Rhône).
Gob (Antoine), Prof. à l'Athénée, 9, boulevard du Canal. — Hasselt (Belgique).
*Gobin (Mme Adrien), 8, quai d'Occident. — Lyon (Rhône).
*Gobin (Adrien), Insp. gén. hon. des P. et Ch., 8, quai d'Occident. — Lyon (Rhône).—R
Godard (Félix), Ing. de la Marine hors cadres, 15, rue d'Edimbourg. — Paris. — R
Godart (Aimé), anc. Dir. de l'Éc. Monge, anc. élève de l'Éc. Polytech., 179, rue de
 Courcelles. — Paris.
Godillot-Alexis (Georges), Ing. des Arts et Man., 22, rue Blanche. — Paris.
Dr Godin (Paul), Méd.-Maj. de 1re cl. au 142e Rég. d'Infant. — Lodève (Hérault).
*Godon (Mme Charles), 40, rue Vignon. — Paris.
*Godon (Charles), Dir. de l'Éc. dentaire de Paris, 40, rue Vignon.—Paris.
Dr Goldschmidt (David), 4 bis, rue des Rosiers (chez M. Réblaub). — Paris.
Goldschmidt (Frédéric), Rent., 33, rue de Lisbonne. — Paris. — F
Dr Gomet (Alfred), 79, Grande-Rue. — Besançon (Doubs).
Dr Gordon y de Acosta (D. Antonio de), Présid. de l'Acad. des Sc. méd., phys. et nat.,
 esqd à Amargura. — La Havane (Ile de Cuba). — R
Gorges (Ferdinand), Nég., 7, passage Dauphine. — Paris.
Dr Gornard de Coudré, 39, rue Notre-Dame-de-Lorette. — Paris.
Gort (Viscomt). — East-Cowes-Castle (Isle of Wight) (Angleterre).
Gossart (Émile), Prof de Phys. à la Fac. des Sc., 68, rue Eugène-Ténot.— Bordeaux
 (Gironde).
Gosselet (Jules), Doyen de la Fac. des Sc., 18, rue d'Antin. — Lille (Nord).
Gossiome (Paul), Nég. — Yerres (Seine-et-Oise).
Dr Gouas (Ernest), — La Croix-Saint-Leufroy (Eure).

Gouin (Adolphe), Ing. des Arts et Man., Admin.-gérant de la *Soc. des Savonneries Mempenti*, 118, Grand Chemin de Toulon.— Marseille (Bouches-du-Rhône).

Gouin (Édouard), Ing. des P. et Ch. en retraite, Dir. de la *Comp. des Transports maritimes*, 32, rue Breteuil. — Marseille (Bouches-du-Rhône).

Goullin (Gustave, Charles), Consul de Belgique, anc. Adj. au Maire, 5, place du Général-Mellinet. — Nantes (Loire-Inférieure).

Gounouilhou (G.), Imprim., 11, rue Guiraude. — Bordeaux (Gironde). — **F**

*****Gourdon (Maurice)**, Attaché au Serv. de la Carte Géol. de France, 19, rue de Gigant. — Nantes (Loire-Inférieure).

Gourret (Paul), Doct. ès Sc., Prof. à l'Éc. de Méd., s.-Dir. du Lab. Zool.. 24, rue de Lodi. — Marseille (Bouches-du-Rhône).

Dr Grabinski (Boleslas). — Neuville-sur-Saône (Rhône). — **R**

*****Grammaire (Louis)**, Géom., Cap. adjud.-maj. au 52e rég. territ. d'Infant., Agent gén. du *Phénix*, place Saint-Jean. — Chaumont (Haute-Marne).

Grandeau (Louis), Insp. gén. des Stat. agronom., Prof. au Conserv. nat. des Arts et Mét., 4, avenue de La Bourdonnais. — Paris.

Grandidier (Mme Alfred), 6, rond-point des Champs-Élysées. — Paris.

Grandidier (Alfred), Mem. de l'Inst., 6, rond-point des Champs-Élysées. — Paris. — **R**

*****Granet (Vital)**, Recev. mun., rue Louis-Codet. — Saint-Junien (Haute-Vienne).

Grasset (Mme Joseph), 6, rue Jean-Jacques-Rousseau. — Montpellier (Hérault).

Grasset (Joseph), Prof. à la Fac. de Méd., Corresp. nat. de l'Acad. de Méd., 6, rue Jean-Jacques-Rousseau. — Montpellier (Hérault).

Dr Gratiot (E.) (fils). — La Ferté-sous-Jouarre (Seine-et-Marne).

Gréard (Octave), Mem. de l'Acad. française et de l'Acad. des Sc. morales et politiques, v.-Rect. de l'Acad. de Paris, 1, rue de La Sorbonne. — Paris.

Grédy (Frédéric), Nég. en vins, 16, quai des Chartrons. — Bordeaux (Gironde).

Dr Grégoire (Junior), Méd. de la *Comp. des Chem. de fer de Paris à Lyon et à la Méditerranée*. — Chazelles-sur-Lyon (Loire).

Grellet (V.), v.-Consul des États-Unis. — Kouba par Hussein-Dey (départ. d'Alger).

Grenier, Pharm., 61, rue des Pénitents. — Le Havre (Seine-Inférieure).

Grimanelli (Périclès), Dir. de l'admin. pénitentiaire au Min. de l'Int. — Paris.

Grimaud (Émile), Imprim., 4, place du Commerce. — Nantes (Loire-Inférieure). — **R**

Dr Grimoux (Henri), Méd. hon. des Hôp. — Beaufort (Maine-et-Loire). — **F**

Grison (Ernest), s.-Insp. de l'Enregist., 18, rempart des Petits-Prés. — Château-Thierry (Aisne).

*****Grison-Poncelet (Eugène)**, Manufac., rue de Nogent. — Creil (Oise).

Grobot (Gustave), Dir. des *Aciéries d'Assailly*, anc. Élève de l'Éc. Polytech. — Lorette (Loire).

Dr Gros (Joseph), Méd. en chef de la Maison d'éduc. de la Légion d'hon., place de La Mairie. — Écouen (Seine-et-Oise).

Dr Gros (Joseph), Méd. en chef de l'Hôp. Saint-Louis, 24, rue Saint-Jean. — Boulogne-sur-Mer (Pas-de-Calais).

Gros et Roman, Manufac. — Wesserling (Alsace-Lorraine).

Dr Grosclaude (Alphonse). — Elbeuf-sur-Seine (Seine-Inférieure).

*****Gross (Mme Frédéric)**, 25, quai Isabey. — Nancy (Meurthe-et-Moselle). — **R**

*****Gross (Frédéric)**, Doyen de la Fac. de Méd., Corresp. nat. de l'Acad. de Méd., 25, quai Isabey. — Nancy (Meurthe-et-Moselle). — **R**

Grosseteste (William), Ing. des Arts et Man., 67, avenue Malakoff. — Paris.

Grottes (le Comte Jules des), Mem. du Cons. gén., 9, place Gambetta. — Bordeaux (Gironde).

Grouselle (Mme Émile). — Voncq (Ardennes).

Grouselle (Émile), Notaire. — Voncq (Ardennes).

Grouvelle (Jules), Ing. des Arts et Man., Prof. de Phys. indust. à l'Éc. cent. des Arts et Man., 18, avenue de L'Observatoire. — Paris.

Gruner (Édouard), Ing. civ. des Mines, anc. Élève de l'Éc. Polytech., Sec. du *Comité cent. des Houillères*, 55, rue de Châteaudun. — Paris.

Gruter (Dominique, Jost), Méd.-Dent., 7, square Saint-Amour. — Besançon (Doubs).

Grynfeltt, Prof. à la Fac. de Méd., 8, place Saint-Côme. — Montpellier (Hérault).

Guccia (Jean-Baptiste), Prof. de Géom. sup. à l'Univ., 28, via Ruggiero Settimo. — Palerme (Italie).

Dr Guébhard (Adrien), Lic. ès sc. Math. et Phys., Agr. de Phys. des Fac. de Méd. — Saint-Vallier-de-Thiey (Alpes-Maritimes). — **R**

Dr **Guende (Charles)**, Maladie des yeux, 2, rue Montaut. — Marseille (Bouches-du-Rhône).

Guérard (Adolphe), Insp. gén. des P. et Ch., 8, rue Picot. — Paris.

Guérin (Jules), Ing. civ. des Mines, 56, rue d'Assas. — Paris.

Guérin (Louis), Opticien, 14, rue Bab-Azoun. — Alger.

Guérin (Paul), Prépar. de Botan. à l'Éc. sup. de Pharm., 4, avenue de L'Observatoire. — Paris.

Dr **Guerlain (Louis)** (fils), anc. Int. des Hôp. de Paris, 13, rue Nationale. — Boulogne-sur-Mer (Pas-de-Calais). ·

*Dr **Guerne (le Baron Jules de)**, Natur., Sec. gén. de la *Soc. nat. d'Acclimat. de France*, 6, rue de Tournon. — Paris. — **R**.

Guerrapin, anc. Nég., l'Hermitage. — Saint-Denis-Hors par Amboise (Indre-et-Loire).

Gueydon (Louis), Pharm. de 1re cl. — Chabreville par Guîtres-sur-l'Isle (Gironde).

Guézard (Mme Jean-Marie), 16, rue des Écoles. — Paris. — **R**

Guézard (Jean-Marie), anc. Princ. Clerc de Notaire. 16, rue des Écoles. — Paris. — **R**

Guiauchain, Archit., rue Clauzel. — Alger-Agha.

Guibert (Léonce), Ing. des P. et Ch., 86, rue de l'Église-Saint-Seurin. — Bordeaux (Gironde).

· **Guiet (Gustave)**, 90, avenue Malakoff. — Paris.

Guieysse (Paul), Ing.-Hydrog. de la Marine, anc. Min., Député du Morbihan, 42, rue des Écoles. — Paris. — **R**

Guignard (Léon), Mem. de l'Inst. et de l'Acad. de Méd., Dir. de l'Éc. sup. de Pharm., 1, rue des Feuillantines. — Paris.

Guignard (Ludovic, Léopold), Présid. de la *Soc. des Sc. et des Lettres de Loir-et-Cher*. Sans-Souci. — Chouzy (Loir-et-Cher).

Guiho (G.), Nég. en métaux, 4, rue Dubreil. — Nantes (Loire-Inférieure).

Dr **Guilbeau (Martin)**. — Saint-Jean-de-Luz (Basses-Pyrénées).

Guilbert (Gabriel), Météorol., 103, rue Branville. — Caen (Calvados).

Guillain (Antoine), Insp. gén. des P. et Ch., anc. Min. des Colonies, Député du Nord, 55, rue Scheffer. — Paris.

Guillaume (Eugène, C.), Mem. de l'Acad. française et de l'Acad. des Beaux-Arts, Statuaire, Dir. de l'Acad. de France à Rome, 5, rue de L'Université. — Paris.

Guillemard (Henri), Archit., 6, rue du Faubourg-Saint-Honoré. — Paris.

Dr **Guillemet (Victor)**, Prof. à l'Éc. de Méd., 7, quai Brancas. — Nantes (Loire-Inférieure).

Guillemin (Auguste), Prof. de Phys. à l'Éc. de Méd. et de Pharm., anc. Maire, 4, boulevard de La République. — Alger.

*Guilleminet (André)**, Mem. des Soc. de Pharm., Fabric.-Prop. des prod. pharm. de Macors, 30, rue Saint-Jean. — Lyon (Rhône). — **F**

Dr **Guilleminot (Hyacinthe)**, 13, rue de La Chaussée-de-La-Muette. — Paris.

Guillemot (Charles), Mécan., 73, rue Saint-Louis-en-l'Ile. — Paris.

Dr **Guillet**, Prof. à l'Éc. de Méd., 28, rue des Carmélites. — Caen (Calvados).

· **Guillibert (le Baron Hippolyte)**, Avocat à la Cour d'Ap., anc. Bâton. du Cons. de l'Ordre, 10, rue Mazarine. — Aix en Provence (Bouches-du-Rhône).

Guillotin (Amédée), anc. Présid. du Trib. de Com. de la Seine, 77, rue de Lourmel. — Paris.

Guillouet (Frédéric, Pierre), Nég., Mem. du Cons. mun., 12, rue de La Gare. — Caen (Calvados).

Dr **Guilloz (Théodore)**, Agr. à la Fac. de Méd., 38, place de La Carrière. — Nancy (Meurthe-et-Moselle).

Guilmin (Mme V^o), 8, boulevard Saint-Marcel. — Paris. — **R**

Guilmin (Ch.), 8, boulevard Saint-Marcel. — Paris. — **R**

Guimarães (Rodolphe Ferreira de Souza Marques Sovo Dias), Mem. de l'*Acad. royale des Sc.*, Lieut. de l'Ét.-maj. du Génie, 69, rue do 4 de Infanteria. — Lisbonne (Portugal).

Guimet (Émile), Nég. (Musée Guimet), avenue d'Iéna. — Paris. — **F**

Guionnet (Paul), Empl. à la *Comp. des Chem. de fer d'Orléans* 93, avenue Thiers. — Bordeaux (Gironde).

Dr **Guiraud (Louis)**, Prof. à la Fac. de Méd., 48, rue Bayard. — Toulouse (Haute-Garonne).

Guiraut (Gabriel), Président d'hon. de la Ch. synd. du Com. des vins et spiritueux de la Gironde, 25, rue du Manège. — Bordeaux (Gironde).

Guy (Louis), Nég., 232, rue de Rivoli. — Paris. — **R**

Guyard (Henri), Mem. de la Soc. des Sc. nat. de l'Yonne, 17, rue d'Églény. — Auxerre (Yonne).

Guyon (Mme A.), 7, rue Pelouze. — Paris.

Dr Guyot. — Calais (Pas-de-Calais).

*Guyot (Mme Raphaël), 11, rue de Montataire. — Creil (Oise). — R

*Guyot (Raphaël), Pharm. de 1re cl.. 11, rue de Montataire. — Creil (Oise). — R

Guyot (Yves), Dir. polit. du Siècle, anc. Min. des Trav. pub., 95, rue de Seine. — Paris.

Haag (Paul), Ing. en chef, Prof. à l'Éc. Polytech. et à l'Éc. nat. des P. et Ch., 11 bis, rue Chardin. — Paris.

Hachette et Cie, Libr.-Édit., 79, boulevard Saint-Germain. — Paris. — F

Hadamard (David), Nég. en Diamants, 53, rue de Châteaudun. — Paris. — F

Hagenbach-Bischoff (Édouard), Doct. ès sc., Prof. de Phys. à l'Univ., 20, Missions-strasse. — Bâle (Suisse).

Haller-Comon (Albin), Memb. de l'Inst. et de l'Acad. de Méd., Prof. de Chim. organique à la Fac. des Sc., 1, rue Le Goff. — Paris. — R

Hallette (Albert), Fabric. de sucre. — Le Cateau (Nord). — R

Hallez (Paul), Prof. à la Fac. des Sc., 58, rue Jean-Bart. — Lille (Nord).

Dr Hallion (Louis), Chef des trav. du Lab. de Physiol. pathol. de l'Éc. des Hautes-Études (Collège de France), 54, rue du Faubourg-Saint-Honoré. — Paris.

Dr Hallopeau (Henri), Mem. de l'Acad. de Méd., Agr. à la Fac. de Méd., Méd. des Hôp., 91, boulevard Malesherbes. — Paris.

Halphen (Georges), Chim. au Min. du Com., 23, rue Bréa. — Paris.

*Hamard (l'Abbé Pierre, Jules), Chanoine, 6, rue du Chapitre. — Rennes (Ille-et-Vilaine). — R

Hamelin (Elphège), Prof. à la Fac. de Méd., 7, rue de La République. — Montpellier (Hérault).

*Dr Hamy (Ernest), Mem. de l'Inst., Prof. au Muséum d'Hist. nat., Conserv. du Musée d'Ethnog., 36, rue Geoffroy-Saint-Hilaire. — Paris.

Hanrez (Prosper), Ing., Mem. de la Ch. des Représentants, 190, chaussée de Charleroi — Bruxelles (Belgique).

Dr Hanriot (Maurice), Mem. de l'Acad. de Méd., Agr. à la Fac. de Méd., 4, rue Monsieur-le-Prince. — Paris.

Haouy (Charles), Lic. ès Sc. Math. et Phys., Prépar. à la Fac. des Sc., 3 bis, rue de Vannoz. — Nancy (Meurthe-et-Moselle).

Haraucourt (C.), Prof. de Phys. au Lycée Corneille, 8, place du Boulingrin. — Rouen (Seine-Inférieure).

Hardion (Jean), Archit., anc. Élève des Écoles nat. des P. et Ch. et des Beaux-Arts, 4, rue Traversière. — Tours (Indre-et-Loire).

Hariot (Paul), Prépar. au Muséum d'Hist. nat., 63, rue de Buffon. — Paris.

Harlé (Émile), anc. Ing. des P. et Ch., Construc., 12, rue Pierre-Charron. — Paris.

Hartmann (Georges), 14, quai de La Mégisserie. — Paris.

Hartmayer, Cap. en retraite, Consul de France hon. — Djerba (Tunisie).

Harwood (H., J.), Chirurg.-Dent., 8, rue du Président-Carnot. — Lyon (Rhône).

Haton de la Goupillière (J., N.), Mem. de l'Inst., Insp. gén., Dir. hon. de l'Éc. nat. sup. des Mines, 56, rue de Vaugirard. — Paris. — F

Hatt (Philippe), Mem. de l'Inst., Ing.-hydrog. de 1re cl. de la Marine, 31, rue Madame. — Paris.

Haug (Émile), Prof. adj. à la Fac. des Sc., 14, rue Condé. — Paris.

Hausser (Édouard), Ing. en chef des P. et Ch., 162, boulevard Malesherbes. — Paris.

Hautefeuille (Paul), Mem. de l'Inst., Prof. à la Fac. des Sc., 28, rue du Luxembourg. — Paris.

Hayem (Georges), Prof. à la Fac. de Méd., Mem. de l'Acad. de Méd., Méd. des Hôp., 97, boulevard Malesherbes. — Paris.

Hays (Jules), anc. Mem. du Cons. gén., faubourg Charrault. — Saint-Maixent (Deux-Sèvres).

Hébert (Alexandre), Prépar. adj. des trav. prat. de Chim. à la Fac. de Méd., 14, rue Berthollet. — Paris.

Dr Hecht (Émile), 12, rue Victor-Hugo. — Nancy (Meurthe-et-Moselle).

Dr Heckel (Édouard), Prof. à la Fac. des Sc. et à l'Éc. de Méd., Corresp. nat. de l'Acad. de Méd., Dir. du Jardin botan., 31, cours Lieutaud. — Marseille (Bouches-du-Rhône).

Dr Heim (Frédéric), Doct. ès Sc., Agr. à la Fac. de Méd., 34, rue Hamelin. — Paris.

Heinbach (Albert), anc. Pharm. de 1re cl., anc. Int. des Hôp., 24, rue de La Tour. — Paris.

Heitz (Paul), Ing. des Arts et Man., anc. Élève de l'Éc. libr. des Sc. polit., Avocat à la Cour d'Ap., 29, rue Saint-Guillaume. — Paris. — **R**

Dr **Heitz (Victor)**, Prof. sup. à l'Éc. de Méd., Chef de clin. à l'Hôp., 45, Grand'Rue. — Besançon (Doubs).

Held (Alfred), Prof. à l'Éc. sup. de Pharm., 36 bis, rue Grandville. — Nancy (Meurthe-et-Moselle).

Héliand (le Comte d'), 21, boulevard de La Madeleine. — Paris. — **R**

Dr **Henneguy (Félix)**, Prof. au Collège de France, 9, rue Thénard. — Paris.

Hennequin (E.), Nég., 84, avenue Ledru-Rollin. — Paris.

Hennuyer (Alexandre), Imprim.-Édit., 47, rue Laffitte. — Paris.

Dr **Hénocque (Albert)**, Dir. adj. du Lab. de Physiol. biol. de l'Éc. des Hautes-Études au Collège de France, 11, avenue Matignon. — Paris.

*Henriet (Jules)**, anc. Ing. en chef des P. et Ch. de l'Empire Ottoman, Présid. de l'Univ. populaire Le Foyer du Peuple, 204, rue Paradis. — Marseille (Bouches-du-Rhône).

Henrivaux (Jules), anc. Dir. de la Manufac. de Glaces. — Saint-Gobain (Aisne).

Dr **Henrot (Adolphe)**, 73, rue Gambetta. — Reims (Marne).

Dr **Henrot (Henri)**, Corresp. nat. de l'Acad. de Méd., Dir. de l'Éc. de Méd., anc. Maire, 73, rue Gambetta. — Reims (Marne).

Henrot (Jules), Présid. du Cercle pharm. de la Marne, 75, rue Gambetta. — Reims (Marne).

Henry (Charles), Maître de conf. à l'Éc. prat. des Hautes-Études, 71, rue du Temple. — Paris.

Henry (Edmond), Insp. gén. des P. et Ch., 22, boulevard Saint-Germain. — Paris.

Dr **Henry (J.)**, 38 bis, rue de L'Hôpital-Militaire. — Lille (Nord).

Henry (Louis, Isidore), Ing. en chef de 1re cl. de la Marine. — Brest (Finistère).

Hérail (Joseph). Prof. à l'Éc. de Méd., 10 bis, boulevard Bon-Accueil. — Alger-Mustapha.

*Hérard (Mlle Alice)**, 16, rue Séguier. — Paris.

Dr **Hérard (Hippolyte)**, Mem. de l'Acad. de Méd., Agr. de la Fac. de Méd., Méd. des Hôp., 12 bis, place De Laborde. — Paris.

Herbault (Nemours), Agent de change hon., 22, rue de L'Élysée. — Paris.

*Hérichard (Émile)**, Ing. civ. anc. Élève de l'Éc. nat. des P. et Ch., 56, rue des Peupliers — Boulogne-sur-Seine (Seine). — **R**

Hermet (l'Abbé), Curé. — L'Hospitalet par la Cavalerie (Aveyron).

Héron (Guillaume), Prop., château Latour. — Bérat par Rieumes (Haute-Garonne). — **R**

Héron (Jean-Pierre), Prop., 7, place de Tourny. — Bordeaux (Gironde). — **R**

Herran (Adolphe), Ing. civ. des Mines, 36, avenue Henri-Martin. — Paris.

Herrenschmidt (Henri), Étud., 10, boulevard Magenta. — Paris.

Hérubel (Frédéric), Fabric. de prod. chim. — Petit-Quévilly (Seine-Inférieure).

Dr **Hervé (Georges)**, Prof. à l'Éc. d'Anthrop., 8, rue de Berlin. — Paris.

Hess (Philippe), Chirurg.-Dent., 3, rue de La Sous-Préfecture. — Montbéliard (Doubs).

Hetzel (Jules), Libr.-Édit., 12, rue des Saints-Pères. — Paris. — **R**

Heurtel (Ferdinand), Cap. de Frégate de réserve, 91, avenue Kléber. — Paris.

Hézard (Charles), Entrep. de Trav. pub., rue Manescau (villa Hézard). — Pau (Basses-Pyrénées).

*Hildenfinger (Paul)**, Attaché à la Biblioth. nat., 34, avenue de Villiers. — Paris.

Hillel frères, 2, avenue Marceau. — Paris. — **F**

Himly (L., Auguste), Mem. de l'Inst., Doyen hon. de la Fac. des Lettres, 23, avenue de L'Observatoire. — Paris.

Hingant (Laurent, Félix), Ing. des Chem. de fer écon. du Nord, 19, rue Wicardenne. — Boulogne-sur-Mer (Pas-de-Calais).

Hivert (Maurice), Chirurg.-Dent. diplômé de la Fac. de Méd., s.-Dir. de l'Éc. odonto-technique, 9, rue de l'Isly. — Paris.

Hlava (Iaroslav), Prof. d'Anat. pathol., à l'Univ. Tchèque, 32, rue Katerinska. — Prague (Autriche-Hongrie).

Hoareau-Desruisseaux (Léon), Prof. au Collège, 12, boulevard de la République. — Langres (Hautes-Marne).

Holden (Isaac), Manufac., 27, rue des Moissons. — Reims (Marne).

Holden (Jonathan), Indust., 23, boulevard de La République. — Reims (Marne). — **R**

Dr **Hollande**, Dir. de l'Éc. prép. à l'Ens. sup. des Sc. et des Lettres, 19, rue de Boigne. — Chambéry (Savoie).

Holt (Mme Betsy), 90, rue Jouffroy. — Paris.

*Holtz (Paul)**, Insp. gén. des P. et Ch., 24, rue de Milan. — Paris.

Dr **Hommey (Joseph)**, Méd. de l'Hôp., Mem. du Cons. départ. d'Hygiène, 3, rue des Cordeliers. — Sées (Orne).

Honnorat-Bastide (Édouard, F.), quartier de La Sèbe. — Digne (Basses-Alpes).

Hospitalier (Édouard), Ing. des Arts et Man., Prof. à l'Éc. mun. de Phys. et de Chim. indust., Rédac. en chef de l'*Industrie élect.*, 87, boulevard Saint-Michel. — Paris.

Hottinguer, Banquier, 38, rue de Provence. — Paris. — **F**

***Houard (Clodomir)**, Prépar. à la Fac. des Sc., 40, rue Balagny. — Paris.

Houdaille (François), Prof. de Phys. à l'Éc. nat. d'Agric., 15, rue de L'École-de-Droit. — Montpellier (Hérault).

Houdard (Adolphe), s.-Préfet. — Bonneville (Haute-Savoie).

Houdé (Alfred), Pharm. de 1re cl., Mem. du Cons. mun., 29, rue Albouy. — Paris. — **R**

Hourdequin (Maurice), Avocat, 93, rue Jouffroy. — Paris.

Hourst (Émile), Lieut. de Vaisseau, 97, avenue Niel. — Paris. — **R**

Houzeau (Auguste), Corresp. de l'Inst., Prof. de Chim. gén. à l'Éc. prép. à l'Ens. sup. des Sc., 31, rue Bouquet. — Rouen (Seine-Inférieure).

Houzeau (Paul), Huile et Savons, 8, place de La République. — Reims (Marne).

Hovelacque-Khnopff (Émile), 50, rue Cortambert. — Paris. — **R**

Hua (Henri), Lic. ès Sc. nat., Botan., s.-Dir. à l'Éc. des Hautes-Études (Muséum d'Hist. nat.), 254, boulevard Saint-Germain. — Paris. — **R**

Hubert de Vautier (Émile), Entrep. de confec. milit., 114, rue de La République. — Marseille (Bouches-du-Rhône). — **R**

Dr **Hublé (Martial)**, Méd.-Maj. de 1re cl. au 52e Rég. d'Infant., Méd. chef des salles milit. de l'Hôp. mixte. — Montélimar (Drôme). — **R**

Hubou (Ernest), Ing. civ. des Mines, Insp. de la *Comp. des Chem. de fer de l'Est*, 19, allée des Bois-du-Chenil. — Le Raincy (Seine-et-Oise).

Huc (le Baron), 1, rue Embouque-d'Or. — Montpellier (Hérault).

Hudelo (Louis), Ing. des Arts et Man., Répét. de Phys. gén. à l'Éc. cent. des Arts et Man., 10, rue Saint-Louis-en-l'Île. — Paris.

Hugon (Henri), Chef du Serv. des Domaines, 22, rue d'Angleterre. — Tunis.

Hugon (Pierre), Ing. civ., 77, rue de Rennes. — Paris.

Hugot (Adolphe), Dir. de la *Soc. anonyme des Aciéries et Forges de Firminy.* — Firminy (Loire).

Hulot (le Baron Étienne), Sec. gén. de la *Soc. de Géog.*, 41, avenue de La Bourdonnais. — Paris.

Humbel (Mme Ve Lucien). — Éloyes (Vosges). — **R**

Huon (A.), Dir. de l'Usine à Gaz, boulevard Daunou. — Boulogne-sur-Mer (Pas-de-Calais).

Hurel (Alexandre), 1, square Labruyère. — Paris.

Huret (Guillaume), Adj. au Maire, Courtier maritime, 42, rue des Écoles. — Boulogne-sur-Mer (Pas-de-Calais).

Huret-Lagache, Présid. de la Ch. de Com., quai Gambetta. — Boulogne-sur-Mer (Pas-de-Calais).

Hurion (Alphonse), Prof. à la Fac. des Sc. — Dijon (Côte-d'Or).

Hurmuzescu (Dragomir), Prof. à l'Univ. — Jassy (Roumanie).

Huyard (Étienne), Avocat à la Cour d'Ap., 26, rue Vital-Carles. — Bordeaux (Gironde).

Illaret (Antoine), Vétér., 22, rue Dauzats. — Bordeaux (Gironde).

*Dr **Imbert de la Touche (Paul)**, 20, rue Gasparin. — Lyon (Rhône).

***Institut de Carthage (Association tunisienne des Lettres, Arts et Sciences)**, rue de Russie. — Tunis.

Isay (Mme Mayer). — Blamont (Meurthe-et-Moselle). — **R**

Isay (Mayer), Filat., anc. Cap. du Génie, anc. Élève de l'Éc. Polytech. — Blamont (Meurthe-et-Moselle). — **R**

Dr **Istrati (Constantin)**, Doct. ès Sc. Phys., Prof. à l'Univ., Mem. du Cons. sup. de Santé (Laboratoire de Chimie organique), 2, spaniul Général Magheru — Bucarest (Roumanie.)

Jablonowska (Mlle Julia), 44, rue des Écoles. — Paris. — **R**

Jaccoud (François), Prof. à la Fac. de Méd., Sec. perp. de l'Acad. de Méd., Méd. des Hôp. 35, rue Tronchet. — Paris.

Jackson-Gwilt (Mrs Hannah), Moonbeam villa, Merton road. — New-Wimbledon (Surrey) (Angleterre). — **R**

Dr **Jacob de Cordemoy (Hubert)**, Doct. ès Sc., Chef des trav. de Botan. à la Fac. des Sc., 40, allées des Capucines. — Marseille (Bouches-du-Rhône).

Jacquelin (Mme Ve Félix). — Beuzeville-la-Guérard par Ourville (Seine-Inférieure).

Jacquerez (Charles), Agent Voyer en retraite. — Fraize (Vosges).

*Jacques (Edmond), Clerc stagiaire de notaire, 6, rue Saint-Vorles. — Châtillon-sur-Seine (Côte-d'Or).

Jacquin (Anatole), Confis., 12, rue Pernelle. — Paris et villa des Lys. — Dammarie-lez-Lys (Seine-et-Marne). — **R**

Jacquin (Charles), Avoué de 1re Inst., 5, rue des Moulins. — Paris.

*Jadin (Fernand), Prof. à l'Éc. sup. de Pharm., rue de L'École-de-Pharmacie. — Montpellier (Hérault).

Jalliffier, Prof.-Agr. au Lycée Condorcet, 11, rue Say. — Paris.

Jameson (Conrad), Banquier, anc. Élève de l'Éc. cent. des Arts et Man., 115, boulevard Malesherbes. — Paris. — **F**

Janet (Léon), Ing. au corps des Mines, 87, boulevard Saint-Michel. — Paris.

Jannelle (Émile), Nég. en vins. — Villers-Allerand (Marne).

Jannettaz (Paul), Répét. à l'Éc. cent. des Arts et Man., 68, rue Claude-Bernard. — Paris.

Janssen (Jules), Mem. de l'Inst. et du Bur. des Longit., Dir. de l'Observ. d'Astron. phys. — Meudon (Seine-et-Oise).

Japiot (Ferdinand), anc. Insp. des Forêts, 60, rue Saint-Sauveur. — Verdun (Meuse).

Jaray (Jean), 32, rue Servient. — Lyon (Rhône). — **R**

Jardinet (Ludovic-Eugène), Chef de bat. du Génie, Attaché au Serv. géog. de l'Armée, 140, rue de Grenelle. — Paris.

Jarsaillon (François), Prop., v. Présid. du *Comice agric.*, 7, rue Saint-Denis. — Oran (Algérie).

Dr Jaubert (Adrien), Insp. de la vérif. des Décès, 57, rue Pigalle. — Paris. — **R**

Jaumes (I., P.), Prof. de Méd. lég. et toxicol. à la Fac. de Méd., 5, rue Sainte-Croix. — Montpellier (Hérault).

Dr Javal (Émile), Mem. de l'Acad. de Méd., Dir. hon. du Lab. d'Ophtalm. de la Sorbonne, anc. Député, 5, boulevard de La Tour-Maubourg. — Paris. — **R**

*Dr Jean (Alfred), anc. Int. des Hôp., 15, rue de Londres. — Paris.

Jean (Amédée), Gref. de la Justice de Paix. — Saint-Pierre (Ile d'Oléron) (Charente-Inférieure).

Jeannel (Maurice), Prof. de Clin. chirurg. à la Fac. de Méd., 3, allée Saint-Étienne. — Toulouse (Haute-Garonne).

Jeannot (Auguste), Dir. du serv. des Eaux et de l'Éclairage à la mairie, Dir. adj. du Bureau d'Hyg., 96, Grande-Rue. — Besançon (Doubs).

Jeansoulin et Luzzatti, Fabric. d'huiles, avenue d'Arenc, 6, traverse du Château-Vert. — Marseille (Bouches-du-Rhône).

Jobard (Jean, François), Manufac., 24, rue de Gray. — Dijon (Côte-d'Or).

Jobert, Prop., 10, rue Crocé-Spinelli. — Paris.

*Jobert (Clément), Prof. à la Fac. des Sc. de Dijon, 98, boulevard Saint-Germain. — Paris. — **R.**

Jochum (Édouard), Peintre-Céram., anc. Maire, 64, avenue Victor-Hugo. — Boulogne-sur-Seine (Seine).

Jodin (Henri), Lic. ès sc., Prépar. à la Fac. des Sc., 30, rue des Boulangers. — Paris.

Joffroy (Alix), Prof. à la Fac. de Méd., Mem. de l'Acad. de Méd., Méd. des Hôp., 195, boulevard Saint-Germain. — Paris

Johnston (Nathaniel), anc. Député, 15, rue de La Verrerie. — Bordeaux (Gironde). — **F**

*Join-Lambert (Octave), Arch.-Paléogr., anc. Mem. de l'Éc. franç. de Rome, 144, avenue des Champs-Élysées. — Paris.

Jolant (Raoul), Ing. adj. de la Ville, anc. Élève de l'Éc. cent. des Arts et Man., 1 bis, rue Saint-Marc. — Boulogne-sur-Mer (Pas-de-Calais).

Joliet (Gaston), Préfet de la Vienne. — Poitiers (Vienne).

Jolivald (l'Abbé), anc. Prof. — Mandern par Sierck (Alsace-Lorraine).

Jollois (Henri), Insp. gén. hon. des P. et Ch., 46, rue Duplessis. — Versailles (Seine-et-Oise). — **R**

Jolly (Léopold), Pharm. de 1re cl., 64, boulevard Pasteur. — Paris.

Joly (Charles), v.-Présid. de la *Soc. nat. d'Hortic. de France*, 11, rue Boissy-d'Anglas. — Paris.

Joly (Louis, Robert), Ing. des Arts et Man., Archit., 8, boulevard de La Cité. — Limoges (Haute-Vienne).

Jolyet (Félix), Prof. à la Fac. de Méd., 24, rue Diaz. — Bordeaux (Gironde).

Jones (Charles), 12, rue de Chaligny (chez M. Eugène Vauvert). — Paris. — **R**

Jones-Dussaut (Mlle G.), Les Ruches. — Avon (Seine-et-Marne).

Jordan (Camille), Mem. de l'Inst., Ing. en chef des Mines, Prof. à l'Éc. Polytech., 48, rue de Varenne. — Paris. — **R**

Dr Jordan (Séraphin), 11, Campania. — Cadix (Espagne). — **R**

Joret (Charles), Mem. de l'Inst., Doyen hon. de la Fac. des Lettres d'Aix, 59, rue Madame. — Paris.

Josse (Hippolyte), Ing. Cons. en matière de Brevets d'invention, anc. Élève de l'Éc. Polytech., 17, boulevard de La Madeleine. — Paris.

Jouandot (Jules), Ing. du serv. des Eaux de la Ville, 57, rue Saint-Sernin. — Bordeaux (Gironde). — **R**

Jouatte (Eugène, Charles), s.-Chef de bureau au Min. des Fin., 1, rue Clovis. — Paris.

Dr Joubin (Louis), Prof. à la Fac. des Sc., 19, rue de La Monnaie. — Rennes (Ille-et-Vilaine).

Joubin (Paul, Jules), Prof. de Phys. à la Fac. des Sc., 11, rue Morand. — Besançon (Doubs).

Dr Jouin (François), anc. Int. des Hôp., 11 bis, cité Trévise. — Paris.

Joulie, Admin.-Délég. de la Soc. des prod. chim. agric., 15, rue des Petits-Hôtels. — Paris.

Jourdain (Hippolyte), anc. Prof. à la Fac. des Sc. de Nancy, villa Belle-Vue. — Portbail (Manche).

Jourdan (Adolphe), Libr.-Édit., Juge au Trib. de Com., 4, place du Gouvernement. — Alger.

Jourdan (A.-G.), Ing. civ. (chez M. Simon), 14, rue Milton — Paris. — **R**

Jourdin (Michel), Chim., Insp.-princ. hon. des établis. classés, 31, avenue de L'Est. — Saint-Maur-les-Fossés (Seine).

Journeaux (Maurice), 111, avenue des Lilas. — Le Pré-Saint-Gervais (Seine).

Dr Jousset (Marc), anc. Int. des Hôp., 241, boulevard Saint-Germain. — Paris.

Dr Joyeux-Laffuie (Jean), Prof. à la Fac. des Sc., 135, rue Saint-Jean. — Caen (Calvados).

Juglar (Mme Joséphine), 58, rue des Mathurins. — Paris. — **F**

Julia (Santiago), Doct. ès sc. — La Bédoule par Aubagne (Bouches-du-Rhône).

Julien (Albert), Archit., Expert-Vérific. des trav. de la Ville, 117, boulevard Voltaire. — Paris.

Julien (Pierre, Alphonse), Prof. de Géol. à la Fac. des Sc., 40, place de Jaude. — Clermont-Ferrand (Puy-de-Dôme).

Jullien, Horlog., 36, avenue d'Italie. — Paris.

Jullien (Ernest), Ing. en chef des P. et Ch., 6, cours Jourdan. — Limoges (Haute-Vienne). — **R**

Jullien (Jules, André), Chef de Bat. au 127e rég. d'Infant., Commandant de l'École de Tir du Camp du Ruchard (Indre-et-Loire).

Jumelle (Henri), Doct. ès Sc., Prof. adj. à la Fac. des Sc., 24e, rue Fargès. — Marseille (Bouches-du-Rhône).

Jundzitt (le Comte Casimir), Prop.-Agric. — Chemin de fer Moscou-Brest, station Domanow-Réginow (Russie). — **R**

Jungfleisch (Émile), Mem. de l'Acad. de Méd., Prof. à l'Éc. sup. de Pharm., 74, rue du Cherche-Midi. — Paris. — **R**

Junot (Maurice), Dir. des Voyages pratiques, 9, rue de Rome. — Paris.

Justinart (J.), Imprim., Dir. de l'Indépendant rémois, 40, rue de Talleyrand. — Reims (Marne).

Kahn (Zadoc), Grand Rabbin de France, 17, rue Saint-Georges. — Paris.

Dr Keating-Hart (Walter de), 5, boulevard Notre-Dame. — Marseille (Bouches-du-Rhône).

Dr Keiffer (Jean, Hilaire), Rédac. à la Semaine médic. de Paris, 17, rue de l'Association. — Bruxelles (Belgique).

Keittinger (Maurice), Manufac., v.-Présid. de la Soc. indust., 36, rue du Renard. — Rouen (Seine-Inférieure).

Dr Kelsch (Achille), Méd.-Insp. de l'Armée, Dir. de l'Éc. d'application du serv. de Santé milit. du Val-de-Grâce, 277 bis, rue Saint-Jacques. — Paris.

Kelsey (Wilbur, Fisk), Dent., 22, rue Longue-des-Capucines. — Marseille (Bouches-du-Rhône).

Kerforne (Fernand), Doct. ès Sc., Prépar. de Géol. et de Minéral. à la Fac. des Sc., 16, rue de Châteaudun. — Rennes (Ille-et-Vilaine).

Kesselmeyer (Charles), Présid.-Fondat. de la Ligue docimale, Rose villa, Vale road. — Bowdon (Cheshire) (Angleterre). — **R**

Kilian (Wilfrid), Prof. à la Fac. des Sc., 11 bis, cours Berriat. — Grenoble (Isère).

Klipffel (Auguste), anc. Juge au Trib. de Com. de Béziers, Vitic. à Aïn-Bessem (Algérie), 13, rue Gœthe. — Paris.

Knieder (Xavier), Admin. délég. des Établissements Malétra. — Petit-Quévilly (Seine-Inférieure). — **R**

Kœchlin-Claudon (Émile), Ing. des Arts et Man., 60, rue Duplessis. — Versailles (Seine-et-Oise). — **R**

Kohler (Mathieu), Artiste-Peintre, 12, rue du Bassin. — Mulhouse (Alsace-Lorraine).

Dr Kollmann (Jules), Prof. d'Anat. — Bâle (Suisse).

Kowalski (Eugène), Lic. ès Sc., Ing. des Arts et Man., Prof. à l'Éc. sup. de Com. et d'Indust., 1, rue de Grassi. — Bordeaux (Gironde).

Krafft (Eugène), anc. Élève de l'Éc. Polytech., 27, rue Monselet. — Bordeaux (Gironde) — **R**

Krantz (Camille), Ing. des Manufac. de l'État, anc. Min. des Trav. pub., Député des Vosges, 226, boulevard Saint-Germain. — Paris.

Kreiss (Adolphe), Ing., 46, Grande-Rue. — Sèvres (Seine-et-Oise). — **R**

Krug (Paul), Nég. en vins de Champagne, 40, boulevard Lundy. — Reims (Marne).

Künckel d'Herculais (Jules), Assistant de Zool. (Entomol.) au Muséum d'Hist. nat., 55, rue Buffon. — Paris. — **R**

Kunkler (Louis, Victor), Ing., anc. Élève de l'Éc. Polytech., 20, cours du Chapeau-Rouge. — Bordeaux (Gironde).

Kunstler (Joseph), Prof. à la Fac. des Sc., 49, rue Duranteau. — Bordeaux (Gironde).

Dr Labat (Alfred), Prof. à l'Éc. nat. vétér., 48, rue Bayard. — Toulouse (Haute-Garonne).

Labbé (Mme Léon), 117, boulevard Haussmann. — Paris.

Dr Labbé (Léon), Mem. de l'Acad. de Méd., Agr. à la Fac. de Méd., Chirurg. hon. des Hôp., Sénateur de l'Orne, 117, boulevard Haussmann. — Paris.

Labbé (Paul), Explorateur, 15, rue de Bourgogne. — Paris.

Labéda, Doyen hon., Prof. à la Fac. de Méd. et de Pharm., 19, rue Héliot. — Toulouse (Haute-Garonne).

Dr Laborde, Mem. de l'Acad. de Méd., Dir. des Trav. prat. à la Fac. de Méd., 15, rue de L'École-de-Médecine. — Paris.

Laboulaye (P. Lefebvre de), anc. Ambassadeur de France à Saint-Pétersbourg, 129, avenue des Champs-Elysées. — Paris.

Labrie (l'Abbé Jean, Joseph), Curé. — Lugasson par Rauzan (Gironde).

Labrunie (Auguste), Nég., 2, rue Michel. — Bordeaux (Gironde). — **R**

Labry (le Comte Olry de), Insp. gén. hon. des P. et Ch., 86, rue de Lille. — Paris.

Lacoste (Mme André), 92, rue Fondaudège. — Bordeaux (Gironde).

Lacoste (André), Nég., 92, rue Fondaudège. — Bordeaux (Gironde).

*****Lacour (Alfred)**, Ing. civ. des Mines, anc. Élève de l'Éc. Polytech., 60, rue Ampère. — Paris. — **R**

Lacroix (Adolphe), Chim., 186, avenue Parmentier. — Paris.

Lacroix, 1, rue Sauval. — Paris.

Lacroix (Th.), 106, boulevard de Courcelles. — Paris.

Dr Ladreit de la Charrière, Méd. en chef hon. de l'Instit. nat. des Sourds-Muets et de la Clin. otolog., 3, quai Malaquais. — Paris.

Ladureau (Mme Albert), 27, rue de Foucroy. — Paris. — **R**

*****Ladureau (Albert)**, Ing.-Chim., 27, rue de Foucroy. — Paris. — **R**

Lafargue (Georges), anc. Préfet, Percepteur de Charenton, 6, rue Coëtlogon. — Paris. — **R**.

Lafaurie (Maurice), 104, rue du Palais-Gallien. — Bordeaux (Gironde). — **R**

Laféteur (Ferdinand), Lic. ès Sc. Nat., Prof., 72, boulevard Saint-Marcel. — Paris.

Laffitte (Jean, Paul), Publiciste, 18, rue Jacob. — Paris. — **R**

Laffitte (Léon), Ing.-Dir. de la Station cent. d'Élect. de l'Étang de Berre. — Saint-Chamas (Bouches-du-Rhône).

Lafont (Georges), Archit., 17, rue de La Rosière. — Nantes (Loire-Inférieure).

Lafourcade (Auguste), Dir. de l'Éc. prim. sup., 41, rue des Trente-Six-Ponts. — Toulouse (Haute-Garonne).

Lagache (Jules), Ing. des Arts et Man., Admin. de la *Soc. des Prod. chim. agric.*, 22, rue des Allamandiers. — Bordeaux (Gironde). — **R**

Lagarde (Auguste), anc. Mem. de la Ch. de Com., 27, cours Pierre-Puget. — Marseille (Bouches-du-Rhône).

Lagneau (Didier), Ing. civ. des Mines, 19, rue Cernuschi. — Paris.

Laire (G. de), Fabric. de prod. organ., 92, rue Saint-Charles. — Paris.

Laisant (C.-A.), Doct. ès sc., anc. Cap. du Génie, Examin. d'admis. à l'Éc. Polytech., anc. Député, 162, avenue Victor-Hugo. — Paris.

Lalanne (Mᵐᵉ Gaston), Castel d'Andorte, 342, route du Médoc. — Le Bouscat (Gironde).

Dʳ Lalanne (Gaston), Doct. ès sc., Dir. de la Maison de santé, Castel d'Andorte, 342, route du Médoc. — Le Bouscat (Gironde).

Lalanne (Mᵐᵉ Louis), place Tournon. — La Teste-de-Buch (Gironde).

Dʳ Lalanne (Louis), place Tournon — La Teste-de-Buch (Gironde).

Laleman (Édouard), Avocat, 6, rue Durnerin. — Lille (Nord).

*Dʳ Lalesque (Fernand), anc. Int. des Hôp. de Paris, boulevard de La Plage, villa Claude-Bernard — Arcachon (Gironde).

Lalheugue (H.), Archit. de la Ville, 17, rue Samonzet. — Pau (Basses-Pyrénées).

Lallié (Alfred), Avocat, 18, rue Lafayette. — Nantes (Loire-Inférieure). — R

Lallier (Paul), Maire, — La Ferté-sous-Jouarre (Seine-et-Marne).

Lamarre (Onésime), Notaire, 2, place du Donjon. — Niort (Deux-Sèvres). — R

Lambert-Gautier (Fernand), Nég., 20, rue Linné. — Paris.

Lamblin (l'Abbé Joseph), Prof. à l'Éc. Saint-François de Sales, 39, rue Vannerie. — Dijon (Côte-d'Or). — R

Lamé-Fleury (E.), anc. Cons. d'État, Insp. gén. des Mines en retraite, 62, rue de Verneuil. — Paris. — F

*Lamey (Adolphe), Conserv. des Forêts en retraite, 22, cité des Fleurs. — Paris.

Lamey (le Révérend Père Dom Mayeul), O. S. B., rue Saint-Mayeul. — Cluny (Saône-et-Loire).

Lamy (Adhémar), Insp. des Forêts en retraite, 3, place Delille. — Clermont-Ferrand (Puy-de-Dôme).

Lancial (Henri), Prof. au Lycée, 18, boulevard de Courtais. — Moulins (Allier). — R

Dʳ Lande (Louis), Maire, 34, place Gambetta. — Bordeaux (Gironde).

Landouzy (Louis), Prof. à la Fac. de Méd., Mem. de l'Acad. de Méd., Méd. des Hôp., 4, rue Chauveau-Lagarde. — Paris.

Dʳ Landreau (Jean-Baptiste). — Artigues par Bordeaux (Gironde).

Landrin (Édouard), Chim., 76, rue d'Amsterdam. — Paris.

Lanelongue (Martial), Prof. à la Fac. de Méd., Corresp. nat. de l'Acad. de Méd., 24, rue du Temple. — Bordeaux (Gironde).

Lanes (Jean), Chef du Cabinet du Présid. du Sénat (Petit Luxembourg), 17, rue de Vaugirard. — Paris. — R

Lang (Léon), 17, avenue de La Bourdonnais. — Paris.

Lang (Tibulle), Dir. de l'Éc. La Martinière, anc. Élève de l'Éc. Polytech., 5, rue des Augustins. — Lyon (Rhône). — R

Lange (Mᵐᵉ Adalbert). — Maubert-Fontaine (Ardennes). — R

Lange (Adalbert), Indust. — Maubert-Fontaine (Ardennes). — R

Lange (Albert), Prop., 7, rue Fromentin. — Paris.

Lange (Mˡˡᵉ Alice). — Beuzeville-la-Guérard par Ourville (Seine-Inférieure).

Dʳ Langlet (Jean-Baptiste), Prof. de Physiol. à l'Éc. de Méd., anc. Député, 24, rue Buirette. — Reims (Marne).

Langlois (Ludovic), Notaire, 7, rue de La Serpe. — Tours (Indre-et-Loire).

Lannelongue (Odilon-Marc), Mem. de l'Inst. et de l'Acad. de Méd., Prof. à la Fac. de Méd., Chirurg. des Hôp., anc. Député, 3, rue François-Iᵉʳ. — Paris.

Dʳ Lantier (Étienne). — Tannay (Nièvre). — R

Laplanche (Maurice C. de), château de Laplanche. — Millay par Luzy (Nièvre).

Laporte (Maurice), Nég. — Jarnac (Charente).

Laporte (Xavier), Pharm. de 1ʳᵉ classe place des Palmiers. — Arcachon (Gironde).

Lapparent (Albert de), Mem. de l'Inst., anc. Ing. des Mines, Prof. à l'Éc. libre des Hautes-Études, 3, rue de Tilsitt. — Paris. — F

Dʳ Larauza (Albert), Méd. des Thermes, rue de Borda. — Dax (Landes).

Dʳ Lardier. — Rambervillers (Vosges).

Larive (Albert), Indust., 22, rue Villeminot-Huart. — Reims (Marne). — R

La Rivière (Gaston), Ing. en chef des P. et Ch. — Lille (Nord).

Laroche (Mᵐᵉ Félix), 110, avenue de Wagram. — Paris. — R

Laroche (Félix), Insp. gén. des P. et Ch. en retraite, 110, avenue de Wagram. — Paris. — R

Larocque, (Louis-Eugène), Insp. d'Acad., anc. Dir. de l'Éc. prép. à l'Ens. sup. des Sc., 40, rue de Strasbourg. — Nantes (Loire-Inférieure).

Laroze (**Alfred**), Présid. de Ch. à la Cour d'Ap., anc. Député, 19, avenue Bosquet. — Paris.

Larré (**P.**), Lic. en droit, Avoué hon., 5, rue Vital-Carles. — Bordeaux (Gironde).

Lartilleux (**Arthur**), Pharm., 26, place Saint-Timothée. — Reims (Marne).

Laskowski (**Sigismond**), Prof. à la Fac. de Méd., 110, rue de Carouge (villa de la Joliette). — Genève (Suisse).

Lassence (**Alfed de**), Prop., Mem. du Cons. mun., 12, avenue de Tarbes (villa Lassence). — Pau (Basses-Pyrénées). — **R**

Lassudrie (**Georges**), 23, quai Saint-Michel. — Paris.

Dr Lataste (**Fernand**), anc. s.-Dir. du Musée nat. d'Hist. nat., anc. Prof. de Zool. à l'Éc. de Méd. de Santiago-du-Chili. — Cadillac-sur-Garonne (Gironde). — **R**

Latham (**Éd.**), Nég., Présid. de la Ch. de Com., 145, rue Victor-Hugo. — Le Havre (Seine-Inférieure).

Latour du Moulin (**le Comte Boyer de**), 3, place d'Iéna. — Paris.

Dr Launois (**Pierre, Émile**), Agr. à la Fac. de Méd., Méd. des Hôp., 12, rue Portalis.— Paris.

Laurent (**François**), Insp. des Manufac. de l'État, 7, rue de La Néva. — Paris.

Laurent (**Irénée**), Maître de verrerie, Verrerie de Saint-Galmier. — Veauche (Loire).

Laurent (**Louis**), Doct. ès Sc. nat., Prof. à l'Inst. colonial, 20, rue des Abeilles — Marseille (Bouches-du-Rhône).

Laurent (**Léon**), Construc. d'inst. d'optiq., 21, rue de L'Odéon. — Paris. — **R**

Laussedat (**Mme Aimé**), 3, avenue de Messine. — Paris.

Laussedat (**le Colonel Aimé**), Mem. de l'Inst., Dir. hon. du Conserv. nat. des Arts et Mét., 3, avenue de Messine. — Paris. — **R**

Lauth (**Charles**), Dir. de l'Éc. mun. de Phys. et de Chim. indust., Admin. hon. de la Manufac. nat. de porcelaines de Sèvres, 36, rue d'Assas. — Paris. — **F**

Lavenne de la Montoise (**de**), Insp. princ. à la *Comp. des Chem. de fer d'Orléans.* — Nantes (Loire-Inférieure).

Lavocat-Darcy (**Albert**), Fabric. de Ciment, 49, boulevard Daunou. — Boulogne-sur-Mer (Pas-de-Calais).

*Lay-Crespel (**Joseph**), Indust., 54, rue Léon-Gambetta. — Lille (Nord).

Léauté (**Henry**), Mem. de l'Inst., Ing. des Manufac. de l'État, Répét. à l'Éc. Polytech., 20, boulevard de Courcelles. — Paris. — **R**

Le Bel (**Charles, Léopold**), v.-Présid. du Syndicat de la Boulangerie de Paris, 75, rue Lafayette. — Paris.

Le Blanc (**Camille**), Mem. de l'Acad. de Méd., Vétér., 90, boulevard Flandrin. — Paris.

Dr Leblond (**Albert**), Méd. de Saint-Lazare, 28, place Saint-Georges. — Paris.

Leblond (**Paul**), anc. Juge d'Inst., anc. Mem. du Cons. mun. de Rouen, la Grâce-de-Dieu. — Neufchâtel-en-Bray (Seine-Inférieure).

Le Bret (**Mme Ve Paul**), 148, boulevard Haussmann. — Paris.

Le Breton (**André**), Prop., 43, boulevard Cauchoise. — Rouen (Seine-Inférieure). — **R**

Le Breton (**Gaston**), Corresp. de l'Inst., Dir. du Musée départ. des Antiq. et du Musée de Céram. de la Ville, 25 bis, rue Thiers. — Rouen (Seine-Inférieure).

*Lebrun-Oudart (**Gustave**), Nég. en bois. — Signy-l'Abbaye (Ardennes).

Le Chatelier (**le Capitaine Frédéric, Alfred**), anc. Of. d'ordonnance du Min. de la Guerre, 8, rue Mansart. — Versailles (Seine-et-Oise). — **R**

Le Cler (**Achille**), Ing. des Arts et Man., Maire de Bouin (Vendée), 7, rue de La Pépinière. — Paris.

Dr Lecler (**Alfred**). — Rouillac (Charente).

Leclerc (**Constant**), Prop., 106, boulevard Magenta. — Paris.

*Lecocq (**Gustave**), Dir. d'assurances, Mem. de la *Soc. géol. du Nord*, 7, rue du Nouveau-Siècle. — Lille (Nord).

Lecœur (**Édouard**), Ing., Archit., 30, rue Guy-de-Maupassant. — Rouen (Seine-Inférieure).

Lecomte (**René**), Min. plénipotentiaire, 61, rue de L'Arcade. — Paris.

*Leconte (**Henri**), Doct. ès Sc., Prof. au Lycée Saint-Louis, 14, rue des Écoles. — Paris.

Leconte (**Louis**), Pharm., 73, rue de La Paroisse. — Versailles (Seine-et-Oise).

Leconte-Colette, Nég. en chaussures, 10, rue Neuve. — Lille (Nord).

Lecoq de Boisbaudran (**François**), Corresp. de l'Inst., 113, rue de Longchamp. — Paris. — **F**

Lecornu (**Léon**), Ing. en chef des Mines, 3, rue Gay-Lussac. — Paris. — **R**

Le Dantec (**Félix**), Doct. ès Sc., Chargé d'un cours à la Sorbonne, 3, rue d'Ulm. — Paris.

Dr Ledé (Fernand), Méd.-Insp., Sec. rapporteur du Comité sup. de Protection des enfants du premier âge, 19, quai aux Fleurs. — Paris.

D^r Le Dien (Paul), 155, boulevard Malesherbes. — Paris. — R

Ledoux (Pierre), Prof. à l'Éc. Arago, 29, rue de Bellefond. — Paris.

Ledoux (Samuel), Nég., 29, quai de Bourgogne. — Bordeaux (Gironde). — R

Le Doyen, Prop., 38, rue des Écoles. — Paris.

Dr Leduc (H.), 16 ter, avenue Bosquet. — Paris.

*Leduc (Mme Stéphane), 5, quai de La Fosse. — Nantes (Loire-Inférieure).

*Dr Leduc (Stéphane), Prof. à l'Éc. de Méd., 5, quai de La Fosse. — Nantes (Loire-Inférieure).

Lee (Henry), v.-Consul des États-Unis d'Amérique, 2, rue Thiers. — Reims (Marne).

Leenhardt (André), Dir. de la Comp. gén. des Pétroles, 2, rue Fongate. — Marseille (Bouches-du-Rhône).

Leenhardt (Frantz), Prof. à la Fac. de Théol., 12, rue du Faubourg-du-Moustier. — Montauban (Tarn-et-Garonne). — R

Leenhardt-Pomier (Jules), Nég. (Maison Vidal), rue Clos-René. — Montpellier (Hérault).

Dr Leenhardt (René), 7, rue Marceau. — Montpellier (Hérault).

Lefebvre (Alphonse), Publiciste, 8, Grande-Rue. — Boulogne-sur-Mer (Pas-de-Calais).

Lefèbvre (Léon), Ing. en chef des P. et Ch., Ing. de la Voie à la Comp. des Chem. de fer du Nord, 1, avenue Trudaine. — Paris.

Lefèbvre (René), Insp. gén. des P. et Ch., 169, boulevard Malesherbes. — Paris. — R

*Le Féron de Longcamp, Mem. de la Soc. des Antiquaires de Normandie, 51, rue de Geôle. — Caen (Calvados).

*Le Féron de Longcamp (Henri), Prop., 51, rue de Geôle. — Caen (Calvados).

Lefeuve (Gabriel), Avocat, Publiciste, 3, rue de La Bienfaisance. — Paris.

Lefèvre (Julien), Doct. ès Sc., Prof. à l'Éc. prép. à l'Ens. sup. des Sc., Prof. sup. à l'Éc. de Méd. et Prof. au Lycée, 20, avenue de Gigant. — Nantes (Loire-Inférieure).

Lefort (Alfred), Notaire hon., 4, rue d'Anjou. — Reims (Marne).

Lefort (Francis), Étud. en Droit, 4, rue d'Anjou. — Reims (Marne).

Lefranc (Émile), Mécan., 21, rue de Monsieur. — Reims (Marne). — R

Dr Lefranc (Jules, Clément). — Pont-Hébert (Manche).

Legat (Jean-Baptiste), Mécan., 35, rue de Fleurus. — Paris.

Le Gondre (Charles), Dir. de la Revue scient. du Limousin, Insp. des Contrib. indir., 3, place des Carmes. — Limoges (Haute-Vienne).

D^r Le Gendre (Paul), Méd. des Hôp., 25, rue de Châteaudun. — Paris.

*Léger (Mme Arthur). — La Boissière (Oise).

*Léger (Arthur), anc. Indust. — La Boissière (Oise).

Léger (Jules), Doct. ès Sc. nat., Maître de Conf. à la Fac. des Sc., Prof. sup. à l'Éc. de Méd. et de Pharm., 9, rue des Jacobins. — Caen (Calvados).

Dr Legludic (Henri), Dir. de l'Éc. de Méd. et de Pharm., 56, boulevard du Roi-René. — Angers (Maine-et-Loire).

Legrand (A.), Dir.-gérant de la Société coopérative. — Saint-Remy-sur-Avre (Eure-et-Loir).

Legriel (Paul), Archit. diplômé du Gouvern., Lic. en Droit, 8, rue de Greffulhe. — Paris.

D^r Le Grix de Laval (Auguste, Valère), 28, rue Mozart. — Paris. — R

Leistner (Victor), Pharm. de 1re cl. — Aulnay-lez-Bondy (Seine-et-Oise).

*Lejard (Mme Ve Charles), 6, rue Édouard-Detaille (avenue de Villiers). — Paris. — R

Lejeune (G.), Chef de Fabric. de la Brasserie Burgelin, 5, quai Saint-Louis. — Nantes (Loire-Inférieure).

*Lejeune (Mme Henri), 6, avenue Nationale. — Moulins (Allier).

*Dr Lejeune (Henri), 6, avenue Nationale. — Moulins (Allier).

Lelegard (A.). — Villiers-sur-Marne (Seine-et-Oise).

Lelièvre (Désiré), anc. Notaire, 10 bis, rue Hincmar. — Reims (Marne).

Dr Lelièvre (Ernest), anc. Int. des Hôp. de Paris, 53, rue de Talleyrand. — Reims (Marne).

Lelong (l'Abbé Arthur), anc. Aumônier milit. — Réthel (Ardennes).

Le Marchand (Abel), Construc. de navires, 29, 31, rue Traversière. — Le Havre (Seine-Inférieure).

Le Marchand (Augustin), Ing., les Chartreux. — Petit-Quévilly (Seine-Inférieure). — F

Lemarchand (Edmond), Manufac. — Le Houlme (Seine-Inférieure).

Lémeray (Ernest, Maurice), Lic. ès Sc. Math. et Phys., Ing. civ. du Génie maritime, 109 bis, rue Ville-ès-Martin. — Saint-Nazaire (Loire-Inférieure).

Lemercier (Alfred), Conduct. des P. et Ch., 19, rue d'Avron. — Le Perreux (Seine).

Lemerle (Lucien), Chirurg.-Dent., Prof. à l'Éc. dentaire de Paris, 35, avenue de l'Opéra. — Paris.

Lemoine (Émile), Chef hon. du Serv. de la vérific. du gaz, anc. Élève de l'Éc. Polytech., 4, boulevard de Vaugirard. — Paris.

Lemoine (Georges), Mem. de l'Inst., Ing. en chef des P. et Ch., Prof. à l'Éc. Polytech., 76, rue Notre-Dame-des-Champs. — Paris.

Le Monnier (Georges), Prof. de Botan. à la Fac. des Sc., 3, rue de Serre. — Nancy (Meurthe-et-Moselle). — **R**

Lemuet (Léon), Prop., 9, boulevard des Capucines. — Paris.

Lemut (André), Ing. des Arts et Man., 12 *bis*, rue Mondésir. — Nantes (Loire-Inférieure).

***Lennier (G.)**, Dir. du Muséum d'Hist. nat., 2, rue Bernardin-de-Saint-Pierre. — Le Havre (Seine-Inférieure).

***Lenoble (Henri)**, Avocat à la Cour d'Ap., 9, quai Saint-Michel — Paris.

Dr **Lenoir (Paul)**, Méd. des Hôp., 162, rue de Rivoli. — Paris.

Dr **Léon (Auguste)**, Méd. en chef de la Marine en retraite, 5, rue Duffour-Dubergier. — Bordeaux (Gironde). — **R**

Dr **Léon-Petit**, Sec. gén. de l'*Œuvre des Enfants tuberculeux*, 20, rue de Penthièvre. — Paris.

D^r **Le Page**, 33, rue de La Bretonnerie. — Orléans (Loiret).

Dr **Lépine (Jean)**, anc. Int. des Hôp. 30, place Bellecour. — Lyon (Rhône). — **R**

Lépine (Raphaël), Corrésp. de l'Inst., Prof. à la Fac. de Méd., Assoc. nat. de l'Acad. de Méd., 30, place Bellecour. — Lyon (Rhône). — **R**

Lèques (Henri, François), Ing. géog., *Mem. de la Soc. de Géog.* — Nouméa (Nouvelle-Calédonie). — **F**

Lequeux (Jacques), Archit., 44, rue du Cherche-Midi. — Paris.

Dr **Leriche (Émile)**, anc. Prosecteur à la Fac. de Méd. de Lyon, 20, avenue de La Gare. — Nice (Alpes-Maritimes).

Leriche (Louis, Narcisse), Rent., 7, rue Corneille. — Paris.

Le Roux (F.-P.), Prof. à l'Éc. sup. de Pharm., Exàmin. d'admis. à l'Éc. Polytech., 120, boulevard Montparnasse. — Paris. — **R**

Le Roux (Henri), Dir. hon. des Affaires départ. à la Préfecture de la Seine, 22, rue de Chaillot. — Paris.

Le Roux (Nicolas), Ing. des P. et Ch. — Angers (Maine-et-Loire).

Leroy (Armand), Étud., 22, rue Porte-des-Portanets. — Bordeaux (Gironde).

Leroyer de Longraire (Léopold), Ing. civ., 23, quai Voltaire. — Paris.

Dr **Lesage (Pierre)**, Doct. ès Sc. Nat., Maître de conf. de Botan. à la Fac. des Sc., 45, avenue du Mail-d'Onges. — Rennes (Ille-et-Vilaine).

Le Sérurier (Charles), Dir. des Douanes, 39, rue Sylvabelle. — Marseille (Bouches-du-Rhône). — **R**

Lesourd (Paul) (fils), Nég., 34, rue Néricault-Déstouches. — Tours (Indre-et-Loire). — **R**

Lespiault (Gaston), Prof. et anc. Doyen de la Fac. des Sc., 5, rue Michel-Montaigne. — Bordeaux (Gironde). — **R**

Lestelle (Xavier), Insp. des Postes et Télég. en retraite, Élect., 4, rue Augustin-Les-bazeilles. — Mont-de-Marsan (Landes).

Lestrange (le Comte Henry de), 43, avenue Montaigne. — Paris et Saint-Julien par Saint-Genis-de-Saintonge (Charente-Inférieure). — **R**

Lestringant (Auguste), Libr., 11, rue Jeanne-d'Arc. — Rouen (Seine-Inférieure).

Letellior (Alfred), Mem. du Cons. gén. d'Alger, anc. Député, 2, rue Rotrou. — Paris.

Letellier (Augustin), Prof. au Lycée Malherbe, 12, rue Grusse. — Caen (Calvados).

Letellier (Victor), 123, rue de Paris. — Saint-Denis (Seine).

Le Tellier-Delafosse (Ludovic), Prop., 88, avenue de Villiers. — Paris.

Letestu (Maurice), Ing. des Arts et Man., Construc.-hydraul., 64, rue Amelot. — Paris.

Lethuillier-Pinel (Mme V^e), Prop., 68, rue d'Elbeuf. — Rouen (Seine-Inférieure). — **R**

Létoquart (Auguste), Méd.-Électrothérap., Professeur d'Électrothérap., 227, Sullivan-street. — New-York (États-Unis d'Amérique).

***Letort (Charles)**, Conserv. adj. à la Biblioth. nat., 9, place des Ternes. — Paris.

Dr **Letourneau (Charles)**, Prof. à l'Éc. d'Anthrop., 70, boulevard Saint-Michel. — Paris.

Leudet (Mme Ve Émile), 11, rue Longchamp. — Nice (Alpes-Maritimes). — **F**

Dr **Leudet (Lucien)**, Sec. gén. de la *Soc. d'Hydrolog. médic.*, 35, rue d'Offémont. — Paris.

Dr **Leudet (Robert)**, anc. Int. des Hôp., Prof. à l'Éc. de Méd. de Rouen, 72, rue de Bellechasse. — Paris. — **R**

*Dr Leuillieux (Abel). — Conlie (Sarthe). — **R**

Leune (Edmond), Prof. hon., 21, quai de La Tournelle. — Paris.

Leuvrais (Louis, Pierre), Ing. des Arts et Man., Dir. de la Fabriq. de ciment de Portland artif. Quillot frères. — Frangey par Lézinnes (Yonne).

Le Vallois (Jules), Chef de Bat. du Génie en retraite, anc. Élève de l'Éc. Polytech., 12, rue de Ponthieu. — Paris. — **R**

Levasseur (Émile), Mem. de l'Inst., Prof. au Collège de France, 26, rue Monsieur-Le-Prince. — Paris. — **R**

*Levat (David), Ing. civ. des Mines, anc. Élève de l'Éc. Polytech., 174, boulevard Malesherbes. — Paris. — **R**

Leveillé, Prof. à la Fac. de Droit, anc. Député, 55, rue du Cherche-Midi. — Paris.

Dr Levêque (Louis), 20, rue du Clou-dans-le-Fer. — Reims (Marne).

Le Verrier (Urbain), Ing. en chef, Prof. à l'Éc. nat. sup. des Mines et au Conserv. nat. des Arts et Mét., 70, rue Charles-Lafitte. — Neuilly-sur-Seine (Seine). — **R**

Lévy (Maurice), Mem. de l'Inst., Insp. gén. des P. et Ch., 15, avenue du Trocadéro. — Paris.

Lévy (Michel), Mem. de l'Inst., Ing. en chef des Mines, 26, rue Spontini. — Paris.

Lévy (Raphaël, Georges), Prof. à l'Éc. des Sc. polit., 80, boulevard de Courcelles. — Paris.

Lewthwaite (William), Dir. de la Maison Isaac Holden, 27, rue des Moissons. — Reims (Marne). — **R**

Lewy d'Abartiague (William), Ing. civ., château d'Abartiague. — Ossès (Basses-Pyrénées). — **R**

Lez (Henri). — Lorrez-le-Bocage (Seine-et-Marne).

Lhomel (Georges de), anc. Avocat à la Cour d'Ap., 27, rue Marbeuf. — Paris.

L'Hote (Louis), Chim.-Expert, Arbitre près le Trib. de Com. de la Seine, 16, rue Chanoinesse. — Paris.

*Libert (L.-Lucien), Lauréat de la Soc. astron. de France, 7, boulevard Saint-Germain. — Paris.

Licherdopol (Jean-P.), Prof. de Phys. et de Chim. à l'Éc. de Com., boulevard Domnitei. — Bucarest (Roumanie).

Lichtenstein (Henri), Nég. (Maison Andrieux), 12, cours Gambetta. — Montpellier (Hérault).

*Liégeois (Jules), Corresp. de l'Inst., Prof. de Droit admin. à la Fac. de Droit, 8, rue de la Monnaie. — Nancy (Meurthe-et-Moselle).

Lieutier (Léon), Pharm. de 1re cl., 9, rue Pavillon. — Marseille (Bouches-du-Rhône).

Lignier (Octave), Prof. de Botan. à la Fac. des Sc., 70, rue Basse. — Caen (Calvados).

Lilienthal (Sigismond), Mem. de la Ch. de Com., 13, quai de L'Est. — Lyon (Rhône).

Limasset (Lucien), Ing. en chef des P. et Ch., 6, rue Saint-Cyr. — Laon (Aisne).

Limbo (Mme Julie), 38, avenue de Wagram. — Paris.

Dr Limbo (Saint-Germain), 38, avenue de Wagram. — Paris.

Lindet (Léon), Doct. ès sc., Prof. à l'Inst. nat. agron., 108, boulevard Saint-Germain. — Paris. — **R**

Dr Linon (Léon), Méd. princ. de 1re cl., Méd. chef de l'Hôp. milit. — Toulouse (Haute-Garonne).

Linyer (Louis), Avocat, 1, rue Paré. — Nantes (Loire-Inférieure).

Lisbonne (Georges), 12, rue Eugène-Lisbonne. — Montpellier (Hérault).

*Livache (Achille), Ing. civ. des Mines, 24, rue de Grenelle. — Paris.

Dr Livon (Charles), Corresp. nat. de l'Académie de Méd., Prof. anc. Dir. de l'Éc. de Méd. et de Pharm., Dir. du Marseille Médical, 14, rue Peirier. — Marseille (Bouches-du-Rhône). — **R**

Livon (Jean). Étud. en Méd., 14, rue Peirier. — Marseille (Bouches-du-Rhône).

Locard (Arnould), Ing. des Arts et Man., 38, quai de La Charité. — Lyon (Rhône).

Loche (Maurice), Insp. gén. des P. et Ch., 24, rue d'Offémont. — Paris. — **F**

Lœwy (Maurice), Mem. de l'Inst. et du Bureau des Longit., Dir. de l'Observ. nat. avenue de L'Observatoire. — Paris.

Dr Loir (Adrien), Dir. de l'Institut Pasteur de la Régence, anc. Présid. de l'Inst. de Carthage, impasse du Contrôle Civil. — Tunis. — **R**

*Loisel (Mme Gustave), 6, rue de l'École-de-Médecine. — Paris.

*Dr Loisel (Gustave), Doct. ès Sc., Prépar. à la Fac. de Méd., 6, rue de l'École-de-Médecine. — Paris.

Loiselet (Paul, Joseph), Étud. en Droit, 4, petite rue Bégand. — Troyes (Aube).
Lombard (Émile), Ing. des Arts et Man., Dir. de la Soc. des Prod. chim. de Marseille-l'Estaque (Rio-Tinto), 32, rue Grignan. — Marseille (Bouches-du-Rhône).
Lombard-Dumas (Armand), Prop. — Sommières (Gard).
Lombard-Gérin (Pierre, Louis), Ing. des Arts et Man., 31, quai Saint-Vincent.— Lyon. (Rhône).
*Loncq (Émile), Sec. du Cons. départ. d'Hyg. pub., 6, rue de La Plaine. — Laon (Aisne).
Londe (Albert), Chef du Serv. photog. à la Salpêtrière, 8 bis, rue Lafontaine. — Paris.
Longchamps (Gaston Gohierre de), Examin. à l'Éc. spc. milit., 5, rue Vauquelin. — Paris. — R
Longhaye (Auguste), Nég., 22, rue de Tournai. — Lille (Nord). — R
Lonquéty (Maurice), Ing. civ. des Mines, anc. Élève de l'Éc. Polytech. — Outreau par Boulogne-sur-Mer (Pas-de-Calais).
Lopès-Dias (Joseph), Ing. des Arts et Man., 28, place Gambetta. — Bordeaux (Gironde). — R
Dr Lordereau, 41, rue Madame. — Paris.
Loriol-Lefort (Charles, Louis Perceval de), Natural. — Frontenex près Genève (Suisse). — R
Lortet (Louis), Corresp. de l'Inst., Doyen de la Fac. de Méd., Dir. du Muséum des Sc. nat., 15, quai de L'Est. — Lyon (Rhône). — F
Lothelier (Aimable), Prof. au Lycée Montaigne, 5, villa Beau-Séjour. — Vanves (Seine).
Lotz (Alfred), Construc.-mécan., 2, rue Guichen. — Nantes (Loire-Inférieure).
Lotz-Brissonneau (Alphonse), Ing. des Arts et Man., 86, quai de La Fosse. — Nantes (Loire-Inférieure).
Louer (Jacques), Brasseur, 92, boulevard François-Ier. — Le Havre (Seine-Inférieure).
Lougnon (Victor), Ing. des Arts et Man., Juge d'Instruc. — Cusset (Allier). — R
Loup (Albert), Chirurg.-Dent. diplômé de la Fac. de Méd., 24, rue des Pyramides. — Paris.
Lourdelet (Mme Ernest), 7 bis, rue de L'Aqueduc. — Paris.
Lourdelet (Ernest), Mem. de la Ch. de Com., 7 bis, rue de L'Aqueduc. — Paris.
Loussel (A.), Prop., 86, rue de La Pompe. — Paris. — R
Loustau (Pierre), Prop., Mem. du Cons. mun., 4, boulevard du Midi. — Pau (Basses-Pyrénées).
Loyer (Henri), Filat., 294, rue Notre-Dame. — Lille (Nord). — R
Dr Lucas-Championnière (Just), Mem. de l'Acad. de Méd., Chirurg. des Hôp., 3, avenue Montaigne. — Paris.
Lugol (Édouard), Avocat, 11, rue de Téhéran. — Paris. — F
Dr Luraschi (Carlo), Maladies nerveuses et Électrothérap., 11, via Santa-Andrea. — Milan (Italie).
Lutscher (A.), Banquier, 22, place Malesherbes. — Paris. — F
Lyon (Gustave), Ing. civ. des Mines, Chef de la Maison Pleyel, Wolff et Cie, anc. Élève de l'Éc. Polytech., 22, rue Rochechouart. — Paris.
Lyon (Max), Ing. civ., 83, avenue du Bois-de-Boulogne. — Paris.
Mabille (Paul), Doct. ès Lettres, Prof. hon. de Phil. de l'Univ., Mem. de l'Acad. de Dijon, 24, rue des Moulins. — Dijon (Côte-d'Or).
Macé de Lépinay (Jules), Prof. à la Fac. des Sc., 105, boulevard Longchamp. — Marseille (Bouches-du-Rhône). — R
Machuel (Louis), Dir. de l'Ens. pub., place aux Chevaux. — Tunis.
Mac Intosh (William, Carmichael), Prof. à l'Univ., 2, Abbotsford crescent. — Saint-Andrews (Écosse).
Macqueron (Henri), Prop., 24, rue de L'Hôtel-Dieu. — Abbeville (Somme).
Madelaine (Édouard), Ing. adj., attaché à l'Exploit. des Chem. de fer de l'État, anc. Élève de l'Éc. cent. des Arts et Man., 96, boulevard Montparnasse. — Paris. — R
Maës (Gustave), Prop. de la Cristal. de Clichy, Mem. de la Ch. de Com., 19, rue des Réservoirs. — Clichy (Seine).
Dr Magnan (Valentin), Mem. de l'Acad. de Méd., Méd. de l'Asile Sainte-Anne, 1, rue Cabanis. — Paris.
Magne (Lucien), Archit. du Gouvern., Prof. à l'Éc. nat. des Beaux-Arts et au Conserv. nat. des Arts et Mét., 6, rue de L'Oratoire-du-Louvre. — Paris.
Magnien (Lucien), Ing. agric., Prof. départ. d'Agric., Présid. du Comité cent. d'études vitic. de la Côte-d'Or, 10, rue Bossuet. — Dijon (Côte-d'Or). — R

Magnin (Mme Antoine), 8, rue Proudhon. — Besançon (Doubs).

Dr Magnin (Antoine), Prof. de Botan. à la Fac. des Sc., Dir. de l'Éc. de Méd., anc. Adj. au Maire, 8, rue Proudhon. — Besançon (Doubs).

Magnin (Joseph), anc. Gouvern. de *la Banque de France*, Sénateur, 89, avenue Victor-Hugo. — Paris.

Mahé (Eugène), Conduct. princ. des P. et Ch., 10, rue d'Orléansville. — Ténès (départ. d'Alger).

Maigret (Henri), Ing. des Arts et Man., 29, rue du Sentier. — Paris. — **R**

Mailhe (Alphonse), Étud. à la Fac. des Sc., 1, rue Gambetta. — Toulouse (Haute-Garonne).

Dr Mailhet. — Lamoricière (départ. d'Oran) (Algérie).

Maillard (Jules), Fabric. de Prod. chim., 82, rue du Bassin. — Roanne (Loire).

***Maillard (Mme Ve Marcel)**, 51, rue Jeanne-d'Arc. — Rouen (Seine-Inférieure).

Maillard (Paul), Ing. à l'usine Marrel. — Rive-de-Gier (Loire).

Dr Maillart (Hector), 4, rond-point de Plainpalais. — Genève (Suisse).

Maillet (Edmond), Doct. ès sc. Math., Ing. des P. et Ch., Répét. à l'Éc. Polytech., 11, rue de Fontenay. — Bourg-la-Reine (Seine).

Maingaud (Alfred), Insp. des Forêts en retraite, 3, place du Lycée. — Angers (Maine-et-Loire).

Mairot (Henri), Banquier, Présid. du Trib. de Com., Mem. de l'Acad. des Sc., *Belles-Let. et Arts*, 17, rue de La Préfecture. — Besançon (Doubs).

Maisonneuve (Paul), Prof. de Zool. à la Fac. libre des sc., 5, rue Volney. — Angers (Maine-et-Loire).

Maistre (Jules). — Villeneuvette par Clermont-l'Hérault (Hérault).

Malaquin (Alphonse), Doct. ès sc., Maître de Conf. à la Fac. des Sc., 159, rue Brûle-Maison. — Lille (Nord).

***Malavant (Claude)**, Pharm. de 1re cl., 19, rue des Deux-Ponts. — Paris.

Dr Malherbe (Albert), Dir. de l'Éc. de Méd. et de Pharm., 12, ruc Cassini. — Nantes (Loire-Inférieure). — **R**

Malinvaud (Ernest), Sec. gén. de la Soc. botan. de France, 8, rue Linné. — Paris. — **R**

Dr Mallet (Charles), 32, rue de Lyon. — Paris.

Malleville (Paul), Chirurg.-Dent., 6, allées de Meilhan. — Marseille (Bouches-du-Rhône).

Malloizel (Raphaël), Prof. de Math. spéc. au Collège Stanislas, anc. Élève de l'Éc. Polytech., 7, rue de L'Estrapade. — Paris.

Malo (Henri), Publiciste, 1, rue Chardin. — Paris.

Manchon (Ernest), Manufac., Sec. et Mem. de la Ch. de Com., 34, boulevard Cauchoise. — Rouen (Seine-Inférieure).

Dr Mandillon (Justin, Laurent), Méd. des Hôp., 49 *ter*, allées d'Amour. — Bordeaux (Gironde).

Manès (Mme Julien), 20, rue Judaïque. — Bordeaux (Gironde).

Manès (Julien), Ing. des Arts et Man., Dir. de l'Éc. sup. de Com. et d'Indust., 20, rue Judaïque. — Bordeaux (Gironde).

Dr Mangenot (Charles), 162, avenue d'Italie. — Paris. — **R**

Mannheim (le Colonel Amédée), Prof. hon. à l'Éc. Polytech., 1, boulevard Beauséjour. — Paris. — **F**

Manoir (André Le Courtois du), Étud., 17, rue Singer. — Caen (Calvados).

Manoir (Gaston Le Courtois du), Présid. de la Soc. des Antiquaires de Normandie. 17, rue Singer. — Caen (Calvados).

Dr Manouvrier (Léon), Dir. adj. du Lab. d'Anthrop. de l'Éc. des Hautes-Études, Prof. à l'Éc. d'Anthrop., 15, rue de L'École-de-Médecine. — Paris.

Mansy (Eugène), Nég., 15, rue Maguelonne. — Montpellier (Hérault). — **F**

Manuel (Constantin), Filat., Mem. de la Ch. de Com., 39, rue des Amidonniers. — Toulouse (Haute-Garonne).

Maquenne (Léon), Doct. ès Sc., Prof. de Physiol. végét. au Muséum d'Hist. nat., 82, boulevard Beaumarchais. — Paris.

Marais (Charles), s.-Préfet. — Bergerac (Dordogne).

Marbeau (Eugène), anc. Cons. d'État, Présid. de la Soc. des Crèches, 27, rue de Londres. — Paris.

Marceau (Émilien), Imprim., 21, rue de l'Hôtel-de-Ville. — Neuilly-sur-Seine (Seine).

Marchand (Charles, Émile), Dir. de l'Observat. du Pic du Midi, 9, rue Gambetta. — Bagnères-de-Bigorre (Hautes-Pyrénées).

Marchand (Ernest), Prépar. au Muséum d'Hist. nat., 51, rue Saint-Jacques. — Nantes (Loire-Inférieure).

Marchant (Antoine), Chef d'Escadrons de Spahis en retraite. — Mornag par Hammam-el-Lif (Tunisie).

Marchegay (Mme Vᵉ Alphonse), 11, quai des Célestins. — Lyon (Rhône). — R

Marcilhacy (Camille), anc. Sec. de la Ch. de Com., 20, rue Vivienne. — Paris.

Dr Marcorelles (Joseph), 18, rue Arnèny. — Marseille (Bouches-du-Rhône).

Marcoux, Fabric. de rubans, 13, rue de La République. — Saint-Étienne (Loire).

Dr Marduel (P.), 10, rue Saint-Dominique. — Lyon (Rhône).

Maré (Alexandre), Fabric. de ferronnerie. — Bogny-sur-Meuse par Château-Regnault (Ardennes).

Maréchal (Auguste), Indust., 17, rue des Balkans. — Paris.

Maréchal (Paul), 140, boulevard Raspail. — Paris. — R

*Marette (Mme Charles). — Châteauneuf-en-Thimerais (Eure-et-Loir).

*Dr Marette (Charles), Pharm. de 1ʳᵉ cl., anc. s.-Chef de Lab. à la Fac. de Méd. de Paris. — Châteauneuf-en-Thimerais (Eure-et-Loir).

Mareuse (André), Étud., 81. boulevard Haussmann. — Paris. — R

Mareuse (Edgard), Prop., Sec. du Comité des Inscrip. parisiennes, 81, boulevard Haussmann. — Paris et château du Dorat. — Bègles (Gironde). — R

Dr Marey (Étienne, Jules), Mem. de l'Inst. et de l'Acad. de Méd., Prof. au Collège de France, 11, boulevard Delessert. — Paris. — R

Marguet (Paul), Ing. des Arts et Man., 27, boulevard de La République. — Reims (Marne).

Mariage (Charles), Notaire. — Phalempin (Nord).

Marie d'Avigneau, Avoué, 11, rue Lafayette. — Nantes (Loire-Inférieure).

Marie (Almyre), anc. Pharm. — Lessay (Manche).

Dr Marie (Théodore), Chargé du cours de Phys. à la Fac. de Méd., 11, rue de Rémusat. — Toulouse (Haute-Garonne).

Dr Marignan (Émile). — Marsillargues (Hérault).

Marin (Louis), Admin. du Collège des Sc. soc., 13, avenue de L'Observatoire. — Paris.

Marion (G. de), Chirurg.-Dent. diplômé de la Fac. de Méd., 21, place de la Madeleine. — Paris.

Dr Maritoux (Eugène), 19, rue Turgot. — Paris.

Marix (Myrthil), Nég.-Commis., 28, rue Taitbout. — Paris.

Marly (Henri), Nég., Mem. du Cons. d'arrond., 7, rue de La-Tour-de-Gassies. — Bordeaux (Gironde).

Dr Marmottan (Henri), anc. Député, Maire du XVIᵉ Arrond., 31, rue Desbordes-Valmore. — Paris.

Marnas (J.-A.), Prop., 12, quai des Brotteaux. — Lyon (Rhône).

Marquès di Braga (P.), Cons. d'État hon., s.-Gouvern. hon. du Crédit Foncier de France, anc. Élève de l'Éc. Polytech., 200, rue de Rivoli. — Paris. — R

Marquet (Léon), Fabric. de prod. chim., 15, rue Vieille-du-Temple. — Paris.

Marquisan (Henri), Ing. des Arts et Man., Dir. de la Soc. du Gaz de Marseille, 6, rue Le Peletier. — Paris.

Marrel (Henri), Maître de forges, rue de la République. — Rive-de-Gier (Loire).

Marrel (Jules), Maître de forges. — Rive-de-Gier (Loire).

Marrel (Léon), Maître de forges. — Rive-de-Gier (Loire).

Dr Marrot (Edmond). — Foix (Ariège).

Marteau (Charles), Ing. des Arts et Man., Manufac., 13, avenue de Laon. — Reims (Marne).

Martel (Édouard, Alfred), anc. Avocat-Agréé au Trib. de Com., 8, rue Ménars. — Paris.

Dr Martel (Joannis), anc. Chef de Clin. à la Fac. de Méd., 4, rue de Castellane. — Paris.

Martet (Jules), Rent., Villa Bel-Air, avenue de La Gare. — Rochechouart (Haute-Vienne).

Dr Martin (André), Insp. gén. du Serv. de l'assainis. des habitat., Sec. gén. de la Soc. de Méd. pub. et d'Hyg. profes., 3, rue Gay-Lussac. — Paris.

Martin (Charles), Dir. de l'Éc. nat. de Laiterie. — Mamirolle (Doubs).

Dr Martin (Claude), Dent., 30, rue de La République. — Lyon (Rhône).

Martin (Eugène), Fabric. d'instrum. de sc. et d'élect., 37, rue Saint-Joseph. — Toulouse (Haute-Garonne).

Dr Martin (Georges). — La Foye-Monjault par Beauvoir-sur-Niort (Deux-Sèvres).

Dr Martin (Henri), 23, rue Desbordes-Valmore. — Paris.

Martin (William), 42, avenue Wagram. — Paris. — R

D' **Martin (Louis de)**, Mem. de la *Soc. nat. d'Agric. de France* et du Cons. de la *Soc. des Agric. de France*. — Montrabech par Lézignan (Aude). — **R**

Martin-Ragot (J.), Manufac., 14, esplanade Cérès. — Reims (Marne). — **R**

Martin-Sabon (Félix), Ing. des Arts et Man., 5 *bis*, rue Mansart. — Paris.

Martinet (Camille), Publiciste, 98, boulevard Rochechouart. — Paris.

Martinier (Paul), Chirurg.-Dent. diplômé de la Fac. de Méd., 10, rue Richelieu. — Paris.

Martre (Étienne), Dir. des Contrib. dir. du Var en retraite. — Perpignan (Pyrénées-Orientales). — **R**

Marty (Léonce), Notaire. — Lanta (Haute-Garonne).

Marveille de Calviac (Jules de), château de Calviac. — Lasalle (Gard). — **F**

Marx (Raoul), Nég., 18, rue du Calvaire. — Nantes (Loire-Inférieure).

Mary (Fernand), Avoué, 21, rue Crébillon. — Nantes (Loire-Inférieure).

Mascart (Éleuthère), Mem. de l'Inst., Prof. au Collège de France, Dir. du Bureau cent. météor. de France, 176, rue de L'Université. — Paris. — **R**

Masfrand, Pharm. de 1re cl., Présid. de la *Soc. des Amis des Sc. et Arts*. — Rochechouart (Haute-Vienne).

D' **Massart (Édouard)**, Méd. en chef de l'Hôp. — Honfleur (Calvados).

Massénat (Élie), faubourg de La Grave. — Brive (Corrèze).

*Massimi (Vincent)**, Méd. — Saint-Florent (Corse).

Massol (Gustave), Dir. de l'Éc. sup. de Pharm., (villa Germaine), boulevard des Arceaux — Montpellier (Hérault). — **R**

Masson (Georges), Contrôleur cent. du Trésor pub., 10, rue De Laborde. — Paris.

Masson (Louis), Insp. de l'Assainis., 22, avenue Parmentier. — Paris.

Masson (Pierre, V.), de la Librairie Masson et Cie, 120, boulevard Saint-Germain. — Paris. — **R**

D' **Massot (Joseph)**, Chirurg. en chef de l'Hôpital, 8, place d'Armes. — Perpignan (Pyrénées-Orientales).

Mathias (Émile), Prof. à la Fac. des Sc., 22, place Dupuy. — Toulouse (Haute-Garonne).

Mathieu (Charles, Eugène), Ing. des Arts et Man., anc. Dir. gén. Construc. des *Aciéries de Jœuf*, anc. Dir. gén. et Admin. des *Aciéries de Longwy*, Construc. mécan. et Mem. du Cons. mun., 34, rue de Courlancy. — Reims (Marne). — **R**

Mathieu (Émile), Prop. — Bize (Aude).

Maubrey (Gustave, Alexandre), Conduct. princ. des P. et Ch. (Trav. de la Ville), 9, rue Blainville. — Paris.

Maufras (Émile), anc. Notaire. — Beaulieu par Bourg-sur-Gironde (Gironde).

Maufroy (Jean-Baptiste), anc. Dir. de manufac. de laine, 4, rue de L'Arquebuse. — Reims (Marne). — **R**

Maunoir (Charles), Sec. gén. hon. de la *Soc. de Géog.*, 3, square du Roule. — Paris.

D' **Maunoury (Gabriel)**, Chirurg. de l'Hôp., 26, rue de Bonneval. — Chartres (Eure-et-Loir). — **R**

D' **Maurel (Édouard, Émile)**, Chargé de cours à la Fac. de Méd., Méd. princ. de la Marine en retraite, 10, rue d'Alsace-Lorraine. — Toulouse (Haute-Garonne).

Maurel (Émile), Nég., 7, rue d'Orléans. — Bordeaux (Gironde). — **R**

Maurel (Marc), Nég., 48, cours du Chapeau-Rouge. — Bordeaux (Gironde). — **R**

Maurice (Charles), Prof. à l'Univ. catholique de Lille. — Attiches par Pont-à-Marcq (Nord).

Maurice (Paul), Ing. civ., anc. Élève de l'Éc. Polytech., 8, rue Buisson. — Saint-Étienne (Loire).

Maurouard (Lucien), Premier Sec. d'Ambassade, anc. Élève de l'Éc. Polytech., Légation de France. — Athènes (Grèce). — **R**

Maury (Louis), étud. à l'Inst. de Phys. — Montpellier (Hérault).

Maxant (Charles), Exploitant de carrières, 130, route de Toul. — Nancy (Meurthe-et-Moselle).

Maxwell-Lyte (Farnham), Ing.-Chim., 60, Finborough-road. — Londres, S. W. (Angleterre). — **R**

Mayet (Félix, Octave), Prof. de Pathol. gén. à la Fac. de Méd., 31, quai des Brotteaux. — Lyon (Rhône).

D' **Mazade (Henri)**, Insp. en chef de l'Assist. pub., 82, boulevard de La Madeleine. — Marseille (Bouches-du-Rhône).

Maze (l'Abbé Camille), Rédac. au *Cosmos*. — Harfleur (Seine-Inférieure). — **R**

Meaux (le Vicomte Camille de). — Montbrison (Loire).

Médebielle (Pierre), Ing. des Arts et Man., Entrep. de Trav. pub. — Lourdes (Hautes-Pyrénées).

Méheux (Félix). Dessinat. dermat. et syphil. des Serv. de l'Hôp. Saint-Louis, 35, rue Lhomond. — Paris.

Meissas (Gaston de), Publiciste, 3, avenue Bosquet. — Paris. — **R.**

. **Mekarski (Louis)**, Ing. civ., 24, rue d'Athènes. — Paris.

Meller (Auguste), Nég., 43, cours du Pavé-des-Chartrons. — Bordeaux (Gironde).

Mellerio (Alphonse), Prop., anc. Élève de l'Éc. des Hautes-Études, 18, rue des Capucines. — Paris.

Melon (Paul), Publiciste, 24, place Malesherbes. — Paris.

Ménager (Louis), 4, boulevard de Lesseps. — Versailles (Seine-et-Oise).

Ménard (Césaire), Ing. des Arts et Man., Concessionnaire de l'Éclairage au gaz. — Louhans (Saône-et-Loire). — **R**

Mendel-Joseph, Chirurg.-Dent., 34, boulevard Malesherbes. — Paris.

*****Mendelssohn (Isidore)**, Chirurg.-Dent., 18, boulevard Victor-Hugo. — Montpellier (Hérault).

D**ʳ Mendelssohn (Maurice)**, Agr. à l'Univ. Méd. de l'Ambassade de France, 27, Liteïny. — Saint-Pétesbourg (Russie).

Ménegaux (Auguste), Doct. ès sc., Prof. Agr. au Lycée Lakanal, 9, rue du Chemin-de-Fer. — Bourg-la-Reine (Seine).

Meng (Louis), Chirurg.-Dent., 66, rue de Rennes. — Paris.

Mengaud (Mᶫᶫᵉ Marguerite), 32, rue des Marchands. — Toulouse (Haute-Garonne).

Mengaud (Louis), Lic. ès sc., (Faculté des Sciences), 32, rue des Marchands. — Toulouse (Haute-Garonne.)

. **Ménier (Charles)**, Dir. de l'Éc. prép. à l'Ens. sup. des Sc. et des Lettres, 12, rue Voltaire. — Nantes (Loire-Inférieure).

Mentienne (Adrien), anc. Maire, Mem. de la *Soc. de l'Histoire de Paris et de l'Ile de France*. — Bry-sur-Marne (Seine). — **R**

Menviel (Abel), Chirurg.-Dent., 62, avenue des Gobelins. — Paris.

Mer (Émile), Insp. adj. des Forêts, Mem. de la *Soc. nat. d'Agric. de France*, 19, rue Israël-Sylvestre. — Nancy (Meurthe-et-Moselle).

D**ʳ Méran (Gustave)**, 54, rue Judaïque. — Bordeaux (Gironde).

Mercadier (Jules), Insp. des Télég., Dir. des Études à l'Éc. Polytech., 21, rue Descartes. — Paris. — **R**

Merceron (Georges), Ing. civ. — Bar-le-Duc (Meuse).

Mercet (Émile), Banquier, 2, avenue Hoche. — Paris. — **R**

Méricourt (Henri de), Mem. de la *Soc. des Éleveurs de Belgique*, 28, rue de L'Oratoire. — Boulogne-sur-Mer (Pas-de-Calais).

*****Dʳ Merlin (Fernand)**, 2, rue Camille-Colard. — Saint-Étienne (Loire).

Merlin (Roger). — Bruyères (Vosges). — **R**

Mermet, Payeur partic. à la Trésorerie aux Armées, 32, rue Al-Djazira. — Tunis.

Merz (John, Théodore), Doct. en philosophie, the Quarries. — Newcastle-on-Tyne (Angleterre). — **F.**

Mesnard (Eugène), Prof. à l'Éc. prép. à l'Ens. sup. des Sc. et à l'Éc. de Méd., 79, rue de La République. — Rouen (Seine-Inférieure).

. D**ʳ Mesnards (P. des)**, rue Saint-Vivien. — Saintes (Charente-Inférieure). — **R**

Mesnil (Armand du), Cons. d'État hon., 1, place de L'Estrapade. — Paris.

Messimy (Paul), Notaire hon., 33, place Bellecour. — Lyon (Rhône).

Mestrezat, Nég., 27, rue Saint-Esprit. — Bordeaux (Gironde).

Mesureur (Jules), Ing. civ., Mem. de la Ch. de Com., 77, rue de Prony. — Paris.

Mettrier (Maurice), Ing. des Mines, 33 *bis*, faubourg Saint-Jaumes. — Montpellier (Hérault).

Meunié (Louis), Élève-Archit., 17, rue du Cherche-Midi. — Paris.

Meunier (Guillaume), 120, Tottenham Court road, corner of 48, Grafton street Chambers W. — Londres (Angleterre).

Meunier (Ludovic), Nég., 20, rue de La Tirelire. — Reims (Marne).

D**ʳ Meunier (Valéry)**, Méd.-Insp. des Eaux-Bonnes, 6, rue Adoue. — Pau (Basses-Pyrénées).

D**ʳ Meyer (Édouard)**, 73, boulevard Haussmann. — Paris.

Meyer (J.), 19, rue de Paradis. — Paris.

D**ʳ Micé (Laurand)**, Rect. hon. de l'Acad. de Clermont-Ferrand, 7, rue Sansas. — Bordeaux (Gironde). — **R**

Michalon, 96, rue de L'Université. — Paris.

Michau (Alfred), Exploitant de carrières, 93, boulevard Saint-Michel. — Paris.

. *Dr Michaut (Victor), Chef des trav. physiol. à l'Éc. de Méd. Prép. de Phys. à la Fac. des Sc., 1, rue des Novices. — Dijon (Côte-d'Or).

Michel (Auguste), Doct. ès Sc., 9, rue Bara. — Paris.

Michel (Charles), Entrep. de peinture, 21, rue Biot. — Paris.

. Michel (Henry), Archit.-Paysagiste, Prof. à l'Éc. mun. des Beaux-Arts, rue Fontaine-Écu. — Besançon (Doubs).

Micheli (Marc), château du Crest près Genève (Suisse).

*Michon (Étienne), Agr. de l'Univ., Cons. adj. au Musée du Louvre, 26, rue Barbet-de-Jouy. — Paris.

*Dr Michon (Joseph), anc. Préfet, 33, rue de Babylone. — Paris.

Mieg (Mathieu), 48, avenue de Modenheim. — Mulhouse (Alsace-Lorraine).

Dr Mignen (Gustave). — Montaigu (Vendée).

Dr Millard (Auguste), Méd. hon. des Hôp., 4, rue Rembrandt. — Paris.

Millardet (Pierre), Prof. à la Fac. des Sc., 31, rue Saubat. — Bordeaux (Gironde).

Millet (René), Ambassadeur de France, 14, boulevard Flandrin. — Paris.

Dr Milliot (Benjamin), Méd. de colonisation de 1re cl. — Herbillon (départ. de Constantine) (Algérie).

. Milsom (Gustave), Ing. civ. des Mines, Agric.-Vitic. — Rachgoun (Basse-Fafna) par Beni-Saf (départ. d'Oran) (Algérie).

Mine (Albert), Nég.-Commis., Consul de la République Argentine, 10, rue Jean-Bart. — Dunkerque (Nord).

Minvielle (Clément), Pharm. de 1re cl., 10, place de La Nouvelle-Halle. — Pau (Basses-Pyrénées).

Mirabaud (Paul), Banquier, 86, avenue de Villiers. — Paris. — **R**

Mirabaud (Robert), Banquier, 56, rue de Provence. — Paris. — **F**

Miray (Paul), Teintur., Manufac., 2, rue de L'École. — Darnétal-lez-Rouen (Seine-Inférieure).

Dr Mireur (Hippolyte), anc. Adj. au Maire, 1, rue de La République. — Marseille (Bouches-du-Rhône).

Mocqueris (Edmond), 58, boulevard d'Argenson. — Neuilly-sur-Seine (Seine). — **R**

Mocqueris (Paul), Ing. de la Construc. à la *Comp. des Chem. de fer de Bône-Guelma et prolongements*, 58, boulevard d'Argenson. — Neuilly-sur-Seine (Seine) et à Sousse (Tunisie). — **R**

Mocquery (Charles), Ing. en Chef des P. et Ch., 6, boulevard Sévigné. — Dijon (Côte-d'Or).

Modelski (Edmond), Ing. en chef des P. et Ch. — La Rochelle (Charente-Inférieure).

Moine (Gaston), 53, rue d'Auteuil. — Paris.

Moinet (Édouard), Dir. des Hosp. civ., 1, rue de Germont. — Rouen (Seine-Inférieure).

Mollins (Jean de), Doct. ès Sc., 40, rue des Clarisses. — Liège (Belgique). — **R**

Molteni (Alfred), anc. Construc. de mach. et d'inst. de précis., 15, rue Origet. — Tours (Indre-et-Loire).

Dr Mondot, anc. Chirurg. de la Marine, anc. Chef de Clin. de la Fac. de Méd. de Montpellier, Chirurg. de l'Hôp. civ., 42, boulevard National — Oran (Algérie). — **R**

*Dr Monier (Eugène), place du Pavillon. — Maubeuge (Nord). — **R.**

Monier (Frédéric), Sénateur et Mem. du Cons. gén. des Bouches-du-Rhône, Maire d'Eyguières, 2, boulevard Périer. — Marseille (Bouches-du-Rhône).

Monmerqué (Arthur), Ing. en chef des P. et Ch., 71, rue de Monceau. — Paris. — **R**

Monnet (Prosper), Chim., 179, route de Genas. — Villeurbanne (Rhône).

Monnier (Demetrius), Ing. des Arts et Man., Prof. à l'Éc. cent. des Arts et Man., 3, impasse Cothenat (22, rue de La Faisanderie). — Paris. — **R**

Monnier (Marcel), Explorateur, 7, rue Martignac. — Paris.

Dr Monod (Charles), Mem. de l'Acad. de Méd., Agr. à la Fac. de Méd., Chirurg. des Hôp., 12, rue Cambacérès. — Paris. — **F**

Dr Monod (Eugène), Chirurg. des Hôp., 19, rue Vauban. — Bordeaux (Gironde).

Monod (Henri), Mem. de l'Acad. de Méd., Dir. de l'Assist. et de l'Hyg. pub. au Min. de l'Int., Cons. d'État, 29, rue de Rémusat. — Paris.

Monoyer (Mlle Élisabeth), 1, cours de La Liberté. — Lyon (Rhône).

Monoyer (F.), Prof. à la Fac. de Méd., 1, cours de La Liberté. — Lyon (Rhône).

Dr Monprofit (Ambroise), anc. Int. des Hôp. de Paris, Prof. à l'Éc. de Méd., Chirurg. de l'Hôtel-Dieu, 7, rue de La Préfecture. — Angers (Maine-et-Loire). — **R**

Montaland (Louis), Étud. de Chim. à la Fac. des Sc., quai de L'Archevêché. — Lyon (Rhône).

Montefiore (Eward, Lévi), Rent., 76, avenue Henri-Martin. — Paris. — **R**

Montel (Jules), Publiciste, anc. Juge au Trib. de Com. de Montpellier, 11, rue Mon-
signy. — Paris.

Dr Montfort, Prof. à l'Éc. de Méd., Chirurg. des Hôp., 14, rue de La Rosière. — Nantes
(Loire-Inférieure). — **R**.

Montfort (Benjamin), Nég., anc. Adj. au Maire, Mem. du Cons. mun., avenue Pasteur. — Nantes (Loire-Inférieure).

Montgolfier (Adrien de), Ing. en chef des P. et Ch., Dir. de la *Comp. des Hauts
Fourneaux, Forges et Aciéries de la Marine et des Chem. de fer*, Présid. de la Ch. de
Com. de Saint-Étienne, 163, boulevard Malesherbes. — Paris.

Montgolfier (Henry de), Ing. — Izieux (Loire).

Montjoye (de), Prop., château de Lasnez. — Villers-lez-Nancy par Nancy (Meurthe-et-
Moselle).

Montlaur (le Comte Amaury de), Ing. civ., 41, avenue Friedland. — Paris.

Mont-Louis, Imprim., 2 rue Barbançon. — Clermont-Ferrand (Puy-de-Dôme). — **R**

Montreuil, Prote de l'Imprim. Gauthier-Villars, 55, quai des Grands-Augustins.
— Paris.

*Montricher (Henri de), Ing. civ. des Mines, Admin.-Dir. de la *Soc. nouvelle du Canal
d'irrig. de Craponne et de l'assainis. des Bouches-du-Rhône*, 52, boulevard Notre-
Dame. — Marseille (Bouches-du-Rhône).

Moquin-Tandon (Gaston), Prof. à la Fac. des Sc., 4, allée Saint-Étienne. — Toulouse
(Haute-Garonne).

Morain (Paul), Prof. départ. d'Agric. de Maine-et-Loire, 52, rue Lhomond. — Paris.

Morand (Gabriel), 16, place de La République. — Moulins (Allier).

Moreau (Mlle), 14, avenue de L'Observatoire. — Paris.

Moreau (Émile), Associé de la Maison Larousse, 14, avenue de L'Observatoire.
— Paris.

Morel (Albert), Doct. ès Sc., Prépar. de Chim. à la Fac. des Sc., 15, rue Chazière.
— Lyon (Rhône).

Morel (Léon), Archéol., Recev. des fin. en retraite, 3, rue de Sedan. — Reims (Marne).

Morel d'Arleux (Mme Charles), 13, avenue de L'Opéra. — Paris. — **R**

Morel d'Arleux (Charles), Notaire hon., 13, avenue de L'Opéra. — Paris. — **F**

Dr Morel d'Arleux (Paul), 33, rue Desbordes-Valmore. — Paris. — **R**

Morel de Boucle-Saint-Denis (Charles), 92, quai de La Lys. — Gand (Belgique).

Morin (Mlle Angélique), 4, rue Saint-Gilles. — Saint-Brieuc (Côtes-du-Nord).

Morin (Mme Frédéric), place Lamoricière. — Nantes (Loire-Inférieure).

Dr Morin (Frédéric), place Lamoricière. — Nantes (Loire-Inférieure).

Morin (Paul), Prof. à la Fac. des Sc., 49, boulevard Sévigné. — Rennes (Ille-et-Vilaine).

Morin (Théodore), Doct. en droit, 50, avenue du Trocadéro. — Paris. — **R**

Morot (Charles), Vétér.-Insp., Dir. de l'Abattoir com., Sec. gén. de la *Soc. vétér. de
l'Aube*, 20, rue des Tauxelles. — Troyes (Aube).

*Mortillet (Adrien de), Prof. à l'Éc. d'Anthrop., Présid. de la *Soc. d'Excursions Scient.*,
Conserv. des collections de la *Soc. d'Anthrop. de Paris*, 10 *bis*, avenue Reille.
— Paris. — **R**

*Mossé (Alphonse), Prof. de Clin. médic. à la Fac. de Méd., Corresp. nat. de l'Acad.
de Méd., 36, rue du Taur. — Toulouse (Haute-Garonne). — **R**

Dr Motais (Ernest), Corresp. nat. de l'Acad. de Méd., Chef des trav. anatom. à l'Éc.
de Méd., 8, rue Saint-Laud. — Angers (Maine-et-Loire).

Motelay (Léonce), Rent., 8, cours de Gourgue. — Bordeaux (Gironde).

Motelay (Paul), Nég., 8, cours de Gourgue. — Bordeaux (Gironde).

Dr Motet (A.), Mem. de l'Acad. de Méd., Dir. de la Maison de santé, 161, rue de Cha-
ronne. — Paris.

Mouchot (A.), Prof. en retraite, 58, rue de Dantzig. — Paris.

Mougin (Xavier), Dir. de la *Soc. anonyme des Verreries de Vallerysthal et de Portieux*,
Député des Vosges. — Portieux (Vosges).

Moullade (Albert), Lic. ès sc., Pharm. princ. de 1re cl., à la Réserve des Médicaments, 137, avenue du Prado. — Marseille (Bouches-du-Rhône). — **R**

Dr Moulonguet (Albert), Prof. à l'Éc. de Méd., 55, rue de La République. — Amiens
(Somme).

Dr Moure (Émile), Chargé de cours à la Fac. de Méd., 25 *bis*, cours du Jardin-Public.
— Bordeaux (Gironde).

Moureaux (Théodule), Chef du Serv. magnét. à l'Observ. météor. du Parc-Saint-Maur,
25, avenue de L'Étoile. — Saint-Maur-les-Fossés (Seine).

Mouriès (Gustave), Ing.-Archit,, 7, rue Colbert. — Marseille (Bouches-du-Rhône).

Mousnier (Jules), Fabric. de prod. pharm., 30, rue de Houdan. — Sceaux (Seine).

Dr Moutier, Prof. à l'Éc. de Méd.,-6,.rue Jean-Romain. — Caen (Calvados).

Dr Moutier (A.), 11, rue de Miromesnil. — Paris.

Müller (H.), Biblioth. de l'Éc. de Méd. — Grenoble (Isère).

Mumm (G., H.), Nég. en vins de Champagne, 24, rue Andrieux. — Reims (Marne).

Munier-Chalmas (Ernest, Philippe), Prof. de Géol. à la .Fac. des Sc., Maître de conf. à l'Éc. norm. sup., 75, rue Notre-Dame-des-Champs. — Paris. .

Müntz (Georges), Ing. en chef des P. et Ch., Ing. princ. de la 1re Divis. de la voie à la Comp. des Chem. de fer de l'Est, 20, rue de Navarin. — Paris.

Dr Musgrave-Clay (René de), Sec. gén. de la Soc. des Sc., Lettres et Arts, 10, rue Gachet. — Pau (Basses-Pyrénées).

Mussat (Émile, Victor), Prof. de Botan. à l'Éc. nat. d'Agric. de Grignon, 11, boulevard Saint-Germain. — Paris.

Nabias (Barthélemy de), Doyen de la Fac. de Méd., 17 bis, cours d'Aquitaine. — Bordeaux (Gironde).

Nachet (A.), Construc. d'inst. de précis., 17, rue Saint-Séverin. — Paris.

Nadaillac (le Marquis Albert de), Corresp. de l'Inst., 18, rue Duphot. — Paris.

Naef Mme (Albert), villa Merymont, route d'Ouchy. — Lausanne (Suisse).

Naef (Albert), Archéol. cantonal du canton de Vaud, villa Merymont, route d'Ouchy. — Lausanne (Suisse).

Neech (Edward), Chirurg.-Dent., 64, rue Basse-du-Rempart. — Paris.

Dr Négrié, Méd. des Hôp., 30, cours du XXX-Juillet. — Bordeaux (Gironde).

Négrin (Paul), Prop. — Cannes-La-Bocca (Alpes-Maritimes).

Dr Nepveu (Gustave), Prof. d'Anat. pathol. à l'Éc. de Méd., 61, rue Paradis. — Marseille (Bouches-du-Rhône).

Neuberg (Joseph), Prof. à l'Univ., 6, rue de Sclessin. — Liège (Belgique).

Neumann (Georges), Prof. à l'Éc. nat. vétér., allées Lafayette. — Toulouse (Haute-Garonne).

Neveu (Auguste), Ing. des Arts et Man. — Rueil (Seine-et-Oise). — R

Nibelle (Maurice), Avocat, 9, rue des Arsins. — Rouen (Seine-Inférieure). — R

Nicaise (Victor), Étud. en méd., 37, boulevard Malesherbes. — Paris. — R

Dr Nicas, 80, rue Saint-Honoré. — Fontainebleau (Seine-et-Marne). — R

Nicklès (Adrien), Pharm. de 1re cl., 128, Grande Rue. — Besançon (Doubs).

Nicklès (René), Doct. ès Sc , Ing. civ. des Mines, Prof. adj. à la Fac. des Sc., 29, rue des Tiercelins. — Nancy (Meurthe-et-Moselle).

Dr Niclot (Vincent), Méd.-maj., Répét. à l'Éc. du Serv. de Santé milit. — Lyon (Rhône).

Nicolas (Désiré), Représ. de com., 30, rue Ruinart-de-Brimont. — Reims (Marne).

Dr Nicolas (Joseph), s.-Dir. du Bureau d'Hyg., 27, rue Centrale. — Lyon (Rhône).

Niel (Eugène), 28, rue Herbière. — Rouen (Seine-Inférieure). — R

Nivet (Albin), Ing. des Arts et Man. — Marans (Charente-Inférieure).

Nivet (Gustave), 105, avenue du Roule. — Neuilly-sur-Seine (Seine). — R

Nivoit (Edmond), Insp. gén. des Mines, Prof. de Géol. à l'Éc. nat. des P. et Ch., 4, rue de La Planche. — Paris. — R

Noack-Dollfus (Hermann), Ing. des Arts et Man., 17 bis, rue de Pomereu. — Paris.

Noblom (Maurice), Ing. civ., 24, rue des Fripiers. — Bruxelles (Belgique).

Nocard (Edmond), Prof. à l'Éc. nat. vétér., Mem. de l'Acad. de Méd. — Maisons-Alfort (Seine).

Noël (Jean), Ing. des Arts et Man., 8, rue d'Eysines. — Bordeaux (Gironde).

Noelting (Émilio), Dir. de l'Éc. de Chim. — Mulhouse (Alsace-Lorraine). — R

Noiret (Gustave), Lic. en droit, 12, rue des Basses-Treilles. — Poitiers (Vienne).

Noirot (Maurice), Associé-Manufact., 39, boulevard de la République. — Reims (Marne).

Nonclerq (Mme Élie), 24, boulevard des Invalides. — Paris.

Nonclerq (Élie), Artiste-Peintre, 24, boulevard des Invalides. — Paris.

Norbert-Nanta, Opticien, 2, rue du Faubourg-Saint-Honoré. — Paris.

Normand (Augustin), Corresp. de l'Inst., Construc. de navires, 80, rue Augustin-Normand. — Le Havre (Seine-Inférieure).

Noter (Albert de), Nég., 26, rue Bab-Azoun. — Alger.

Nottin (Lucien), 4, quai des Célestins. — Paris. — F

Dr Noury (Charles, Edmond), Prof. à l'Éc. de Méd., 30, rue de L'Arquette. — Caen (Calvados).

Nourry (Marcel), Géol., 27, rue de La Masse. — Avignon (Vaucluse).
Nouvelle (Georges), Ing. civ., 25, rue Brézin. — Paris.
Noyer (le Colonel Ernest), 103, rue de Siam. — Brest (Finistère).
Nozal, Nég., 7, quai de Passy. — Paris.
Oberkampff (Ernest), 20, avenue de Noailles. — Lyon (Rhône).
Ocagne (Maurice d'); Ing., Prof. à l'Éc. nat. des P. et Ch., Répét. à l'Éc. Polytech., 30, rue de La Boétie. — Paris. — **R**
Odier (Alfred), Dir. de la *Caisse gén. des Familles*, 4, rue de La Paix. — Paris. — **R**
Œchsner de Coninck (William), Prof. adj. à la Fac. des Sc., 8, rue Auguste-Comte. — Montpellier (Hérault). — **R**
Offret (Albert), Prof. de Minéral. à la Fac. des Sc. (villa Sans-Souci), 53, chemin des Pins. — Lyon (Rhône).
Olivier (Ernest), Dir. de la *Revue scient. du Bourbonnais*, 10, cours de La Préfecture. — Moulins (Allier).
Olivier (Louis), Doct. ès Sc., Dir. de la *Revue générale des Sciences*, 22, rue du Général-Foy. — Paris.
Dr Olivier (Paul), Prof. à l'Éc. de Méd., Méd. en chef de l'Hosp. gén., 12, rue de La Chaîne. — Rouen (Seine-Inférieure). — **R**
Dr Olivier (Victor), v.-Présid. du Comité d'Admin. des hosp., 314, rue Solférino. — Lille (Nord).
***Olivier-Thellier (Pierre)**, 314, rue Solférino. — Lille (Nord).
Olry (Albert), Ing. en chef des Mines, 23, rue Clapeyron. — Paris.
Oltramare (Gabriel), Prof. à l'Univ., 21, rue des Grandes-Grottes. — Genève (Suisse).
Onde (Xavier, Michel, Marius), Prof. de Phys. au Lycée Henri IV, 41, rue Claude-Bernard. — Paris.
Onésime (le Frère), 24, montée Saint-Barthélemy. — Lyon (Rhône).
Oppermann (Alfred), Ing. en chef des Mines, 2, rue des Arcades. — Marseille (Bouches-du-Rhône).
Orbigny (Alcide d'), Armat., rue Saint-Léonard. — La Rochelle (Charente-Inférieure).
O'Reilly (Joseph, Patrick), Prof. de Minéral. et d'Exploit. des mines au Collège Royal. 58, park, avenue Sandymount. — Dublin (Irlande).
Dr Orfila (Louis), Agr. à la Fac. de Méd. de Paris, Sec. gén. de l'*Assoc. des Méd. de la Seine*, château de Chemilly. — Langeais (Indre-et-Loire).
Osmond (Floris), Ing. des Arts et Man., 83, boulevard de Courcelles. — Paris. — **R**
Dr Ossian-Bonnet (Émile), Prem. Méd. de S. A. le Bey. — La Marsa (Tunisie).
***Ott (Georges)**, Nég., 58 *bis*, rue de La Chaussée-d'Antin. — Paris.
Oudin, Nég. en objets d'art, 18, rue de La Darse. — Marseille (Bouches-du-Rhône).
Oustalet (Émile), Doct. ès Sc., Prof. de Zool. (Mammifères, Oiseaux) au Muséum d'Hist. nat., 121 *bis*, rue Notre-Dame-des-Champs. — Paris.
Outhenin-Chalandre (Joseph), 5, rue des Mathurins. — Paris. — **R**
Dr Ovion (Louis) (fils), anc. Int. des Hôp. de Paris, Chirurg. en chef de l'hôp. Saint-Louis, Dir. du lab. de Bactériologie et de Sérothérapie, 16, boulevard du Prince-Albert. — Boulogne-sur-Mer (Pas-de-Calais).
Page (François), Nég., 58, rue Monsieur-Le-Prince. — Paris.
Paget-Blanc (le Colonel Alexandre). — Auxerre (Yonne).
Pagnard (Abel), Ing.-Dir. des trav. des nouveaux quais, anc. Élève de l'Éc. cent. des Arts et Man., 132, avenue du Sud. — Anvers (Belgique).
Pallary (Paul), Prof., faubourg d'Eckmühl-Noiseux. — Oran (Algérie).
***Palmer (George, Henry)**, Bibliothécaire of the *National art Library* (Musée Victoria et Albert), 20 Schubert road (East-Putney). — Londres, S. W. (Angleterre).
Palun (Mᵐᵉ Auguste), 13, rue Banasterie. — Avignon (Vaucluse).
Palun (Auguste), Juge au Trib. de Com., 13, rue Banasterie. — Avignon (Vaucluse). — **R**
Dr Pamard (Alfred), Associé nat. de l'Acad. de Méd., Chirurg. en chef des Hôp., 4, place Lamirande. — Avignon (Vaucluse). — **R**
Pamard (le Général Ernest), Command. le Génie de la 15ᵉ Région. — Marseille (Bouches-du-Rhône).
Pamard (Paul), Int. des Hôp., 1, rue de Lille. — Paris. — **R**
Dr Papillault (Georges), Prép. au Lab. d'anthrop. des Hautes-Études, Mem. du Comcent. de la *Soc. d'Anthrop. de Paris*, 110, boulevard Saint-Germain. — Paris.
***Dr Papillon (Ernest)**, 8, rue Montalivet. — Paris.
Dr Papillon (Gustave, Ernest), Anc. Int. des Hôp., 142, rue de Rivoli. — Paris.
Paponaud (Nicolas), Construc. — Rive-de-Gier (Loire).

*Papot.(Edmond), Chirurg.-Dent. diplômé de la Fac. de Méd., Admin. gén. et Prof. à l'Éc. dentaire de Paris, 45, rue de La-Tour-d'Auvergne. — Paris.

Paradis (Léon), Entrep. de serrurerie, 6, rue des Charseix. — Limoges (Haute-Vienne).

Dʳ Paris (Henri). — Chantonnay (Vendée).

Paris (Paul), Lic. ès Sc., 32, rue de La Colombière. — Dijon (Côte-d'Or).

Parisse (Eugène), Ing. des Arts et Man., anc. Mem. du Con. mun., 6, rue Deguerry. — Paris.

Parmentier (Paul), Prof. adj. à la Fac. des Sc., 14, avenue Fontaine-Argent. — Besançon (Doubs).

Parmentier (le Général Théodore), 5, rue du Cirque. — Paris. — F

Parran (Alphonse), Ing. en chef des Mines en retraite, Dir. de la Comp. des Minerais de fer magnét. de Mokta-el-Hadid, 26, avenue de L'Opéra. — Paris. — F

Pasqueau (Alfred), Insp. gén. des P. et Ch., 41 bis, boulevard de Latour-Maubourg. — Paris.

Dʳ Pasquet (A.). — Uzerche (Corrèze).

Pasquet (Eugène) (fils), 53, rue d'Eysines. — Bordeaux (Gironde). — R

Passage (le Vicomte Charles du), Artiste, Le Point-du-Jour. — Boulogne-sur-Mer (Pas-de-Calais).

Passy (Frédéric), Mem. de l'Inst., anc. Député, Mem. du Cons. gén. de Seine-et-Oise, 8, rue Labordère. — Neuilly-sur-Seine (Seine). — R

Passy (Paul, Édouard), Doct. ès Lettres, Lauréat de l'Inst. (Prix Volney), Maître de conf. à l'Éc. des Hautes-Études d'Hist. et de Philologie, 92, rue de Longchamp. — Neuilly-sur-Seine (Seine).

Patapy (Junien), Avocat, v.-Présid. du Cons. gén., 12, boulevard Montmailler. — Limoges (Haute-Vienne).

Pathier (A.), Manufac., 15, rue Bara. — Paris.

Pavillier, Ing. en chef des P. et Ch., Dir. gén. des Trav. pub., place de La Kasba. — Tunis.

Payen (Louis, Eugène), Caissier de la Comp. d'Assur. l'Aigle, 44, rue de Châteaudun. — Paris.

Péchiney (A.), Ing.-Chim. — Salindres (Gard).

Pector (Sosthénes), Sec. gén. de l'Union nat. des Soc. photog. de France, 9, rue Lincoln. — Paris.

Pédézert (Charles, Henri), Ing. du Matériel et de la Trac. aux Chem. de fer de l'État, anc. Élève de l'Éc. cent. des Arts et Man., 21, rue de La Vieille-Prison. — Saintes (Charente-Inférieure).

Pédraglio-Hoël (Mᵐᵉ Hélène), 29, avenue Camus. — Nantes (Loire-Inférieure). — R

Péker (Eugène), Nég., Adj. au Maire, 9, Grande-Rue. — Besançon (Doubs).

Pélagaud (Élysée), Doct. ès Sc., château de La Pinède. — Antibes (Alpes-Maritimes). — R

Pélagaud (Fernand), Doct. en droit, Cons. à la Cour d'Ap., 15, quai de L'Archevêché. — Lyon (Rhône). — R

Pelé (F.), 52, rue Caumartin. — Paris.

Pelissot (Jules de), s.-Dir. de la Comp. des Docks et Entrepôts (Hôtel des Docks), 1, place de La Joliette. — Marseille (Bouches-du-Rhône).

Pellat (Henri), Prof. de Phys. à la Fac. des Sc., 23, avenue de L'Observatoire. — Paris.

Pellet (Auguste), Doyen de la Fac. des Sc., 7, rue Ballainvilliers. — Clermont-Ferrand (Puy-de-Dôme). — R

*Pellin (Philibert), Ing. des Arts et Man., Construc. d'inst. de précis., 21, rue de L'Odéon. — Paris.

Peltereau (Ernest), Notaire hon. — Vendôme (Loir-et-Cher). — R

Pénières (Lucien), Prof. à la Fac. de Méd., 19, rue Ninau. — Toulouse (Haute-Garonne).

Pérard (Joseph), Ing. des Arts et Man., Sec. général de la Soc. d'aquiculture et de pêche, 42, rue Saint-Jacques. — Paris. — R

Perdrigeon du Vernier (J.), anc. Agent de change. — Chantilly (Oise). — F

*Père (A.), Notaire. — Montauban (Tarn-et-Garonne).

Pereire (Émile), Ing. des Arts et Man., Admin. de la Comp. des Chem. de fer du Midi, 10, rue Alfred-de-Vigny. — Paris. — R

Pereire (Eugène), Ing. des Arts et Man., Présid. du Cons. d'admin. de la Comp. gén. Transat., 5, rue des Mathurins. — Paris. — R

Pereire (Henri), Ing. des Arts et Man., Admin. de la *Comp. des Chem. de fer du Midi*, 33, boulevard de Courcelles. — Paris. — **R**

Pérez (Jean), Prof. à la Fac. des Sc., 21, rue Saubat. — Bordeaux (Gironde). — **R**

Péricaud, Cultivat. — La Balme (Isère). — **R**

Péridier (Louis), anc. Juge au Trib. de Com., 5, quai d'Alger. — Cette (Hérault). — **R**

D**r** Périer (Charles), Mem. de l'Acad. de Méd., Agr. à la Fac. de Méd., Chirurg. des Hôp., 9, rue Boissy-d'Anglas. — Paris.

Périer (Louis), Indust., 14 *bis*, avenue du Trocadéro. — Paris.

Péron (Charles), Nég., Maire, 23 *bis*, rue des Pipots. — Boulogne-sur-Mer (Pas-de-Calais).

*Peron (Pierre, **Alphonse**), Corresp. de l'Inst., Intend. milit. au cadre de réserve, 11, avenue de Paris. — Auxerre (Yonne).

*Peron (René), Lieut. au 136e Rég. d'Inf. — Saint-Lô (Manche).

Pérouse (Denis), Insp. gén. des P. et Ch., Mem. du Cons. gén. de l'Yonne, 40, quai Debilly. — Paris.

Perré (Auguste) (fils), Manufac., anc. Présid. du Trib. de Com. — Elbeuf-sur-Seine (Seine-Inférieure).

Perregaux (Louis), Manufac. — Jallieu par Bourgoin (Isère).

Perrenoud, Prop., 142, rue de Courcelles. — Paris.

Perret (Auguste), Prop., 50, quai Saint-Vincent. — Lyon (Rhône). — **R**

Perrier (Edmond), Mem. de l'Inst. et de l'Acad. de Méd., Dir. et Prof. au Muséum d'hist. nat., 57, rue Cuvier. — Paris.

Perrier (Gustave), Doct. ès Sc. Phys., Maître de Conf. à la Fac. des Sc. — Rennes (Ille-et-Vilaine).

*Perrin (Élie), Prof. de Math. à l'Éc. mun. Jean-Baptiste-Say, 7, rue Lamandé. — Paris.

*Perrin (Mme Raoul), 9, avenue d'Eylau. — Paris.

*Perrin (Raoul), Ing. en chef des Mines, 9, avenue d'Eylau. — Paris.

Perrot (Émile), Agr. à l'Éc. sup. de Pharm., 272, boulevard Raspail. — Paris.

Perrot (Émile, Auguste), Photog., 7, place Carnot. — Creil (Oise).

Perrot (Paul), anc. Commis-pris., 7, rue Vital. — Paris.

D**r** Perry (Jean). — Miramont (Lot-et-Garonne).

Persoz, 167, rue Saint-Jacques. — Paris.

Peschard (Albert), Doct. en droit, anc. Organiste de Saint-Étienne, 52, rue de Bayeux. — Caen (Calvados).

D**r** Peschaud (Gabriel), Député du Cantal, Maire, rue Neuve-du-Balat. — Murat (Cantal).

Petit (Mme Arthur), 8, rue Favart. — Paris.

Petit (Arthur), Pharm. de 1re cl., Présid. d'honneur de l'*Assoc. gén. des Pharm. de France*, 8, rue Favart. — Paris.

Petit (Henri, Gustave), Dir. particulier de la *Comp. d'Assurances gén.*, 2, rue Saint-Joseph. — Châlons-sur-Marne (Marne).

Petit (Mme Paul), 37, boulevard de La Pie. — Saint-Maur-les-Fossés (Seine).

Petit (Paul), anc. Pharm. de 1re cl., 37, boulevard de La Pie. — Saint-Maur-les-Fossés (Seine).

*Petiton (Anatole), Ing.-Conseil des Mines, 91, rue de Seine. — Paris. — **R**

Pettit (Georges), Ing. en chef des P. et Ch., boulevard d'Haussy. — Mont-de-Marsan (Landes). — **R**

Peugeot (Eugène), Manufac., Mem. du Cons. gén. — Hérimoncourt (Doubs).

Peyre (Jules), anc. Banquier, 6, rue Deville. — Toulouse (Haute-Garonne). — **F**

D**r** Peyrot (Jean, Joseph), Mem. de l'Acad. de Méd., Agr. à la Fac. de Méd., Chirurg. des Hôp., 33, rue Lafayette. — Paris.

*Philippe (Edmond), Ing. civ., 5, avenue Victoria. — Paris.

Philippe (Jules), Nég. en prod. photo., 10, cours de Rive. — Genève (Suisse).

Philippe (Léon), 23 *bis*, rue de Turin. — Paris. — **R**

*Philippe (Louis), Ing.-Dir. des Mines de Marignana. — Marignana (Corse).

D**r** Phisalix (Mme Césaire), 26, boulevard Saint-Germain. — Paris.

D**r** Phisalix (Césaire), Doct. ès Sc., Assistant de Pathol. comparée au Muséum d'hist. nat., 26, boulevard Saint-Germain. — Paris. — **R**

Piat (Albert), Construc.-Mécan., 85, rue Saint-Maur. — Paris. — **F**

Piat (fils), Mécan.-Fondeur, 85, rue Saint-Maur. — Paris.

Piaton (Maurice), Ing. civ. des Mines, anc. Élève de l'Éc. Polytech., Mem. du Cons. mun., 49, rue de La Bourse. — Lyon (Rhône). — **R**

Dr Piberet (Pierre, Antoine), 75, rue Saint-Lazare. — Paris.

Picard (Paul, Ernest), Avocat à la Cour d'Ap., 9, rue Mazarine. — Paris.

Picaud (Albin), Chargé de Suppléance, à l'Éc. de Méd., 83, rue Lesdiguières. — Grenoble (Isère).

Piche (Albert), Avocat, Présid. de la *Soc. d'Éducat. popul.*, 26, rue Serviez. — Pau (Basses-Pyrénées). — **R**

Picot, Prof. de Clin. médic. à la Fac. de Méd., Assoc. nat. de l'Acad. de Méd., 25, rue Ferrère. — Bordeaux (Gironde).

Picou (Gustave), Indust., 123, rue de Paris. — Saint-Denis (Seine). — **R**

Picquet (Henry), Chef de Bat. du Génie, Examin. d'admis. à l'Éc. Polytech., 4, rue Monsieur-Le-Prince. — Paris. — **R**

Dr Pierre (Joseph). — Berck-sur-Mer (Pas-de-Calais).

Pierret (Antoine, Auguste), Prof. de Clin. des malad. ment. à la Fac. de Méd. Associé nat. de l'Acad. de Méd., Méd. en chef de l'Asile de Bron, 8, quai des Brotteaux. — Lyon (Rhône).

Pierron (Marcel), Attaché au Serv. des Études de la Voie de la *Comp. des Chemins de fer du Nord*, anc. Élève de l'Éc. Polytech., 33, avenue de Versailles. — Paris.

Dr Pierrou. — Chazay-d'Azergues (Rhône). — **R**

Piette (Édouard), Juge hon. — Rumigny (Ardennes).

Pifre (Abel), Ing., des Arts et Man., 176, rue de Courcelles. — Paris.

Pillet (Jules), Prof. aux Éc. nat. des P. et Ch. et des Beaux-Arts, et au Conserv. nat. des Arts et Mét., anc. Élève de l'Éc. Polytech., 18, rue Saint-Sulpice. — Paris. — **R**

Pilmyer (Henri), Chirurg.-Dent., Mem. du Cons. d'admin. du Syndic. des Chirurg.-Dent., 4, quai des Orfèvres. — Paris.

Pilon, Notaire. — Blois (Loir-et-Cher).

Dr Pin (Paul), rue Curéjan. — Alais (Gard).

Pinasseau (F.), Notaire, 2, rue Saint-Maur. — Saintes (Charente-Inférieure).

Pinguet (E.), 4, rue de La Terrasse. — Paris.

Pinon (Paul), Nég., 36, rue du Temple. — Reims (Marne). — **R**

Piogey (Julien), anc. Juge de paix du XVIIe arrond., 142, rue de La Tour. — Paris.

Piquemal (François), Nég. en vins, 95, rue de Richelieu. — Paris et à Lézignan (Aude)

Dr Pirondi (Sirus), Associé nat. de l'Acad. de Méd., Prof. hon. à l'Éc. de Méd., Chirurg. consult. des Hôp., 80, rue Sylvabelle. — Marseille (Bouches-du-Rhône).

*Pistat-Ferlin (Louis), Agric. — Bezannes par Reims (Marne).

Pitres (Albert), Doyen hon. de la Fac. de Méd., Corresp. nat. de l'Acad. de Méd., Méd. de l'Hôp. Saint-André, 119, cours d'Alsace-et-Lorraine. — Bordeaux (Gironde). — **R**

Pizon (Antoine), Doct. ès. sc., Prof. d'Hist. nat. au Lycée Janson-de-Sailly, 92, rue de La Pompe. — Paris.

Planche (Paul), Pharm. de 1re cl., anc. Int. des Hôp. de Paris, 1, boulevard de La Madeleine. — Marseille (Bouches-du-Rhône).

*Planchon (Louis), Prof. à l'Éc. sup. de Pharm., 5, rue de Nazareth. — Montpellier (Hérault).

Planté (Adrien), anc. Maire, anc. Député. — Orthez (Basses-Pyrénées).

Planté (Charles) (fils), Insp. princ. de l'Exploit. aux *Chem. de fer de l'État*, 12, rue du Bocage. — Nantes (Loire-Inférieure).

Dr Planté (Jules), Méd. de 1re cl. de la Marine, 40, boulevard de Strasbourg. — Toulon (Var). — **R**

Poche (Guillaume), Nég. — Alep (Syrie) (Turquie d'Asie).

Poillon (Louis), Ing. des Arts et Man., Rancho Verde. — Teponaxtla par Cuicatlan. (État d'Oaxaca) (Mexique). — **R**

Poincaré (Antoine), Insp. gén. des P. et Ch. en retraite, 14, rue du Regard. — Paris.

Poincaré (Henri), Mem. de l'Inst., Prof. à la Fac. des Sc., Ing. en chef des Mines. 63, rue Claude-Bernard. — Paris.

Poirault (Georges), Dir. des Lab. d'Ens. sup. de la villa Thuret. — Antibes (Alpes-Maritimes).

Poirrier (Alcide), Fabric. de prod. chim., Sénateur de la Seine, 2, avenue Hoche. — Paris. — **F**

*Poirson (Mme Alexandre). — Cantarel par Avignon-Monfavet (Vaucluse).

*Poirson (Alexandre), Lieut. du Génie démis., anc. Élève de l'Éc. Polytech. — Cantarel, par Avignon-Monfavet (Vaucluse).

Poisson (Jules), Assistant de Botan. au Muséum d'hist. nat., 32, rue de La Clef. — Paris. — **R**

Dr **Poisson** (Louis), anc. Int.-Lauréat des Hôp. de Paris, Prof. à l'Éc. de Méd., Chirurg. de l'Hôp. marin de Pen-Bron, 5, rue Bertrand-Geslin. — Nantes (Loire-Inférieure).

Poitou (Jean, Joseph), Prop.-Vitic., anc. Mem. du Cons. gén., villa des Charmilles. — Libourne (Gironde).

Dr **Polaillon** (Joseph), Mem. de l'Acad. de Méd., Agr. à la Fac. de Méd., Chirurg. des Hôp., 229, boulevard Saint-Germain. — Paris.

Polak (Maurice), Admin.-Gérant du journal de la *Société libre des Artistes français*, et Trésor. de la Soc., 29, boulevard des Batignolles. — Paris.

Dr **Poli** (Dominique), 3, rue du Touat. — Béziers (Hérault).

Polignac (le Prince Camille de). — Radmansdorf (Carniole) (Autriche-Hongrie). — **F**

Polignac (le Comte Melchior de). — Kerbastic-sur-Gestel (Morbihan). — **R**

Pollet (J.), Vétér. départ., 20, rue Jeanne-Maillotte. — Lille (Nord).

Pollosson (Maurice), Prof. de Méd. opératoire à la Fac. de Méd., 16, rue des Archers. — Lyon (Rhône).

Pommerol, Avocat, anc. Rédac. de la Revue *Matériaux pour l'Hist. prim. de l'Homme*. — Veyre-Mouton (Puy-de-Dôme) et 20, rue Pestalozzi. — Paris. — **R**

Pommery (Louis), Nég. en vins de Champagne, 7, rue Vauthier-le-Noir. — Reims (Marne). — **F**

Poncet (Antonin), Prof. à la Fac. de Méd., Corresp. nat. de l'Acad. de Méd., Chirurg. en chef désigné de l'Hôtel-Dieu, 11, place de La Charité. — Lyon (Rhône).

Poncin (Henri), anc. Chef d'instit., 8, rue des Marronniers. — Lyon (Rhône).

Dr **Pons** (Louis). — Nérac (Lot-et-Garonne).

Pontier (André), Pharm. de 1re cl., Prépar. de toxicolog. à l'Éc. sup. de Pharm., 48, boulevard Saint-Germain. — Paris.

Pontzen (Ernest), Ing. civ., anc. Élève de l'Éc. nat. des P. et Ch., Mem. du *Comité d'Exploit. tech. des Chem. de fer*, 65, rue de Monceau. — Paris.

Dr **Ponzio** (Pierre), 176, boulevard Haussmann. — Paris.

Dr **Porak**, Mem. de l'Acad. de Méd., Accoucheur des Hôp., 176, boulevard Saint-Germain. — Paris.

Porcherot (Eugène), Ing. civ., La Béchellerie. — Saint-Cyr-sur-Loire par Tours (Indre-et-Loire). — **R**

Porgès (Charles), Présid. du Cons. d'admin. de la *Comp. continentale Edison*, 25, rue de Berri. — Paris — **R**

Porte (Arthur), Dir. du Jardin zool. d'Acclimat. du Bois de Boulogne. (Seine).

Porteu (Henry), anc. Garde gén. des Forêts, Prop., Agric., 8, rue de La Psalette. — Rennes (Ille-et-Vilaine).

Portevin (Hippolyte), Ing. civ., anc. Élève de l'Éc. Polytech., 2, rue de La Belle-Image, — Reims (Marne).

Potier (Mme Alfred), 89, boulevard Saint-Michel. — Paris.

Potier (Alfred), Mem. de l'Inst., Ing. en chef des Mines, Prof. à l'Éc. Polytech., 89, boulevard Saint-Michel. — Paris. — **F**

Dr **Poucel** (Eugène), Chirurg. en chef des Hôp., 22, boulevard du Musée. — Marseille (Bouches-du-Rhône).

Pouchet (Gabriel), Prof. à la Fac. de Méd., Mem. de l'Acad. de Méd., 18, rue Nicole. — Paris.

Poucholle (A.), Lic. ès sc. Phys. et Math., Diplômé pour l'Ens. prim. sup. de l'Agric., Prof. — Cluny (Saône-et-Loire).

Poulet (Ernest), Dir. des Plât. de Vaucluse. — La Parisienne par Velleron (Vaucluse).

***Poulin-Thierry** (Léonce), Prop., quai de La Pêcherie. — Pont-Sainte-Maxence (Oise).

Poullain (Georges), Lic. ès sc., 44, rue de Turbigo. — Paris.

Dr **Poupinel** (Gaston), anc. Int. des Hôp., 12, rue Margueritte. — Paris. — **R**

Poupinel (Émile), 24, rue Cambon. — Paris.

***Poupot** (Charles, Henry), Percept., 5, rue Jean-Jacques-Rousseau. — Nantes (Loire-Inférieure).

Dr **Poussié** (Émile), 19, rue Tronchet. — Paris. — **R**

Poutiatin (le Prince Paul Arseniewitch). — Bologoe (Ligne de Saint-Pétersbourg à Moscou) (Russie).

Pouyanne (C., M.), Insp. gén. des Mines, 70, rue Rovigo. — Alger. — **R**

Dr **Powell** (Osborne, C.). — Fontenelle-Saint-Laurent (Ile de Jersey).

Dr **Pozzi** (Samuel), Mem. de l'Acad. de Méd., Prof. à la Fac. de Méd., Chirurg. des Hôp., Sénateur de la Dordogne, 47, avenue d'Iéna. — Paris. — **R**

Pralon (Léopold), Ing. civ. des Mines, Délég. gén. du Cons. d'Admin. de la *Soc. de Denain et d'Anzin*, anc. Élève de l'Éc. Polytech., 11 *bis*, rue de Milan. — Paris.

Prarond (Ernest), Présid. d'hon. de la *Soc. d'Émulation d'Abbeville*, 42, rue du Lillier. — Abbeville (Somme).

Dr Prat, villa Lutèce. — Royan-les-Bains (Charente-Inférieure).

Prat (Léon), Chim., 54 allées d'Amour. — Bordeaux (Gironde). — **R**

Dr Prats (J., M.), Méd. de S. A. le Bey. — La Marsa (Tunisie).

Préaudeau (Albert de), Ing. en chef, Prof. à l'Éc. nat. des P. et Ch., 21, rue Saint-Guillaume. — Paris.

Preller (L.), Nég., 5, cours de Gourgues. — Bordeaux (Gironde). — **R**

Prève (Laurent), 2, rue Dante. — Nice (Alpes-Maritimes).

Prevet (Ch.), Nég., 48, rue des Petites-Écuries. — Paris. — **R**

Prévost (A.), Ing. de la *Comp. des Chem. de fer de Bône à Guelma et prolongements*, anc. Élève de l'Éc. nat. des P. et Ch., 10, rue du Marabout. — Tunis.

Prévost (Georges), Ing. civ. des Mines, anc. Élève de l'Éc. Polytech., 30, quai de Bourgogne. — Bordeaux (Gironde).

Dr Prévost (Léandre). — Pont-l'Évêque (Calvados).

Prévost (Maurice), Nég., 1, rue du Château-Trompette. — Bordeaux (Gironde).

Prévost (Maurice), Publiciste, 55, rue Claude-Bernard. — Paris. — **R**

Prieur (Félix), Biblioth. des Fac., 6, rue Morand. — Besançon (Doubs).

Prioleau (Mme Léonce), 4, rue des Jacobins. — Brive (Corrèze). — **R**

Dr Prioleau (Léonce), anc. Int. des Hôp. de Paris, 4, rue des Jacobins. — Brive (Corrèze). — **R**

Privat (Paul, Édouard), Libr., Édit., Juge au Trib. de Com., 45, rue des Tourneurs. — Toulouse (Haute-Garonne). — **R**

Prot (Paul), Présid. du Syndic. de la Parfumerie française, 65, rue Jouffroy. — Paris. — **F**

Prouho (Henri), Doct. ès sc., Prof. adj. à la Fac. des Sc., anc. Élève de l'Éc. cent. des Arts et Man., 72, rue Jeanne-d'Arc. — Lille (Nord).

Proust (Adrien), Prof. à la Fac. de Méd., Mem. de l'Acad. de Méd., Méd. des Hôp. Insp. gén. des Serv. sanit., 45, rue de Courcelles. — Paris.

Proust (Louis, Charles), Ing.-Chim. — Mouy (Oise).

Provost (Eugène), Admin. de *la Fabrique française de Chapellerie*. — Chazelles-sur-Lyon (Loire).

Prunget (Joseph), s.-Chef de Bureau au Min. du Com., 106, rue de Rennes. — Paris.

Pruvot (Georges), Prof. de Zool. à la Fac. des Sc. 6, rue des Alpes. — Grenoble (Isère),

Puerari (Eugène), Admin. de la *Comp. des Chem. de fer du Midi*, 40, boulevard de Courcelles. — Paris.

Pugens, Ing. en chef des P. et Ch., 7, Jardin-Royal. — Toulouse (Haute-Garonne).

Pugh-Desroches (Georges), Dir. de l'*Agence-Desroches*, et de la *Soc. la France pittoresque*, 21, rue du Faubourg-Montmartre. — Paris.

Pujol (Mme Georges), 79, cours du Médoc. — Le Bouscat (Gironde).

Pujol (Georges), Pharm., 79, cours du Médoc. — Le Bouscat (Gironde).

Dr Pujos (Albert), Méd. princ. du Bureau de bienfais., 58, rue Saint-Sernin. — Bordeaux (Gironde). — **R**

Pütz (le Général Henry), 98, rue Saint-Merry. — Fontainebleau (Seine-et-Marne).

Dr Putzeÿs (Félix), Prof. d'Hyg. à l'Univ., 15, boulevard Frère-Orban. — Liège (Belgique).

Puvis (Paul), 6 *bis*, rue Bucaille. — Honfleur (Calvados).

Quarré-Reybourbon, Mem. de la Commis. hist., Sec. gén. adj. de la *Soc. de Géog. de Lille*, 70, boulevard de La Liberté. — Lille (Nord).

Quatrefages de Bréau (Mme Ve Armand de), 48, rue Saint-Ferdinand. — Paris. — **R**

Quatrefages de Bréau (Léonce de), Ing., Chef de serv. à la *Comp. des Chem. de fer du Nord*, anc. Élève de l'Éc. cent. des Arts et Man., 50, rue Saint-Ferdinand. — Paris. — **R**

Quef-Debièvre (Victor), Prop., 2, boulevard Louis-XIV. — Lille (Nord).

Dr Queudot, Chirurg.-Dent., 4, rue des Capucines. — Paris.

Queuille (Mme Georges), 36, rue Rabelais. — Niort (Deux-Sèvres).

Queuille (Georges), Pharm. de 1re cl., 36, rue Rabelais. — Niort (Deux-Sèvres).

Quesnel (Gustave), 10, rue Legendre. — Rouen (Seine-Inférieure).

Queva (Charles), Prof. de Botan. à la Fac. des Sc., 3, rue de L'Égalité. — Dijon (Côte-d'Or).

Quévillon (Fernand), Colonel-Command. le 144e Rég. d'Infant., Breveté d'Ét.-Maj. 33, rue de Strasbourg. — Bordeaux (Gironde). — **F**

Quincenet (André), Nég.-Com., 19, avenue de La République. — Paris.

Quinemant (Auguste), Colonel d'Infant. en retraite, villa Beau-Site. — Thonon-les-Bains (Haute-Savoie).

Quinette de Rochemont (le Baron Émile, Théodore), Insp. gén. des P. et Ch., 18, rue de Marignan. — Paris.

Quinton (René), 71, avenue de Villiers. — Paris.

Quiquet (Albert), Actuaire de la Comp. d'Assurances La Nationale-vie, 92, boulevard Saint-Germain. — Paris.

Rabion (J., E.), Notaire, 32, rue Vital-Carles. — Bordeaux (Gironde).

Rabot, Doct. ès sc., Pharm., Présid. du Cons. d'Hyg. du départ., 33, rue de La Paroisse. — Versailles (Seine-et-Oise).

Rabut (Charles), Ing. en chef, Prof., à l'Éc. nat. des P. et Ch., 77, rue Duplessis. — Versailles (Seine-et-Oise).

Racine (Gustave), Nég., 30, rue Breteuil. — Marseille (Bouches-du-Rhône).

Raclet (Joannis), Ing. civ., 10, place des Célestins. — Lyon (Rhône). — R

*Raclot (l'Abbé Victor), Dir. de l'Observatoire météor., 12, rue de La Charité. — Langres (Haute-Marne).

Radais (Maxime), Prof. à l'Éc. sup. de Pharm., 257, boulevard Raspail. — Paris.

Radiguet (Arthur), Construc. d'inst. de précis., 15, boulevard des Filles-du-Calvaire. — Paris.

Raffalovich (Arthur), Corresp. de l'Inst., Rédac. au Journal des Débats, 19, avenue Hoche. — Paris.

Raffalovich (Mme H.), 48, avenue du Bois-de-Boulogne. — Paris.

Dr Raffegeau (Donatien), Dir. de l'Établis. hydrothérap., 9, avenue des Pages. — Le Vésinet (Seine-et-Oise).

Ragain (Gustave), Prof. au Lycée et à l'Éc. sup. de Com. et d'Indust., 42, rue de Ségalier. — Bordeaux (Gironde).

Ragot (J.), Ing. civ., Admin. délégué de la Sucrerie de Meaux. — Villenoy par Meaux (Seine-et-Marne).

Raimbault (Paul), Pharm. de 1re cl., Prof. à l'Éc. de Méd., 12, rue de La Préfecture. — Angers (Maine-et-Loire).

Raimbert (Louis), Chim., Dir. de sucrerie, 10 bis, rue des Batignolles. — Paris. — R

Rainbeaux (Abel), anc. Ing. des Mines, 16, rue Picot. — Paris.

Dr Raingeard, 1, place Royale. — Nantes (Loire-Inférieure). — R

Ralli (Étienne), Prop., 24, place Malesherbes. — Paris.

Rambaud (Alfred), Mem. de l'Inst., Prof. à la Fac. des Lettres, anc. Min. de l'Instruc. pub., Sénateur et Mem. du Cons. gén. du Doubs, 76, rue d'Assas. — Paris. — R

*Ramé (Mlle), 16, rue de Chalon. — Paris. — R

*Ramé (Louis, Félix), anc. Présid. du Syndic. de la Boulang. de Paris et de la Délég. de la Boulang. franç., 16, rue de Chalon. — Paris. — R

Ramon (E.), Insp. princ. de la Comp. des Chem. de fer de l'Ouest, 4, rue Boullanger. — Gisors (Eure).

Ramond (Georges), Assistant de Géol. au Muséum d'hist. nat., 61, rue de Buffon. — Paris, et 18, rue Louis-Philippe. — Neuilly-sur-Seine (Seine).

*Dr Ranque (Paul), 13, rue Champollion. — Paris.

Dr Raoult (Aimar), anc. Int. des Hôp. de Paris, 4, rue de Serre. — Nancy (Meurthe-et-Moselle).

Dr Rappin (Gustave), Prof. à l'Éc. de Méd., Dir. du Lab. départ. de bactériologie, 170, rue de Rennes. — Nantes (Loire-Inférieure).

Rateau (Auguste), Archit.-Entrep., avenue de Pontaillac (villa Georges). — Royan-les-Bains (Charente-Inférieure).

Rateau (Auguste), Ing. des Mines, 105, quai d'Orsay. — Paris.

Raulet (Lucien), anc. Nég., Biblioth.-Conserv. hon. de la Soc. de Géog. com. de Paris, 9, rue des Dames. — Paris.

Raulin (Victor), anc. Prof. à la Fac. des Sc. de Bordeaux. — Montfaucon-d'Argonne (Meuse).

Raveneau (Louis), Sec. de la Rédac. des Annales de Géog., 76, rue d'Assas. — Paris.

*Ravenel (Jules), Artiste-Peintre, 18, rue des Carmélites. — Caen (Calvados).

Raymond (Fulgence), Prof. à la Fac. de Méd., Mem. de l'Acad. de Méd., Méd. des Hôp., 156, boulevard Haussmann. — Paris.

Dr Raymond (Paul), 34, avenue Kléber. — Paris.

Raynal (David), anc. Min., Sénateur de la Gironde, 11, rue Château-Trompette. — Bordeaux (Gironde).

Reber (Jean), Chim. — Notre-Dame-de-Bondeville (Seine-Inférieure).

Reboul (Frédéric), Cap. à l'Ét.-maj. de la Divis. d'Alger, villa Julienne, rue Julienne. — Alger-Mustapha.

Reboul (Mme Jules), 1, rue d'Uzès. — Nîmes (Gard).

*Dr Reboul (Jules), anc. Int. des Hôp. de Paris, Chirurg. en chef de l'Hôtel-Dieu, 1, rue d'Uzès. — Nîmes (Gard).

Rebuffel (Charles), Ing. des P. et Ch., Dir. de la Soc. des grands Trav. de Marseille, 70, rue Paradis. — Marseille (Bouches-du-Rhône).

Dr Reclus (Paul), Mem. de l'Acad. de Méd., Agr. à la Fac. de Méd., Chirurg. des Hôp., 9, rue des Saints-Pères. — Paris.

Dr Redard (Camille), Prof., 8, rue de La Cloche. — Genève (Suisse).

*Dr Reddon (Henry), Méd.-Dir. de la villa Penthièvre. — Sceaux (Seine).

*Regey (Joseph), Nég., 28, rue de Glère. — Besançon (Doubs).

Dr Regnard (Paul), Mem. de l'Acad. de Méd., Dir. de l'Inst. nat. agronom., 224, boulevard St-Germain. — Paris.

Régnard (Paul, Louis), Ing. des Arts et Man., Mem. du Comité de la Soc. des Ing. civ. de France, 53, rue Bayen. — Paris.

*Regnault (Ernest), Présid. du Trib. civ. — Joigny (Yonne).

Régnault (Félix), Libraire, 19, rue de La Trinité. — Toulouse (Haute-Garonne).

Dr Régnault (Félix, Louis), anc. Int. des Hôp., 225, rue Saint-Jacques. — Paris.

Reich (Louis), Ing.-Agric., Domaine du Bourrian. — Gassin (Var).

Reinach (Théodore), Doct. ès Lettres et en Droit, 26, rue Murillo. — Paris. — R

Dr Rémy (Charles), Agr. à la Fac. de Méd., 31, rue de Londres. — Paris.

Rémy (Henry), Prop. — Gevrey-Chambertin (Côte-d'Or).

Renard (Charles), Lieut.-Colonel du Génie, Dir. de l'Établis. cent. d'aérostat. milit. de Chalais, 7, avenue de Trivaux. — Meudon (Seine-et-Oise).

Renard (Soulange), Banquier, 11, rue de Milan. — Paris.

Renard et Villet, Teintur. — Villeurbanne (Rhône).

Renaud (Georges), Dir. de la Revue géographique internationale, Prof. au Col. Chaptal, à l'Inst. com. et aux Éc. sup. de la Ville de Paris, 76, rue de La Pompe. — Paris. — R

Renaud (Paul), Ing. de la Soc. l'Oxhydrique française, anc. Élève de l'Éc. mun. de Phys. et Chim. indust., Fondat. du Mois scientifique et industriel, 33, boulevard des Batignolles. — Paris.

Renault (Bernard), Doct. ès sc., Assistant de Botan. au Muséum d'hist. nat., 21, avenue des Gobelins. — Paris.

Renault (G.), Conserv. du Musée. — Vendôme (Loir-et-Cher).

Renaut (Joseph), Prof. à la Fac. de Méd., Assoc. nat. de l'Acad. de Méd., 6, rue de L'Hôpital. — Lyon (Rhône).

Rénier (Édouard), Recev. partic. des Fin. en retraite, avenue Victor-Hugo. — Brioude (Haute-Loire). — R

Renou (Émilien), Dir. de l'Observatoire météor. du parc Saint-Maur, anc. Élève de l'Éc. Polytech., avenue de La Tourelle. — Saint-Maur-les-Fossés (Seine).

Renouard (Mme Alfred), 49, rue Mozart. — Paris. — F

Renouard (Alfred), Ing. civ., Dir. de Soc. techniq., 49, rue Mozart. — Paris. — F

Renouf (Désiré), Dir. de l'Agence de la Soc. gén., 21, rue Prémard. — Honfleur (Calvados).

Renouvier (Charles), Mem. de l'Inst., anc. Élève de l'Éc. Polytech., Publiciste, 37, rue des Remparts-Villeneuve. — Perpignan (Pyrénées-Orientales). — F

Repelin (Joseph), Doct. ès Sc., Prépar. à la Fac. des Sc., 11, boulevard Dugommier. — Marseille (Bouches-du-Rhône).

Dr Repéré. — Gémozac (Charente-Inférieure).

Rességuier (Eugène), Admin. délég. des Verreries de Carmaux, 15, allées Lafayette. — Toulouse (Haute-Garonne).

Ressouche (l'Abbé Jules), Lic. ès Sc. Prof. au Collège. — Langogne (Lozère).

Reuss (Georges), Ing. des P. et Ch., 63, rue Michelet. — Saint-Étienne (Loire).

Rey (Auguste), anc. Of. d'Ét.-Maj., 8, rue Sainte-Cécile. — Paris.

Rey (Louis), Ing. des Arts et Man., Admin. de la Comp. des Chem. de fer du Cambrésis, 97, boulevard Exelmans. — Paris. — R

*Rey-Pailhade (Mme Joseph de), 18, rue Saint-Jacques. — Toulouse (Haute-Garonne).

*Dr Rey-Pailhade (Joseph de), Ing. civ. des Mines, 18, rue Saint-Jacques. — Toulouse (Haute-Garonne).

Dr Reynier (Paul), Agr. à la Fac. de Méd., Chirurg. des Hôp., 12 bis, place Delaborde. — Paris.

Dr **Riant (A.)**, Méd. de l'Éc. norm. prim. du départ. de la Seine, 138, rue du Faubourg-Saint-Honoré. — Paris.

Riaz (Auguste de), Banquier, 10, quai de Retz. — Lyon (Rhône). — **F**

Dr **Riban (Joseph)**, Dir. adj. du Lab. d'Enseign. chim. et des Hautes Études à la
Sorbonne, Prof. à l'Éc. nat. des Beaux-Arts, 85, rue d'Assas. — Paris.

Dr **Ribard (Élisée)**, 24, avenue d'Eylau. — Paris.

Ribero de Souza Rezende (le Chevalier S.), Poste restante. — Rio-Janeiro (Brésil). — **R**

Ribot (Alexandre), anc. Min., Député du Pas-de-Calais, 6, rue de Tournon. — Paris. — **R**

Ribout (Charles), Prof. hon. de Math. spéc. au Lycée Louis-le-Grand, 30, avenue de
Picardie. — Versailles (Seine-et-Oise). — **R**

Dr **Ricard (Étienne)**, Chirurg. de l'Hôp., 6, impasse Voltaire. — Agen (Lot-et-Garonne).

Richard (Jules), Ing., Fabric. d'inst. de Phys., 25, rue Mélingue. — Paris.

Dr **Richard (Léon)**, 22, rue de Chastillon. — Châlons-sur-Marne (Marne).

Richard-Chauvin (Louis), Chirurg.-Dent., Prof. à l'Éc. dentaire de Paris, 1, rue
Blanche. — Paris.

Dr **Richardière (Henri)**, Méd. des Hôp., 18, rue de L'Université. — Paris.

Richebé (Raymond), Archiv.-Paléog., Avocat à la Cour d'Ap., 7, rue Montaigne.
— Paris

Dr **Richelot (L., Gustave)**, Mem. de l'Acad. de Méd., Agr. à la Fac. de Méd., Chirurg.
des Hôp., 32, rue de Penthièvre. — Paris.

Richemont (Albert de), anc. Maître des Requêtes au Cons. d'État, 4, rue Cambacérès.
— Paris.

Dr **Richer (Paul)**, Mem. de l'Acad. de Méd., Dir. hon. du Lab. des Maladies nerveuses,
de la Fac. de Méd., 11, rue Garancière. — Paris.

Richet (Charles), Prof. à la Fac. de Méd., Mem. de l'Acad. de Méd., 15, rue de L'Université. — Paris.

Richier (Clément), Prop. — Nogent en Bassigny (Haute-Marne). — **R**

Ridder (Gustave de), Notaire, 4, rue Perrault. — Paris. — **R**

Rieder (Jacques), Ing. des Arts et Man., Gérant de la Maison Gros, Roman et Cie.
— Wesserling (Alsace-Lorraine).

Riffaud (Abert), Ing. civ., anc. Élève de l'Éc. nat. des P. et Ch., 31, rue Chabaudy.
— Niort (Deux-Sèvres).

Rigaud (Mme Ve Francisque), 8, rue Vivienne. — Paris. — **F**

Rigaut (Adolphe), Nég., Adj. au Maire, 15, rue de Valmy. — Lille (Nord).

Rigel (Jérôme), Caissier de la Maison Way, 27, rue Jean-Jacques-Rousseau. — Paris.

Rilliet (Albert), Prof. à l'Univ., 16, rue Bellot. — Genève (Suisse). — **R**

Rimbault (Jacques), Conduc. princ. des P. et Ch. en retraite, 84, avenue de Paris.
— Niort (Deux-Sèvres).

Dr **Rioms (Jean, Léopold)**. — Eymet (Dordogne).

Ripert (Léon), Chef de Bat. du Génie en retraite, anc. Élève de l'Éc. Polytech., 200, rue
Saint-Antoine. — Paris.

Risler (Charles), Chim., Maire du VIIe arrond., 39, rue de L'Université. — Paris. — **F**

Risler (Eugène), Dir. hon. de l'Inst. nat. agron., 106 *bis*, rue de Rennes. — Paris. — **R**

Rispal (Auguste), Nég., Député de la Seine-Inférieure, 200, boulevard de Strasbourg.
— Le Havre (Seine-Inférieure).

Riston (Victor), Doct. en droit, Avocat à la Cour d'Ap. de Nancy, 3, rue d'Essey.
— Malzéville (Meurthe-et-Moselle). — **R**

Ritter (Charles), Ing. en chef des P. et Ch. en retraite, 1, rue de Castiglione. — Paris.

Rivière (A.), Archit., 16, rue de L'Université. — Paris.

Rivière (Émile), s.-Dir. adj. du Lab. d'Hist. nat. des corps inorganiques du Collège
de France, 8, rue du Réveillon. — Brunoy (Seine-et-Oise).

Dr **Rivière (Jean)**, Méd.-Maj. de 1re cl., au 20e Rég. d'Artil., 6, rue Vauvert. — Poitiers
(Vienne). — **R**

Robert (Émile), Nég., 5, cours d'Alsace-et-Lorraine. — Bordeaux (Gironde).

Robert (Gabriel), Avocat à la Cour d'Ap., 2, quai de L'Hôpital. — Lyon (Rhône). — **R**

Roberty (H.), Nég., 52, rue Notre-Dame-de-Nazareth. — Paris.

Robin (A.), Consul de Turquie, Banquier, 41, rue de L'Hôtel-de-Ville. — Lyon (Rhône). — **R**

Robineau (Th.), Lic. en droit, anc. Avoué, 4, avenue Carnot. — Paris. — **R**

Rochas d'Aiglun (le Lieutenant-Colonel Albert de), Admin. de l'Éc. Polytech.,
21, rue Descartes. — Paris.

Dr **Roche (Léon)**. — Oradour-sur-Vayres (Haute-Vienne).

Dr **Rochebrune (Alphonse Trémeau de)**, Assistant de Zool. au Muséum d'Hist. nat.
(Mollusques et Zoophytes), 106, rue Monge. — Paris.

Rochefort (de), Dir. de la *Comp. gén. Transat.* — Oran (Algérie).

Rocques (Xavier), Expert-Chim., anc. Chim. princ. au Lab. mun. de la Préf. de Police, 11, avenue Laumière. — Paris.

Rodel (Henri), Substitut du Proc.-de La République, 1, rue de Condé. — Bordeaux (Gironde).

·Rodier (E.), Prof. d'Hist. nat. au Lycée, 20, rue Matignon. — Bordeaux (Gironde).

Rodocanachi (Emmanuel), 54, rue de Lisbonne. — Paris. — **R**

Rodolphe (Édouard), Chirurg.-Dent., 37, rue de La Chaussée-d'Antin. — Paris.

Rodrigues-Ély (Amédée), Banquier, 3, cours Pierre-Puget. — Marseille (Bouches-du-Rhône).

Rodrigues-Ély (Camille), Manufac., Lic. en droit, anc. Cap. d'Artil., anc. Élève de l'Éc. Polytech., 2, boulevard Henri-IV. — Paris.

Rogé (Xavier), Maître de forges, Présid. de la Ch. de Com. de Nancy. — Pont-à-Mousson (Meurthe-et-Moselle).

Dᵣ Rogée (Léonce). — Saint-Jean-d'Angély (Charente-Inférieure).

Roger (Albert), Nég. en vins de Champagne, rue Croix-de-Bussy. — Épernay (Marne).

Roger (Georges), Nég. en vins de Champagne, rue Croix-de-Bussy. — Épernay (Marne).

Rohden (Charles de), Mécan., 14, rue Tesson. — Paris. — **R**

Rohden (Théodore de), 14, rue Tesson. — Paris. — **R**

Rohr (Eugène), Vétér. en 1ᵉʳ au 17ᵉ Rég. d'Artil., Lauréat du Min. de la Guerre. — La Fère (Aisne).

Dᵣ Roland (François), Prof. à l'Ec. de Méd., Mem. de l'*Acad. des Sc., Belles-Lettres et Arts*, Sec. de la *Soc. de Méd.*, 10, rue de L'Orme-de-Chamars. — Besançon (Doubs).

Rolland (Alexandre), Mem. de la Ch. de Com., Nég. en papiers, 7, rue Haxo. — Marseille (Bouches-du-Rhône). — **R**

Rolland (Georges), Ing. en chef des Mines, 60, rue Pierre-Charron. — Paris. — **R**

·Dᵣ Rolland (Georges), Dir. de l'Ec. dentaire de Bordeaux, 230, rue Sainte-Catherine. — Bordeaux (Gironde).

Rollez (G.), 48, boulevard de La Liberté. — Lille (Nord).

Rondeau (Julien), Avocat, 47, rue de La Victoire. — Paris.

Dᵣ Rondeau (Pierre), anc. Chef adj. des Trav. prat. de physiol. à la Fac. de Méd. de Paris. — Roussainville par Illiers (Eure-et-Loir).

Ronna (Antoine), Ing., Mem. du Cons. sup. de l'Agric., anc. Dir. des mines, usines et domaines de la *Soc. autrichienne-hongroise privilégiée des Chem. de fer de l'État*, 48, boulevard Émile-Augier. — Paris.

Ronnelle (Alexandre), anc. Archit., v.-Présid. du Cons. gén. — Cambrai (Nord).

Ropiquet (Clément), Pharm. de 1ʳᵉ cl. — Corbie (Somme).

Roques (Camille), Juge au Trib. civ., rue Droite. — Villefranche-de-Rouergue (Aveyron).

Rosenfeld (Jules), Délég. cant. du IXᵉ arrond., anc. Chef d'Instit., 39, rue Condorcet. — Paris.

Rosenstiehl (Auguste), 61, route de Saint-Leu. — Enghien (Seine-et-Oise).

Rosny (Arthur), Prop., 8, rue de La Providence. — Boulogne-sur-Mer (Pas-de-Calais).

Rothschild (le Baron Alphonse de), Mem. de l'Inst., 2, rue Saint-Florentin. — Paris. — **F**

Rothschild (le Baron Gustave de), Consul gén. d'Autriche, 23, avenue de Marigny. — Paris.

Rotrou (Alexandre), Pharm. — La Ferté-Bernard (Sarthe).

Rouanne (Antoine), Pharm. — Henrichemont (Cher).

Rouart (Henri), Construc.-Mécan., anc. Élève de l'Éc. Polytech., 34, rue de Lisbonne. — Paris.

Rouffio (Félix), Ing. des Arts et Man., 22, rue de La Darse. — Marseille (Bouches-du-Rhône).

Rougerie (Mgʳ Pierre, Eugène), Évêque de Pamiers. — Pamiers (Ariège).

Rouget, Insp. gén. des Fin., 15, avenue Mac-Mahon. — Paris. — **R**

Rougeul, Insp. gén. hon. des P. et Ch., 3, rue du Regard. — Paris.

Rouher (Gustave), château de Creil (Oise).

Roule (Louis), Prof. de Zool. à la Fac. des Sc., 8, Jardin-Royal. — Toulouse (Haute-Garonne).

Dᵣ Roussan (Georges), anc. Int. des Hôp., 106, avenue Victor-Hugo. — Paris.

Rousseau (Georges), Libraire, 6, rue Richelieu. — Odessa (Russie).

Dᵣ Rousseau (Henri), Institution du Parangon. — Joinville-le-Pont (Seine).

Rousseau (Henri), Ing. des P. et Ch., 12, rue de La Pompe. — Paris. — **R**

Dᵣ Roussel (Albéric), 47, boulevard Beaumarchais. — Paris.

Roussel (Joseph), Doct. ès sc., Prof. au Collège, chemin de Velours. — Meaux (Seine-et-Marne).

Dr **Roussel (Théophile)**, Mem. de l'Inst. et de l'Acad. de Méd., Sénateur et Présid. du Cons. gén. de la Lozère, 71, rue du Faubourg-Saint-Honoré. — Paris. — **F**

Rousselet (Louis), Archéol., 126, boulevard Saint-Germain. — Paris. — **R**

Rousselot (Joseph), anc. Présid. du Trib. de Com., 55, rue Saint-Nicolas. — Nancy (Meurthe-et-Moselle).

Rousset (Gustave du), Dir. de la *Soc. des Mines de la Loire*, 2, place Marengo. — Saint-Étienne (Loire).

Dr **Roustan (Auguste)**, 58, rue d'Antibes. — Cannes (Alpes-Maritimes).

Rouveix (Georges). — Saint-Germain-Lembron (Puy-de-Dôme).

Rouveix (Jean). — Saint-Germain-Lembron (Puy-de-Dôme).

Rouveix (Mme Lucie). — Saint-Germain-Lembron (Puy-de-Dôme).

Dr **Rouveix (Mathieu)**. — Saint-Germain-Lembron (Puy-de-Dôme).

Rouvier, Sénateur et v. Présid. du Cons. gén. de la Charente-Inférieure, château de Puyravault par Surgères (Charente-Inférieure).

Dr **Rouvier (Jules)**, Prof. à la Fac. de Méd. française de Beyrouth (Syrie), 6, rue Nau. — Marseille (Bouches-du-Rhône).

Rouvière (Albert), Ing. des Arts et Man., Prop.-Agric. — Mazamet (Tarn). — **F**

Rouvière (Léopold), Pharm. — Avignon (Vaucluse).

Rouville (Étienne de), Prépar. de Zool. à la Fac. des Sc., 10, rue Henri-Guinier. — Montpellier (Hérault).

Dr **Roux (Émile)**, Mem. de l'Inst. et de l'Acad. de Méd., Dir. de l'Inst. Pasteur, 25, rue Dutot. — Paris.

Roux (Mme Ve Gustave), 19, rue d'Odessa. — Paris.

Roux (Jules, Charles), Fabric. de savon, anc. Député, 81, rue Sainte. — Marseille (Bouches-du-Rhône).

Rouyer-Warnier (L.), Nég., 27, rue David. — Reims (Marne).

Rouzé (Émile), Entrep. de Trav. pub., 20, rue Gauthier-de-Châtillon.. — Lille (Nord).

Dr **Roy (Maurice)**, Dent. des Hôp., Prof. à l'Éc. dentaire, 5, rue Rouget-de-l'Isle. — Paris.

Roze (Émile), Avocat, ancien Avoué, 19, rue Libergier. — Reims (Marne).

Rozembaum (Gustave). Chirurg.-Dent., 51, boulevard Saint-Marcel. — Paris.

Rozier (Octave), Prof. de Math., 12 *bis*, rue Prosper. — Bordeaux (Gironde).

Dr **Ruault (Albert)**, Méd. de la Clin. laryngol. de l'Instit. nat. des Sourds-Muets, 59, avenue Victor-Hugo. — Paris.

Ruffin (Achille), Chim., 135, rue Vinoc-Chocqueel. — Tourcoing (Nord).

Russel (William), Doct. ès sc., 19, boulevard Saint-Marcel. — Paris.

Dr **Sabatier**, 11, rue de La Coquille. — Béziers (Hérault).

Sabatier (Armand), Corresp. de l'Inst., Doyen de la Fac. des Sc. 1, rue Barthez. — Montpellier (Hérault). — **R**

Sabatier (Paul), Corresp. de l'Inst. Prof. de Chim. à la Fac. des Sc., 11, allées des Zéphirs. — Toulouse (Haute-Garonne). — **R**

Dr **Sabatier-Desarnauds**, 9, rue des Balances. — Béziers (Hérault).

Dr **Sabouraud (Raymond)**, Chef de Lab. de la Fac. de Méd. à l'Hôp. Saint-Louis, 62, rue Caumartin. — Paris.

Sagey, Dir. de la *Banque de France*. — Tours (Indre-et-Loire).

Sagnier (Henry), Dir. du *Journal de l'Agriculture*, 106, rue de Rennes. — Paris. — **R**

Saignat (Léo), Prof. à la Fac. de Droit, 18, rue Mably. — Bordeaux (Gironde). — **R**

Saint-John de Crèvecœur (Lionel), Archiv. Paléogr., 120, rue de Longchamp. — Paris.

Saint-Joseph (le Baron Anthoine de), 23, rue François-Ier. — Paris.

*Saint-Laurent (Albert de)**, Avocat, 128, cours Victor-Hugo. — Bordeaux (Gironde). — **F**

Saint-Martin (l'Abbé Charles de), Vicaire, 7, rue des Carrières. — Suresnes (Seine). — **R**

Saint-Olive (G.), anc. Banquier, 9, place Morand. — Lyon (Rhône). — **R**

Dr **Sainte-Rose-Suquet**, 3, rue des Pyramides. — Paris. — **R**

Saladin (Henri), Archit. diplômé par le gouvern., 47, rue du Faubourg-Saint-Honoré. — Paris.

Salanson (Alphonse), Ing. civ. des Mines, anc. Élève de l'Éc. Polytech., 23, rue des Écuries-d'Artois. — Paris.

Dr **Salathé (Auguste)**, 27, rue Michel-Ange. — Paris.

Salet (Mme Ve Georges), 120, boulevard Saint-Germain. — Paris.

Salet (Pierre), Étud., 120, boulevard Saint-Germain. — Paris.

Salières (François), Dir. du journal *Le Populaire*, 10, rue du Calvaire. — Nantes. (Loire-Inférieure).

Salmin (Casimir), Ing. des Arts et Man., 6. rue Faidherbe. — Lille (Nord).

Salomé (Théophile), Doct. en droit, 27, rue Saint-Jean. — Pontoise (Seine-et-Oise).

Salvago (Nicolas), 15, place Malesherbes. — Paris.

Samama (Moïse), Rent., 194, avenue du Prado. — Marseille (Bouches-du-Rhône).

Samama (Nissim), Doct. en droit, Avocat, 194, avenue du Prado. — Marseille (Bouches-du-Rhône).

Samazeuilh (Fernand), Avocat, 1 bis, rue Bardineau. — Bordeaux (Gironde).

D**r** Sambuc (Camille), Agr. de Chim. à la Fac. de Méd., 2, avenue des Ponts. — Lyon (Rhône).

Sanson (André), Prof. hon. à l'Inst. nat. agron. et à l'Éc. nat. d'Agric. de Grignon, 18, rue Boissonnade. — Paris. — **R**

Saporta (le Comte Antoine de), 3, rue Philippy. — Montpellier (Hérault).

Saquet (M**me** Donatien), 25, rue de La Poissonnerie. — Nantes (Loire-Inférieure).

*D**r** Saquet (Donatien), 25, rue de La Poissonnerie. — Nantes (Loire-Inférieure).

Sarlit (Frédéric), Prof. de Math. à l'Éc. sup. de Com. et d'Indust., 8, rue du Loup. — Bordeaux (Gironde).

Sartiaux (Albert), Ing. en chef des P. et Ch., Ing.-Chef de l'Exploit. à la Comp. des Chem. de fer du Nord, 20, rue de Dunkerque. — Paris.

*Saugrain (Gaston), Doct. en droit, Avocat à la Cour d'Ap., 4, rue Bernard-Palissy. — Paris.

Saunion (Alexandre), Nég., rue des Ormeaux. — La Rochelle (Charente-Inférieure).

Saurin (Alphonse), Banquier, Mem. de la Ch. de Com. — Castellane (Basses-Alpes).

Sautier (Jules, Charles), Chirurg.-Dent., 35, rue du Chemin de fer. — Mantes (Seine-et-Oise).

D**r** Sauvage (Émile), Conserv. des Musées, 39 bis, rue Tour-Notre-Dame. — Boulogne-sur-Mer (Pas-de-Calais).

Sauvez (Denis), Dent., 78, rue d'Amsterdam. — Paris.

D**r** Sauvez (Émile), Prof. à l'Éc. dentaire, Dent. des Hôp., 17, rue de Saint-Pétersbourg. — Paris.

Savé, Pharm. — Ancenis (Loire-Inférieure).

Savoye (Claudius), Inst. — Odenas (Rhône).

Schæffer (Gustave), Chim.-Manufac. — Château de Pfastatt (Alsace-Lorraine).

Schamoun (Philippe), Délég. à la Dir. gén. des Fin. — Tozeur (Tunisie).

Scheurer (Auguste). — Logelbach près Colmar (Alsace-Lorraine).

Schickler (le Baron Fernand de), 17, place Vendôme. — Paris.

Schilde (le Baron de), château de Schilde par Wyneghem (province d'Anvers) (Belgique). — **R**

Schleicher (M**me** Adolphe), 15, rue des Saints-Pères. — Paris.

Schleicher (Adolphe), Libr.-Édit., 15, rue des Saints-Pères. — Paris.

Schleicher (Charles), Libr.-Édit., 15, rue des Saints-Pères. — Paris.

Schloesing (Henri), Fabric. de prod. chim., 103, rue Sylvabelle. — Marseille (Bouches-du-Rhône).

Schlumberger (Charles), Ing. de la Marine en retraite, 16, rue Christophe-Colomb. — Paris. — **R**

Schmidt (Oscar), 86, rue de Grenelle. — Paris.

Schmit (Émile), Pharm., 24, rue Saint-Jacques. — Châlons-sur-Marne (Marne).

D**r** Schmitt (Charles), 6, rue de Villersexel. — Paris.

D**r** Schmitt (Ernest), Prof. de Chim. et de Pharm. à l'Univ. catholique, 119, rue Nationale. — Lille (Nord).

*Schmitt (Henri), Pharm. de 1**re** cl., 53, rue Notre-Dame-de-Lorette. — Paris. — **R**

Schmitt (Joseph), Prof. à la Fac. de Méd., 51, rue Chanzy. — Nancy (Meurthe-et-Moselle).

Schmutz (Emmanuel), 1, rue Kageneck. — Strasbourg (Alsace-Lorraine). — **R**

Schneegans (le Général Charles), 67, faubourg de Besançon. — Montbéliard (Doubs).

Schneider (Eugène), Maître de Forges, Député de Saône-et-Loire, 42, rue d'Anjou. — Paris.

D**r** Schœlhammer, 14, rue de la Sinne. — Mulhouse (Alsace-Lorraine).

Schœlhammer (Paul), Chim. chez MM. Scheurer, Rott et C**ie**. — Thann (Alsace-Lorraine).

Schœndœrffer (Paul), Ing. en chef des P. et Ch. — Annécy (Haute-Savoie).

Schoenlaub (Paul), Pharm. — Genève (Suisse).

Schott (Frédéric), anc. Pharm., 22, rue Kühn. — Strasbourg (Alsace-Lorraine).

Schrader (Frantz), Prof. à l'Éc. d'Anthrop. Mem. de la Dir. cent. du Club Alpin français, 75, rue Madame. — Paris.

Dr **Schwartz (Édouard)**, Agr. à la Fac. de Méd., Chirurg. des Hôp., 183, boulevard Saint-Germain. — Paris.

Schwérer (Pierre, Alban), Notaire, 3, rue Saint-André. — Grenoble (Isère). — **R**

Schwich (Vincent), Ing. civ., Représentant de la Maison Pavin de Lafarge, 24, avenue de France. — Tunis.

Schwob, Dir. du *Phare de la Loire*, 6, rue de L'Héronnière. — Nantes (Loire-Inférieure).

Scrive-Loyer (Jules), Nég., 294, rue Léon-Gambetta. — Lille (Nord).

Sebert (le Général Hippolyte), Mem. de l'Inst., Admin. de la *Soc. anonyme des Forges et Chantiers de la Méditerranée*, 14, rue Brémontier. — Paris. — **R**

Secrestat, Nég., 34, rue Notre-Dame. — Bordeaux (Gironde).

Secrétaire administratif de la Société des Ingénieurs civils de France (Le), 19, rue Blanche. — Paris.

Secretan (Georges), Ing.-Optic., 13, place du Pont-Neuf. — Paris.

Sédillot (Maurice), Entomol., Mem. de la *Com. scient. de Tunisie*, 20, rue de L'Odéon. — Paris. — **R**

Dr **Sée (Marc)**, Mem. de l'Acad. de Méd., Agr. à la Fac. de Méd., Chirurg. des Hôp., 126, boulevard Saint-Germain. — Paris.

Dr **Segond (Paul)**, Agr. à la Fac. de Méd., Chirurg. des Hôp., 11, quai d'Orsay. — Paris.

Segretain (le Général Léon), 23, rue de L'Hôtel-Dieu. — Poitiers (Vienne).

Séguin (F.), Chef de bureau au Min. des Fin., 10, rue du Dragon. — Paris.

Seguin (J., M.), Rect. hon., 27, rue Chaptal. — Paris.

Séguin (Léon), Dir. de la *Comp. du Gaz du Mans, Vendôme et Vannes*, à l'Usine à gaz. — Le Mans (Sarthe).

Seguy (Paul), Ing.-Élect., 53, rue Monsieur-le-Prince. — Paris.

*Seigle (Louis), Chirurg.-Dent., 13, rue Lafaurie de Monbadon. — Bordeaux (Gironde).

Seiler (Albert), Ing. des Arts et Man., Construc. d'ap. à gaz, 17, rue Martel. — Paris.

Seiler (Mme Antonin). — La Châtre (Indre).

Seiler (Antonin), Juge hon. — La Châtre (Indre).

Seiler (Joseph, Charles), Ing. civ., Construct. d'ap. à gaz, 17, rue Martel. — Paris.

Séligmann (Eugène), Agent de change hon., 133, boulevard Malesherbes. — Paris.

Séligmann-Lui (Émile), Insp. d'assur. sur la vie, 39, rue Notre-Dame-de-Lorette. — Paris.

Selleron (Ernest), Ing. de la Marine en retraite, 76, rue de La Victoire. — Paris. — **R**

Dr **Sellier (Jean)**, Chef des trav. de Physiol. à la Fac. de Méd., 29, rue Boudet. — Bordeaux (Gironde).

Sélys-Longchamps (Walther de). — Ciney (Belgique).

Senderens (l'Abbé Jean-Baptiste), Doct. ès Sc., Prof. de Chim. à l'Inst. catholique, 31, rue de la Fonderie. — Toulouse (Haute-Garonne).

Sentini (Émile), Pharm., Présid. de la *Soc. de Pharm. de Lot-et-Garonne*. — Agen (Lot-et Garonne).

Serbat (Louis), Élève à l'Éc. des Chartes. — Saint-Saulve (Nord).

Serre (Fernand), Prop., 1, rue Levat. — Montpellier (Hérault). — **R**

Serré-Guino (Alphonse), Prof. hon. à l'Éc. norm. sup. d'Ens. second. pour les jeunes filles, anc. Examin. d'admis. à l'Éc. spéc. milit., 114, rue du Bac. — Paris.

Servant (Joseph), Prépar. de Chim. à la Fac. des Sc., rue de L'École-de-Pharmacie. — Montpellier (Hérault).

Dr **Servantie (Xavier)**, Pharm. de 1re cl., 28, rue Castillon. — Bordeaux (Gironde).

Dr **Seure**, 4, rue Diderot. — Saint-Germain-en-Laye (Seine-et-Oise).

Dr **Seynes (Jules de)**, Agr. à la Fac. de Méd., 15, rue Chanaleilles. — Paris. — **F**

Seynes (Léonce de), 58, rue Calade. — Avignon (Vaucluse). — **R**

Seyrig (Théophile), Ing. des Arts et Man., Construc., 43, rue de Rome. — Paris.

Sicard (Germain), Présid de la *Soc. d'études scient. de l'Aude*, château de Rivière. — Caunes-Minervois (Aude).

Sicard (Hilaire), Pharm. de 1re cl., 1, place de La République. — Béziers (Hérault).

Siéber (H.-A.), 23, rue de Paradis. — Paris. — **F**

Siegfried (Jacques), Banquier, 20, rue des Capucines. — Paris.

Siégler (Ernest), Ing. en chef des P. et Ch., Ing. en chef adj. de la Voie à la *Comp. des Chem. de fer de l'Est*, 48, rue Saint-Lazare. — Paris. — **R**

Dr **Siffre (Achille)**, Prof. à l'Éc. dentaire, 97, boulevard Saint-Michel. — Paris.

Sigalas (Clément), Prof. à la Fac. de Méd., 67, rue de La Teste. — Bordeaux (Gironde).

Signoret (Maximin), Prop., 10, rue du Vingt-Neuf-Juillet. — Paris.

Silvestre (André), Ing.-Entrep. — Monistrol-sur-Loire (Haute-Loire).

Siméon (Paul), Ing. civ., Représent. de la *Soc. I. et A. Pavin de Lafarge*, anc. Élève de l'Éc. Polytech., 42, boulevard des Invalides. — Paris.

Simon, Prof. à la Fac. de Méd., 23, place de La Carrière. — Nancy (Meurthe-et-Moselle).

Simon (Georges), Prop.-Vitic., domaine des Hamyans. — Saint-Leu (départ. d'Oran) (Algérie).

Simon (J.), Pharm., 13, rue Grange-Batelière. — Paris.

Simon (Louis), Prof. d'Hydrog. de la Marine en retraite, 148, rue de Paris. — Boulogne-sur-Seine (Seine).

Simon (René), Ing., 41, rue Gambetta. — Saint-Étienne (Loire).

Sinard (Mlle Berthe), Géol., 6, rue Galante. — Avignon (Vaucluse).

Dr Sinety (le Comte Louis de), 14, place Vendôme. — Paris.

Sire (Georges), Corresp. de l'Inst., Mem. de l'*Acad. des Sc., Belles-Lettres et Arts*, 15, rue de La Mouillère. — Besançon (Doubs).

Siret (Louis), Ing. — Cuevas de Vera (province d'Almeria) (Espagne). — **R**

Sirodot (Simon), Corresp. de l'Inst., Doyen hon. et Prof. à la Fac. des Sc., rue Malakoff. — Rennes (Ille-et-Vilaine).

Société industrielle d'Amiens. — Amiens (Somme). — **R**

Société d'Études scientifiques d'Angers, place des Halles. — Angers (Maine-et-Loire).

Société scientifique d'Arcachon. — Arcachon (Gironde).

Société de Médecine vétérinaire de L'Yonne. — Auxerre (Yonne).

Société Ramond. — Bagnères-de-Bigorre (Hautes-Pyrénées).

Société d'Émulation du Doubs. — Besançon (Doubs).

Société de Médecine de Besançon et de La Franche-Comté. — Besançon (Doubs).

Société d'Études des Sciences naturelles. — Béziers (Hérault).

Société d'Histoire naturelle de Loir-et-Cher. — Blois (Loir-et-Cher).

Société des Sciences et des Lettres de Loir-et-Cher. — Blois (Loir-et-Cher).

Société linnéenne de Bordeaux (à l'Athénée), 53, rue des Trois-Conils. — Bordeaux (Gironde).

Société de Médecine et de Chirurgie de Bordeaux (à l'Athénée), 53, ru des Trois-Conils. — Bordeaux (Gironde).

Société de Pharmacie de Bordeaux (à l'Athénée), 53, rue des Trois-Conils. — Bordeaux (Gironde).

Société philomathique de Bordeaux, 2, cours du XXX Juillet. — Bordeaux (Gironde). — **R**

Société des Sciences physiques et naturelles de Bordeaux, 143, cours Victor-Hugo. — Bordeaux (Gironde). — **R**

Société académique de Brest. — Brest (Finistère). — **R**

Société française d'Entomologie. — Caen (Calvados).

Société de Médecine de Caen et du Calvados. — Caen (Calvados).

Société des Arts et Sciences de Carcassonne. — Carcassonne (Aude).

Société d'Agriculture, Commerce, Sciences et Arts du département de La Marne. — Châlons-sur-Marne (Marne).

Société nationale des Sciences naturelles et mathématiques de Cherbourg. — Cherbourg (Manche).

Société de Borda. — Dax (Landes).

Société d'Agriculture, Sciences et Arts de Douai, 8 *bis*, rue d'Arras. — Douai (Nord).

Société libre d'Agriculture, Sciences, Arts et Belles-Lettres de L'Eure. — Évreux (Eure). — **R**

Société des Sciences naturelles et archéologiques de La Creuse. — Guéret (Creuse).

Société médicale de Jonzac. — Jonzac (Charente-Inférieure).

Société de Médecine et de Chirurgie. — La Rochelle (Charente-Inférieure).

Société des Sciences naturelles de La Charente-Inférieure. — La Rochelle (Charente-Inférieure).

Société de Géographie commerciale du Havre, 131, rue de Paris. — Le Havre (Seine-Inférieure).

Société agricole et scientifique de La Haute-Loire. — Le Puy en Velay (Haute-Loire).

Société centrale de Médecine du Nord. — Lille (Nord). — **R**

Société de Géographie de Lisbonne (Portugal).

Société d'Anthropologie de Lyon (Palais des Arts), place des Terreaux. — Lyon (Rhône).

Société d'Économie politique de Lyon (M. P. A. Bléton, Secrétaire général), 13, quai de L'Archevêché. — Lyon (Rhône).

Société anonyme des Houillères de Montrambert et de La Béraudière, 70, rue de L'Hôtel-de-Ville. — Lyon (Rhône). — **F**

Société de Lecture de Lyon, 1, place Saint-Nizier. — Lyon (Rhône).

*Société de Pharmacie de Lyon, Palais des Arts. — Lyon (Rhône).
Société des Sciences médicales de Lyon, 41, quai de L'Hôpital. — Lyon (Rhône).
Société départementale d'Agriculture des Bouches-du-Rhône, 10, rue Venture. — Marseille (Bouches-du-Rhône).
Société de Géographie de Marseille, 25, rue Montgrand. — Marseille (Bouches-du-Rhône).
Société des Pharmaciens des Bouches-du-Rhône, 3, marché des Capucines. — Marseille (Bouches-du-Rhône).
*Société de Statistique de Marseille, 2, rue Sylvabelle. — Marseille (Bouches-du-Rhône).
Société générale des Transports maritimes à vapeur, 3, rue des Templiers. — Marseille (Bouches-du-Rhône).
Société d'Émulation de Montbéliard. — Montbéliard (Doubs).
Société des Sciences de Nancy. — Nancy (Meurthe-et-Moselle).
Société académique de La Loire-Inférieure, 1, rue Suffren. — Nantes (Loire-Inférieure). — **R**
Société des Lettres, Sciences et Arts des Alpes-Maritimes, 1, rue Sainte-Clotilde. — Nice (Alpes-Maritimes).
Société de Médecine et de Climatologie de Nice, 4, rue de La Buffa. — Nice (Alpes-Maritimes).
*Société d'Études des Sciences naturelles, 6, quai de La Fontaine. — Nîmes (Gard).
Société d'Agriculture, Sciences et Arts d'Orléans, 6, rue Antoine-Petit. — Orléans (Loiret).
Société centrale des Architectes français, 8, rue Danton. — Paris. — **R**
*Société des anciens Élèves des Écoles nationales d'Arts et Métiers, 6, rue Chauchat. — Paris.
*Société botanique de France, 84, rue de Grenelle. — Paris. — **R**
Société entomologique de France, 28, rue Serpente (Hôtel des Sociétés Savantes). — Paris.
Société anonyme des Forges et Chantiers de la Méditerranée, 1 et 3, rue Vignon — Paris. — **F**
Société de Géographie, 184, boulevard Saint-Germain. — Paris. — **R**
Société française d'Hygiène (le Président de la), 30, rue du Dragon. — Paris.
Société des Ingénieurs civils de France, 19, rue Blanche. — Paris. — **F**
Société de Médecine vétérinaire pratique, 28, rue Serpente (Hôtel des Sociétés Savantes). — Paris.
Société médico-chirurgicale de Paris (ancienne Société médico-pratique), 29, rue de La Chaussée d'Antin. — Paris. — **R**
Société de Pharmacie de Paris, 4, avenue de L'Observatoire (École de Pharmacie). — Paris.
Société française de Photographie, 76, rue des Petits-Champs. — Paris. — **R**
Société générale des Téléphones, 9, place de La Bourse. — Paris. — **F**
Société des Sciences, Lettres et Arts de Pau. — Pau (Basses-Pyrénées). — **R**
Société agricole, scientifique et littéraire des Pyrénées-Orientales. — Perpignan (Pyrénées-Orientales).
Société industrielle de Reims, 18, rue Ponsardin. — Reims (Marne). — **R**
Société médicale de Reims, 71, rue Chanzy. — Reims (Marne). — **R**
Société d'Agriculture, Industrie, Sciences, Arts, Belles-Lettres du département de La Loire. — Saint-Étienne (Loire).
Société d'Agriculture, d'Archéologie et d'Histoire naturelle du département de La Manche. — Saint-Lô (Manche).
Société anonyme de la Brasserie de Tantonville. — Tantonville (Meurthe-et-Moselle).
Société des Sciences naturelles de Tarare. — Tarare (Rhône).
Société polymathique du Morbihan. — Vannes (Morbihan).
Société des Sciences et Arts de Vitry-le-François. — Vitry-le-François (Marne).
*Sociétés de Pharmacie du Sud-Est (Fédération des). — Pierrelate (Drôme).
Sollier (Eugène), Fabric. de ciment. — Neufchâtel (Pas-de-Calais).
Solms (le Comte Louis de), Ing. des Arts et Man. — Port-Louis (Morbihan). — **R**
Solvay (Ernest), Indust., Sénateur, 45, rue des Champs-Élysées. — Bruxelles (Belgique). — **F**.
Solvay et Cie, Usine de prod. chim. de Varangeville-Dombasle par Dombasle (Meurthe-et-Moselle). — **F**
Somasco (Charles), Ing. civ. — Creil (Oise).

Dr Sonnié-Moret (Abel), Pharm. de l'Hôp. des Enfants malades, 149, rue de Sèvres. — Paris. — **R**

Soreau (Rodolphe), Ing., anc. Élève de l'Éc. Polytch., Expert près le Cons. de Préfect. de la Seine, 65, rue de La Victoire. — Paris.

Soret (Charles), Prof. à l'Univ., 6, rue Beauregard. — Genève (Suisse). — **R**

Sorin de Bonne (Louis), Avocat, anc. s.-Préfet, 6, rue Duquesne. — Lyon (Rhône).

Soubeiran (Louis-Maxime), s.-Dir. de l'Éc. prat. d'Indust., — Béziers (Hérault).— **R**

Soulier (Albert), Maître de conf. de Zool. à la Fac. des Sc., 1, boulevard Pasteur. — Montpellier (Hérault).

Dr Spengler (Georges), 2, place Saint-François. — Lausanne (Suisse).

Spillmann (Paul), Prof. à la Fac. de Méd., Corresp. nat. de l'Acad. de Méd., 40, rue des Carmes. — Nancy (Meurthe-et-Moselle).

Dr Stagienski de Holub (Adolphe), 13, rue Gambetta. — Saint-Étienne (Loire).

Stapfer (Daniel), Ing. des Arts et Man., Construc., Sec. gén. de la *Soc. scient. indust.*, 5, boulevard Notre-Dame. — Marseille (Bouches-du-Rhône).

Stapfer (Henri), Nég., 5, boulevard Notre-Dame. — Marseille (Bouches-du-Rhône).

Steinmetz (Charles), Tanneur, 60, rue d'Illzach. — Mulhouse (Alsace-Lorraine). — **R**

Stengelin, Banquier, 9, quai Saint-Clair. — Lyon (Rhône). — **R**

Stéphan (Édouard), Corresp. de l'Inst., Prof. d'Astro. à la Fac. des Sc., Dir. de l'Observatoire, 2, place Le Verrier. — Marseille (Bouches-du-Rhône).

*Stéphan (Pierre), Chef des trav. d'Histologie à l'Éc. de Méd., 2, place Le Verrier. — Marseille (Bouches-du-Rhône).

Dr Stéphann (E.), 15, boulevard de La République. — Alger.

Stern (Edgar), Banquier, 20, avenue Montaigne. — Paris.

Stirrup (Mark), Mem. de la *Soc. géol. de Londres*, High-Thorn Stamford road. — Bowdon (Cheshire) (Angleterre).

D^r Stœber, 66, rue Stanislas. — Nancy (Meurthe-et-Moselle).

Stœcklin (Auguste), Insp. gén. des P. et Ch., 6, avenue de L'Alma. — Paris.

Dr Stoklasa (Jules), Prof. à l'Éc. polytech. sup., Dir. de la Stat. physiol. du royaume de Bohême. — Prague (Autriche-Hongrie).

Storck (Mme Adrien), 78, rue de L'Hôtel-de-Ville. — Lyon (Rhône).

Storck (Adrien), Ing. des Arts et Man., 78, rue de L'Hôtel-de-Ville. — Lyon (Rhône). — **R**

Suais (Abel), Ing. en chef des trav. pub. des Colonies, Dir. de la *Comp. impériale des Chem. de fer Éthiopiens*, 13, rue Léon-Coignet. — Paris. — **R**

Suarez de Mendoza (Mme Ferdinand), 22, avenue de Friedland. — Paris.

Dr Suarez de Mendoza (Ferdinand), 22, avenue de Friedland — Paris.

Sube (Ludovic), Indust., 35, boulevard Périer. — Marseille (Bouches-du-Rhône).

Dr Suchard, 85, boulevard de Port-Royal. — Paris et, l'été, aux bains de Lavey (Vaud) (Suisse). — **F**

Surrault (Ernest), Notaire hon., 45, avenue de L'Alma. — Paris. — **R**

Surun (Émile), Pharm., 165, rue Saint-Honoré. — Paris.

*Syndicat des Pharmaciens de l'Indre. — Châteauroux (Indre).

Dr Szerb (Sigismond), v. Josef-tér, 14. — Budapest (Autriche-Hongrie).

Dr Tachard (Élie), Méd. princ. de 1re cl., Dir. du Serv. de santé du 11e Corps d'armée, 16, passage Russeil. — Nantes (Loire-Inférieure). — **R**

Tachet, Nég., anc. Présid. du Trib. de Com., 12, boulevard de La République.— Alger.

Taillefer (Amédée), Cons. hon. à la Cour d'Ap., 27, rue Cassette. — Paris.

Takata et Cie, 1, Yurakucho-Itchome Kojimachi-Ku. — Tokio (Japon).

Tanesse, Prof. de l'Ens. second. en retraite, 53, quai Valmy. — Paris.

Tanner (Alexandre-Alexandrowich), Prof., Cons. d'État. — Pskoff (Russie).

Tanret (Charles), Pharm. de 1re cl., 14, rue d'Alger. — Paris. — **R**

*Tanret (Georges), Étud., 14, rue d'Alger. — Paris. — **R**

Tardy (Mme Ve Charles). — Simandre (Ain).

Target (Émile), Fabric. de prod. chim., 26, rue Saint-Gilles. — Paris.

Tarry (Gaston), anc. Insp. des Contrib. diverses. — Kouba (départ. d'Alger). — **R**

Tarry (Harold), Insp. des fin. en retraite, anc. Élève de l'Éc. Polytech., villa Letellier d'Aufresne. — Kouba (départ. d'Alger). — **R**

Tastet (Édouard), Nég., 60, quai des Chartrons. — Bordeaux (Gironde).

Tatin (Victor), Ing.-Construc., Lauréat de l'Inst., 14, rue de La Folie-Regnault. — Paris.

Tavernier (Charles de), Ing. en chef des P. et Ch., 67, rue de Prony. — Paris.

Tavernier (François), Rent., 28, rue Michel-Ange. — Paris.

Tavernier (Pascal), Présid. du Trib. de Com., 12, rue de La Paix. — Saint-Étienne (Loire).

Dr **Teillais (Auguste)**, place du Cirque. — Nantes (Loire-Inférieure). — **R**

Teisserenc de Bort (Edmond), Agric., Sénateur de la Haute-Vienne, villa de Muret. — Ambazac (Haute-Vienne).

Teisserenc de Bort (Léon), Sec. gén. de la *Soc. météor. de France*, 82, avenue Marceau. — Paris.

Teissier (Joseph), Prof. à la Fac. de Méd., Corresp. nat. de l'Acad. de Méd., Méd. des Hôp., 8, place Bellecour. — Lyon (Rhône). — **R**

Templier (Armand), 81, boulevard Saint-Germain. — Paris.

Terquem (Paul, Augustin), Prof. d'Hydrog. de la Marine en retraite, 41, rue Saint-Jean. — Dunkerque (Nord).

Terras (J., M.) Prop., 9, rue d'Allemagne. — Tunis.

Terrier (Félix), Prof. à la Fac. de Méd., Mem. de l'Acad. de Méd., Chirurg. hon. des Hôp., 11, rue de Solférino. — Paris.

Terrier (Paul), Ing. civ., 56, rue de Provence. — Paris.

Dr **Tersou (Albert)**, anc. Int. des Hôp., Chef de Clin. ophtalm. à la Fac. de Méd. (Hôtel-Dieu), 10, place De Laborde. — Paris.

Testut (Léo), Prof. d'Anat. à la Fac. de Méd., Corresp. nat. de l'Acad. de Méd., 3, avenue de L'Archevêché. — Lyon (Rhône). — **R**

Teulade (Marc), Avocat, Mem. de la *Soc. de Géog.* et de la *Soc. d'Hist. nat. de Toulouse*, 22, rue Pharaon. — Toulouse (Haute-Garonne). — **R**

Teullé (le Baron Pierre), Prop., Mem. de la *Soc. des Agricult. de France*. — Moissac (Tarn-et-Garonne). — **R**

*Teutsch (Jacques)**, Lic. ès Lettres, 32, place Saint-Georges. — Paris.

Dr **Texier (Georges)**. — Moncoutant (Deux-Sèvres). — **R**

Dr **Texier (Victor)**, 8, rue Jean-Jacques-Rousseau. — Nantes (Loire-Inférieure).

Thanneur (Eugène), Ing. en chef des P. et Ch., 21, boulevard Daunou. — Boulogne-sur-Mer (Pas-de-Calais).

Thélin (René de), Ing. en chef des P. et Ch. — Tarbes (Hautes-Pyrénées).

*Thellier de La Neuville (Henri)**, Étud., 26, rue des Jardins. — Lille (Nord).

*Thellier de La Neuville (Pierre)**, Étud., 26, rue des Jardins. — Lille (Nord).

Thénard (Mme la Baronne Ve Paul), 6, place Saint-Sulpice. — Paris. — **R**

Thénard (le Baron Arnould), Chim.-Élect., 6, place Saint-Sulpice. — Paris.

Théry (Raymond), anc. Notaire, 10, place Saint-Jacques. — Tourcoing (Nord).

Thevenet (Antoine), Dir. de l'Éc. prép. à l'Ens. sup. des Sc., 34, rue Hoche. — Alger-Agha.

Thibault (J.), Tanneur, 18, place du Maupas. — Meung-sur-Loire (Loiret). — **R**

Dr **Thibierge (Georges)**, Méd. des Hôp., 7, rue de Surène. — Paris. — **R**

Thiébaut (Émile), Étud. en Pharm., 73, rue des Quatre-Églises. — Nancy (Meurthe-et-Moselle).

Thiercelin (Alphonse), Dir. de la *Soc. gén.* — Auxerre (Yonne).

Thierry (Georges), Indust., 37, Bold-street. — Liverpool (Angleterre).

Thiollier (Félix), 3, rue Duguay-Trouin. — Paris.

Thiollier (Noël), Lic. en droit, Archiv.-Paléog., 22, rue de La Bourse. — Saint-Étienne (Loire).

Thiriez (Alfred), Ing. des Arts et Man., Filat., 303, rue Nationale. — Lille (Nord).

Thirion (Émile), Présid. de la *Soc. d'Hortic. de Senlis*, faubourg de Villevert. — Senlis (Oise).

Thomas (A.), Notaire, 53, route d'Orléans. — Montrouge (Seine).

Thomas (Eugène), Nég., château de La Rouquette. — Villeveyrac (Hérault).

Dr **Thomas-Duris (René)**, route d'Eymoutiers. — Bugeat (Corrèze).

Thouroude (Eugène), Doct. en droit, Commis.-Pris., 32, rue Le Peletier. — Paris.

*Thuillier (Onézime)**, Chirurg.-Dent., 24, rue de L'Hôpital. — Rouen (Seine-Inférieure).

*Dr **Thulié (Henri)**, Dir. de l'Éc. d'Anthrop., anc. Présid. du Cons. mun., 37, boulevard Beauséjour. — Paris. — **R**

Thurneyssen (Émile), Admin. de la *Comp. gén. Transat.*, 10, rue de Tilsitt. — Paris. — **R**

Thurninger (Albert), Ing. en chef des P. et Ch., 111, rue de Rennes. — Paris.

Tillion (Antoine), Prop., 15, rue Sous-les-Augustins. — Clermont-Ferrand (Puy-de-Dôme).

Tison (Adrien), Prép. à la Fac. des Sc., 32, place Saint-Sauveur. — Caen (Calvados).

Dr **Tison (Édouard)**, Doct. ès Sc. Nat., Méd. en chef de l'Hôp. Saint-Joseph, 137, rue de Rennes. — Paris.

Tissandier (Albert), Archit., 50, rue de Châteaudun. — Paris.

Tisserand (Paul), Prof. hon. de l'Univ., 21, rue du Kambert. — Saint-Dié (Vosges).

Tisseyre (Albert), 43, rue Boudet. — Bordeaux (Gironde).

Tissié-Sarrus, Banquier, 2, rue du Petit-Saint-Jean. — Montpellier (Hérault). — **F**

Tissot, Examin. d'admis. à l'Éc. Polytech. en retraite. — Voreppe (Isère). — **R**

*D**r** Tommasini (Paul), 8, boulevard Seguin. — Oran (Algérie).

D**r** Topinard (Paul), 105, rue de Rennes. — Paris. — **R**

D**r** Toraude (Léon), Pharm., 6, rue Marengo — Paris.

Torrilhon, Fabric. de caoutchouc. — Chamalières par Clermont-Ferrand (Puy-de-Dôme).

Touchard (Ernest), Nég., 97, avenue de Clichy. — Paris.

D**r** Touche (Rémy), anc. Int. des Hôp., Méd. de l'Hospice. — Limeil-Brévannes (Seine-et-Oise).

Toulon (Paul), Lic. ès Lettres et ès Sc., Ing. en chef des P. et Ch., Attaché à la *Comp. des Chem. de fer de l'Ouest*, 75, rue Madame. — Paris.

D**r** Tourangin (Gaston), anc. Mem. du Cons. gén. de l'Indre, 20 *bis*, boulevard Voltaire. — Paris.

Tourniel (Paul), Prop., 3, rue Herschel. — Paris.

Tourtelot (M**me** Gabriel), 11 *bis*, avenue de Pontaillac. — Royan-les-Bains et l'hiver à Saint-Fort-sur-Gironde (Charente-Inférieure).

D**r** Tourtelot (Gabriel), 11 *bis*, avenue de Pontaillac. — Royan-les-Bains et l'hiver à Saint-Fort-sur-Gironde (Charente-Inférieure).

Tourtoulon (le Baron Charles de), Prop., 13, rue Roux-Alphéran. — Aix en Provence (Bouches-du-Rhône). — **R**

Toussaint (M**lle** J.), 7, rue de Bruxelles. — Paris.

*Touvet-Fanton (Ed.), Chirurg.-Dent., 38, boulevard de Sébastopol. — Paris.

D**r** Trabut (Louis), Prof. à l'Éc. de Méd., Méd. de l'Hôp. civ., 7, rue Desfontaines. — Alger-Mustapha.

Trabut-Cussac (Paul), Prop., 6, quai Louis-XVIII. — Bordeaux (Gironde).

Travet (Antoine), Prop. — Crécy en Brie (Seine-et-Marne).

Trébucien (Ernest), Manufac., 25, cours de Vincennes. — Paris. — **F**

Treilhes (Émile), Chef du serv. com. des Mines de Carmaux, 41, rue d'Auriol. — Toulouse (Haute-Garonne).

Treille (Victor), Pharm. de 1re cl., Prof. de Botan., 61, place Guichard. — Lyon (Rhône).

Trélat (Émile), Ing. des Arts et Man., Archit. en chef hon. du départ. de la Seine, Prof. hon. au Conserv. nat. des Arts et Mét., Dir. de l'Éc. spéc. d'Archit., anc. Député, 17, rue Denfert-Rochereau. — Paris. — **R**

Trélat (Gaston), Archit., 9, rue du Val-de-Grâce. — Paris.

Trenquelléon (Fernand de), Prop., 5, place de La République. — Agen (Lot-et-Garonne).

Trépied (Charles), Dir. de l'Observatoire. — Bouzaréa (départ. d'Alger).

Trèves (Edmond), Rent., 11, avenue des Peupliers (villa Montmorency). — Paris.

*Trey (César de), Nég., 54, Shaftesbury avenue. — Londres (Angleterre).

Trincaud la Tour (Émile de), Banquier, 7, cours du Jardin-Public. — Bordeaux (Gironde).

D**r** Tripet (Jules), 2, rue de Compiègne. — Paris.

Troost (Louis), Mem. de l'Inst., Prof. de Chim. à la Fac. des Sc., 84, rue Bonaparte. — Paris.

Trouette (Édouard), Pharm. de 1ro cl., Fabric. de prod. pharm., 15, rue des Immeubles Industriels. — Paris.

Trouvé (Gustave), Ing.-Élect., 14, rue Vivienne. — Paris.

Trutat (Eugène), Doct. ès Sc., Dir. du Musée d'Hist. nat., 10, place du Palais. — Toulouse (Haute-Garonne).

Trystram (Jean-Baptiste), Sénateur et Mem. du Cons. gén. du Nord, 95, rue de Rennes. — Paris.

Tuleu (M**me** Charles, Aubin), 58, rue d'Hauteville. — Paris. — **R**

Tuleu (Charles, Aubin), Ing. civ., anc. Élève de l'Éc. Polytech., 58, rue d'Hauteville. — Paris. — **R**

Turc (Henri), Lieut. de Vaisseau à bord du *Bouvet*, Escadre de la Méditerranée. — Toulon (Var).

* Turpain (Albert), Doct. ès. Sc., Maître de Conf. de Phys. à la Fac. des Sc., 4, rue Vauvert. — Poitiers (Vienne).

*Turquan (M**me** Victor), 158, boulevard de La Croix-Rousse. — Lyon (Rhône).

*Turquan (Victor), Recev.-Percept., Memb. du Cons. sup. de Statistique, 158, boulevard de La Croix-Rousse. — Lyon (Rhône).

*Ucciani (Dominique), anc. Prof., Cercle littéraire.— Ajaccio (Corse).

Urscheller (Henri), Prof. d'allemand au Lycée, 83, rue de Siam. — Brest (Finistère). — **R**

Ussel (le Vicomte d'), Ing. en chef des P. et Ch., 4, rue Bayard. — Paris.

Vaillant (Alcide), Archit., 108, avenue de Villiers. — Paris.

Dr Vaillant (Léon), Prof. au Muséum d'Hist. nat., 36, rue Geoffroy-Saint-Hilaire. — Paris. — **R**

*Dr Valcourt (Théophile de), Méd. de l'Hôp. marit. de l'Enfance. — Cannes (Alpes-Maritimes), et l'été, 64, boulevard Saint-Germain. — Paris. — **R**

Valensi (Raymond), Ing. des Arts et Man., 41, rue Al-Djazira. — Tunis.

Valette (Ernest), Ing.-Expert, 1, rue Saint-Ferréol. — Marseille (Bouches-du-Rhône).

Dr Vallon (Charles), Méd. en chef de l'Asile Sainte-Anne, 15, rue Soufflot, — Paris.

Vallot (Joseph), Dir. de l'Observatoire météor. du Mont-Blanc, 114, avenue des Champs-Élysées. — Paris. — **R**

Valot (Paul), Doct. en Droit, Avocat, rue Kléber. — Lure (Haute-Saône). — **R**

Van Aubel (Edmond), Doct. ès Sc. Phys. et Math., Chargé de cours à l'Univ., 136¹, chaussée de Courtrai. — Gand (Belgique). — **R**

Van Berchem (Max), Orientaliste, 1, promenade du Pin. — Genève (Suisse).

Van Blarenberghe (Mme Henri, François), 48, rue de La Bienfaisance. — Paris. — **R**

Van Blarenberghe (Henri, François), Ing. en chef des P. et Ch. en retraite, Présid. du Cons. d'admin. de la *Comp. des Chem. de fer de l'Est*, 48, rue de La Bienfaisance. — Paris. — **R**

Van Blarenberghe (Henri, Michel), Ing. des P. et Ch., 48, rue de La Bienfaisance. — Paris. — **R**

Van Iseghem (Henri), Présid. du Trib. civ., anc. Mem. du Cons. gén. de la Loire-Inférieure, 7, rue du Calvaire. — Nantes (Loire-Inférieure). — **R**

Van Tiéghem (Philippe), Mem. de l'Inst., Prof. au Muséum d'Hist. nat., 22, rue Vauquelin. — Paris. — **R**

Vandelet (O.), Nég., Délég. du Cambodge au Cons. sup. des Colonies. — Pnumpehn (Cambodge). — **R**

Varin (Achille), Doct. en droit, Avocat à la Cour d'Ap., 140, boulevard Haussmann. — Paris.

Variot, Ing. civ., 13, rue de Constantine. — Lyon (Rhône).

Varlé (Paul), Ing. civ., Dir. du Bureau de Paris de la *Comp. de Courrières*, 20, rue des Petits-Hôtels. — Paris.

Varoquier, Vétér., 19, rue Saint-Georges. — Paris.

Vaschalde (Henry), Dir. de l'Établis. therm. — Vals-les-Bains (Ardèche).

Vasnier, Gref. des Bâtiments, 34, rue de Constantinople. — Paris.

Vasnier (Henri), Associé de la Maison Pommery, 7, rue Vauthier-le-Noir.—Reims (Marne).

Vassal (Alexandre). — Montmorency (Seine-et-Oise) et, 55, boulevard Haussmann. — Paris. — **R**

Vassel (le Capitaine Eusèbe), Mem. de la *Soc. Géol. de France*. — Maxula-Radès (Tunisie).

Vassilière (Frédéric), Prof. départ. d'Agric., 52, cours Saint-Médard. — Bordeaux (Gironde).

Vattier (Jean-Baptiste), Prof. d'Hydrog. de la Marine en retraite, 5, place du Calvaire. — Paris.

Vauquelin (Mme), château de Saint-Maclou par Beuzeville (Eure).

Dr Vautherin, 5, rue du Repos. — Belfort.

Vautier (Théodore), Prof. adj. à la Fac. des Sc., 30, quai Saint-Antoine. — Lyon (Rhône). — **R**

Dr Vautrin (Alexis), Agr. à la Fac. de Méd., 45, cours Léopold. — Nancy (Meurthe-et-Moselle).

Vayson (Jean, Antoine), Mem. de la *Soc. française d'Archéol.* et de la *Société d'Émulation*. — Abbeville (Somme).

Vélain (Charles), Prof. à la Fac. des Sc., 9, rue Thénard. — Paris.

Velin (Charles), Indust., Maire, château La Poirie. — Saulxures-sur-Moselotte (Vosges).

Velten (Eugène), Admin. de la *Banque de France*, Mem. de la Ch. de Com., Présid. de la *Soc. anonyme des Brasseries de la Méditerranée*, 42, rue Bernard-du-Bois. — Marseille (Bouches-du-Rhône).

Venet (le Commandant Paul), 68 *bis*, rue Jouffroy. — Paris.

Dr Verchère (Fernand), Chirurg. de Saint-Lazare, 101, rue du Bac. — Paris.

Verdet (Ernest), Présid. de la Ch. de Com., 87, rue Joseph-Vernet. — Avignon (Vaucluse).

Verdet (Gabriel), anc. Présid. du Trib. de Com. — Avignon (Vaucluse). — **F**

Verdier (A.), Libr., 35, rue du Commerce. — Blois (Loir-et-Cher).

Verdin (Charles), Construc. d'inst. de précis. pour la physiol., 7, rue Linné. — Paris.

Vergely, Prof. à la Fac. de Méd., Corresp. nat. de l'Acad. de Méd., Méd. des Hôp., 3, rue Guérin. — Bordeaux (Gironde).

Dr Verger (Théodore). — Saint-Fort-sur-Gironde (Charente-Inférieure). — **R**

Vergnes (Auguste), Planteur à Mayumba (Congo français), 2, rue des Jardins. — Castres (Tarn). — **R**

*Verley (Mme Marcel), 4, rue Thimonnier. — Paris.

*Verley (Marcel), Archit., 4, rue Thimonnier. — Paris.

Verminck (C., A.), Fabric. d'huiles, 55, cours Pierre-Puget. — Marseille (Bouches-du-Rhône).

Vermorel (Victor), Construc., Dir. de la Stat. vitic. — Villefranche (Rhône). — **R**

Verneuil (Christian de), Ing. civ. attaché aux Études du *Crédit Lyonnais*, 7, rue Lincoln. — Paris.

Verney (Noël), Doct. en droit, Avocat à la Cour d'Ap., 4, rue du Jardin-des-Plantes. — Lyon (Rhône). — **R**.

*Verrine (Mlle), 14, place Saint-Martin. — Caen (Calvados).

Veyrin (Émile), 2 ter, rue Herran. — Paris. — **R**

Vial (Paulin), Cap. de Frégate en retraite. — Voiron (Isère).

Vialay (Alfred), Ing. des Arts et Man., 1, rue de La Chaise. — Paris.

*Viau (Georges), Chirurg.-Dent. diplômé de la Fac. de Méd., Prof. à l'Éc. dentaire, 47, boulevard Haussmann. — Paris.

Viault (François), Prof. à la Fac. de Méd., place d'Aquitaine. — Bordeaux (Gironde).

Vichot (Mme Julien), 6, rue de La Barre. — Lyon (Rhône).

Vichot (Julien), Chirurg.-Dent., 6, rue de La Barre. — Lyon (Rhône).

Dr Vidal (Edmond), Rédac. en chef des *Archives de Thérapeutique*, 13, rue de Lubeck. — Paris.

Vidal (Mme Ve), 22, rue Dauzats. — Bordeaux (Gironde).

Dr Vidal (Émile), Méd. de la *Comp. des Chem. de fer de Paris à Lyon et à la Méditerranée*. — Hyères (Var).

Vidal (Gustave), Botan. — Plascassiers par Grasse (Alpes-Maritimes).

Vidal (Léon), Prof. à l'Éc. nat. des Arts décoratifs, 29, avenue Henri-Martin. — Paris. et château de La Gaffette. — Port-de-Bouc (Bouches-du-Rhône).

Vidal (Paul), Ing. des P. et Ch., 307, boulevard de Caudéran. — Bordeaux (Gironde).

Dr Vidal-Puchals (Joseph), Colón, 2. — Valence (Espagne).

Vieille (Paul), Ing. en chef des Poudres et Salpêtres, 12, quai Henri IV. — Paris.

Vieille-Cessay (l'Abbé François), Dir. au Grand-Séminaire, 12, rue Charles-Nodier. — Besançon (Doubs). — **R**.

Dr Viennois (Louis, Alexandre). — Peyrins par Romans (Drôme). — **R**

Vigarié (Émile), Expert-Géom. — Laissac (Aveyron).

Vignard (Charles), Lic. en Droit, Nég., anc. Juge au Trib. de Com., anc. Mem. du Cons. mun., 16, passage Saint-Yves. — Nantes (Loire-Inférieure). — **R**

Vignes (Léopold), Prop., 4, rue Michel-Montaigne. — Bordeaux (Gironde).

Vignon (Jules), Rent., 45, avenue de Noailles. — Lyon (Rhône). — **F**

Vignon (Louis), Maître des requêtes au Cons. d'État, Prof. à l'Éc. coloniale, Lauréat de l'Inst., 7, rue de La Pompe. — Paris.

Dr Viguier (C.), Doct. ès-Sc., Prof. à l'Éc. prép. à l'Ens. sup. des Sc., 2, boulevard de La République. — Alger. — **R**

Villain (Mme), 5, rue Médicis. — Paris.

Dr Villar (Francis), Agr. à la Fac. de Méd., Chirurg. des Hôp., 9, rue Castillon. — Bordeaux (Gironde).

Villard (Pierre), Doct. en Droit, 29, quai Tilsitt. — Lyon (Rhône). — **R**.

Villaret, 13, rue Madeleine. — Nîmes (Gard).

Ville (Alphonse), Député de l'Allier, rue d'Allier. — Moulins (Allier).

Ville (Mme Ve Georges), 30, cours La Reine. — Paris.

Ville d'Ernée (Mayenne). — **F**

Ville de Marseille (Bouches-du-Rhône). — **F**

Ville de Reims (Marne). — **F**

Ville de Remiremont (Vosges).

Ville de Rouen (Seine-Inférieure). — **F**

Villeréal-Lassaigne (Paul), Notaire. — Fumel (Lot-et-Garonne).

Villiers du Terrage (le Vicomte de), 30, rue Barbet-de-Jouy. — Paris. — **R**

Vincens (Charles), Dir. de l'*Acad. des Sc., Lettres et Arts*, 9, rue de L'Arsenal. — Marseille (Bouches-du-Rhône).

D**r** Vincent, Chirurg. de l'Hôp. civ., Prof. à l'Éc. de Méd., 13, rue d'Isly. — Alger.

Vincent (Auguste), Nég., Armat., 14, quai Louis XVIII. — Bordeaux (Gironde). — **R**

D**r** Vinerta. — Oran (Algérie).

Violle (Jules), Mem. de l'Inst., Maître de conf. à l'Éc. norm. sup., Prof. au Conserv. nat. des Arts et Mét., 89, boulevard Saint-Michel. — Paris. — **R**

Viré (Armand), Attaché au Muséum d'Hist. nat., 55, rue de Buffon. — Paris.

D**r** Viron (Lucien), Pharm. de la Salpêtrière, Rédac. en chef de *l'Union Pharm.*, 47, boulevard de L'Hôpital. — Paris.

Viseur (Jules), Sénateur du Pas-de-Calais, Présid. d'hon. du Cercle agric. du Pas-de-Calais, Corresp. de la *Soc. nat. d'Agric. de France*. — Arras (Pas-de-Calais).

D**r** Vitrac (Junior), Chef de Clin. chirurg. à la Fac. de Méd., 16, rue du Temple. — Bordeaux (Gironde). — **R**

Vivenot (Henry), Ing. en chef des P. et Ch. en retraite, 70, boulevard Saint-Michel. — Paris.

Vivien (Armand), Ing.-Chim., Expert près des Trib.. 18, rue de Baudreuil. — Saint-Quentin (Aisne).

Vizern (Marius), Pharm. de 1re cl., 54, rue Vacon. — Marseille (Bouches-du-Rhône).

Vogley (Charles), Consul de Belgique. — Oran (Algérie).

Vogt (Georges), Ing. des Arts et Man., Dir. des Trav. techniques à la Manufac. nat. de porcelaines. — Sèvres (Seine-et-Oise).

Voisin (Honoré), Dir. des *Mines de Roche-la-Molière et Firminy*, anc. Élève de l'Éc. Polytech. — Firminy (Loire).

Voisin-Bey (Philippe), Insp. gén. des P. et Ch. en retraite, 3, rue Scribe. — Paris.

Vourloud (Gustave), Ing. civ., Indust. — Oullins (Rhône).

Vrana (Constantin), Lic. ès Sc., 48, caléa Dorobantilor. — Bucarest (Roumanie).

Vuibert (Henry), Publiciste, 26, rue des Écoles. — Paris.

Vuigner (Henri), Ing. civ. des Mines, anc. Élève de l'Éc. Polytech., 46, rue de Lille. — Paris

Vuillemin (Émile), Admin., anc. Dir. de la *Comp. des Mines d'Aniche*, 3, rue Victor-Hugo. — Douai (Nord).

Vuillemin (Georges), Ing. civ. des Mines, 6, avenue de Saint-Germain. — Saint-Germain-en-Laye (Seine-et-Oise). — **R**

Vuillemin (Paul), Prof. à la Fac. de Méd. de Nancy, 16, rue d'Armance. — Malzéville (Meurthe-et-Moselle).

Vulpian (André), Lic. ès Sc. nat., 51, avenue Montaigne. — Paris. — **R**

Walbaum (Édouard), Manufac., 20, boulevard Lundy. — Reims (Marne).

Wallon (Étienne), Prof. au Lycée Janson-de-Sailly, 65, rue de Prony. — Paris.

D**r** Walther (Charles), Agr. à la Fac. de Méd., Chirurg. des Hôp., 21, boulevard Haussmann. — Paris.

Warcy (Gabriel de), 38, rue Saint-André. — Reims (Marne). — **R**

D**r** Wecker (Louis de), 55, rue du Cherche-Midi. — Paris.

Weiller (Lazare), Ing.-Manufac. — Angoulême (Charente), et 36, rue de La Bienfaisance. — Paris.

D**r** Weisgerber (Charles, Henri), 62, rue de Prony. — Paris.

D**r** Weiss (Georges), Ing. des P. et Ch., Agr. à la Fac. de Méd., 20, avenue Jules-Janin. — Paris. — **R**.

Wenz (Émile), Nég., 50, boulevard Lundy. — Reims (Marne).

West (Émile), Ing. des Arts et Man., Chef du Lab. d'essais à la Comp. des Chem. de fer de l'Ouest, 29, rue Jacques-Dulud. — Neuilly-sur-Seine (Seine).

Wickersheimer (Émile), Ing. en chef des Mines, anc. Député, 11, chaussée de La Muette. — Paris.

D**r** Wickham (Henri), 16, rue de La Banque. — Paris.

Wilhélem (Mme Georges), 24, rue des Minimes. — Compiègne (Oise).

Wilhélem (Georges), Lic. en Droit, Notaire, 24, rue des Minimes. — Compiègne (Oise).

Willm, Prof. de Chim. gén. appliq. à la Fac. des Sc. (Inst. de Chimie) rue Barthélemy-Delespaul. — Lille (Nord). — **R**

Willot (Albert), Lic. ès Sc. à la Fac. catholique des Sciences. — Lille (Nord).

Winter (David), Nég., 3, avenue Vélasquez. — Paris.

*Witz (Albert), Photog., 31, rue Jeanne-d'Arc. — Rouen (Seine-Inférieure).

Witz (Joseph), Nég. — Épinal (Vosges).

Wolf (Charles), Mem. de l'Inst., Prof. à la Fac. des Sc., Astron. hon. à l'Observ. nat.,
1, rue des Feuillantines. — Paris.

Worms de Romilly, anc. Présid. de la *Soc. française de Phys.*, 27, avenue Montaigne.
— Paris. — **F**

*Wouters (Louis), Homme de Lettres, anc. Chef de Cabinet de Préfet, 80, rue du Rocher
— Paris. — **R**

Yacht-Club de France, 6, place de L'Opéra. — Paris. — **R**

Yver (Paul), Manufac., anc. Élève de l'Éc. Polytech. — Briare (Loiret). — **F**

*Yvernat (Mᵐᵉ Vᵉ), 3, rue du Viel-Renversé. — Lyon (Rhône).

Dʳ Yvon (Édouard). — Cinq-Mars-la-Pile (Indre-et-Loire).

*Yvonneau (Alfred), Artiste-peintre, 14, rue de La Butte. — Blois (Loir-et-Cher).

Zaborowski, Publiciste, Archiv. de la *Soc. d'Anthrop. de Paris*, 2, avenue de Paris.
— Thiais (Seine).

Dʳ Zaëpffel (Émile, Léon), Méd. princ., de l'Armée en retraite, 4, rue Porte-Poterne.
— Vannes (Morbihan).

Zegers (Luis), Prof. à l'Univ., Ing. des Mines, 1262, rue Augustinos. — Santiago (Chili).

Zeiller (René), Mem. de l'Inst. Ing. en chef des Mines, 8, rue du Vieux-Colombier.
— Paris. — **R**

Zenger (Charles, V.), Mem. de l'Acad. des Sc. de l'Empereur François-Joseph Iᵉʳ,
Prof. de Phys. et d'Astro. phys. à l'Éc. polytech. slave, 7/III, Palais Lobkovic.
— Prague (Autriche-Hongrie).

Ziegler (Henri), Ing. civ., 14, avenue Raphaël. — Paris.

Ziffer (Emmanuel, A.), Ing. civ., Présid. des *Chem. de fer Lemberg-Czernowitz-Jassy*
5, Operuring. — Vienne (Autriche).

*Zindel (Édouard), Ing. à la Soudière de la *Comp. de Saint-Gobain*. — Chauny (Aisne).

Dʳ Zipfel, Prof. sup. à l'Éc. de Méd., Mem. du Cons. mun., 27, rue Buffon. — Dijon
(Côte-d'Or).

Zivy (Paul), Ing. des Arts et Man., 148, boulevard Haussmann. — Paris. — **R**

Zuber (Ernest), Manufac., île Napoléon. — Rixheim (Alsace-Lorraine).

Zürcher (Philippe), Ing. en chef des P. et Ch., 14, allée des Fontainiers. — Digne
(Basses-Alpes).

Blondin (Joseph), Prof. Agr. de Phys. au Collège Rollin, Dir. scient. de l'*Éclairage
Électrique*, 171, rue du Faubourg-Poissonière. — Paris (1).

_____

(1) Omis dans la liste à son rang alphabétique.

ASSOCIATION FRANÇAISE

POUR

L'AVANCEMENT DES SCIENCES

Fusionnée avec

L'ASSOCIATION SCIENTIFIQUE DE FRANCE

(Fondée par Le Verrier en 1864)

CONFÉRENCES DE PARIS
1901

M. Raphaël BLANCHARD

Membre de l'Académie de Médecine, Professeur à la Faculté de Médecine de Paris.

DU ROLE DES INSECTES DANS LA PROPAGATION DES MALADIES

— 24 janvier —

M. G. CHARPY

Ancien élève de l'École Polytechnique, Ingénieur des Forges Saint-Jacques, à Montluçon.

L'ÉTUDE SCIENTIFIQUE DES MÉTAUX ET SES CONSÉQUENCES INDUSTRIELLES

— 31 janvier —

1

M. Émile CORNUAULT

Ingénieur des Arts et Manufactures, ancien Président de la Société technique de l'Industrie du gaz.

LA FORCE MOTRICE PAR LE GAZ
GAZ PAUVRES, GAZ DE VILLE, GAZ DE HAUTS FOURNEAUX, LEUR PRÉSENT, LEUR AVENIR)

— 7 *février* —

M. A. HALLER

Membre de l'Institut, Professeur de Chimie organique à la Faculté des Sciences de Paris.

L'INDUSTRIE DE L'INDIGO

— *14 février* —

Parmi les nouveautés qui ont figuré à l'Exposition de 1900, dans le domaine de l'industrie chimique, il n'y en a pas de plus instructive que celle qui fera l'objet de cet exposé. La fabrication industrielle de l'indigo, en partant du goudron de houille, est en effet intéressante, et par les problèmes d'ordre économique qu'elle soulève, et par les réflexions qu'elle suggère.

A trente ans environ de distance, c'est la même lutte qui se renouvelle entre l'Industrie, fécondée et inspirée par la Science, et l'Agriculture, s'immobilisant dans ses méthodes séculaires, parce qu'elles étaient rémunératrices et qu'elles n'exigeaient qu'un minimum d'efforts. Mais si, dans la lutte présente, nous nous trouvons encore en face du même champion qui a su mettre en valeur la synthèse de l'alizarine de MM. Graebe et Liebermann, et a en quelque sorte consommé la ruine de certains de nos départements agricoles, jadis les plus florissants, ceux qui produisaient la garance, l'agriculture de notre pays n'est pas en cause pour le moment. C'est à peine si quelques-unes de nos colonies peuvent, en effet, être légèrement atteintes par le conflit. Ce sont les producteurs des Indes anglaises, de Java, du Guatemala, etc., qui sont principalement menacés. Des deux côtés les parties ont pris position et, si par le bas prix du sol, le bon marché de la main-d'œuvre et la simplicité des opérations, les producteurs d'indigo se trouvent dans une situation plus favorable que jadis les garanciers, il ne faut pas se dissimuler qu'ils ont en face d'eux un concurrent redoutable, qui dispose de moyens intellectuels et matériels puissants. A ce concurrent, que ses succès industriels ont, à juste titre, encouragé, voire même enhardi, pourrait bien s'en ajouter un autre, si la matière première nécessaire à l'élaboration de son procédé pouvait lui être livrée en quantités suffisantes et dans des conditions avantageuses. Nous n'hésitons même pas à ajouter que si ces conditions se réalisaient, et si, d'autre part, les rendements des opérations augmentaient, la victoire reviendrait à ce dernier.

Avant d'aborder l'étude des divers procédés de synthèse qui successivement sont entrés dans le domaine de l'application, nous allons faire un court historique de l'indigo naturel, des plantes qui le produisent, de leur mode de traitement, des réactions qui se passent dans les cuves d'extraction et pendant le battage, et enfin du prix de revient de la matière colorante.

I. — Préparation de l'indigo naturel.

Depuis l'introduction, sur le marché, de l'indigo synthétique, les producteurs d'indigo naturel se sont avec raison préoccupés de l'avenir de la culture de la plante qui le fournit. Les Gouvernements de la Grande-Bretagne et de la Hollande, directement atteints dans leurs colonies, ont cherché un remède au nouvel état de choses, et ont saisi les hommes de science de la question. Il en résulte que, depuis quelque temps, on a étudié de plus près cette culture, et on a surtout cherché à améliorer les procédés d'extraction, de façon à augmenter le rendement en matière tinctoriale. Tous ces essais ont fait l'objet de communications, de conférences et de monographies, parmi lesquelles nous citerons en première ligne une conférence due à M. Rawson (1), et insérée dans le journal de la Société des Arts de Londres, une autre conférence faite par M. Nœlting à la Société industrielle de Mulhouse, et enfin celles de M. Baeyer et de M. Brunck, publiées dans le *Bulletin de la Société chimique de Berlin*. Nous avons, d'autre part, reçu des renseignements précieux de quelques-uns de nos colons de la Martinique et du Tonkin, de telle sorte que nous pouvons à l'heure présente déjà nous faire une idée approchée des chances qui restent au produit naturel, et savoir quelles conditions de prix doit remplir l'indigo artificiel pour être en mesure de supplanter son rival.

§ 1. — *Historique.*

Il semble que l'emploi de l'indigo comme matière tinctoriale date de la plus haute antiquité. On a découvert que des tissus bleus, trouvés sur des momies égyptiennes vieilles d'environ cinq mille ans, avaient été teints à l'indigo. Dioscorides en fait déjà mention, et Pline en donne la description sous le nom d'*indicum*, et relate qu'il fut importé des Indes en Europe ; mais il paraît ne pas avoir connu ni son origine, ni sa composition. Dans plusieurs écrits anciens, le nom *Nila* a été employé pour désigner l'indigo et la plante dont il dérive..

Avant le xvie siècle, on employait très peu d'indigo en Europe, et, durant de nombreuses années, la consommation en était plutôt minime, par suite de l'opposition des cultivateurs de pastel qui, en Angleterre, en France et en Allemagne, incitèrent les pouvoirs publics à en proscrire l'emploi. Les cultivateurs de pastel prétendaient que l'indigo était non seulement une teinture peu solide,

---

(1) La plupart des données concernant la culture et le traitement des plantes à indigo sont empruntées à la conférence remarquable de M. Rawson.

mais que c'était une drogue corrosive et pernicieuse ; en réalité, ils craignaient que l'importation de l'indigo ne consommât la ruine de leur industrie.

En France, la loi était si sévère que Henri IV fit publier un édit condamnant à la peine de mort quiconque emploierait cette drogue pernicieuse, appelée nourriture du diable.

§ 2. — Origine.

L'indigo ne croit que sous les tropiques ; les principaux lieux de production sont les Indes, et tout spécialement le Bengale, l'Oudhe, Madras. On le fabrique aussi à Java, Manille, en Chine, au Japon, au Tonkin, au Cambodge, dans l'Amérique centrale (Guatemala, Mexique, Salvador), ainsi que dans certaines parties de l'Afrique. La plupart de ces pays ont tenu à montrer leurs produits à l'Exposition de 1900.

Les principales plantes d'où l'on retire l'indigo sont : l'*Indigofera tinctoria*, l'*Indigofera anil*, l'*Indigofera disperma*, et l'*Indigofera argentea*. Il y a encore de nombreuses variétés de moindre importance.

D'autres plantes que celles de l'espèce *Indigofera* fournissent aussi de l'indigo, mais dans une proportion relativement moindre. Il en est ainsi de la *Weightia tinctoria* (Madras), du *Strobilanthes flaccidifolius* (Assam, du *Tephrosia toxicaria* (Bombay), du *Polygonum tinctorium* (Chine et Russie), du *Lonchocarpus cyanescens* (côte occidentale de l'Afrique), et de l'*Isatis tinctoria* (Chine, Afghanistan, etc.).

L'*Isatis tinctoria* ou pastel, très répandu jadis en Europe, n'est plus guère cultivé que dans le Lincolnshire, et, sur le continent, dans le sud de la France, la Hongrie, etc. ; mais on ne l'emploie plus isolément pour la teinture.

§ 3. — Culture.

De toutes les plantes que nous venons de citer, la plus répandue est, sans contredit, l'*Indigofera tinctoria*, qui seule est cultivée au Bengale. Avant de semer la graine, la terre est soumise à une préparation assez laborieuse. En octobre, dès que la saison manufacturière est terminée, la terre est défoncée au moyen d'une grande houe, après quoi elle reçoit un labour par la charrue. Dans le but de casser les mottes et de l'adoucir, on promène sur la terre, soit une pièce de bois de cinq à huit pieds de long et ayant un côté plat, soit un rouleau très lourd. On laboure la terre encore trois ou quatre fois, et finalement les petites mottes de terre sont finement pulvérisées par des femmes et des enfants, qui emploient à cet effet des baguettes courtes mais solides. La graine est semée au moyen d'un semoir vers la fin de février ou au commencement de mars.

Elle lève au bout de quatre à cinq jours et, vers le milieu de juin, époque à laquelle la saison manufacturière commence habituellement, la plante a atteint la hauteur de trois à cinq pieds, avec une tige ayant environ un quart de pouce de diamètre.

La récolte de l'indigo est des plus précaires. L'abondance de pluies, comme leur rareté, sont également nuisibles. Quand la saison n'est pas favorable, il arrive que l'on soit obligé de semer trois fois et même quatre fois. Outre les fluctuations du temps, trop grande humidité ou trop grande sécheresse, la destruction de la plante peut encore se produire du fait de petites punaises, de chenilles et même de certaines fourmis blanches.

La feuille de l'indigo est d'une couleur vert jaunâtre et rien n'indique qu'elle contient une matière colorante bleue.

Le rendement de l'indigo à l'acre (4.046 m²) varie considérablement.

Le rendement d'une récolte de bonne moyenne peut être évalué de 50 à 60 quintaux (2.500 à 3.000 kilogrammes) à l'acre. En prenant pour base le chiffre le plus faible, on trouve qu'une récolte d'indigo enlève à l'acre 53kg,500 de matière minérale, dont 4 kilogrammes d'acide phosphorique et 12kg,450 de potasse. L'azote y figure en outre pour 17 kilogrammes ; mais comme l'indigo est une plante de la famille des Légumineuses, il est probable qu'une partie de cet azote est fournie par l'atmosphère. La plante épuisée, ainsi que celle de rebut, sont à peu de chose près les seuls engrais utilisés aux Indes. Cette dernière constitue même un engrais supérieur, car elle contient tout ce qui est nécessaire aux besoins d'une nouvelle récolte.

Aux Indes, il semble que la culture de l'indigo constitue une monoculture ; mais, ainsi que le fait observer un de nos producteurs les plus avisés de la Martinique, on peut aussi l'envisager comme plante d'assolement productrice d'engrais. Dans ce dernier cas, elle permettrait la régénération des terres épuisées par une trop longue monoculture de la canne à sucre. M. Thierry a fait, à ce sujet, des expériences pratiques établissant que non seulement la culture de l'indigo restait lucrative, mais améliorait le terrain à tel point que les cannes à sucre, cultivées après un tel assolement, donnaient un rendement presque double du rendement normal, sans augmentation de dépenses.

Et M. Thierry ajoute : par l'indigo, ce serait la culture perfectionnée qu'on pourrait appliquer dans les contrées ruinées par la monoculture de la canne à sucre.

II. — Fabrication de l'indigo.

Elle comprend les opérations suivantes :
1° Coupe de la plante ;
2° Chargement des cuves et extraction ;
3° Battage ;
4° Ébullition et filtrage ;
5° Compression et filtrage ;
6° Séchage.

§ 1. — Récolte de la plante.

Elle commence ordinairement au milieu de juin.

Après la première coupe, la plante donne de nouvelles feuilles et après deux ou trois mois, on procède à la deuxième récolte. A Béhar, où la fabrication est presque exclusivement dirigée par des Européens, la première récolte, qui est considérée comme la principale, est appelée *Morhan* et la seconde *Khoontie*.

Au Cambodge, en Cochinchine, au Tonkin et en Chine, il semble au contraire que l'exploitation se fasse exclusivement par les indigènes, et on considère la seconde coupe comme supérieure à la première (1).

Les indigos qu'on prépare dans ces contrées sont d'ailleurs inférieurs à ceux des Indes, en raison même du traitement primitif auquel on les soumet.

A Béhar, les travaux qu'exige une exploitation d'indigo sont généralement

(1) Renseignements particuliers.

divisés en un certain nombre de factoreries, de 2 jusqu'à 10 ou 12, suivant l'étendue de l'exploitation. Chaque factorerie s'occupe de la récolte dans un rayon de 4 à 5 milles.

On trouvera dans la conférence de M. Rawson, le plan général d'une factorerie d'indigo de petite importance.

Cette factorerie possède six cuves à extraction et deux cuves à battage. Les premières sont disposées à un niveau plus élevé que les dernières.

Chacune des cuves à extraction a une capacité d'un peu plus de 1.000 pieds cubes. Les dimensions actuelles sont 18 pieds sur 16, par 3 pieds 9 pouces de profondeur, la profondeur étant mesurée à partir des poutres transversales et non du sommet de la cuve. Chaque cuve à battage s'étend sur toute la longueur des six cuves à extraction et a comme largeur 13 pieds 6 pouces ; au milieu de chaque cuve à battage et sur toute sa longueur, à l'exception d'un espace ménagé à chaque extrémité, s'élève une paroi de 3 pieds de hauteur qui la partage en deux parties, tout en permettant au liquide de circuler lorsque la roue à battage est mise en mouvement. Les cuves sont construites en briques et sont doublées en ciment de Portland.

La roue à battage est constituée par un arbre de couche armé de trois rangées de rayons, et ces rayons, au nombre de 6 dans chaque rangée, sont pourvus, à leur extrémité, de lames qui, en tournant, frappent le liquide, et le font circuler continuellement.

Les cuves sont habituellement librement exposées à l'air, bien que dans certains cas elles soient couvertes.

Bien entendu les dimensions, la forme, le nombre de ces cuves peuvent varier d'un endroit à un autre. Autrefois le liquide était battu à la main et l'est encore d'une manière générale à Madras, dans quelques provinces du Nord-Ouest, et certainement aussi au Cambodge, au Tonkin et en Chine.

Le matériel d'exploitation d'une usine, à part les cuves, comprend un générateur ainsi qu'une machine à vapeur, des pompes, des cuves à faire bouillir des filtres, des presses, un séchoir et divers ateliers. Le séchoir et les ateliers ne figurent pas sur le plan.

§ 2. — Chargement des cuves à extraction.

La première opération consiste à nettoyer à fond les cuves, et ce travail est fait soigneusement chaque jour. L'indigo est ensuite empilé dans les récipients, les tiges étant placées plus ou moins verticalement, de façon à permettre à l'air de s'échapper plus librement et au liquide, après l'extraction, de s'écouler aussi complètement que possible.

La quantité de plante fraîche que reçoit une cuve de 1000 pieds cubes, varie de 5.000 à 4.800 kilogrammes. Après l'avoir chargée, on place au sommet de la cuve, et en travers, un certain nombre de pièces de bambou qui sont reliées entre elles et maintenues dans leur position par trois ou quatre fortes pièces de bois, elles-mêmes fixées par des chevilles en fer à des montants disposés sur les côtés du récipient.

On introduit ensuite l'eau dans la cuve jusqu'à ce que son niveau atteigne, à quelques pouces près, les poutres placées au sommet. Si on la remplissait complètement, le liquide finirait par déborder, car la plante subit un gonflement considérable pendant la macération.

Il est indispensable d'avoir de l'eau en abondance et de bonne qualité, car de ia qualité de l'eau dépend beaucoup la réussite de l'opération. L'eau de rivière, de lac et l'eau de pluie sont les principales sources d'approvisionnement. Les eaux chargées de matières organiques donnent de mauvais résultats, tant au point de vue du rendement, que de la qualité de l'indigo.

La durée de l'opération de l'extraction est de neuf à quatorze heures, suivant la température et les autres conditions climatériques. L'eau n'agit pas immédiatement sur la plante, et durant une heure ou deux il ne se produit aucune réaction. Sitôt que l'eau pénètre la feuille, l'extraction du principe colorant se fait rapidement. Ce principe colorant est, en effet, très soluble dans l'eau. Après deux ou trois heures, le niveau du liquide s'élève dans la cuve, des bulles gazeuses montent à la surface, laquelle se couvre bientôt d'une épaisse écume. Il se produit un fort dégagement d'acide carbonique et ultérieurement du méthane et de l'hydrogène.

Après une certaine période de fermentation, le liquide s'affaisse, ce qui indique aux surveillants, avec certitude, que la plante est suffisamment infusée. Une vanne de décharge étant alors ouverte, le liquide s'écoule dans la cuve de battage.

La feuille qui, avant l'extraction, était d'une couleur jaunâtre, est maintenant d'un vert bleuâtre et semble de ce chef contenir plus d'indigo que la plante à l'état primitif. Il n'en est cependant rien, car on ne trouve aucun avantage à faire une seconde extraction.

Après l'écoulement de l'eau, la plante, dont la température s'élève rapidement, est entassée au dehors pour servir d'engrais par la suite, et les cuves sont de nouveau préparées en vue d'une opération.

§ 3. — *Battage.*

Le liquide provenant de la cuve à extraction a une couleur qui varie de l'orangé vif au vert olive, et possède une fluorescence particulière. Lorsque toutes les cuves sont déchargées, la roue est peu à peu mise en mouvement, pour atteindre graduellement un maximum de tours. Dans des conditions normales, l'opération du battage dure de deux à trois heures, bien que, dans certains cas, elle puisse être réduite à une heure ou à une heure et demie. Le liquide, tout en se couvrant d'écume d'une épaisseur variable, passe par les nuances variées du vert au bleu indigo sombre. Afin de s'assurer si le battage est suffisant, on prélève une petite quantité du liquide et on le verse sur une assiette blanche. Si le précipité se dépose rapidement, laissant un liquide clair, le battage est considéré comme terminé, et la roue est arrêtée.

On ajoute parfois un peu de chaux à la solution à examiner ou, ce qui vaut mieux encore, on sature du papier filtre avec le liquide et on le soumet aux vapeurs d'ammoniaque. La moindre trace de coloration bleue indique que l'opération du battage n'est pas complète.

Un autre mode d'oxydation consiste à faire passer un courant d'air dans la solution et il paraît donner de très bons résultats.

Après le battage, on laisse déposer l'indigo, ce qui exige deux ou trois heures, après quoi on fait évacuer le liquide surnageant, soit par la surface au moyen de puisoirs, soit en enlevant des bouchons en bois disposés aux bas-côtés de la cuve.

Le fond de la cuve est incliné vers l'un des angles, où se rassemble l'indigo précipité, qui est passé à travers un ou deux tamis d'où il coule dans une citerne. De là on le fait passer dans un grand réservoir rectangulaire en fer. Dans son passage de la citerne au réservoir à ébullition, l'indigo est à nouveau tamisé deux fois, pour éviter qu'il contienne des débris de plantes et de terre.

§ 4. — *Ébullition et filtrage.*

Le liquide contenant de l'indigo en suspension (jusqu'à 5 0/0) a ordinairement, lorsqu'il est élevé par une pompe à vapeur, une température de 60 à 66° C. On le porte à une température de 85 à 100° C. qu'on maintient pendant un quart d'heure ou une demi-heure. Cette opération a pour but :

1° D'empêcher la putréfaction du liquide, décomposition qui ne manquerait pas de se produire, étant donné le climat de l'Inde.

2° De dissoudre une partie des matières brunes qui ont été précipitées avec la « fécule » d'indigo, et obtenir ainsi une plus belle quantité.

3° De permettre aux particules de la matière colorante de se déposer plus promptement et par suite de faciliter une évacuation plus rapide du liquide inutilisable.

L'indigo une fois déposé, on décante le liquide clair surnageant et on fait passer le colorant à travers des tamis sur un grand filtre appelé « table ». Le plan nous montre deux tables ayant chacune 18 pieds de longueur et 7 pieds de largeur. Ces tables sont recouvertes de lattes étroites et parallèles assujetties sur un cadre solide en bois, dont les côtés, ayant 18 pouces de hauteur, sont en pente à l'extérieur. La table, placée dans une sorte d'auge peu profonde faite en ciment, est recouverte d'une pièce de drap fort, fabriqué spécialement à cette intention. Après le premier filtrage le liquide est bleu; on l'amène de nouveau sur le filtre au moyen d'une pompe, jusqu'à ce qu'il soit parfaitement clair; il est alors couleur vin de Xérès. Quand le liquide est parfaitement égoutté, on recueille la masse pulpeuse qui, dans cet état, renferme de 8 à 12 0/0 d'indigotine prête à être pressée.

§ 5. — *Compression et Coupage.*

La presse est composée d'une très forte boîte rectangulaire dont tous les côtés ont de très nombreuses perforations, et qui est convenablement garnie de deux épaisseurs de drap fort et d'un tissu serré. Elle est placée au-dessous de vis puissantes que l'on fait tourner au moyen de longs leviers.

On introduit dans la caisse un volume de pâte calculé de façon à obtenir, une fois pressé, un pain ayant de trois pouces à trois pouces un quart d'épaisseur, et on soumet la masse à une pression lente et graduelle.

Quand il ne s'écoule plus de liquide, on desserre progressivement les vis, on retire le pain qui renferme environ 70 0/0 d'eau et, à l'aide d'un fil de cuivre, on le coupe en morceaux cubiques d'environ trois pouces à trois pouces et demi de côté.

§ 6. — *Séchage.*

Cette opération se fait dans une construction élevée et bien aérée, pourvue de rayons en bambou léger ou en toile métallique espacés d'un pied, sur lesquels les cubes sont placés. Le séchage dure environ deux ou trois mois, et s'opère très lentement, l'air étant très humide à cette époque de l'année. Pendant le séchage, il se produit un fort dégagement d'ammoniaque, et les pains se couvrent d'une épaisse végétation cryptogamique qu'on enlève au moyen de brosses avant de les emballer.

III. — Genèse de l'Indigo.

§ 1. — *Indican.*

M. Schunck (1) fut le premier qui attribua la formation de la matière colorante, dans les plantes à indigo, à un principe particulier et amorphe, auquel il donna le nom d'*indican*. Il assigna à celui retiré de l'*Isatis tinctoria* la formule $C^{26}H^{31}AzO^{17}$.

En 1887, M. Alvarez (2), étudiant les microbes déposés sur les feuilles d'*Indigofera*, en découvrit un (*Bacillus indigogenus*), appartenant au groupe des bacilles capsulés, qui, ensemencé, à l'état de culture, dans une décoction stérile de feuilles d'*Indigofera*, détermine la formation d'indigo. Dans cette fermentation, il y aurait deux actes successifs : l'un, microbien, qui aboutit à la genèse de l'indigo blanc ; l'autre, chimique, qui consiste dans la transformation de l'indigo blanc en indigo bleu par oxydation.

Dès 1893 (3), MM. C. I. van Lookeren-Campagne et van der Veen ont admis que le dédoublement de l'indican lévogyre, en glucose dextrogyre et en un corps qu'ils regardent comme de l'indigo blanc, ainsi qu'en d'autres corps azotés, était dû à la présence d'une enzyme qui, une fois la plante morte au sein de l'eau de macération, diffuse à travers les cellules, et exerce son action hydrolysante. L'indigo blanc, une partie de l'indican non transformé et d'autres substances azotées, restent dissous à la faveur de la chaux et, en faisant barboter l'oxygène, l'indigo blanc est oxydé en indigo bleu, tandis que les autres produits fournissent de l'indigo brun. Quant à l'indirubine, elle peut constituer un autre produit d'oxydation ou de dédoublement de l'indican.

M. le professeur H. Molisch (4), à la suite de ses études faites à l'une des stations d'essai de Java, arrive à peu près au même résultat, et exclut également l'action des bactéries et des moisissures.

M. Bréaudat (5), en opérant sur l'*Isatis alpina*, les *Indigofera anil* et *tinctoria* et l'*Isatis tinctoria*, a réussi à montrer que le suc des plantes à indigo contient deux diastases : l'une douée d'un pouvoir hydratant, capable de dédoubler l'indican ; l'autre, possédant des propriétés oxydantes, qui se manifestent surtout en présence d'alcalis, de terres alcalines et des carbonates correspondants.

M. Marchlewski (6), émit plus tard l'hypothèse que l'indican pouvait être considéré comme un produit de condensation d'une molécule d'indoxyle avec une molécule de glucose, et proposa pour le glucoside la formule $C^{14}H^{17}O^6Az$.

M. Hazewinkel (7), M. Beyerinck (8) et M. van Romburg (9) ont enfin prouvé

(1) *Philos. Magaz.* (4) XV, p. 73 ; (4) XV, p. 29, 117, 183.

(2) *Revue des Matières colorantes* de M. L. Lefèvre, t. IV (1898), p. 434.

(3) *Tydschrift voor Nijverheid en Landbouw* en *N. Indië*, t. XLVI. *Die landwirtschaftl. Versuchstationen*, t. XLIII, p. 401 ; t. XLV, p. 195 ; t. XLVI, p. 249. *Chem. Zeit.*, 1899, p. 165.

(4) *Sitzungsber. der Kaiserl. Akademie der Wissensch.* Vienne, 1898, t. CVII. Fasc. 1.

(5) *Comptes rendus de l'Académie des Sciences* (1898), t. CXXVII, p. 769 (1899), t. CXXVIII, p. 1478.

(6) Marchlewski et Radcliffe, *Journ. Soc. Chem. Industry*, 1898, p. 430.

(7) *Comptes rendus de l'Académie des Sciences d'Amsterdam*, du mois de mars 1899, p. 590 ; *Chem. Zeitung*, t. XXIV, 1900, p. 409.

(8) *Académie des Sciences d'Amsterdam*, séance du 30 septembre 1900.

(9) *Chem. Zeit.*, t. XXIV, 1900, p. 409.

indépendamment l'un de l'autre, que l'indican se scinde, sous l'influence des acides et des ferments, en indoxyle et en glucose. Le glucoside de l'*Isatis tinctoria* est appelé *isatan* par M. Beyerinck, tandis qu'à l'enzyme qui le dédouble, l'auteur a donné le nom d'*isatase*.

Dans une série d'essais, exécutés sur des feuilles d'*Indigofera leptostachya*, M. Hazewinkel a nettement mis en évidence ce fait, que des feuilles d'indigo plongées dans de l'eau bouillante ou dans des solutions antiseptiques fournissent un liquide qui se conserve facilement, s'il n'est pas trop acide, et qui renferme un composé susceptible de fournir de l'indigo quand on le traite : 1° par un acide et un agent oxydant (sel ferrique, par exemple); 2° par une enzyme contenue dans les feuilles; 3° par de l'émulsine; 4° par certaines bactéries. L'auteur isole l'enzyme spéciale de l'indigo de la façon suivante : les feuilles d'indigo sont broyées à froid avec de l'alcool concentré, puis séchées; la poudre est ensuite épuisée par de la glycérine ou par une solution de chlorure de sodium à 10 0/0. L'auteur donne le nom d'*indiémulsine* à ce ferment.

M. Hazewinkel démontra ensuite, de la façon la plus nette, que, dans le dédoublement de l'indican, il se forme un sucre réducteur et de l'*indoxyle*, qu'il caractérisa par sa transformation en les trois indogénides dérivées l'une de l'isatine (indirubine), et les deux autres de la benzaldéhyde et de l'acide pyruvique. Il confirma enfin une observation faite par M. van Lookeren-Campagne et M. van der Veen, à savoir que le liquide tenant en dissolution l'indican devenait alcalin après l'oxydation, à la condition, bien entendu, qu'il ne soit pas trop acide avant la fermentation. Il admit finalement que l'indican se trouve à l'état de combinaison saline se dédoublant, dans le cours de la fermentation, de la même façon que le myronate de potasse. L'auteur ajoute que le fait qu'il se forme de l'indoxyle dans la fermentation, explique la production de quantités notables d'indirubine dans le procédé d'extraction à l'eau chaude ou en liqueur alcaline (*loc. cit.*).

Alors que l'indican isolé par M. Schunck était amorphe, MM. Hoogewerff et H. Ter Meulen (1) ont réussi à l'obtenir cristallisé, en partant des feuilles de *Polygonum tinctorium* et de l'*Indigofera leptostachya*. L'indican ainsi obtenu se présente sous la forme de petites lancettes fondant à 51° en perdant de l'eau. Le produit anhydre fond à 101-102°. Comme l'avait prévu M. Marchlewski, cet indican répond à la formule $C^{14}H^{17}AzO^6 + 3 H^2O$, et est lévogyre.

Quand on fait passer l'air à travers une solution aqueuse d'indican, chauffée préalablement avec de l'acide chlorhydrique, et à laquelle on a ajouté un peu de chlorure ferrique pour accélérer l'oxydation, on obtient 91 0/0 de l'indigotine qu'on devrait obtenir selon l'équation :

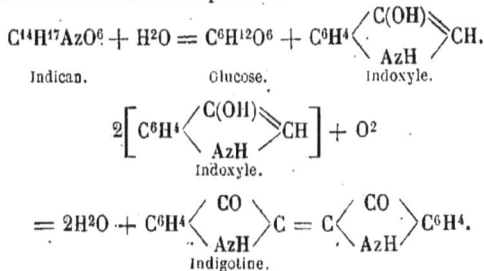

$$C^{14}H^{17}AzO^6 + H^2O = C^6H^{12}O^6 + C^6H^4 \underset{AzH}{\overset{C(OH)}{<}} > CH.$$

Indican. Glucose. Indoxyle.

$$2 \left[C^6H^4 \underset{AzH}{\overset{C(OH)}{<}} > CH \right] + O^2$$

Indoxyle.

$$= 2H^2O + C^6H^4 \underset{AzH}{\overset{CO}{<}} > C = C \underset{AzH}{\overset{CO}{<}} > C^6H^4.$$

Indigotine.

(1) *Recueil des Travaux chimiques des Pays-Bas*, t. XIX, 1900, p. 166.

L'indigotine constitue une poudre d'un bleu foncé qui se sublime en prismes de couleur pourpre et à aspect métallique. Broyée dans un mortier, elle prend également l'aspect métallique.

On peut l'extraire de l'indigo soit par sublimation, soit en le faisant bouillir avec de l'aniline, filtrant la liqueur et laissant refroidir ; il se dépose des aiguilles d'un bleu sombre ou pourpre ayant un reflet cuivré : elle se dissout aussi dans l'acide acétique glacial, la nitrobenzine et la paraffine bouillante.

Les agents réducteurs convertissent l'indigo bleu en un dérivé incolore, dit indigo blanc ou indigo réduit, soluble dans les liqueurs alcalines.

C'est à l'état d'indigo blanc :

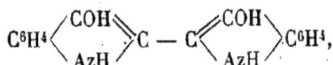

$$C^6H^4 \left\langle \begin{matrix} COH \\ AzH \end{matrix} \right\rangle C - C \left\langle \begin{matrix} COH \\ AzH \end{matrix} \right\rangle C^6H^4,$$

que l'indigo est employé en teinture. La matière à teindre est immergée dans une cuve contenant de l'indigo réduit, puis exposée au contact de l'air. Dans ces conditions, l'indigo blanc, fixé sur la fibre s'oxyde et se transforme en indigotine qui devient insoluble et adhère intimement à la fibre.

§ 2. — *Autres constituants de l'Indigo.*

L'indigotine est de beaucoup le constituant le plus important de l'indigo naturel. Sa teneur varie considérablement, et va de 5 à 80 et même 88 0/0.

Mais, outre l'indigotine, la matière colorante naturelle renferme encore de l'*indirubine* ou indigorubine et divers autres produits organiques, parmi lesquels des substances brunes (brun d'indigo), et ce que l'on appelle le *gluten d'indigo*, composés dont l'ensemble peut atteindre de 12 à 30 0/0 de l'indigo.

L'indigo naturel contient aussi plus ou moins de matières minérales qui sont fournies, en partie par la plante, et en partie par les eaux boueuses employées pour la macération.

La quantité de cendres varie de 2 à 60 0/0 et même davantage pour les indigos de la Chine, du Tonkin et du Cambodge. L'indigo Bengale de bonne qualité en contient de 3 à 6 0/0.

Bien que, dans beaucoup de cas, ce soit grâce à la présence des colorants secondaires mentionnés plus haut qu'on obtient certains effets de teinture, on ne juge cependant de la qualité d'un indigo que par sa teneur en indigotine.

1. *Indigorubine* ou *Indirubine*. — Jusqu'à une époque relativement récente, la proportion d'indirubine contenue dans les indigos Bengale ne dépassait pas 2 0/0, mais actuellement elle atteint souvent 10 0/0 et même plus. Les indigos de Java en renfermeraient jusqu'à 15 0/0.

La quantité de cet isomère de l'indigotine, qui prend naissance, dépend sans aucun doute des conditions dans lesquelles se fait le dédoublement de l'indican, lors de la préparation de l'indigo. Il ne semble pas, en effet, que l'indirubine doive sa formation à un glucoside particulier, M. Schunck ayant montré que l'indican, abandonné pendant quelques jours avec de la soude caustique, fournit, non pas de l'indigotine, mais son isomère l'indirubine. D'autre part, M. Haze-winkel attribue de son côté à l'alcalinité du produit de la macération des feuilles, la production plus ou moins grande d'indirubine aux dépens de l'indoxyle, dans le cours de la fermentation, et en particulier vers la fin.

Or, on sait, d'après les travaux de M. Bæyer, qu'on peut obtenir l'indirubine, en même temps que l'indigotine, par réduction du chlorure d'isatine, ou mieux encore par condensation de l'isatine avec l'indoxyle. Dans les conditions où s'opère cette dernière synthèse, il est à supposer que l'indoxyle prend la forme tautomère, à laquelle on a donné le nom de pseudo-indoxyle, de sorte que l'indirubine peut être considérée comme l'indogénide α de l'isatine, l'indigotine en étant l'indogénide β.

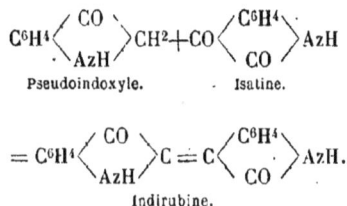

$$C^6H^4 \Big\langle {CO \atop AzH} \Big\rangle CH^2 + CO \Big\langle {C^6H^4 \atop CO} \Big\rangle AzH$$

Pseudoindoxyle.   Isatine.

$$= C^6H^4 \Big\langle {CO \atop AzH} \Big\rangle C = C \Big\langle {C^6H^4 \atop CO} \Big\rangle AzH.$$

Indirubine.

Cette indirubine est identique avec l'indirubine naturelle (1). Étant donné qu'elle prend naissance dans certaines conditions de fermentation et d'oxydation de l'indican, on peut admettre qu'une plus ou moins grande quantité de l'indoxyle qui se forme s'oxyde en isatine qui, en présence de la pseudoforme du même indoxyle, se condense en indirubine.

MM. Marchlewsky et Radcliffe ont montré que l'indirubine synthétique et l'indirubine naturelle se comportent exactement de la même manière. Ils établirent entre autres que l'indirubine mise en présence d'agents réducteurs *alcalins* se convertit incomplètement en indigotine, mais que la transformation est complète lorsqu'on la traite par des agents réducteurs acides. Vu sa conversibilité en son isomère bleu, étant donnée en outre la faible quantité d'indirubine contenue dans l'indigo naturel, les mêmes auteurs estiment que l'importance attribuée aux propriétés tinctoriales de l'indirubine a été surfaite. D'autre part, cependant, on a reconnu en pratique que lorsque l'indirubine se trouve dans l'indigo en quantités appréciables, elle a beaucoup de valeur, particulièrement dans la teinture de la laine.

2. *Gluten d'indigo*. — Substance amorphe, à consistance gluante, de couleur brun jaunâtre, et possédant des propriétés analogues à celles du gluten végétal ordinaire. Se retire de l'indigo, en même temps qu'une partie des substances minérales, quand on le traite par un acide dilué.

3. *Bruns d'indigo*. — Appelés par Schunck *indirétine* et *indihumine*, ces bruns prennent naissance quand on chauffe pendant un certain temps de l'indican, en dissolution dans l'eau, et qu'on traite ensuite la liqueur par un acide. Il ne se forme dans ces conditions ni indigotine, ni indirubine, mais uniquement des substances brunes constituées par un mélange de plusieurs composés, parmi lesquels M. Schunck a isolé au moins cinq produits.

(1) M. Rawson ne croit pas à cette identité (loc. cit.).

IV. — Rendements. Améliorations.

Bien que toutes les parties de la plante renferment de l'indican, en pratique on ne traite que les feuilles. Les plus belles tiges même ne contiennent que des traces de colorant.

Selon M. Hazewinkel (1), qui a fait des dosages au moyen de l'hypobromite de soude, les feuilles d'*Indigofera leptostachya* contiennent environ $0^{gr},60$ d'indigotine pour cent, tandis qu'un mélange à parties égales de feuilles et de tiges n'en renferme que $0^{gr},30$ 0/0.

Avec les méthodes actuellement en usage aux Indes, la plante fraîche fournit (selon M. Rawson) environ $2^{kg},500$ d'indigo par 1.000 kilogrammes, et d'après d'autres renseignements venant de Calcutta, $1^{kg},650$ seulement par tonne (2). En ce qui concerne le rendement à l'acre, les données indiquées par M. Rawson concordent approximativement avec celles qui nous sont parvenues, c'est-à-dire qu'il est dans le premier cas de $6^{kg},800$, et dans le second $6^{kg},500$.

Cet indigo renferme en moyenne 60 0/0 d'indigotine.

L'indigo de Madras est inférieur et titre de 30 à 50 0/0.

Celui des provinces du Nord-Ouest (Oudhe, etc.) est intermédiaire entre celui de Bengale et de Madras.

L'indigo de Java est le plus riche et a une teneur de 72 jusqu'à 82 0/0.

L'indigo de Guatemala renferme environ 40 0/0 d'indigo (3).

Un échantillon d'indigo de la Martinique, que nous avons trouvé au pavillon de cette colonie à l'Exposition de 1900, a donné, à l'analyse, 73,5 0/0 d'indigotine.

Enfin, les indigos du Cambodge, de la Chine et du Tonkin, ont des teneurs qui varient de 5 à 12 0/0 d'indigotine. Cette faible teneur provient de ce que le liquide de macération de la plante est précipité par la chaux, avant d'être soumis au battage.

Au Béhar, avec deux coupes, le kilo d'indigo revient à 6 fr. 50 c.

A la Martinique, d'après des renseignements qu'a bien voulu nous fournir M. Thierry, le producteur de l'indigo analysé, le prix de revient ne dépasserait pas 3 francs le kilo.

Au Cambodge, où l'on peut faire jusqu'à trois coupes, si les circonstances sont favorables, et où la question des engrais est résolue par l'apport périodique de limon laissé après le retrait des eaux, le picul de $60^{kg},400$ d'indigo frais renfermant 65 0/0 d'eau, et de 2,5 à 8 0/0 d'indigotine, s'achète au producteur qui, jusqu'à présent, est l'indigène, à des prix variables suivant l'époque et débutant à 2 piastres 50, soit environ 6 fr. 25 (4).

Telle qu'elle se présente actuellement, la situation de certains producteurs ne semble pas être en péril, bien que les méthodes de culture et surtout d'extraction ne soient pas arrivées au degré de perfection qu'elles sont susceptibles d'atteindre.

---

(1) *Loc. cit.*

(2) Le rendement au Cambodge est à peu près identique, c'est-à-dire qu'on obtient de $1^{kg},200$ à à $1^{kg},800$ d'indigo à 60-65 0/0 d'indigotine quand la plante est épuisée et traitée à la manière européenne.

(3) Dans la *Rev. gén. des mat. col.* (1901), t. V, p. 4, on trouve une série d'analyses d'indigos de Java et du Bengale.

(4) Nous devons ces renseignements à M. Gueugnier qui s'efforce d'extraire sur place l'indigotine, et qui en a exposé au Trocadéro des échantillons en pâte à 20 0/0.

Nous avons déjà vu qu'à la Martinique un assolement judicieux entre la canne à sucre et les *Indigofera* permettrait d'augmenter le rendement de l'une et l'autre culture.

D'autre part, des essais institués au Cambodge, par M. Bréaudat, sous la direction scientifique de M. Calmette, directeur de l'Institut Pasteur, à Lille, nous montreront bientôt s'il est possible d'extraire la totalité ou la presque totalité de l'indigotine que peut fournir la plante.

Comme nous l'avons déjà fait remarquer d'après les analyses faites par M. Hazewinkel, à Java, l'*Indigofera* étudié par lui renfermerait 6 kilogrammes d'*indigotine* par tonne de feuilles, et 3 kilogrammes par tonne d'un mélange à parties égales de feuilles et de tiges. Or, au Béhar, où la variété ne doit guère différer de celle de Java, on en retire à peine le tiers ou le sixième quand on emploie la plante entière. Il y a donc un déchet considérable qui semble dû aux procédés d'extraction, et en particulier à la fermentation.

De nombreuses tentatives ont été faites pour régler cette fermentation, et nous nous bornons à signaler deux procédés de traitement qui ont été brevetés, l'un par MM. Gueugnier et Valette (Brev. fr. n° 302.169), et l'autre par M. Calmette (Brev. fr. n° 300.826).

Dans le premier, sans doute inspiré par les communications de M. Bréaudat, on aseptise la cuve, tout en déclarant que l'opération n'est pas indispensable, et on opère le dédoublement de l'indican par une diastase oxydante (laccase de l'arbre à laque, tyrosinase, ferment de la gomme arabique).

L'addition d'eau oxygénée augmente la rapidité de la formation d'indigo bleu. Le rendement serait sensiblement doublé.

La méthode de M. Calmette n'est qu'une application des découvertes faites dans son laboratoire, par M. Bréaudat.

Elle consiste : « 1° A broyer, par écrasement entre des cylindres de bois ou de métal, les tissus des plantes indigofères.

» 2° A recueillir la bouillie végétale sortant des cylindres dans des cuves profondes remplies d'eau épurée, débarrassée de sels calcaires, ceux-ci ayant l'inconvénient de hâter la précipitation de l'indigo, précipitation qu'il faut empêcher dans cette phase de l'opération.

» Les cuves doivent être munies d'agitateurs pour maintenir la masse en mouvement pendant un temps suffisant, variable suivant la température de l'eau et les sortes de plantes indigofères employées.

» 3° On passe au filtre-presse le liquide de macération des cuves et on l'envoie dans des cuves en bois ou en métal couvertes, contenant une très petite quantité de chaux, de baryte, de magnésie ou d'un carbonate alcalin ou alcalino-terreux quelconque. Ces cuves sont munies de dispositifs permettant la précipitation rapide de l'indigo à l'état d'indigo bleu, par émulsion continue d'air filtré, comprimé, ou par la chute en cascades dans une série de cuves superposées.

» 4° Le dépôt d'indigo est recueilli, comprimé en pains et séché à 75° jusqu'à ce qu'il ne renferme pas plus de 5 à 7 0/0 d'eau.

» 5° Le liquide sortant du filtre-presse renferme encore des diastases oxydantes extraites des sucs cellulaires de la plante, diastases à l'action desquelles est due la précipitation de l'indigo à l'état d'indigo bleu. Ce liquide retourne en totalité ou en partie dans les cuves à émulsion d'air, où l'excès de diastase oxydante qu'il renferme est utilisé à hâter la précipitation d'une nouvelle cuvée d'indigo.

» Ce procédé d'extraction a pour objet essentiel d'éviter l'intervention de toutes les bactéries auxquelles on attribuait jusqu'à présent la faculté de dédoubler, au sortir de la plante indigofère, l'indican en indigotine et en indiglucine. Ce dédoublement et la précipitation de l'indigo bleu sont effectués ici exclusivement par l'action successive de diastases hydratantes et oxydantes qui préexistent dans le suc cellulaire des *Indigofera*, et qui sont mises en liberté par le broyage des cellules végétales.

» On obtient ainsi la transformation complète de l'indican et le maximum de rendement en indigo bleu. Ce rendement, avec les sortes d'*Indigofera* ordinairement cultivées, atteint toujours avec ce procédé un minimum de 6,6 à 8 kilogrammes, par 1.000 kilogrammes de feuilles.

» Il peut s'élever à 10 kilogrammes avec des plantes de qualité supérieure, récoltées immédiatement avant la floraison.

» L'indigo ainsi obtenu titre constamment 80 0/0 à 82 0/0 d'indigotine, avec une teneur en eau ne dépassant pas 7 0/0. ».

Si les prévisions de l'auteur sont confirmées par l'expérience, il est facile de voir que le prix de l'indigo, et partant de l'indigotine qu'on peut en extraire, baissera considérablement.

D'après une communication qu'a bien voulu nous faire le Dr Calmette, des essais en grand ont été entrepris au Cambodge et on attend la fin de la campagne pour en avoir le résultat.

V. — Statistique de la production de l'Indigo.

Nous donnons, dans le tableau I (1), la production des principaux centres pour une période de vingt années. A part l'année dernière, cette production s'est maintenue dans les environs de 8 millions de kilogrammes par an. D'après des renseignements qui nous parviennent de divers côtés, il ne semble pas que l'on soit disposé à abandonner cette culture dans les provinces du Nord-Ouest de l'Inde et dans l'Oudhe, où la surface totale plantée en indigo était évaluée, jusqu'au milieu du mois d'avril de 1900, à 76.325 hectares, contre 61.309 hectares l'année d'avant, ce qui équivaut à une augmentation de 24 0/0.

D'autre part, la superficie des terrains plantés en indigo et susceptibles d'irrigation s'est accrue de 48 0/0 en 1900, par rapport à l'année précédente, passant de 44.363 hectares en 1899, à 65.665 hectares pour l'année 1900. Toutes les plantations importantes se sont développées dans des proportions notables alors que les autres sont restées à peu près dans les mêmes conditions que l'année dernière (2).

Les chiffres contenus dans ce tableau peuvent être considérés comme un minimum, car ils ne comprennent pas la production de la Martinique, du Cambodge (où 2.000 hectares seraient affectés à la culture de l'indigo), du Tonkin et de la Chine.

Si nous admettons une teneur moyenne de 50 0/0 d'indigotine, ce qui est au-dessous de la vérité, on voit qu'il faudrait produire annuellement 4 millions de kilogrammes environ d'indigotine artificielle, si la culture venait à être abandonnée.

(1) Nous devons ce tableau à l'obligeance de M. Lefebvre, auquel nous adressons nos meilleurs remerciements.

(2) *Revue des Cultures coloniales*, 5ᵉ année, t. VIII, p. 50.

La valeur totale de l'indigo, en se basant sur la production de l'année 1899-1900, peut être estimée à près de 52 millions de francs, somme sur laquelle la

TABLEAU I. — **Tableau récapitulatif des récoltes d'indigo, 1880-1900.**

ANNÉES	PAYS D'ORIGINE				TOTAUX
	INDES ORIENTALES	KURPAH ET MADRAS	GUATEMALA	INDES NÉERLANDAISES	
	kilogr.	kilogr.	kilogr.	kilogr.	kilogr.
1880 - 1881 . . .	4.612.200	2.239.900	769.400	416.000	8.037.500
1881 - 1882 . . .	4.585.300	2.148.300	719.600	394.000	7.857.200
1882 - 1883 . . .	5.089.000	2.510.800	653.400	501.000	8.754.200
1883 - 1884 . . .	5.397.500	2.695.800	908.200	515.000	9.516.500
1884 - 1885 . . .	5.638.300	1.849.200	887.800	685.000	9.060.300
1885 - 1886 . . .	3.682.700	2.095.000	615.600	613.000	7.006.300
1886 - 1887 . . .	4.402.300	2.250.500	574.000	589.000	7.815.800
1887 - 1888 . . .	4.453.100	2.555.400	571.300	662.000	8.241.800
1888 - 1889 . . .	4.461.500	2.364.200	738.400	722.000	8.286.100
1889 - 1890 . . .	4.808.600	2.364.100	599.200	503.000	8.264.900
1890 - 1891 . . .	3.369.400	1.690.800	518.700	711.000	6.289.900
1891 - 1892 . . .	4.927.200	1.246.900	486.000	638.000	7.298.100
1892 - 1893 . . .	2.952.900	2.107.000	446.100	632.000	6.138.000
1893 - 1894 . . .	3.962.000	2.392.500	453.100	495.000	7.302.600
1894 - 1895 . . .	5.435.100	2.532.100	393.600	603.700	8.964.500
1895 - 1896 . . .	5.493.700	2.510.000	569.400	679.400	9.252.500
1896 - 1897 . . .	5.377.600	1.895.100	523.600	811.000	8.607.300
1897 - 1898 . . .	3.725.000	2.851.200	423.600	904.100	7.903.900
1898 - 1899 . . .	4.205.900	2.432.700	396.400	631.400	7.666.400
1899 - 1900 . . .	2.939.300	2.067.500	479.200	595.100	6.081.100
TOTAUX. . . .	89.518.600	44.799.900	11.726.600	12.300.700	158.344.900
MOYENNES. . .	4.475.930	2.239.950	586.330	615.095	7.917.245

consommation en France doit être de 6 à 7 millions de francs. Cette valeur globale est inférieure à celle des années précédentes, l'indigo de culture ayant subi une dépréciation notable du fait de l'apparition de l'indigo synthétique.

Dans ce qui précède, nous avons décrit les procédés employés pour retirer l'indigo des plantes indigofères ; nous allons maintenant passer en revue quelques-unes des tentatives faites pour créer de toutes pièces ce produit dans les laboratoires et dans l'industrie.

I. — PREMIÈRES SYNTHÈSES DE M. BÆYER.

Il ne saurait entrer dans notre programme de faire en détail l'histoire de la synthèse de l'indigo. Elle constituerait cependant l'un des chapitres les plus captivants de la chimie aromatique et serait intéressante à bien des points de vue. Qu'il nous suffise de rappeler qu'elle est due aux travaux mémorables de M. Bæyer, qui y a consacré plus de vingt ans de labeur.

Dès le début de ses recherches, M. Bœyer s'était donné comme tâche d'établir la constitution de l'indigo, et, en couronnant, en 1878, ses travaux par la syn‑ thèse du produit artificiel, il a pu annoncer que : « la place de chaque atome de la molécule de cette matière colorante avait été déterminée par l'expé‑ rience ». Comme toujours, l'analyse a précédé la synthèse. Il a fallu détruire graduellement la molécule indigo, étudier les divers termes de destruction, et les relier entre eux, avant d'être en mesure de reconstruire l'édifice abattu par les forces chimiques.

On savait, depuis 1826, que l'indigo fournit par distillation sèche, de l'aniline, et les travaux de Fritsche avaient montré, dès 1841, que la matière colorante, chauffée avec de la potasse, donnait naissance à ce même acide anthranilique ou acide orthoamidobenzoïque, qui, depuis les travaux de Heumann, joue un si grand rôle dans la synthèse industrielle de l'indigo. Un autre point impor‑ tant de la chimie de ce composé est sa transformation en isatine, sous l'influence des agents oxydants, transformation accomplie simultanément par Laurent et Erdmann en 1841.

Comme le fait remarquer M. Bœyer, ses recherches sur l'*isatine* ont été suscitées par l'analogie que présente ce corps avec l'alloxane, appartenant à la série urique. Il soumit donc cette isatine à une réduction ménagée, et obtint un corps renfermant deux atomes d'hydrogène en plus que l'isatine, et auquel il a donné le nom de *dioxindol*. Ce composé, réduit plus énergiquement par de l'étain et de l'acide chlorhydrique, se transforme en une nouvelle molécule, l'*oxindol*, laquelle, chauffée avec de la poudre de zinc, fournit enfin un produit ne renfermant plus d'oxygène, l'*indol*, substance‑mère de l'indigo.

Les formules suivantes nous permettent de traduire schématiquement les relations qui existent entre l'indigo, l'isatine son produit d'oxydation, le dioxindol, l'oxindol et l'indol :

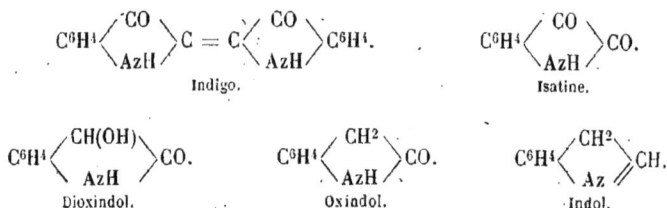

$$C^6H^4 \begin{matrix} CO \\ AzH \end{matrix} C = C \begin{matrix} CO \\ AzH \end{matrix} C^6H^4. \qquad\qquad C^6H^4 \begin{matrix} CO \\ AzH \end{matrix} CO.$$

Indigo.   Isatine.

$$C^6H^4 \begin{matrix} CH(OH) \\ AzH \end{matrix} CO. \qquad C^6H^4 \begin{matrix} CH^2 \\ AzH \end{matrix} CO. \qquad C^6H^4 \begin{matrix} CH^2 \\ Az \end{matrix} CH.$$

Dioxindol.   Oxindol.   Indol.

Cette transformation de l'indigo en sa substance‑mère se fait actuellement par une méthode moins coûteuse, qui consiste à traiter de l'indigo même par de l'étain et de l'acide chlorhydrique, et à chauffer le produit de la réaction avec de la poussière de zinc.

Il est intéressant de faire remarquer que cette méthode de réduction éner‑ gique, déjà employée dans la technique industrielle, en 1863, pour transformer le nitrobenzène en aniline, fut introduite dans les laboratoires par M. Bœyer, et permit, trois ans plus tard, à ses assistants, MM. Græbe et Liberm∂nn, d'élu‑ cider la question de la constitution, et, par suite, à effectuer la synthèse de l'alizarine.

Bien que MM. Engler et Emmerling aient observé la formation de traces d'indigo dans le traitement de l'o.-nitroacétophénone par de la poudre de zinc et de la chaux sodée, la première synthèse effective de cette matière colorante revient à M. Bœyer. Il avait déjà réussi, en 1870, à remonter de l'isatine à l'indigo, mais la synthèse totale de ce composé ne fut réalisée qu'à partir du jour où il réussit à faire celle du produit d'oxydation de la matière colorante.

Elle date de 1879, et consiste à réduire l'acide o.-nitrophénylacétique, à traiter l'oxindol obtenu par de l'acide nitreux, ce qui fournit de l'isonitrosooxindol (ou isatoxime) ; ce dernier est réduit en amidooxindol, lequel fournit, par une oxydation ménagée, de l'isatine. La transformation de l'isatine en indigo s'effectue au moyen du trichlorure de phosphore, qui donne naissance à du chlorure d'isatine, que le zinc en poudre convertit en indigo.

La succession des réactions que nous venons d'énumérer se schématise de la façon suivante :

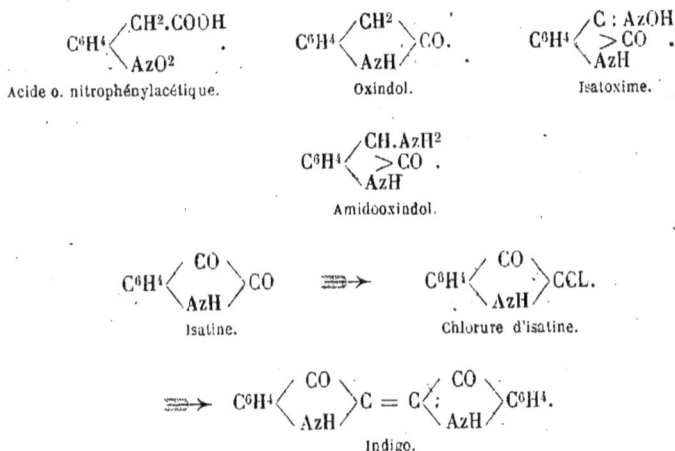

$$C^6H^4\begin{cases}CH^2.COOH\\AzO^2\end{cases}\qquad C^6H^4\begin{cases}CH^2\\\quad\rangle CO.\\AzH\end{cases}\qquad C^6H^4\begin{cases}C:AzOH\\\quad\rangle CO.\\AzH\end{cases}$$

Acide o. nitrophénylacétique. Oxindol. Isatoxime.

$$C^6H^4\begin{cases}CH.AzH^2\\\quad\rangle CO.\\AzH\end{cases}$$

Amidooxindol.

$$C^6H^4\begin{cases}CO\\\quad\rangle CO\\AzH\end{cases}\Longrightarrow C^6H^4\begin{cases}CO\\\quad\rangle CCL.\\AzH\end{cases}$$

Isatine. Chlorure d'isatine.

$$\Longrightarrow C^6H^4\begin{cases}CO\\\quad\rangle C=C\langle\begin{cases}CO\\\quad\rangle C^6H^4.\\AzH\end{cases}\\AzH\end{cases}$$

Indigo.

Toutes ces réactions, fort simples, jettent un jour éclatant sur la constitution de l'indigo et ont suscité de nouvelles synthèses de cette molécule.

L'objet de cet article étant d'insister particulièrement sur les synthèses de l'indigo qui ont subi l'épreuve de la pratique industrielle, nous passerons sous silence celles qui n'ont qu'un intérêt purement théorique et aborderons la première qui, encore due à M. Bœyer, fut l'objet d'une fabrication en grand de l'indigotine.

Le point de départ de cette synthèse est l'acide cinnamique, qu'on peut obtenir par la réaction de Perkin, en partant de l'aldéhyde benzoïque, ou en faisant agir du chlorure de benzylidène sur l'acétate de soude. En nitrant cet acide, ou plutôt son éther, on obtient un mélange d'acides ortho (70 0/0) et para-cinnamiques (30 0/0) qu'on sépare, le premier seul se prêtant aux opérations subséquentes. Cet acide, additionné de brome, est transformé en dibromure, qui perd deux molécules d'acide bromhydrique quand on le traite par de la potasse alcoolique, pour donner naissance à de l'acide ortho-nitrophénylpropiolique. Ce dernier composé fournit directement de l'indigo lorsqu'on le chauffe avec un alcali en présence de glucose, ou mieux de xanthate de soude.

Les schémas suivants rendent compte des réactions successives qui se produisent :

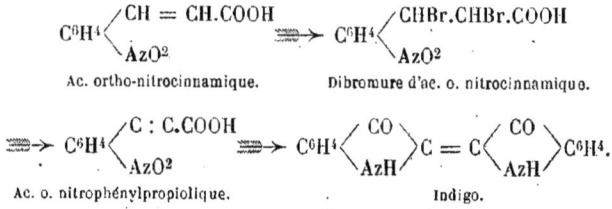

$$C^6H^4 \begin{cases} CH = CH.COOH \\ AzO^2 \end{cases} \rightsquigarrow C^6H^4 \begin{cases} CHBr.CHBr.COOH \\ AzO^2 \end{cases}$$

Ac. ortho-nitrocinnamique.   Dibromure d'ac. o. nitrocinnamique.

$$\rightsquigarrow C^6H^4 \begin{cases} C : C.COOH \\ AzO^2 \end{cases} \rightsquigarrow C^6H^4 \begin{cases} CO \\ AzH \end{cases} C = C \begin{cases} CO \\ AzH \end{cases} C^6H^4.$$

Ac. o. nitrophénylpropiolique.   Indigo.

On peut arriver au même résultat par une autre voie.

Au lieu de combiner l'acide ortho-nitrocinnamique au brome, on le traite par de l'hypochlorite de soude, et l'acide ortho-nitrophénylchlorolactique qui se forme est chauffé avec de la potasse alcoolique, et donne de l'acide ortho-nitrophényl-oxyacrylique. Fondu avec un alcali, cet acide fournit de l'indigo en quantité minime, comparativement au rendement de 70 0/0 que donne la réaction à l'acide ortho-nitrophénylpropiolique ;

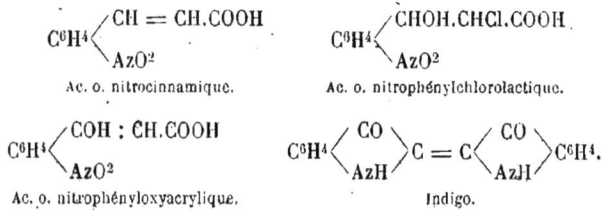

$$C^6H^4 \begin{cases} CH = CH.COOH \\ AzO^2 \end{cases} \qquad C^6H^4 \begin{cases} CHOH.CHCl.COOH \\ AzO^2 \end{cases}$$

Ac. o. nitrocinnamique.   Ac. o. nitrophénylchlorolactique.

$$C^6H^4 \begin{cases} COH : CH.COOH \\ AzO^2 \end{cases} \qquad C^6H^4 \begin{cases} CO \\ AzH \end{cases} C = C \begin{cases} CO \\ AzH \end{cases} C^6H^4.$$

Ac. o. nitrophényloxyacrylique.   Indigo.

Le prix trop élevé de l'acide ortho-nitrophénylpropiolique n'a pas permis de préparer l'indigotine même avec cet acide, mais il a été employé pendant quelque temps pour l'impression, grâce à la propriété qu'il possède de pouvoir être transformé sur tissu, au moyen du xanthate de soude, en indigo. Les dessins qu'on obtenait ainsi avaient beaucoup plus de finesse que ceux qu'on réalisait par les anciens procédés et, au point de vue de l'impression, l'emploi de l'acide ortho-nitrophénylpropiolique constituait un réel progrès.

II. — SYNTHÈSE DE BÆYER ET DREWSEN.

Malheureusement, vu sa cherté, ce produit fut bientôt détrôné par un autre, dont la synthèse est également due à Bæyer, qui l'effectua en collaboration avec Drewsen en 1882.

Cette synthèse, qui consiste à condenser, en présence de soude caustique, l'aldéhyde ortho-nitrobenzoïque avec l'acétone, surpasse en élégance et en simplicité tous les autres procédés de préparation de l'indigo. Quand les matières premières sont suffisamment pures, la réaction donne des rendements meilleurs que ceux fournis par l'acide ortho-nitrophénylpropiolique, rendements qui peuvent atteindre 80 0/0 de ceux prévus par la théorie. Le mécanisme de cette réaction peut se traduire de la façon suivante :

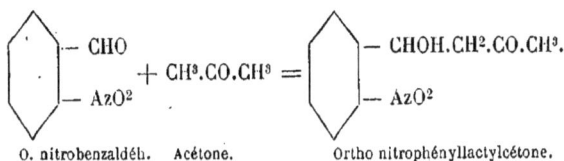

$$
\bigcirc\!\!\!\!\begin{array}{l} - CHO \\ - AzO^2 \end{array} + CH^3.CO.CH^3 = \bigcirc\!\!\!\!\begin{array}{l} - CHOH.CH^2.CO.CH^3. \\ - AzO^2 \end{array}
$$

O. nitrobenzaldéh.   Acétone.   Ortho nitrophényllactylcétone.

Cette dernière combinaison, en présence d'un alcali, se convertit rapidement en indigo et acide acétique :

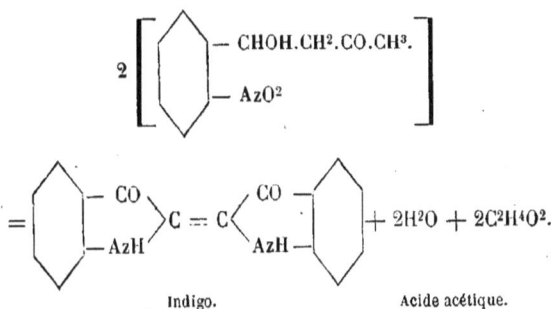

$$
2\left[\bigcirc\!\!\!\!\begin{array}{l} - CHOH.CH^2.CO.CH^3. \\ - AzO^2 \end{array}\right]
$$

$$
= \bigcirc\!\!\!\!\begin{array}{l} - CO \\ - AzH \end{array}\!\!>C = C<\!\!\begin{array}{l} CO - \\ AzH - \end{array}\!\!\!\!\bigcirc + 2H^2O + 2C^2H^4O^2.
$$

Indigo.   Acide acétique.

La cétone intermédiaire, insoluble par elle-même, peut être solubilisée par combinaison avec le bisulfite de soude, et constitue alors le sel de Kalle ou sel d'*indigo* qui, en impression, l'emporte sur l'acide ortho-nitrophénylpropiolique par son emploi plus facile. Il suffit, en effet, de faire passer le tissu imprimé en soude caustique pour développer le colorant.

Comme on le voit, le problème de la fabrication de l'indigo paraît être, en apparence, des plus simples, puisqu'il se réduit à la préparation de l'aldéhyde ortho-nitrobenzoïque, car l'acétone est un produit qu'on peut avoir à volonté. Or, c'est précisément la préparation de cette aldéhyde qui a présenté de grandes difficultés jusqu'alors.

Pour arriver au but cherché, il semble qu'il suffise de nitrer l'aldéhyde benzoïque, d'un usage si courant en industrie; mais, comme pour l'acide cinnamique, le dérivé orthonitré est loin de se former en quantité théorique, accompagné qu'il est de notables proportions de produit métanitré, inutilisable pour la préparation de l'indigo. Dans des essais tentés pour obtenir du chlorure de benzyle orthonitré, qui, par oxydation, fournirait l'aldéhyde cherché, on a encore été éconduit par la formation du dérivé paranitré qui est sans valeur pour la synthèse projetée.

Bien d'autres tentatives ont été faites, avant celle qui est à l'ordre du jour, et qui consiste à oxyder directement l'orthonitrotoluène, au moyen du bioxyde de manganèse et de l'acide sulfurique. Cet orthonitrotoluène se forme dans la proportion de 60 à 66 0/0, à côté du paranitrotoluène, quand on nitre le carbure dans certaines conditions.

Ce procédé d'oxydation est dû à la Société chimique des Usines du Rhône, qui déclare être arrivée à un résultat industriel et se trouver en mesure de réaliser en grand la synthèse de Bæyer et Drewsen. Cette même Société a étendu son procédé aux métaxylènes nitrés, et a obtenu deux aldéhydes métanitrotoluyliques qui, par condensation avec l'acétone, en présence de soude caustique, lui ont fourni un indigo méthyle B et son isomère R, auxquels elle attribue la constitution :

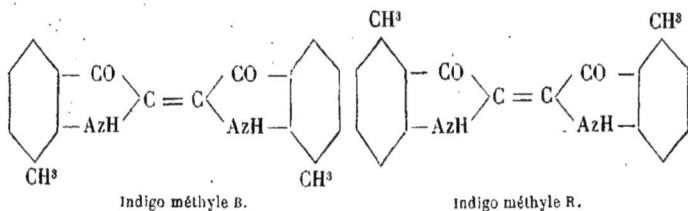

Indigo méthyle B.   Indigo méthyle R.

Les rendements obtenus en aldéhyde, dans l'oxydation de l'orthonitrotoluène, sont-ils suffisants pour justifier les espérances qu'a fait naître ce procédé?

Nous ne saurions nous prononcer à cet égard, et l'avenir seul pourra nous éclairer sur ce point.

On a fait une grave objection à l'application possible de cette synthèse sur une grande échelle.

Au point de vue industriel, un procédé n'est viable que lorsqu'on peut se procurer la matière première en quantité suffisante et à un prix rémunérateur. Or, jusque dans ces dernières années, la matière première, le toluène, nécessaire à la mise en œuvre de ce procédé, ne se retirait que des goudrons provenant des usines à gaz, et était par conséquent d'une production relativement limitée. Depuis la construction des fours à coke à récupération des sous-produits, les quantités de goudron dont peut disposer l'industrie augmentent journellement. Il nous suffit de citer les exemples suivants :

En 1883, la production du goudron en Europe a été de 675.000 tonnes.

En 1898, cette production a atteint le chiffre de 1.207.800 tonnes, lesquelles, avec le coefficient de 2 à 3 0/0 de benzols bruts, peuvent fournir, en chiffres ronds, de 24.000 à 36.000 tonnes de carbures benzéniques. Or, on admet généralement que le benzol brut renferme, en moyenne, un sixième (1) de toluène, ce qui fait une production de 6.000 tonnes de toluène pour l'année 1898. Mais cette production a certainement augmenté depuis cette époque, puisqu'on ne cesse d'installer, aussi bien en France qu'en Belgique, en Allemagne et aux États-Unis, des fours à coke à récupération, soit du système Semet-Solvay, soit du système Otto Hoffmann. Il existe actuellement 1.451 fours du premier système, et 357 autres en construction, de sorte qu'à un moment donné il en fonctionnera 1.808. On prétend, d'autre part, que les fours Otto Hoffmann sont beaucoup plus nombreux et plus répandus, et que bientôt il en existera environ 5.000 de par le monde entier (2).

(1) Nous prenons à dessein le sixième, car si les benzols des goudrons des usines à gaz renferment environ 23 0/0 de toluène, ceux provenant des fours à coke contiennent tout au plus 15 0/0 de ce carbure.

(2) *Sammlung Chem. und Chemisch-technischer Vorträge* du Profess. Ahrens. Chemisches auf der Weltausstellung zu Paris 1900, par le Dr G. Keppeler, t. VI, fasc. I.

Outre cette augmentation dans la production du goudron, on a cherché à améliorer le rendement en carbures benzéniques. On sait, en effet, d'après les travaux de Bunte, que sur la quantité de benzols bruts réellement produits dans la distillation, 5 0/0 seulement restent dans le goudron, tandis que 95 0/0 sont entraînés par les gaz.

Or, comme les gaz des fours à coke ne sont guère utilisés pour l'éclairage, on a songé à en extraire les benzols, en les faisant barboter à travers des goudrons fluides qui retiennent les carbures benzéniques. Actuellement déjà ce système permet à l'Allemagne de produire 30.000 tonnes de benzols, par suite de ne plus être tributaire de l'étranger et en particulier de l'Angleterre, et le jour où tous ses fours à coke seront munis de laveurs, on estime que la production de benzols s'élèvera à environ 80.000 tonnes par an. En admettant donc que le sixième de 80.000 tonnes soit du toluène, on aurait à sa disposition 13.000 tonnes environ de carbure, ce qui, à raison de 4 kilogrammes de toluène par kilogramme d'indigotine, permettrait de préparer plus de 3 millions de kilogrammes de la matière colorante, sur les 4 millions qui sont employés.

Nous avons donc là une source de toluène qu'il suffira de capter et de régler. Mais rien ne s'oppose à ce que l'on n'en trouve pas une autre, soit en réglant la marche des fours de façon à enrichir les goudrons en toluène, soit en préparant celui-ci au moyen du benzène et du méthane,

Dans cette production intensive de carbures, il y aura sans doute un excès de benzène pour lequel il faudra trouver un débouché rémunérateur, si l'on ne veut pas que le prix du toluène s'élève au delà de certaines limites.

Le champ des études sur ce sujet est des plus étendu, en même temps que des plus captivant.

La simplicité même de cette synthèse de l'indigotine, les bons rendements qu'elle fournit *une fois que l'on est en possession de l'aldéhyde orthonitrobenzoïque*, la possibilité qu'il y a d'avoir à un moment donné la matière première en quantité suffisante, sont faits pour encourager les efforts et exciter l'émulation des chercheurs.

III. — Procédé de la Société badoise.

Le point de départ de ce procédé est une observation faite en 1890 par Heumann, qui a montré qu'en fondant le phénylglycocolle avec de la potasse caustique, il se formait de l'indigo. Les essais tentés pour faire de cette synthèse l'objet d'une exploitation industrielle n'ayant pas réussi, faute de rendements, la Société badoise tira parti d'une autre découverte de Heumann, celle qui consiste à fondre l'acide phénylglycine-o.-carbonique avec de la potasse. Dans ce cas, la réaction est beaucoup plus nette, et les rendements sont meilleurs.

La mise au point de ce procédé tel qu'il est exploité actuellement par la Société, a demandé une suite ininterrompue de recherches et d'essais qui n'ont pas duré moins de sept années, et qui ont abouti à des résultats remarquables, non seulement en ce qui concerne l'indigotine elle-même, mais encore au point de vue des industries connexes, qu'il a fallu créer et perfectionner, de façon à former un cycle de réactions aussi parfait que possible.

Les différents stades de cette fabrication sont les suivants :

1° Oxydation de la naphtaline en acide phtalique au moyen de l'acide sulfurique fumant, et régénération de ce dernier acide :

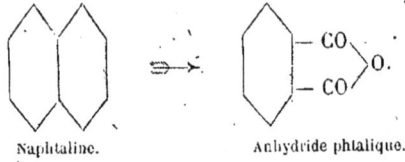

Naphtaline. Anhydride phtalique.

2° Préparation de la pthalimide et transformation de cette imide en acide ortho-amidobenzoïque ou acide anthranilique .

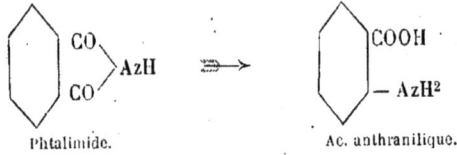

Phtalimide. Ac. anthranilique.

3° Préparation de l'acide monochloracétique et action de cet acide sur l'acide anthranilique pour obtenir l'acide phénylglycine-ortho-carbonique :

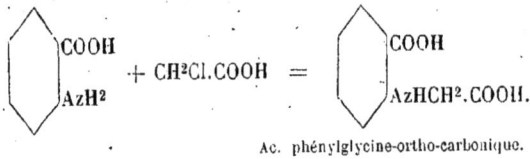

Ac. phénylglycine-ortho-carbonique.

4° Fusion de cette dernière molécule avec de la potasse, et action de l'air sur le produit de la fusion :

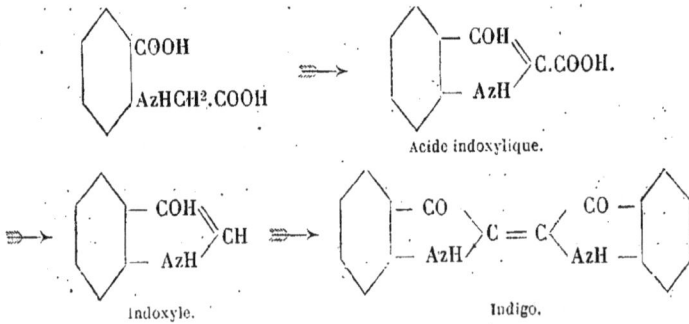

Acide indoxylique.

Indoxyle. Indigo.

§ 1. — *Préparation de l'anhydride phtalique.*

La naphtaline, matière première dont on part pour fabriquer cet anhydride, se trouve en quantités considérables sur le marché, et à un prix ne dépassant guère 112 francs la tonne. D'après M. Brunck, on dispose d'au moins 40 à

50.000 tonnes de ce carbure, dont 15.000 tonnes seulement, correspondant aux demandes, étaient isolées jusqu'alors. Les 25.000 tonnes restantes étaient donc disponibles pour la fabrication de l'indigo, puisque, faute d'emploi, elles restaient dans les huiles lourdes, ou servaient à la fabrication du noir de fumée.

L'oxydation de la naphtaline par l'acide chromique étant trop coûteuse, la Société Badoise réussit après de longues études, conduites systématiquement, et avec une science consommée, à trouver les meilleures conditions nécessaires pour effectuer cette oxydation au moyen de l'acide sulfurique anhydre, en présence du bisulfate de mercure, sel qui a pour effet de modérer la réaction. Il est vrai qu'un heureux hasard, le bris d'un thermomètre à mercure, a singulièrement contribué à assurer le succès de cette opération; mais, comme le dit fort judicieusement M. Brunck, on aurait atteint le but poursuivi, sans ce fait heureux.

Les quantités d'acide fumant employées pour cette oxydation étant considérables, il a fallu, pour rendre le procédé économique, récupérer l'acide sulfureux, et le retransformer en anhydride, par un procédé autre que celui des chambres de plomb, qui est loin d'être avantageux.

C'est ici qu'intervient l'ingénieux et nouveau procédé de fabrication de l'acide sulfurique, imaginé par M. Ch. Winckler, et mis au point par M. Knietsch, de la Société Badoise, procédé qui permet de préparer l'anhydride par combinaison directe du gaz sulfureux et de l'oxygène de l'air, en présence de l'amiante platinée (1).

Dans cette opération, l'acide sulfurique sert donc de corps intermédiaire pour fournir l'oxygène nécessaire à la transformation de la naphtaline en anhydride phtalique, et repasse ensuite, sous forme d'acide sulfureux, à travers la masse de contact, pour se convertir à nouveau en acide sulfurique.

La Société Badoise récupère ainsi, annuellement, de 35 à 40.000 tonnes d'acide sulfureux provenant de la fabrication de l'anhydride phtalique.

§ 2. — *Phtalimide. Acides anthranilique et monochloracétique.*

La préparation de la phtalimide au moyen de l'ammoniaque et de l'anhydride phtalique ne présentant pas de difficultés au point de vue industriel, nous n'y insisterons pas.

Grâce aux recherches de MM. Hoogewerff et Van Dorp, recherches basées sur la découverte d'A. W. Hoffmann, la transformation de la phtalimide en acide anthranilique s'effectue assez facilement au moyen de solution d'hypobromite ou d'hypochlorite de soude.

On emploierait à la Société Badoise l'hypochlorite; et le chlore nécessaire à sa fabrication, comme celui qui sert à chlorurer l'acide acétique, est obtenu par un procédé électrolytique que la maison a acquis de la Société *Elektron* de Griesheim. Ce chlore est ensuite purifié et liquéfié d'après une méthode qui a été brevetée par la Société Badoise, et se trouve dans les meilleures conditions de pureté pour chlorurer l'acide acétique.

Suivant le Dr Brunck, on transforme actuellement 2.000.000 de kilogrammes d'acide acétique en dérivé monochloré, c'est-à-dire la quantité correspondante à celle d'acide extraite par distillation de 100.000 mètres de bois.

(1) *Revue gén. des Sciences* du 28 févr. 1901, t. XII, p. 157.

§ 3. — Acide phénylglycineorthocarbonique. Indigo.

La condensation de l'acide anthranilique avec l'acide monochloracétique semble aussi se faire assez régulièrement, mais une des plus grandes difficultés à vaincre fut la détermination des conditions exactes pour la fusion, sur une grande échelle, de l'acide phénylglycocolleorthocarbonique, opération au cours de laquelle il se forme de l'*acide indoxylique*, qui, oxydé au contact de l'air, donne de l'indigo. La Société a même réussi à isoler cet acide, et le livre, sous le nom d'*indophore*, à l'impression, où il trouve un emploi analogue à celui du *sel d'indigo* de Kalle, où à celui de l'acide ortho-nitrophénylpropriolique.

L'indigo qui, sous l'action de l'air se sépare de la solution aqueuse de la masse de fusion, est cristallin. Pour l'obtenir à l'état de finesse que nécessite la cuve à fermentation, on se sert d'un procédé déjà appliqué jadis à l'indigo même, et qui consiste à le transformer en sulfate d'indigo qu'on décompose ensuite par l'eau. Il se forme ainsi une pâte très ténue qu'il suffit de laver, jusqu'à ce qu'elle ne contienne plus d'acide sulfurique. Cet indigo ainsi divisé se prête très bien à la préparation des cuves, car il se réduit et partant se dissout avec la plus grande facilité.

Quoi qu'on en ait dit et écrit, l'*indigotine* obtenue par voie de synthèse, soit par le procédé Heumann, soit par celui de Bæyer et Drewsen, soit par tout autre procédé, est en tous points identique avec celle qui se trouve dans les indigos naturels.

Telle qu'elle est livrée au commerce, cette indigotine présente sur le produit naturel un certain nombre d'avantages, qu'énumère M. Brunck dans la confé-rence déjà citée : « La régularité, la teneur constante du produit livré en indi-gotine pure, l'absence absolue de corps accessoires dans cet indigo, la facilité avec laquelle il se réduit, grâce à son état de division extrême, tous ces avan-tages constituent les principales qualités en face de la richesse irrégulière en colorant, et de la difficulté de réduction que présente l'indigo naturel. Le tein-turier qui n'est pas familiarisé avec les méthodes de dosage, se voit contraint d'acheter l'indigo naturel non pas d'après sa valeur intrinsèque, mais d'après les caractères facilement trompeurs de l'aspect extérieur. Les propriétés de l'in-digo artificiel mettent l'acheteur à l'abri de ces risques et lui assurent un produit uniforme et d'une qualité irréprochable ».

L'indigo synthétique donne des nuances très pures et aussi solides à la lumière que celles fournies par l'indigo naturel. De nombreuses expériences ont été faites à ce sujet, et on a pu voir au pavillon de la Société des Usines du Rhône, à l'Exposition de 1900, que des échantillons de tissus teints en indigo synthé-tique ne le cédaient en rien, comme beauté et comme solidité à la lumière, à ceux teints avec de l'indigo naturel.

Les nuances qu'on obtient avec cette indigotine pure seront, sans aucun doute, uniformes, et toujours identiques à elles-mêmes ; tandis que celles fournies par les indigos de culture varient avec leur composition, et aussi avec la façon dont sont conduites les cuves à teinture. Or, dans la teinture sur laine, comme aussi dans celle du coton, on tient à cette variété de nuances, qu'on ne peut réaliser avec le produit synthétique actuel, ce qui fait que l'emploi de la matière colo-rante naturelle n'est pas près de disparaître si l'écart entre les prix n'est pas trop considérable et si l'on n'arrive pas, comme on l'a fait pour les alizarines, à produire des indigos artificiels qui se rapprochent par leurs composants, indigotine, indirubine, bruns d'indigo, etc., du colorant naturel (1).

Il est inutile d'ajouter que l'indigotine pure, extraite de l'indigo de culture par la méthode à l'acide sulfurique, qui permet d'obtenir un rendement industriel de plus de 90 0/0, avec un minimum de frais de 1 franc à 1 fr. 50 par kilogramme, jouit des mêmes avantages que ceux que nous avons énumérés à propos du produit synthétique, puisqu'elle lui est identique.

En outre des synthèses que nous venons d'énumérer et qui seules, jusqu'à présent, ont reçu la consécration de la pratique, on a breveté plusieurs autres procédés, les uns plus élégants que les autres, mais, en raison de leur complication et aussi de la cherté des matières premières, ils ne paraissent pas, actuellement, susceptibles d'être réalisés industriellement dans la forme sous laquelle ils sont présentés.

IV. — CONCLUSIONS.

Dans notre exposé, nous avons envisagé le problème de la production de l'indigotine sur toutes ses faces.

Indigo naturel. — Nous avons d'abord montré qu'avec une culture intelligente, tenant compte des avantages de l'assolement, sous un climat approprié, dans les pays où le sol, ainsi que la main-d'œuvre, sont à bon marché, il était possible de produire de l'indigo à haute teneur, à la condition que le traitement de la plante se fasse d'une manière rationnelle, et qu'on ne perde pas dans les diverses manipulations une bonne partie de la matière colorante. Maintenant qu'on connaît les principes auxquels est due l'indigotine, ainsi que le mécanisme de sa formation dans les cuves à fermentation, on ne tardera pas à pouvoir régler avec soin la marche des opérations, de manière à obtenir le maximum de rendement et partant une baisse des prix.

On a souvent comparé le cas de l'indigo à celui de la garance. Rien de moins comparable cependant, au point de vue de la production de la plante et du traitement de cette dernière. Tandis que la garance était cultivée dans des pays où la terre et la main-d'œuvre étaient relativement onéreuses, les plantes à indigo poussent dans des régions beaucoup plus favorisées sous ce rapport, et rien n'empêche même de la cultiver dans nos nouvelles colonies où les conditions sont encore plus favorables. De plus, alors que la garance est une plante bisannuelle et que la racine n'est utilisable qu'au bout de deux ou même trois ans de culture, les *Indigofera* sont des plantes annuelles qui fournissent deux et parfois trois coupes par chaque campagne.

Signalons enfin un autre avantage en faveur de l'indigo. Avec les moyens dont nous disposons, rien n'est plus facile que d'extraire du produit naturel l'indigotine, de manière à la mettre en concurrence avec la matière colorante artificielle, opération à laquelle ne se prêtait point la garance. Comme nous l'avons indiqué, cette extraction est loin d'être coûteuse et donne d'excellents rendements.

Pour toutes ces raisons, nous ne voyons pas, *étant donnés les prix actuels de l'indigotine artificielle,* que la culture de l'indigo soit compromise et qu'il faille

(1) Voyez dans la première partie de cet article, p. 12.

l'abandonner à bref délai. Nous croyons au contraire que, sous l'aiguillon de la concurrence, les producteurs d'indigo amélioreront culture et traitement, au point de pouvoir fournir la matière colorante à un prix auquel le produit artificiel ne pourra peut-être pas atteindre, avec les procédés actuellement en vigueur. Si la victoire devait leur rester, ce serait en quelque sorte le triomphe de la Bactériologie sur la Chimie synthétique.

Indigo artificiel. — Des deux procédés qui sont actuellement en concurrence, celui de la Société badoise s'impose à l'admiration des hommes de science, comme à celle des industriels, par l'ingéniosité et la ténacité déployées pour vaincre les difficultés de toute nature qui se sont présentées, par l'utilisation rationnelle des sous-produits qui rentrent dans le cycle des opérations, et par l'ensemble des perfectionnements introduits dans la fabrication de produits connexes. Cette admiration, que suscitent de tels efforts et une telle initiative (1) de la part d'hommes qui n'en sont plus à compter leurs succès, ne saurait cependant nous faire oublier que, sur le terrain industriel, le petit nombre ainsi que la simplicité des réactions mises en jeu sont des facteurs aussi importants que celui du prix des matières premières, pour arriver au point essentiel que vise tout fabricant, — le prix de revient du produit final. Nous croyons savoir qu'à l'heure présente ce prix de revient ne justifie pas les espérances qu'on a fondées sur ce procédé, et que l'indigo de culture, comme l'indigotine préparée par la méthode Bœyer et Drewsen, ne sont pas près de s'effacer devant leur puissant rival.

Sans doute, ce dernier procédé ne peut encore avoir la prétention de rivaliser avec celui de la Société badoise, car il ne semble pas encore avoir complètement la sanction de la pratique ; mais il se recommande à l'attention de l'industriel par sa grande simplicité et le nombre restreint d'opérations qu'il nécessite. Rien n'empêche d'ailleurs qu'il se développe parallèlement et qu'il limite ses débouchés.

Quoi qu'il advienne de cette lutte, qui, dès maintenant, est engagée sur presque tous les points du globe, on ne saurait méconnaître le haut mérite des hommes qui, par leur initiative, leur volonté persévérante, n'ont pas hésité à l'entreprendre. Elle montre une fois de plus combien est étroite, en Allemagne, l'alliance de la Science et de l'Industrie, et combien l'une et l'autre peuvent se prêter un mutuel appui, grâce à l'organisation rationnelle du haut enseignement, et grâce aussi à la foi profonde qu'a le peuple allemand dans les progrès de la science et à la grande habileté avec laquelle il sait s'en servir.

Née pour ainsi dire en France, l'industrie des matières colorantes s'est surtout développée chez nos voisins, et si dans cette production nous arrivons au second et même au troisième rang, nous en connaissons la cause, et partant aussi le remède.

Nous ne saurions aujourd'hui insister sur ce sujet, grave entre tous ; mais qu'il nous soit permis de déclarer que, si nous avons une perception très nette de la haute tâche qui incombe à l'homme de science, nous avons aussi le ferme désir, dans la modeste sphère qui nous est échue, d'accomplir la nôtre, si les circonstances et les hommes nous le permettent.

Dans ce vaste domaine de la Chimie et de ses applications, la France a été

---

(1) La Société badoise a dépensé 22.500.000 francs pour monter la fabrication de l'indigo.

l'initiatrice de toutes choses depuis le commencement du siècle ; elle ne saurait donc se désintéresser de la plus minime partie de son œuvre et abdiquer entre les mains de l'étranger, car elle manquerait ainsi à ses traditions et à tous ses devoirs.

M. Henri BOLAND

Président d'honneur et Délégué de la Section de la Corse du Club Alpin français.

AU PAYS DE LA VENDETTA : LA CORSE PITTORESQUE

— *21 février* —

M. Henri DESLANDRES

Sous-Directeur de l'Observatoire d'Astronomie physique de Meudon.

LE SOLEIL

— *28 février* —

M. Fernand FOUREAU

Explorateur.

MISSION SAHARIENNE
(SAHARA, SOUDAN, TCHAD ET CONGO)

— *7 mars* —

MESDAMES, MESSIEURS,

Permettez-moi d'abord de vous donner quelques brèves explications sur l'origine de la mission saharienne. J'avais, depuis de longues années, tenté de pénétrer dans le Sahara et de le traverser avec le simple appui d'une escorte indigène à faible effectif ; chaque fois j'avais pénétré un peu plus profondément dans l'intérieur de ce mystérieux inconnu, mais, chaque fois aussi, je m'étais heurté à un très significatif mauvais vouloir des Touareg, dont le résultat — bien prévu par eux, d'ailleurs — avait fatalement amené mon retour vers l'Algérie.

La preuve était donc faite, et j'étais obligé de penser que pour traverser cette région fermée, que ses habitants veulent conserver vierge de toute pénétration et de tout contact, il était nécessaire de s'appuyer sur une force armée importante. Je restais pourtant persuadé que cette force, il fallait seulement la posséder, et que le voyageur n'aurait qu'exceptionnellement besoin de l'employer. La suite des faits m'a, à peu près, donné raison, car les attaques touareg dont la mission a été l'objet étaient peu redoutables, en raison de l'importance de notre effectif, dont la présence, — il est bon de le noter, — a suffi pour que les Touareg Ahaggar, si guerriers, si audacieux, n'aient même pas paru pendant les jours où nous côtoyions immédiatement leur territoire.

Nul maintenant n'ignore que M. Renoust des Orgeries avait laissé à la Société de Géographie une somme considérable, avec mandat de l'employer dans des conditions qui concordaient absolument avec le programme de la mission saharienne : « Réunir entre elles nos colonies de l'Algérie, du Sénégal et du Congo français... »

La Société de Géographie et la Commission spéciale chargée de l'application du legs ont pensé que j'étais, avec la collaboration militaire du commandant Lamy, capable de réaliser le *desideratum* de M. des Orgeries, et m'ont remis le montant de ce legs, résolution dont j'ai été très touché, puisqu'elle m'apportait une preuve éclatante de la confiance de la Société, comme la décision de la Commission des Missions m'avait apporté celle du Ministère de l'Instruction publique.

La mission avait reçu le patronage officiel du Ministère de l'Instruction publique, auquel elle appartient. Elle avait obtenu des subventions des Ministères de l'Instruction publique, de la Guerre, des Colonies, des Finances, du Comité de l'Afrique française, du gouvernement général de l'Algérie, des conseils généraux d'Algérie, de M. C. Dorian, député de la Loire, qui fut lui-même notre aimable compagnon de route, et, enfin, de quelques autres mécènes.

Le commandant Lamy s'occupait plus spécialement des relations avec le Ministère de la Guerre, duquel il obtint, pour la mission, l'escorte des tirailleurs algériens qui était nécessaire pour la faire respecter pendant son long itinéraire.

Je ne vous parlerai pas de l'organisation des troupes et des convois depuis Alger jusqu'à Sedrata, point de concentration définitive et point de départ ultime. La bonne volonté du gouvernement général de l'Algérie, dont le siège était alors occupé par M. Laferrière, nous était acquise, et c'est avec la plus parfaite bienveillance et la plus grande bonne volonté que M. le Gouverneur assura tous ces transports et toute cette concentration. M. Laferrière avait bien voulu continuer la tradition de bienveillance à mon égard que m'avait toujours très largement témoignée son prédécesseur, M. Jules Cambon.

A Sedrata étaient arrivés peu à peu, par les soins des officiers des bureaux arabes du Sud, les chameaux, les bâts, les outres, les sacs de charge et les dattes. Tout était en bon ordre, nous quittâmes Sedrata le 23 octobre 1895.

Outre son chef, la mission comptait quatre membres civils : MM. Dorian, Villatte, Leroy, Du Passage ; outre son chef, le commandant Lamy, l'escorte comptait dix officiers : le capitaine Reibell, les lieutenants Rondeney, Métois,

Verlet, Bristch et Oudjari, le sous-lieutenant de Chambrun, les docteurs Fournial et Haller, enfin, à partir d'In-Azaoua, le lieutenant de Thézillat qui, ayant escorté un convoi, ne pouvait sans imprudence être renvoyé sur l'arrière.

L'effectif troupe comptait au départ 280 hommes environ, et le convoi de chameaux plus de 1.000 animaux.

Je suis heureux de pouvoir ici rendre un sincère et affectueux hommage à tous mes collaborateurs et de dire que tous ont fait plus qu'il n'était permis d'attendre de qui que ce fût, que leur endurance et leur dévouement dépassent ce que l'on peut supposer, et que les travaux auxquels ils se sont livrés constituent un excellent appoint. Ma seule douleur est de ne pas voir avec eux celui qui fut leur chef militaire et l'âme de l'escorte, le regretté commandant Lamy, qu'un sort aveugle a frappé à la fin de notre œuvre commune, renversant en pleine gloire et en plein triomphe cet ardent patriote, ce brillant et loyal officier, ce hardi et dévoué Français.

Je ne m'arrêterai point à détailler les divers travaux scientifiques auxquels je me suis livré au cours de la mission ; qu'il me suffise d'indiquer que j'ai fait un lever complet de l'itinéraire, 512 observations astronomiques destinées à en fixer les points principaux ; que j'ai rapporté des échantillons géologiques permettant de donner une idée de la stratigraphie des régions parcourues. Ces travaux, de même que ceux relatifs à la météorologie, à la botanique et à l'ethnographie (ces deux dernières séries plus spécialement confiées à M. Fournial, avec la collaboration de M. Haller), tous ces travaux, dis-je, seront publiés ultérieurement.

Que dire de la traversée des grandes dunes, du séjour à Timassanine, et de la marche dans le Tassili du Nord, que vous ne sachiez déjà par mes précédentes communications ? Mieux vaut arriver à Aïn El-Hadjadj, point d'où nous allons nous élancer directement dans l'inconnu. Bien que nous devions prendre la route de l'*ouad* Samene, qui m'a toujours été indiquée par les Azdjer, nous faisons pourtant opérer des reconnaissances pour savoir si aucun autre passage ne peut être utilement pratiqué dans l'Ouest.

L'attaque et la traversée du massif montagneux nommé Tindesset emploient quatre jours, mais des jours mémorables, étant données les difficultés de terrain à vaincre. De hautes cimes de grès noirci par les intempéries se dressent menaçantes, devant et autour de nous, en un spectacle morne mais grandiose, dans lequel nous semblons une armée de fourmis montant à l'assaut d'une pyramide d'Égypte. Partout des ravins que l'on ne peut traverser qu'au prix d'efforts constants au milieu des éboulis.

Tout à coup une cascade superbe, sans eau bien entendu, mais d'un splendide aspect, avec sa table de pierre qui surplombe d'une vingtaine de mètres le bassin inférieur de l'ouad Angarab !

Le chaos continue longtemps ainsi ; puis toute cette masse de roches se termine brusquement au Sud, et c'est par une vertigineuse descente qu'il nous faut atteindre la plaine par un sentier en lacets encombré de blocs, qui parfois ne laissent pas même entre eux l'espace nécessaire pour le passage d'un chameau.

En bas on campe dans l'*ouad* Oudjidi, au pied de hauts mamelons dont les roches sont couvertes d'inscriptions touareg anciennes, et dont les flancs portent d'énormes et antiques tombes que la légende assure devoir contenir des trésors.

La suite de la route, qui nous fait passer à Tighammar et à Ahelledjem, est bien toujours plus ou moins en montagne, mais, de parcours beaucoup plus facile.

De ce dernier point, nous atteignons ensuite Afara, où nous passons un 1er janvier tellement glacé que nous aurions pu croire, pour un instant, n'avoir point quitté la France.

Là nous sommes dominés par la haute falaise du Tassili qui découpe sa fantastique silhouette sur tout le nord de l'horizon : profils de cathédrale, obélisques, tours, constructions massives, énormes, à lignes presque géométriques, rien n'y manque.

C'est là que nous rejoignent les deux guides touareg, Sidi et Chaouchi, qui doivent nous conduire au premier village de l'Aïr. Nous sommes donc définitivement en route, ne possédant, il est vrai, que des renseignements confus, souvent même contradictoires sur les points d'eau intermédiaires, mais enfin nous sommes en route.

Bientôt commence la traversée de la région montagneuse nommée Anahef, où tout n'est que quartz et granit, succession de lignes de montagnes, de plateaux difficiles, de lits de rivières encombrés de roches ; au milieu de cette zone, nous franchissons la ligne de partage des eaux des bassins méditerranéen et atlantique pour aller camper ensuite à Tadent.

Une courte excursion de cinq jours, du 20 au 24 janvier 1899, nous conduit, le commandant Lamy, Dorian, Leroy et moi, au puits de Tadjenout, point où furent massacrés le colonel Flatters et ses collaborateurs. Nous étions tous montés à méhari, et nous n'avions pour escorte que trente Chambba, de Ouargla, et un guide nommé Thâleb, Targui de l'oasis de Djanet.

Cette excursion fut extrêmement pénible, tant à cause de la vitesse de notre marche que des difficultés du terrain et du manque d'eau. Nous avons traversé les gorges imposantes et sauvages de la rivière Obazzer, et des régions schisteuses et granitiques d'une tristesse et d'une désolation dont rien ne peut donner l'idée. De puissants massifs, Zerzaro, Sodderai et Serkout, rudes et déchiquetés, hérissés d'aiguilles, s'élevaient au loin, autour de nous, gigantesques témoins qui se dressent imposants sur l'infertile et inhospitalier plateau.

De Tadent, nous gagnons bientôt l'interminable plaine que Barth a si bien dénommée *mer de roches*, et que les Touareg appellent *Tiniri*. Là, le sol de gravier de quartz plan est semé de blocs de granit, de mamelons, de lignes de collines farouches, nues, arides et menaçantes. Pas d'eau, nulle végétation ; les chameaux portent en surcharge un peu d'herbe pour leur nourriture, un peu de bois pour la cuisine. Ils tombent les uns après les autres, et cela, du reste, depuis le Tindesset ; leurs carcasses viennent se joindre aux innombrables squelettes antérieurs qui bordent cette piste terrible sur laquelle ils ont fourni leurs derniers efforts. C'est la période des marches interminables, fatigantes, décevantes, où l'on chemine sans cesse, sans jamais arriver.

Pourtant la mission atteint enfin In-Azaoua, après avoir vainement demandé au célèbre puits d'Assiou l'aumône de quelques litres d'eau. Ce puits est à sec et In-Azaoua le remplace.

La mortalité qui a sévi sur nos bêtes nous force à laisser ici une partie des charges, d'autant plus qu'un convoi, escorté par le lieutenant de Thézillat, vient de nous apporter des dattes. Un réduit en pierre, auquel est donné le nom de fort Flatters, abritera en même temps ces bagages et cinquante hommes de l'escorte, jusqu'au jour où le commandant Lamy reviendra les chercher pour les ramener à Iferouane où nous devons séjourner.

C'est à In-Azaoua que se rompt le lien qui nous rattachait à la France; c'est là que les derniers courriers, expédiés par les soins du capitaine l'ein, nous arrivèrent, et que nous leur confiâmes nos dernières lettres pour le Nord. Après, le silence devint complet, et il me fallut personnellement attendre jusqu'à Brazzaville, — soit dix-sept mois, — pour retrouver des nouvelles des miens. Seuls, deux télégrammes officiels nous furent remis dans l'intervalle, à Zinder.

Une marche de onze jours nous amène à Iferouane, premier village de l'Aïr, situé dans la vallée d'Irhazar. Un seul puits intermédiaire, celui de Taghazi, nous a permis de renouveler notre provision d'eau en route. C'est là une région montagneuse, parfois très difficile, et où dominent les quartz, les granits et les gneiss, se présentant le plus souvent en roches rondes et en blocs énormes. De larges lits de rivières coupent ces massifs, se dirigeant tous vers l'Ouest. La végétation se trouve confinée de ces thalwegs; le gibier, gazelles et antilopes, y est très abondant.

Iferouane est un village peu important, composé de huttes très espacées, bien faites et souvent agglomérées en un certain nombre de paillotes entourées d'une enceinte unique en branches sèches de *Calotropis procera*. Construit sur le bord même de la vallée, ce village possède des jardins et une petite forêt de palmiers. Les habitants sont des Touareg Kéloui noirs, et leurs esclaves.

Le chef, El-Hadj-Mohamed, nous reçoit de façon convenable; il a connu Erwin de Bary. Il nous présente, peu après, son beau-père, El-Hadj-Yata, vieillard de plus de quatre-vingts ans, encore droit et presque vert, vieux philosophe, parlant fort bien l'arabe et plein d'aménité et d'urbanité. Il a gardé le souvenir du passage de Barth, et nous entretient d'Erwin de Bary qui fut longtemps son hôte. Il habite le village de Tintaghoda, voisin d'Iferouane.

Une chaîne de hautes montagnes, le Timgué ou Tenguek, domine Iferouane à l'Est et tout près de nous; ce ne sont que pics élevés, abrupts, rugueux, inaccessibles et nus, que sillonnent des vallées étroites et profondes. Ces montagnes prennent, le soir et le matin, d'admirables colorations et étendent devant nous un imposant et merveilleux panorama.

Nous sommes en pleine lutte pour obtenir des animaux de transport destinés à remplacer ceux, hélas! trop nombreux, qui ont péri en route depuis l'Algérie; mais point de chameaux; nul n'en amène; les nomades Kéloui font le vide autour de nous et se tiennent hors de portée. Quant aux villageois, ils en ont peu ou point.

Nous sommes dans une situation fort embarrassante. Devant l'absence de propositions, le commandant Lamy part, avec nos propres animaux, pour aller chercher l'échelon resté à In-Azaoua, et après un voyage de vingt-trois jours, très pénible à cause des chaleurs élevées et du manque d'eau, il le ramène à Iferouane; mais il a été mis dans l'obligation de brûler une grande quantité d'objets d'échange, des cotonnades, des dattes, etc., qu'il ne pouvait enlever faute d'animaux; obligation pénible, désolante, et à laquelle nous allions malheureusement être soumis à nouveau, à brève échéance, nos chameaux fondant comme une cire molle autour de nous.

Entre temps, le 12 mars, une bande de Touareg, forte de quatre cents à cinq cents hommes, tant montés que fantassins, était venue, au lever du jour, attaquer notre camp, au son des tam-tam et en psalmodiant l'invocation musulmane : *La illa illallah*. Attaque aussi folle que vaine; deux ou trois feux de salve dispersent cette horde qui fuit de toutes parts, sans essayer aucun retour offensif, laissant la plaine jonchée de cadavres de méhara et d'hommes. Cette aventure nous met en possession de quelques animaux abandonnés par nos agresseurs.

. Nos vivres sont épuisés; l'achat de mil et de sorgho, — qui constituent maintenant, avec la viande des chameaux invalides, le fond de notre nourriture, — est très difficile; on n'en recueille que de très petites quantités, ces denrées venant du Damergou, et les caravanes de ravitaillement des villages n'étant pas arrivées ou ne voulant pas se montrer.

Des négresses louées à cet effet passent leurs journées à piler, au camp, dans de grands mortiers de bois, ces grains indigestes. Quand le temps et la quantité de mil le permettent, elles séparent et enlèvent le son, opèrent un second broyage entre deux pierres préparées à cet effet, et produisent ainsi une farine passable; dans le cas contraire, qui est le plus fréquent, nous absorbons le tout sans triage, sous la forme d'une sorte de bouillie grise qui ressemble beaucoup plus à un cataplasme d'hôpital qu'à un mets comestible.

. Quelques litres de lait aigre, quelques fromages secs du pays, viennent parfois varier notre menu, mais en si petite quantité que c'est insignifiant. Tout le monde saute de joie quand on a pu acheter une pastèque ou une douzaine d'oignons.

Les tornades sèches, sortes de petites trombes minces et très élevées, soulevées par un vent violent, sont fréquentes, et les chaleurs très fortes, à cette époque de l'année (mars, avril, mai). Nous sommes dans une énervante attente, préoccupés de la question des vivres et de celle des transports. Chaque jour se produisent de nombreux palabres dans lesquels on discute sur les routes à suivre, sur la position des points d'eau, sur les chameaux à se procurer; malheureusement ces palabres n'aboutissent jamais, et, sauf les quelques chameaux recueillis après la fuite du *ghesi* et une quinzaine d'autres fournis en location par El-Hadj-Yala, nous n'avons rien vu.

. Comme il est impossible d'attendre ici plus longtemps sans courir le risque d'y mourir de faim, il est décidé que nous ferons un pas en avant, en enlevant tout ce que nos animaux disponibles peuvent porter, et en laissant le reste au camp, sous la garde d'une partie de l'escorte commandée par le capitaine Reibell.

Nous gagnons ainsi, le 26 mai, le village d'Aguellal par une marche d'une cinquantaine de kilomètres, et après un séjour de quatre-vingt-dix jours à Iferouane.

Aguellal est situé au pied même d'une haute chaine abrupte et sombre des montagnes de l'Aïr, en un point où les étroits ravins venant des sommets s'épanouissent en un large lit de rivière, abondamment couvert par des fourrés de très beaux gommiers. Nous dominons leurs cimes touffues du haut de notre camp qui est installé sur une éminence isolée, sorte d'îlot de blocs de granit qui nous donne une position tout à fait inexpugnable.

Le village est désert, abandonné par ses habitants qui avaient pris part à l'attaque de notre camp à Iferouane, sous la conduite de leur chef, sorte de marabout, nommé El-Hadj-Moussa.

Nous avions à cette époque avec nous un Targui des Kel-Ferouane, du nom d'Arhaio, sorte de bandit ou d'écumeur de grandes routes qui était spontanément venu se mettre à notre disposition. Avec lui, des reconnaissances furent exécutées autour d'Aguellal; ces reconnaissances nous firent prendre possession d'un certain nombre de chameaux, de bœufs, d'ânes et de chèvres, appartenant soit aux gens du village, soit aux autres tribus ayant participé à l'attaque d'Iferouane.

C'est dans une de ces reconnaissances, dirigée par le commandant Lamy,

3

qu'une partie de l'escorte fut brusquement assaillie, à Guettara, par un parti de sept cents à huit cents Touareg qui lui tuèrent un homme et en blessèrent quelques autres. Comme la fois précédente, dès les premiers feux de salve, tout le monde était en fuite, laissant sur le carreau un certain nombre de morts et quelques animaux.

C'est dans le Coran pris dans le harnachement de l'un de ces morts qu'ont été recueillis des fragments de papier ayant incontestablement appartenu au voyageur Erwin de Bary. Ces fragments portent, écrits au crayon, quelques chiffres et des caractères sténographiques; or chacun sait que de Bary rédigeait généralement ses notes en sténographie.

Rien à manger ici, si ce n'est de la viande; il faut donc partir, mais les animaux que nous possédons actuellement, tant ânes que chamaux ne nous permettent point d'emporter ce qui nous reste de bagages. Le commandant Lamy a ramené, le 11 juin, d'Iférouane, l'échelon resté en arrière, mais on a dû brûler les étoffes, tous les objets d'échange, tous les appareils lourds, les vêtements de rechange des officiers et des hommes, les lits, les tentes, etc. Nous procédons ici à une opération du même genre, de façon à ne garder que le strict indispensable. On sacrifie donc tout ce qui restait : étoffes, livres, appareils et plaques photographiques, ne gardant qu'une partie des tonnelets et les cartouches, et la mission se met encore une fois en mouvement vers le Sud, le 25 juin, après un mois de séjour à Aguellal.

Dix jours de marche lente et pénible, en montagne, nous amènent au village d'Aoudéras. Les chameaux, et surtout les ânes, tombent en route ou refusent d'avancer; on met leurs charges sur les chevaux des spahis et des officiers qui sont ainsi dans l'obligation de marcher à pied, mais enfin, en dépit de toutes ces peines, de toutes ces fatigues, nous gagnons Aoudéras.

Là, malgré des lettres affables envoyées par plusieurs chefs Kéloui, nous n'arrivons point à trouver d'animaux. Nous ne vivons que sur un ravitaillement envoyé et vendu par le sultan d'Agadez, qui voudrait bien nous voir continuer droit au Sud, sans passer par sa capitale.

Telle n'est pas actuellement notre opinion : mieux vaut nous rendre au cœur de la place, où peut-être notre présence forcera le sultan à agir; aussi, après une halte de dix-sept jours, temps employé en stériles démarches et en vaines recherches, nous nous décidons à marcher sur Agadez.

Nous avions passé à Aoudéras une bien triste période, lassés par les protestations des divers chefs Kéloui, qui nous criblaient de correspondances, mais qui ne paraissaient pas inquiets au point de vue de la question nourriture ; pourtant, le 14 juillet, on avait organisé une grande revue avec défilé et une fête de nuit pour les tirailleurs. Les spectateurs s'étaient formés en un grand carré au centre duquel brûlait un immense feu destiné à éclairer. Là, tous les gradés français viennent ou chanter des chœurs, ou débiter des monologues ou des chansons. De temps en temps, quelque intermède ou une farce mimée, jouée par des tirailleurs indigènes affublés de déguisements bizarres, aide à varier le programme.

Il est deux figures touareg qu'il convient de citer ; ce sont celle d'Akhedou et celle de Mili-Menzou; le premier très remuant, un peu agité, mais très sociable, nous a rendu de grands services comme intermédiaire, comme interprète et comme fourrier de colonne, tant à Aoudéras qu'à Agadez. Le second, qui était le vizir le plus notable du sultan d'Agadez, était un homme de parole, de bons sens et d'énergie; il s'est toujours conduit vis-à-vis de nous de la façon

la plus correcte et la plus dévouée ; il fut notre chef guide final d'Agadez à
Zinder ; de là, il accompagna le commandant Lamy dans sa tournée à Tessaoua
et fut envoyé par lui aux nouvelles à Sokkoto. Dans la suite il a' rendu des
services à notre compagnon Dorian, lors de son mémorable raid de retour entre
Zinder et Say.

La route d'Aoudéras à Agadez se poursuit d'abord en montagnes, à sol dur
et rocheux, avec quelques cols assez difficiles ; puis, apparaissent des rangées
de collines granitiques plus basses, séparées par des vallées à très belle végétation au milieu de laquelle domine le *Doum* ou palmier d'Egypte. Le pays
s'ouvre de plus en plus, et c'est dans une plaine plus ou moins couverte de
petits gommiers que s'élève Agadez, où nous arrivons le 28 juillet. Notre
campement occupe à 1.800 mètres de la ville, un petit mamelon planté de
quelques arbres, et, au centre duquel se trouve un puits abondant nommé
Tinchamane.

L'aspect de la ville d'Agadez est plutôt triste. Sa surface est considérable, et,
pour plus de la moitié, recouverte de maisons en ruines. Les constructions
intactes sont en pisé ; plusieurs possèdent un étage. Des monticules, composés
d'immondices ou de murs affaissés et détruits, font çà et là des éminences au
pied desquelles s'ouvrent des trous qui deviennent des mares après les pluies
et dont l'eau sert à abreuver les habitants.

Quelques rares maisons sont assez coquettes ; elles appartiennent toutes à
des gens du Touat ou de la Tripolitaine. Celle du sultan — qui est pourvue d'un
étage percé de petites fenêtres régulières — n'a aucun caractère. Elle s'élève,
massive, tout près de la mosquée dont le haut minaret, en forme de tronc de
pyramide, n'a point changé depuis l'époque où Barth en a dessiné la typique
silhouette. Les pluies ont creusé sur ses flancs d'argile des ruisseaux larmoyants
qui menacent de les traverser complètement. Les poutres d'étages sont saillantes
au dehors et lui donnent un aspect hérissé et farouche.

Un marché s'est créé à la porte de notre camp : on y amène de rares bœufs,
mais beaucoup de moutons et de chèvres, des pintades, des poules, des pigeons,
des arachides, des galettes de farine de mil, des fromages secs, des haricots, un
peu de lait aigre, enfin du tabac en petites quantités, provenant de Kano et de
Katschéna ; ce dernier, qui est présenté en liasses contenant 40 ou 50 feuilles
pressées, est d'excellente qualité.

Le mil de nourriture ne nous est fourni qu'au jour le jour, et, encore avec
la plus grande difficulté, et, constamment sous le coup de menaces. C'est
désespérant et pourtant le sultan, ses parents, ses vizirs, se confondent en
protestations de dévouement, promettant du grain en abondance, des chameaux,
des ânes.

On a planté, sur le sommet de la maison du sultan, un pavillon français, et
il a promis de hisser ce pavillon, chaque fois qu'un blanc quelconque se présenterait devant la ville. Nous avons obtenu de lui quelques chameaux et
quelques ânes. Comme nous avions acquis la certitude que le pouvoir du sultan
était sinon nul, du moins à peu près insignifiant, que son autorité s'étendait
surtout sur la ville, et quelle autorité ! que d'autres chefs importants, entre
autres l'Anastafidet Yatau, se partageaient le territoire des Kéloui, il fut décidé
que nous partirions pour Zinder, avec les seuls moyens dont nous disposions
et qui ne nous permettaient malheureusement point d'organiser un équipage
d'eau.

Le 10 août, nous nous mettions en route, à deux heures du matin, munis d'un guide fourni par le sultan et décrété excellent, même la nuit ; il devait nous faire camper chaque jour à un point d'eau. Mais, amère désillusion ! Dès la première halte aux puits d'Abellakh, nous ne trouvâmes que la quantité d'eau strictement nécessaire, pour nous empêcher de mourir de soif, soit à peu près un verre d'eau par homme. Aucun des animaux n'avaient pu boire. Nous poursuivons la marche dès minuit ; le lendemain, à l'arrivée aux puits signalés, nous ne trouvions pas une goutte de liquide ! Ce n'est que beaucoup plus tard, et grâce aux recherches du guide et des Chambba dévoués qui m'accompagnaient depuis Ouargla, que l'on découvre une réserve d'eau de pluie dans les anfractuosités de roches des collines d'Irhaiene.

Après un court séjour, la mission reprend sa marche, mais le guide, si excellent nous disait-on, se perd et nous perd, et ses intentions sont très transparentes ; c'est à dessein qu'il nous fait peu à peu retourner vers le Nord. Il n'y avait pas à hésiter en pareille occurrence ; ordre de revenir aux mares d'Irhaiene est donné, et, nous atteignons de nouveau Agadez, après une absence totale de dix jours.

Ce déplacement avait été terrible pour tout le monde. Son souvenir restera longtemps gravé dans ma mémoire. Jamais la mission entière n'a affronté de plus redoutable péril. Cette marche, accomplie sous une température élevée, par des hommes privés de boisson, très lourdement chargés, pieds nus pour la plupart, est sans précédent. Tous les officiers l'ont faite à pied, leurs chevaux, de même que ceux des spahis portant des charges de toute nature.

Notre dénûment est très grand et on ne peut guère se faire une idée de l'état de délabrement de nos pauvres tirailleurs. Tous leurs effets de toile ne sont plus que de la dentelle ; les pantalons ont depuis longtemps disparu ; heureux sont les rares qui possèdent encore des lambeaux de caleçons. La forme des chaussures — pour ceux qui en ont, — leur dissymétrie pour le même homme, sont de vrais poèmes. C'est inénarrable comme aspect et comme variété de guenilles.

Notre second séjour à Agadez n'amena aucun changement dans l'attitude des autorités locales ; toujours même indolence et même inertie, et, pourtant, il était déplorable de nous éterniser en ce point où nous n'avions plus rien à faire. Il fallut donc employer les moyens de rigueur, et l'argument le plus décisif fut la mainmise par l'escorte sur les deux puits qui alimentaient la ville. Nous ne laissions aux habitants que les puits d'eau de mauvaise qualité qui se trouvent dans Agadez même. Le résultat fut assez prompt ; nous pûmes ainsi obtenir un renfort d'une centaine de chameaux et de quelques ânes.

Le 17 octobre 1899, sous la conduite de Milli-Menzou et de deux ou trois autres guides, nous quittions enfin Agadez, et, par des marches longues et rapides, nous traversions les régions de l'Azaouakh et du Tagama.

L'Azaouakh est une région désertique, non boisée, aride, où se montrent quelques petits mornes de grès roux. Le Tagama — qui, en langue touareg, signifie forêt — est partout recouvert de brousse plus ou moins dense, coupée, çà et là, de surfaces nues. Le sous-bois et les parties sans arbres sont tapissés de graminées dont la plus abondante se nomme *karendjia*. Cette plante est une joie pour les animaux qui la mangent avidement ; en revanche, elle est une véritable plaie pour les voyageurs. Ses graines, enfermées dans de petites enveloppes hérissées de pointes imperceptibles, s'attachent à tout et produisent de douloureuses piqûres. Les jambes des chevaux et des chameaux, celles des hommes, en sont entièrement recouvertes ; bientôt, les couvertures même en sont entièrement feutrées. Je laisse à penser combien il peut être agréable de coucher sur un tel lit d'épines. Je ne puis que conseiller de consulter à l'égard du *karendjia* la relation de Barth qui lui consacre plusieurs pages de son ouvrage. Le *karendjia* nous a accompagnés, avec quelques intermittences, toutefois, jusque sur le bas Chari.

La brousse est surtout composée de gommiers de taille petite ou moyenne, que dominent, çà et là, quelques plus grands arbres, surtout une sorte de Ficus à frondaison très fournie et dont l'aspect rappelle de loin absolument celui du châtaignier.

Le Tagama est un véritable paradis pour les chasseurs. La quantité et la multiplicité du gibier y sont incroyables ; on trouve là trois ou quatre variétés d'antilopes, des phacochères, des lions, des perdrix, des pintades et bien d'autres que j'omets. Ces animaux sont peu farouches ; nous avons vu des girafes défiler tout près de nous. Une autre, quelque temps auparavant, avait, pour ainsi dire, déboulé sous nos pieds, et reçu une balle de l'un de nos Chambba. Bien que touchée, elle ne fut pas poursuivie, parce qu'il était onze heures du soir, et que, profitant du clair de lune, nous étions dans l'obligation de marcher sans laisser personne derrière nous.

Le Damergou est beaucoup plus découvert que le Tagama. On y voit quelques bouquets de bois et d'immenses champs de mil, qui est actuellement récolté. Çà et là, des arbres coupés très bas au milieu des plantations qui sont régulières et dont les tiges sont très élevées.

C'est à Gangara, grand village de Damergou, que nous rejoignons le premier échelon qui nous avait précédé deux jours auparavant sous le commandement de Lamy. Après avoir traversé les villages de Sabankafi et de Dambiri, puis une région de halliers assez serrés, nous touchons aux village de Bakimarane et de Delladi, pour arriver ensuite à Zinder.

Je n'ai point encore parlé des nombreuses négresses volontaires qui accompagnaient la mission et dont le nombre grossissait à chacune de nos haltes. Ces femmes, généralement très gaies, très causeuses, supportaient assez bien les fatigues de la route, bien qu'elles fussent chargées, sur la tête, de calebasses remplies d'une infinité de choses les plus disparates et les plus inattendues. C'étaient, pour la plupart, des esclaves qui, ayant fui le domicile de leurs maîtres, venaient chercher la liberté sous le pavillon de la mission, profitant de notre marche vers les pays où elles avaient écoulé leurs jeunes années et qu'elles espéraient ainsi revoir ; c'est pourquoi, plus tard, beaucoup d'entre elles restèrent égrenées dans divers villages du Soudan où elles avaient retrouvé leur père, leur mère ou leurs frères. Elles avaient, du reste, pratiqué presque toutes la doctrine du mariage libre, et étaient devenues les épouses temporaires d'un grand nombre de nos tirailleurs, dont elles partageaient aussi bien le menu que les travaux.

A Zinder, nous trouvons un détachement d'une centaine de tirailleurs sénégalais commandés par le sergent Bouthel et formant la garnison du poste.

De l'ancienne mission Voulet, seuls ces cent hommes restaient à Zinder ; le lieutenant Pallier était reparti pour le Sénégal ; les lieutenants Joalland et Meynier avaient fait route vers le lac Tchad, un mois environ avant notre arrivée.

Zinder est une grande et belle ville, entourée de hautes murailles en terre, très épaisses à la base, et percées de sept portes. La ville couvre une très grande, surface ; elle renferme des maisons, dont partie en pisé qui rappellent assez bien le type de celles de Djenné si bien décrites par M. Dubois, et partie en paillotes bien faites et pourvues d'une petite cour entourée de nattes élevées soutenues par des pieux. Le palais du *serki* ou sultan occupe une assez grande étendue, construit aussi en pisé ; il ne présente aucun caractère artistique.

Ce qui donne à la ville un aspect riant et heureux, c'est d'abord la diversité de forme de ses cases, l'irrégularité des positions qu'elles occupent, enfin, la présence un peu partout, jetés au hasard, d'arbres et de grands arbustes : *alinnka*, baobab et borassus, ces derniers au tronc lisse terminé par une belle couronne de feuilles flabelliformes.

Toute une partie de la ville est occupée par une agglomération de grands rochers et de blocs de granit qui s'élèvent plus haut que les murs et dominent tous les alentours. De leur sommet le spectacle est fort beau : sous les pieds s'étend la ville, tout autour une forêt très claire composée de grands et magni-fiques arbres : jujubiers énormes, palmiers, baobabs et grands gâo, sortes de gommiers robustes à feuillage vert-grisâtre et à siliques dorées.

Non loin du mur et à l'extérieur on voit se dresser le tata français de com-mandement, nommé *Fort Cazemajou*, sur un amoncellement de gros blocs de granit et qui commande au loin tous les environs. C'est là qu'habitent les Séné-galais de la garnison. Ce tata appartenait auparavant à un grand négociant touareg, nommé Mallem Yaro, qui en a fait don à la France. Mallem Yaro est un homme remarquable ; sa conduite envers nous a toujours été absolument correcte. Il nous a été fort utile en maintes occasions et s'est toujours prêté sans hésitation aux démarches que nous lui faisions faire et aux recherches dont nous le chargions.

Il habite actuellement Zengou, banlieue touareg de Zinder, où il possède de nombreux immeubles. C'est dans sa maison, qui est en même temps un magasin, que j'ai trouvé, au milieu de cotonnades, de peaux, de plumes d'autruche, de soieries, d'épices, etc., les objets les plus disparates et les plus étranges, tels que bouteilles d'absinthe pleines, flacons de parfums d'origine française, boîtes de bonbons arabes provenant de Tunis et ornées de chromos, bouteilles d'Hunyadi Janos, un réveil de provenance allemande, des cages contenant des civettes vivantes dont chaque semaine on extrait le musc ; mais j'arrête cette énumé-ration qui deviendrait fastidieuse.

C'est à Mallem Yaro que j'avais remis un courrier pour la France, le 3 no-vembre 1899. Ce courrier, que je croyais perdu, a été remis, le 23 octobre der-nier, par un homme de Ghadamès entre les mains du consul général de France à Tripoli, qui a eu l'obligeance de me le réexpédier. Ces correspondances ont donc mis une année pour parvenir à leur adresse, mais enfin elles sont parvenues ; ce qui prouve que les hommes de Mallem Yaro remplissent fidèlement les con-signes dont ils sont chargés.

C'est aussi Mallem Yaro qui nous avait fourni trois de ses parents ou agents qui ont fidèlement accompagné la mission de Zinder au Tchad et jusqu'à Koussri, et qui ont, sans compter et sans hésiter une seule fois, rendu les plus grands services tant comme guides que comme interprètes, intermédiaires et fourriers de colonne.

Devant l'une des portes de Zinder s'élève un marché composé de cases régu-lières divisées en petites boutiques. Entre ces rangées de cases on voit, accroupies en lignes parallèles, des négresses vendeuses. Il se débite un peu de tout ici, depuis les cotonnades jusqu'au tabac, des bijoux, du sel, du natron, des noix de gouro (kola), des harnachements de chevaux, quelques légumes; du bois, des nattes, etc. On vend même des grillades des plus appétissantes et des mieux présentées. Autour d'un petit foyer circulaire, formé par un tas de terre, surélevé d'une vingtaine de centimètres, les grillades enfilées sur des baguettes, sont exposées régulièrement en cercle, et retournées de temps à autre par des enfants ou des femmes.

Tout ce marché est fort animé ; surtout vers quatre heures, le va-et-vient y est incessant, au milieu du caquetage bruyant et rapide de toutes ces négresses dont les cheveux, soigneusement et artistiquement relevés en un casque élégant, sont fortement enduits d'indigo délayé dans du beurre.

La propreté du marché et de la ville, et la corvée de nettoyage, sont convenablement assurées par les innombrables vautours chauves qui planent de toutes parts ou qui se perchent philosophiquement — immobiles pendant des heures entières — sur chacune des dentelures régulières du mur d'enceinte. Je dois dire que cette variété d'oiseaux est répandue à profusion partout, depuis l'Aïr jusqu'au Congo. On peut en dire autant des innombrables variétés de tourterelles qui voltigent, sans cesse, dans tous les arbres, et que nous avons rencontrées sans interruption.

Pendant la période de séjour à Zinder, le commandant Lamy, avec la moitié de l'escorte, avait fait un déplacement vers Tessaoua et aux environs de cette ville pour ramener à l'obéissance les chefs de cette région qui devenaient récalcitrants.

Après avoir remis ces gens à la raison et assuré l'ordre dans la région au prix de quelques combats, Lamy était rentré à Zinder. Son absence avait duré trente-trois jours. Il avait recueilli en route, comme tribut et comme amendes des révoltes, près de trois cents chevaux.

D'autre part, une fraction des Touareg Kéloui nous fournissaient à Zinder, et dans un but politique, une centaine de chameaux. Nous avions donc à ce moment les éléments nécessaires pour continuer notre route.

J'avais heureusement trouvé, en arrivant à Zinder, un télégramme de M. le Ministre de l'Instruction publique qui comblait tous mes vœux. Ce télégramme me donnait liberté de manœuvre pour choisir la route qui me conviendrait, me laissant juge de l'opportunité de revenir, soit par le Soudan, soit par le Congo.

Je n'avais point à hésiter un seul instant, puisque le programme que nous avions remis avant le départ, tant à l'Instruction publique qu'aux Colonies et à la Société de Géographie, comportait la traversée du Sahara jusqu'au Soudan, la route du Soudan au Tchad, puis au Kanem, et enfin la jonction avec M. Gentil, sur le Chari ; c'est donc avec la plus douce satisfaction que je décidai que la marche devait se continuer vers l'Est.

Le commandant Lamy avait pieusement rapporté de son voyage dans la région de Tessaoua la dépouille du colonel Klobb. Nous procédâmes, le 27 décembre, à son inhumation dans le cimetière situé au pied du fort, en même temps qu'à celle des ossements du capitaine Cazemajou et de son interprète Olive, dont la mission de l'Afrique centrale avait antérieurement recueilli les restes, enfouis après l'assassinat dans un puits à sec, voisin de la ville. Cette cérémonie fut imposante et triste ; toutes les troupes présentes rendirent les honneurs.

MM. Dorian et Leroy restaient à Zinder, comptant rentrer en France par Say et le Dahomey.

Le commandant Lamy quitta Zinder, avec le premier échelon, le 26 décembre, et moi-même, avec le reste de l'escorte, sous le commandement du capitaine Reibell, le 29. Nous restions en communication avec Lamy qui nous transmettait les renseignements utiles à connaître sur les points d'eau et les villages. Nous le rejoignîmes, le 9 janvier 1900, aux villages d'Adeber, pour faire ensuite route commune.

Le pays parcouru comporte quelques beaux villages. La brousse est très claire, avec bouquets de grands arbres et vastes plaines couvertes de hautes graminées sèches, dans lesquelles le gibier abonde. De nombreuses mares ou petits lacs, aux eaux chargées de carbonate de soude, s'égrènent tout le long du chemin. Ces dépressions sont toujours entourées de palmiers *doum*. Tel est le pays nommé Manga. On y trouve de nombreuses exploitations de sel que les indigènes extraient des boues, des eaux et des cristallisations des lacs, sel très impur, du reste, mais qui, néanmoins, se vend bien et dont la consommation s'étend au loin. Les producteurs de ce sel, qui sont des industriels et non des agriculteurs, l'échangent contre du mil pour leur nourriture.

Du village d'Adeber, marchant toujours à travers des plaines à hautes graminées que dominent, çà et là, d'imposants tamariniers, nous atteignons la rivière Komadougou Yobé, où coule un filet d'eau, et dont les bords sont partout voilés par une bande forestière assez épaisse.

Cette rivière arrose l'important village de Begra, où nous trouvons le cheikh Ahmar Scindda, fils de l'ancien sultan de Kouka, détrôné par Rabah. Nous assistons à son investiture comme nouveau sultan de Bornou, au milieu d'un grand concours de chefs, venus un peu de toutes parts.

Ahmar Scindda arrivait lui-même de Zinder où il s'était autrefois réfugié. Il a été, avec une suite de quelques cavaliers et auxiliaires, notre compagnon de route et ne nous a pas un instant quittés ; il était encore avec l'escorte au moment où j'ai repris le chemin de la France.

Pendant toute cette période, aussi bien que dans celle qui a suivi, nous étions toujours très limités comme rations de vivres. Le mil était extrêmement rare dans ce pays où l'exploitation du sel se substitue complètement aux travaux agricoles, si bien que nous avions souvent faim.

Nos malheureux animaux s'égrenaient encore sur la route ; nous n'avions que de l'herbe sèche à leur fournir, nourriture qui leur constituait un très maigre ordinaire, surtout en raison des services, plutôt pénibles, que nous leur demandions. Cette situation, au point de vue de l'alimentation des hommes et des animaux, ne fit, au surplus, qu'empirer chaque jour jusqu'à Koussri, où, pour changer, elle continua après une courte période d'aisance relative.

Tous les villages rencontrés dans le voisinage de la rivière Komadougou ont été pillés et brûlés par les bandes de Rabah. Ce ne sont partout qu'amoncellements d'ossements humains, de crânes, de tibias, qui blanchissent dans la brousse, lamentable épilogue de cette sauvage et cruelle invasion.

Kouka, l'ancienne merveilleuse capitale du Bornou, la ville aux cent mille habitants, n'a pas été plus épargnée : ce n'est plus maintenant qu'un immense et attristant amas de ruines. Des murs à demi écroulés qui dressent encore leurs silhouettes déjà recouvertes de lianes, des arbres élevés qui poussent dans l'intérieur des cases, des milliers de jarres en terre, les unes brisées, les autres intactes, voilà tout ce qui reste de l'antique reine du Soudan. Ce spectacle est d'une infinie tristesse, et la pensée se plaît à reconstituer les foules, jadis grouillantes dans ces rues et aujourd'hui dispersées dans tous les coins de la Nigritie. On se demande ce qu'est devenue cette belle ville qu'avait jadis admirée le colonel Monteil dans son voyage à jamais célèbre de l'Atlantique à la Méditerranée.

Mais quittons Kouka pour des scènes plus attrayantes. C'est tout près du village d'Arégué, le 21 janvier, que j'ai vu pour la première fois le Tchad ; là le lac est bordé de roseaux, mais des trouées permettent d'apercevoir nettement les eaux du large sur lesquelles brille le soleil et s'ébattent d'innombrables oiseaux. La bordure des hautes eaux est recouverte de cultures de coton que l'on retrouve un peu partout dans la même situation. Plus au sud, on chemine sur le bord même de la grande nappe, sans aucune barrière de roseaux ; nous avons pu y voir une assez forte houle indiquant une certaine profondeur. L'eau est douce et fort bonne à boire.

Dans l'espace qui s'étend entre le Tchad et Kouka et dans tout le nord de cette région, c'est en abondance qu'on voit errer le gros gibier. Les éléphants y sont très nombreux. Non seulement nous en coupons souvent des traces, mais encore ils nous apparaissent eux-mêmes, suivant notre colonne ou la côtoyant, sans donner le moindre signe d'inquiétude ou de fureur.

Par la suite, la route nous fait contourner et suivre de près les rives du lac. La mission passe à Barroua, à Woudi, à Neguigmi. Ce dernier village a ses paillotes intactes, mais abandonnées par ses habitants, en raison des fréquentes razzias des Oulad Siman et surtout des Tebbous.

Nous touchons l'abreuvoir d'Yarra, et enfin le village de Kologo. Sur tout ce parcours, c'est-à-dire sur toute la partie nord-ouest et nord du Tchad, la brousse s'arrête à la ligne de montée extrême des hautes eaux ; elle couronne une chaîne ininterrompue de petites collines à sol de sable et d'un très faible relief qui forment pour ainsi dire les berges du lac.

Là partout le sol est jonché de débris de poissons énormes, d'ossements blanchis d'hippopotames, de crocodiles et d'éléphants. Le gibier pullule partout ; pour en donner une idée, il me suffira de citer ce fait qu'un jour, après avoir fait halte, nous avons vu défiler au galop, pendant plus de dix minutes, entre le bord du Tchad et notre campement, d'innombrables troupeaux d'antilopes, en une longue ligne ininterrompue d'escadrons. Les girafes, rhinocéros, lions, sont fréquents dans la brousse.

Sur la rive Ouest, nous avions vu quelques pirogues des habitants des îles du Tchad, les Boudouma. Ces pirogues, fabriquées en paquets de roseaux étroitement réunis, sont lourdes mais insubmersibles, bien que les gens qui y prennent place soient assis plus ou moins dans l'eau. Ce sont presque des radeaux, pour ainsi dire, sans plat-bord, mais dont la forme est celle d'un bateau ordinaire, avec la proue notablement élevée et se terminant par un paquet de joncs dressés. Les Boudama sont essentiellement pillards. Ils réduisent en esclavage tous les individus isolés, tous les traînards de caravane qu'ils guettent, cachés dans les grands roseaux de bordure, et qu'ils vont ensuite vendre sur la rive opposée.

A partir de Kologo, notre route s'infléchit fortement au Sud-Est ; le bord franc du Tchad s'éloigne de nous et le lac se divise en multiples lagunes, sortes de tentacules dont les méandres capricieux et diffus s'avancent souvent fort loin dans les terres, nous forçant à des circuits et à des crochets fastidieux. Ce n'est qu'aux villages de Néguéléoua qu'il nous est donné de revoir — et pour la dernière fois — la nappe brillante du Tchad émaillée, en cette région, de nombreuses îles.

Nous passons ensuite dans la région du Kanen, dont les oasis principales qui nourrissent des palmiers, sont dans notre est. Une marche oblique nous conduit à Déguénemdji, village situé non loin de Negouri et de Mâo.

Le lieutenant Joalland, qui avait reçu les lettres à lui précédemment adressées par Lamy, est venu ici avec 30 cavaliers au-devant de nous, son camp étant resté en face de Goulféi, sur le bord du Chari, sous le commandement du lieutenant Meynier.

De Déguénemdji, une marche rapide de cinq jours nous amène au Chari, au campement de la mission de l'Afrique centrale. La jonction était donc définitivement faite avec cette mission (ancienne mission Voulet).

La région parcourue pendant ces cinq jours nous a amené — dans la première partie — à marcher dans des plaines plates, couvertes de grands roseaux secs et qu'inondent les eaux en saison pluviale, puis à côtoyer des mares ou de grandes lagunes, bordées de hauts roseaux et plus ou moins obscurément reliées au lac. La plaine, ensuite, est ondulée et mouchetée de bouquets de bois que parfois dominent d'énormes figuiers sycomores et où abonde le *teboraq*, cet arbre qui ne nous a pas quittés depuis le Sahara du Nord et que nous verrons encore jusqu'aux environs du 7e degré de lat. N. — Les indigènes emploient son écorce broyée en guise de savon et mangent l'amande, à saveur légèrement amère, de ses fruits.

Nous avons traversé la région nommée Bahar-el-Ghazal sur les cartes. Il faut être prévenu pour soupçonner là une rivière ; du reste le Bahar-el-Ghazal n'est point un affluent du Tchad, comme certains étaient tentés de l'admettre, c'est seulement une sorte de lagune ou de golfe très allongé dans lequel — au dire des indigènes et lors des très hautes crues du Tchad — l'eau s'avance jusqu'à une soixantaine de kilomètres dans l'intérieur des terres.

Plus loin, la brousse s'épaissit, et, sur un sous-bois de graminées ininterrompues, s'élèvent des halliers plus ou moins touffus, dominés, çà et là, par des bouquets de grands arbres, gâo et tamariniers, surtout. Les termitières pullulent partout. Le pays est coupé de nombreux marigots ou dépressions à sec, à sol noir, profondément et largement crevassé. Il est évident que toute cette contrée est recouverte, en saison des pluies, par la divagation des eaux du Chari et des très nombreux bras de son delta ; brousse ou plaine sont alors très largement inondées et la marche doit y être, à cette époque, à peu près impossible. Toute cette région de halliers est le repaire de gibier de toutes sortes, depuis la pintade jusqu'au rhinocéros qui y abonde.

A la hauteur de Goulféi, le Chari est un très beau fleuve ; bien que nous soyons en saison de basses eaux, son lit a une belle ampleur.

Notre séjour en face de Goulféi fut très court ; bientôt après, nous faisions une halte de trois jours à Mara, situé sur le bord du Chari.

Ce village était abandonné et nous continuâmes jusqu'à Koussri, ville assez importante, située au confluent du Logone et du Chari.

Le 2 mars, la mission était campée à quelques kilomètres de cette ville, fortement occupée par une partie des troupes de Rabah. Dans la nuit, le commandant Lamy, avec la majeure partie des forces sous ses ordres, partit dans la brousse, et, le 3, dès le matin, il prenait possession de Koussri, après un brillant assaut dans lequel l'ennemi perdit bon nombre des siens, des armes, des étendards et des provisions de bouche.

Aussitôt que nous avons été installés à Koussri, nous avons vu arriver, par grandes quantités, des bandes d'indigènes, qui se sont mis à camper autour de la ville, fuyant Rabah et venant pour ainsi dire se mettre sous la protection de l'escorte de la mission. On peut, sans exagération, évaluer à 10 ou 12.000 le nombre de ces gens qui, dans l'espace d'un mois, sont venus se grouper autour de Koussri. Ils avaient amené leurs troupeaux dont on peut fixer l'importance à environ 15.000 têtes, bœufs, moutons ou chèvres. Ces indigènes appartenaient tous aux diverses tribus des Choua.

· Les Choua sont des hommes de couleur très peu foncée, largement répandus par groupes dans tout le Bornou et sur la rive Est du Chari. Leur provenance est incontestablement orientale et leur langue d'origine est l'arabe, que tous connaissent et parlent plus ou moins, bien que, dans leurs relations en général, ils se servent habituellement de la langue bornouane et baguirmienne. Leurs femmes ont d'assez beaux types, et des traits assez fins, sans trace notable de sang nègre. Leurs cheveux sont longs, divisés en une multitude de petites tresses rondes; parfois, par derrière, une tresse plus forte est relevée en forme de catogan. Toutes portent, sous leurs vêtements, à la hauteur des hanches, une série de colliers de grosses perles blanches et bleues; parfois elles arrivent à avoir ainsi jusqu'à dix ou douze rangées de ces colliers. Il est facile de s'en rendre compte, car elles ne quittent point cet ornement à l'heure du bain, et fréquemment elles se plongent dans la rivière.

La population des villes du bas Chari : Chaoui, Goulféi, Mara, Koussri, Karnack-Longone, et quelques autres, est composée d'une race de gens appelés Kottoko. De teinte noire très foncée, avec des cheveux extrêmement laineux, ces indigènes sont généralement laids, mais bien faits; les femmes, surtout, sont des chefs-d'œuvre de laideur. C'est là une population exclusivement adonnée à la pêche. Ils pêchent au filet, au harpon, au filet sur pirogue. A cet effet, leurs pirogues sont extrêmement stables, longues d'une douzaine de mètres, larges de 1^m, 50 c. à 1^m, 60 c., à l'arrière, où se trouve situé le maître-bau ; l'avant est très étroit, très élevé et se relevant en pointe. Un grand filet, monté sur deux énormes antennes divergentes, est placé sur l'extrême arrière et manœuvré au moyen d'un gros levier composé d'une pièce de bois coudée à angle droit. On abaisse ce filet, jusqu'à ce qu'il avoisine le fond de la rivière, et la pirogue avance très lentement, pendant qu'une autre petite pirogue, montée par deux gamins, vient vers le filet, en faisant grand tapage, battant l'eau avec des perches, frappant en cadence sur le plat-bord du petit esquif. A ce moment, le filet est relevé et la capture retombe d'elle-même dans le bateau de pêche. Comme les rivières de ce pays sont très poissonneuses, les prises sont généralement bonnes. Pour donner une idée de la quantité de poissons du Chari, je dirai qu'à maintes reprises, pendant que je remontais cette rivière, des poissons de belle taille sautaient d'eux-mêmes, dans ma pirogue, où il ne restait plus qu'à les saisir.

Koussri domine le Logone d'une dizaine de mètres et les maisons viennent jusqu'au sommet de la berge à pic. Les constructions sont bien faites, en pisé solide, recouvertes de toits de chaume supportés par une charpente de perches assez résistante. Elles sont généralement de forme rectangulaire, parfois aussi de forme cylindrique. Quelques-unes des premières possèdent un étage. Assez élevées de plafond elles n'ont qu'une ouverture très petite servant de porte. Souvent elles sont précédées de cours qui entourent deux ou trois maisons. Dans l'intérieur, on trouve toujours les immuables magasins à mil, sorte de hauts cylindres en terre cuite ou en torchis.

Par suite des énormes distances à parcourir, de l'insécurité du pays et de la lenteur des communications par indigènes dans ces régions, nous n'avions encore pu recevoir de M. Gentil, lui-même, de réponses à nos lettres; mais nous en avions du capitaine de Lamothe, qui se trouvait à Masséré, ville du Baguirmi peu éloignée de l'ancienne capitale, Massénya. Cet officier et les hommes qu'il commandait formaient l'avant-garde de la mission Gentil qui descendait le Chari avec tout son convoi pour venir nous rejoindre.

Entre temps, le commandant Lamy avait envoyé le sous-lieutenant de Chambrun conduire une soixantaine de nos chameaux au capitaine de Lamothe, pour aider aux transports de la mission. Des nouvelles de M. de Chambrun et de M. de Lamothe nous arrivèrent à Koussri le 2 avril, au matin. Aussitôt, Lamy décida d'envoyer à M. Gentil un renfort d'une vingtaine de pirogues, pour faciliter la descente de son convoi.

La mission saharienne avait en ce moment accompli en entier son programme: Sahara, Soudan, Tchad et Chari. Son rôle était donc terminé, et l'escorte de la mission saharienne comme celle de la mission de l'Afrique centrale restait désormais à la disposition du Commissaire du Gouvernement, M. Gentil, pour les opérations de guerre qu'il jugerait nécessaire de faire. Je me mettais donc en route, le soir même, avec les pirogues escortées par trente hommes.

Ce n'est que le 11 avril que je rencontrai M. Gentil à Mandjafa. Cette rencontre nous pénétra tous les deux d'une bien vive et bien naturelle émotion. Rien ne pouvait être plus impressionnant qu'une semblable situation. Gentil s'avançant dans un pays qui est sien, qu'il a découvert et fait connaître au monde, voyant tout à coup apparaître un autre homme de sa nation, parti de la Méditerranée, et qui vient prendre sa main sur le Chari, c'était là la soudure définitive du dernier anneau de la chaîne française s'étendant maintenant à travers tout le continent africain. Mon mandat était rempli.

M. Gentil mit gracieusement à ma disposition six miliciens d'escorte, deux pirogues, des pagayeurs, des vivres, et un guide — ami particulier du sultan de Gaourang — et qui avait fait, en 1898, le voyage de Paris.

Le 14 avril, je continuais à remonter le fleuve, tandis que la mission Gentil descendait rejoindre Koussri. Pendant trois mois et demi, je restai sans aucune nouvelle de l'arrière, et ce n'est qu'à Brazzaville, le 21 juillet, que j'eus la douleur d'apprendre la mort de Lamy. Ce n'est que beaucoup plus tard, en France, que j'eus connaissance des combats qui avaient amené la déroute complète des troupes de Rabah, combats si brillamment conduits par le capitaine Reibell qui, après la mort du commandant Lamy, était devenu commandant des troupes sur le Chari.

Notre navigation, tant sur le Chari que sur le Gribingui, dura cinquante-six jours. J'avais avec moi Villatte et les quatre Chambba, de Ouargla, qui nous avaient si bravement et si fidèlement servis depuis l'Algérie. Cette période de navigation fut plutôt monotone. Chaque soir, nous campions sur un banc de sable, précaution qui n'empêchait pourtant pas nos pagayeurs de déserter de temps en temps. Il fallait alors s'en procurer de nouveaux dans les villages de paillotes établis sur le cours de la rivière, et ce recrutement était toujours laborieux. Nous étions dans la saison des basses eaux; aussi parfois le peu d'épaisseur de la couche liquide nous forçait à des traînages plus ou moins longs. Notre allure était extrêmement lente et permettait à nos Chambba de descendre à terre, de chasser, puis de nous rejoindre, ou même de nous précéder très facilement en amont. Chaque jour ainsi, nous avions deux ou trois antilopes; ce nombre était subordonné, d'ailleurs, à nos besoins de viande, car le gibier pullule littéralement sur le cours du Chari, et les hautes herbes étant partout incendiées à cette époque de l'année, les animaux sont très faciles à voir.

Nous entrions en ce moment dans la saison des pluies, et les tornades nous rendaient de fréquentes visites, soulevant en grosses vagues les eaux du fleuve et nous forçant à chercher un refuge le long des berges. C'est dans ces occasions que l'on pouvait voir le spectacle suivant : aussitôt les pirogues accolées à la berge, pendant la pluie, tous les pagayeurs se jettent à l'eau jusqu'au cou, se mettent sur la tête une calebasse à l'envers, et se maintiennent philosophiquement ainsi jusqu'à la fin de l'orage. La raison en est fort simple : la température des eaux de la rivière est d'environ 30° et celle de la pluie n'est que de 24°; les indigènes ne s'immergent que pour ne pas grelotter.

Sur les rives du Chari, s'élevaient, il y a encore peu de temps, de grands et beaux villages; tous ont été détruits par les troupes de Rabah. Leur population, baguirmienne pour certains, bornouanne pour les autres, — pour le bas et moyen Chari du moins — s'est, en partie, dispersée dans la brousse; ceux des habitants restés ont construit des villages de paillotes, soit sur les rives, soit plus fréquemment sur les bancs de sable; villages de pêcheurs essentiellement éphémères, puisqu'ils ne peuvent subsister au moment des hautes eaux qui les recouvriraient.

Le Chari, même à cette époque des basses eaux, est une très belle rivière dont le lit est fort large. Pendant la saison des hautes eaux, non seulement il devient un fleuve majestueux, atteignant en certains points six à huit kilomètres de largeur, mais encore il s'épanche de toutes parts dans les plaines de bordure en formant d'innombrables marigots, lacs ou étangs temporaires. Les berges majeures sont au loin limitées par une brousse élevée qui prend peu à peu, à mesure que l'on remonte vers le Sud, un aspect tropical. Un seul poste a été créé sur cette rivière, celui de Tounia, nommé *Fort Archambault*.

Lorsque l'on abandonne le Chari proprement dit, pour remonter son affluent le Gribingui, la scène change. Cette rivière est beaucoup plus étroite et n'excède pas soixante mètres à son embouchure, pour arriver à une vingtaine de mètres seulement, à la hauteur du poste de Gribingui. Son cours est composé de plusieurs biefs créés par une succession de rapides qui régularisent son débit. Ces rapides sont actuellement recouverts de très peu d'eau et nous forcent à quelques traînages parfois très pénibles. Mais aux hautes eaux, ces rapides disparaissent pour faire place à de violents remous, où le cours du Gribingui vient se heurter à de gros blocs de roche, et acquiert en ces points un courant de grande vitesse.

La brousse entrecoupée de parties nues, qui borde la rivière, est gaie et animée par une infinité d'oiseaux et de singes, pendant que le grand bois recèle un grand nombre de fauves; des berges rocheuses à pic, des coudes brusques et fréquents couronnés de forêts, donnent au paysage des aspects variés et intéressants.

La rivière est littéralement semée de pièges à poissons, qui parfois sont fort encombrants, en ce sens qu'ils obstruent fréquemment tout le courant. Les indigènes choisissent, en effet, de grands et beaux arbres de bordure, les abattent en travers et barrent ainsi la rivière; il ne leur reste plus qu'à faire des trouées dans les branches submergées et à poser en face de grandes nasses. Ces nasses sont l'objet de la convoitise de mes pagayeurs; il me faut à chaque instant intervenir pour les empêcher d'aller leur rendre visite et de les alléger de leur contenu.

Dans la partie supérieure du Gribingui, on rencontre quelques ponts suspendus du plus pittoresque effet. Profitant de deux grands arbres des berges, les indigènes les réunissent par des lianes longues et robustes, relient ces lianes entre elles par d'autres lianes, tissant ainsi une sorte de grossier filet, en forme de V, qui sert à la fois de pont et de parapet.

Au poste de Gribingui, nous abandonnions les pirogues pour prendre la route de terre sur un espace de près de trois cents kilomètres. J'étais monté à bœuf, et les bagages transportés par des porteurs. Là, nous étions en saison des pluies; les graminées étaient vertes et très élevées; dans cette région, à pareille époque, on peut dire que l'on ne sèche jamais. Un voyage sans incident nous conduit au poste de la Kémo, *Fort de Possel*, sur l'Oubanghi. De ce point, des pirogues, puis des vapeurs, nous firent atteindre Brazzaville.

Je n'ai point voulu m'étendre davantage sur les régions du Chari et du Gribingui déjà si bien décrites par les plumes autorisées de MM. Gentil et Prins. Que dire aussi de la région équatoriale que j'ai si rapidement parcourue? Nombreux sont ceux qui l'ont dépeinte et je ne veux pas m'y arrêter, car je ne pourrais que les copier.

Nous avions reçu dans tous les postes, tant du Chari que de l'Oubanghi et du Congo, l'accueil le plus affable, le plus cordial, le plus dévoué de tous les résidents ou agents installés dans ce coin éloigné de la patrie. Ils nous ont tous prêté le plus bienveillant et le plus empressé concours et je suis heureux de les en remercier devant vous.

De Brazzaville, un court et facile voyage nous conduisait à Matadi. Nous n'attendions plus qu'un vapeur pour la France; ma traversée de l'Afrique était définitivement terminée.

Durant tout le cours de son voyage, la mission saharienne a tenu à ne pas sortir de son mandat de mission essentiellement pacifique. Elle a montré partout le pavillon national sous des couleurs de générosité, de bienveillance et d'humanité.

Elle n'a pas cessé de penser que la douceur et la patience sont toujours des arguments meilleurs que la force; elle a partout déclaré que cette force, dont elle disposait, ne serait employée que contre des agressions directes et non pas comme un moyen de conquête violente.

Ce sont de telles dispositions qui lui ont permis de se glorifier du rôle qu'elle a joué, rôle si conforme à notre esprit national en même temps qu'aux lois de l'humanité.

Mes collaborateurs militaires ont ainsi ajouté une belle page de plus à la liste déjà si longue de leurs exploits.

J'ai été vivement touché, pendant la durée de notre mission, de l'endurance, de l'énergie dont ils ont fait preuve. Je les ai souvent plaints des souffrances, des fatigues, des privations et des travaux inaccoutumés auxquels notre genre de vie et les nécessités de chaque jour les soumettaient, et je n'hésite pas à leur en rendre un nouvel et public hommage.

Leur discipline et leur patriotisme ont assuré le succès définitif de la mission.

Les applaudissements unanimes qui nous ont acclamés, eux et moi, depuis notre retour sont la plus douce et la plus haute récompense que nous pussions ambitionner. La France n'a pas manqué de nous l'apporter. Nous en sommes émus et reconnaissants, et ces témoignages effacent tous les souvenirs des peines endurées pour ne laisser dans nos cœurs que la saveur du devoir accompli et celle de l'approbation de nos concitoyens.

M. le Colonel Ch. RENARD

Directeur de l'Établissement central d'Aérostation militaire de Chalais-Meudon.

LA NAVIGATION AÉRIENNE

— *21 mars* —

ASSOCIATION FRANÇAISE

POUR

L'AVANCEMENT DES SCIENCES

TRENTIÈME SESSION

CONGRÈS D'AJACCIO

DOCUMENTS OFFICIELS — PROCÈS-VERBAUX

4

PROCÈS-VERBAUX DE LA TRENTIÈME SESSION

CONGRÈS D'AJACCIO

ASSEMBLÉE GÉNÉRALE

Tenue à Ajaccio, le 13 septembre 1901.

PRÉSIDENCE DE M. ÉMILE FERRY

Secrétaire de l'Association.

— *Extrait du procès-verbal* —

La séance est ouverte à 4 heures et demie.

Le Président donne lecture d'une lettre de M. Hamy, président de l'Association qui s'excuse, en raison de son état de santé de ne pouvoir présider l'Assemblée.

Le Secrétaire fait connaître le résultat du dépouillement du scrutin pour l'élection des délégués de l'Association.

MM. d'Arsonval, Grasset, Lauth, Levasseur, Henrot, Davanne, ayant obtenu la majorité des suffrages, sont proclamés délégués de l'Association.

Le Secrétaire fait connaître le résultat des élections dans les Sections pour la nomination des présidents et délégués.

Le Président donne lecture des vœux qui ont été proposés par le Conseil comme vœux de l'Association.

La 14e Section émet le vœu qu'une école pratique d'agriculture soit prochainement créée en Corse et que l'enseignement de cette école s'applique surtout aux cultures susceptibles d'être développées en Corse ou à celles qu'il y aurait utilité d'y importer.

La 14e Section émet le vœu que les autorités administratives et forestières de l'île prennent toutes les mesures en leur pouvoir pour empêcher le déboisement et pour contraindre les propriétaires qui l'auront pratiqué, à replanter une quantité d'arbres au moins égale à celle des châtaigniers abattus par eux, sous la sanction des pénalités édictées par la loi de 1860.

La 17e Section émet le vœu que l'enseignement de l'hygiène privée et publique soit donné, aussi largement que possible, dans les établissements publics d'enseignement primaire et d'instruction secondaire, dans les cours d'adultes et dans les conférences populaires.

La 17e Section émet le vœu que les notions les plus indispensables de droit rural et usuel, jadis inscrites dans les programmes d'enseignement primaire élémentaire, soient l'objet de leçons ou de causeries dans les cours d'adultes, dans les réunions des Associations amicales d'anciens élèves, voire même dans les conférences populaires, afin de prévenir le public des campagnes contre les fâcheuses conséquences des procès, si souvent engagés à la légère et de le bien pénétrer de la vérité de ce vieil adage : « Un mauvais accommodement vaut mieux qu'un bon procès ».

Les quatre vœux mis aux voix sont adoptés comme vœux de l'Association.

Le Secrétaire donne lecture d'un vœu qui a été adopté par le Conseil comme vœu de section.

La 11e section émet le vœu qu'une subvention soit accordée par le Conseil général de la Corse à M. Jean Franceschi, dit Guidonne, chef cantonnier en retraite à Piggiola, près Olmi-Capella, afin de lui permettre de poursuivre ses recherches sur l'anthropologie et l'archéologie préhistorique du nord de la Corse.

Le Président donne lecture des propositions de candidatures pour la vice-présidence et le vice-secrétariat.
Comme il n'y a pas d'autres propositions, l'élection peut avoir lieu par mains levées.

Le Président met aux voix les candidatures de M. Levasseur, membre de l'Institut, professeur au Collège de France et au Conservatoire des Arts-et-Métiers, pour la vice-présidence, et de M. le Dr Magnin, professeur à la Faculté des Sciences et directeur de l'École de Médecine de Besançon, pour le vice-secrétariat.
Adopté à l'unanimité.

Le Président informe l'Assemblée que la session de 1902 ne pouvant se tenir à Dijon, le Conseil propose la ville de Montauban qui a offert, dès les premiers pourparlers, de recevoir l'Association.
Il propose à l'Assemblée de tenir le Congrès de 1902 à Montauban et celui de 1903 à Angers.
Adopté à l'unanimité.

La séance est levée à 6 heures.

DEUXIÈME ASSEMBLÉE GÉNÉRALE

Tenue à Ajaccio, le 14 septembre 1901.

La séance est ouverte à 4 heures et demie.

Le procès-verbal de la précédente séance est lu et adopté.

Le secrétaire donne lecture des vœux qui ont été adoptés par le Conseil comme vœux de section.

La 12e Section émet le vœu qu'en présence des ravages produits par le paludisme en Corse, qui paralysent tout progrès dans ce pays, les pouvoirs publics procèdent à l'étude et à l'application de l'assainissement des régions infectées, d'après les procédés scientifiquement démontrés, et que ce vœu soit transmis à la commission spéciale du paludisme de l'Académie de Médecine.

Les 14e et 16e Sections émettent le vœu : que les octrois soient supprimés, que l'État s'attribue le monopole de la vente de l'alcool et abandonne à toutes les communes le produit des impôts directs actuels, impôts fonciers compris.

Les 14e et 18e Sections émettent le vœu que les pouvoirs incitent par tous les moyens subventions, prix, encouragements de toute nature, les communes ou les particuliers, propriétaires de lieux marécageux et insalubres, à y faire des plantations diverses et notamment d'eucalyptus, destinées à contribuer au dessèchement et à l'assainissement des mares, étangs, marais, dont les eaux stagnantes donnent lieu aux émanations malsaines et aux moustiques qui sont les agents principaux de propagation de la fièvre paludéenne.

La 15e Section émet le vœu : que les communes aient toute liberté dans le choix des taxes de remplacement qui seraient nécessaires pour la suppression des octrois, après l'abandon par l'État du produit des quatre contributions directes.

La 15e Section émet le vœu : que toute liberté soit laissée aux communes pour exploiter les services municipaux.

La 15e Section émet le vœu que M. le Ministre de l'Instruction publique fasse publier tous les ans, des Éphémérides du Soleil et des principaux astres, calculées dans la division centésimale du quart de cercle.

La 18e Section émet le vœu qu'un sanatorium de tuberculeux soit créé sur le territoire d'Ajaccio, à l'emplacement le mieux approprié, de préférence dans une propriété communale.

Que la construction et l'exploitation de cet établissement soient confiées à l'initiative privée, sous les contrôles utiles, ou à une collectivité, telle qu'une société de secours mutuels, d'assurance ou de coopération.

La 18e Section émet le vœu que M. le directeur de l'hygiène publique en France intervienne, sous le couvert de M. le Ministre de l'Intérieur, auprès des administrations départementales, pour que les conseils d'hygiène soient encouragés par tous les moyens possibles et notamment par l'allocation de subventions leur permettant de publier leurs travaux, ainsi que les statistiques départementales, démographiques ou sanitaires, dressées dans un certain nombre de départements, entre autres, les Bouches-du-Rhône, l'Oise et l'Aisne.

Le Président demande à l'Assemblée, sur la proposition du Conseil, de voter des remerciements au maire et au Conseil municipal d'Ajaccio, à M. Marcaggi, à M. le préfet, aux ministres qui ont envoyé des délégués, aux Compagnies de chemins de fer et à la Compagnie des chemins de fer départementaux, à la Compagnie de navigation Fraissinet, à la Compagnie Transatlantique, à M. Bradshaw, à M. Strasser et à toutes les personnes qui ont pris part à l'organisation du Congrès d'Ajaccio.

Adopté à l'unanimité.

La séance est levée à 5 heures et demie. Le Président déclare close la session d'Ajaccio.

CONSEIL D'ADMINISTRATION

Année 1901-1902

BUREAU DE L'ASSOCIATION

MM. CARPENTIER (Jules), ancien Ingénieur des Manufactures de l'État, ancien Président de la *Société internationale des Électriciens*, successeur de Ruhmkorff. *Président.*

LEVASSEUR (Émile), Membre de l'Institut, Professeur au Collège de France et au Conservatoire national des Arts et Métiers. . . . . *Vice-Président.*

HAMY (le Docteur), Membre de l'Institut . . . . . . *Président sortant.*

REUSS (Georges), Ingénieur des Ponts et Chaussées. *Secrétaire.*

MAGNIN (le Docteur A.), Professeur à la Faculté des Sciences, Directeur de l'École de Médecine de Besançon . . . . *Vice-Secrétaire.*

GALANTE (Émile), Fabricant d'instruments de chirurgie. . . . . *Trésorier.*

GARIEL (C.-M.), Professeur à la Faculté de Médecine, Membre de l'Académie de Médecine, Ingénieur en chef, Professeur à l'École nationale des Ponts et Chaussées. *Secrétaire du Conseil.*

CARTAZ (le Docteur A.), ancien Interne des Hôpitaux de Paris . . . . *Secrétaire adjoint du Conseil.*

ANCIENS PRÉSIDENTS FAISANT PARTIE DU CONSEIL D'ADMINISTRATION

MM. BERTHELOT (M.-P.-E.), Membre de l'Institut et de l'Académie de Médecine, Professeur au Collège de France, Sénateur.

BISCHOFFSHEIM (R.-L.), Membre de l'Institut, Député des Alpes-Maritimes.

BOUCHARD (Charles), Membre de l'Institut et de l'Académie de Médecine, Professeur à la Faculté de Médecine de Paris.

BOUQUET de la GRYE (Anatole), Membre de l'Institut, Président du Bureau des Longitudes.

BROUARDEL (Paul), Membre de l'Institut et de l'Académie de Médecine, Doyen honoraire de la Faculté de Médecine de Paris.

CHAUVEAU (Auguste), Membre de l'Institut et de l'Académie de Médecine, Professeur au Muséum d'histoire naturelle.

COLLIGNON (Édouard), Inspecteur général des Ponts et Chaussées en retraite, Examinateur honoraire de sortie à l'École Polytechnique.

CORNU (Alfred), Membre de l'Institut et du Bureau des Longitudes, Professeur à l'École Polytechnique, Ingénieur en chef des Mines.

MM. DEHÉRAIN (Pierre-Paul), Membre de l'Institut, Professeur au Muséum d'histoire naturelle et à l'École nationale d'Agriculture de Grignon.

DISLÈRE (Paul), Président de Section au Conseil d'État, Président du Conseil d'administration de l'École coloniale.

FAYE (Hervé), Membre de l'Institut, ancien Président du Bureau des Longitudes.

JANSSEN (Jules), Membre de l'Institut et du Bureau des Longitudes, Directeur de l'Observatoire d'astronomie physique de Meudon.

LAUSSEDAT (le Colonel Aimé), Membre de l'Institut, Directeur honoraire du Conservatoire national des Arts et Métiers.

MAREY (Étienne-Jules), Membre de l'Institut et de l'Académie de Médecine, Professeur au Collège de France.

MASCART (Éleuthère), Membre de l'Institut, Professeur au Collège de France, Directeur du Bureau central météorologique de France.

PASSY (Frédéric), Membre de l'Institut.

SEBERT (le Général H.), Membre de l'Institut.

TRÉLAT (Émile), Professeur honoraire au Conservatoire national des Arts et Métiers, Directeur de l'École spéciale d'Architecture, Architecte en chef honoraire du département de la Seine.

DÉLÉGUÉS DE L'ASSOCIATION

MM. D'ARSONVAL, Membre de l'Institut et de l'Académie de Médecine, Professeur au Collège de France.

CARNOT (Adolphe), Membre de l'Institut, Inspecteur général, Directeur et Professeur à l'École nationale supérieure des Mines.

DAVANNE (Alphonse), Président honoraire du Conseil d'administration de la Société française de Photographie.

GAUDRY (Albert), Membre de l'Institut, Professeur au Muséum d'histoire naturelle.

GRANDIDIER (Alfred), Membre de l'Institut.

GRASSET (le Docteur J.), Professeur à la Faculté de Médecine de Montpellier, Correspondant national de l'Académie de Médecine.

GRÉARD (Octave), Membre de l'Académie française et de l'Académie des Sciences morales et politiques, Vice-Recteur de l'Académie de Paris.

HENROT (le Docteur Henri), Directeur de l'École de Médecine de Reims, Correspondant national de l'Académie de Médecine.

JAVAL (le Docteur Émile), Membre de l'Académie de Médecine.

LAUTH (Ch.), Directeur de l'École municipale de Physique et de Chimie industrielles.

LEVASSEUR (Émile), Membre de l'Institut, Professeur au Collège de France.

LŒWY (Maurice), Membre de l'Institut et du Bureau des Longitudes, Directeur de l'Observatoire national de Paris.

NADAILLAC (le Marquis Albert de), Correspondant de l'Institut.

NOBLEMAIRE, Directeur de la Compagnie des Chemins de fer de Paris à Lyon et à la Méditerranée.

RICHET (Charles), Professeur à la Faculté de Médecine de Paris, Membre de l'Académie de Médecine.

SANSON (André), Professeur honoraire à l'Institut national agronomique et à l'École nationale d'Agriculture de Grignon.

PRÉSIDENTS, SECRÉTAIRES ET DÉLÉGUÉS DES SECTIONS

1re et 2e SECTIONS (Mathématiques, Astronomie, Géodésie et Mécanique).

MM. **Perrin** (Raoul), Ingénieur en chef des Mines. . . *Président (Ajaccio-1901).*
. . . . *Secrétaire (d°   d°).*
de Longchamps (Gaston GOHIERRE), Examinateur ⎫
à l'École de Saint-Cyr. . . . . ⎪
Mannheim (le Colonel), Professeur honoraire à ⎬ *Délégués des Sections.*
l'École Polytechnique. . . . . ⎪
Laisant (Ch.-A.), Examinateur à l'École Polytech-⎪
nique. ⎭
(1) . . . . *Président pour 1902 (Montauban).*

3e et 4e SECTIONS (Navigation, Génie Civil et Militaire).

Bonafous, Ingénieur en chef des Ponts et Chaus-
sées. *Président (Ajaccio-1901).*
. . . . *Secrétaire (d°   d°).*
Pasqueau, Inspecteur général des Ponts et Chaus-⎫
sées, à Paris . . . . ⎪
Petiton (Anatole), Ingénieur-Conseil des Mines. . ⎬ *Délégués des Sections.*
Loche, Inspecteur général des Ponts et Chaussées. ⎭
Fontès, Ingénieur en chef des Ponts et Chaussées
à Toulouse . . . . *Président pour 1902 (Montauban).*

5e SECTION (Physique).

Macé de Lépinay, Professeur à la Faculté des
Sciences de Marseille. . . . . *Président (Ajaccio-1901).*
Turpain, Docteur ès sciences. . . . . *Secrétaire (d°   d°).*
Baille, Professeur à l'École municipale de Physique ⎫
et de Chimie industrielles . . . . ⎪
Broca (André), Agrégé à la Faculté de Médecine de ⎬ *Délégués de la Section.*
Paris . . . . ⎪
Lacour, Ingénieur civil des Mines. . . . . . . ⎭
Mathias, Professeur à la Faculté des Sciences de
Toulouse . . . . *Président pour 1902 (Montauban)*

6e SECTION (Chimie).

Béhal, Professeur à l'École supérieure de Phar-
macie de Paris . . . . *Président (Ajaccio-1901).*
Bouveault, Maître de Conférence à la Faculté des
sciences de Paris. . . . . *Secrétaire (d°   d°).*
Béhal. ⎫
Lauth, Directeur de l'École municipale de Phy-⎪
sique et de Chimie industrielles . . . . . . ⎬ *Délégués de la Section.*
Hanriot, Membre de l'Académie de Médecine,⎪
Agrégé à la Faculté de Médecine de Paris . . . ⎭
Sabatier, Professeur à la Faculté des Sciences de
Toulouse . . . . *Président pour 1902 (Montauban).*

(1) Le Président, n'ayant pas été élu par la Section, sera nommé par le Conseil d'administration.

7e SECTION (Météorologie et Physique du Globe).

MM. **Maze** (l'abbé Camille). . . . . *Président (Ajaccio-1901).*
Chauveau, Météorologiste adjoint au Bureau cen-
   tral météorologique de France. . . . .
Moureaux (Théodule), Chef du service magnétique
   à l'Observatoire du Parc-Saint-Maur. . . . . . } *Délégués de la Section.*
Teisserenc de Bort, Secrétaire général de la
   Société météorologique de France . . . .
Marchand, Directeur de l'Observatoire du Pic-du-
   Midi. . . . . *Président pour 1902 (Montauban).*

8e SECTION (Géologie et Minéralogie).

Peron (Pierre), Correspondant de l'Institut . . . *Président (Ajaccio-1901).*
Bourgery (Henri), Membre de la Société géolo-
   gique de France. . . . . *Secrétaire (do   do).*
Schlumberger (Charles), Ingénieur de la Marine,
   en retraite. . . . .
Bourgery (H.). . . . . } *Délégués de la Section.*
Peron . . . .
Peron, Correspondant de l'Institut. . . . . . . *Président pour 1902 (Montauban).*

9e SECTION (Botanique).

Bonnet (le Docteur Edmond) . . . . *Président (Ajaccio-1901).*
Gerber (le Docteur Ch.), Professeur à l'École de
   Médecine de Marseille . . . . *Secrétaire (do   do).*
Poisson (Jules), Assistant de botanique au Muséum
   d'histoire naturelle de Paris . . . .
Guignard (Léon), Membre de l'Institut . . . . . } *Délégués de la Section.*
Bonnet (le Docteur Edmond) . . . .
         (1). . . . . *Président pour 1902 (Montauban).*

10e SECTION (Zoologie, Anatomie, Physiologie).

Giard (Alfred), Membre de l'Institut. . . . . . . *Président (Ajaccio-1901).*
Stéphan (Pierre) . . . . *Secrétaire (do   do).*
Bonnier (Jules), Directeur adjoint de la Station
   de zoologie maritime de Wimereux. . . . . . .
Giard (Alfred), Membre de l'Institut . . . . . . } *Délégués de la Section.*
Loisel (le Docteur). . . . .
Moquin-Tandon, Professeur à la Faculté des
   Sciences de Toulouse. . . . . *Président pour 1902 (Montauban).*

(1) Le Président, n'ayant pas été élu par la Section, sera nommé par le Conseil d'administration.

11e SECTION (Anthropologie).

MM. **Delisle** (le Docteur Fernand) . . . . *Président (Ajaccio-1901).*
Granet (Vital). . . . . *Secrétaire (d° d°).*
Delisle (le Docteur Fernand) . . . . ⎫
de Mortillet (Adrien), Professeur à l'École d'An- ⎪ *Délégués de la Section.*
thropologie . . . . ⎬
Chantre, Sous-Directeur du Muséum de Lyon. . ⎪
Rivière (Émile), Sous-Directeur adjoint de labora- ⎭
toire au Collège de France . . . . *Président pour 1902 (Montauban).*

12e SECTION (Sciences Médicales).

Leduc (le Docteur Stéphane) . . . . *Président (Ajaccio-1901).*
Leuillieux (le Docteur Abel). . . . . *Secrétaire (d° d°).*
Duguet (le Docteur), Membre de l'Académie de ⎫
Médecine, Médecin des Hôpitaux de Paris. . . ⎪
Livon (le Docteur Ch.), Professeur à l'École de ⎬ *Délégués de la Section.*
Médecine de Marseille. . . . . ⎪
Launois (le Docteur), Agrégé à la Faculté de Méde- ⎭
cine de Paris, Médecin des hôpitaux . . . . . .
Mossé, Professeur à la Faculté de Médecine de
Toulouse . . . . *Président pour 1902 (Montauban).*

13e SECTION (Électricité médicale).

Leduc (le Docteur Stéphane), Professeur à l'École
de Médecine de Nantes. . . . . *Président (Ajaccio-1901,.*
Leuillieux (le Docteur) . . . . *Secrétaire (d° d°).*
Bordier (le Docteur), Agrégé à la Faculté de Méde- ⎫
cine de Lyon. . . . . ⎪
Bergonié (le Docteur), Professeur à la Faculté de ⎬ *Délégués de la Section.*
Médecine de Bordeaux . . . . ⎪
Leuillieux (le Docteur A.) . . . . ⎭
Bordier (le Docteur), Agrégé à la Faculté de Méde-
cine de Lyon. . . . . *Président pour 1902 (Montauban).*

14e SECTION (Agronomie).

Ladureau (Albert), Ingénieur-Chimiste . . . . . *Président (Ajaccio-1901).*
Ladureau. . . . . ⎫
Dybowski, Inspecteur général de l'agriculture ⎬ *Délégués de la Section.*
coloniale. . . . . ⎪
Ramé (Félix) . . . . ⎭
Regnault, Président du Tribunal civil de Joigny. *Président pour 1902 (Montauban,.*

15e SECTION (Géographie).

Farjon (Ferdinand) . . . . *Président (Ajaccio-1901).*
Wouters (Louis). . . . . *Secrétaire (d° d°).*
Gauthiot (Charles), Membre du Conseil supérieur ⎫
des Colonies. . . . . ⎪
Fournier (le Docteur Alban). . . . . ⎬ *Délégués de la Section.*
de Guerne (le Baron Jules) . . . . ⎭
Gauthiot (Charles). . . . . *Président pour 1902 (Montauban,.*

16e SECTION (Économie politique et Statistique).

Saugrain (Gaston) . . . . *Président (Ajaccio-1901).*

Letort (Ch.), Conservateur adjoint à la Bibliothèque nationale. . . . . ⎫
Saugrain (Gaston). . . . . : . . . ⎬ *Délégués de la Section.*
Bouvet (A.), Inspecteur régional de l'Enseigne-
ment industriel et commercial. . . . . ⎭

Saugrain (Gaston), Avocat à la Cour d'Appel de
Paris . . . . *Président pour 1902 (Montauban).*

17e SECTION (Enseignement).

de Montricher (Henri), Ingénieur civil des Mines. *Président (Ajaccio-1901).*

Bérillon (le Docteur Edgard) . . . . ⎫
Godard, ancien Directeur de l'École Monge. . . . ⎬ *Délégués de la Section.*
Guézard (J.-M.) . . . . ⎭

. . . . (1) *Président pour 1902 (Montauban).*

18e SECTION (Hygiène et Médecine publique).

Brémond (le Docteur Félix) . . . . *Président (Ajaccio-1901).*
Bilhaut (le Docteur M.) . . . . *Secrétaire (d° d°).*

Courmont (le Docteur). . . . . ⎫
Papillon (le Docteur Ernest) . . . . ⎪
Bard (le Docteur), Professeur à la Faculté de ⎬ *Délégués de la Section.*
Médecine de Lyon . . . . ⎪
Brémond (le Docteur F.). . . . . ⎭

Tachard (le Docteur), Médecin principal, Directeur
du Service de santé du XIe corps d'armée. . . *Président pour 1902 (Montauban .*

SOUS-SECTION (Archéologie).

Enlart, Membre de la Société des Antiquaires de
France . . . . *Président (Ajaccio-1901).*
Pottier (le Chanoine), Président de la Société
archéologique de Tarn-et-Garonne, à Montau-
ban. *Président pour 1902 (Montauban).*

SOUS-SECTION (Odontologie).

Godon (le Docteur Charles), Directeur de l'École
dentaire de Paris . . . . *Président (Ajaccio-1901).*
Sauvez (le Docteur Emile) . . . . *Président pour 1902 (Montauban).*

(1) Le Président, n'ayant pas été élu par la Section, sera nommé par le Conseil.

COMMISSIONS PERMANENTES

Commission des Conférences : MM. CARNOT (A.), ENLART (C.), GAUTHIOT (Ch), GIARD, LAUTH, LEVASSEUR, MOUREAUX (T.), RICHET, SANSON (A.)

Commission des Finances : MM. BAILLE, BOURGERY, GUÉZARD, TEISSERENC de BORT.

Commission d'Organisation du Congrès de Montauban : MM. BERGONIÉ, FOURNIER (ALBAN), de MORTILLET, POISSON.

Commission de Publication : MM. BÉHAL, CHANTRE, COLLIGNON, GUIGNARD.

Commission des Subventions : MM. LAISANT (1re et 2e Sections), LOCHE (3e et 4e Sections), LACOUR (5e Section), HANRIOT (6e Section), MAZE (7e Section), SCHLUMBERGER (8e Section), BONNET (9e Section), GIARD (A.) (10e Section), DELISLE (11e Section), DUGUET (12e Section), LEDUC (13e Section), LADUREAU (14e Section), de GUERNE (15e Section), SAUGRAIN (16e Section), BÉRILLON (17e Section), PAPILLON (18e Section), DAVANNE et de NADAILLAC (*Délégués de l'Association*).

LISTE DES ANCIENS PRÉSIDENTS

ANNÉES	VILLES	PRÉSIDENTS	
1872	Bordeaux	CLAUDE BERNARD	(Décédé.)
1873	Lyon	DE QUATREFAGES DE BRÉAU	(Décédé.)
1874	Lille	WURTZ (Adolphe)	(Décédé.)
1875	Nantes	D'EICHTHAL (Adolphe)	(Décédé.)
1876	Clermont-Ferrand	DUMAS (J.-B.)	(Décédé.)
1877	Le Havre	BROCA (Paul)	(Décédé.)
1878	Paris	FRÉMY (Edmond)	(Décédé.)
1879	Montpellier	BARDOUX (Agénor)	(Décédé.)
1880	Reims	KRANTZ (J.-B.)	(Décédé.)
1881	Alger	CHAUVEAU (Auguste).	
1882	La Rochelle	JANSSEN (Jules).	
1883	Rouen	PASSY (Frédéric).	
1884	Blois	BOUQUET DE LA GRYE (Anatole).	
1885	Grenoble	VERNEUIL (Aristide)	(Décédé.)
1886	Nancy	FRIEDEL (Charles)	(Décédé.)
1887	Toulouse	ROCHARD (Jules)	(Décédé.)
1888	Oran	LAUSSEDAT (Aimé).	
1889	Paris	DE LACAZE-DUTHIERS (Henri)	(Décédé.)
1890	Limoges	CORNU (Alfred).	
1891	Marseille	DEHÉRAIN (P.-P.).	
1892	Pau	COLLIGNON (Édouard).	
1893	Besançon	BOUCHARD (Charles).	
1894	Caen	MASCART (É.).	
1895	Bordeaux	TRÉLAT (Émile).	
1896	Tunis	DISLÈRE (Paul).	
1897	Saint-Étienne	MAREY (J.-E.).	
1898	Nantes	GRIMAUX (Édouard)	(Décédé.)
1899	Boulogne-sur-Mer	BROUARDEL (Paul).	
1900	Paris	SEBERT (Hippolyte).	
1901	Ajaccio	HAMY (E.-T.).	

DÉLÉGUÉS DES MINISTÈRES

AU CONGRÈS D'AJACCIO

MINISTÈRE DE L'INSTRUCTION PUBLIQUE ET DES BEAUX-ARTS

MM. HAMY (le Docteur E.-T.), Membre de l'Institut, Professeur au Muséum d'histoire naturelle.

LETORT (Charles), Conservateur adjoint à la Bibliothèque nationale.

MINISTÈRE DE L'INTÉRIEUR

M. LE PRÉFET DE LA CORSE, représenté par M. MONTIGNY, Secrétaire général de la Préfecture.

MINISTÈRE DES TRAVAUX PUBLICS

M. BONAFOUS (A.), Ingénieur en chef des Ponts et Chaussées, à Ajaccio.

BOURSES DE SESSION

LISTE DES BOURSIERS DU CONGRÈS D'AJACCIO

MM. BŒUF, professeur à l'École coloniale d'agriculture de Tunis.

BOURGERY (ABEL), boursier de licence, à Paris.

CASTELNAU, licencié ès sciences naturelles, à Paris.

MOURGUES, préparateur à la Faculté des Sciences de Montpellier.

LISTE DES SOCIÉTÉS SAVANTES

ET INSTITUTIONS DIVERSES

QUI SE SONT FAIT REPRÉSENTER AU CONGRÈS D'AJACCIO

SOCIÉTÉ DES SCIENCES NATURELLES DE L'YONNE (AUXERRE), représentée par M. d'. Peron, délégué.

SYNDICAT DES PHARMACIENS DE L'INDRE (CHATEAUROUX), représenté par M. DURET, Président honoraire et délégué.

SOCIÉTÉ GÉOLOGIQUE DU HAVRE, représentée par M. LENNIER, délégué.

Société des Sciences naturelles de la Charente-Inférieure (La Rochelle), représentée par M. Couneau, délégué.

Société de Pharmacie de Lyon, représentée par M. A. Guilleminet, délégué.

Société d'Anthropologie de Lyon, représentée par M. Ernest Chantre, délégué.

Association Polytechnique (section de Marseille), représentée par M. Henri de Montri- cher, délégué.

Société de Géographie de Marseille, représentée par M. Henri de Montricher, délégué.

Société de Statistique de Marseille, représentée par M. Jules Henriet, délégué.

Syndicat des Pharmaciens des Bouches-du-Rhône (Marseille), représenté par M. Jules Cotte, délégué.

Société d'études des Sciences naturelles de Nimes, représentée par M. le Dr J. Reboul, délégué.

Amis des Sciences et Arts (Les) de Rochechouart (Haute-Vienne), représentée par M. P.-V. Granet, délégué.

Société des Anciens Élèves des Écoles nationales d'Arts et Métiers (Paris), repré- sentée par M. P. Martin, délégué.

Association générale des Dentistes de France, représentée par M. J. Coignard, vice- président.

Société chimique de Paris, représentée par M. A. Béhal, délégué.

Société d'Excursions scientifiques de Paris, représentée par M. L. Giraux, délégué.

Société de Géographie commerciale de Paris, représentée par M. Wouters, Conservateur adjoint.

Société d'Odontologie de Paris, représentée par M. J. Choquet, délégué.

École dentaire de Paris (L'), représentée par MM. le Dr Godon, Touvet-Fanton et Viau, délégués.

École dentaire de Bordeaux (L'), représentée par M. le Dr G. Rolland et L. Seigle, délégués.

JOURNAUX REPRÉSENTÉS

AU CONGRÈS D'AJACC

Le Conservateur	(Ajaccio).
Le Drapeau	(d°)
Le Journal de la Corse	(d°)
La République	(d°)
Le Réveil	(d°)
L'Union républicaine	(d°)
Bastia Journal	(Bastia)
L'Écho de Bastia	(d°)
Le Furet	(d°)
Le Petit Bastiais	(d°)
Le Phare de la Corse	(d°)
Tramuntana (A.)	(d°)

représentés par les rédacteurs en chef.

Agriculture nouvelle (L'), représentée par M. Albert Ladureau, rédacteur.

Chronique industrielle (La), représentée par M. Casalonga, directeur.

Cosmos (Le), représenté par M. l'abbé C. Maze, rédacteur.

Éclairage électrique (L'), représenté par M. Joseph Blondin, directeur scientifique.

Estafette (L'), représentée par M. Henri Bourgery, correspondant-rédacteur.
Journal des Débats (Le), représenté par M. Émile Hérichard, envoyé spécial.
Mouvement scientifique (Le), représenté par M. Ch. Letort, rédacteur en chef.
Odontologie (L'), représentée par M. Edm. Papot, secrétaire de la rédaction.
Presse scientifique (Syndicat professionnel de la), représentée par MM. M. Bilhaut, Félix Brémond et Grison-Poncelet.
Revue internationale de l'Enseignement supérieur (La), représentée par M. Henri de Montricher, délégué.
Vie Scientifique (La), représentée par M. Albert Ladureau, rédacteur.

CONGRÈS D'AJACCIO

PROGRAMME GÉNÉRAL

DIMANCHE 8 SEPTEMBRE. — Le matin, à 9 heures 1/2, séance du Conseil d'administration. A 10 heures 1/4, réunion dans les sections pour la constitution des bureaux et la fixation de l'ordre du jour. A 4 heures, séance d'ouverture au Théâtre.

LUNDI, MARDI ET MERCREDI, 9, 10 ET 11 SEPTEMBRE. — Le matin et dans la journée, séances de sections.

JEUDI 12 SEPTEMBRE. — Excursion générale à Vizzavona et Corte.

VENDREDI 13 SEPTEMBRE. — Le matin et dans la journée, séances de sections. A 4 heures, Assemblée générale pour les élections.

SAMEDI 14 SEPTEMBRE. — Le matin, séances de sections. A 4 heures, Assemblée générale de clôture. Départ pour l'excursion à Bonifacio.

DIMANCHE 15 SEPTEMBRE. — Départ pour les excursions aux Calanches, et à Vizzavona et Corte.

SÉANCE GÉNÉRALE

SÉANCE D'OUVERTURE

— 8 septembre —

M. le Maire d'Ajaccio.

MESSIEURS,

J'ai l'honneur de vous souhaiter la bienvenue et il m'est agréable de le faire parce que vous ne venez pas parmi nous, comme des politiciens, nous leurrer par de vaines promesses, nous parler de l'achèvement de notre chemin de fer et de la mise en adjudication de nos services maritimes postaux que nous attendons depuis bientôt quinze ans !

Il m'est agréable de vous souhaiter la bienvenue parce que vous allez traiter sérieusement des questions importantes pour la science et capitales pour notre pays, vous occuper, entre autres, du desséchement de nos marais, de la conservation de nos sources, de nos forêts, et vos précieux avis donnés avec la modestie dont vous êtes coutumiers nous seront profitables au plus haut degré.

En un mot, il m'est agréable de vous souhaiter la bienvenue parce que vous êtes pour nous les vrais représentants de cette France laborieuse que nous chérissons et que le monde admire.

M. MONTIGNY

Secrétaire général de la Préfecture de la Corse.

Bien que l'honneur de prendre la parole devant un auditoire aussi brillant et aussi imposant soit une charge périlleuse, je me réjouis cependant, Messieurs, d'avoir à vous adresser quelques mots. — Mon devoir en effet est tout tracé ; — devoir agréable entre tous, — c'est de vous souhaiter la bienvenue au nom du représentant du Gouvernement, et de vous dire tout le bien que je pense du merveilleux pays que vous allez parcourir.

Permettez-moi de constater que ce fut une inspiration heureusé que celle qui vous a conduits ici et qui vous a fait choisir la ville d'Ajaccio comme siège de votre congrès annuel.

Après avoir exploré et étudié les curiosités de la France continentale, vous deviez une visite à cette autre France du milieu de la Méditerranée. — La Corse, messieurs, n'est pas seulement une unité administrative comme les autres départements français. Elle est, par la nature même des choses, par sa configuration, par sa position géographique, par son passé, une région unique dont on ne trouve l'équivalent nulle part. Ses montagnes, moins élevées que les Alpes ou les Pyrénées, mais plus abruptes, ont quelque chose de saisissant; le paysage, dont l'aspect est presque toujours sévère, a partout de la grandeur.

Enfin, sur les côtes, — vous pouvez en juger par cet incomparable golfe d'Ajaccio, — c'est un mélange exquis de tonalités et de colorations diverses, que je renonce à dépeindre, et que la langue imagée et compliquée des Goncourt ne parviendrait même pas à traduire.

Mais si la Corse est merveilleusement douée au point de vue pittoresque, il lui manque encore bien des choses au point de vue économique. Son outillage est insuffisant, ses procédés de culture incomplets; certaines parties de l'île sont encore insalubres et doivent être assainies.

Ces questions sont à l'ordre du jour et préoccupent les pouvoirs publics.

Votre présence en Corse nous prouve que l'opinion s'intéresse à ce qui se passe ici. Les observations que vous recueillerez sur place, les communications que vous voudrez bien nous faire seront de nouvelles et précieuses indications. Vous aiderez ainsi, messieurs, tous ceux qui aiment la Corse et qui songent à son avenir.

Je crois pouvoir dire que, de son côté, elle n'oublie pas, et qu'elle sait témoigner sa gratitude à ses admirateurs et à ses amis.

Je me félicite donc et pour elle et pour l'Association, puisqu'elles doivent en tirer profit l'une et l'autre, que vous soyez venus ici; — et lorsque vous aurez visité l'île dans les parties les plus pittoresques, lorsque vous aurez reçu de la population l'accueil particulièrement cordial qu'elle sait réserver aux voyageurs, vous quitterez la Corse en murmurant le mot qu'un délicat écrivain a inscrit aux îles Sanguinaires : « Je reviendrai ».

Messieurs, mon sujet m'entraîne au delà des limites permises, et me fait perdre de vue qu'en me levant tout à l'heure, mon premier devoir était d'excuser M. le préfet de la Corse, qui est actuellement en congé et qui m'a spécialement chargé avant son départ de vous exprimer tous ses regrets et de vous dire toute sa sympathie pour l'œuvre que vous poursuivez.

Il est vraiment fâcheux pour tous que des devoirs de famille l'aient appelé sur le continent, et l'aient privé de l'honneur de se trouver aujourd'hui parmi vous.

M. E.-T. HAMY

Membre de l'Institut, Professeur au Museum d'histoire naturelle, Président de l'Association.

UN CHAPITRE OUBLIÉ DE L'HISTOIRE DE L'ANTHROPOLOGIE FRANÇAISE

MONSIEUR LE MAIRE,

Il y a quelques années déjà que notre Conseil permanent avait manifesté l'intention de choisir Ajaccio comme siège de l'une de nos sessions annuelles. Ce projet a pu enfin aboutir et je me réjouis personnellement d'avoir aujourd'hui l'honneur et le plaisir de vous présenter, venus en fort grand nombre de toutes les parties de la France continentale, les membres de l'Association française pour l'avancement des sciences.

Nous vous sommes bien reconnaissants, monsieur le Maire, de la réception sympathique que vous voulez bien nous faire, et nous vous prions de remercier chaleureusement en notre nom la population ajaccienne. Nous comptions, à vrai dire, sur le bon accueil de tous les Corses. Ne suffisait-il pas de leur montrer sur notre bannière l'image de la patrie unie à celle de la science ?

MESDAMES ET MESSIEURS,

Le premier devoir de votre Président est d'adresser les remerciements de l'Association française au Conseil municipal de Paris. La subvention que nous a si généreusement accordée cette assemblée nous a puissamment aidés à mener à bien la tâche difficile de faire aboutir un Congrès tel que le nôtre, dans les circonstances difficiles qu'il nous a fallu traverser. M. le Secrétaire vous rappellera, dans un instant, ce que furent nos réunions de l'année dernière. Il me suffit de constater ici que la session de 1900 a réussi au delà de nos espérances et que l'Association est en pleine vigueur comme il sied à ses trente ans.

MESDAMES ET MESSIEURS,

Un usage, qui s'est établi dès notre première jeunesse, impose à celui que vous avez mis à votre tête l'obligation d'ouvrir la session qu'il doit présider par une lecture sur un sujet choisi parmi ceux qui lui sont les plus familiers. Voué depuis près de quarante années à l'étude des sciences anthropologiques, considérées sous leurs aspects les plus divers, m'occupant volontiers, par surcroît, de recherches sur l'histoire des sciences, je n'ai pas cru devoir mieux faire que de vous exposer succinctement, d'après des recherches personnelles, l'histoire fort mal connue des premiers débuts de l'anthropologie dans notre pays.

C'est presque un centenaire que nous allons ainsi commémorer ensemble. Reportons-nous au 17 vendémiaire an IX. Dans une des salles du vieil hôtel de

La Rochefoucauld, au bas de la rue de Seine, se trouvent réunis tous ceux qu'intéresse, à des titres divers, l'expédition aux terres australes qui va prendre la mer. L'armement de la corvette *le Géographe* et de la gabare *le Naturaliste* s'achève dans le port du Havre, et l'on a résolu de célébrer, dans un banquet solennel, le départ du capitaine Baudin et de ses savants compagnons.

Quelques membres d'une petite Société, d'origine toute récente, la *Société de l'Afrique intérieure*, qui se trouvent alors dans la capitale, ont pris l'initiative de cette réunion ; ce sont, pour la plupart, des Provençaux, les Jauffret, Maifredi, Darquier, groupés autour du célèbre voyageur Levaillant. Ils ont invité des membres de l'Institut, Bougainville, Jussieu, Fourcroy, Hallé, Thouin, etc., et les principaux fondateurs d'une autre Société qui vient de surgir à Paris, sous le nom de *Société des observateurs de l'homme*.

« On peut assurer, écrit Millin dans son *Magasin Encyclopédique*, on peut assurer que depuis longtemps il ne s'est vu de réunion aussi remarquable par son objet, aussi intéressante par les personnes dont elle était composée. » On a chanté au dessert, on a fait de la musique et l'on a porté des toasts — le mot était dès lors d'un usage courant — toasts brièvement expressifs à Bonaparte, « protecteur des sciences et des arts » ; à Baudin et à ses coopérateurs ; aux navires de l'expédition ; à Bougainville, dont le jeune fils embarquait comme aspirant ; à Dolomieu, que sa douloureuse captivité rendait particulièrement intéressant ; au progrès des sciences physiques et naturelles ; à la prospérité du commerce ; aux *progrès de l'anthropologie* ; etc., etc.

Pour la première fois se sont affirmées au grand jour, sous des formes diverses, certaines aspirations toutes nouvelles vers l'étude encore si négligée des peuples sauvages, et cela a été vraiment une heure solennelle dans l'histoire des études anthropologiques !

Le toast en l'honneur de la science de l'homme était de Louis-François Jauffret : « Puisse la *Société des observateurs de l'homme*, avait ajouté l'orateur, s'honorer un jour des recherches utiles de ses illustres correspondants ! »

Jauffret, fondateur de cette compagnie, l'aînée de toutes les Sociétés d'anthropologie du monde, Jauffret, l'un des initiateurs de l'Association géographique qui avait vu le jour plus récemment encore dans la province dont il était originaire (1), Jauffret s'était trouvé naturellement appelé à servir de lien entre les deux compagnies nouvelles, et c'est, sans nul doute, grâce à son entraînante initiative que la fête du 9 octobre 1800 avait dû son succès.

Louis-François Jauffret, alors âgé de trente ans, était le second de quatre frères qui ont tous conquis une place honorable dans la société de leur temps. Il s'était voué, dès sa sortie de collège, à l'instruction de la jeunesse et composait depuis près de dix années déjà de petits livres d'éducation fort variés. Il venait de s'appliquer à réunir en quelques volumes des notions élémentaires sur l'anatomie, l'histoire naturelle, la géographie. *Les voyages de Rolando et de ses compagnons de fortune autour du monde*, dont l'an VII avait vu commencer la publication, résumaient dans un style clair et facile, à l'usage des jeunes lecteurs, les connaissances acquises pendant les récentes expéditions de découvertes. Il avait donné en 1798 un *Voyage au Jardin des Plantes* contenant la description des galeries d'histoire naturelle, en 1799, les *Merveilles du corps humain* et une *Géographie des diverses régions*, en 1800.

En écrivant ces neuf volumes, Jauffret s'était pris d'enthousiasme pour la

_____

(1) Il était né à Paris de parents provençaux, le 4 octobre 1770.

science nouvelle dont il avait successivement envisagé les principaux points de
vue. Et comme renaissaient les anciennes Académies, comme surgissaient de
toutes parts, sur notre territoire, des Sociétés scientifiques, il avait cru que le
moment devait être favorable pour fonder, lui aussi, une institution nationale
dont le but répondît aux préoccupations momentanées de son esprit.

Il n'avait pas tout à fait tort.

Les dernières années du siècle qui venait de finir s'étaient en effet signalées
par une recrudescence des plus heureuses dans les besoins intellectuels du pays.
L'ardeur à s'instruire des choses de l'Étranger était même devenue si grande
que les coûteuses traductions de voyages éditées par Panckoucke trouvaient de
nombreux acquéreurs.

Plusieurs voyageurs français avaient fait paraître des relations où s'accumu-
laient des détails sur des peuples fort peu connus ; l'expédition d'Égypte était
sur le point de revenir ; l'attention publique était surexcitée par les préparatifs
du grand voyage de découverte provoqué par l'Institut et que le Premier
Consul avait pris sous sa protection.

Les éléments scientifiques de toute espèce qui s'étaient groupés et allaient
se grouper encore autour de ces diverses entreprises devaient se prêter à la
formation d'un corps scientifique voué spécialement à l'étude la plus vaste et
la plus difficile, sans doute, mais aussi la plus élevée et la plus utile, celle de
l'homme considéré dans ses caractères physiques, intellectuels et moraux.

Jauffret communiqua ses pensées dans un cercle d'amis, qui lui donnèrent
sans grand élan, il est vrai, un complaisant assentiment. C'était Leblond,
membre de la classe de littérature et beaux-arts de l'Institut de Paris et que
lui rattachaient des études communes : il collaborait au *Portefeuille des enfants*
et avait rédigé un *Dictionnaire des hommes célèbres de l'antiquité et des temps modernes*. C'était Sicard, le successeur de l'abbé de l'Épée, qu'un frère de Jauffret,
Jean-Baptiste, secondait dans ses travaux ; c'était encore Joseph de Maimieux,
romancier prolixe et versificateur facile dont les nombreux volumes sont aujour-
d'hui tombés dans un oubli mérité, et qui, récemment rentré d'Allemagne, y
avait rédigé pendant l'Émigration *la Pasigraphie*, nouvel « art-science d'écrire et
d'imprimer en une langue de manière à être lu et entendu dans toute autre
langue sans traduction ».

Jauffret alla trouver ensuite quelques-uns de ces professeurs du Jardin des
Plantes, dont il avait contribué, dans son livre de 1798, à vulgariser les travaux,
et notamment Cuvier et de Jussieu. Il recruta plusieurs membres de la Faculté
de Médecine : Hallé, le savant hygiéniste, Pinel, l'aliéniste philanthrope et de
ces éléments disparates il essaya de faire le cadre de la Société naissante.

On se réunit à son domicile, *rue de Vaugirard, n° 1201, derrière l'Odéon*.
Maimieux fut nommé président, Leblond, vice-président, et le secrétariat général, transformé peu après en perpétuel — une perpétuité qui dura trois ans —
échut naturellement à celui qui avait provoqué la fondation de la nouvelle
compagnie.

Tout ceci se passait dans les derniers mois de l'an VIII (juillet-septembre
1800), et, lorsque le *Magasin Encyclopédique* de messidor annonça la fondation
de la Société (1), elle avait déjà tenu plusieurs séances qui, « quoique naturel-

_____

(1) Voici en quels termes Millin faisait connaître cette nouvelle :

« En prenant le nom de *Société des observateurs de l'homme* et l'antique devise : Γνῶθι σεαυτον, *connais-
toi toi-même*, elle s'est dévouée à la science de l'homme sous son triple rapport physique, moral et
intellectuel : elle a appelé à ses observations les véritables amis de la philosophie et de la morale, le

lement *embarrassées de détails d'organisation*, ont pourtant produit, dit Millin, des morceaux absolument neufs ».

On a voté un règlement, précisé nettement le but de l'entreprise, fixé le nombre des membres, cinquante résidents, cinquante non-résidents, dont dix à l'étranger. On tiendra une séance particulière par décade, une séance publique par an ; chacun des résidents est invité à fournir au moins chaque année à la Société « un mémoire relatif à la connaissance de l'homme ». Toute controverse religieuse ou politique est sévèrement interdite (1).

Maimieux, Leblond, Jauffret commentent ces dispositions dans des discours appropriés, et les travaux sérieux commencent avec une lecture de Patrin *sur la Sibérie*, dans les déserts de laquelle il a étudié seul pendant dix ans, dit le compte rendu, *l'homme et la nature*.

Massieu, sourd-muet de naissance, conte à l'aide des doigts aux *Observateurs de l'homme* l'histoire de ses jeunes ans ; Portalis le fils lit des fragments d'un discours, couronné à Stockholm, sur l'*Influence des grands hommes sur leur siècle* ; Moreau fournit des aperçus sur les *Paradoxes d'éducation physique* de Jean-Jacques, et l'on revient, après ces inévitables écarts, à l'observation anthropologique directe avec les dissertations dont le Chinois A-Sam est l'objet au sein de la Société.

Tchom-A-Sam est un Chinois de vingt-trois ans, né à Nangkin. Marié à une jeune femme de dix-neuf ans, établi marchand à Canton, il s'est embarqué à Macao avec son frère Tchom-Agni, un peu plus âgé que lui, deux autres négociants, trois ouvriers tailleurs et cordonniers et une dizaine de matelots. Ces dix-huit Chinois venaient chercher fortune en Europe et apportaient avec eux du thé, des éventails, des colliers de senteur et de l'encre de Chine.

Un de nos corsaires a pris le navire anglais qui les portait à Londres. Débarqués en France, ils ont fini par être échangés, après avoir vécu près d'un an à Bordeaux, puis à Valenciennes, en se montrant en public dans des exercices à la chinoise, à l'exception du seul A-Sam, oublié dans un lit du Val-de-Grâce. Libéré par ordre de Bonaparte et remis au *respectable Sicard*, « l'interprète national du genre humain », le « plénipotentiaire de tous les actes de bienfaisance et d'hospitalité », le pauvre marchand chinois devient le protégé des *Observateurs de l'homme*, qui l'étudient tout à loisir, beaucoup moins d'ailleurs en naturalistes qu'en sociologues et en moralistes.

Buffon n'avait connu les habitants de la Chine que par les récits de quelques voyageurs, comme Hugon et Parrenin. Camper avait vu à Londres, en 1785, un Chinois vivant, dont il avait relevé quelques traits particulièrement frappants, et il avait utilisé à diverses reprises un crâne de Chinois dans sa célèbre dissertation sur les *Variétés naturelles qui caractérisent la physionomie des divers climats et des différents âges*, mais c'était tout ce que l'on savait de précis sur les caractères des peuples du Céleste-Empire. L'examen de A-Sam aurait pu servir de base à une sorte de dissertation plus ou moins anthropologique, comme celle

---

profond métaphysicien et le médecin pratique, l'historien et le voyageur, et celui qui étudie le génie des langues et celui qui dirige et protège les premiers développements de l'enfance.

» Ainsi, l'homme suivi, comparé, dans les différentes scènes de la vie, deviendra le sujet de travaux d'autant plus utiles qu'ils seront dégagés de toute passion, de tout préjugé et surtout de tout esprit de système. »

(A. L. Millin. *Magasin Encyclopédique ou Journal des Sciences, des Lettres et des Arts*, VIᵉ année, t. I, p. 408-409, Messidor an VIII.)

(1) Ce règlement est imprimé dans le tome V de la septième année du *Magasin Encyclopédique*, (p. 265-268).

que d'Avezac consacra plus tard aux Yebous. On n'ignorait pas plus, en effet, chez les *Observateurs de l'homme*, les travaux de Blumenbach que ceux de Camper, et je n'en veux pour preuve que les descriptions publiées cette année même par Virey dans son *Histoire naturelle du genre humain* (1).

Virey a tous les défauts des littérateurs du temps, son style est prétentieux et emphatique. Il appuie plus volontiers sur les caractères intellectuels et moraux, mais il ne néglige pas tout à fait les traits du visage. Il cherche même à condenser en une formule sommaire et comme *linnéenne* les traits propres aux grands groupes humains et à leurs subdivisions principales, et il va jusqu'à proclamer l'existence d'un *caractère national de figure*, qui résiste, comme ceux qu'on peut tirer de l'étude des mœurs, et est permanent *depuis une longue suite de siècles*.

Mais ce sont les particularités du caractère de A-Sam, c'est son degré d'instruction, c'est sa subtilité intellectuelle qui intéressent surtout les *Observateurs de l'homme*, et ce sont de préférence les études de cet ordre que cherche à provoquer Gérando dans les *Considérations sur les méthodes à suivre dans l'observation des peuples sauvages*, qu'il vient lire dans la séance publique de la Société du 18 thermidor an VIII (6 août 1800) (2).

Gérando veut toutefois que ces études, quelles qu'elles soient, aient pour base invariable l'*expérience* et l'*observation*. « Le temps des systèmes est passé, s'écrie-t-il ; las de s'être agité pendant des siècles dans de vaines théories, le génie du savoir s'est enfin fixé sur la route de l'observation. Il a reconnu que le maître est la nature ; il a mis tout son art à l'écouter avec soin, à l'interroger quelquefois. La science de l'homme est aussi une science naturelle, une science d'observation, la plus noble de toutes!... » L'homme, tel qu'il se montre à nous, dans les individus qui nous entourent, se trouve à la fin modifié par mille circonstances diverses, par l'éducation, le climat, les institutions, les mœurs, les opinions établies, par les effets de l'imitation, par l'influence des besoins factices qu'il s'est créés. Au milieu de tant de causes diverses qui se réunissent pour produire ce grand et intéressant effort, nous ne saurons jamais démêler l'action précise qui appartient à chacune, si nous ne trouvons des termes de comparaison qui isolent l'homme des circonstances particulières dans lesquelles il s'offre à nous et qui lui enlèvent ces formes accessoires sous lesquelles l'art a voilé en quelque sorte à nos yeux l'ouvrage de la nature. Or, de tous les termes de comparaison que nous pouvons choisir, il n'en est point de plus curieux, de plus fécond en méditations utiles, que celui que nous présentent les *peuples sauvages*. Ici nous pouvons relever d'abord les variétés, qui appartiennent au climat, à l'organisation, aux habitudes de la vie physique, et nous remarquerons que, parmi des nations beaucoup moins développées par l'influence des institutions morales, ces variétés naturelles doivent ressortir d'une manière beaucoup plus sensible... Ici nous pourrons trouver les matériaux nécessaires pour composer une échelle exacte des divers degrés de civili-

(1) J.-J. Virey. *Histoire naturelle du genre humain ou Recherches sur les principaux fondements physiques et moraux*, etc., Paris, an IX, 2 vol. in-8°. — Le portrait de A-Sam, vu de profil et de face est gravé au haut de la planche IV du tome Ier de cet ouvrage (p. 148).

(2) Le Cte de Gérando « faisait, dit le journal de Millin, sa principale occupation des opérations de l'entendement humain». C'est ainsi qu'il présentait à la classe des sciences morales et politiques de l'Institut, au commencement de l'an X, une dissertation sur le jeune sujet si connu sous le nom de *Sauvage de l'Aveyron*, qu'ont également étudié Itard, J.-J. Virey, etc.; le 29 frimaire de la même année, il a lu, en séance publique de la *Société des Observateurs de l'homme*, un morceau intitulé : *L'Hermitage du mont Vésuve ou Méditation sur la solitude* ?

sation et pour assigner à chacun les propriétés qui le caractérisent; nous pourrons reconnaître quels sont les besoins, les idées, les habitudes qui se produisent à chaque âge de la société humaine. Ici le développement des passions et des facultés de l'esprit se trouvant beaucoup plus limité, il nous deviendra beaucoup plus facile d'en pénétrer la nature, d'en assigner les lois essentielles. Ici les générations n'ayant exercé les unes sur les autres qu'une légère influence, nous nous trouverons en quelque sorte reportés aux premières époques de notre propre histoire; nous pourrons établir de sûres expériences sur l'origine et la génération des idées, sur la formation et le progrès du langage, sur l'enchaînement qui existe entre ces deux sortes d'opérations.

« Le voyageur philosophe, qui navigue vers les extrémités de la terre, traverse, en effet, la suite des âges, il voyage dans le passé, chaque pas qu'il fait est un siècle qu'il franchit. Ces îles inconnues auxquelles il atteint sont pour lui le berceau de la société humaine; ces peuples que méprise notre ignorante vanité se découvrent à lui comme d'antiques et majestueux monuments de l'origine des temps, monuments plus dignes mille fois de notre admiration et de notre respect que ces pyramides célèbres dont les bords du Nil s'enorgueillissent. Celles-ci n'attestent que la frivole ambition et le pouvoir passager de quelques individus, dont le nom même nous est à peine parvenu; ceux-là nous retracent l'état de nos propres ancêtres et la première histoire du monde. »

Ces représentants d'une humanité primitive, dont l'étude doit devenir la base de toute une anthropologie nouvelle, on les a mal observés jusqu'alors.

D'abord les relations qui les concernent sont toujours fort incomplètes; la brièveté du séjour des voyageurs, la surabondance des observations qu'ils ont à recueillir et surtout le manque de *tables régulières* auxquelles ils puissent rapporter leurs remarques, telles sont, aux yeux de Gérando, les causes principales de cette insuffisance.

Ces observations incomplètes manquent parfois aussi de l'authenticité nécessaire; elles ont été faites sans méthode et sans ordre. Les voyageurs les ont trop souvent appuyées sur des hypothèses ou fautives ou du moins douteuses; ils ont trop souvent mal compris les explications des indigènes; leurs préjugés personnels les ont aussi parfois conduits à de graves inexactitudes. Enfin et surtout ils ont dédaigné la linguistique des sauvages et toute cette suite de recherches popularisées de nos jours sous le nom de *folk lore* et dont Gérando comprenait admirablement toute l'importance ethnologique.

Après avoir longuement insisté sur ces *défauts* des observations antérieures, Gérando aborde le détail des études nouvelles qu'il propose d'entreprendre, et l'on est tout étonné de trouver signalées dans cette seconde partie de son précieux mémoire des recherches qui n'ont pris leur place dans l'enquête scientifique qu'à une époque toute récente, comme cet examen qu'il recommande instamment des *signes des sauvages* et du *langage d'action*, bref de tout cet ensemble d'expressions manuelles et autres que l'école ethnologique américaine comprend aujourd'hui sous l'appellation caractéristique de *gesture-speech*.

L'examen des mots, abordé dans un ordre méthodique, l'analyse des idées plus ou moins complexes que ces mots expriment, l'ensemble du discours ainsi combiné sont l'objet des paragraphes qui suivent.

Puis notre philosophe examine les questions qui se rattachent à la numération et à ce que nous appelons aujourd'hui la *pictographie des sauvages*.

L'état individuel, existence physique, forces et actions, l'intensité des besoins, faim, soif et fatigues, les maladies, la longévité, forment un nouveau paragraphe qui paraît un peu écourté, quand on le compare surtout à ceux qui viennent à la suite et où il est traité de l'*individu considéré comme être moral et intellectuel*, puis du *sauvage dans la société*.

« Après avoir observé l'individu tel qu'il est en lui-même, dit Gérando, on le suivra dans les rapports qu'il forme avec ses semblables et ici se présentera un nouvel ordre de recherches » dont la constitution de la famille, la situation de la femme et tout ce qui s'y rattache, pudeur, amour, mariage, formeront une première subdivision, l'*étude de la société domestique;* tandis que l'*étude de la société générale* composera la seconde, comprenant les rapports politiques intérieurs et extérieurs, les faits qui se rapportent à l'hospitalité, les relations civiles et économiques, industrie, commerce, etc., pour terminer par les rapports moraux et religieux, amour de la patrie, traditions ethniques, culte et cérémonies, clergé, temples, idoles.

Il est aisé de retrouver, dans ce court résumé des matières abordées par Gérando, les grandes lignes de la classification dont la belle ordonnance a fait l'admiration des nombreux lecteurs de la relation du voyage de l'Uranie et de la Physicienne. C'est que Freycinet, disciple attentif et respectueux de Gérando, s'est attaché à suivre, aussi exactement que possible, dans ce magistral exposé, les instructions que, lieutenant de Baudin, il avait reçues quelque vingt ans plus haut, en partant pour les terres australes.

Car c'est aux officiers et aux savants de cette expédition, aux hôtes de la *Société de l'Afrique intérieure* et des *Observateurs de l'homme*, dont je rappelais, en commençant ce discours, l'historique banquet de vendémiaire an IX, qu'était destiné le mémoire de Gérando. Le 28 fructidor, les *observateurs* en votaient l'impression et chacune des personnes qui composaient l'état-major militaire et scientifique de la mission recevait, avant le départ du Havre (19 octobre 1800), un exemplaire de la précieuse plaquette (1).

Lorsque les survivants de ce rude voyage rentrèrent à Lorient (25 mars 1804), chargés de documents merveilleux sur les peuples inconnus dont ils avaient abordé le domaine encore inexploré, il n'existait plus guère que le souvenir des deux jeunes Sociétés qui avaient salué leur départ avec tant d'enthousiasme.

La Société des *Observateurs de l'homme* avait péniblement poursuivi son existence jusqu'en 1803. Les communications ethnologiques s'y faisaient de plus en plus rares, et c'est à peine si j'ai pu relever, dans les programmes, les traces de deux ou trois études de Patrin et de Legout sur les usages des Russes Sibériens et des Tartares de Kazan, ou sur les mœurs et la religion des Hindous. Par contre, la psychologie et la pathologie cérébrale, la philosophie et la politique ont envahi les séances avec Pinel et Lemoreau, Portalis et Pfeiffer, Bouchaud et quelques autres (2). Le célèbre Coray (Adamantios Koraïs) surnommé le « régénérateur de la Grèce », médecin et philologue, qui s'est donné la mission d'intéresser au sort de son peuple opprimé par les Turcs les lettrés occidentaux, vient lire à la Société le 6 janvier 1803 un discours emphatique sur l'*état actuel*

---

(1) Cette plaquette est toutefois devenue si rare qu'elle a échappé à la plupart des anthropologistes qui se sont occupés des origines de notre science. On ne saurait trop remercier M. Topinard, qui en avait retrouvé un spécimen, de l'avoir rééditée dans la *Revue d'Anthropologie* de 1888 (2ᵉ série, t. VI, p. 153-182).

(2) Je ne saurais passer sous silence une pièce satirique de Lemontey, publiée en 1803, et qui amusa beaucoup les contemporains, quoiqu'elle ait aujourd'hui perdu toute sa gaîté. C'est le *récit d'une séance des observateurs DE LA FEMME, « mélange de récits facétieux, dit un compte rendu de l'époque, de caricatures, de parodies des mœurs et des travers du temps ».* J'ignore entièrement dans quelle mesure cette publication a pu contribuer à la chute de l'œuvre de Jauffret !

de la civilisation en Grèce. C'en est trop ; philhellénisme et physiologie se disputent les pauvres restes de l'Association qui finit par s'absorber dans la Société philanthropique (1), tandis que Jauffret, découragé, retourne à ses premiers travaux pédagogiques, jusqu'au moment où l'Université réorganisée·viendra lui procurer un enseignement en province (2).

L'histoire de la Société de l'Afrique intérieure est plus courte encore et plus · simple. Au moment de sa fondation, elle se montrait disposée à servir largement les intérêts de la science, et l'on pouvait être en droit d'espérer qu'elle conserverait une large place dans ses programmes à la connaissance des peuples. Les considérations qui précèdent le règlement élaboré en thermidor an IX (juillet 1801) marquent une certaine pente vers l'étude des indigènes (3), dont on ne retrouve plus la moindre trace dans un deuxième règlement (4) adopté par la Société dans une autre séance générale du 21 thermidor an X (9 août 1802). Pendant les treize mois qui séparent les deux rédactions, il s'est produit dans l'orientation de la Société des modifications profondes. La Compagnie s'appelle dorénavant *Société de l'Afrique intérieure* ET DE DÉCOUVERTES et elle ne veut plus s'occuper que de *chercher des sources encore intactes d'entreprises avantageuses, de les indiquer au commerce et de reconnaître et désigner de nouveaux points d'établissement.*

Mais, si pratique qu'elle puisse tenter de devenir, si nombreux que soient ses fondateurs effectifs (j'en compte jusqu'à cinquante-quatre sur la liste officielle que j'ai sous les yeux), elle n'est pas de force à lutter contre les conditions détestables où des guerres continuelles, la fermeture des ports, le blocus continental, maintiennent, pendant de longues années, Marseille et son commerce. Les documents exotiques qui doivent fournir l'aliment de ses travaux lui manquent, comme ils ont fait défaut à la *Société des Observateurs de l'homme,* et, liée étroitement par sa dernière constitution aux intérêts maritimes de la région, où son siège social est établi, elle n'a même pas la ressource de faire appel, comme la Compagnie parisienne, aux concours étrangers qui ont, en quelques mois, étouffé cette dernière !

Il faudra que la Paix vienne permettre la reprise de nos relations étrangères, pour que les sciences géographiques possèdent enfin un centre d'action à Paris (1821), et c'est beaucoup plus tard encore (1839) que la *Société d'Ethnologie* reprendra sur des bases nouvelles l'étude scientifique des races humaines, abordée trop prématurément par sa devancière de l'an VIII......

Au début du xixᵉ siècle, l'anthropologie anatomique et physiologique n'avait d'autres appuis que quelques notions de valeur encore indécise, telles que celles de l'angle facial ou de la dynamométrie ; les collections qui doivent servir de fondement à l'étude des caractères ethniques ne comprenaient, sauf chez Blumenbach à Göttingue, qu'un petit nombre de pièces isolées. Si les relations des grands voyageurs français et anglais avaient notablement élargi le champ d'observation

---

(1) Toute cette histoire est encore assez vague. Ce n'est pas que les documents manquent ; mais les papiers de Jauffret sont tombés, après sa mort (vers 1850), entre les mains d'un homme de lettres incapable d'en tirer jamais parti, mais parfaitement décidé à en refuser la communication à tout le monde !

(2) Jauffret, après avoir été professeur au lycée de Montbrison, puis directeur de la Faculté de Droit d'Aix, est devenu bibliothécaire de Marseille et secrétaire perpétuel de l'Académie de cette ville.

(3) Cf. J. Fournier. *Une Société de géographie à Marseille en 1801,* communication faite au Congrès national des Sociétés de géographie à Marseille le 21 septembre 1898. Marseille 1900, br. in-8°. — Cf. *Compte rendu de la Société de géographie de Paris,* 1892, p. 496-498.

(4) Ce règlement, avec son préambule et la liste des membres de la Société forme une plaquette in-8° sans nom d'imprimeur, sans lieu ni date. J'en ai vu deux exemplaires, l'un entre les mains de M. Delavaud, l'autre parmi les livres légués à la Société de Géographie de Paris par Malte-Brun.

des peuples primitifs, il restait à connaître une grande partie de ceux dont l'examen est le plus suggestif. L'anthropologie linguistique tenait, il est vrai, dès lors, une belle place dans le monde scientifique, mais l'histoire des idées morales et religieuses était à peine ébauchée et les documents sur les traditions et les survivances demeuraient à peu près lettre morte pour les écrivains de l'an VIII.

Les grands voyages de découvertes interrompus après Baudin par la guerre contre les Anglais reprennent avec la Paix, et de Lalande à Dumont d'Urville les documents de toute espèce sur les peuples primitifs décuplent entre les mains des hommes de science. Desmoulins peut, par suite, dès 1824 donner à l'étude du squelette humain la place qui lui appartient dans l'analyse des caractères ethniques, et cinq ans plus tard, un savant qui porte un nom particulièrement cher à notre Muséum, William Edwards, à la fois physiologiste habile et linguiste expérimenté, va fonder une nouvelle science avec son remarquable mémoire sur les *Caractères physiologiques des races humaines dans leurs rapports avec l'histoire.*

On sait que cet écrit a été le point de départ de la Société d'Ethnologie, dont la fondation a marqué une nouvelle étape dans la marche de notre science.

Ce n'est pas encore l'anthropologie, telle que nous la comprenons aujourd'hui qu'étudient W. Edwards et ses disciples. Toutefois le programme qu'ils ont formulé donne déjà le premier rang à l'*organisation physique* et fait une place aux *traditions* à côté de la *langue*, tout en conservant une place honorable aux *caractères intellectuels et moraux* qui avaient surtout préoccupé leurs devanciers.

On sait que ce fut l'*Histoire des Gaulois* d'Amédée Thierry qui détermina William Edwards à publier sa brochure. Dans ce livre un peu oublié aujourd'hui, Amédée Thierry avait tenté d'isoler, à l'aide des seuls documents historiques, dans la nation française, deux éléments ethniques, qu'il désignait par les termes mal choisis, il faut bien le reconnaître, de Kymri et de Gall.

William Edwards montre, dans sa lettre, que ces *races de l'histoire*, que ces types créés à l'aide des données historiques, ne sont que des *races naturelles*, possédant un certain nombre de caractères, notamment dans l'ordre physique, qui demeurent parfaitement reconnaissables et qui survivent si bien, chez les nations modernes que les races ont formées par leurs mélanges, qu'il n'est pas malaisé de les retrouver aujourd'hui (1).

Le nom même d'une nation peut être éteint depuis des siècles, dit Edwards, le pays qu'elle habitait a pu prendre un nouvel aspect, on y peut parler des langues étrangères, il y demeure presque toujours quelques débris de la population ancienne qui a conservé plus ou moins intactes les caractéristiques naturelles.

Sans contredit il faut attribuer une certaine part aux *actions de milieux*, et W. Edwards a exagéré quelque peu en ne leur attribuant que ce qu'il appelle des *diversités de teintes et d'expressions*. Il faut, en outre, tenir compte des *croisements*, dont des expériences récentes ont montré les résultats aboutissant le plus souvent à la reproduction de sujets appartenant intégralement à l'un ou à l'autre des types mis en présence, mais amenant parfois, à égalité numérique, la création de types intermédiaires. Il est vrai que la distribution géographique est presque toujours inégale entre deux populations juxtaposées ou mélangées, que

---

(1) Cf. E.-T. Hamy, *L'Ethnogénie de l'Europe occidentale. (Mat. pour l'hist. de l'homme,* t. XVIII, p. 40, 1884.)

l'un des types peut abonder ici, tandis que l'autre régnera en maître un peu plus loin. La prédominance numérique de l'un des types sur l'autre s'accentuera ainsi de façon à les conserver simultanément dans le même voisinage.

William Edwards s'efforce enfin de faire la part de ce qu'il appelle les *influences historiques*; il montre avec beaucoup de précision la rareté des destructions totales, des migrations en masse et des transportations. Le vainqueur compose toujours dans une certaine mesure avec le vaincu, et l'accession de nouveaux venus n'a d'autre résultat que de *multiplier les types sans les confondre*.

L'auteur conclut en assurant que les descendants de presque toutes les grandes nations de l'antiquité doivent encore exister aujourd'hui, en dépit des influences variées qu'il vient de discuter, et il prouve qu'il en est ainsi en exposant le résultat de ses propres recherches dans quelques provinces de France et en Italie. Il a recueilli chez nous les preuves d'un dualisme ethnique des plus accentués. Il a retrouvé le type romain de Monte Geralandro à Naples, tandis que, dans la Gaule Cisalpine, les paysans lui rappelaient par leur physionomie, ceux de Chalon-sur-Saône.

Ces éléments ethniques, isolés en certains points de son itinéraire, William Edwards a constaté leur mélange dans des zones intermédiaires; le Gall, nous dirions aujourd'hui le Ligure, passe graduellement au Kymri, c'est-à-dire au Celte ou au Galate des anthropologistes actuels.

C'est surtout à la tête que M. Edwards s'adresse, pour analyser les types qu'il étudie. L'inspection de sa forme et de ses proportions, l'examen attentif des traits du visage sont les principaux modes d'investigation qu'il emploie.

Nous conservons au laboratoire d'anthropologie du Muséum l'album que le fondateur de l'ethnologie faisait exécuter sous ses yeux pendant son mémorable voyage dans la haute Italie; ces belles planches, rehaussées de couleurs, reproduisent généralement des soldats allemands ou hongrois des garnisons autrichiennes de la Lombardie-Vénétie, et constituent le commentaire le plus intéressant du texte du savant maître :

« Je ne néglige pas, écrit Edwards, les modifications relatives à la chevelure, à la coloration de la peau, à la taille, lorsqu'elles sont assez générales; elles acquièrent alors, par cette association, une grande valeur ; mais je les regarde toujours comme très secondaires et absolument impropres à fonder par elles-mêmes des caractères de race, excepté dans les cas extrêmes. »

Et ailleurs : « A quoi reconnaît-on principalement l'identité d'un homme ? Ce n'est ni à sa taille, ni au degré de son embonpoint, ni à la coloration de sa peau, ni à sa chevelure, mais au visage, c'est-à-dire à la forme de la tête et aux proportions des traits de la face. »

Ajoutez à cet examen de la morphologie céphalique celui du crâne osseux, auquel William Edwards n'attribuait pas assez d'importance, et vous aurez, à bien peu de choses près, la formule de l'enquête anthropologique moderne, ainsi esquissée de main de maître il y a près de trois quarts de siècle...

C'est ce mémoire qui a déterminé la fondation de la *Société d'Ethnologie* de Paris et, par contre-coup, celle des Sociétés de même nom, créées plus tard à Londres et à New-York. Les recherches anthropologiques de Serres et de Retzius se rattachent intimement à celles de W. Edwards, et l'esprit nouveau que ce savant homme avait apporté dans ses travaux a salutairement influencé les écrits de tous ceux qui ont abordé depuis lors l'examen des problèmes anthropologiques.

La Société d'Ethnologie de Paris a fourni une carrière honorable d'une dizaine d'années ; ses séances étaient régulières, les travaux sérieux ne lui ont jamais fait défaut, et il n'a fallu rien moins que la crise de 1848 pour amener la suspension de ses séances, qui n'ont jamais été reprises.

La science de l'homme doit beaucoup à cette compagnie. Les trois volumes qu'elle a laissés sont dignes d'estime. Son action s'est exercée d'une manière sérieuse et durable sur les recherches des naturalistes, des voyageurs, des archéologues, des historiens. Enfin et surtout elle a suscité une précieuse vocation anthropologique, celle de Quatrefages, qui n'a jamais cessé de proclamer le rôle prépondérant qu'ont joué, dans sa vie scientifique, ces discussions, ces entretiens de la Société d'Ethnologie auxquels il avait pris part, les notions inattendues qu'il y avait puisées, les idées nouvelles qu'elles avaient fait germer dans son esprit (1).

Permettez-moi d'évoquer ainsi, en terminant ce chapitre d'histoire, le souvenir du savant fondateur de l'anthropologie générale, mon vieux maître toujours aimé et toujours regretté. Ne refusez pas de vous associer à l'hommage respectueusement ému, qu'adresse votre président d'aujourd'hui à la mémoire vénérée du grand naturaliste, qui ouvrait à Bordeaux, il y a trente ans, en l'absence de Claude Bernard, le premier Congrès de notre Association naissante.

M. Émile FERRY

Secrétaire de l'Association.

L'ASSOCIATION FRANÇAISE EN 1900-1901

MESDAMES, MESSIEURS,

L'Association Française pour l'Avancement des Sciences, en se donnant pour but et pour mission de provoquer, chaque année, sur un point différent de notre territoire, dans des Congrès souvent brillants et toujours féconds, un grand mouvement intellectuel, vous a familiarisés avec de violents contrastes, qui en constituent un des attraits.

Quelle opposition plus vive peut s'imposer à vos esprits que celle de la dernière session, tenue sur les rives brumeuses de la Seine, et celle de la réunion qui s'ouvre aujourd'hui sous ce climat enchanteur tout imprégné du soleil étincelant de la Méditerranée ?

Les secrétaires eux-mêmes des deux années successives n'échapperont pas à ces inexorables réflexions, lorsque l'on comparera la parole brillante et pittoresque d'un distingué professeur bordelais avec le style gris et monotone d'un enfant de la Normandie.

Le rôle du secrétaire de l'Association est de retracer l'histoire de la précé-

1) Cf. *Rapp. sur les progrès de l'anthropologie*, 1857, p. 32.

dente session ; mais c'est une tâche que je ne me hasarderai pas à entreprendre.

Qui de vous ne connaît, pour l'avoir étudiée ou tout au moins parcourue,
cette Exposition Universelle de 1900, qui fut un spectacle éblouissant et inou-
bliable, inspira de si nombreux et si intéressants récits, accumula sous les yeux
de visiteurs curieux et avides venus des diverses parties du monde, le résultat
des efforts merveilleux déployés par toutes les nations pour la plus pacifique
des luttes, et qui, au crépuscule du xixe siècle, donna à notre bien-aimée patrie
la consolation d'une triomphale réussite ?

Il me sera permis de me réjouir ici avec vous de la part que notre Société
y peut à bon droit revendiquer dans la personne de ceux de ses membres qu'on
rencontre toujours au premier rang dans les grandes manifestations de l'esprit
humain qui font honneur à notre pays.

Une activité plus considérable que jamais a régné dans le Palais des Congrès,
où se sont réunis plus de cent trente groupements de toutes sortes, lesquels,
grâce à la préparation de leurs travaux et à leur excellente direction, ont,
presque sans exception, produit d'utiles résultats.

Non seulement nous en connaissons l'habile et laborieux organisateur, M. le
professeur Gariel, mais aussi nous savons, par une expérience déjà vieille,
avec quelle autorité, quelle compétence et quelle ardeur il poursuit et mène à
bien les missions qu'il accepte.

Il est, depuis longtemps, devenu banal de faire son éloge ; mais notre éminent
collègue ne saurait vraiment se montrer insensible aux explosions de sympathie
que soulève, de la part de ses innombrables amis, la constatation de ses succès
mérités.

C'est avec une entière justice que son opiniâtre travail lui a valu sa promo-
tion au grade de commandeur de la Légion d'honneur, nouvelle et légitime
distinction qui n'a rencontré que de chaleureuses approbations auxquelles cette
Assemblée ne manquera pas de donner un enthousiaste et joyeux écho.

La lourde tâche que M. Gariel avait assumée dans l'administration de l'Exposition ne l'a pas empêché d'apporter tous ses soins à la préparation du Congrès
de l'Association Française. Il y a été, comme toujours, largement secondé par
M. le docteur Cartaz, son collaborateur habituel.

Je me hâte d'ajouter que jamais l'intime entente de ces deux bons ouvriers ne
fut plus nécessaire ; car ils n'avaient pas, à Paris, le concours qu'ils trouvent
dans les autres villes, auprès d'un Comité local, et, si la générosité tradition-
nelle de la ville de Paris ne leur a pas fait défaut, tout le poids de la besogne
a été vaillamment supporté par eux seuls : c'est bien le moins qu'il en soit
fait ici mention, et que je leur adresse, en votre nom, un très cordial remer-
ciement.

Dans la liste antérieurement publiée de ceux de nos collègues qui ont été
promus ou nommés dans l'ordre de la Légion d'honneur, je me reprocherais
de ne pas rappeler tout spécialement les noms des illustres savants qui ont
occupé les fonctions de Président de l'Association Française.

Ce sont MM. de Lacaze-Duthiers, le colonel Laussedat, Mascart et le professeur
Brouardel, tous les quatre membres de l'Institut et élevés à la dignité de
grand-officier.

On ne peut que s'incliner avec respect devant ces sommités de l'érudition
qui ont, par leurs travaux, jeté tant d'éclat sur la science française et qui ont
fait à notre Association l'honneur de la présider.

Je ne répondrais pas non plus aux sentiments de ceux qui veulent bien m'écouter si je me refusais le plaisir de citer aussi les noms de deux anciens secrétaires généraux de notre Société, M. le docteur Loir et M. le docteur Bergonié, qui viennent d'être nommés chevaliers.

Le premier, qui, par bonheur, a récemment échappé au monstrueux attentat dirigé contre lui par un criminel ou un fou, a exercé ses fonctions à Boulogne-sur-Mer, et le second, que nous applaudissions l'an dernier à Paris, a été mon prédécesseur immédiat.

La place qu'ils se sont créée, l'un à Tunis, l'autre à Bordeaux, par leurs travaux scientifiques, les désignait tout naturellement pour la distinction qui leur a été conférée.

Depuis lors, nous avons eu encore la satisfaction d'enregistrer la nomination au grade de chevalier de M. Bouvet, inspecteur régional de l'enseignement technique à Lyon.

Après avoir épuisé la partie la plus agréable de mon devoir, il me reste à vous entretenir de nos pertes et de nos deuils.

L'Association Française forme, en effet, une belle et nombreuse famille qui, chaque année, a la douleur de perdre et de pleurer quelques-uns de ses membres.

Elle ne saurait faillir, au jour de sa réunion annuelle, à rappeler les noms et les titres de ceux qui manqueront désormais pour toujours à notre appel. C'est un devoir pieux auquel je vous convie, messieurs, par respect pour une tradition qu'aucun de vous ne voudrait laisser s'éteindre.

J'ai à vous signaler le décès de l'un de nos anciens présidents, le professeur de Lacaze Duthiers mort récemment dans sa propriété du Périgord à l'âge de 80 ans ; vous savez la part qu'il a prise à la création des laboratoires maritimes et l'entrain juvénile avec lequel il plaidait la cause de ceux qu'il avait créés, Banyuls et Roscoff ;

M. le professeur Potain, membre de l'Académie des Sciences, le modèle achevé du médecin français, doucement endormi, après une admirable carrière faite d'une science approfondie et d'une inflexible droiture professionnelle, une semaine après que ses élèves et ses amis eurent, en un banquet d'adieu, fêté leur maître respecté ;

M. le professeur Adolphe Chatin, membre de l'Académie des Sciences, savant botaniste, Directeur honoraire de l'École de Pharmacie de Paris ;

M. le professeur Ollier, membre de l'Institut, l'éminent chirurgien lyonnais, dont le génie bienfaisant et vraiment humanitaire lui a mérité l'application de la belle parole de Pasteur : « Heureux qui porte en soi un idéal et qui lui obéit » ;

M. le professeur Raoult, membre de l'Institut, Doyen et Professeur de Chimie à l'Université de Grenoble ;

M. le docteur Et.-J. Bergeron, Secrétaire perpétuel de l'Académie de Médecine, qui sut mettre tous les actes de sa vie en parfait accord avec la rigidité de ses principes et qui laissera le souvenir d'une de ces belles figures de médecin d'un autre âge, hanté des préceptes d'Hippocrate ;

M. Maxime Cornu, Professeur au Muséum d'histoire naturelle, membre de la Société nationale d'Agriculture, sympathique et actif membre de l'Association Française, aux travaux de laquelle il a souvent pris une large part ;

M. H. Marès, de Montpellier, membre fondateur ;

M. Sieur, de Niort, Président de la Section de Météorologie aux Congrès de 1899 et de 1900 ;

6

M. Bleicher, Directeur de l'École de Pharmacie de Nancy, qui a récemment payé de sa vie, dans des circonstances tragiques, son attachement à ses devoirs professionnels ;

M. le docteur Lecaudey, de Paris ;

M. Allain Le Canu, de Paris, un des membres assidus de nos réunions annuelles ;

M. Henri Revoil, père du nouveau gouverneur général de l'Algérie ;

M. le docteur Gosse, Directeur du Musée archéologique de Genève ;

M. Xambeu, de Saintes, membre assidu de nos Congrès, Délégué de la 13e section au Conseil de l'Association ;

M. le docteur Henri Napias, ancien Secrétaire général de l'Association au Congrès de Grenoble, Directeur de l'Administration générale de l'Assistance publique de Paris, enlevé, le 28 avril dernier, en pleine force d'esprit et de cœur, à ses amis et à l'humanité. Qui ne se souvient de sa riante et spirituelle physionomie, de sa parole alerte et élégante, de l'entrain avec lequel il conquérait tous ceux qui l'approchaient ? Ceux qui ont eu la bonne fortune de le connaître conserveront son souvenir comme celui d'un homme de talent, doublé d'un vrai philan-thrope ;

Le prince Henri d'Orléans, qui, jeune encore, avait déjà su prouver qu'il entendait ne pas rester, dans notre République, un Français insouciant et un citoyen inactif ;

M. E. Polony, de Rochefort, Ingénieur en chef des Ponts et Chaussées ;

M. A.-B. Simon, de Montpellier ;

M. A. Adam, de Saint-Amé ;

M. Gustave Roux, qui a légué 500 francs à l'Association Française, en mémoire de son assiduité aux Congrès ;

M. Honoré Arnavon, de Marseille ;

M. J. Hirsch, Professeur au Conservatoire des Arts et Métiers ;

M. Cornet, ancien membre du Conseil municipal de Paris, qui a appuyé auprès de cette Assemblée la demande de subvention faite par notre Association pour la tenue de la session de 1900 ;

M. Barbier-Delayens, de Nice ;

M. Boutan, Ingénieur en chef des Mines ;

M. le duc de Broglie, membre de l'Académie Française et de l'Académie des Sciences morales et politiques ;

M. Caméré, Inspecteur général des Ponts et Chaussées ;

M. Dupouy, de Bordeaux, un de nos membres fondateurs ;

M. Auguste Faguet, ancien Chef des Travaux pratiques d'Histoire naturelle à la Faculté de Médecine de Paris ;

M. le docteur Lenoël, Directeur et Professeur honoraire de l'École de Médecine d'Amiens ;

M. Armand Marx, de Nantes ;

M. le baron Edmond de Selys-Longchamps, de Liège, Sénateur, membre de l'Académie royale des Sciences ;

Au nom de tous leurs collègues survivants, je salue ceux qui furent des nôtres, particulièrement ceux qui contribuèrent à illustrer notre Compagnie, et j'adresse à tous ceux qui ne sont plus l'hommage suprême de notre respectueux souvenir.

Il me reste enfin à passer en revue les succès obtenus par les membres de notre famille scientifique.

L'Institut a, comme chaque année, ouvert ses portes à plusieurs d'entre eux :

L'Académie des Sciences, à MM. Haller et Zeiller ;

L'Académie des Inscriptions et Belles-Lettres, à M. Joret ;

L'Académie des Beaux-Arts, à M. Aynard ;

L'Académie des Sciences morales et politiques, à M. Renouvier.

En outre, MM. Paul Sabatier et Augustin Normand ont été nommés Correspondants de l'Académie des Sciences ;

M. Cartailhac, Correspondant de l'Académie des Inscriptions et Belles-Lettres ;

Et M. Compayré, Correspondant de l'Académie des Sciences morales et politiques.

L'Académie de Médecine a appelé à elle, comme membres titulaires, MM. Chantemesse, Joffroy et Bureau.

Et comme membres correspondants : M. le docteur Livon, Directeur de l'École de Médecine de Marseille, le sympathique Secrétaire général de la session de 1895, tenue à Bordeaux, M. Motais et M. Istrati.

Ajoutons que M. le professeur Jaccoud en est devenu le Secrétaire perpétuel.

D'autre part, au Muséum d'histoire naturelle, M. Oustalet a été nommé Professeur de Zoologie, en remplacement de M. Milne-Edwards.

Au Collège de France, M. Brillouin a remplacé dans sa chaire M. Joseph Bertrand.

M. Guignard a été nommé Directeur, et M. Béhal, Professeur à l'École supérieure de Pharmacie.

M. Adolphe Carnot a pris la direction de l'École supérieure des Mines, dont M. Haton de la Goupillière est devenu le Directeur honoraire.

M. Paul Regnard a été chargé de la direction de l'Institut national agronomique, dont l'honorariat a été conféré à M. Eugène Risler.

M. Sigalas, Professeur à la Faculté de Médecine de Bordeaux.

Pour avoir épuisé la liste des succès dont nous avons à nous réjouir, il ne nous reste plus qu'à parcourir les prix décernés, en 1900, par l'Académie des Sciences et par l'Académie de Médecine.

La première a attribué :

Le prix Francœur, à M. Edmond Maillet ;

Le prix Poncelet, à M. Léon Lecornu ;

Le prix Jecker, à M. A Béhal ;

Partie du prix Da Gama Machado, à M. L. Bordas ;

Le prix Montyon (Médecine et Chirurgie), à MM. Hallopeau, Guilleminot, Paul Gallois ;

Le prix Parkin, à M. Henri Coupin ;

Le prix Lallemand, à M. de Nabias ;

Le prix Pourat, à MM. Bergonié et Sigalas ;

Le prix Jérôme Ponti, à MM. P. Girod et E. Massénat.

L'Académie de Médecine a conféré à M. Ch. Vallon, Médecin en chef de l'Asile d'aliénés de Villejuif, une mention honorable, avec une récompense de 800 francs sur le prix Baillarger ;

A M. P. Gandy, de Bagnères-de-Bigorre, partie du prix Capuron ;

A M. P. Gallois, de Paris, partie du prix Marie Chevallier ;

A M. P. Raymond, Professeur agrégé de la Faculté de Médecine de Montpellier, une récompense de 1.000 francs prélevée sur le prix Chevillon ;

A M. Gauchery, 1500 francs comme prix sur le concours Vuilfranc Gerdy ;

A M. Touche, de Brévannes, une mention très honorable sur le prix Ernest Godard ;

A M. Jeannot, de Besançon, une mention honorable sur le prix du Baron Larrey.

A ces distinctions viennent se joindre des médailles dont les publications spéciales donnent la nomenclature, et qui forment le complément de richesse de notre livre d'or annuel.

Vous le voyez, Messieurs, les forces intellectuelles de notre œuvre sont vives ; elles nous font toujours grand honneur.

Il n'était besoin ni du stimulant imprimé à nos efforts par l'émulation de l'Exposition de 1900, ni du calme que nous venons chercher sous l'influence réconfortante du ciel radieux de ce pays, et cependant, là encore, nous trouvons un sujet d'intéressant contraste et d'instructives réflexions.

Pendant le cours de notre dernière session, l'existence de l'Association Française, dans ce foyer ardent qu'est Paris, fut entièrement consacrée au travail intérieur des sections et à la visite de l'Exposition.

La bonne intimité que font naître les excursions entreprises en commun est réservée pour la province, et nous accourons ici pour en reprendre la chaîne momentanément interrompue.

Nous n'ignorons pas à quel point est séduisante cette île de Corse, vers laquelle tant de vœux nous poussaient irrésistiblement depuis longtemps ; nous savons, par des exemples mémorables, combien l'esprit y est naturel, la parole chaude et le cœur généreux.

Si ce ne sont, jusqu'à présent, que des privilégiés qui sont venus la visiter, le mouvement, à notre grande joie, s'accentue, et bientôt, tout nous le présage, il s'établira entre la terre ferme et cette partie favorisée de notre France, des relations que faciliteront la rapidité et la fréquence des communications.

Charmés, nous le sentons dès notre arrivée, par le séjour que nous allons faire ici, nous nous ferons les volontaires messagers de ceux qui nous accueillent, et nous irons répandre dans toute la France, avec le récit de nos souvenirs de la Corse, l'expression de notre gratitude pour sa captivante hospitalité.

C'est dans ces sentiments que nous venons conclure avec nos frères de Corse une indissoluble et féconde alliance au nom de notre fière devise : « Pour la Science, pour la Patrie ».

M. Émile GALANTE

Trésorier.

LES FINANCES DE L'ASSOCIATION

MESDAMES, MESSIEURS,

Les recettes de l'exercice 1900 s'élèvent à la somme de 120.565 fr. 20 c., ont voici le détail :

RECETTES

Cotisations des membres annuels . . . . Fr.	45.526	»
Ventes de volumes.	5	»
A reporter . . . . . Fr.	45.531	»

Report. . . . . . Fr.	45.531	»
Recettes diverses.	327	65
Tirages à part	1.441	20
Subvention de la Ville de Paris	20.000	»
Intérêts des capitaux	34.736	25
Fonds Girard (Reliquat et arrérages des années 1898, 1899, 1900)	18.529	10
TOTAL . . . . Fr.	120.565	20

DÉPENSES

Frais d'administration . . . . Fr.	26.448	95
Publication des comptes rendus	25.103	90
Conférences	2.373	25
Impressions diverses	1.812	75
Pensions	2.401	35
Frais de session (Congrès Paris)	14.965	25
Tirages à part	1.264	90
TOTAL . . . . Fr.	74.370	35

L'exercice se solde donc par un bénéfice de . . . . . . Fr. 46.194 85
dont le Conseil a disposé en attribuant :

1° Aux subventions, dont détail ci-après . . . Fr. 39.437 20)
2° — fonds de réserve 6.757 65) 46.194 85

SUBVENTIONS

Le Conseil d'administration a voté, sur les propositions de la Commission spéciale, les subventions suivantes :

MM. Libert, pour la continuation de ses recherches sur les étoiles filantes . . . . Fr.	200	»
Turpain, pour continuer ses recherches sur les ondes hertziennes et leurs applications à la télégraphie	800	»
L'abbé Raclot, pour l'achat d'instruments pour l'Observatoire de Langres	300	»
Observatoire météorologique de Gavarni, pour l'achat d'instruments	250	»
Authelin, pour des recherches sur le Jurassique du bassin de Paris	200	»
Drioton et Galimard, pour des recherches spéléologiques dans l'arrondissement de Dijon	300	»
Fortin, pour des fouilles géologiques à Moulineau, près Rouen	200	»
Kerforne, pour aider à la publication de son travail : Étude du système silurique dans la presqu'île de Crozon . . .	500	»
A reporter . . . . Fr.	2.750	»

	Report . . . . . Fr.	2.750	»
MM. Chevallier, pour publier l'ensemble de ses recherches botaniques en Afrique		600	»
Gauchery, pour la continuation de recherches anatomiques en botanique (hybridité)		300	»
Lignier, pour poursuivre ses études de la flore fossile de la Normandie		400	»
Parmentier, pour continuer ses études sur le pollen des Phanérogames		300	»
Académie des Belles-Lettres, Sciences et Arts de La Rochelle, pour aider à la publication de la Flore de France.		250	»
Trabut et Battandier, pour la publication du 3e volume de la Flore de l'Algérie		500	»
Alezais, pour ses recherches sur les adaptations fonctionnelles du système locomoteur		300	»
Brumpt, pour aider à la publication de sa thèse sur la reproduction des hirudinées		500	»
R. Dubois, pour l'achat de bois pour le laboratoire de zoologie de Tamaris		450	»
Giard, pour aider à la publication des travaux du laboratoire de Wimereux		450	»
Künckel d'Herculais, pour aider à la publication de ses recherches sur l'étude des acridiens dans la République Argentine		2.000	»
Malaquin, pour aider à la publication d'un travail sur les monstrillidés parasites		300	»
Quinton, pour continuer ses recherches sur l'eau de mer comme milieu organique		600	»
Station zoologique d'Arcachon, pour aider à la publication de ses travaux		300	»
Société normande d'études préhistoriques, pour la conservation d'un monument préhistorique		200	»
Zaborowski, pour des recherches archéologiques et ethnographiques en Hongrie et dans la Russie méridionale . .		400	»
Barnay, pour des recherches sur les alcaloïdes		200	»
Lesage, pour des recherches sur l'hygrométrie de la cavité respiratoire dans ses rapports avec la germination des spores dans cette cavité		400	»
Livon, pour continuer ses recherches sur les sécrétions internes		300	»
Maurel, pour continuer ses recherches sur l'alimentation et la nutrition (subvention Brunet)		400	»
Perrier, pour des recherches sur l'alimentation par voie sous-cutanée (subvention de la ville de Paris)		400	»
Chervin, pour la publication de la Géographie médicale de la France		500	»
Turquan, pour la publication de ses travaux de statistique (subvention Brunet)		600	»
	A reporter . . . . Fr.	13.400	»

Report. . . . . . Fr.	13.400 »
Institut de Bibliographie scientifique, pour aider à la publication des recherches bibliographiques.	300 »
MM. Bouchacourt, pour continuer ses recherches de radiographie médicale	300 »
Henry, pour l'acquisition d'appareils de mesures électriques	200 »
Marie, pour continuer ses études de radiographie stéréoscopique.	300 »
Baudoin, pour des fouilles archéologiques en Vendée. . . .	500 »
Avenean de la Grancière, pour des explorations sur le préhistorique dans le Morbihan (legs Girard)	500 »
Bosteaux, pour des fouilles dans la Marne et les Ardennes (legs Girard).	500 »
Abbé Breuil, pour des recherches dans les stations quaternaires de l'Aisne (legs Girard).	600 »
Cartailhac, pour des recherches de préhistorique en Sardaigne (legs Girard)	1.500 »
Chantre, pour aider à la publication d'un ouvrage sur l'homme quaternaire dans le bassin du Rhône (legs Girard)	3.000 »
Chauvet, pour des fouilles dans la Charente (legs Girard) .	1.200 »
Dᵣ Delisle, pour des fouilles dans le Lot-et-Garonne (legs Girard).	600 »
École d'Anthropologie, pour continuer ses recherches sur l'antiquité de l'homme (legs Girard).	1.500 »
Fouju et Giraux, pour des fouilles dans les grottes artificielles de Mantes (legs Girard).	400 »
Fournier et Repelin, pour aider à la publication de leurs explorations dans la Provence (legs Girard).	2.000 »
Gentil, pour des fouilles en Algérie (legs Girard)	2.000 »
Girod et Massénat, pour aider à la publication de leur travail sur les stations des vallées de la Vézère et de la Corrèze (legs Girard)	500 ».
de Mortillet, pour des fouilles dans les environs de Chartres et d'Aurillac (legs Girard).	600 . »
Pallary, pour des recherches préhistoriques dans la région Ouest de l'Algérie (legs Girard)	600 »
Regnault, pour continuer ses recherches dans les grottes de Gargas et de Tibiran (legs Girard).	500 »
Raymond, pour l'achat d'exemplaires de son travail sur l'arrondissement d'Uzès avant l'histoire (legs Girard). . . .	200 »
Rivière (Émile), pour continuer ses recherches dans les grottes de la Mouthe (legs Girard).	1.200 »
Sicard, pour l'exploration des grottes de l'Aude (legs Girard).	300 »
Viré, pour des recherches préhistoriques dans le massif central (legs Girard).	500 »
A reporter. . . . . . Fr.	33.200 »

Report . . . . . Fr.	33.200	»
Société des Amis des Sciences et Arts de Rochechouart, pour des fouilles dans la région de la Haute-Vienne (legs Girard)	250	»
Planches, etc	4.082	40
Médailles	404	80
Mᵉ Pinhède	1.500	»
Fr.	39.437	20

CAPITAL

Le capital au 31 décembre 1899 était de . . . . Fr.   1.326.917 08

Il s'est augmenté de :

Rachats de cotisations et parts de fondateurs . .	2.330	»	
Legs Gobert	30.868	»	
— Parquet	500	»	
— Bourdeau	2.000	»	33.368 »
			35.598 »

Le capital au 31 décembre 1900 est de . . . . Fr.   1.362.515 08

L'exercice dont je viens d'avoir l'honneur de vous exposer la situation se présente dans des conditions normales.

Je dois cependant signaler les frais de session couverts et au delà par la subvention que la Municipalité de Paris nous a, suivant la tradition, généreusement allouée.

L'année dernière je vous indiquais la solution prochaine des formalités engagées à l'occasion du legs Gobert, son montant ainsi que ceux des legs Bourdeau et Parquet figurent désormais au capital de l'Association.

L'Association enregistre deux nouveaux témoignages de sympathie, l'un de M. Cheux, l'autre de M. Theurlot.

A propos de ces diverses affaires, permettez-moi de renouveler en votre nom à notre collègue, M. Guézard, dont nous regrettons l'absence, les remerciements que lui votait le Conseil dans sa dernière réunion.

M. Cheux fait à notre Société un legs dont le montant peut être approximativement évalué à 30.000 francs. Les démarches et formalités afférentes à ce legs sont assez avancées pour que nous puissions espérer les voir se terminer avant la fin de cette année.

Votre Conseil d'administration aura à examiner au cours même de cette session le legs fait à notre œuvre par M. Theurlot.

Ces nombreux témoignages d'intérêt en honorant la mémoire des hommes qui savent acquérir de pareils titres à la reconnaissance de l'Association honorent également ses fondateurs et ceux qui en poursuivent la marche et en assurent le progrès.

PROCÈS-VERBAUX DES SÉANCES DE SECTIONS

1ᵉʳ Groupe.
SCIENCES MATHÉMATIQUES

1ʳᵉ et 2ᵉ Sections. /
MATHÉMATIQUES, ASTRONOMIE, GÉODÉSIE ET MÉCANIQUE

PRÉSIDENT. . . . . M. Raoul PERRIN, Ing. en chef des Mines, à Paris.
SECRÉTAIRE . . . . M. X...

— 9 septembre —

M. Édouard **COLLIGNON**, Insp. gén. des Ponts et Chaussées, à Paris.

Recherches de formules approximatives pour le partage d'un arc de cercle en p parties égales. — Établissement d'une relation linéaire entre les sinus des angles α, $\frac{\alpha}{2}$ et $\frac{\alpha}{p}$, aux termes près du cinquième ordre. — Passage à la règle approximative de Huygens pour la rectification des arcs. Applications numériques, pour l'appréciation de l'erreur commise, aux arcs de 30°, 45°, 60°. Inutilité pratique de pousser plus loin l'approximation. Expression de l'arc en fonction du sinus et de la tangente, applicable par approximation aux petits arcs.

Problème des courbes dans lesquelles le rayon de courbure est une fonction donnée de la normale. — Choix pour variable indépendante de l'angle α que fait la tangente avec l'axe des abscisses. L'équation différentielle à intégrer se ramène alors aux équations homogènes. Formules générales. Applications particulières aux fonctions $\rho = \frac{N^p}{a^{p-1}}$, $\rho = \frac{a^{p+1}}{N^p}$; $\rho = \sqrt{a^2 + v^2} - v^2$. On retrouve comme cas particuliers les courbes du second ordre, la tractrice, la circonférence, la cycloïde. Examen et classification des courbes représentées par la relation $\rho = k\mathrm{N}$, k indice entier. Propriétés de ces courbes, parmi lesquelles on retrouve comme courbes voisines la cycloïde, le cercle, le point unique, la chaînette, la parabole. Passage de la courbe d'indice k à la courbe $k+1$.

M. D.-A. CASALONGA, Ing. civil, à Paris.

Considérations sur l'application des principes de la thermodynamique aux moteurs à fluide carburés à combustion intérieure. — M. D.-A. CASALONGA, tout en constatant le grand développement des moteurs à fluides carburés, nie que ces progrès puissent être attribués, comme on l'écrit, à l'application des principes de la thermodynamique actuelle. La raison en est que, des deux principes sur lesquels s'appuie cette science, un seul, celui de l'*équivalence*, est exact ; encore n'a-t-il été vu et exposé qu'incomplètement et son énoncé prête à la confusion, parce qu'on n'y a considéré que la chaleur *transformée* sans avoir égard à la chaleur *dépensée*, avec laquelle elle est quelquefois confondue. Quant au cycle qui se rattache au principe II, il est également inexact et inexactement analysé. C'est à tort, et pour avoir ignoré l'existence et l'intervention d'un travail qui s'accomplit en dehors du cycle, que l'on a admis, que le *travail de dilatation* représenté par un trapèze, était *supérieur* au *travail de compression*, et que la différence constituait une *quantité de travail disponible.*

M. D.-A. Casalonga montre, d'après la loi de Gay-Lussac et d'après celles, combinées, de Dulong et de Mariotte, que l'on peut constituer un cycle où, par le seul jeu de la chaleur, on voit que le *travail de dilatation est égal au travail de compression* et que chacun est en équilibre avec le travail résistant. Il conclut de là que, dans un cycle fermé normal, se développant par le seul jeu de la chaleur, le rendement de celle-ci est *double.*

Après avoir mis en évidence les erreurs qui vicient les considérations d'après lesquelles Clausius à déterminé le coefficient de réduction $\dfrac{T_0 - T_1}{T_0}$, et a cherché à déterminer une quantité de chaleur, ou de travail correspondant, qui n'existe pas, M. D.-A. Casalonga montre en même temps : d'une part, que c'est à tort que l'on aurait appliqué, *indifféremment*, aux machines à vapeur et aux moteurs à gaz, le rapport $\dfrac{T_0 - T_1}{T_0}$, à supposer que ce rapport fût exact ; d'autre part, que c'est également à tort que l'on applique les théories du *cycle fermé* à des machines à échappement qui, à chaque coup de piston, rejettent le fluide moteur. Il n'y a pas, dans ces machines, de cycle fermé, et cette seule application montre que les progrès des moteurs thermiques, principalement des moteurs à gaz, ne doivent rien à la thermodynamique actuelle.

M. Gabriel ARNOUX, anc. Off. de marine, à Les Mées (Basses-Alpes).

Arithmétique graphique ; correspondance entre les espaces arithmétiques et les congruences. — L'auteur indique les procédés pratiques par lesquels on peut former des tableaux (espaces arithmétiques) renfermant toutes les solutions des diverses congruences d'un même degré (d'ailleurs quelconques), par rapport à un module donné (d'ailleurs quelconque aussi); il donne des exemples pour l'équation du troisième degré suivant le module 4, pour une équation trinôme du septième degré, pour une équation trinôme du quatrième degré suivant les modules 12 et 15.

Solution des équations arithmétiques du troisième degré de module premier impair. — L'auteur étudie les solutions imaginaires de ces équations et indique le moyen de les représenter par des fonctions linéaires ou autres, d'expressions telles que $\sqrt{3}$ par exemple, qui est imaginaire, suivant le module 7, et donne de nombreux exemples de la manière dont on peut ainsi remplir les cases vides des espaces arithmétiques considérés dans sa première communication.

M. Joseph **NADAL**, Ing. des Mines, à Paris.

Théorie de la machine à vapeur. — Les beaux travaux de Hirn et de son école ont permis de constater les pertes par condensations qui se produisent dans les cylindres de machines à vapeur, mais non de les expliquer ni de les évaluer *a priori*. La théorie de la machine à vapeur a pour but d'établir une formule donnant la valeur de ces condensations. Elle repose sur la théorie mathématique de la propagation de la chaleur dans une paroi baignée par une source de chaleur à température variable, comme l'est la vapeur. Cette théorie a pu être fertile grâce aux expériences de M. Bryan Donkin, desquelles il résulte que dans la généralité des machines fixes, la température moyenne de la paroi métallique est plus élevée que la température moyenne de la vapeur. Ce fait conduit à la conclusion que le métal absorbe plus facilement la chaleur qu'il ne la restitue, c'est-à-dire que le pouvoir absorbant est plus grand que le pouvoir émissif. Le coefficient de perméabilité de la surface métallique est d'autant plus élevé que l'humidité déposée sur cette surface est plus considérable. L'étude de la variation de la température moyenne de la paroi en fonction du degré d'admission permet de déterminer le pouvoir absorbant et le pouvoir émissif et d'établir la formule donnant la quantité de vapeur perdue à chaque coup de piston. Cette quantité est d'autant moindre que la température moyenne de la paroi est plus élevée ; elle est sensiblement proportionnelle à l'écart des températures de la vapeur pendant la détente et varie peu avec la durée de l'admission. Ces règles ne sont plus exactes pour certaines machines, telles que les locomotives, où les coefficients d'absorption et d'émission deviennent égaux, ce qui entraîne une condensation de vapeur plus considérable. Dans tous les cas, les pertes varient en raison inverse de la racine carrée du nombre de tours.

Les coefficients de la formule des condensations établis théoriquement peuvent être vérifiés expérimentalement par l'étude des diagrammes de pression relevés sur des machines à expansion multiple.

M. de **REY-PAILHADE**, Ing. civ. des Mines, à Toulouse.

Sur l'utilité d'adopter une unité de puissance des machines vraiment décimale. — Le cheval-vapeur est une unité indigne du vingtième siècle. Appelons *nochevau*, le travail de 100 kilogrammètres effectués pendant un *cent-millième* de jour, valant

$0^s,864$. Le travail de 1 nochevau pendant un jour entier est de 100×100.000 soit 10.000.000 de kilogrammètres, nombre facile à retenir, puisqu'il rappelle celui de la définition du mètre.

Pour la grande industrie, on calculera les travaux en dix millions de kilogrammètres, ce qui s'obtiendra en opérant avec la valeur de la machine en *nochevaux*.

On dresse facilement le tableau suivant :

100 kilogrammètres au cent-millième de jour est égal à.	1,000 nochevau.
1 cheval-vapeur est équivalent à	0,648 —
1 poncelet	0,864 —
1 kilowatt	0,882 —
10^9 ergs (un milliard) au cent-millième de jour.	0,102 —
Une grande calorie au cent-millième de jour.	4,325 —

En hydraulique, le produit du débit en litres (au cent-millième de jour) par la chute en mètres, donne la puissance en nochevaux à la virgule près.

Pour s'habituer à la nouvelle unité, on inscrirait les deux notations l'une à la suite de l'autre, comme 100 chevaux-vapeur (64,8 nochevaux).

Sur l'utilité et les avantages de la publication annuelle d'Ephémérides du Soleil et des principaux astres, calculées dans la division centésimale du quart de cercle. — Les avantages de l'application du système décimal aux mesures angulaires sont connues depuis longtemps : réduction de près de $\frac{1}{3}$ dans la durée des calculs, abaissement du taux des fautes de calcul de 4 ou 5 à 1, diminution de la fatigue cérébrale des calculateurs.

Par décision en date du 17 août 1901, M. le Ministre de la Guerre a rendu obligatoire l'emploi de la division centésimale du quart de cercle pour les épreuves de calcul trigonométrique aux examens de l'École Polytechnique.

Cette division décimale du quart de cercle étant avantageuse, M. de Rey-Pailhade dans le but de la faire pénétrer dans toutes les branches de la science et notamment à l'astronomie et aux calculs de l'art nautique, demande à la section d'émettre le vœu suivant : « La section de mathématiques et d'astronomie de l'Association pour l'avancement des Sciences, session d'Ajaccio, émet le vœu que M. le Ministre de l'Instruction publique introduise progressivement dans l'enseignement, la notion de la division centésimale du quart de cercle. »

— **10 septembre** —

M. Léon **RIPERT**, Comm¹ du Génie en retraite, à Poix (Somme).

Sur les triangles parallélogiques. — On peut appeler *triangles parallélogiques* deux triangles ABC et A′B′C′ tels que les parallèles menées respectivement par A, B, C à B′C′, C′A′, A′B′ soient concourantes. La propriété est alors réciproque, comme celle des perpendiculaires dans les triangles orthologiques, et elle entraîne, ce qui n'a pas lieu pour ces derniers, l'existence d'un *axe de parallélogie*.

Les triangles parallélogiques conduisent aux triangles *biparallélogiques* et aux triangles *triparallélogiques*. Ils jouissent d'un grand nombre de propriétés et ont de très intéressantes applications. L'exposé de ces propriétés et applications est l'objet du Mémoire présenté.

————

Notes sur la géométrie du quadrilatère. — Les théorèmes assez nombreux que l'on connaît sur le quadrilatère complet sont généralement considérés comme du domaine de la géométrie élémentaire. En les étudiant analytiquement, on reconnaît qu'ils ont de nombreux corollaires, et que l'on peut leur rattacher beaucoup de propriétés intéressantes, nouvelles ou peu connues. Pour citer un exemple, on sait que le cercle de Miquel est celui qui passe par les centres des cercles circonscrits aux quatre triangles formés par les droites du quadrilatère et le point commun à ces quatres cercles. Il semble difficile de déterminer géométriquement d'autres points remarquables de ce cercle ; mais, analytiquement, on en aperçoit aisément quatorze, en sorte que ce cercle des cinq points devient un cercle des dix-neuf points.

L'ensemble des propriétés de toute nature commence à constituer ce que l'on peut nommer la *géométrie du quadrilatère*. Le but des notes présentées est d'exposer l'état de la question.

————

M. A. **CADENAT**, Prof. au collège de Saint-Claude.

Un nouveau système de numération : le système littéral. — Après avoir exposé les inconvénients de la numération décimale, l'auteur propose un système 'de numération nouveau à base 24 ; les chiffres sont représentés par les lettres de l'alphabet, la lettre *o* désignant toujours le 0 arithmétique. Les nombres 24, 24^2, 24^3, etc. ou $\dfrac{1}{24}$, $\dfrac{1}{24^2}$, $\dfrac{1}{24^3}$, etc. s'écrivent *ao*, *aoo*, *aooo*,... et *o, a* ; *o, oa*, *o, ooa*, etc. Des tables d'addition et de multiplication permettent de faire les six opérations principales ; de nombreux exemples d'opérations littérales, accompagnés de leur traduction décimale sont donnés. Cette note donne aussi une esquisse d'une nouvelle théorie de la divisibilité.

Passant au système des poids et mesures, l'auteur supprime les inconvénients et les anomalies du système métrique actuel et du système C. G. S., au moyen de la numération à base 24, complétée par la théorie de ce que l'auteur appelle *l'étalon universel*.

————

M. le Commandant **E.-N. BARISIEN**, en mission à Constantinople.

Sur une génération du limaçon de Pascal. — On expose d'abord par une démonstration analytique très simple la propriété suivante déjà connue (*) :

Étant données deux circonférences de centres C et C′, le lieu du point de rencontre des tangentes menées à chacune de ces circonférences perpendiculairement entre elles se compose de deux limaçons de Pascal symétriques par rapport à la ligne des centres CC′.

Si R et R′ sont les rayons des deux cercles C et C′, on voit que l'un de ces

(*) N. A. M., 1872. Question 997, p. 508. H BROCARD.

limaçons a pour *point double* un point I, pour *cercle directeur* le cercle de diamètre CC′ et pour *module* $\sqrt{R^2 + R'^2}$. L'axe de symétrie du limaçon joint le point I au milieu O de CC′.

Chacun des cercles C *et* C′ *est bi-tangent au limaçon et les quatre points de contact sont situés sur une ligne droite parallèle à* CC′.

Cette droite rencontre l'axe de symétrie OI du limaçon en un point S dont on détermine de remarquables propriétés.

On étudie aussi d'autres points remarquables du limaçon, tels que *ceux qui sont situés sur les tangentes communes aux cercles* C *et* C′, *et ceux pour lesquels l'une des tangentes rectangulaires aux deux cercles passe par le point* O.

L'aire du limaçon est $\pi(2a^2 + R^2 + R'^2)$, en désignant CC′ par $2a$. Lorsque $R^2 + R'^2 = 4a^2$, le limaçon devient une cardioïde. Dans ce cas, les deux cercles C et C′ sont orthogonaux, et le point I, point de rebroussement du limaçon, est un des points d'intersection des cercles C et C′.

Propriétés dérivant des précédentes. — On démontre un grand nombre de lieux géométriques intéressants, concernant soit le point I, soit le point S, soit les sommets H et K du limaçon dans les cas suivants.

Les points C, C′ restent fixes et les rayons R, R′ varient de façon que :

1° $\qquad R + R' = K = \text{constante};$

2° $\qquad R - R' = K = \text{constante};$

3° $\qquad RR' = K^2 = \text{constante};$

4° $\qquad R^2 + R'^2 = K' = \text{constante};$

5° $\qquad R'^2 - R^2 = K^2 = \text{constante};$

6° $\qquad \dfrac{R'}{R} = K = \text{constante};$

7° $\qquad R = K = \text{constante};$

8° $\qquad \dfrac{1}{R} + \dfrac{1}{R'} = \dfrac{1}{K} = \text{constante};$

9° $\qquad \dfrac{1}{R} - \dfrac{1}{R'} = \dfrac{1}{K} = \text{constante};$

10° $\qquad \dfrac{1}{R^2} + \dfrac{1}{R'^2} = \dfrac{1}{K'} = \text{constante};$

11° $\qquad \dfrac{1}{R^2} - \dfrac{1}{R'^2} = \dfrac{1}{K^2} = \text{constante};$

12° Les centres C et C′ se déplacent, le point O restant fixe et les rayons R et R′ restant constants.

Propriétés relatives au limaçon de Pascal, en général, ou à la cardioïde. — On obtient des propriétés d'un limaçon de Pascal qui dérivent, par une sorte de réciproque des propriétés précédentes.

Un limaçon de Pascal étant donné dont le cercle directeur a pour rayon a, dont le module est b et dont le point double (ou pôle) du limaçon est I on mène par I deux cordes rectangulaires IDD_1 et $ID'D_1$: ces droites rencontrent le cercle directeur du limaçon en leurs milieux C et C′.

Les points C et C′ sont les centres de cercles de rayons R et R′ bi-tangents au limaçon et tels que $R^2 + R'^2 = b^2$.

Lorsque les droites IC et IC′ varient, on trouve des propriétés et des lieux géométriques remarquables sur des lignes de la figure.

Le point S est alors fixe : il est aussi le centre radical des cercles C, C' et du cercle de diamètre HK.

Remarque. — Le limaçon de Pascal est, d'après l'étude précédente, la ligne *orthoptique* de deux cercles. Si les tangentes au lieu d'être rectangulaires, font entre elles un angle contant α, on démontre que le lieu du point de rencontre de ces tangentes ou *ligne isoptique* se compose aussi de deux limaçons de Pascal. — Nous indiquons, comme sujet de recherches, aux lecteurs que cette note intéressera, une extension à faire des propriétés précédentes, et particulièrement, l'étude des cercles C et C', lorsque les droites IC et IC' se déplacent en faisant l'angle α entre elles.

M. René FÉRET, Direct. du Laboratoire des Ponts et Chaussées, de Boulogne-sur-Mer.

Déformations et tensions rémanentes pendant le déchargement d'un prisme fléchi imparfaitement élastique. — M. FÉRET signale une erreur dans la communication qu'il a présentée au Congrès de 1900 sous ce titre ; il avait exposé une construction graphique dans laquelle il est fait usage d'une courbe E'OE, qui représente la loi de variation des allongements élastiques en fonction des tensions positives ou négatives subies par la matière.

Or, il avait admis que, pendant le déchargement, la relation entre les tensions et les allongements élastiques était représentée par la même courbe, ce qui, notamment pour les mortiers, qu'il visait plus spécialement, est contraire aux résultats de l'expérience.

Il en résulte que la construction et les calculs qui en dérivent ne s'appliquent pas en pareil cas.

Il compte indiquer, dans une publication ultérieure, comment il convient de les modifier pour tenir compte de la réduction du coefficient d'élasticité.

— 11 septembre —

M. de la **BROSSE**, Ing. en chef des Ponts et Chaussées, à Clermont-Ferrand.

Sur les installations hydro-électriques dans la région des Alpes.

M. Raoul **PERRIN**, Ing. en chef des Mines, à Paris.

Méthode géométrique pour la séparation et le calcul des racines des équations numériques. — On peut considérer les racines des équations numériques comme les abscisses des points d'intersection de deux courbes régulières formées en groupant tous les termes de même signe de l'équation donnée. Grâce aux propriétés de ces courbes régulières, on peut les remplacer sans ambiguité entre deux abscisses données par certaines droites ou paraboles que l'auteur indique, et l'emploi de ces droites ou paraboles auxiliaires permet de resserrer autant qu'on le veut les limites des racines et de les calculer ensuite avec telle approximation qu'on désire ; il fournit aussi un critérium pour la réalité des racines dans un intervalle donné. Enfin l'auteur applique les mêmes méthodes à quelques équations transcendantes.

M. Eléonor FONTANEAU, anc. Off. de Marine, à Limoges (Haute-Vienne).

Du mouvement stationnaire des liquides (suite). — Cette communication fait suite au travail présenté au Congrès de Paris, en 1900. L'auteur y développe, en l'appliquant au cas général de l'intégration des équations aux dérivées partielles de l'hydrodynamique, un mode de transformation dont il n'avait encore fait l'application qu'au mouvement permanent des liquides. Il donne d'abord un moyen facile de simplifier les équations relatives à ce dernier problème, en substituant aux coordonnées cartésiennes, un système monorthogonal de coordonnées curvilignes ou *synorthogonies.* Puis il étend la même simplification à la question générale et s'efforce d'en réduire les équations à ne contenir que deux variables indépendantes et pour variables à déterminer, avec le paramètre d'une des séries de vorticités, les fonctions spéciales qu'il a définies, dans le travail sus-indiqué et ses publications antérieures.

Renonçant par défaut de temps et d'espace à entrer dans le domaine des applications pratiques, l'auteur termine sa communication par quelques réflexions relatives à la détermination du coefficient de viscosité des liquides.

— 13 septembre —

M. Victor JAMET, à Marseille.

Sur les équations anharmoniques. — Loi de formation des équations anharmoniques, et de leurs covariants.

Démonstration d'un théorème de M. Darboux concernant les covariants d'une forme anharmonique, et permettant de rattacher l'étude générale des formes anharmoniques à celle des formes anharmoniques du quatrième ordre, et à l'équation différentielle :

$$\frac{d^2z}{du^2} = \frac{3}{4}\,pu.\,z.$$

Intégration et étude de cette dernière équation différentielle, qui se rattache à des travaux antérieurs de Lamé, de Brioschi, et de M. Appell.

M. Charles LALLEMAND, Ing. en chef des Mines, à Paris.

Le Nivellement général de la France, ses progrès de 1890 à 1901. — De 1890 à 1901 inclus, on a terminé le réseau fondamental, nivelé entièrement le réseau de 2ᵉ ordre, ainsi que le tiers du réseau de 3ᵉ ordre et exécuté en entier les nivellements de 4ᵉ et 5ᵉ ordre du département du Pas-de-Calais.

La longueur totale des lignes nivelées s'élève actuellement à 65.500 kilomètres.

Sur ces lignes sont scellés 62.000 repères métalliques à console ou cylindriques et 24.000 rivets. On a relevé, en outre, un grand nombre de repères naturels (sommets de bornes, seuils d'ouvrages, etc.).

L'erreur accidentelle probable de ces nivellements varie entre $0^{mm},8$ par kilomètre pour le premier ordre, trois fois plus précis que le nivellement de Bourdalouë, et 5 millimètres pour le 5ᵉ ordre.

Les résultats du nouveau nivellement, comparés avec ceux du nivellement exécuté par Bourdalouë il y a 40 ans, accusent dans ce dernier réseau, une erreur systématique croissante, de Marseille, où elle est nulle, jusqu'à Lille et Brest, où elle atteint respectivement 0^m,91 et 1^m,07.

D'autre part, les 15 médimarémètres installés sur le littoral de la France, continuent à assigner à peu près le même niveau moyen à la Méditerranée, à la Manche et à l'Océan, conformément aux prévisions émises pour la première fois par M. Ch. Lallemand, en 1890 (Congrès de Limoges).

La réfection du Cadastre et la Carte de France. — Dans la pensée de ses promoteurs, au début du siècle dernier, le Cadastre de la France, au lieu d'être exclusivement une œuvre fiscale, devait s'appuyer sur une triangulation générale du territoire et fournir les éléments d'une grande carte topographique, avec courbes de niveau figurant le relief du sol. De malencontreuses préoccupations d'économie firent abandonner ce programme et aucune mesure ne fut prise pour raccorder entre eux les plans des communes voisines, ni pour les tenir à jour.

Dans ces dernières années, un grand mouvement s'est fait en faveur de la réfection du Cadastre et une Commission a été instituée au Ministère des Finances pour étudier la question. M. Ch. Lallemand a exécuté pour elle, dans la commune de Neuilly-Plaisance (Seine-et-Oise), en 1893-1896, un essai intégral de réfection du Cadastre, qui présente les particularités suivantes :

Délimitation préalable et contradictoire des propriétés, avec bornage partiel de celles-ci ; emploi systématique de machines et d'abaques pour les calculs ; gravure du plan, exécutée directement et à l'envers, sur des feuilles de zinc ; tirage à sec de ce plan, sans déformations appréciables ; vulgarisation des résultats par la mise en vente des feuilles du plan et par la délivrance aux propriétaires, pour servir d'annexes à leur titres, d'extraits de ce plan, avec indication, pour chaque îlot, de la contenance et du revenu net imposable de chacune de ses parcelles ainsi que de l'état-civil du propriétaire ; relevé direct sur le terrain et figuration, sur le plan d'assemblage, des courbes de niveau qui définissent le relief du sol ; emploi de la photographie pour obtenir exactement et d'un seul coup le plan d'ensemble de la commune, par une réduction convenable du plan parcellaire ; établissement d'un plan-relief exact du territoire et reproduction photographique de celui-ci sous une lumière rasante, pour faire ressortir les accidents de terrain.

La commission a consigné les résultats de ses travaux dans des projets de loi et de règlements dont quelques dispositions ont déjà été votées par le Parlement et constituent la loi du 17 mars 1898 qui permet aux communes de renouveler et de conserver leur Cadastre avec le concours financier des départements et de l'État. Un service spécial a été institué pour l'exécution de cette loi, dont plus de 300 communes ont déjà réclamé le bénéfice. Les travaux sont en cours dans les départements de Seine-et-Oise et de la Somme ; on attaquera incessamment ceux de Seine-et-Marne, du Pas-de-Calais et de la Haute-Marne.

Le nouveau Cadastre s'appuie sur la triangulation générale de la France que le Service géographique de l'Armée s'occupe actuellement de reviser et de compléter à cet effet.

Les nouveaux plans seront mis en vente et constamment tenus à jour.

M. Lucien LIBERT, Lauréat de la Soc. Astr. de France, à Paris.

Contribution à ses précédentes recherches dans le domaine des étoiles filantes.
— L'auteur rappelle en une brève introduction, les recherches exposées l'année
dernière au Congrès de Paris.

Il a étudié principalement les Lyrides et démontre qu'il existe en avril dans
la constellation de la Lyre, trois centres d'émanation principaux, il a pu déterminer le mouvement de ces trois radiants.

La pluie des Draconides lui a également fourni de précieuses indications sur
le déplacement des radiants. Il semble bien que cette pluie soit une pluie de
très longue durée et qu'elle fournisse de nombreux météores à l'époque des
averses de Perséides et de Léonides.

De nouvelles recherches faites en 1900 et 1901, il résulte que l'essaim des
Giraféides, découvert par l'auteur en 1899, se continue au mois de janvier et
fournit plusieurs radiants dont la position est conforme aux résultats prévus.

L'essaim des Perséides, observé à l'observatoire Camille Flammarion à Juvisy,
a été moins brillant que les années passées, mais leur observation a fourni
néanmoins des résultats fort appréciables.

3e et 4e Sections.

GÉNIE CIVIL ET MILITAIRE, NAVIGATION

PRÉSIDENT. . . . .   M. BONAFOUS, Ing. en chef des P. et Ch., à Ajaccio.
SECRÉTAIRE . . . .   M. X.

— 9 septembre —

M. de la **BROSSE**, Ing. en chef des P. et Ch., à Clermont-Ferrand.

Les installations hydro-électriques dans la région des Alpes.

— 10 septembre —

M. **DOU**, Ing. en chef des P. et Ch., à Rochefort.

Influence des phénomènes de biologie marine sur les effets de colmatage et d'atter-rissement. — Il semble qu'il n'y ait pas lieu d'attribuer seulement aux limons et sables déversés dans la mer et transportés par les courants sous-marins, la cause des atterrissements constatés sur les rivages, notamment sur le littoral océanique français.

Il faut faire une grande part dans la formation des vases, qui constituent ces atterrissements, aux déjections de la faune marine, et en particulier des mollusques. Des expériences effectuées dans des eaux de mer très limpides et ne paraissant pas contenir, d'une manière appréciable, des matières solides en suspension, ont accusé, pour des moules, une production de vase représentant quinze fois environ le volume de ces coquillages.

Ceux-ci, d'après leur physiologie, s'alimentent à l'aide des microorganismes en suspension dans l'eau, et qui comprennent une partie siliceuse immédiatement rejetée et une partie organique qui, digérée, se divise elle-même en deux parts, l'une rentrant dans le développement de l'organisme du mollusque et l'autre étant finalement excrétée. Ce dernier produit formerait une portion organique importante de ce que l'on désigne sous le nom de « vases », portion à laquelle s'ajouteraient les grains siliceux de provenance diverse et les produits des diverses causes de décomposition des organismes marins.

Cet ensemble constitue une sorte d'humus marin servant au développement de la végétation marine.

L'application du chiffre cité plus haut, pour la production des vases par les moules, à l'importance de l'élevage qui en est fait dans la baie de l'Aiguillon, correspond aux atterrissements de cette baie.

La conclusion est qu'il y a lieu d'éviter au voisinage des ports, rades ou chenaux, le développement, soit naturel, soit artificiel, des mollusques dans une trop grande proportion.

— 13 septembre —

M. Émile BELLOC, Chargé de missions scientifiques, à Paris.

Sur les travaux hydrauliques faits dans les Pyrénées. — M. Émile BELLOC résume ses observations sur les travaux hydrauliques, faits dans les Hautes-Pyrénées pour régulariser le cours des rivières qui prennent naissance sur le plateau de Lannemezan. L'auteur passe en revue les retenues par décantation, telles que celle du lac de Caillaouas, et les réservoirs d'Orédon, d'Aumar et de Cap-de-Long, qui permettent de distribuer aux rivières basses de la Haute-Garonne et du Gers, l'eau nécessaire pour maintenir leur niveau à une hauteur normale.

M. Paul COTTANCIN, Ing. des A. et Man., à Paris.

Sur la loi scientifique P. Cottancin pour la circulation des eaux. — Partant de la déformation d'une surface molle, la loi scientifique P. Cottancin prouve que les terrains primitifs se sont soulevés en se cassant comme des voûtes sur plan carré sphérique. Ces soulèvements ont produit des claveaux, qui, en retombant, ont créé des caniveaux partant de la clef de voûte pour suivre des gradins dans quatre directions, nord-est-sud-ouest, sud-ouest-nord-est, nord-ouest-sud-est, sud-est-nord-ouest, caniveaux qui se sont glaisés par les dépôts des érosions des crêtes, puis se sont remplis de sables qui se sont concrétionnés. Ces concrétions ont formé des dalles de couverture des caniveaux primitifs qui se sont cassées en formant les caniveaux des premiers terrains sédimentaires. Ces caniveaux des premiers terrains sédimentaires ont formé tous les caniveaux des terrains sédimentaires successifs. En suivant ces circulations en gradins, dans les différentes couches géologiques, on peut trouver la circulation générale des eaux, dites de sources. Ces circulations trouvent leur point d'origine au plateau de la Mongolie, dont les bords sont formés par les émergences des plateaux du Pamir et de l'Indus, qui sont, au point de vue ethnographique, les berceaux des races du Nord et du Midi.

De ces circulations dérivent toutes les sciences physiques du globe : magnétisme, météorologie, géographie, etc. Ces eaux circulant dans les mers en se chauffant au contact des éruptions volcaniques sous-marines, produisent les courants sous-marins réglant la circulation des vents. Ces cassures dans les terrains sédimentaires règlent les circulations de phosphates, pétroles, etc., de même que les circulations des dépôts métallifères sont réglées par les cassures dans les terrains primitifs : mines d'or, d'argent, de cuivre, d'étain, etc., ainsi que les circulations d'eau douce ou d'eau de mer, qui forment les dépôts de

sel marin, de sels de potasse, de soude, etc., ou de tourbe, charbon, anthra-
cite, etc.

L'exactitude de cette loi est démontrée dans la question délicate des recherches
d'eau où, dans tous les terrains, elle a trouvé sa confirmation. Sur les plateaux
les plus arides du Midi, il a été possible de démontrer la justesse de la loi
scientifique P. Cottancin, en trouvant, au milieu des masses concrétionnées
causant l'aridité du sol, les cassures de circulation des eaux permettant de
capter les eaux sur les plateaux pour amener aux agglomérations de l'eau
potable ou de l'eau d'irrigation.

Cette précision permet de régler les pluies torrentielles et, par suite, les inon-
dations.

Ouvrage

PRÉSENTÉ A LA SECTION

R. DE LA BROSSE. — *Les installations hydro-électriques dans la région des Alpes.*
Mémoire pour servir à l'étude des forces hydrauliques dans le département du Puy-
de-Dôme, in-8°, Clermont-Ferrand, 1901.

2ᵉ Groupe.

SCIENCES PHYSIQUES ET CHIMIQUES

5ᵉ Section.

PHYSIQUE

PRÉSIDENT . . . . M. Macé DE LÉPINAY, Prof. à la Fac. des Sc. de Marseille (1).
VICE-PRÉSIDENT. . . . . M. LACOUR, Ing. civ. des Mines, anc. Élève de l'Éc. Polytech., à Paris.
SECRÉTAIRE. . . . . M. TURPAIN, Maître de conférences à la Fac. des Sc. de Poitiers.

— 9 septembre —

M. J. BLONDIN, à Paris.

Théorie tourbillonnaire de l'électricité et du magnétisme. — M. BLONDIN expose une théorie de l'électricité dynamique et du magnétisme basée sur l'hypothèse que l'éther, soumis à des phénomènes électriques de magnétisme, est animé d'un mouvement dont la vitesse est représentée en grandeur et en direction par le champ magnétique ; dans cette théorie, un courant linéaire serait le résultat d'un mouvement tourbillonnaire de l'éther autour de l'axe du conducteur.

Discussion. — Au sujet de la communication de M. Blondin, M. LACOUR expose une théorie sur le même sujet. L'éther serait soumis, non pas à un mouvement tourbillonnaire, mais à des phénomènes de distorsion, symétriques par rapport aux fils conducteurs dans les cas de courant, tordu en spirale pour un champ magnétique, enfin parallèles aux lignes de force d'un corps chargé électrostatiquement.

Dans le cas du champ magnétique la théorie de M. Lacour rend compte en gros du phénomène de Zeeman.

---

(1) En l'absence de M. de Lépinay, empêché de venir au Congrès, la Section a été présidée par le Vice-Président, M. Lacour.

M. Albert TURPAIN, Doct. ès-sc., Maître de Conférences à la Fac. des Sc. de Poitiers.

Les phénomènes de résonance électrique dans l'air raréfié. — *Fantôme du champ hertzien.* — M. TURPAIN a appliqué la méthode d'observation des résonateurs électriques renfermés dans des tubes à air raréfié (1), à l'étude de l'état électrique des fils de concentration du champ hertzien et à celui de la région avoisinant les fils de concentration et le résonateur. Il décrit le dispositif expérimental employé et expose les résultats quantitatifs et qualitatifs qu'il a obtenus. Il remercie l'Association française de lui avoir permis, par la subvention qu'elle lui a accordée, de poursuivre ces recherches.

———

M. Albert LONDE, Direct. du serv. radiog. à l'hospice de la Salpêtrière.

L'Association pour l'Avancement des Sciences m'a accordé une subvention de 400 francs pour la construction d'un *actinomètre enregistreur.*

Après études faites avec M. Jules Richard et devant la dépense beaucoup plus élevée qu'eût entraîné la construction de cet appareil, nous avons cru devoir surseoir à la réalisation de notre idée et avons appliqué la subvention qui nous avait été accordée à la construction de deux autres appareils qui nous intéressaient pour des études d'un tout autre genre.

1° Expéditeur à grande vitesse pour la chronophotographie. — Nous avons réalisé, il y a quelques années un appareil chronophotographique qui nous a permis de faire de nombreuses études sur les allures du cheval, la locomotion humaine et les divers mouvements normaux, sur les démarches pathologiques. Cet appareil nous donnait douze épreuves successives dans un laps de temps variable suivant la durée du mouvement considéré, mais avec notre premier dispositif il nous était difficile d'obtenir la série des douze épreuves en moins d'une demi-seconde. Or pour certaines expériences concernant des mouvements très rapides, il est nécessaire de descendre en dessous de cette limite. Nous avons donc dû combiner un expéditeur à grande vitesse susceptible de déclencher nos douze obturateurs en moins d'une demi-seconde.

L'appareil que nous avons fait construire par M. Gaumont réalise complètement le programme posé et nous pouvons réduire tellement l'intervalle entre chaque photographie faite que cet intervalle peut être ramené à zéro. Ce résultat extrême qui n'a d'ailleurs aucun intérêt dans la pratique, montre néanmoins l'avantage qu'il y a dans certains cas à faire de la chronophotographie avec un appareil à objectifs multiples. En prenant nos douze épreuves en un dixième de seconde, nous marchons à la cadence de cent vingt épreuves à la seconde, résultat que l'on ne saurait obtenir avec les appareils chronophotographiques à objectif unique et déplacement saccadé de la pellicule.

A ce point de vue, notre nouvel expéditeur va nous permettre de nouvelles études que l'on ne pouvait aborder jusqu'à présent.

Dans une note ultérieure nous ferons connaître les résultats de nos expériences en même temps que nous donnerons la description de l'appareil avec figures explicatives.

2° Appareil pour l'étude de la durée de combustion des éclairs magnésiques. — Cet appareil qui a été construit sur nos indications par M. Jules Richard a

(1) Association française pour l'Avancement des Sciences. Congrès de Paris, 1900.

pour but d'étudier la durée de combustion des éclairs magnésiques qui servent à l'obtention des photographies à la lumière artificielle.

Il permet de mesurer cette durée en millièmes de seconde.

Cet appareil va nous donner le moyen d'étudier les divers photo-poudres employées, de les classer par ordre de rapidité de combustion ; puis de connaître les variations de cette durée de combustion suivant la disposition de la charge, suivant la quantité employée et, en dernier lieu, suivant le mode d'allumage.

Nous communiquerons également les résultats obtenus dans une prochaine note.

— 10 septembre —

M. le Dr S. LEDUC, Prof. à l'Éc. de Méd. de Nantes.

Etudes expérimentales sur la diffusion. — Des gouttes de solutions précipitant l'une par l'autre, symétriquement placées à la surface d'une couche gélatineuse sur une plaque de verre, diffusent dans la gélatine ; les précipités forment des figures géométriques donnant une démonstration remarquable de la régularité de la diffusion.

La diffusion est d'autant plus lente que la solution gélatineuse est plus concentrée ou que la solution qui diffuse est plus étendue.

Diverses substances ajoutées à la gélatine, notamment les alcalis et les acides, modifient beaucoup sa résistance à la diffusion, et d'une façon différente pour les diverses solutions.

La forme des lignes tracées par les précipités dépend des rapports des tensions osmotiques des solutions qui se rencontrent ; les lignes formées par des solutions isotoniques sont droites, elles sont courbes lorsque les solutions ont des tensions osmotiques différentes, la convexité étant du côté de la solution hypertonique. On a donc là un moyen de comparer les tensions osmotiques, les concentrations moléculaires et toutes les grandeurs qui varient proportionnellement.

En faisant diffuser une solution de ferrocyanure de potassium sur de la gélatine contenant des traces de sulfate ferrique on obtient des anneaux concentriques alternativement bleus et transparents.

Discussion. — M. Lacour donne quelques indications sur la théorie mathématique de ces phénomènes. On peut admettre que la vitesse de diffusion est proportionnelle à la concentration de la liqueur au point considéré. Dans le cas de deux sources, on trouve pour la ligne de rencontre, une conique qui se réduit à une droite dans le cas où les deux liquides sont identiques. Ce résultat se vérifie par l'expérience. L'équation permet également de déterminer le rapport des forces osmotiques.

M. de REY-PAILHADE.

Sur l'utilité d'adopter un système décimal d'unités électro-magnétiques. — La seconde de temps n'étant pas décimale il faut adopter comme nouvelle unité physique de temps, le *cent-millième de jour*, qui vaut 0s,864.

Les unités fondamentales du nouveau système décimal *C. Gr. cent-mill.* sont le centimètre, le gramme-masse et le cent-millième de jour.

Quant aux unités pratiques dérivées, nous proposons les suivantes :

Pour l'intensité, le noampère, ou unité du système . . . . *C. Gr. cent-mill.*
Pour la tension, le trionovolt, ou 10^9 unités du système. . . —
Pour la résistance, le trionoohm, ou 10^9 unités du système . —
Pour la quantité, le nocoulomb, ou unité du système. . . . —
Pour la puissance, le trionowatt, ou 10^9 unités du système . —
Pour la capacité, le quintillinofarad, ou 10^{-15} unités du système —

On a ainsi un système décimal, un langage intelligible du premier coup d'œil et des unités pratiques moins variées que dans le système C. G. S. Il faut préparer dès maintenant les esprits à une modification de ce système.

M. Dominique-Antoine **CASALONGA**, Ing. à Paris.

Des Principes I et II de la Thermodynamique. — M. D.-A. Casalonga expose de nouvelles considérations par lesquelles il cherche à démontrer qu'il est nécessaire de reviser complètement le Principe II de thermodynamique, ainsi que le cycle qui s'y rattache; et de mieux expliquer, en le complétant, l'énoncé du Principe I de Mayer.

Il n'est pas exact que la *puissance motrice* de la chaleur soit *indépendante* des agents mis en œuvre pour la réaliser; ni non plus que la quantité de cette puissance motrice soit fixée *uniquement* par les *températures* des corps entre lesquels se fait, en dernier résultat, le transport du calorique.

Il n'est pas davantage exact que le cycle de Carnot soit, à proprement parler, réversible, et qu'il exprime un maximum de rendement résultant de l'écart entre les deux températures extrêmes. Le travail de dilatation, dans un cycle fermé normal *est égal* au travail de compression, *et non pas plus grand*, comme on l'a admis; ce qui a conduit à des propositions conséquentes entachées d'erreur. Dans l'analyse de ce cycle, on a négligé de faire intervenir l'appoint indispensable du travail qui s'effectue à l'extérieur, et sans le concours duquel le cycle ne peut exister. La théorie de Clausius par laquelle on prétendait déterminer, d'après l'écart $T_0 — T_1$ des températures absolues, une prétendue différence de travail entre la dilatation et la compression, est absolument nulle; puisque la différence, que l'on s'est attaché à calculer, *n'existe pas.*

Quant au Principe I, nul n'en conteste, et ne saurait en contester l'exactitude. Il est une des plus belles conquêtes de la science. Toutefois son énoncé prête à confusion, parce que l'on n'y distingue pas, d'une manière assez précise, la chaleur *dépensée*, pour produire du travail, de celle *transformée* eu ce même travail. Si bien que des savants se sont trompés jusqu'à dire que : « pour élever 1 kilogramme à 425 mètres, *il faut*, théoriquement, la même quantité de chaleur que pour échauffer 1 litre d'eau »; ce qui est inexact; car avec une calorie on ne pourrait élever 1 kilogramme qu'à 425 mètres. Pour l'élever à 425 mètres, *il faut* 3,40 calories; c'est-à-dire *dépenser* la quantité de chaleur qu'*il faut* pour élever 1 litre d'eau de 3,40 degrés C. A ce propos, M. Casalonga suggère l'idée de refaire l'expérience de Joule, avec du mercure, en utilisant la hauteur de la tour Eiffel.

M. le Dr Paül AMANS, à Montpellier.

Recherches phonographiques. — Il s'agit d'une disposition nouvelle dans la reproduction des sons. Le volet de tension, grâce à un nouveau type d'articulation, permet des mouvements de haut en bas, et de droite à gauche, sans nuire à la netteté et à la fidélité du timbre. Cette disposition permet d'écouter sur son appareil les rouleaux enregistrés sur un autre appareil d'un pas de vis différent.

Enfilage automatique des perles. — Le Dr AMANS présente et fait fonctionner une machine à enfiler des perles. Elle est basée sur l'emploi d'aiguilles ondulées à courbures paraboliques ; ces courbures reposent sur des roues à aubes, dont la rotation favorise l'ascension et la descente des perles sur les fils. Cette machine permettrait de réduire la main-d'œuvre de 90 à 95 0/0.

M. Alfred LACOUR, Ing. civ. des Mines, à Paris.

Photographies positives obtenues directement sans passer par le négatif. — Après un court historique de la question, M. LACOUR expose qu'il est parvenu à obtenir des épreuves photographiques positives sur papier, directement, sans passer par le négatif habituel. Le procédé que M. Lacour expose en détail est très simple et très rapide. Lorsqu'on a un appareil à rouleaux, on peut impressionner une bande de papier au gélatino-bromure et celle-ci en quatre ou cinq minutes donne douze positifs. M. Lacour montre des bandes et des épreuves ainsi traitées qui excitent vivement la curiosité.

M. TURPAIN.

Interrupteur-inverseur pour bobines d'induction. — M. TURPAIN présente à l'Association un modèle d'interrupteur inverseur qui lui permet de changer le sens du courant dans le primaire d'une bobine d'induction, après chaque interruption. L'appareil a été construit par M. O. Rochefort et peut indifféremment servir d'interrupteur ordinaire et d'interrupteur-inverseur ; il suffit de manœuvrer à cet effet une manette spéciale.

Sur deux modes d'entretien de l'excitateur de Hertz ; mode d'entretien dissymétrique et mode d'entretien symétrique. — En associant à une bobine de Ruhmkorff qui entretient un excitateur d'ondes électriques, un interrupteur du genre Foucault ou du genre Wehnelt, on réalise un mode d'entretien dissymétrique de l'excitateur de Hertz. La dissymétrie produite se constate aisément par les phénomènes de luminescence qui se produisent dans l'air raréfié lorsqu'on y plonge les fils de concentration du champ ou encore le résonateur disposé dans le champ. En utilisant un interrupteur inverseur, on réalise un entretien symétrique de l'excitateur.

MM. le Dʳ FOVEAU de COURMÉLLES et G. TROUVÉ, à Paris.

Nouveaux appareils pour l'étude des diverses radiations lumineuses. — La lumière formée de radiations calorifiques, lumineuses ou chimiques, est souvent difficile à produire sous ces diverses formes et à des intensités suffisantes. Aussi MM. Foveau de Courmelles et G. Trouvé sont arrivés, soit à pouvoir sans inconvénients, rapprocher la source agissante, soit à utiliser la réflexion paralléllique des rayons émis par une source placée au foyer d'une parabole, soit à appliquer à la fois la diminution de distance et la disposition focale ; mais, pour éviter la dispersion de ces rayons, ils les concentrent ensuite sur une surface réfléchissante en tronc de cône qui les dirige sur le milieu à étudier. Leurs premiers appareils ont été présentés à l'Institut le 24 décembre dernier, par M. Lippmann. Les rayons sont d'ailleurs tamisés diversement, selon les effets à obtenir, la lumière calorifique ou rouge passant à travers un disque en verre coloré en rouge, la lumière éclairante à travers un disque jaune, la lumière chimique à travers des lamelles de quartz, quand la chaleur doit être supprimée, une intense circulation d'eau froide a lieu autour de l'appareil. Les sources d'énergie lumineuse peuvent être diverses, et sont interchangeables : lampe à incandescence ordinaire ou à charbon spécial, arc voltaïque, acétylène, métaux... On totalise ainsi, sur une petite étendue, et pour la rendre plus visible, l'action d'une lumière réelle ou latente, ce qui permet d'en mieux étudier les effets. La télégraphie photo-électrique dirigeant les rayons ultra-violets sur un corps électrisé à décharges invisibles permet de rendre celles-ci visibles et d'avoir ainsi facilement des signaux déterminés.

Ouvrage

PRÉSENTÉ A LA SECTION

M. le Dʳ A. OLIVIERI. — *Nature et fonctions cosmiques des agents impondérables.*

-6ᵉ Section.

CHIMIE

Président . . . . M. le Dʳ BÉHAL, Prof. à l'École sup. de Pharm. de Paris (1).
Vice-Président . . . . M. le Dʳ A. DOMERGUE, Prof. à l'École de méd. de Marseille.
Secrétaire . . . . M. le Dʳ BOUVEAULT, Maître de Conf. à la Fac. des Sc. de Paris.

— 9 septembre —

M. de REY-PAILHADE, à Toulouse.

Nouvelles recherches sur le philothion. — En poursuivant mes études sur le philothion, j'ai reconnu que c'était bien une diastase hydrogénante, se détruisant par une ébullition d'un quart d'heure environ. L'action de cette substance sur le soufre libre donne, comme on sait, de l'hydrogène sulfuré à la température de 35°.

Les acides faibles gênent la réaction, tandis que les alcalis l'exaltent. Des expériences exécutées avec soin m'ont prouvé qu'à la température ordinaire l'ammoniaque caustique, très faible, et le soufre ne produisent pas de sulfure d'ammonium à la température ordinaire. Au contraire, une solution de philothion, alcalinisée faiblement et mélangée au soufre donne immédiatement des quantités notables de H^2S.

Les solutions naturelles de philothion sont un peu acides et dégagent spontanément des petites quantités d'hydrogène sulfuré. Il y avait lieu d'examiner si le philothion n'était pas simplement un sulfure minéral. Cette supposition doit être écartée, car une solution de philothion nettement acidifiée par de l'acide chlorhydrique pur ne produit pas davantage de H^2S.

Sachant que certains microbes produisent des mercaptans, il y a lieu de penser que le philothion pourrait être une sorte de mercaptan très compliqué.

M. ŒCHSNER de CONINCK, Prof. à l'Université de Montpellier.

La chimie de l'uranium.

ó

(1) En remplacement de M. de Clermont, empêché de venir au Congrès.

M. F. MARCH.

Contribution à l'étude de l'acétylène.

M. Albert GRANGER, à Paris.

Sur un iodoantimoniure de mercure. — Par analogie, il était à présumer que le mercure chauffé avec les iodures d'arsenic, d'antimoine, de bismuth, pourrait donner la même réaction qu'avec l'iodure de phosphure et qu'une combinaison du mercure avec l'arsenic, l'antimoine ou le bismuth prendrait naissance. L'expérience n'a pas vérifié ces hypothèses, jusqu'ici du moins. Le seul résultat net obtenu a été avec l'iodure d'antimoine. Chauffé avec ce corps, le mercure se transforme en iodoantimoniure.

— **10 septembre** —

M. F. LESEUR.

Sur le dosage du soufre dans les matières organiques.

M. Ph.-A. GUYE et Mᴵˡᵉ E. ASTON.

Sur le pouvoir rotatoire de l'acide valérique actif.

Influence de la température sur le pouvoir rotatoire des liquides.

MM. Paul DUTOIT et Louis FRIDERICH.

Sur la tension superficielle de quelques liquides organiques.

Ouvrages

PRÉSENTÉS A LA SECTION

MM. Ph.-A. Guye et Friderich. — *Études numériques sur l'équation des fluides.*

MM. Dutoit et Friderich. — *Sur la tension superficielle des liquides.*

M. K. Miniat-Weber. — *Monooxybenzolbromidanon* (Thèse inaugurale, Berne, 1900).

M. Œchsner de Coninck. — *La Chimie de l'uranium* (Montpellier, 1901).

M. Œchsner de Coninck. — *Recherches sur le nitrate d'uranium* (Montpellier, 1901).

7ᵉ Section.

MÉTÉOROLOGIE ET PHYSIQUE DU GLOBE

Président............... M. l'abbé MAZE, Rédac. au *Cosmos*, à Harfleur,
Secrétaire.......... M. l'abbé RACLOT, Dir. de l'Observ. météor. de Langres.

— **9 septembre** —

M. le Dʳ D. CLOS, Correspondant de l'Institut, à Toulouse.

(Présentation d'une note de feu le Dʳ J. A. Clos).

De l'influence de la lune sur la pluie. — L'influence de la lune sur divers météores et notamment sur la pluie est une des questions qui préoccupent le plus les physiciens, mais dont la solution réclame de longues séries d'observations.

Un très modeste météorologiste de province qui consacra sa vie à l'exercice de la médecine et à enregistrer journellement ses observations météorologiques (dont les nombreux cahiers étaient jugés dignes de figurer au Bureau central météorologique de France, où ils étaient déposés en 1896), le Dʳ Jean-Antoine Clos, publiait en 1841 dans *l'Echo du monde savant* (n° 652, pp. 442-443) un article résumant les résultats de trente-huit années d'observations faites à Sorère (Tarn), au pied de la Montagne Noire, afférents à *l'influence de la lune sur la pluie.*

Elles lui ont permis de conclure, en ce qui concerne l'action des phases, que le dernier quartier est le plus pluvieux, et que la quantité de pluie tombée dans le champ de la pleine lune et du premier quartier est beaucoup moindre que celle tombée dans le champ des deux autres phases.

M. Théodule MOUREAUX, Chef du Serv. magnét. à l'Observ. du Parc-Saint-Maur (Seine).

Distribution des éléments magnétiques en Corse au 1ᵉʳ janvier 1896. — M. MOUREAUX présente une note sur la distribution des éléments magnétiques en Corse, au 1ᵉʳ janvier 1896, d'après ses observations de 1894, faites en vingt-huit stations disséminées dans les différentes parties de l'île. La nature des roches a, presque partout, mais particulièrement au Cap, une action plus ou moins marquée sur la direction et l'intensité de la force magnétique ; la divergence des résultats observés ne rend guère possible le tracé des lignes isomagnétiques vraies. Pour ce motif, les valeurs des éléments, au lieu d'être représentées sous une forme graphique, sont consignées dans un tableau joint la communication de l'auteur.

M. V. RAULIN, Prof. honor. à la Faculté des Sciences de Dijon, à Montfaucon d'Argonne.

Sur les observations pluviométriques faites en Corse, de 1855 à 1899. — Sur les côtes, les *quantités annuelles* varient de 600 à 800 millimètres; mais dans l'intérieur, elles augmentent avec l'altitude; à Vizzavona, à 990 mètres, la moyenne de quatre années et demie est 1569,9.

La *répartition saisonnale* est conforme pour les longues séries au régime méditerranéen IV, à sécheresse d'été et pluviosité abondante d'automne, quelques stations à courte durée donnant un régime mixte, probablement provisoire, à pluies prépondérantes de printemps et d'automne.

— 10 septembre —

M. l'abbé RACLOT, Directeur de l'Observatoire météorologique de Langres (Haute-Marne).

Résultantomètre. — L'auteur présente un appareil dont il se sert pour obtenir la résultante diurne des observations trihoraires du vent. Cet appareil se compose de deux cercles, l'un fixe et excentrique, l'autre mobile et concentrique. Sont inscrites sur le premier les directions, et sur le second, une graduation de 1 à 8 à gauche et à droite du 0°. Pour le calcul de la résultante des huit directions observées, on amène le 0° en face d'un des deux points extrêmes de ces directions, par exemple N.-O. ou N.-E., si le vent a varié de N.-O. à N.-E. ; on lit ensuite chacun des chiffres correspondant à ces huit directions et leur total divisé par leur nombre donne le chiffre qui lui-même correspond à la résultante.

M. ZENGER, Prof. à l'Éc. polytechn. slave de Prague.

Les tremblements de terre et l'action périodique de l'électricité d'origine cosmique.

M. Edmond MAILLET, Ing. des P. et Ch., à Bourg-la-Reine.

Sur la prévision des crues de la Marne à Chaumont, à l'aide des hauteurs de pluie. — L'auteur a étudié les crues de la Marne à Chaumont en vue d'arriver à les prévoir à l'aide des hauteurs de pluie à Langres et à Chaumont. Il est arrivé en ce qui concerne l'évaporation, la quantité de pluie nécessaire à la saturation et la détermination du moment où elle est réalisée, l'influence des pluies sur les crues, à des conclusions analogues à celles qu'il a obtenues pour le Grand-Morin.

M. l'abbé Pierre BALÉDENT, Curé de Versigny, par Nanteuil-le-Haudoin (Oise).

Sur les orages (Vallée de l'Oise). — Les orages, et par ce mot je n'entends pas parler des petites perturbations locales, les grands orages, en d'autres termes, ont généralement l'habitude de suivre une route à peu près déterminée, non pas à l'instar des voies de chemins de fer, mais, plutôt de celle des bateaux, dont certains pays reçoivent plus souvent la visite que d'autres contrées. Les plaines, les plateaux sont tristement priviligiés sous ce rapport, au point que, dans certaines contrées, la Mutualité contre la grêle refuse l'admission des cultivateurs y habitant des localités déterminées.

Les forêts, les grandes forêts, jouent un rôle préservatif ; le font-elles en brisant, par leur masse, la violence de la tempête, ou l'atténuent-elles par soustraction des effluves électriques ou magnétiques ; je laisse à d'autres plus compétents, le soin de le déterminer : mes travaux, mes expériences personnelles ne me permettent pas encore de trancher la question ; toutefois, je serais enclin à admettre que les deux hypothèses agissent concurremment.

Dans la vallée de l'Oise, les grandes perturbations atmosphériques sont, d'habitude, dirigées d'aval en amont, non pas dans un plan parallèle à la direction fluviale, mais avec une légère bissectrice. Les courants néfastes viennent donc du sud-sud-ouest, se dirigeant vers nord, nord un quart nord-est. Dans la station météorologique que j'habite, les grands orages ne causent aucun dégât, soit qu'ils viennent du sud, soit qu'ils viennent de l'ouest. Seuls, ceux qui viennent du sud un quart sud-ouest sont à craindre, car ils ne peuvent franchir la ceinture de collines, formant le plateau de l'Avre.

Tel est le résumé du travail que près de trente années d'observations sur le bord de la Nanette, affluent de l'Oise, m'ont permis d'établir.

Sur les énoncés qui précèdent, l'expérience de ces trente années m'a appris que l'on pouvait tabler sur une vérification moyenne de quatre-vingts pour cent environ.

———

— 11 septembre —

M. l'abbé RACLOT.

Rôle des vents sur le plateau de Langres. — Les vents, sur le plateau de Langres, produisent des modifications thermiques et hygrométriques qui diffèrent selon les saisons et les pressions. Ces vents se divisent en équatoriaux et polaires se subdivisent eux-mêmes en marins et continentaux.

I. Température. L'hiver, les équatoriaux, dont le centre est le sud en toutes saisons, restent tièdes sur leur rive gauche, tandis qu'ils se refroidissent sensiblement à droite par régime de suppression ; mais le contraire se produit sous le régime de dépression. L'été, la partie est de ces courants est la plus chaude, et la partie ouest la plus fraîche.

Quant aux courants polaires, l'hiver ils sont d'autant plus froids qu'ils se rapprochent à la fois davantage du pôle et du continent, et l'été d'autant plus frais qu'ils sont plus voisins du pôle et des mers. Leur centre est donc successivement le nord-est et nord.

II. Humidité. L'hiver, les vents les plus humides sont ceux du sud-ouest. Puis leur humidité décroît de nord-ouest à est par le nord. Le quadrant d'est-sud-est à sud ne se sature guère que sous le régime cyclonique. L'été, l'humidité atteint son maximum de sud-ouest à nord-ouest et décroît tant au sud qu'au nord. Les vents restent secs dans toute la région est.

M. l'abbé MAZE.

La genèse des services météorologiques publics. — L'auteur montre par quelles idées on est passé pour arriver à notre Bureau central et autres établissements analogues. La première idée remonte à 1638.

— 13 septembre —

M. l'abbé MAZE.

Un programme d'observations combinées au XVIII⁰ siècle, étude sur les thermo-mètres de cette époque. — Ce programme est dû à Joiron, secrétaire de la Société royale de Londres.

Mᶦᶦᵉ M. BELEZE.

Cyclone du 1ᵉʳ juin 1901 à Montfort-l'Amaury et aux environs.

M. Charles-Émile MARCHAND, Dir. de l'Obs. du Pic-du-Midi, à Bagnères-de-Bigorre.

Études sur l'altitude, l'épaisseur et la constitution des nuages inférieurs dans la région pyrénéenne. — A l'observatoire du Pic-du-Midi, on observe régulièrement les altitudes des surfaces inférieure et supérieure des couches de cumulus, cumulo-stratus, cumulo-nimbus, la première surface vue de la station de Bagnères, la deuxième vue de la station du sommet, lorsque ces surfaces sont entre 550 et 2.830 mètres d'altitude. On observe de plus, chaque fois que cela est possible, la constitution de ces couches (gouttelettes, grains de glace, cristaux etc.), leur température à diverses altitudes, les phénomènes optiques qu'elles produisent, leurs mouvements, etc. Les résultats des observations faites depuis 1895, sont résumés dans le travail présenté au Congrès de l'Association. Dans la région qui entoure le Pic-du-Midi, les couches de cumulo-stratus au cumulo-nimbus inférieurs se produisent le plus souvent au voisinage de l'altitude 850 mètres pour la surface inférieure, 1.800 mètres pour la surface supérieure, avec une épaisseur d'environ 1.000 mètres. Dans ces conditions, les cumulo-nimbus donnent généralement de la *bruine.* Au-dessous d'eux, mais rarement, de la *pluie*; tandis qu'il pleut presque toujours si l'épaisseur de la couche dépasse 1.500 mètres, alors même qu'elle renferme seulement des gout-telettes d'eau (vapeur vésiculaire) sans aucune trace de cristaux ou grains de glace. Les pluies torrentielles qui se produisent parfois sur les plateaux sous-pyrénéens ne sont que l'exagération accidentelle de ces phénomènes, et le mécanisme de leur production est le même que celui de la formation des couches ordinaires de cumulo-stratus qui, vues du Pic-du-Midi, constituent *la mer de nuages.*

SCIENCES NATURELLES

8ᵉ Section.

GÉOLOGIE ET MINÉRALOGIE

PRÉSIDENT. . . . . M. P. PERON, Correspondant de l'Institut, à Auxerre.
VICE-PRÉSIDENT . . . . M. LENNIER, Dir. du Muséum du Havre.
SECRÉTAIRE . . . . M. H. BOURGERY, Membre de la Soc. géol. de France.

— 9 septembre —

M. P. PERON, int. mil. en ret., à Auxerre.

Étages crétaciques supérieurs des Alpes-Maritimes. — Le crétacique supérieur des Alpes-Maritimes est mal connu et jusqu'ici on n'a pu parvenir à y distinguer et à y délimiter les divisions admises dans le nord de la France. C'est un terrain dont l'étude est ingrate en raison surtout de la rareté et du mauvais état des restes organisés qu'on y rencontre. Cependant des recherches persévérantes ont permis à M. Peron d'y découvrir des fossiles très probants qui lui ont permis de reconnaître aux environs de Nice et de Menton une série d'horizons correspondant nettement aux niveaux crétaciques connus dans les autres bassins.

Au-dessus d'un cénomanien très bien caractérisé par de nombreux fossiles, se trouve une épaisse série de bancs calcaires dont l'âge n'était pas établi. La présence à la partie supérieure de cette série d'un niveau contenant *Terebratula semiglobosa, Micraster Leskei*, etc., permet d'attribuer ces bancs calcaires au Turonien.

Au-dessus s'étend une masse puissante et monotone de marnes grises alternant avec des calcaires de même teinte. Plusieurs niveaux fossilifères s'y font remarquer qui contiennent en abondance des *Inoceramus*, des *Micraster* généralement déformés et écrasés et enfin des spongiaires. L'auteur a recueilli dans ces couches *Mortoniceras texanum, Inoceramus digitatus, Micraster arenatus, M. deci-*

piens, etc. On a donc là l'équivalent des couches à Micraster des Corbières et de la Provence et de l'étage emschérien du bassin de Paris.

L'étage supérieur à l'emschérien n'existe que sur un espace très restreint au nord de Nice sur la bordure des terrains nummulitiques de Contes et de l'Escarène. Il se compose de calcaires et de marnes assez semblables à ceux de l'Emschérien mais ils y sont plus compacts et les marnes intercalées y sont moins puissantes.

Les fossiles caractéristiques sont de grandes ammonites (*Pachydiscus Levyi, Gottschei, Mortoniceras campaniense),* puis *Inoceramus Cripsi, Echinocorys gibba, Micraster fastigatus, M.,* etc. Toute cette faune donne à ces calcaires un âge aturien inférieur bien prononcé. Jusqu'ici, contrairement à ce qui a été dit, on ne connaît dans les Alpes-Maritimes aucune assise pouvant représenter l'Aturien supérieur ni le Danien.

Toutes ces couches du Crétacique supérieur sont, le plus souvent, fortement plissées et enfaillées et semblent avoir été écrasées contre les massifs jurassiques plus rigides qui forment l'ossature de la région.

———

M. Abel BRIVES, Doct. ès sc., à Alger.

Géologie des terrains pétrolifères de Relizane (Algérie). — La région qui s'étend au sud-ouest de Relizane présente la composition suivante. Le Trias gypseux forme trois axes anticlinaux dirigés nord-nord-est, sud-sud-ouest. Dans l'axe du pli ouest se trouve un filon d'ophite ; le médian est déversé à l'ouest sur le crétacé et celui de l'est est également déversé sur le crétacé le long de la bordure est.

Le crétacé fortement plissé est constitué à la base par des marnes verdâtres dans lesquelles s'intercalent des bancs gréseux et à la partie supérieure par des bancs bien réglés de calcaire marneux dans lesquels on trouve des ammonites, des belemnites, des écailles de poisson indéterminables. Ces couches se rattachent vers l'est aux couches barrémiennes de Mendès.

Au-dessus, l'Oligocène rouge, peu développé, est surmonté des grès et poudingues cartenniens qui sont disposés en synclinal peu accusé à l'est suivi d'un anticlinal correspondant à celui ouest des gypses.

Enfin, surmontant le tout et en discordance, l'Helvétien et le Tortonien.

Dans les recherches pétrolifères, la position du sondage sur un anticlinal est généralement adoptée. Il n'en a pas été de même dans cette région où tous les forages ont été faits dans le synclinal cartennien. C'est à cela peut-être qu'il faut attribuer leur insuccès.

———

M. E. FICHEUR, Prof. à l'Ec. prép. à l'ens. sup. des sc. d'Alger

Le massif ancien du littoral de la Berbérie. — *Son influence sur la tectonique des chaînes littorales de l'Algérie.* — La région littorale de la Berbérie comprend, comme on le sait, à l'est du méridien d'Alger, une série de massifs anciens, séparés par des rides crétacées ou éocènes ou par des dépressions miocènes.

Ce sont, de l'est à l'ouest, le massif de l'Edough, le massif de Philippeville-Collo, celui de Djidjelli, le massif de la Grande-Kabylie et les îlots qui s'y rattachent, puis les derniers témoins à l'ouest, le Bouzaréa d'Alger et l'ilot du cap Chénoua.

La bordure méridionale de cette zone est formée par une chaîne à axe liasique qui s'étend depuis la région de Jemmapes jusqu'au Chénoua, et à l'ouest au cap Tenès. Au voisinage de cette ride montagneuse qui est la plus remarquable du Tell algérien, se trouvent quelques pointements triasiques absolument isolés, notamment à El-Kantour, El-Milia, Djebel-Hadid et dans la chaîne des Babors.

. Cette chaîne, la plus saillante du littoral algérien, qui comprend ·la crête numidienne, les Babors, le Djurjura, a été morcelée et démantelée, d'abord par les plissements anté-crétacés, qui ont produit au nord des principaux massifs les dépôts albiens puis sénoniens, au nord du massif kabyle et dans la région de Djidjelli, ensuite par les plissements éocènes, qui ont amené l'invasion marine sur la plus grande partie du massif ancien de la région orientale (dépôt des grès de Numidie) de Djidjelli à Bône.

Cette grande ride correspond à une zone remarquable du plissement qui s'est produit sous l'influence du massif ancien. Dans la chaîne du Djurjura, les plis très aigus sont, d'une manière générale, déversés au sud, englobant toute la série éocène; aux extrémités de la chaîne ils présentent la structure en éventail, due à l'influence des dépressions éocènes de la bordure. Dans la chaîne des Babors, le déversement au sud est le plus fréquent, avec· recouvrements parfois étendus du lias sur le crétacé. Il en est de même dans les tronçons intermédiaires de la région de Bougie (Dj. Arbalou, Gouraya, etc.).

La même disposition se retrouve dans les tronçons liasiques de la chaîne numidienne, notamment au Djebel Msid-Aïcha, au nord du bassin de Constantine.

Il paraît probable que le morcellement de ce massif ancien, dès la période crétacée, et surtout à la fin de l'éocène, a produit une division en îlots qui n'ont eu individuellement qu'une importance très faible sur les plissements post-miocènes.

Le miocène inférieur (cartennien) se trouve disposé en synclinaux largement étalés au Nord du massif kabyle, ou au flanc de la Bouzaréa, tandis que ses dépôts ont participé aux ·plissements intenses de la deuxième ride atlantique, dont le noyau est formé par les lambeaux de schistes primaires ou de calcaires liasiques affleurant dans le massif de Blida ou dans le massif de Miliana, dans lesquels les plis en éventail paraissent complètement indépendants de l'influence des massifs anciens. Mais il est probable que cette deuxième ride sensiblement parallèle à la première, s'est dessinée sous la même action de poussée du sud au nord, dès la fin de la période liasique.

La même influence se reproduit dans l'ouest de l'Algérie, où les plis du massif des Traras reproduisent l'allure de ceux du massif de Blida.

Discussion. — M. PERON donne quelques détails sur la composition des massifs cristallophylliens de la Corse, de la Provence (massif des Maures), des Baléares, etc., et fait ressortir la similitude complète que présentent ces terrains avec ceux de la Kabylie et autres points du littoral africain.

C'est là un des arguments à faire valoir au sujet de l'ancienne réunion de ces massifs qui ne sont plus actuellement que des témoins épars et isolés d'un vaste îlot cristallin qui occupait une grande partie ·de la Méditerranée occidentale.

Dom Aurélien VALETTE, à Sens.

Notes sur quelques stellérides de la craie sénonienne des environs de Sens (Yonne).
— Plusieurs types intéressants de stellérides ont été recueillis à Sens, surtout
dans la zone à *Offaster pilula*, qui fait partie du sous-étage santonien de
Coquand.

C'est d'abord un très bel exemplaire du *Goniodiscus Parkinsoni* (Forbes),
recueilli à Saint-Bond près Sens. Puis une moitié du disque d'un jeune *Penta-
gonaster lunatus* (Woodward), trouvé à la rue de Chèvres également près de
Sens. Saint-Martin-du-Tertre a fourni l'extrémité des bras du *Goniodiscus Hunteri* de Forbes, espèce dont M. Sladen a fait, avec raison, le type du genre
Mitraster. Ce fragment correspond bien à un magnifique exemplaire du *Mitraster
Hunteri* recueilli dans la craie de l'Aube à Saint-Martin-de-Bossenay, dans la
zone à *Offaster pilula*, et dont le dessin représente exactement les figures données par Forbes lui-même.

Avec ces trois espèces représentées par des échantillons assez complets, il a été
recueilli un grand nombre de plaques isolées qui appartiennent à quatre autres
espèces. L'étude comparative de ces différentes plaques faite avec les figures et les
descriptions données par Forbes dans l'ouvrage de Dixon : *The Geology and fossils
of the tertiary and cretaceous formations of Sussex*, a permis de reconnaître les
plaques d'un *Pentaceros* voisin du *P. Boysii* et auquel il a été donné le nom nouveau de *Pentaceros senonensis*. Un certain nombre de plaques du disque et des
bras ont été rapportées au *Pentaceros bulbiferus*, espèce que Forbes a décrite
sous le nom de *Oreaster bulbiferus*. De plus sept plaques identiques par leur
forme n'ont pu être rapportées convenablement qu'au genre *Arthraster* de Forbes.
Mais c'est une espèce spéciale qui devra porter le nom d'*Arthraster senonensis*.
Enfin une plaque isolée, mais bien caractéristique, rencontrée à Soucy près
Sens, semble indiquer la présence du *Pycnaster angustatus* que Forbes a décrit
sous le nom de *Goniaster (Astrogonium) angustatus*, et dont M. Sladen a fait le
type d'un genre nouveau. Les deux espèces nouvelles, établies sur des plaques
isolées, ne pourront être définitives que quand des fragments plus importants
auront été trouvés.

M. Achille LEZ, à Lorrez-le-Bocage (Seine-et-Marne).

Les sources d'eau potable, leur choix, leur amélioration.

M. PERON.

Sur la constitution géologique de la Corse. — L'auteur, dans une conférence
demandée par la section, résume les connaissances acquises jusqu'à ce jour sur
les formations géologiques qui forment le sol de la Corse.

Il examine successivement les diverses formations cristallines qui constituent
l'ossature de l'île et en occupent la majeure partie, puis les formations sédimentaires de divers âges qui ont laissé des lambeaux disséminés dans l'inté-

rieur et au pourtour de l'île. Des renseignements détaillés sont donnés sur les divers gisements métallifères-connus jusqu'à ce jour dans les terrains de la Corse.

M. PAYART.

La question minière en Corse.

M. CASTELNAU

Carte hypsométrique de la Corse.

— 11 septembre —

M. A. de GROSSOUVRE, Ing. en chef des Mines, à Bourges (Cher).

Sur la transgression cénomanienne. — Dans cette note, l'auteur s'attache à mettre en évidence la véritable signification de cet événement. C'est à tort qu'on l'a considéré comme un phénomène brusque puisqu'il a été préparé par une transgression commencée dès les débuts des temps infracrétacés. On a d'ailleurs beaucoup exagéré sa généralité et bien des territoires supposés atteints par cette transgression ont été au contraire le théâtre de régressions bien nettes, conformément à la loi générale formulée par l'auteur en 1894.

M. Abel BRIVES.

Sur le parallélisme des terrains miocènes de Corse et d'Algérie. — Le Miocène d'Algérie comprend les étages cartennien, helvétien, sahélien ; j'ai montré que le Cartennien était l'équivalent du Burdigalien ou premier étage méditerranéen ; l'Helvétien du deuxième étage méditerranéen, c'est-à-dire de l'Helvétien plus le Tortonien ; le Sahélien l'équivalent des couches pontiques. Par l'étude des faunes et leur comparaison avec celles du bassin du Rhône et de l'Italie, j'ai pu arriver à établir qu'en Corse tous les étages miocènes étaient représentés et que la faune de chacun de ces étages présentait de nombreuses espèces communes, avec celles des étages équivalents d'Algérie. Il y a en Algérie quatre niveaux à échinides, l'un dans le Cartennien, le second dans les couches inférieures de l'Helvétien, le troisième au Tortonien, le plus supérieur au Sahélien. En Corse, les échinides se rencontrent dans deux niveaux seulement, celui du Burdigalien et celui du Tortonien. Ces deux niveaux ont été retrouvés également én Espagne, dans la province de Barcelone. Il semble donc y avoir deux niveaux importants de clypéastres dans le bassin méditerranéen et non un seul comme on semblait l'admettre. Ce fait est intéressant à signaler, car les formations coralligènes du Tortonien semblent faire défaut dans le bassin du Rhône alors qu'elles existent en Espagne, en Corse, dans le bassin de Vienne et en Algérie.

M. L. GENTIL, Chargé de conf. à la Sorbonne.

Résumé stratigraphique sur le bassin de la Tafna.

M. JOLEAUD, Sous-Int. militaire, à Avignon.

Sur l'existence probable d'un lambeau bartonien dans le golfe d'Ajaccio.

M. Charles FERTON, Cap. d'art., à Bonifacio.

Nouvelles preuves de l'existence du détroit de Bonifacio à l'époque néolithique ; climat de Bonifacio pendant cette période. — Le détroit de Bonifacio devait exister à l'époque néolithique à cause des motifs suivants :

1° Les sources actuelles de la région sont à proximité d'ateliers de silex et d'obsidiennes taillés ; elles existaient donc à cette époque ; or, elles auraient dû être déplacées par l'effondrement ultérieur du détroit ;

2° On trouve dans l'île de Cavallo, située dans les Bouches, des éclats de silex et d'obsidienne répandus à proximité du rivage ;

3° Le cap Pertusato et le cap Sprono qui sont, sur la côte corse, les extrémités ouest et est du détroit, possèdent deux gisements néolithiques dont le premier indique certainement le point où venaient aborder les marchands d'obsidienne venant de Sardaigne ;

4° Les contours du port de Bonifacio étaient les mêmes que maintenant.

Le climat de Bonifacio était le même que de nos jours, caractérisé par des vents violents qui s'engouffrent dans le couloir formé par le détroit.

M. J. BRIQUET.

Sur la glaciation quaternaire des hauts sommets de la Corse.

M. Stanislas MEUNIER, Prof. au Muséum de Paris.

Études sur la cause de la disparition des anciens glaciers de la Corse et des pays analogues. — Dans ce travail, qui est le fruit de longues années d'études, M. le professeur Stanislas Meunier s'attache à montrer que la disparition des glaciers maintenant fondus et qui ont laissé en Corse et ailleurs des traces si évidentes de leur ancienne existence, ne tient aucunement, comme on l'a dit très souvent, à une modification générale dans les conditions climatériques de la surface terrestre. Selon lui, ce n'est pas parce que le pays s'est échauffé que les glaciers en ont disparu, mais (bien au contraire) parce que les glaciers ont disparu que le pays s'est réchauffé. On reconnaît, en effet, que par le seul fait de son existence, un glacier soumet à une dénudation très énergique le massif montagneux qui lui sert de support : non seulement il l'use directement par fraction, mais il le débarrasse très activement de tous les débris résultant de la démolition subaérienne et, de ce chef, il en abaisse progressivement l'altitude. A l'abaissement du massif ne tarde pas à succéder une diminution dans la richesse d'alimentation en neiges du glacier lui-même et celui-ci se trouve ainsi être l'artisan de sa propre diminution, puis de sa disparition progressive. Ce point de vue nouveau, en substituant aux points de vue ordinairement adoptés, des considérations conformes à la doctrine *activiste*, permet une fois de plus de constater la majestueuse continuité avec laquelle se poursuit, sans à-coups, au travers des temps, l'évolution de la surface terrestre.

— 13 septembre —

M. GAUTHIER.

Sur les échinides fossiles recueillis en Perse et en Égypte.

M. MICHALET, à Toulon,

Sur l'étage cénomanien des environs de Toulon et ses échinides. — Après avoir présenté quelques considérations générales et résumé les connaissances déjà acquises sur le bassin crétacé du Beausset et de Toulon, l'auteur donne une description détaillée des couches cénomaniennes du Revest et spécialement de deux gisements très fossilifères qu'il a découverts près de cette localité.

Plusieurs espèces non signalées jusqu'ici dans la région y ont été trouvées. Certains fossiles, comme *Plicatula Reynesi* (Coquand), qui y est d'une abondance extrême, *Janira Dutrugei*, etc., sont propres à la faune cénomanienne du nord de l'Afrique et contribuent, concurremment avec d'autres, à imprimer à ces couches du Revest le facies qu'on a appelé méditerranéen.

Les deux horizons distingués par Coquand sous les noms d'étage rhotomagien et étage carentonien y sont représentés par leurs fossiles, mais ces fossiles sont ici confondus dans une même assise et il est impossible de les séparer.

L'auteur donne ensuite quelques détails sur le Cénomanien inférieur de la Val d'Aren qui, pour lui, n'est pas identique à celui de Cassis et de la Bedoule.

M. L. LAURENT, Doct. ès sc., Prof. de Géol. coloniale, à Marseille.

Contribution à l'étude de la végétation du sud-est de la Provence (Bassin de Marseille). — Les flores tertiaires de Provence ont donné lieu à une série de monographies remarquables dues à de Saporta et insérées dans les *Annales des Sciences naturelles*. Cet auteur n'avait pu donner, faute de documents, qu'une esquisse très incomplète de la flore des argiles de Marseille. Il avait du reste bien compris qu'il existait une lacune non dans la flore elle-même, mais dans ses collections. Nous avons eu la bonne fortune d'avoir à notre disposition les échantillons de notre regretté et bien-aimé maître Marion et nous avons récolté nous-même, lors des grands travaux d'assainissement effectués dans la ville, une série très complète d'échantillons provenant de gisements divers. Chacun nous fait entrevoir une station particulière ayant chacune son caractère propre.

Nous les nommerons simplement ici, nous réservant d'en faire une étude détaillée, d'en établir les rapports et d'en tirer une vue d'ensemble, dans un article important.

Tous les échantillons proviennent des couches argileuses jaunes, les couches grises ayant peu ou point fourni d'empreintes.

1º La collection Marion fut récoltée par lui-même à la butte du cours Lieutaud. Elle contient presque uniquement de petits organes et est caractérisée par l'abondance des *Conifères* de toutes sortes : *Callitris, Pinus, Juniperus, Thuya, Thuyopsis* et des *Légumineuses*, dont les folioles et les gourrès, en grand nombre, appartiennent à des espèces de la section des *Mimosées*.

2º Le gisement de la rue Bel-Air où nous avons récolté une grande quantité d'échantillons, contient à peu près les mêmes espèces que celles décrites par de Saporta ; ce sont surtout des *Laurinées* et des *Salicinées* (*Salix Populus*).

3º Un autre gisement que nous avons fouillé est celui de la rue Sébastopol. Ici l'abondance des fougères *Lastræ Lygodium* et des *Sequoia* et *Taxodium*, nous indique un gisement à allures spéciales qui complète ceux que nous avons vus déjà.

4º Enfin à la butte de la rue des Abeilles, dans un sable fortement aggloméré (safre), nous avons recueilli quelques empreintes de *légumes*, mais fort mal conservées par le grain de la roche.

En un mot cette formation remarquable, d'une puissance considérable, oligocène pour ne préjuger de rien, nous a livré des échantillons, dont l'ensemble intéresse au plus haut point la paléobotanique. C'est cette étude que nous tenterons dans le deuxième volume ; heureux de pouvoir collaborer à une œuvre à laquelle s'attachent deux noms glorieux dans la science et chers à notre souvenir ceux de Saporta et Marion.

M. Émile BELLOC

Sur les excavations, les barrages et les seuils lacustres. — Après avoir passé en revue les différentes formes de digues naturelles derrière lesquelles les eaux s'accumulent, l'auteur conclut en disant que la plupart des formations lacustres sont dues à des phénomènes de dislocation et d'effondrement. Les commotions sismiques, en rompant brusquement l'équilibre des éléments constitutifs de l'écorce terrestre, et les précipitations météoriques, en entraînant au loin les matériaux désagrégés, ont été les agents principaux des formations lacustres.

M. PERON

Sur les Nérinées du terrain jurassique de la vallée de l'Yonne. — Ces terrains, les calcaires rauraciens surtout, sont d'une richesse extrême en gastropodes de la famille des Nérineidées. Cotteau en connaissait déjà plus de quarante espèces dont la plupart ont été décrites par d'Orbigny sur des exemplaires de l'Yonne communiqués par Cotteau.

Après la publication de la Paléontologie française, Cotteau découvrit encore plusieurs espèces qu'il se contenta de nommer et de décrire par une très courte diagnose. Ces espèces étant restées jusqu'ici à peu près inconnues, M. Peron a jugé utile de leur donner l'authenticité nécessaire en les décrivant complètement et en les faisant figurer.

Ce sont : *Nerinea censoriensis* Cotteau ; *Nerinella vauxiana* Cotteau ; *Nerinea verneuiliana* Cotteau ; *Nerinea rayana,* qui toutefois fait double emploi avec une espèce déjà connue, et enfin *Ptygmatis salmoniana* Cotteau, qui a été récemment figuré par M. de Loriol.

Sur la tectonique de la région N.-E. du département de Tarn-et-Garonne. — M. PERON communique une série de notes sur les mouvements du sol qui ont affecté la région N.-E. du Tarn-et-Garonne et qui ont déterminé l'orographie de cette région. Ces mouvements consistent en plissements orientés N.-N.-E.— S.-S.-O. et en failles nombreuses qui ont limité les plis anticlinaux et affecté profondément les terrains triasique et jurassique.

MM. RAMON et DOLLOT

Études géologiques dans Paris et la banlieue.

M. A. de GROSSOUVRE, Ing. en chef des Mines.

Sur le détroit de Poitiers : étude paléogéographique. — L'auteur décrit les vicissitudes éprouvées, au cours des derniers temps primaires et de l'ère secondaire, par le territoire formé aujourd'hui par le Poitou et la Vendée. Il montre qu'à diverses reprises s'est ouvert, entre le Plateau Central et la terre qui a reçu des géologues le nom d'Atlantide, un large bras de mer comparable à la Manche et non pas réduit au détroit de Poitiers tel qu'on le comprend d'ordinaire.

9ᵉ Section.

BOTANIQUE

PRÉSIDENT. . . . . M. le D^r Ed. BONNET.
SECRÉTAIRE . . . . M. le D^r Ch. GERBER, Prof. à l'Éc. de Méd. de Marseille.

— 9 septembre —

M. GAUCHERY, Doct. ès-sc, à Paris.

Notes anatomiques sur l'hybridité.

M. le Dr GERBER, Prof. à l'Éc. de Méd. de Marseille.

Sur un cas curieux de cleistogamie chez les crucifères. — Les fleurs de *Biscutella lævigata L.*, dont M. GERBER remet des photographies aux membres de la section de botanique, sont fermées et d'une couleur rose violacée. Le plus souvent, ces sortes de boutons floraux, beaucoup plus gros que les boutons à fleurs normales, se flétrissent sans s'ouvrir et sans que le gynécée se transforme en fruit. Mais il arrive maintes fois que les sépales et les pétales s'écartent finalement sous la pression d'une silique bien constituée qui apparaît à l'extérieur et qui contient des graines. Il y a eu, dans ces cas, fécondation dans la fleur fermée et, par suite, cleistogamie.

Cette cleistogamie accidentelle peut être dite parasitaire, puisqu'elle est due à la présence de la larve d'une Cecidomyide, appartenant au genre *Perrisia*, et qui est probablement la même que la Cecidomyide indéterminée, signalée par Mik sur *Biscutella saxatilis Schl.*

M. Henry COUPIN, Doct. ès sc., Prép. à la Sorbonne.

Contribution à l'étude des substances toxiques pour les plantes.

M. le D^r Ed. BONNET, à Paris.

Essai d'une bio-bibliographie botanique de la Corse.

M. P. LEDOUX, Prof. à l'Ecole Arago.

Sur la Régénération expérimentale des organes foliaires chez les Acacias phyllo-diques. (1) — Dans une récente communication à l'Académie des Sciences, (2) j'ai montré que les phyllodes des Acacias tropicaux sont des organes de remplacement des feuilles adaptées aux conditions du milieu ambiant. De l'ensemble de mes observations il résulte qu'il y a généralement lieu de distinguer chez les acacias phyllodiques quatre types d'organes foliaires, au-dessus des cotylédons, savoir :

a) Une première feuille une seule fois composée à pétiole normal creusé en gouttière ;

b) Un petit nombre de feuilles plusieurs fois composées (bipennées) également à pétiole normal ;

c) Quelques feuilles composées polypennées, chez lesquelles l'aplatissement est progressif à partir de la base ;

d) Des feuilles réduites à un phyllode (sans folioles) dernier terme de la transformation annoncée.

Il m'a paru intéressant de rechercher si, par des sectionnements de la tige faits à des niveaux déterminés il était possible de provoquer, dans les rameaux axillaires, la naissance de l'une ou l'autre de ces différentes formes de feuilles.

Chez les acacias semés l'année même, les sectionnements de la tige ont eu pour résultats :

1° De provoquer, dans la région la plus voisine de la section, la naissance d'un vigoureux rameau de remplacement de la tige ;

2° Au voisinage de la section, de substituer à des feuilles normales bipennées, *des organes plus avancés dans leur évolution*, vers la forme définitive en phyllode, analogues à ceux qui, *au même moment*, sont nés sur le végétal témoin non sectionné.

Chez les types de deux ans coupés, soit sur la pousse de première année, soit sur celle de deuxième année, des résultats analogues furent constatés. De sorte que j'ai établi cette conclusion générale justifiée par deux ans d'observations suivies :

Quand un végétal porte des organes foliaires différents, qui, au moins dans le jeune âge cœxistent sur un même pied, les feuilles régénérées après des sectionnements du support sont toujours celles qui, dans la série des transformations sont le plus avancées dans leur évolution.

Les premières feuilles ne sont jamais régénérées.

———

Mˡˡᵉ **M. BELEZE.**

Liste des plantes adventices des environs de Montfort-l'Amaury.

———

(1) Travail effectué au Laboratoire de Botanique de la Sorbonne dirigé par M. Gaston Bonnier.
(2) Comptes rendus de l'Académie des Sciences (18 mars 1901).

— **10 septembre** —

MM. JOBERT et THIERRY.

Sur la résistance du café de Libéria aux attaques de l'anguillule.

M. Henri JODIN, Prép. de la Fac. des sc. de Paris.

Structure et développement de l'ovaire des Nolanées. — Chez les Nolanées, l'ovaire jeune est constitué par cinq carpelles, concrescents à la base. Chacun d'eux est en continuité directe avec le style. Avant la fécondation des ovules, chaque carpelle se divise généralement en quatre loges contenant chacun un ovule, par suite de l'apparition de sillons horizontaux et verticaux. De plus chaque carpelle se sépare du style par l'apparition d'un sillon, dans l'intervalle, ce qui rend le style primitivement terminal, *gynobasique.*

MM. DELACOUR et GERBER.

Branches anormales de Cupularia viscosa Godr et Gren. des environs d'Ajaccio. — Les branches de *Cupularia viscosa* Godr. Gren. que MM. Delacour et Gerber présentent, diffèrent des branches normales.
1° Par leur longueur au moins double ;
2° Par la longueur des entrenœuds également beaucoup plus considérable ;
3° Par les dimensions des pédoncules des capitules. Ces pédoncules sont beaucoup plus longs et plus grêles sur les branches anormales que sur les branches normales ;
4° Par les dimensions des capitules. Les capitules des branches anormales sont beaucoup plus petits que les capitules des branches normales.

Il arrive parfois que toutes les branches d'un même pied présentent les caractères indiqués ci-dessus ; aussi éprouve-t-on quelque difficulté à admettre que l'on a un *Cupularia viscosa* Godr. Gren. Sans l'existence, au voisinage, de pieds portant les deux sortes de branches, on serait très embarrassé.

Ces anomalies ont été rencontrées par MM. Delacour et Gerber près de la route des Sanguinaires (Chapelle des Grecs) et au bord du chemin de la Fontaine du Salario.

M. Henri ARNAUD, à Montpellier.

Nécessité d'admettre une famille des Eryngiées ou Astrantiées. — L'auteur passe en revue les diverses parties de la plante, feuille, fleurs, fruit, inflorescence, etc., des ombellifères et des Eryngiées ; et il en conclut que les Eryngiées ou Astrantiées diffèrent profondément des ombellifères et doivent former le noyau d'une nouvelle famille.

M. HARIOT, Prépar. au Muséum de Paris.

Énumération des champignons récoltés en Corse jusqu'à l'année 1901. — La flore mycologique de la Corse est encore fort peu connue ; les récoltes effectuées jusqu'à l'année 1901, ont été fort rares. Soleirol a fait connaître les premiers champignons de l'île en 1820. Puis sont venus le vicomte de Forestier, l'abbé Boullu (de 1837 à 1843), Léveillé (1841), Requien, M. Mabielle (vers 1865), M. le Dr Gillot (1877), M. Rolland (1895 et 1897) enfin M. Lutz (1900).

Les recherches de ces botanistes n'ont fourni que 245 espèces, en très petit nombre, nouvelles ou spéciales à la Corse. Le total des espèces se chiffre par 245, dont : 1 Mycomycète, 1 Oomycète, 208 Basidiomycètes (y compris Urédinées et Ustilaginées), 24 Ascomycètes et 11 champignons imparfaits.

Il est donc certain que des explorations minutieuses et méthodiquement entreprises fourniront de nouveaux et intéressants résultats.

M. G. DUTAILLY.

Le staminode des Parnassia. — Ce staminode est-il un organe simple ? Est-il constitué par des étamines associées en faisceau ? M. Dutailly soutient la première de ces opinions. Pour lui, le staminode est une simple feuille modifiée, comme le sépale, le pétale, l'étamine. Il montre, par des exemples empruntées aux Parnassia les plus divers, que les franges des staminodes, considérées par la plupart des auteurs comme des étamines à anthères avortées, existent en plus ou moins grand nombre, suivant les espèces, sur les feuilles et sur les sépales où personne ne les avait signalées jusqu'ici, et sur les pétales où, à la vérité, on les avait observées, mais sans en soupçonner l'identité avec les franges latérales des staminodes. Les franges des feuilles et des sépales ne sont jamais renflées à leur sommet, celles des pétales le sont chez quelques espèces, mais sans devenir nectarifères. Enfin, les franges des staminodes, souvent capitées, sont fréquemment, mais non constamment nectarifères.

Puisque les feuilles, les sépales, les pétales, peuvent porter les mêmes franges que les staminodes et qu'ils sont évidemment des organes simples, il est manifeste que les staminodes, avec leurs franges similaires, ne sont pas non plus des organes composés.

— 11 septembre —

M. Henri COUPIN, Préparateur à la Sorbonne.

Sur un appareil colorant automatiquement les coupes verticales. — J'appelle l'attention de l'Association sur un appareil que j'ai imaginé et qui permet de colorer un très grand nombre de coupes végétales microscopiques, en peu de temps et sans aucune fatigue. On en trouve un dessin dans *la Nature* (1901) et une description dans la *Revue générale de botanique* (1901).

M. Octave LIGNIER, Prof. à la Fac. des Sc. de Caen.

Sur une canne pour excursions botaniques. — M. Lignier décrit un appareil d'herborisation qui consiste en une canne à pêche pliante à l'extrémité de laquelle on peut, à volonté aux divers moments de l'excursion, adapter un crochet, un écumoir ou un sécateur. Ces divers instruments sont eux-mêmes arrangés de façon à être transportés facilement, sans gêner en rien la marche de l'herborisant.

L'appareil permet de recueillir des échantillons à plus de 4 mètres de distance.

———

M. Fernand JADIN, Prof. à l'École supér. de Pharm. de Montpellier.

Essai de classification des Simarubacées au point de vue anatomique.

———

Mᶦᶫᵉ M. BELEZE.

Quelques observations concernant le mimétisme que présentent certains végétaux des environs de Montfort-l'Amaury et de la forêt de Rambouillet.

———

M. le Dʳ GERBER.

Observations sur Centaurea Calcitrapa L. — M. GERBER présente à la section de botanique une photographie où l'on remarque à côté d'un pied ordinaire de *Centaurea Calcitrapa L*, un pied bien différent au premier abord par l'abondance de son feuillage. Il s'agit cependant toujours du *Centaurea Calcitrapa* ; mais, des capitules de cette plante, sortent, en grand nombre, de petites feuilles qui dondonnent à la Centaurée son aspect si spécial.

Les fleurs de ces capitules sont extrêmement intéressantes et jettent un certain jour sur la constitution du calice et du pistil des Centaurées.

Dans la fleur normale, le calice est réduit à un bourrelet visible seulement à la loupe et surmontant l'ovaire. Ici c'est un verticille de feuilles vertes découpées comme les feuilles portées par la tige et pouvant devenir assez grandes.

Dans la même fleur normale, le style est extrêmement ténu et terminé par deux lobes stygmatiques. Les fleurs dont M. Gerber présente des photographies ont, à la place de ces filament stygmatiques, deux feuilles libres ou encore soudées au sommet et présentant les dentelures des feuilles ordinaires.

Enfin, on peut rencontrer trois, quatre et jusqu'à cinq feuilles à la place du style et naissant, comme celui-ci, du sommet de l'ovaire.

En outre de ces modifications florales, on rencontre des bourgeons foliaires prenant naissance soit sur le capitule même, à la place des fleurs dont aucune ne s'est développée, soit sur l'ovaire, dans sa région basilaire ou près du sommet et faisant alors hernie tantôt entre le calice et la corolle, tantôt dans le tube même de la corolle. Quant à cette dernière et aux étamines qu'elle porte, elles ne présentent que des modifications légères.

———

M. le Dʳ LESAGE, Maître de conférences à la Fac. des Sc. de Rennes.

Germination des spores de Penicillium dans l'air alternativement sec et humide. — Considérant la respiration normale chez l'homme et la succession du courant d'air d'inspiration au courant d'air d'expiration frôlant, en alternance presque régulière, la paroi interne de la cavité respiratoire ou des voies respiratoires,

l'auteur se demande si cette alternance d'air relativement sec et d'air très
humide peut avoir de l'influence sur la germination d'une spore de Penicillium
placée sur l'un des points de cette paroi. Dans des expériences variées où les
spores étaient semées sur goutte de gélose fixée sur la paroi interne d'un tube
de verre, il a constaté les faits suivants :

1° En soumettant des spores à l'action de deux courants d'air, l'un sec,
l'autre très humide et permettant la germination, en alternance régulière, ces
spores n'ont pas germé dans un temps plus long que celui qui est nécessaire à
la germination normale.

2° En variant la durée relative des deux courants en alternance, il a fallu
donner la durée 11 à l'air très humide et la durée 1 à l'air relativement sec,
pour pouvoir obtenir la germination dans un temps voisin de celui qui est
nécessaire à la germination normale, mais encore un peu plus long que celui-ci.

3° Enfin, en faisant alterner régulièrement, sur des spores maintenues à 30°,
un courant d'air presque saturé à 25° et un courant d'air presque saturé à 30°,
ces spores n'ont pas germé dans un temps plus long que celui qui est nécessaire à la germination normale des spores placées à ces deux températures.

Feu le Dr QUÉLET.

Quelques espèces critiques ou nouvelles de la flore mycologique de la France.

— **13 septembre** —

M. STRASSER-ENSTÉ, Dir. de la Carrosaccia, près Ajaccio.

De quelques réformes à apporter à l'horticulture et à l'agriculture en Corse.
— M. Strasser-Ensté, dans un rapport très intéressant, mais tellement concis et
substantiel que le résumer serait impossible, propose un certain nombre de
réformes qu'il croit urgent d'introduire dans l'agriculture et l'horticulture de
l'île, si l'on veut que celles-ci occupent réellement la place qu'elles doivent
occuper.

La longue expérience et les aptitudes remarquables du savant directeur de la
Carrosaccia rendent très précieux les conseils contenus dans ce rapport.

M. W. RUSSELL, Doct. ès-Sc., à Paris.

Cas de fasciation observés chez un Chondrilla juncea de l'île de Corse. — Au cours
d'un voyage effectué au mois d'août 1900, j'ai eu l'occasion d'observer d'intéressants cas de fasciation sur un *Chondrilla juncea*. Cette Composée végétait sur
le flanc des coteaux qui dominent le torrent de la Restonica, près de Corte ; à
l'époque où je l'ai rencontrée sa floraison était sur le point de se terminer ; ses
tiges, longues et grêles, portaient de nombreux rameaux aplatis. Ces rameaux,
de conformation assez variée, offraient tous la même particularité : leur axe
principal était rejeté latéralement par suite du développement rapide qu'avaient
éprouvées les ramifications secondaires — il y avait, en un mot, dans la région
fasciée une véritable ramification sympodique.

Dans certains cas, l'axe principal rejeté sur le côté, n'avait éprouvé aucune modification, dans d'autres, il s'était aplati et avait cessé de s'accroître.

J'ai recueilli deux échantillons que je soumets aujourd'hui au Congrès.

Chez un de ces échantillons, l'aplatissement est peu marqué et n'intéresse pas l'axe principal ; celui-ci a conservé la forme cylindrique que possèdent les rameaux normaux et se termine par un groupe de capitules fortement infléchis vers le bas.

L'axe secondaire aplati sur une longueur d'environ 4 centimètres, finit par une inflorescence ; il paraît résulter de la concrescence de deux ramifications dont l'une est restée très courte après sa séparation, tandis que l'autre s'est allongée normalement et porte, de distance en distance, des groupes de capitules.

L'autre échantillon a une constitution beaucoup plus complexe car l'axe principal a éprouvé, comme l'axe secondaire, un aplatissement très accentué. L'axe principal a une largeur de 8 millimètres au point où il se sépare de la lame formée par les ramifications concrescentes, il se rétrécit ensuite graduellement et se bifurque en deux courts rameaux qui, un peu avant leur terminaison, émettent chacun un petit axe portant de nombreux capitules.

La disposition des côtes que présente l'axe principal semble indiquer que celui-ci a éprouvé une sorte de torsion. Les axes secondaires concrescents sont environ au nombre de six et forment une lame qui, à son origine, a 1 centimètre et demi de largeur ; quelques ramifications restent en concrescence sur toute leur longueur, d'autres, au contraire, se séparent à différents niveaux pour devenir des branches normales ; l'une d'elles, opposée à l'axe principal, reste aplatie sur une longueur de 1 centimètre (1).

M. le Dr **F. HEIM**, Agr. à la Fac. de Méd. de Paris.

Contribution à l'étude botanique des lianes caoutchoucifères de l'Indo-Chine française. — Nous n'avons encore qu'une connaissance très imparfaite des plantes caoutchoucifères spontanées de l'Indo-Chine française. Une étude monographique de chacune d'entre elles est nécessaire pour fixer leurs affinités botaniques, leurs caractères différentiels et leur valeur économique. Touchant cette question complexe, les matériaux d'étude ne peuvent être acquis que progressivement. Aussi devons-nous nous borner, pour l'instant, à donner une étude monographique d'une liane, dont les caractères n'ont pas encore été fixés et dont l'étude technologique est à poursuivre, celle d'une écorce de liane, encore non exploitée, et les résultats de l'examen de nombreux débris d'écorce et de bois, débris trouvés dans diverses sortes de caoutchouc de l'Indo-Chine, et appartenant aux plantes productrices dont l'histoire botanique est entièrement à faire.

L'étude organographique et anatomo-histologique de la liane signalée dès 1874, par L. Piérre, comme susceptible de produire du caoutchouc au Cambodge et dans la Basse Cochinchine, conduit à la considérer comme une variété de *Parameria glandulifera*, Benth. ; ce sera : *Parameria barbata* (Bl.), K. Sch. (= *P. glandulifera* (Wall.) Benth.), var. *Pierrei* nob., variété qui pourrait être

---

. (1) D'après MM. G. Darboux et C. Houard (*Catalogue systématique des Zoocécidies de l'Europe et du bassin méditerranéen*, Paris, 1901), ces déformations des tiges du *Chondrilla juncea* sont l'œuvre d'un Acarien-Phytoptide, l'*Eriophyes Chondrillæ* de Can.

considérée comme une espèce distincte, si on ne craignait pas de multiplier les espèces du genre *Parameria*. C'est, d'ailleurs, un type polymorphe, présentant deux formes bien distinctes ; l'une *form. macrophylla*, croissant dans les bois ; l'autre *form. microphylla*, rampante, presque buissonnante, qui croît dans les lieux découverts.

On peut, du latex, extraire par le battage joint à la l'ébullition un caoutchouc qui, avec le temps, tourne complètement au gras, renferme 15 0/0 de résine, se ramollit dans l'eau chaude, devient alors plastique, mais présente une adhésivité qui le déprécie. L'étude du latex et des procédés de coagulation qu'il réclame demande à être poursuivie méthodiquement.

La vieille écorce sèche de la liane donne, à l'extraction par le toluène, 5,63 0/0 de gomme renfermant 40,9 0/0 de résine ; assez élastique, quoique adhésive, se ramollissant et devenant plastique dans l'eau chaude ; la gomme ainsi extraite résiste bien aux causes d'altération, c'est un produit mi-caoutchoucoïde, mi-guttoïde, mais ce n'est pas un caoutchouc vrai. La structure de l'écorce explique la facilité de l'extraction de la gomme par pilonnage et lavage, les laticifères se trouvant disséminés dans un parenchyme friable, à structure hétérogène, et privés de toute connexion avec des éléments adhérents.

L'étude histologique de l'écorce de la liane « Day-Ché » de Cochinchine permet de la rapprocher singulièrement de la liane précédente et de la différencier de celle de « Doh-Trong », écorce de la pharmacopée chinoise, importée de Chine dans les bazars indo-chinois et fournie par *Eucommia ulmoides* OLIV.

On peut, d'après la structure de l'écorce de « Day-Ché », la rapporter à une liane de la famille des Apocynacées, qui mérite d'attirer tout spécialement l'attention au point de vue économique ; son écorce sèche fournit à l'extraction au toluène 2,5 0/0 d'une gomme, dont les propriétés sont plutôt celles des guttas que des caoutchoucs, et qui paraît susceptible du meilleur emploi dans l'industrie de la gutta.

Tous les échantillons de caoutchoucs indo-chinois, originaires du Laos, de l'Annam ou du Tonkin, que nous avons eus en main (indépendamment du caoutchouc de *Ficus* de l'Annam) renfermaient des débris d'écorces et de bois des plantes productrices ; la structure anatomo-histologique de ces débris permet de déterminer, avec assez de précision, l'origine botanique de ces gommes. Leurs plantes productrices semblent toutes être des Apocynacées, peut-être toutes des lianes, dont la structure se rapproche, sans lui être identique, de celle de l'espèce de *Parameria* étudiée au début.

M. H. COUPIN.

La couleur des fleurs de la flore française.

MM. GUÉGUEN et F. HEIM.

Variations florales tératologiques, d'origine parasitaire, chez le chèvrefeuille. — Étude de l'aphidocécidie florale du Lonicera *periclimenum L., produite par* Rhopalosiphon xylostei SCHRK. — Les rameaux florifères du chèvrefeuille (*Lonicera periclymenum* L.), infestés par *Rhopalosiphon xylostei* SCHRK. (Aphide), présentent des modifications des organes foliaires et floraux, dont l'examen révèle certains faits d'une portée biologique générale.

Les lésions déterminées par le puceron sur les organes foliaires sont des lésions de cloque. L'action directe exercée par le parasite sur les organes floraux, en voie de différenciation déjà avancée, consiste, essentiellement, en un arrêt de développement de ces organes au stade de différenciation qu'ils ont atteint, au moment où l'action parasitaire commence à s'exercer; le déterminisme des modifications observées semble se ramener à un simple détournement, au profit du parasite, des sucs nourriciers, nécessaires à la différenciation complète des organes floraux. On constate, dans la corolle, un retour à une disposition plus régulière qu'à l'état normal, et une virescence totale; les phyllômes staminaux et carpellaires traduisent une tendance à la régression foliacée par une pilosité anormale, et la division tangentielle de leurs méristèles; parmi leurs éléments constitutifs, ce sont les gamètes qui tendent à conserver, le plus longtemps, leur individualité.

L'action directe exercée par le parasite sur les organes floraux, déjà morphologiquement différenciés, mais encore susceptibles de variations histologiques, paraît se réduire à un apport exagéré et intempestif de sève nourricière, au moment où l'activité nutritive de ces organes se trouve exagérée du fait de l'inoculation par le parasite d'une diastase stimulante.

Mais l'action parasitaire s'exerce également à distance, en déterminant une stimulation générale de la nutrition de l'axe florifère, dont la base seule a subi l'attaque directe des parasites. Du fait de ceux-ci, qui provoquent une consommation exagérée de sève nourricière, un afflux exagéré de sève s'établit dans les inflorescences, dont le sommet est encore en voie de différenciation. La disparition brusque du parasite consommateur rompt brusquement l'équilibre qui s'est établi entre la consommation et l'apport des sucs nourriciers, la rupture s'effectue au profit de l'apport, et ainsi s'explique par une influence tératogène, tardive, indirecte et à distance, due aux parasites, toute une série de faits de duplicature, de phyllodie, de pétalisation, de synanthie, affectant successivement tous les verticilles floraux.

Ces variations tératologiques étaient connues, de longue date, chez le chèvrefeuille, mais leur cause déterminante unique : le parasitisme, était restée méconnue.

Le fait dûment constaté d'une action parasitaire tératogène, s'exerçant à distance, après disparition du parasite, est, croyons-nous, un fait assez neuf pour mériter de fixer l'attention.

S'il y a beaucoup à attendre, au point de vue biologique, d'études de tératogénie végétale expérimentale, le maniement des agents tératogènes mécanicophysiques ou chimiques est singulièrement délicat; par contre, la nature nous offre de précieux exemples de tératogénie parasitaire, qui ont presque la valeur de faits expérimentaux, et conduisent à une explication, toute bio-mécanique, de variations tératologiques dont le déterminisme exact n'était pas établi.

M. Louis DUCAMP, Prépar. à Faculté des Sciences de Lille.

De la présence de canaux secréteurs dans l'embryon de l'Hedera Helix L. avant la maturation de la graine. — Dans le cours de nos recherches sur l'embryogénie des Araliacées, nous avons assisté à la formation de canaux secréteurs dans l'embryon du Lierre avant la maturation de la graine.

Lorsque les cotylédons atteignent le tiers de la longueur qu'ils auront au stade de repos, l'assise externe du cylindre central de l'axe hypocotylé se différencie nettement par la taille de ses cellules et par une affinité très grande pour les colorants. C'est dans cette assise péricyclique que vont prendre naissance les canaux secréteurs.

Dans un premier stade la section transversale moyenne de l'axe hypocotylé montre deux canaux secréteurs quadrangulaires opposés dans le péricycle. La série des coupes transversales successives permet d'observer que ces canaux vont du niveau du collet à la base des cotylédons et qu'ils correspondent à ceux-ci.

. A un stade plus avancé il y a quatre canaux secréteurs quadrangulaires médians suivant les deux plans principaux de l'hypocotyle. Ils sont accompagnés de chaque côté par un canal triangulaire, et la section indique nettement une structure de racine. Les deux canaux médians correspondant aux cotylédons se prolongent dans ces appendices jusque près de leur sommet ; les canaux triangulaires voisins se terminent à la naissance de ces derniers. La région secrétrice située perpendiculairement aux cotylédons se divise sous la gemmule et un canal pentagonal ou hexagonal suit extérieurement chaque massif procambial pour l'accompagner dans la nervure médiane. Aussi dans le tiers inférieur de la lame cotylédonnaire la section transversale montre un canal secréteur médian opposé à une trachée et derrière les deux massifs procambiaux situés un peu latéralement un canal pentagonal ; au milieu du cotylédon on ne trouve plus que le canal secréteur médian qui se présente avec cinq ou six cellules secrétrices.

Le processus formatif de ces canaux est de mode schizogène comme l'ont indiqué M. Van Tieghem (1) et Mlle Leblois (2). Les cellules secrétrices fonctionnent avant la maturité, car certains embryons de graines au repos nous ont présenté de la gommorésine.

Note tératologique sur le typha latifolia, L.

Mlle M. BELEZE.

Le Rumex maritimus en Seine-et-Oise.

RAPPORT

DE

M. le Docteur GERBER

SUR LA

Visite de l'Association Française pour l'avancement des Sciences
à l'Établissement horticole de la Carrosaccia.

Un élégant gentleman, habitant Nice depuis plusieurs années, se laissait aller à la vie mondaine de cette merveilleuse station hivernale, lorsqu'en 1882 les

----

(1) Van Tieghem. *Ann. Sc. nat.* 7e série, t. I, 1883.

(2) Mlle Leblois. *Recherches sur l'origine et le développement de canaux secréteurs et des poches secrétrices.* Thèse, 1888.

médecins durent intervenir et, dans l'intérêt de sa santé, ébranlée par les fatigues et le surmenage inhérents à cette vie mondaine, lui conseillèrent d'aller passer l'hiver dans une station plus calme, où de se reposer il eût la liberté.

Il choisit Ajaccio, se rétablit promptement dans ce séjour enchanteur où l'on n'éprouve qu'un seul désir, celui de se laisser vivre, revint chaque hiver, trois années durant et se décida enfin, en 1885 à se fixer définitivement dans cette belle Corse, qui lui avait rendu la santé.

A cet effet il acheta, à quelques kilomètres d'Ajaccio, près de la route d'Alata une propriété d'une vingtaine d'hectares plantée en oliviers et en vignes phylloxérées, et il conçut l'idée de la transformer en propriété d'agrément.

Mais cet intelligent gentleman était un philanthrope doublé d'un homme actif. Au cours de ses fréquents séjours sur la Côte d'Azur, il avait pu constater l'immense parti que les horticulteurs tiraient d'un climat qui, certes, ne vaut pas celui d'Ajaccio ; aussi, dès 1887, se proposa-t-il de créer un établissement horticole modèle afin d'aider l'horticulture et même l'agriculture corses à sortir de l'état de torpeur où elle se trouve depuis des siècles.

Une institution semblable n'existait pas encore dans l'île, malgré les efforts tentés depuis cent ans par la métropole.

Bien avant l'aimable directeur de la Carrosaccia, l'État avait, en effet, cherché à atteindre le but poursuivi par M. Strasser-Ensté et à utiliser la température hivernale si clémente de la Corse pour tenter l'acclimatation des plantes exotiques.

C'est ainsi que quelques années après la réunion de la Corse à la France, en 1782, le père de Napoléon Iᵉʳ, Charles Bonaparte signa avec l'État un contrat par lequel il s'engageait, moyennant une certaine indemnité, à entreprendre, dans sa propriété des *Salines* située aux portes d'Ajaccio, entre le chemin de Candia et l'embranchement de la route de Bastia, la culture en grand du mûrier et des plantes exotiques. A sa mort, survenue trois ans après le contrat, il y avait dans cette propriété de vingt hectares : cent mille mûriers et plus de deux mille arbres fruitiers ou d'ornement. Survient la période troublée des débuts de la Révolution : l'établissement périclite rapidement.

Quinze ans plus tard, nouvel essai, entrepris cette fois par le Premier Consul qui fit transformer l'enclos de l'ancien couvent des Franciscains, à Ajaccio même, en un jardin botanique de 6.474 mètres carrés dans lequel on cultive avec succès le coton, l'indigo, le caféier, la canne à sucre et le ricin.

· Ce jardin continuant à prospérer fût annexé en 1807 au Muséum d'histoire naturelle de Paris pour y poursuivre les expériences et les essais culturaux que la rigueur du climat de la capitale ne permettait pas d'entreprendre au Jardin des Plantes. Ce fut sa perte. Le jardin d'Ajaccio était loin de présenter des conditions de salubrité suffisantes pour mettre à l'abri de la Malaria, des continentaux n'ayant jamais vécu dans des lieux marécageux. La mort de deux directeurs, envoyés successivement par le Muséum d'histoire naturelle, n'était pas faite pour encourager les Parisiens à continuer les essais dans ce jardin où ils contractaient des accès de fièvre paludéenne mortels. Aussi, le Muséum se désintéressa-t-il de la question et le jardin fut confié à la ville d'Ajaccio. Il ne tarda pas à devenir un jardin potager destiné à subvenir aux besoins d'employés qui n'avaient le plus souvent pas d'autre rétribution. Finalement il fut considéré, pour ainsi dire, comme la propriété de deux nègres faits prisonniers pendant l'insurrection de Saint-Domingue et qui se consolaient de la perte de leur liberté, en cultivant des légumes.

Le dernier coup fut porté à ce jardin par le général Bruny qui, en 1815, pendant les troubles d'Ajaccio, fit raser les murs de clôture du jardin, et livra au pillage les plantes exotiques et les cultures qui subsistaient.

En 1831, troisième tentative de création d'un jardin d'essai. Le Conseil général de la Corse achète à la famille Ramolino apparentée aux Bonaparte par la mère de Napoléon, l'ancien domaine des Salines et conçoit le projet d'en faire une pépinière. On y transporte les quelques arbres qui avaient échappé au désastre du jardin botanique et, sous la direction de M. Lefort père, puis sous celle de son fils, la pépinière prend un grand essor et livre à l'horticulture en quelques années plus de neuf cent mille plants d'arbres fruitiers.

Aux Lefort succède l'agronome corse bien connu Ottavi qui essaie, mais en vain, de prévenir l'effondrement de ce troisième essai, effondrement qui a pour cause la réduction trop considérable de l'allocation annuelle, ce qui ne permet plus l'entretien d'une aussi grande pépinière.

. Le Conseil général finit enfin par céder les Salines à l'administration de la colonie pénitentiaire horticole de Castelluccio ; c'est le désastre complet ainsi que peuvent le constater tous ceux qui ont le courage d'aller visiter ce qui fut autrefois le bel établissement horticole des Salines.

A cette pépinière ont succédé différentes pépinières créées dans les cinq arrondissements et largement subventionnées par le département ; mais les directeurs de ces établissements considèrent trop leurs charges comme des sinécures et l'on peut dire que cette quatrième tentative a échoué comme les précédentes.

Telle était la situation, quand M. Strasser-Ensté entreprit de substituer l'initiative privée à l'initiative publique pour la création d'un établissement horticole modèle.

Il s'adjoignit comme collaborateur un intelligent jardinier ayant travaillé sous la direction de Lenné dans les jardins de Charlottenburg et de Berlin, puis dans le magnifique établissement de J. Weitch et fils Limited, à Londres, et à eux deux ils commencèrent à transformer la propriété de la Carrosaccia. Il fallut, tout d'abord, la rendre habitable en l'assainissant, car si le vallon où elle se trouve est tristement connu par la facilité avec laquelle on y contracte des accès de fièvre paludéenne (d'où le nom corse bien caractéristique de Carrosaccia), cette propriété contribuait alors beaucoup à maintenir cette réputation. Une vingtaine d'espèces d'Eucalyptus furent semés et, l'année suivante, un cercle de jeunes Encalyptus entourait complètement la propriété. De plus, toute cause de stagnation des eaux fut supprimée. Résultats : depuis quatre ans, vingt-six personnes habitent été comme hiver l'Établissement et aucun accès de fièvre ne s'est déclaré. Malheureusement, au bout de six mois le chef jardinier vint à mourir et M. Strasser-Ensté se trouva aux prises avec les plus grandes difficultés concernant la main-d'œuvre. Le Corse, en effet, surtout dans la région occidentale de l'île ne veut pas cultiver la terre. Il considère le travail de la terre comme un travail inférieur, indigne de lui, et il a recours pour cultiver ses champs à des Italiens, à des Lucquois. Dans l'impossibilité d'utiliser la main-d'œuvre indigène, le directeur de la Carrosaccia fut obligé d'avoir recours, aussi bien pour les ouvriers jardiniers que pour les chefs, à des continentaux. Ceux-ci, nullement familiarisés avec le pays et ses exigences culturales, passent par une période durant laquelle ils font plus de mauvaise besogne que de bonne, et, au moment où, ayant acquis l'expérience nécessaire, aux dépens de la propriété, ils vont être réellement utiles, impatientés par les échecs antérieurs, ils quittent la Corse. C'est ainsi que de 1887 à 1896, cinq jardiniers chefs se succédèrent dans le nouvel établissement et que tous les ans le personnel inférieur dut être renouvelé, au grand détriment des cultures.

Cela ne découragea pas le fervent apôtre du relèvement de l'horticulture et de l'agriculture corses qui, ne reculant devant aucun sacrifice pécuniaire, si lourd qu'il fut, persista, espérant bien arriver au but qu'il poursuivait avec une ténacité remarquable.

En 1897 il se décida enfin à être son propre jardinier-chef, et, depuis cette époque, l'établissement a pris un essor considérable, l'amateur distingué qu'était M. Strasser-Ensté, étant devenu un remarquable praticien sachant profiter lui-même et faire profiter les autres de l'expérience acquise au prix de si grands sacrifices.

C'est pour constater l'importance de cet établissement horticole, et les services qu'il peut rendre à l'agriculture et à l'horticulture de l'île, que l'Association française pour l'avancement des sciences décida, sur l'initiative de la Section de botanique, de visiter la Carrosaccia.

Le 10 septembre à 2 heures de l'après-midi, un grand nombre de membres de notre Société sous la direction de MM. le Docteur Bonnet, président de la section de Botanique, Giard, membre de l'Institut, président de la section de Zoologie, Ladureáu, président de la section d'Agronomie et Saugrain, docteur en droit, avocat à la Cour d'appel de Paris, président de la section d'Économie politique, se présentèrent à l'établissement de la Carrosaccia et reçus par son aimable directeur, visitaient successivement les pépinières, les cultures de primeurs, les plantes d'ornement et espèces exotiques, la vigne.

Pépinières. — Plusieurs hectares sont consacrés aux arbres fruitiers. Signalons tout particulièrement les pépinières de pommiers et de cerisiers dont les sujets, semés en octobre de l'année dernière et greffés en mars dépassent, au moment de notre visite (10 septembre) un mètre de hauteur. Or, ces plants ont encore trois mois de végétation devant eux, avant de perdre leurs feuilles qui ne tombent, à Ajaccio, que fin novembre et parfois même fin décembre. Cette longue durée de la végétation présente certains inconvénients ; au moment en effet où les plants de pommiers et de cerisiers, doivent être livrés au commerce afin que la vente soit rémunératrice, ils possèdent encore leurs feuilles ; comme l'arrachage, dans ces conditions serait dangereux pour les arbres, il faut se résigner à faire la livraison plus tard. A côté des variétés précoces destinées principalement à l'exportation, M. Strasser-Ensté cultive les variétés mieux adaptées aux divers climats de montagne, en vue de leur diffusion dans les régions élevées de la Corse.

Les pépinières de pêchers ne le cèdent en rien aux précédentes, pour la beauté et le nombre des sujets et nous avons pu admirer les jeunes plants provenant de greffes sur amandier, destinés aux terrains secs, et ceux greffés sur franc qui supportent mieux les terres humides et par suite qui peuvent, à la rigueur, être plantés dans des sols où l'on cultive en même temps des légumes et par suite soumis à de fréquents arrosages. Nous n'insisterons pas sur la belle pépinière de vignes hybrides et porteurs directs et nous terminerons cette revue des arbres fruitiers en signalant les essais infructueux tentés pour acclimater les groseilliers (*Ribe nigrum et sanguineum*). Quel qu'ait été le procédé employé : semis, boutures, éclats, le résultat a été jusqu'ici franchement mauvais.

. A citer une pépinière bien intéressante de *Paulownia imperialis*. En mai, lors de la visite de la Société Botanique de France nous avions vu ces plantes dans leurs terrines de semis, toutes petites ; actuellement, dans la pépinière, elles atteignent un mètre de hauteur ; leurs tiges ont au moins deux centimètres et demi de diamètre et les feuilles sont très grandes.

Quant à la pépinière de rosiers, obtenue par bouturage, (environ cinq mille pieds), elle est moins florissante ; cela est du principalement au manque d'eau. Quels que soient les efforts développés par M. Strasser-Ensté, il n'arrive pas, en effet, à obtenir une quantité d'eau suffisante pour les nombreuses cultures qui couvrent sa propriété. L'eau est fournie par le canal de la Gravone qui apporte à la ville l'eau potable, après avoir traversé la propriété. D'après les conventions, ce canal doit donner à la Carrosaccia 250.000 litres d'eau par vingt-quatre heures ; mais le propriétaire s'estime heureux avec les 30.000 litres qu'il reçoit réellement, bien que la redevance annuelle qu'il paie soit pour 250.000 litres. Le canal traversant la propriété dans sa région inférieure, M. Strasser-Ensté a installé un moulin à vent qui lui permet d'élever la quantité d'eau nécessaire à l'irrigation des parties hautes, lorsque le vent souffle. Malheureusement on attend trop souvent en vain dans ce beau golfe d'Ajaccio

> Le moindre vent qui d'aventure fait rider la face de l'eau ;

aussi, est-on souvent obligé, à la Carrosaccia de substituer le cheval au vent et d'utiliser une noria qui n'arrive pas à fournir la quantité d'eau strictement indispensable.

Tandis que nous déambulons le long du canal de la Gravone en nous demandant comment il se fait qu'avec tant d'eau, les rues d'Ajaccio sentent parfois si mauvais, nos yeux sont attirés par les ruines d'une petite usine, derniers restes d'un essai tenté par M. Strasser-Ensté et d'où aurait dû sortir la richesse du pays. Il s'agit de la fabrication des huiles essentielles. Ceux d'entre nous qui ont eu le bonheur de parcourir le maquis au printemps, savent combien le romarin, la lavande, le myrte, les artemisia, etc., sont odorants dans l'île et combien, par conséquent, ces plantes sont riches en essence. M. Strasser-Ensté conçut le projet de créer une distillerie d'huiles essentielles, qui devait être une source de bénéfices non seulement pour le propriétaire de l'usine, mais encore pour la classe pauvre de la ville d'Ajaccio, qui aurait trouvé une occupation rémunératrice en cueillant la matière première dont le maquis abonde. Cette usine a fonctionné pendant cinq mois au bout desquels, pour des motifs qu'il serait trop long d'énumérer, le propriétaire a renoncé à son essai après avoir perdu plus de 30.000 francs.

Culture de primeurs. — Les primeurs sont cultivées sur une très grande échelle à la Carrosaccia : petits pois, haricots, tomates, asperges, fraises, sont forcés et expédiés sur Paris, Berlin et Londres. A l'époque avancée où nous visitons la propriété, il ne reste plus trace de toutes ces cultures, sauf pour les asperges dont nous avons pu admirer une plantation de plus de 2 hectares.

Signalons également la culture des bulbes à fleurs de toute espèce, le forçage de *Calla Ethiopica* exporté en Suède et en Russie, et la culture des acacias pour la vente des fleurs de mimosa sur les marchés du Nord. Au sujet des acacias, il est important de noter les précautions que l'on est obligé de prendre dans leur plantation pour éviter les vents trop chauds ; c'est ainsi qu'à la Carrosaccia tout une ligne d'*Acacia floribunda* a eu son feuillage brûlé par un coup de sirocco.

L'effet produit par ces arbres brûlés au milieu d'une végétation luxuriante est saisissant.

Si l'on pense que les fleurs de mimosa expédiées d'Ajaccio se sont vendues cette année 8 à 10 francs les 5 kilogrammes et que les pois exportés par la Carrosaccia ont été payés de 100 à 120 francs les 100 kilogrammes, on comprendra combien M. Strasser-Ensté a raison de chercher à propager la culture des primeurs et des fleurs forcées en Corse.

Mêmes observations pour les arbres fruitiers. Si les indigènes consentaient à ne cultiver dans une région qu'une seule espèce d'arbre fruitier, afin de créer une spécialité et de pouvoir assurer à l'acheteur une quantité suffisante d'un même fruit pour compenser les frais de voyage, ainsi que cela se produit à Petreto-Bicchisano pour les prunes reines-Claude, ils arriveraient rapidement à transformer leur île en un grenier d'abondance où les pays du nord enverraient leur or en échange des produits que le climat unique de cette île permet d'obtenir.

Quoi qu'il en soit, la Carrosaccia a introduit déjà en Corse la culture du cerfeuil, du persil frisé double, des échalottes, du topinambour, des choux-bruxelles, des choux-raves, des différentes espèces de fraises, du crambe maritime, des asperges, de la barbe de capucin, des scorzonères, du salsifis, de la patate, du panais, des céleris, etc.

Plantes d'ornement et espèces exotiques. — Signalons une allée de jeunes *Pritchardia filifera*, qui s'annonce comme devant constituer bientôt une magnifique avenue. Quant au *Phœnix reclinata*, il est ici chez lui, ainsi que le montre bien un certain nombres de pieds âgés de quatorze ans et plantés des deux côtés d'un escalier rustique. Ce sont des temoins irréfutables de la douceur du climat. La culture de ce dattier est faite à la Carrosaccia sur une très grande échelle en pot et en plein air dès le semis, Les *Kentia* sont magnifiques et ont très bien supporté, cet hiver, une température de deux degrés au-dessous de zéro, température exceptionnelle pour Ajaccio.

Les *Aspidistra*, *Magnolia*, *Melalenca*, *Calystemon*, *Metrosideros*, *Yucca*, *Calla*, *Canna*, ainsi que de nombreuses espèces de *caoutchouc* sont cultivées, ici, en plein air, en vue de leur exportation sur le continent. Pour ce qui est du Laurier-rose, la facilité avec laquelle il vient, les belles variétés horticoles qu'il produit à la Carrosaccia, montrent bien que la Corse est sa patrie, comme nous avons pu le constater nous-même dans la vallée de Ficajola, près de Saint-Florent.

Enfin, nous ne saurions passer sous silence les nombreux et beaux spécimens d'*Eucalyptus globulus*, *rostrata*, *lancifolia*, etc., qui, semés il y a dix ans sur les bords du canal de la Gravone, ont pris un développement réellement surprenant.

Citons, pour terminer cette rapide et forcément très incomplète énumération : de beaux pieds de *Senecio Petasites*, et un bien joli choix de plantes panachées parmi lesquelles *Adiantum capillus veneris* et *Kentia forsteriana* nous remplissent d'admiration.

La paille très longue nécessaire pour l'emballage des diverses plantes destinées à l'exportation ne se rencontrant pas en Corse, le propriétaire de la Carrosaccia est obligé de cultiver, à cet effet, du seigle, de l'orge et du blé et ces cultures, faites avec les outils et d'après les procédés modernes, contrastent avec les mêmes cultures par trop primitives faites partout ailleurs en Corse.

Oliviers et vignes. — Il existe deux mille oliviers dans la propriété ; c'est une variété à très petits fruits, donnant une huile excellente, il est vrai, mais en faible quantité par suite des procédés peu perfectionnés d'extraction ; de plus, on ne peut guère compter que sur une récolte chaque trois ans. On s'occupe actuellement d'introduire une variété à gros fruits.

Quant à la vigne, c'est une des principales cultures de l'établissement. Trois hectares de petit portugais bleu et de malvoisie blanc sont actuellement en pleine exploitation. Le vignoble est planté à la façon de ceux des bords du Rhin: Deux mètres et demi séparent chaque ligne de plants et les pieds sont à un mètre de distance les uns des autres dans chaque ligne.

Le jardinier qui s'en occupe, ancien élève de l'École des vignerons de Trèves-sur-Moselle ne lui marchande pas ses soins intelligents ; aussi, le vin qui provient de cette vigne est-il réellement très bon, comme nous avons tous pu le constater par la dégustation aux tonneaux mêmes.

Le malvoisie de la Carrosaccia est certainement un cru aussi estimé que le vin du cap Corse et lorsque M. Strasser-Ensté aura fait construire, comme il en a l'intention, de nouvelles caves pour remplacer les caves actuelles où les variations de température sont trop considérables, il sera permis de dire que la Carrosaccia est, non seulement un établissement horticole de premier ordre, mais encore un établissement vinicole modèle, et l'on n'aura peut-être pas besoin de chercher ailleurs pour trouver l'emplacement de l'École pratique d'agriculture et d'horticulture ou de la ferme-école dont on pense, 'depuis un certain temps, dans les sphères officielles, à doter l'Ile.

Telles sont, très rapidement énumérées, les principales choses qui ont attiré plus spécialement l'attention des membres de l'Association Française pour l'avancement des Sciences, durant cette intéressante visite qui s'est terminée par une charmante réception au cours de laquelle la gracieuse madame Strasser-Ensté, sa gentille fillette et M. le directeur de la Carrosaccia ont tenu à nous faire apprécier les divers produits de leur propriété, et où nous avons bu à la régénération de l'horticulture et de l'agriculture corses, régénération qui sera en grande partie l'œuvre de notre aimable et savant hôte.

Il ressort, en effet, de tout ce que nous avons vu pendant notre trop courte visite que l'établissement horticole de la Carrosaccia peut supporter la comparaison avec les meilleurs établissements de la Côte d'Azur et qu'il est à même de rendre les plus grands services à l'horticulture et à l'agriculture corses. Malheureusement ces derniers ont des ennemis puissants : non seulement dans le dédain que le Corse professe pour elles, mais encore et surtout dans les entraves de toute sorte qu'elles rencontrent lorsqu'elles cherchent à se développer. On dirait que tout conspire à étouffer dans l'œuf les essais de culture qui pourraient être tentés. Aussi, considérons-nous comme un devoir de signaler les principaux obstacles qui empêchent l'agriculture et l'horticulture corses de prendre tout leur développement.

Au premier rang de ces obstacles nous citerons les *défectuosités du service maritime reliant la Corse au continent.*

Une lettre, nous affirmait M. Strasser-Ensté, met parfois huit jours pour arriver de l'Italie, de Rome ou de Naples, par exemple, à Ajaccio.

C'est encore pis pour les colis postaux. Il est arrivé au directeur de la Carrosaccia de ne recevoir un colis postal expédié de Paris que dix jours après son dépôt au chemin de fer, et parfois il a attendu quinze et vingt jours des colis venant d'Italie. Rien d'étonnant à ce que le contenu de ces colis, quand il s'agit de plantes fraîches, par exemple, soit hors d'usage à leur arrivée à destination.

De même, le commerce des fleurs et des primeurs avec le continent, se fait dans les plus mauvaises conditions, par suite du temps considérable compris entre l'heure après laquelle la compagnie n'accepte aucun dépôt, et l'heure de départ du bateau.

Cette défectuosité des services maritimes ne tient pas seulement au retard apporté, mais encore aux frais d'expédition. Le prix du fret maritime est, en effet, beaucoup trop élevé. C'est ainsi, chose à peine croyable, qu'on paie, nous affirme M. Strasser-Ensté, d'Ajaccio à Marseille, pour bien des denrées, deux fois plus cher, pour le transport, que de Marseille à New-York.

Un autre obstacle important au développement de l'agriculture de l'Ile est la pénurie des moyens de communication entre les divers points de la Corse. Le réseau de chemins de fer est très incomplet, et quant aux routes, non seulement elles sont rares, mais encore elles sont dans un état tel qu'il est impossible de drainer rapidement les produits des diverses régions pour les diriger sur les ports d'embarquement.

A ces obstacles, indépendants des habitants de l'Ile, nous devons en ajouter un certain nombre imputables aux Corses mêmes. L'exagération du sentiment de la personnalité ne leur permet pas de s'unir, de s'associer. L'axiome : l'union fait la force, est loin d'être entré dans leurs mœurs, et, qu'il s'agisse d'élever des barrages dans certaines rivières pour utiliser l'eau, dans ce pays où le manque d'eau se fait durement sentir en agriculture, ou de chercher à écouler les produits sur le continent, vous les trouverez rarement unis, rarement d'accord.

La fierté caractéristique du Corse ne lui permet pas de se livrer, ainsi que nous l'avons déjà dit, aux travaux de la terre. Il a recours pour cela à des Italiens et lui-même se contente de briguer un poste où il puisse commander, fût-ce celui de gardien de la paix ou de prison et le traitement fût-il de beaucoup inférieur à la somme qu'il obtiendrait en cultivant lui-même sa terre. — Résultats : Indifférence complète pour les perfectionnements apportés à la culture et exploitation trop primitive de la terre qui est loin de donner tout ce qu'elle pourrait.

.... Nous en avons assez dit pour montrer qu'il ne suffit pas qu'un établissement horticole modèle prospère pour assurer la prospérité agricole et horticole de toute la Corse. L'initiative publique personnifiée dans le Gouvernement doit seconder les efforts dus à l'initiative privée des hommes de valeur qui, comme le directeur de la Carrosaccia se dévouent pour une noble cause, et chercher à aplanir — ce qui est relativement facile — les difficultés de tout ordre, les nombreux obstacles que l'horticulture et l'agriculture corses rencontrent dès leurs premiers pas.

10ᵉ Section.

ZOOLOGIE, ANATOMIE ET PHYSIOLOGIE

Président. . . . .   M. A. GIARD, Membre de l'Inst. Prof. à la Fac. des Sc. de Paris.
Vice-Présidents . . . .   MM. Raphael DUBOIS, Prof. à la Fac. des Sc. de Lyon.
                                     JOBERT, Prof. à la Fac. des Sc. de Dijon.
Secrétaire . .   . .   M. P. STEPHAN, Chef des trav. à l'Éc. de Méd. de Marseille.

— 9 septembre —

M. le Dʳ GERBER, à Marseille.

Zoocécidies provençales : *1⁰ Phytoptocécidie de Clematis flammula (L.)*.
— M. Gerber remet des photographies de *Clematis flammula* (L.) attaquée par
un acarien.

Cet acarien différent de *Epitrimerus heterogaster* (Nal.) que l'on rencontre sur
Clematis recta (L.), *cirrhosa* (L), *alpina* (Mill.), et encore plus de *Eriophyes vitalbæ*
(Can) qui attaque *Clematis vitalba* (L.), déforme les feuilles et les fleurs de *Cle-
matis flammula* (L.).

Cet acarien étant accompagné d'un puceron, M. Gerber a infecté expérimentalement des pieds de clématite pour bien établir que les déformations observées
étaient dues au *Phyllocoptinæ*.

Les expériences ont réussi au delà de toute espérance et lui ont permis de
produire non seulement les déformations foliaires et florales qu'il avait remar-
quées, mais de nouvelles déformations portant sur les étamines et sur les
carpelles. Il résulte, en un mot, de ses recherches que les déformations sont
fonction de l'âge de la plante attaquée.

Zoocécidies provençales : *2⁰ Phytoptocécidie de Centaurea aspera.* — On sait que
les capitules de *Centaurea aspera* (L.) présentent sur leurs écailles externes un
appendice réfléchi bordé de trois à cinq épines jaunâtres, vulnérantes, *égalant la
moitié de la longueur de l'écaille.*

Ceux dont M. Gerber distribue des photographies sont privés d'épines ou tout
au moins, celles-ci sont-elles très courtes; de plus, l'appendice est très réduit.
Les capitules anormaux ne s'ouvrent pas et restent verts.

Ces particularités sont dues à l'action d'un *Eriophyes* spécial, se distinguant de tóus les autres *Eriophydœ* par la présence presque constante de deux épines dorsales placées à la région antérieure du bouclier, comme le montre bien les photographies que M. Gerber remet aux membres de la Section de zoologie.

Grâce à l'Eriophyes, les écailles internes du capitule développent considérablement leurs diverses parties, et il en résulte que l'on peut saisir le mode curieux d'insertion de l'appendice sur l'écaille. Quant aux fleurs, elles avortent complètement.

M. Gerber a réussi à produire expérimentalement les capitules anormaux par ensemencement de l'Eriophyes, mais il n'a jamais pu infester les diverses hybrides que *Centaurea aspera* (L.) forme avec *Centaurea calcitrapa* (L.) ni les espèces voisines du *Centaurea aspera* (L.). Cet acarien semble donc, non seulement morphologiquement, mais encore biologiquement, très différent de *Eriophyes centaureœ* (Nal), que l'on a signalé sur les feuilles de *Centaurea amara* (L.), *maculosa* (Lam), *scabiosa* (L.), *alba* (L.), *calcitrapa* (L.), *cineraria* (L.), *dealbata* (Moris), *fruticósa* (L.), *jacea* (L.), *nigrescens* (Wild), *rhenana* (Bor), *sadleriana* (Janka), *solstitialis* (L.). M. Gerber ayant réussi à infester expérimentalement les capitules de *Centaurea praetermissa*. Martrins conclut également que cette plante ne peut pas être considérée avec Cariot et Saint-Lager comme un hybride de *centaurea aspera* (L.) et de *centaurea calcitrapa* (L.) et qu'elle doit rentrer dans l'espèce *centaurea aspera* (L.) ainsi que Loret et les botanistes Montpelliérains l'admettent depuis longtemps.

———

ZOOCÉCIDIES PROVENÇALES : *3º Anomalies florales de Erodium Ciconium · Willd.* — Les fleurs normales de *Erodium Ciconium* Willd se présentent avec un calice et une corolle ouverts, laissant sortir un style très allongé constituant un bec de 6-8 centimètres à la maturité.

Celles dont M. Gerber présente une photographie sont fermées et il faut écarter le calice et la corolle pour apercevoir au centre un style très petit ne s'allongeant jamais davantage.

Cette modification florale curieuse est déterminée par la présence d'un Eriophyidae très remarquable par l'existence de poils courts sur toute la surface du corps.

Cet acarien détermine l'épaississement des diverses pièces du calice et de la corolle, pour le plus grand profit d'un charançon : *Limobius borealis* (Payk), lequel consomme les réserves alimentaires ainsi produites dans la phytoptocécidie.

———

M. A. MÉNEGAUX, Doct. ès sc., Prof. agr. au lycée Lakanal, à Bourg-la-Reine.

Sur la biologie de la Galéruque de l'orme. — L'insecte et la larve du Galéruque vivent surtout sur *Ulmus campestris* et ses variétés et sur différentes espèces d'*Ulmus.* Le *Planera crenata* (Spech.) de Sibérie est épargné. Tous les arbres de l'Europe occidentale ont été ravagés cette année, à l'exception des *U. montana* de Zurich et Lucerne et des ormes du Poitou. Les adultes seuls hivernent et sont à l'état de maturité sexuelle quand ils se montrent au printemps. Les œufs pondus à la fin de mai éclosent dans les premiers jours de juin ; les chenilles mangent les feuilles, puis se chrysalident. L'adulte éclôt au bout d'une huitaine de jours, en juillet, et ronge les feuilles épargnées ; la vie active peut durer jusqu'en n o vembre, puis l'animal hiverne. Il n'y a qu'une génération annuelle. Le seul moyen pratique pour les détruire est de secouer les branches le matin et de recueillir les individus engourdis tombés par terre.

Discussion. — M. Giard fait observer que les apparitions en masse de la Galéruque de l'orme paraissent coïncider en partie avec celles des Criquets et suivent comme ces dernières le cycle des taches solaires. Les années d'infestation maxima sont celles de minimum des taches. L'hivernage de la Galéruque se fait souvent dans les maisons et parfois à une assez grande distance des ormes attaqués.

A diverses reprises, M. Giard a reçu des exemplaires de Galéruques recueillies à l'automne dans des appartements dont ils encombraient le sol en formant une couche assez épaisse. Dans un cas de ce genre, observé par le professeur Herrmann de Toulouse, la maison envahie était éloignée de toute plantation d'ormes dans un rayon d'un kilomètre environ.

Dans le midi de la France la Galéruque paraît avoir deux générations annuelles.

M. Lamey signale que des invasions considérables de la Galéruque de l'orme ont été signalées sur divers points dans le centre de la France, en automne 1900 et au printemps 1901. Ainsi dans un château du département de l'Oise, appartenant à M. le comte de Luçay, on les rencontrait réfugiées derrière les tableaux et les rideaux, recouvrant même les parquets, en telles quantités qu'on en a pu remplir des seaux en balayant les pièces. Il est à remarquer que le château de M. de Luçay n'est dans son voisinage immédiat entouré que d'arbres verts, et que les ormes ne se trouvent qu'à une assez grande distance au fond du parc.

Une invasion aussi abondante s'est produite au mois de mai dernier au château de Sorgues, à Montigny-sur-Loing, propriété de M. Pascal, ancien notaire.

M. Pierre STEPHAN, Chef des trav. à l'Éc. de Méd. de Marseille.

A propos de l'hermaphroditisme de certains Poissons. — Chez *Sargus vulgaris*, on trouve des mâles, des femelles et des hermaphrodites. Les mâles présentent des traces de jeunes œufs et les femelles possèdent le long de leur ovaire une crête de tissu indifférencié qui représente le testicule des hermaphrodites. L'âge efface ces traces pour ne laisser subsister que le sexe prédominant, sauf lorsqu'il y a à peu près équilibre; alors on a affaire aux hermaphrodites.
— *Smaris vulgaris* présente également, mais moins développés, des éléments du sexe opposé aux organes dans lesquels on les trouve. On remarque chez ce Poisson une grande plasticité des éléments génitaux, qui fait qu'ils peuvent prendre une mauvaise direction de développement et dégénérer, ou bien remplir un rôle de sécrétion interne ou externe, ou quelque autre fonction. Il faut considérer que beaucoup d'éléments échappent à l'influence de l'action qui a déterminé le sexe et évoluent dans des directions indéterminées. Certaines espèces sont prédisposées à présenter ces particularités; la jeunesse les favorise ainsi que la situation du centre actif de l'organe. La plasticité et l'indépendance des divers éléments sont le facteur principal qui permet d'expliquer l'apparition de l'hermaphroditisme dans des groupes aussi élevés en organisation.

M. Émile BELLOC, à Paris.

Observations sur une variété de Tinca vulgaris. — Le genre *Tanche* n'ayant été
établi que, pour une seule catégorie de Cyprinide, il s'agissait de savoir si les
spécimens envoyés de Russie étaient suffisamment caractérisés pour permettre
d'en faire une espèce distincte.

Après avoir soigneusement examiné les parties distinctives de cette Tanche,
originaire de la Transcaucasie, M. Émile Belloc dit que la tanche russe ne paraît
se différencier de ses congénères de l'Europe occidentale que par la forme générale du corps et par sa coloration. Néanmoins, les caractères spécifiques de la
Tanche verte de Russie ne paraissent pas suffisamment tranchées pour permettre
de la considérer autrement que comme une simple variété de la *Tinca vulgaris,*.
CUVIER.

— 10 septembre —

M. le Commandant CAZIOT, à Nice.

*Comparaison entre les faunes terrestre et fluviatile des deux îles Corse et Sar-
daigne.* — En général, la faune, quoique présentant des différences entre les
formes, est sensiblement la même pour les deux îles. Les espèces y ont été
importées principalement d'Italie et du continent français. Elles ne donnent
pas de preuves en faveur d'une liaison avec le nord de l'Afrique ou avec les
Baléares.

Elles possèdent toutes deux des espèces qui leur sont propres.

M. S. JOURDAIN.

Déchéance de l'œil chez les Mulots. — On sait que, chez les animaux ayant une
existence souterraine, l'organe de la vision perdant de son utilité est déchu par
suite de son importance anatomique et qu'il finit même par disparaître.

Pour nous borner aux Mammifères, on en voit un exemple intéressant dans
la Taupe. L'œil existe encore, organiquement complet, mais très réduit dans
ses dimensions et très géné dans son action par les poils qui l'entourent et le
masquent presque complètement.

On admet en général que l'œil disparaît par réduction et atrophie graduelle
de ses parties constitutives. Une particularité que j'ai constatée chez les Mulots
m'a donné à penser que la vision peut aussi disparaître à la suite d'un processus
pathologique.

Chez un grand nombre de ces petits Mammifères, l'un des yeux, et souvent
tous les deux, sont atteints de cataracte de la variété que les oculistes ont
désignée sous le nom de cataracte molle. L'organe de la vision subsiste, mais il
est devenu impropre à remplir sa fonction.

Au point de vue pratique, il y a peut-être une conséquence à tirer de cette
constatation.

Dans les pays d'Orient, où la lumière a une intensité et un éclat inconnus
sous notre ciel du Nord, l'œil fatigué est aveuglé, en sens propre du mot, par-

cette lumière, d'où la fréquence des affections déterminant la cécité dans ces contrées.

On peut se demander, d'après l'observation que nous venons de rapporter sur le Mulot, si une grande atténuation des rayons lumineux n'amène point les mêmes résultats. Il y aurait à rechercher si les ouvriers travaillant dans une demi-obscurité ne sont pas exposés à certaines affections entraînant la cécité. Ce ne serait pas la première fois qu'on verrait des causes opposées concourir à un même résultat final.

___

Appareil respiratoire des Gamases. — Chez les Gamases, il existe une disposition particulière de la portion du système trachéen qui aboutit aux orifices stigmatiques, dont M. Mégnin, dans son Étude sur les Acariens de ce groupe, donne la description suivante (*Parasites articulés*, page 111) : « Système respiratoire trachéen très visible, aboutissant à une paire de stigmates située entre et derrière les pattes postérieures et protégés par un péritrême tubulaire très long, couché le long et au-dessous des hanches et dirigé en avant. »

Les Canestrini (*I gamasi italiani*) ne mentionnent point cette particularité.

Les observations que j'ai faites sur l'organisation des Gamases m'ont démontré que la description de M. Mégnin n'est pas exacte et repose sur une interprétation erronée de l'examen microscopique.

Le système trachéen, qui est très développé, débouche, à la face ventrale, par une paire d'orifices stigmatiques à péritrême circulaire. Le tronc commun terminal des ramifications trachéennes est très court. On voit s'en détacher un long diverticulum cylindrique, qui, se dirigeant en avant et côtoyant la ligne des flancs, va se terminer en cul-de-sac à la partie la plus avancée du corps, en arrière du point où la tête se rattache à celui-ci. Souvent les deux terminaisons en cæcum de ces diverticulums sont tellement rapprochées qu'au premier abord on croirait qu'il y a abouchement direct.

Les parois de cette dépendance de l'arbre respiratoire sont finement treillissées, tandis que les trachées sont, comme à l'ordinaire, spiralées.

D'où vient cette apparence de fente péritrématique longitudinale, qui en a imposé à M. Mégnin ?

De cette particularité que dans toute sa longueur, le diverticulum est rattaché aux parois internes du tégument somatique par un repli suspenseur, dont le double feuillet, en se soudant à ce tégument, simule les lèvres d'une fente longitudinale, égalant en longueur le réservoir lui-même.

Une disposition très analogue du système respiratoire a été signalée chez les Oribatides, le *Damnus geniculatus* en particulier, par Nicolet et figuré (pl. I, *fig. 1*) dans son mémoire publié sur cette famille en 1854-1855 dans les archives du Muséum. Seulement, les diverticulum que Nicolet appelle *réservoir pneumatique* est moins allongé que chez les Gamases et a, relativement au corps, une direction transversale.

___

MM. FABRE-DOMERGUE et BIÉTRIX.

Appareil à rotation pour l'élevage des œufs et des larves des poissons marins. — La méthode est un perfectionnement de la méthode d'agitation ; l'eau est agitée dans des vases de verre par une hélice douée d'un mouvement de rotation et d'un mouvement d'élévation. Des organismes verts sont placés dans les réci-

pients, ce qui permet à l'eau de se conserver sans se corrompre malgré le
plankton que l'on y introduit pour la nourriture des larves. On peut élever
ainsi des larves de Poissons très délicats tels que le cotte, la Sole, le Bar, la
Sardine.

M. le Dr ALEZAIS, Chef des trav. d'anat. à l'École de Méd. de Marseille.

Quelques adaptations fonctionnelles du rachis cervical chez les mammifères.
— 1° Pour que l'étude soit précise, il faudrait connaître les dimensions de la
moelle dont le rachis est la gaine protectrice, mais cette donnée manque le
plus souvent ; 2° il faut s'adresser surtout aux vertèbres moyennes de la région
qui ont le type cervical pur.

A. — Type fouisseur :
Corps bas, large, peu épais, sans apophyse épineuse, trou rachidien à peu
près égal aux dimensions du corps : *Marmotte, Castor, Tatou, Hérisson.*
Comparaison intéressante du *Lièvre* et du *Lapin :* le Lapin fouisseur a les corps
vertébraux moins hauts et plus larges que le lièvre, et les apophyses transverses
plus larges.

B. — Type coureur :
Vertèbres allongées, légères, avec des apophyses réduites, un trou petit.
Girafe, des corps vertébraux de 22 centimètres de long n'ont que 4 centimètres
et demi de large et 5 centimètres d'épaisseur ; *Antilope, Cerf,* la largeur du corps
est la moitié de la hauteur, chez *Axis,* les 3 dixièmes.
Comparaison de *Cervus aristotelis,* ongulé artiodactyle disposé pour la course.
avec le *Sanglier* et le *Tapir* ; chez ceux-ci, les corps vertébraux sont plus bas,
les apophyses épineuses et transverses sont saillantes et fortes, les os tout
entiers plus massifs.

C. — Type grimpeur :
Corps plutôt un peu large, trou de grandes dimensions, apophyses moyenne-
ment développées *(Cynocéphale).* L'*Écureuil* n'a cependant pas d'apophyse
épineuse.
Comparaison de plusieurs Félidés : le *Lion,* corps presque aussi haut que large,
trou rachidien plus petit que le corps ; chez la *Panthère* et le *Chat,* le trou est
plus grand.
Même prédominance du trou chez le *Bradype* (Édenté), quoique le *Bradypus
didactylus* et le *Bradypus tridactylus* aient des vertèbres très dissemblables.

M. P. STEPHAN.

Remarques sur la constitution de la vésicule germinative des Téléostéens. — Après
une première période où l'on trouve seulement dans la vésicule germinative des
poissons osseux un nucléole nucléinien, on observe une multiplication de ces
nucléoles, on trouve des nucléoles plasmatiques et chromatiques, on observe
toutes sortes de phénomènes très compliqués qui chez les Serrans amènent la
formation de figures nucléoliennes très variées dans lesquelles sont mélangées
les deux sortes de substance plasmatique et chromatique ; ces phénomènes
aboutissent d'abord à la séparation de ces deux substances, puis tout l'appareil

10

nucléolien forme à la périphérie de la vésicule germinative un réseau compliqué dans lequel s'opère un brassage intense. Peut-être ces deux substances existent-elles dans les espèces où l'on ne rencontre pas ces figures si spéciales, mais elles seraient alors de consistance plus semblables et capables de se mélanger facilement. Ces faits permettraient de ne pas attacher une importance exagérée à l'apparition ou à la disparition des nucléoles dans le cours de l'évolution des cellules.

———

M. le Capitaine **XAMBEU**

Mœurs et métamorphoses des Insectes Pectinicornes. — M. le Capitaine XAMBEU donne des détails sur la structure et les habitudes d'un certain nombre d'espèces, sur leurs larves et leurs nymphes.

———

M. le Dr **L. BORDAS**, Chef des trav. de zool. à la Faculté des Sciences de Marseille.

Recherches sur les glandes venimeuses du Latrodectus 13-guttatus Rossi ou Malmignatte. — Les Latrodectes ou Malmignattes (*Latrodectus 13 guttatus Rossi*), très communs en Corse où ils produisent des piqûres, non mortelles comme on le croit, mais parfois assez graves, sont caractérisées par la présence de deux glandes volumineuses, situées dans la partie médio-antérieure du céphalo-thorax.

Ces organes, sacciformes et de couleur blanchâtre, sont cylindriques, droits ou parfois légèrement recourbés vers leur extrémité postérieure. Leur volume et leur coloration permettent de les distinguer facilement des organes environnants. Ils atteignent près de 3 millimètres de longueur depuis leur région distale jusqu'à leur pénétration à la base des chélicères. Latéralement se trouvent de gros faisceaux musculaires verticaux qui vont se fixer à la face dorso-antérieure du céphalo-thorax.

Les parois musculaires de ces glandes sont très épaisses et formées de fibres à direction longitudinale ou légèrement oblique et spiralée.

Vers l'extrémité extérieure, les parois s'amincissent et la glande forme une petite dilatation ovoïde qui se continue par un canal excréteur cylindrique et étroit. Ce dernier pénètre même jusque dans le crochet terminal où il occupe une situation excentrique et voisine du bord interne. Le venin suit ensuite un petit canalicule creusé dans l'axe recourbé du crochet ou pince et sort, à l'extérieur, par un orifice ou pore étroit et de forme ovale.

La structure histologique des *glandes à venin* (ou glandes des chélicères) est fort remarquable et présente à considérer, en partant de l'extérieur :

1° Une très mince membrane péritonéale ou membrane enveloppante, de nature conjonctive ; 2° une puissante couche musculaire, formée par de gros faisceaux à direction oblique ou légèrement spiralée ; 3° une membrane basilaire ou de support, qui envoie, vers l'extérieur, des lamelles séparant entre eux les divers faisceaux musculaires, et enfin 4° une puissante assise épithéliale, formée par de hautes cellules glandulaires.

Le canal excréteur comprend les mêmes assises, avec cette différence que la musculature est circulaire et que l'épithélium est plus aplati et formé par des cellules rectangulaires, à gros noyaux.

La description complète (anatomie et histologie) de l'organe, la nature du venin, son action plus ou moins toxique sur l'homme et les animaux et l'historique de la question seront traités, avec détail, dans notre mémoire.

M. A. LOCARD.

Observations sur les Mollusques testacés marins des côtes de la Corse. — Le mémoire renferme des considérations générales sur la faune des Mollusques testacés marins, sur les causes qui donnent les caractères spéciaux à ces animaux et principalement leur petite taille, la couleur foncée. Cette faune est maintenant complètement isolée des faunes continentales et surtout des faunes africaine et espagnole et même franco-italienne ; elle a surtout des affinités avec la faune sarde ; mais cet isolement n'est pas très ancien, il est postérieur au pliocène.

Mlle M. BELEZE.

Nos oiseaux de France, l'hirondelle.

— 11 septembre —

M. P. PERON, à Auxerre (Yonne).

Sur les Nérinées jurassiques et la structure de leur coquille. — L'étude des gisements principaux de nérinées jurassiques, surtout dans la vallée de l'Yonne, permet de reconnaître que ces Gastropodes ont vécu dans des eaux très agitées, sur des rochers et récifs battus par la vague, au milieu des coraux dont ils se nourrissaient sans doute.

On se demande comment ont pu vivre dans un pareil milieu des Mollusques dont la coquille grêle, mince et d'une longueur souvent excessive, a une apparence si délicate et si fragile. L'étude de la structure de ces coquilles permet toutefois de voir qu'elles ont été merveilleusement protégées et que ces Mollusques ont su s'adapter aux difficiles conditions de leur existence.

La coquille si menue est renforcée dans toute sa longueur par de robustes plis spiraux qui, tant du côté columellaire que du côté externe, ont pour effet de lui donner une grande rigidité et en même temps une grande force de résistance à l'écrasement. Dans le groupe des *Nerinea* et des *Nerinella*, qui est le plus important, les coquilles sont pourvues intérieurement de deux plis ou contreforts du côté de la columelle et d'un pli angulaire épais vers le milieu du côté externe des tours. En outre ces coquilles sont pourvues extérieurement d'un bourrelet annulaire généralement épais, qui renforce les bords de chaque tour.

Dans certains groupes où ces contreforts externes font défaut, comme les *Bactropyxis*, il y est suppléé par une augmentation des moyens de protection interne. La columelle alors est garnie de trois piliers spiraux et le labre de deux contreforts. La cavité interne de la coquille est ainsi réduite à une chambre très étroite et très sinueuse dont les parois ont une grande force de résistance.

La même compensation s'observe dans un autre groupe des Nérinéidées, les *Ptygmatis* de Sharpe. Mais ici ce supplément de renfort n'est pas nécessité par la forme grêle et démesurément longue de la coquille ; il est devenu nécessaire parce que la coquille est dépourvue de l'axe columellaire rigide qui lui donne tant de solidité dans les autres groupes. Les *Ptygmatis* sont au contraire profondément ombiliqués et c'est là une cause de faiblesse qui réclamait une compensation.

Dans d'autres groupes encore de semblables considérations peuvent être mises en avant, mais il convient de mentionner encore spécialement les *Aptyxiella*, qui semblent présenter une dérogation à ce principe de protection des coquilles que nous développons ici. Les *Aptyxiella*, en effet, quoiques grêles et longs, sont, cependant, dépourvus de plis spiraux et de contreforts externes. Mais si l'on recherche les gisements des diverses espèces de ce groupe, on s'aperçoit que ce ne sont plus là des Nérinéidées corallophiles. C'est dans les calcaires lithographiques du Séquanien et dans les calcaires marneux du Portlandien qu'on les recueille. Ces Mollusques ont donc vécu dans des eaux calmes, assez profondes, où se déposaient des sédiments fins et vaseux et par conséquent ils n'avaient pas besoin, comme les autres Nérinéidées, de moyens extraordinaires de protection.

———

M. VODOZ.

Observations sur la forme des Coléoptères de la Corse, suivies d'un catalogue des Coléoptères de l'île avec courtes notes biologiques. — L'auteur commence par un aperçu de la géologie, de la flore et du climat de la Corse pouvant donner une idée générale des facteurs principaux dont dépend la composition de la forme des coléoptères de l'île. Puis viennent des indications sur l'apparition des Coléoptères dans les différentes zones climatériques. Il faut remarquer l'absence de la faune alpine, certaines familles ne sont pas représentées ; d'autre part la Corse possède une faune qui lui est propre. De tous ces faits ressortent les conclusions suivantes : 1° la Corse s'est séparée du continent avant l'époque glaciaire ; 2° la formation du détroit de Bonifacio est *antérieure* à la rupture de l'isthme qui reliait la Corse au massif des Maures durant le pliocène ; 3° la faune corse a beaucoup plus d'affinités avec celle de la Provence qu'avec celle de la Toscane ; 4° il y a peu de probabilité d'une union relativement récente entre la Corse et le nord de l'Afrique : les espèces africaines sont peu nombreuses et cependant beaucoup auraient trouvé en Corse des conditions d'existence analogues à celles de leur pays d'origine. Ainsi sont confirmées les hypothèses de Kobels, Depéret et Ferton. Ensuite vient un tableau de la dispersion géographique des Coléoptères de la Corse et un catalogue des espèces, dans lequel sont intercalées des notes biologiques.

———

M. le Dr LEDUC, Prof. à l'Éc. de Méd. de Nantes.

Cytogenèse expérimentale. — La diffusion de diverses solutions dans la gélatine donne des formes identiques à celles des cellules vivantes avec leurs organes, noyaux, cytoplasma, membranes d'enveloppe.

Les cellules sont le siège de métabolisme et ont par suite une existence évolutive : formation, état complet, déclin et mort.

Une dessiccation prématurée arrête le métabolisme qui reprend lorsqu'on rend à la préparation l'humidité nécessaire. On a ainsi l'image de la vie latente des graines et des Rotifères.

Par des influences dirigeables par l'expérience, on peut modifier les cellules dans leur organisation et dans leurs formes, ce qui est de nature à éclairer sur les modifications analogues présentées par les cellules vivantes.

———

M. Raphaël DUBOIS, Prof. à l'Univ. de Lyon.

Sur le mode de formation des perles dans Mytilus edulis. — Malgré les recherches d'un grand nombre de savants, on se trouve à l'heure actuelle en présence des hypothèses les plus diverses et les plus contradictoires sur le mode de formation et l'origine des perles vraies, c'est-à-dire de celles qui se forment dans les parties molles des mollusques perliers.

Les faits que j'ai observés ne laissent aucun doute en ce qui concerne les perles que l'on rencontre parfois dans la Moule comestible en si grande abondance qu'elle devient alors impropre à la consommation.

Si l'on examine, au mois d'août, des moules, qui dans certaines localités des côtes de l'Océan sont ordinairement bourrées de petites perles, on peut être surpris de n'en trouver aucune à ce moment de l'année ou seulement de très rares échantillons, ou bien encore des débris calcaires, que je ne puis mieux comparer qu'à des fragments de dents cariées. Dans les Moules qui possédaient encore des perles, on en trouvait de très petites, nouvellement formées avec un joli orient et d'autres plus volumineuses quelquefois brillantes, mais le plus souvent d'un blanc mat. Mais, en revanche, en observant attentivement le manteau de l'animal, on remarquait de nombreux petits points jaunes-rougeâtres, précisément dans les endroits où se forment d'ordinaire les perles : ils étaient produits par de petits Distomes de quatre à six dixièmes de millimètres. Leur enkystement se fait d'une manière extrêmement curieuse. Au début, on voit la surface du Distome se parsemer de petits grains de carbonate de chaux : ces granulations grossissent rapidement et ne tardent pas à se transformer en cristaux, qui se groupent et s'assemblent de diverses manières et se réunissent peu à peu, pour envelopper l'animal d'une couche continue de calcaire, d'abord dépourvue de brillant et de poli. A ce moment, on distingue encore le parasite reconnaissable surtout à sa couleur jaune; puis, plus tard, la coque calcaire devient polie et prend l' « orient » des perles fines et aussi leur structure. On ne distingue plus alors qu'un petit point noir au centre, et encore celui-ci disparaît-il rapidement; on ne voit plus alors le « noyau » de la perle. De nos observations, il résulte que le distome (pour lequel je propose le nom de *Distomum margaritarum*) s'enkyste dans le manteau du *Mytilus edulis* vers le mois d'août, sur nos côtes de l'Océan, et qu'il reste enkysté jusqu'à l'été suivant. A cette époque la coque calcaire se dépolit, se désagrège, ainsi que le prouve l'existence des petits fragments calcaires dont il a été question plus haut. A un moment donné, il ne doit plus rester qu'une petite masse gélatineuse, d'où sort le parasite pour reprendre sa vie libre et se reproduire; ensuite les jeunes s'enkystent de nouveau et le cycle recommence. Certaines perles persistent en échappant à la fonte physiologique, ce qui leur permet d'acquérir un plus grand volume, parce que les parois du sac membraneux qui entoure la perle continuent leur travail de sécrétion calcaire. Ce phénomène est dû à la mort du parasite, de sorte que la plus belle perle n'est, en définitive, que le brillant sarcophage d'un ver !

On trouve également dans ces Moules des perles adhérentes à la coquille : le Distome profite, dans certains cas, pour se loger et s'enkyster de l'existence de sillons creusés dans la nacre de la Moule par une algue ; il peut donc aussi donner naissance à des « perles de nacre ».

Discussion. — M. GIARD rappelle qu'il a publié il y a deux ans dans les C. R. hebdomadaires de la Société de Biologie une note sur les Distomes parasites du manteau des Tellines, des Donax, des Cardium. Ces parasites paraissent se rattacher au groupe du *Distomum luteum*. Ils ne sont jamais adultes dans les Mollusques qui les hébergent et doivent sans doute avoir un autre hôte définitif. Beaucoup de ces Distomes sont tués par un Sporozoaire, une Glugéide dont l'étude a été faite par le professeur Louis Léger. Ce sont ces distomes malades et gonflés de parasites qui deviennent le point de départ de productions perlières. Les algues perforantes (*Mastigocoleus*, *Hyoscella*, etc.) si bien étudiées par Lagerheim, Bornet, etc., ne paraissent pas jouer un rôle sérieux dans la production des perles. Celles-ci peuvent d'ailleurs avoir des origines variables et être dues aussi à des actions microbiennes comme dans la maladie du pied de l'huître ordinaire. L'origine des perles vraies de la Pintadine est encore très obscure et nécessiterait de nouvelles recherches faites sur les bancs mêmes, à Tahiti, dans le golfe Persique, etc.

MM. J. KUNSTLER et Ch. GINESTE, à Bordeaux.

Contribution à l'étude de l'œil composé des Arthropodes. — Le cristallin homogène, production de la cellule cristallinienne offre le maximum de contact à l'élément sensitif ou rhabdome et s'étale dans ce but en une tête circulaire très dilatée. La cellule sensitive, très pigmentée pour retenir la plus grande partie des radiations lumineuses contient un produit cellulaire, le rhabdome, collectionnant les sensations que lui soumet l'élément précédent dont elle enchâsse de toutes parts la terminaison dans un cupule circulaire. Le neurone périphérique perçoit le résultat de cette sensation par simple contact et le communique au neurone central. Cellule sensorielle, neurone périphérique et neurone central, éléments dissociés chez les Crustacés, peuvent chez d'autres êtres s'associer en un complexe homogène, tel que la rétine des animaux supérieurs. Phylogénétiquement et ontogénétiquement les deux couches de la rétine ont une même origine. Ainsi comprise, la notion de la vision simplifierait la compréhension du mécanisme de cette fonction chez les Arthropodes.

M. le Dr AMANS, à Montpellier.

Géométrie descriptive et comparée des ailes dures. — Étude des élytres par des projections horizontales et frontales ; sections de profil par des plans perpendiculaires à l'axe disto-proximal. Variations de la concavité : courbes de torsion. Comparaisons des élytres avec les ailes élastiques ; considérations sur les aérocaves et les palettes propulsives.

M. CHUDEAU.

Note sur le laboratoire de biologie marine de Biarritz. — A la suite du Congrès de Pêche qui s'est tenu en 1899 à Bayonne et à Biarritz, la création d'un laboratoire de biologie à Biarritz avait été décidée.

L'accord s'est vite fait entre M. O'Shea, le dévoué président de Biarritz-Association et M. Moureu, maire de Biarritz. La municipalité a donné le terrain, et les premiers fonds ont été fournis par le reliquat du Congrès. Malgré toutes les bonnes volontés, les travaux ont été fort longs, il y a eu de nombreuses difficultés de détail à vaincre et ce n'est qu'à la fin de mai que le laboratoire a pu être inauguré ; c'est assez dire qu'aucun travail sérieux n'a pu être achevé.

Le laboratoire est de petites dimensions ; il a fallu se résoudre à commencer modestement, mais, dès à présent, le matériel est suffisant pour la plupart des recherches ; la bibliothèque est peu riche, cependant elle a reçu quelques dons, en particulier de l'Association française.— Dès maintenant les naturalistes peuvent être certains de trouver un local approprié à leurs travaux.

Je n'insiste pas sur l'intérêt général que présentent les laboratoires marins ; on peut faire valoir, pour celui de Biarritz, les points particuliers suivants :

1º Au point de vue des pêches, le quartier de Bayonne (du Cap Breton à la frontière espagnole) a été autrefois fort important ; il a conservé encore un grand intérêt pour la pêche du saumon (environ le quart de la pêche française). La sardine y est encore abondante, de même que l'anchois, mais l'outillage est mauvais et la plupart des anchois pris dans notre quartier, sont expédiés à Port-Vendres. Pour le reste, la pêche est insignifiante, quoique les fonds soient riches.

Le chalutage à vapeur est pratiqué par les trois bateaux de l'abbé Silhouette, mais il ne faut pas oublier que les chalutiers d'Arcachon et de Saint-Sébastien viennent travailler au large de nos côtes.

Il semble donc possible de rendre un peu de vie à nos ports soit en perfectionnant l'outillage, soit en provoquant l'installation de fabriques de conserves.

2º Les laboratoires sont assez abondants sur le littoral français, mais au sud de la Gironde, il n'existait qu'Arcachon et son annexe de Guéthary. Arcachon, malgré sa grande importance, est situé sur une côte très uniforme, uniquement sablonneuse ; les côtes rocheuses commencent à Biarritz qui présente, par suite, une faune différente, identique à celle de Guéthary dont on connaît la richesse.

Il n'y a cependant pas double emploi ; le laboratoire de Biarritz travaille toute l'année; celui de Guéthary est moins souvent utilisé.

De plus, immédiatement au nord de Biarritz, commencent les dunes, de sorte que l'on y peut espérer rencontrer les faunes d'Arcachon et celles de Guéthary. Cap-Breton est tout près, et l'on sait quels résultats les dragages faits dans la fosse ont donné au marquis de Folin.

La station de Biarritz paraît donc située d'une manière avantageuse.

3º Enfin, au point de vue océanographique, le golfe de Gascogne paraît important ; les recherches de M. Hautreux ont montré que la plupart des courants superficiels convergent vers le fond du golfe, les courants plus profonds n'ont

donné lieu qu'à quelques travaux assez superficiels dont il y auraitintérêtà préciser les résultats.

Je désire surtout, par cette courte note, attirer l'attention des biologistes sur
notre station où nous tâcherons de les recevoir'le mieux possible.

M. Charles FERTON, Cap. d'artillerie, à Bonifacio.

Les Hyménoptères de la Corse (Apiaires, Sphégides, Pompilides et Vespides).
— Les remarques suivantes sont faites sur la faune des Hyménoptères de la
Corse :

1° Absence de la faune alpine dans une région cependant couverte de montagnes élevées. Il en est déduit que le massif Corso-sarde s'est séparé du continent avant l'époque glaciaire.

2° Présence de quelques espèces africaines. Leur petit nombre indique qu'elles
ne se sont pas introduites dans les îles tyrrhéniennes par un pont qui les
aurait reliées à l'Afrique, mais qu'elles doivent être des restes d'une faune
méridionale, qui auraient survécu à la période glaciaire.

3° Le petit nombre d'espèces que possède la Corse en comparaison de la Provence, d'où elle s'est cependant détachée pendant le pléistocène ou pendant
l'époque chelléenne.

4° Les rapports étroits qui existent entre les faunes sarde et corse.

Sur les mœurs du Stizus fasciatus Fabr.(Hyménoptères). — Les mœurs des Stizes
du vieux continent sont peu connues. Le *S. fasciatus*, étudié dans le mémoire
est voisin du genre *Bembex*.

Il nidifie dans le sable, où il entasse des Criquets, larves ou adultes, au fond
de longs boyaux. Son œuf est collé à un des élytres de la proie qui occupe le
fond de la cellule, et le bout libre de cet œuf correspond à la tête de la larve.
Deux faits qui rapprochent les Stizes des *Bembex*.

Comme les *Bembex*, le *St. fasciatus* paralyse ses proies au moyen de son dard,
et sa coque est assez semblable à la leur, mais l'orifice de son nid n'est pas
recouverte de sable pendant l'absence de la mère.

Les *Bembex* sont plus voisins du *St. fasciatus* que des guêpes sociales, mais
ils en restent cependant éloignés par leur habitude de nourrir leurs larves au
jour le jour.

M. L. ROULE, Prof. à la Fac. des Sciences de Toulouse.

Les poissons du littoral de la Corse. — Malgré la proximité de la Ligurie, la
faune de poissons de la Corse ressemble surtout à celles de la Sicile, de l'Algérie,
des Baléares. Elle a un caractère méridional des plus accusés.

M. GOURRET, Doct. ès-sciences, à Marseille.

*Sur quelque Annélides sédentaires du golfe de Marseille (Hydroïdes, Pomatoceros
et Hermella).*

M. Edouard CHEVREUX, à Bône (Algérie).

Amphipodes recueillis par la Melita *sur les côtes occidentale et méridionale de la Corse, juillet-août 1891.* — Au cours de l'été de 1891, j'ai consacré un peu plus de trois semaines à des recherches de zoologie marine sur les côtes de Corse, à bord de mon yacht *Melita*. Les opérations, comprenant de nombreux dragages et des pêches au moyen de nasses en toile métallique, ont été effectuées dans les parages de l'île Rousse, de Calvi, d'Ajaccio, de Bonifacio et de Porto-Vecchio. Le temps m'a manqué pour explorer la côte orientale, dont les fonds vaseux doivent être habités par une faune sensiblement différente de celle qui vit sur les fonds rocheux et sablonneux de la côte occidentale.

Parmi les Crustacés recueillis, deux espèces nouvelles ont déjà été décrites : un Décapode, *Eupagurus Chevreuxi* Bouvier et un Isopode, *Leptochelia corsica*. Dollfus. Les Amphipodes, qui m'intéressent plus spécialement, étaient représentés par cinquante-cinq espèces, auxquelles il faut ajouter sept formes littorales, qui m'ont été aimablement envoyées par MM. Émile Simon et Adrien Dollfus. Quatorze de ces espèces ne sont pas citées dans l'ouvrage du professeur Della Valle sur les Gammarides du golfe de Naples ; deux d'entre elles, *Hoplonyx exiguus* et *Pleonexes ferox*, sont nouvelles pour la science.

M. A. GIARD, Membre de l'Inst., Prof. à la Fac. des Sc. de Paris.

Sur la régénération chez les larves de Polydora. — La régénération de la partie antérieure est plus lente que celle de la partie postérieure. Elle ne comprend jamais plus de six segments et ne dépasse pas la région archipodiale des anneaux modifiés. La régénération antérieure s'accompagne d'un amaigrissement considérable de toute l'annélide régénérée.

M. HOUARD.

Zoocécidies recueillies en Algérie.

M. CLIGNY, Sous-dir. de la stat. aquic. de Boulogne-sur-Mer.

Mission de la Vienne. — *Le plankton pélagique au large des côtes bretonnes.*

Ouvrage

PRÉSENTÉ A LA SECTION

MM. A. Locard et E. Caziot. — *Les coquilles marines des côtes de Corse.*

11ᵉ Section.

ANTHROPOLOGIE

Président d'honneur. . . . . . . M. le Dʳ HAMY, Membre de l'Inst., prof. au Muséum de Paris.
Président. . . . . M. le Dʳ DELISLE.
Vice-Président . . . . M. L. GIRAUX.
Secrétaire . . . . M. V. GRANET.

— 9 septembre —

M. Étienne MICHON, Conserv. adj. au Musée du Louvre, à Paris.

Les menhirs sculptés en Corse. — M. É. Michon, après avoir communiqué des photographies de l'alignement de *Palaggio*, près Tizano, arrondissement de Sartène, le plus considérable de la Corse, fait connaître les deux menhirs sculptés de *Santa Maria*, entre San Lorenzo et Cambia, et de *Capocastinco*, entre San Pietro-di-Tenda et Casta. Il en indique les dimensions, la description exacte, et en étudie le caractère, en en rapprochant la statue dite d'*Apricciani*, qui a toujours été considérée, mais à tort, comme un couvercle de sarcophage anthropoïde phénicien.

M. Ernest CHANTRE, Sous-Directeur du Muséum de Lyon.

Nécropole préhistorique de Cagnano, près Luri (Corse). — Cette nécropole, dont l'existence avait été signalée à M. Chantre par M. le Dʳ Agostini, de Bastia, avait été établie sur la plate-forme d'un abri sous roche. Celle-ci ayant été détruite par l'exploitation d'une carrière de pierre, ouverte au-dessous de l'abri, les sépultures ont été bouleversées, et c'est dans le plus grand désordre que les ouvriers carriers ont recueilli les ossements d'une vingtaine d'individus et plus de trois cents objets en bronze ainsi qu'une dizaine de vases en terre. Ces objets, qui sont presque tous des ornements ou des parures, peuvent être rapprochés — d'après leurs formes — des types des tumulus du Jura et de la Franche-Comté; de ceux des nécropoles de Chiusi et d'Este en Italie, de Pantelica et Pantelaria en Sicile, et de Koban au Caucase.

Un travail complet et accompagné de nombreuses figures sera publié d'autre part sur cette découverte importante.

Discussion. — M. Letourneau remarque que les ustensiles trouvés dans ces fouilles ressemblent beaucoup à ceux employés par les Kabyles.

M. Hamy demande si on a trouvé des traces de fer.

M. Chantre. — Non.

M. Michon signale quelques monuments du même genre ayant donné des objets analogues.

M. L PISTAT, à Bezannes.

Ateliers et stations préhistoriques du canton de Ville-en-Tardenois (Marne). — Le canton de Ville-en-Tardenois est le plus montagneux du département de la Marne, aussi les instruments néolithiques n'y sont pas rares.

Je décris ici les stations et ateliers où j'ai trouvé des pierres travaillées.

Ville-en-Tardenois. — Une station existe au Sud où les tranchets sont nombreux. Absence de nucleï.

Aougny. — Tous les environs sont couverts de gros instruments, tels que : pics, grands grattoirs, coups de poings, etc.

Aubilly. — Je possède de cette localité un couteau en silex rubanné avec retouches au bout, comme les grattoirs de la Madelaine.

Brouillet. — J'ai déjà recueilli sur le territoire de cette commune une quinzaine de haches en silex poli et plus de cent cinquante instruments divers, tels que : couteaux, grattoirs, percuteurs, etc.

Chambrecy. — Des ouvriers ont trouvé dans une extraction de sable, une hache chelléenne (collection Morel).

Chaumuzy. — Une station existe au Nord de ce village, les instruments sont presque tous en silex d'eau douce.

Courmers. — J'ai signalé au Congrès de Boulogne les ateliers néolithiques situés sur ce territoire de même que sur celui de Marfaux.

Ecueil. — J'ai trouvé quelques couteaux et une pointe de flèche à ailerons à la Croix-Coulon. Au Mont des Chrétiens se trouve une station très importante où on trouve des instruments grossiers, parmi lesquels le pic et le grand grattoir dominent.

Jouy. — J'ai trouvé dans le bas du village une hache polie en silex noir.

Lagery. — Au Sud-Ouest existe une station très importante. Absence complète de nucleï.

Les Mesneux. — J'ai présenté au Congrès de Boulogne une hache en quartzite en forme de fuseau, longue de 0m,25 c.

Lhéry. — J'ai trouvé de très belles pièces disséminées sur le terroir de cette commune, quelques couteaux retouchés avec patine blanche.

Sacy. — Je possède deux haches taillées trouvées dans le bas du village ainsi que quelques beaux grattoirs.

Serzy-et-Prin. — J'ai présenté au Congrès de Boulogne les instruments de cette localité, j'ai retrouvé depuis quelques haches polies en silex et un tranchant de hache en jadéite verte, ainsi qu'un très beau coup de poing Saint-Acheul trouvé dans le sable.

Tramery. — Outils éclateurs, grands grattoirs, pics, sur les hauteurs des environs.

Villedommange. — La station a été décrite au Congrès de Boulogne par M. Bosteaux.

Discussion. — M. le Président de la Section demande à M. Pistat de dresser une carte de ces localités.

M. Chantre demande qu'on y applique les signes internationaux qui servent à désigner les divers monuments.

———

M. Charles FERTON, Capitaine d'artill., à Bonifacio.

Les premiers habitants de Bonifacio, leur origine. — Le territoire de Bonifacio a été habité à l'époque néolithique par une race d'hommes dont l'industrie était identique à celle du continent pendant la même période.

Ces hommes utilisaient l'Obsidienne, roche dont le gisement le plus rapproché est au Monte Arci, vers le centre de la Sardaigne. Il semble en résulter qu'ils étaient originaires de la Sardaigne et probablement de l'Afrique.

L'homme vivait dans les abris sous roche, il ensevelissait les morts, et se nourrissait d'un animal aujourd'hui disparu, le *Lagomys corsicanus* Cuv.

Il n'a été trouvé que deux squelettes, qui par leurs tibias platycnémiques et leurs crânes allongés rappellent la race néolithique de l'Europe occidentale.

La population actuelle de la Corse paraît avoir des rapports étroits avec la race, qui la première occupa Bonifacio, et de là dut s'étendre dans l'ile qu'elle trouva déserte.

———

Poterie néolithique trouvée à Bonifacio. — L'auteur décrit un vase en terre cuite qu'il a trouvé dans un gisement néolithique à Bonifacio. Cette poterie est semblable à celles qu'on trouve sur le continent dans les gisements des âges de la pierre polie et du bronze.

———

— 10 septembre —

M. Ernest CHANTRE.

L'indice céphalique des Égyptiens actuels comparé à ceux des autres peuples de la vallée du Nil. — M. Chantre présente un résumé des nouvelles recherches anthropométriques qu'il a effectuées sur les peuples actuels de la Basse et de la Haute-Égypte, ainsi qu'en Nubie, durant les années 1897, 1898 et 1899. De l'étude qu'il a faite d'un millier d'individus appartenant aux familles Copte, Fellah, Bédouines, Bedjas, Barabras et Soudanaises nilotiques, il ressort que plusieurs de ces familles dont l'origine est vraisemblablement très différente, présentent des affinités morphologiques beaucoup plus grandes qu'on ne l'a cru jusqu'à ce jour.

Cette affinité est surtout sensible lorsque l'on compare la forme de la tête de ces divers peuples. Tous sont manifestement dolichocéphales avec des indices de 72 à 77. Mais la mise en série de ces indices montre que plusieurs de ces familles sont divisées en deux groupes par ce caractère fondamental. On voit, par exemple, les Fellahines (cent trois sujets ind. ceph. moyen 74,60) former deux groupes dont l'un oscille autour de 73, tandis que l'autre atteint 76. Il en est de même des Bédouins (ind. ceph. 73,96 cent dix-neuf sujets) qui se décomposent en deux fractions : l'une est caractérisée par l'indice de 72 et l'autre par celui de 75. On constate le même fait pour les Coptes, ainsi que pour les Bedjas, les Barabras et les Nilotiques.

Ces considérations seront développées dans un travail d'ensemble, actuellement sous presse.

L'homme quaternaire dans le bassin du Rhône. — M. Chantre présente à la Section un volume intitulé : *L'homme quaternaire dans le bassin du Rhône* (1). Cet ouvrage renferme une étude détaillée des données fournies par la météorologie, la géologie, la paléontologie et paléoethnographie (archéologie préhistorique) de cette région bien définie. Elle a permis à l'auteur d'indiquer à quelle époque et dans quelles conditions l'homme paraît s'être montré dans nos pays ; au milieu de quel climat et de quelle faune il a dû évoluer ; quelles ont été les premières manifestations de son activité ; quels caractères revêtent les divers stades de son développement depuis son origine jusqu'aux temps modernes. Enfin, cette étude a permis encore de préciser ses caractères physiques d'après les rares débris de son squelette découverts dans les dépôts quaternaires.

Voici les conclusions auxquelles M. Chantre est arrivé :

1° L'homme est préglaciaire dans le bassin du Rhône. Son ancienneté remonte à l'époque chelléenne ou de la période de la progression des glaciers alpins. Il est contemporain de l'Elephas intermedius ;

2° La première extension des glaciers n'a été qu'inter-alpine ; elle ne s'est manifestée dans les régions sub-alpines que par des apports considérables d'alluvions ;

3° On a trouvé jusqu'ici, dans ces régions, aucune trace de dépôts ou de faunes permettant de croire à l'existence de plusieurs extensions glaciaires dans les Alpes ;

4° La moraine frontale des plateaux bressan et lyonnais appartient au quaternaire moyen, et marque la limite extrême de la progression des glaciers ;

5° C'est vers la même époque que les montagnes du Beaujolais et du Lyonnais se sont recouvertes de glaciers dont les matériaux morainiques occupent de grands espaces dans la vallée de la Saône ;

6° L'homme témoin de l'extension du glacier alpin et de la formation des séries beaujolaises a vécu dans leur voisinage, et y a chassé une faune boréale. Les dépôts de transport du genre de ceux de Villefranche et Villereversure ont conservé les débris de cette faune ainsi que les vestiges de l'industrie dite acheuléo-moustérienne, caractéristique du quaternaire moyen ;

7° L'origine des alluvions et du lehm des plateaux et des vallées est exclusivement fluvio-glaciaire, et ne peut plus être expliquée par la formation de barrages et de grands lacs ;

8° Ces alluvions et ce lehm doivent être divisés en deux groupes : celui des hauts et moyens niveaux ou de la première époque du recul des glaciers externes, caractérisé par les vestiges d'une faune boréale avec l'*Elephas inter-*

medius dans la région lyonnaise ; puis celui des bas niveaux ou de l'époque du recul des glaciers de la zone interne, caractérisé par l'*Elephas primigenius* et le *Cervus tarandus*;

9° A mesure que le recul des glaciers s'est accentué, et que les flores et les faunes se sont reconstituées, l'homme s'est répandu dans la direction du Jura et des Alpes. Là, sous un climat plus doux, il a pu, de même que dans la vallée de la Saône, continuer à chasser le renne et le reliquat de la faune boréale non encore tout à fait disparu. Dans le Dauphiné, le Bugey et la Savoie, il put se développer et perfectionner son outillage solutreo-magdalenien, comme il l'a fait dans le Mâconnais. Cet état de choses dura jusqu'au moment où les glaciers furent définitivement retirés dans les limites qu'ils occupent de nos jours. Les derniers représentants de la faune quaternaire disparurent pour faire place aux populations animales actuelles et à la civilisation néolithique qui marque l'aurore des temps modernes.

Cet ouvrage accompagné de soixante-quatorze figures intercalées dans le texte, a été publié avec le concours d'une subvention sur le legs Girard. L'objet de cette publication répondait exactement aux intentions du généreux donateur qui a entendu aider les recherches relatives à l'*antiquité de l'homme par rapport aux dépôts géologiques*.

M. G.-B.-M. FLAMAND, Chargé de cours de géog. phys. du Sahara, à l'Éc. sup. des Sc. d'Alger.

Sur l'utilisation comme instruments néolithiques, de coquilles fossiles à taille intentionnelle (littoral du Nord-Africain). — M. G.-B.-M. FLAMAND expose les résultats de ses fouilles, exécutées au boulevard Bru à Mustapha, commencées, il y a quelques années, en collaboration avec son collègue, M. Abel Brives, et continuées plus tard par l'auteur seul.

L'excavation explorée formait l'une des extrémités d'une grotte à plusieurs ramifications, qui devaient s'ouvrir antérieurement vers l'un des ravins qui entaille la falaise tertiaire sur le front de la plaine de Belcourt et du Hamma. Cette excavation est creusée dans les couches tertiaires pliocènes *(Astien)* connues sous le nom de *Molasse à lithothamnium*, qui forment un cirque remarquable de falaises au sud et sud-est d'Alger, constituant les hauteurs de Mustapha et de Kouba.

Le sol de cette partie de grotte était réduit à quelques mètres carrés de surface et ne présentait qu'une très faible épaisseur, en remplissage, de 10 centimètres à 40 centimètres au maximum. C'est donc environ dans 2 à 3 mètres cubes au plus de terre de ce sol, qu'ont été retirés les *restes fossiles* et *instruments néolithiques* qui font l'objet de cette communication.

Parmi les très nombreux restes fossiles (ossements et dents), recueillis dans ces fouilles, on peut citer : le buffle (*Bubalus antiquus*), nombreuses molaires; — la chèvre, le mouton, des bœufs-taureaux (*bos opisthonomus*); des antilopes : gazelle, antilope *Nagor (Maupasi)*, antilope *Oreas*, — le boselaphe; le mouflon, le cerf; des rongeurs : porc-épic, léporides; — des carnassiers : panthère, hyène (*hyœna spelœa*), un ours (molaire), — une girafe (?) — l'hippopotame, le sanglier, le phacochère; — des équidés : molaires en quantité vraiment considérable; — un singe; gorille *Pithecus gesilla*(?), — un crocodile (1 dent); — des ossements de grenouille et d'oiseaux, — des coquilles d'Helix, etc., — fossiles étudiés en partie par A. Pomel.

C'est, associés à ces fossiles, sur un espace très restreint que se montrent de très nombreux exemplaires de *coquilles fossiles tertiaires pliocènes* (Astien) *à taille intentionnelle : Ostrea foliacea* (Brocchi), *Ostrea edulis* (Linn.), *Pecten Jacobœus* (Linn.), *Pecten opercularis* (Linn.), très abondantes dans la formation molassique dans laquelle sont creusées les grottes de Mustapha (boulevard Bru).

M. G.-B.-M. Flamand insiste sur les formes vraiment voulues et à *taille et retouches intentionnelles* de ces coquilles fossiles. Il montre toute une série de formes obtenues en partant d'une valve entière (petite valve en général ; celle-ci est en effet relativement plane) pour aboutir à des sortes de pointes de flèches (?) triangulaires tout à fait remarquables. Quelquefois la valve est seulement taillée par moitié, laissant subsister un bord palléal latéral ; mais on rencontre le plus souvent des parties de petites ou grandes valves à retouches latérales.

Les instruments obtenus à l'aide de ces *coquilles fossiles à taille intentionnelle* se montrent de dimensions et de formes très variées : depuis la demi-valve utilisée telle *(Ostr. edulis, Ostr. foliacea)*, jusqu'à la pointe triangulaire de 2 à 3 centimètres de côté.

L'auteur montre d'autre part que la taille de ces coquilles se fait dans les deux sens suivant le but à atteindre ; elle est longitudinale pour les poinçons, les coups de poing (?), les coins de jet ; elle est transversale pour les grattoirs, racloirs, etc. ; rares sont les coquilles de *pecten* utilisées, quelques-unes d'entre elles peut-être sans taille intentionnelle.

L'auteur insiste sur la rareté des *instruments en silex* dans toutes les stations préhistoriques des environs d'Alger, et, en particulier sur leur absence dans cette station (partie de grotte) du boulevard Bru. — Le *quartz gras* filonnien ou lenticulaire si abondant dans tout le massif cristallophyllien d'Alger ne se rencontre également, pour ainsi dire, point, à l'état d'instruments taillés ou polis, dans les stations préhistoriques connues de cette région.

M. G.-B.-M. Flamand fait remarquer le *caractère indéniable* de taille intentionnelle que présentent ces *coquilles fossiles tertiaires* et que font ressortir, d'ailleurs nettement, *leur gisement, les formes choisies, leur fréquence*, en ce seul point, *les retouches habiles* qu'elles ont subies pour devenir des instruments comparables pour la plupart aux outils en silex de la même époque.

Leur association avec les ossements et dents fossiles cités, classe cette station comme appartenant à la période contemporaine des grottes de la *Pointe-Pescade*, du *Grand Rocher*, de *Bougie*, à *Bubalus antiquus*, synchrone des dépôts d'alluvions des Hauts Plateaux algériens (Djelfa), c'est-à-dire de *la fin du pleïstocène récent* (Néolithique).

La faune citée est en partie celle qui est représentée (l'éléphant excepté) sur les *Pierres Écrites* du Sud-Oranais et du Sahara et qui a fait l'objet de précédentes communications (Congrès de 1900).

L'auteur à l'appui de cette communication a fait présenter à la Section d'Anthropologie quarante-deux types originaux des pièces à *taille intentionnelle* qu'il vient de décrire.

M. Arthur **DEBRUGE**, à Aumale (Algérie).

Recherches sur le préhistorique des environs d'Aumale, Algérie. — Les stations préhistoriques sont nombreuses aux environs de la ville d'Aumale, aussi bien au voisinage des bords de l'Oued-Lekal qui est le principal cours d'eau de cette région que dans les plateaux et gorges de l'Atlas qui lui envoient leurs eaux, compris entre le Djurd-Djura et le Djurd-Dixah.

Ces stations sont riches en objets de l'industrie humaine de l'époque néolithique, ainsi qu'on en peut juger d'après les nombreuses séries d'objets qui sont présentés à l'appui de la communication.

Bien qu'ayant rencontré de nombreuses difficultés de la part des indigènes sur les terrains desquels sont placées certaines stations, il a été possible de procéder à des fouilles aux stations suivantes : Kef-Ourmane (Talus de Cendre), Pont des Gorges, station de la Ferme A. Bordier, et d'y récolter des grattoirs, lames, burins, ciseaux, sarcloirs, perçoirs, pointes de flèches, etc., toutes pièces admirablement retouchées et en même temps des coquilles perforées, des fragments d'œufs d'autruches travaillés et destinés à l'ornementation des indigènes de cette époque.

Les haches en pierre polie sont peu nombreuses.

Les fouilles de la station A. Bordier ont mis à jour une quantité considérable de coquilles de petits escargots blancs comestibles très abondants en Algérie, en contact avec une couche de cendres et de charbons.

M. J.-B. DELORT, Prof. hon. de l'Univ., à Saint-Claude.

Excursions au nord-est de l'ancienne Séquanie. — Pour faire suite à mon voyage au sud de l'ancienne Séquanie, dont j'ai eu l'honneur de donner la relation à notre dernier Congrès, j'ai parcouru cette année la partie nord-est de la même contrée.

Mon grand attrait, cette fois encore, était la constatation *de visu* de ce que l'on aimait à appeler autour de moi, mais bien à tort des *Monuments mégalithiques.*

Au nord du Haut-Jura se trouve ce pays désolé, qu'on est convenu d'appeler le Grandvaux, semé de blocs énormes qui avaient été pris pour des *dolmens.* Pour un œil exercé ce sont de *simples blocs erratiques* d'un aspect pittoresque sans doute, comme le sont presque tous ces témoins de la période glaciaire, mais c'est tout.

A la Chaumusse, toutefois, j'ai pu recueillir sur l'un de ces blocs, à côté duquel chaque année on allume les feux de la Saint-Jean, une tradition qui ne manque pas de parfum gaulois. A certaines fêtes, la jeunesse du pays se plaît à aller manger la galette sur ce bloc talentaire, ainsi que nous l'avions déjà constaté à Malloé (Cantal).

Un fait plus marquant pour cette région c'est la trouvaille de deux belles haches en serpentine (?), qui vient d'être faite à l'occasion des travaux de vicinalité entre les Mols et Sept-Fontaines, ce qui, à notre connaissance porte à cinq le nombre des localités de ces parages où ont été recueillis des instruments *des âges de la pierre polie,* savoir :

1. — Saint-Laurent-Grandvaux ;
2. — Les Étrets (Prémanon) ;
3. — Sept-Fontaines ;
4. — Lavant-lès-Saint-Claude ;
5. — Sièges.

et détruit une fois de plus la vieille légende qui faisait ce pays de l'ancienne Séquanie inhabité aux temps primitifs.

— 11 septembre —

Prince Paul-Arsénievitch **POUTIATIN**, à Bologoé, Russie.

Questions d'Éthnographie. — Après avoir constaté que les mutilations ethniques sont très anciennes, puisqu'elles sont mentionnées par Hérodote au sujet des Scythes et des Amazones, il y a lieu de se demander quel peuple les a introduites dans les régions de la mer Noire et de la Caspienne, de la Russie et de l'Allemagne.

C'est du tatouage qu'il est spécialement question. Il aurait remplacé d'autres mutilations plus sanglantes et ne serait plus que leur survivance, affectant des aspects divers, suivant les procédés employés. Le tatouage par piqûre se pratiquait avec des outils en os, arêtes de poissons, petits silex finement taillés, à pointes fragiles, et on obtenait des colorations multiples au moyen de frictions de la peau avec des substances colorées, dès l'époque néolithique. Les stations dans lesquelles les petits silex étaient en usage sont nombreuses, même en Russie et on a trouvé les matières colorantes déposées auprès des morts.

Ce seraient les populations anciennes de la région méditerranéenne qui auraient importé la pratique du tatouage chez les riverains de la mer Noire et de la Caspienne et, de là, il se serait étendu vers le nord de la Russie.

M. Léon **COUTIL**, Présid. de la Soc. norm. d'Études préhist., Les Andelys (Eure).

L'allée couverte du Trou aux Anglais, commune d'Aubergenville (Seine-et-Oise). — L'allée couverte d'Aubergenville est une des plus longues de la vallée de la Seine ; sa longueur est de 11^m,20, la largeur de son vestibule varie entre 1^m,25, à une extrémité et 2 mètres à l'autre ; l'axe du monument est orienté Est-Ouest. Deux pilastres ornent l'entrée située vers l'Est. Le vestibule mesure 2^m,20, jusqu'aux deux pierres échancrées formant cloison ; celle de droite porte une intéressante sculpture féminine caractérisée par l'ovale du visage, son arcade sourcilière et le nez ; au-dessous, un collier formé de trois rangs de perles et plus bas deux seins. Au revers de cette pierre est gravée une hache polie emmanchée. Sur le support voisin, à gauche, on voit une sorte de tryptique gravé et plus bas, une sorte de personnage (?) tracé très sommairement. Les premières fouilles furent faites en 1881, par M. Leroy, garde de la propriété, qui y découvrit trois vases, deux haches emmanchées et deux couches de squelettes bien conservés, séparées par de petites pierres.

Comme ce monument était en complet abandon, par suite de l'absence des dalles, nous avons tenté à trois reprises, comme président de la Société normande d'études préhistoriques, d'obtenir, pour le musée de Saint-Germain, les deux dalles sculptées, ne pouvant être autorisé à restaurer cette allée couverte.

Le monument se trouvant à quelques mètres d'une nouvelle canalisation d'épandage des égouts de Paris, le propriétaire, M. Bertin, nous autorisa enfin à le faire transférer dans les fossés du musée de Saint-Germain. Grâce à une subvention de l'Association française, jointe aux fonds votés par notre Société, le monument est restauré depuis le mois de septembre ; il se trouve auprès du dolmen de Conflans, qui fut son voisin précédemment et pendant des siècles, sur les rives de la Seine.

M. Charles GOUHIER de CHARENCEY, à Paris.

Sur quelques dialectes est-altaïens. — **M.** de Charencey dit quelques mots au sujet des langues est-altaïennes ou tongouses-mandchoues. Elles semblent se diviser en deux groupes assez tranchés. Le tongouse, plus archaïque de formes, et le mandchou, devenu langue littéraire depuis la conquête de la Chine par les Tartares.

Au groupe mandchou proprement dit se rattachent suivant toute apparence, les dialectes en vigueur sur les rives de la Manche de Tartarie tels que le sandane et un autre, parlé plus au Nord. Du reste, le sandane pourrait bien avoir subi une influence étrangère, son vocabulaire contient certains éléments que nous regarderions assez volontiers comme de provenance aïno.

———

Sur les races du Japon. — M. DE CHARENCEY fait une communication sur l'ethnologie du Japon et indique les races qui paraissent avoir donné naissance à la nation japonaise ; à commencer par les Negritos du sud de l'archipel de Nippon auxquels ont peut-être succédé plus tard des peuplades apparentées aux Indiens de l'Amérique du Nord. Ensuite apparaîtraient les *Kutshigomo*, habiles céramistes, peut-être venus de l'île de Saghalien ou du Kamtschatka. Les Aïnos, sans doute, partis de la Corée leur succèdent et se trouvent en contact avec des émigrants d'origine malaise ou polynésienne. Enfin, les Japonais proprement dits, fortement mélangés en Corée d'éléments chinois, partent de ce pays pour se répandre vers les débuts de l'Ère chrétienne dans les îles du Japon.

———

M. Hippolyte MULLER, Bibl. de l'Éc. de Méd. de Grenoble.

Contribution à l'histoire de la Paroisse et des Mines abandonnées de Brandes en Oisans. — La Paroisse et les Mines abandonnées de Brandes en Oisans sont situées entre 1.700 et 1.800 mètres d'altitude, sur un vaste plateau herbeux qui s'étale aux pieds de la chaîne de l'Herpie dans le massif des Grandes Rousses.

Les légendes locales semblent indiquer que l'exploitation des filons de galène qui courent sous le plateau, remonte à l'époque romaine, mais on n'a aucune preuve matérielle pour confirmer cette hypothèse.

L'exploitation la plus intense, semble au contraire, avoir eu lieu du IXe au XIVe siècles, sous les Dauphins ; des fouilles méthodiques pratiquées dans vingt-deux fonds de cabanes, sous les auspices de l'Association ont donné des indications précieuses qui seront exposées dans les comptes rendus.

L'étude de cette cité disparue et de ses mines, sera donnée plus tard avec les observations sur la faune, la flore, les usages, les légendes, les documents connus sur cette remarquable région et complétée par l'exposé des documents matériels révélés par les fouilles.

———

M. Ernest CHANTRE.

Cabanes votives des fellahs de la Haute-Égypte. — M. CHANTRE présente les dessins de deux petites cabanes dont il a observé — dans la Haute-Égypte — un grand nombre d'exemplaires. Elles sont déposées sur les tombeaux de certains musulmans considérés comme des saints ou scheikhs par les fellahs de la région, notamment sur celui du scheikh de Benet-Berri près de Kozan au N. de Karnak. Ces petites cabanes sont faites de terre pétrie avec de la bouse de vache, et séchées au soleil, Elles rappellent les urnes funéraires et cinéraires dites *à cabanes*, découvertes autrefois dans le Latium, et plus récemment en Cappadoce à Kara-Euyak (1).

Les Européens qui les ont vues en Égypte ont considéré ces cabanes comme des pigeonniers, à cause de leur forme qui rappelle celle de bâtiments de ce pays, construits spécialement pour l'élevage des pigeons. Mais comme ces petites cabanes — dont les dimensions n'excèdent jamais 25 à 30 centimètres cubes — ne se trouvent que dans le voisinage des tombeaux, et qu'elles renferment toujours des offrandes sous forme d'œufs, de fruits et autres substances, il y a tout lieu de croire que ce sont bien des monuments votifs. Près d'elles, enfin, où le plus souvent à l'intérieur même, sont placées des lampes grossières en terre pourvues d'huile et de mèche. Chaque vendredi les personnes pieuses qui ont déposé ces sortes d'*ex voto* viennent les visiter pour renouveler les offrandes et entretenir le feu des lampes. M. Chantre demande à ses collègues s'ils connaissent dans d'autres pays des monuments du genre de ceux dont il vient de parler.

— 13 septembre. —

M. Félix REGNAULT, Chargé de mission du Muséum de Paris.

La grotte de Tibiran (Hautes-Pyr.), suite de l'Étude sur les puits fossilifères. — Au Congrès de Nantes, MM. Félix REGNAULT et L. JAMMES ont décrit les phénomènes de remplissage de la grotte de Tibiran qui renferme deux puits verticaux dont l'un a été fouillé avec soin et a donné des débris intéressants de la faune quaternaire. Le second puits plus profond, et d'un accès plus dangereux, vient d'être exploré, et M. Félix Regnault présente à la section une coupe de cette excavation et un mémoire. Quand la terre du fond du puits a été remuée, des gaz délétères n'ont pas permis la continuation des fouilles. Cette dangereuse exploration a permis de reconnaître l'existence d'un curieux lac s'étendant au fond du puits et formé par l'abondance des eaux de ruissellement de plusieurs fissures de la grotte, et l'auteur entre dans quelques appréciations sur le remplissage de cette grotte.

M. Émile RIVIÈRE, Sous-Directeur de laboratoire au Collège de France, à Brunoy (Seine-et-Oise).

L'Abri-sous-Roche de Morsodon. — Il s'agit d'un gisement quaternaire ou magdalénien situé à Tayac (Dordogne) qui n'a pas encore été signalé. Les fouilles que j'y ai faites il y a trois ans m'ont donné une quantité considérable de silex taillés, en général fort beaux et dont beaucoup sont de grandes dimensions, ainsi qu'un grand nombre d'ossements et de dents d'animaux qui constituent une faune presque exclusivement représentée par le renne.

J'y ai trouvé aussi quelques os gravés, des fragments d'instruments en os et deux dents percées.

(1) Ernest Chantre. *Recherches archéologiques dans l'Asie occidentale, Mission en Cappadoce, 1893-1894*, in-4°, Paris, 1898, p. 90.

Station néolithique de la côte Sainte-Marie. — Sous ce titre, l'auteur appelle l'attention sur une nouvelle station préhistorique qu'il a découverte au mois d'avril 1901, avec le comte de Beaupré, sur le territoire de la commune de Saint-Mihiel (Meurthe-et-Moselle).

M. le Dr CAPITAN, Prof. à l'Éc. d'Anthrop. de Paris.

Note préalable sur des fouilles exécutées au Puy-Courny. — J'ai continué mes recherches dans les stations considérées comme renfermant une industrie tertiaire, afin de me faire une opinion raisonnée et basée sur des observations et des faits précis et nombreux. L'année dernière, avec Mahoudeau, j'avais étudié les gisements, puis les silex de Thenay, dont j'ai examiné plus de deux mille. Nos fouilles avaient été pratiquées grâce à un prélèvement sur les fonds du legs Girard, que l'Association française avait attribués à l'École d'anthropologie.

En août de cette année, grâce aux mêmes subventions, j'ai pu explorer la couche tortonienne du Puy-Courny sur une surface de 10 mètres carrés et recueillir plusieurs centaines de silex contenus dans 6 à 7 mètres cubes de cette couche. Ces silex, d'aspect bien typique, couverts ordinairement d'une épaisse patine brunâtre lustrée, sont de volumes très variables ; il y a des blocs pesant plusieurs kilogrammes et de minuscules éclats. En général, les pièces sont de dimensions moyennes (4 à 10 centimètres de longueur). Pour les étudier, il est indispensable de faire d'abord une sélection qui élimine plus de la moitié des pièces informes.

On peut, parmi les pièces qui restent, reconnaître quelques formes très nettes se répétant maintes fois. Il y a d'abord des fragments de silex cassés dont les bords portent des éclatements souvent très réguliers, bien distribués sur la pièce, attaquant certaines arêtes et pas d'autres ; parfois faits sur une face d'un côté de la pièce et sur la face opposée de l'autre côté. Ces pièces ont souvent l'aspect de certaines pièces quaternaires retouchées. Dans un milieu de ce genre, on n'hésiterait pas à les considérer comme travaillées par l'homme. Il y a des pointes et des râcloirs rappelant ceux du Moustier, des sortes de nuclei, de grands rognons retouchés. D'autres fragments de silex semblent avoir été seulement utilisés et écaillés souvent sur un bord par le travail. Ici la démonstration paraît moins nette.

Enfin, il y a des lames courtes présentant un vrai bulbe (moins marqué que sur les pièces quaternaires mais net) et dont les bords sont retouchés.

Le nombre de ces pièces, leur aspect semblent indiquer l'existence d'un travail voulu. J'ai eu la même impression que de Quatrefages et de Mortillet. Incontestablement, la question ne me paraît pas élucidée définitivement ; mais, à l'inverse de ma conclusion pour Thenay, je dirai que les silex tortoniens du Puy-Courny me semblent présenter les traces d'un travail intentionnel, les causes naturelles — dans l'état de nos connaissances actuelles — ne me paraissant pas pouvoir déterminer les particularités d'éclatement qu'ils présentent.

M. le Dr Henry GIRARD, Prof. à l'Éc. de Méd. nav. de Toulon.

Étude des proportions du tronc chez les jaunes et les noirs.

Observation anthropométrique d'un Danakil. — Sujet originaire de Massaouah. Les observations prises concernent la presque totalité des mesures anthropométriques et quelques notes physiologiques. Un cliché complète l'ensemble de ces données.

Les principaux résultats sont les suivants :

Millimètres.
—

Taille.	1.760
Grande envergure	1.780
Indice céphalique	77,89
— facial.	90,53
— céphalo-zygomatique.	90,50
— nasal.	75,00

Rap. (Taille = 100) :

Tronc.	33,9
Membre supérieur.	45,6
— inférieur	48,8
Main.	10,5
Pied	13,0

Coloration de la peau :

Front.	43,0
Ventre et poitrine	22,0

Cheveu long et crépu.

Indigène représentant un type de haute taille, à indices dolichocéphale et dolichofacial, à mésorhinie faible, aux membres longs et au tronc court, chamitique par les traits, négroïde surtout par son tronc et ses membres.

———

Note sur les Méos du Haut-Tonkin. — Parmi les tribus dites sauvages *(Mans)* qui peuplent le Haut-Tonkin, il en est une dont le nom est plus connu dans l'histoire des races mais dont la description n'est guère plus avancée, celle des *Méos.*

Méo ou *Miao* selon le dialecte employé — annamite ou chinois — devrait se traduire par le mot *chat*, qui trouverait ici son explication dans l'agilité de ces indigènes à escalader les hauteurs où ils vivent ou dans une tonalité particulière de leur langage (miaulement). Aux linguistes professionnels de trancher la question.

Leur habitat est toute la région montagneuse qui encercle le Delta, avec cette particularité qu'on les trouve toujours à des hauteurs qui dépassent 1.000 mètres. Deux variétés : *Méos noirs* ou *chang*, *Méos blancs* ou *dens* se tiennent en particulier dans la province de Caobang (massifs de Bao-Lac, du Luc Khu, de Nguyen-Binh, etc.). Le long du fleuve Rouge une nouvelle variété apparaît — *Mans rouges.* Dans le commissariat du Haut-Laos on rencontre indifféremment des unes et des autres.

Originaires du Koui-Tchéou qui représente actuellement un de leurs principaux foyers, ils ont dû à diverses reprises céder devant la politique chinoise et pousser des migrations assez nombreuses, dont la plus importante celle de 1856, sur le territoire tonkinois. En tout cas, ils n'y existent guère que depuis trois siècles, à l'état de familles isolées et il n'y a pas plus d'une cinquantaine d'années, que leur mouvement de progression sur les crêtes s'est dessiné vers le Laos.

Au sujet de leurs caractères descriptifs, on est loin de trouver l'accord parfait entre les divers observateurs ; les uns les tenant pour des blancs (Allophylles de Quatrefages), les autres pour des jaunes (Margalaes).

Nous avons pu mesurer complètement trois individus de cette race et prendre sur dix-sept autres et six femmes quelques renseignements sur la taille. Nous allons donner ci-dessous nos résultats :

Millimètres.

Taille :

    17 hommes : T. . . . . 1.540   (Ext. 1.680 — 1.420)

    6 femmes : T. . . . . 1.482   (Ext. 1.540)

Crâne :

    3 hommes : Indice céphalique. . 75,80 (Ext. 74,1 — 78,1)

    —   Hauteur. 43,3

    (d'où en regard de largeur (14,3)

    un indice transverso-vertical) . . 65,2   (Ext. 61,3 — 67,6)

Face :

    Indice antérieur 65,2

    — facial 108,9

    — frontal. 74,82

    — céphalo-zygomatique . . . 99,86

Nez :

    Indice nasal 79,72

Mâchoire inférieure :

    D. Bigoniaque (tête = 100) . . . 51,60

D'où nous concluons, type de taille petite, franchement dolicocéphale, à crâne bas et plat, à front assez développé, à face très courte, aux zygomas excessivement volumineux, très écartés et très proéminents, à platyrhinie svelte et à maxillaire inférieur rétréci. L'œil est petit, très écarté (4,1), très mongolique, et l'ensemble des traits donne manifestement l'impression d'un élément jaune. Chez la femme surtout, la face est si caractéristique qu'on se croirait en présence de spécimens thibétains.

———

M. TOMMASINI fils, à Oran.

Survivances linguistiques dans la langue corse.

———

M. A. de MORTILLET.

Recherches palethnologiques dans les alluvions tortoniennes du Puy-Courny (Cantal). — Grâce à une subvention de l'Association française, M. A. de Mortillet a pu entreprendre, au mois de Juin de cette année, des fouilles intéressantes dans le gisement tertiaire du Puy-Courny, près Aurillac (Cantal), où J. B. Rames avait signalé en 1877 la présence de silex taillés. Ces fouilles ont amené la découverte de nouvelles pièces portant des traces indubitables de taille intentionnelle.

M. A. de Mortillet a recueilli dans la couche alluviale explorée par Rames non seulement des éclats, mais aussi les blocs, parfois assez volumineux, sur lesquels étaient détachés ces éclats, ce qui tendrait à prouver que le travail a été effectué sur place. Il a, en outre, été frappé du contraste existant entre les cailloux quartzeux mêlés au sable, qui tous plus ou moins roulés et arrondis, et les blocs de silex, de dimensions beaucoup plus variables, qui, eux, ont conservé des arêtes vives ou simplement adoucies par le passage du sable et même, dans certains cas, des portions de leur croûte calcareuse. On doit donc admettre deux modes d'apport bien différents : les quartz ont été charriés par les eaux ; quant aux silex, tout porte à croire, comme le pensait déjà Rames, qu'ils ont été apportés par les êtres intelligents qui les ont taillés.

Deux constatations faites par Rames viennent à l'appui de cette idée. C'est d'abord le transport de bas en haut des silex, puis leur triage comme qualité. Des doutes ayant été émis à ce sujet, M. A. de Morillet a examiné la question et a reconnu la parfaite exactitude des faits avancés par l'illustre géologue. En brisant des silex des alluvions tortoniennes, il a retrouvé des Planorbes et des Lymnées, coquilles caractéristiques du calcaire aquitanien sous-jacent. Ce calcaire renferme de nombreux bancs de silex de qualités très diverses. Or, seuls ceux qui sont durs, tenaces, et par suite propres à fournir des tranchants solides, se rencontrent dans le tortonien, à l'exclusion complète des autres cependant plus friables et plus abondants dans le calcaire. Il y a là un choix, choix intelligent, qui ne saurait être attribué aux eaux.

La couche tortonienne présente les caractères sur divers autres autres points des environs d'Aurillac. Au Puy-Boudiou, au Puy-de-Vaurs, à Belbex, comme au Puy-Courny, elle contient des silex taillés.

MM. LACOULOUMÈRE et le Dr Marcel BAUDOUIN.

Le dolmen de Saint-Gilles-sur-Vic (Vendée) fouilles de 1901 (1).

VŒU PROPOSÉ PAR LA SECTION

Voir page 52.

---

(1) Faites avec l'aide d'une subvention de l'Association.

12ᵉ et 13ᵉ Sections réunies.

SCIENCES MÉDICALES ET ÉLECTRICITÉ MÉDICALE (1)

PRÉSIDENT. . . . . M. le Dʳ S. LEDUC, Prof. à l'Éc. de méd. de Nantes.
VICE-PRÉSIDENTS . . . . M. le Dʳ COSTA DE BASTELICA, Corresp. de l'Académie de méd., à Ajaccio.
M. le Dʳ BORDIER, Agr. à la Fac. de méd. de Lyon.
SECRÉTAIRE . . . . M. le Dʳ LEUILLIEUX, à Conlie (Sarthe).

— 9 septembre —

M. le Dʳ Stéphane LEDUC, Prof. à l'Éc. de Méd. de Nantes.

Rapport sur l'Électrochimie médicale.

INTRODUCTION

L'électrochimie médicale est une application particulière de l'électrolyse ; les définitions qui s'y appliquent et les lois qui la régissent sont celles qui sont indiquées et étudiées dans les traités de physique auxquels nous renvoyons : nous n'avons pas à nous y arrêter.

Des modifications ont été apportées aux idées anciennes sur le rôle du courant dans l'électrolyse (Hypothèse de Grothus) par suite de la conception introduite dans la science par Arrhénius sur la nature des solutions salines. Aussi croyons-nous devoir rappeler celle-ci.

Théorie de la dissociation électrolytique d'Arrhénius. — D'après M. Arrhénius, c'est le dissolvant lui-même, c'est l'eau qui décompose la molécule, qui la dissocie en ses ions, qui peuvent être des corps simples ou des radicaux. L'énergie nécessaire à cet effet est une partie de la chaleur absorbée dans le phénomène de la dissolution ; on l'appelle chaleur d'ionisation. Par suite de la dissociation d'une partie seulement des molécules, une solution électrolytique de concentration moyenne, de chlorure de sodium par exemple, contient trois sortes de particules ou moles : des molécules non dissociées NaCl, électriquement neutres,

---

(1) En l'absence du président de la 12ᵉ Section, M. le Dʳ Livon, empêché de venir à Ajaccio, la 12ᵉ et la 13ᵉ Section se sont réunies sous la présidence du Dʳ Leduc, président de la 13ᵉ.

des anions ayant une charge électrique négative $\overline{Cl}$, des cations ayant une charge positive $\overset{+}{Na}$. Lorsque, dans un électrolyte, on plonge une électrode positive et une électrode négative, suivant les actions électrostatiques, l'anode attire les ions électronégatifs et repousse les ions électropositifs ; la catode attire les cations positifs et repousse les anions négatifs ; cédant à ces actions les ions se mettent en mouvement, transportent leurs charges aux électrodes et établissent le courant électrique qui résulte ainsi du transport des charges par la masse pondérable des ions. L'hypothèse d'Arrhénius admet, dans les solutions, la présence d'ions qui s'y déplacent librement, tels que le chlore et le sodium ; mais à l'état d'ions, porteurs de charges électriques, le chlore, le sodium, etc., n'ont point les propriétés chimiques qu'ils ont à l'état neutre ou d'éléments, état qu'ils prennent au contact des électrodes en abandonnant leurs charges.

Fonctions chimiques et physiologiques des ions. — Le groupement ionique des atomes est important à considérer car les réactions chimiques consistant dans la charge et la décharge électrique des ions dépendent essentiellement du groupement ionique ; par exemple, le nitrate d'argent précipitera à l'état de chlorure d'argent l'ion $\overline{Cl}$, mais non le chlore des ions complexes chlorique $\overline{ClO^3}$, ou chloracétique $C^2H^3\overline{Cl}O^2$. Les propriétés chimiques des substances dissoutes dépendent, non pas de la nature même de ces substances, mais des ions qu'elles forment, c'est ainsi que les réactions chimiques du soufre varient dans une solution suivant qu'il s'y trouve à l'état d'ion soufre, d'ion sulfite, d'ion sulfurique ou d'ion persulfurique.

Les actions physiologiques et toxiques sont aussi des actions ioniques, l'arsenic agit très différemment, suivant qu'il est à l'état d'ion arsénieux, arsénique ou cacodylique : le phosphore, suivant qu'il est à l'état d'ion phosphore, phosphoreux ou phosphorique.

Vitesse des ions. — Si l'on sépare en deux par une cloison poreuse une cuve électrolytique contenant une solution de sulfate de cuivre par exemple, après la décomposition d'un ou plusieurs équivalents, on trouve une répartition inégale de la perte. Pour le sulfate de cuivre les 2/3 de la perte portent sur la cuve négative, 1/3 seulement sur la cuve positive.

Il est facile de conclure de là que les ions se meuvent en sens inverse avec des vitesses différentes et l'on voit que les pertes de concentration n à la catode et $1 - n$ à l'anode sont dans le rapport de la vitesse u des anions et à celle V des cations ; $\dfrac{n}{1-n} = \dfrac{u}{V}$ et l'on a dans les rapports des pertes de concentration le moyen de déterminer les vitesses relatives des ions.

Conductibilité des électrolytes. — On appelle conductibilité spécifique y d'un électrolyte, la conductibilité $\left(\text{inverse de la résistance } C = \dfrac{1}{R}\right)$ en Ohms d'un cube de cet électrolyte d'un centimètre de côté.

On appelle conductibilité moléculaire μ celle d'un électrolyte contenant une molécule, placé entre deux électrodes parallèles et distantes d'un centimètre ; elle est égale à la conductibilité spécifique multipliée par le volume moléculaire $\mu = yv$.

La conductibilité moléculaire varie avec la dilution et, par conséquent, avec le volume moléculaire. Lorsque la dissociation est complète, la conductibilité moléculaire atteint son maximum, on la représente alors par le symbole $\mu \infty$.

En d'autres termes, la conductibilité électrolytique est proportionnelle au nombre des ions, à leurs vitesses et à leurs charges.

Conductibilité électrique des êtres vivants. — Les tissus vivants imprégnés de solutions salines sont des électrolytes, les connaissances acquises par l'étude des électrolytes leur sont directement applicables.

Courant électrique dans le corps de l'homme. — La conductibilité électrique du corps humain est la conductibilité électrolytique.

Actions polaires et interpolaires. — Dans l'étude des actions chimiques exercées par le passage du courant dans le corps de l'homme, il est avantageux de distinguer les actions polaires et les actions interpolaires.

Électrodes. — Les électrodes employées en médecine sont, soit des électrodes inattaquables : charbon, platine, etc. ; soit des électrodes attaquables, zinc, cuivre, etc.; soit des électrodes électrolytes formées par des solutions aqueuses de sels, d'acides ou de bases.

Électrodes inattaquables. — Dans le cas des électrodes inattaquables, les anions, après avoir abandonné leurs charges au contact de l'anode, deviennent des anhydrides qui, pour reconstituer les acides correspondants, enlèvent l'hydrogène aux tissus qu'ils détruisent, $2Cl + H^2O = 2HCl + O$, il se dégage de l'oxygène. Les cations, après contact avec la catode, prennent les caractères chimiques que nous connaissons aux métaux alcalins, enlèvent le groupe hydroxyle aux tissus qu'ils détruisent également, et donnent lieu à un dégagement d'hydrogène, $K + H^2O = KOH + H$.

Électrodes attaquables. — Si l'on emploie des électrodes attaquables par les produits de l'électrolyse, les phénomènes à l'anode consistent d'abord dans la formation d'acide avec destruction des tissus, puis attaque et dissolution de l'électrode par les acides formés, il en résulte un sel du métal de l'électrode, qui donne lieu aux phénomènes présentés par les électrodes électrolytes.

Électrodes électrolytes. — Lorsqu'on emploie des électrodes électrolytes, le double courant des ions s'établit entre l'anode et la catode métallique, il en résulte un échange ionique aux surfaces de séparation du corps et des électrodes électrolytes, à l'anode le corps abandonne ses anions et reçoit les cations de l'électrode ; à la catode, le corps abandonne ses cations et reçoit les anions de l'électrode. On peut donc introduire dans le corps des cations à l'anode des anions à la catode.

Les électrodes électrolytes peuvent être formées par des solutions de sels, d'acides ou de bases.

Électrodes formées par les solutions salines. — On sait que tous les sels, formés d'un radical acide ou halogène $\overset{-}{R}$ électronégatif et d'un métal $\overset{+}{M}$ électropositif, peuvent être représentés par la formule $\overset{-}{R}{}^m \overset{+}{M}{}^n$. Le métal pénètre dans le corps à l'anode, le radical acide à la catode, le résultat est donc de changer la nature des sels de l'organisme ; l'acide sè trouve changé sous la catode, le métal sous l'anode ; à moins que le radical et le métal ne soient les mêmes que ceux de l'organisme, comme c'est à peu près le cas lorsqu'on emploie pour électrodes des solutions de chlorure de sodium, les effets produits sous les électrodes sont alors réduits à un minimum ; ils ne sont point cependant supprimés, car le chlore n'est pas le seul radical électronégatif de l'organisme, le sodium n'est pas le seul ion électropositif, et la substitution exclusive du chlorure de sodium à tous les sels de l'économie, a des conséquences qui peuvent aller jusqu'à la mort des tissus. En résumé, les électrodes formées de solutions salines introduisent sous la catode leurs radicaux acides qui agissent en grande partie sur les tissus comme les sels de sodium correspondants, iodure, sulfate, phosphate, sulfure, bichromate, salicylate, etc., de sodium. Sous l'anode s'introduit le métal du sel, il agit surtout comme le ferait son chlorure. On peut donc présumer les effets produits par les ions d'un sel lorsque l'on connaît les actions sur les tissus des sels de sodium, de son acide et du chlorure de son métal.

Représentons le corps par une solution de chlorure de sodium, et les électrodes par une solution d'iodure de potassium. Par le passage du courant tous les cations avancent vers la catode, les anions vers l'anode, et l'on voit que les ions potassium pénètrent dans le corps à l'anode, les ions iode à la catode.

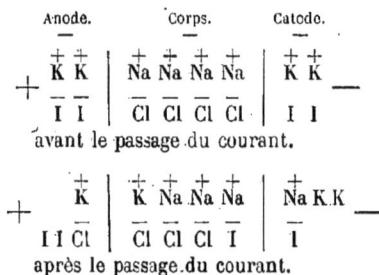

avant le passage du courant.

après le passage du courant.

Électrodes formées par les solutions acides. — Toutes les solutions acides ont le même cation : l'hydrogène ; elles constituent donc toutes des anodes équivalentes. Si les solutions sont suffisamment étendues pour éviter l'action directe de l'acide sur la peau, l'acide chlorhydrique, l'acide sulfurique, l'acide phosphorique, les acides organiques, etc., employés comme anodes, produiront exactement le même résultat. Représentons le corps par une solution de chlorure de sodium, et les électrodes par des solutions d'acides $\overset{-}{R}\,\overset{+}{H}$:

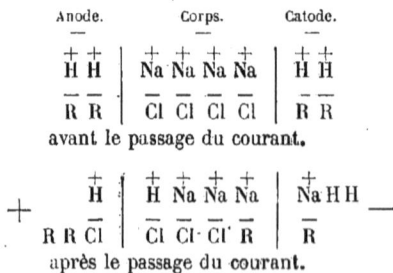

avant le passage du courant.

après le passage du courant.

On voit qu'après le passage du courant, quel que soit l'acide employé, il y a, à l'anode, substitution aux métaux des tissus d'hydrogène qui avec les radicaux négatifs des sels de l'économie, reconstitue les acides correspondants. Les chlorures sont remplacés par de l'acide chlorhydrique, les sulfates par de l'acide sulfurique, les phosphates par de l'acide phosphorique, etc.

Électrodes basiques. — Toutes les solutions basiques ont le même anion, l'hydroxyle $\overset{+}{O}H$; elles constituent donc toutes des catodes équivalentes. Si la solution est assez étendue pour éviter l'action caustique directe sur la peau, la potasse, la soude, la lithine, les alcalis organiques, employés comme catodes, produiront exactement les mêmes résultats. Représentons le corps par une solution de chlorure de sodium, et les électrodes par des solutions basiques $\overset{-}{O}H^m\overset{+}{M}^n$.

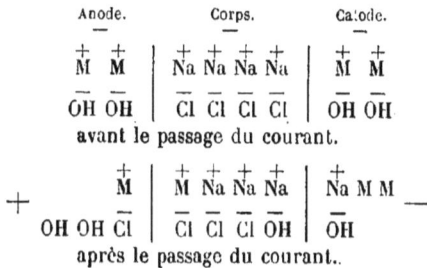

$$\begin{array}{c|cccc|cc}
\text{Anode.} & & \text{Corps.} & & & \text{Catode.} & \\
\overset{+}{M}\ \overset{+}{M} & \overset{+}{Na}\ \overset{+}{Na}\ \overset{+}{Na}\ \overset{+}{Na} & & & & \overset{+}{M}\ \overset{+}{M} & \\
\overset{-}{OH}\ \overset{-}{OH} & \overset{-}{Cl}\ \overset{-}{Cl}\ \overset{-}{Cl}\ \overset{-}{Cl} & & & & \overset{-}{OH}\ \overset{-}{OH} &
\end{array}$$

avant le passage du courant.

$$\overset{+}{}\quad \begin{array}{c|cccc|c}
\overset{+}{M} & \overset{+}{M}\ \overset{+}{Na}\ \overset{+}{Na}\ \overset{+}{Na} & & & & \overset{+}{Na}\ M\ M \\
OH\ OH\ Cl & Cl\ Cl\ Cl\ OH & & & & OH
\end{array}\quad \overset{-}{}$$

après le passage du courant.

On voit qu'après le passage du courant, quelle que soit la base employée, il y a à la catode substitution aux radicaux acides des tissus de l'hydroxyle $\overset{-}{O}H$ qui, avec les métaux de l'économie, reconstitue les bases correspondantes. Les sels de sodium sont remplacés par de la soude, ceux de potassium par de la potasse, etc.

Effets interpolaires. — Le double courant par suite duquel les anions remontent vers l'anode, les cations descendent vers la catode, existe dans la profondeur des tissus partout où passe le courant électrique ; il en résulte, à chaque surface de séparation de deux milieux chimiques différents, une modification dans la constitution chimique de ces milieux. Considérons comme exemple I le passage du courant à travers les globules du sang, dont les sels sont surtout des sels de potassium, alors que ceux du sérum sont des sels de sodium. Représentons le globule par du chlorure de potassium ; le sérum par du chlorure de sodium.

$$\begin{array}{c|ccc|cc}
\text{Anode.} \ \text{Sérum.} & \text{Globule.} & & & \text{Sérum.} & \text{Catode.} \\
\overset{+}{Na}\ \overset{+}{Na} & \overset{+}{K}\ \overset{+}{K}\ \overset{+}{K} & & & \overset{+}{Na}\ \overset{+}{Na} & \\
\overset{-}{Cl}\ \overset{-}{Cl} & \overset{-}{Cl}\ \overset{-}{Cl}\ \overset{-}{Cl} & & & \overset{-}{Cl}\ \overset{-}{Cl} &
\end{array}$$

avant le passage du courant.

$$\overset{+}{}\quad \begin{array}{c|ccc|c}
\overset{-}{Na} & \overset{-}{Na}\ \overset{-}{K}\ \overset{-}{K} & & & \overset{-}{K}\ Na\ Na \\
Cl\ Cl\ \overset{+}{Cl} & \overset{+}{Cl}\ \overset{+}{Cl}\ \overset{+}{Cl} & & & \overset{+}{Cl}
\end{array}\quad \overset{-}{}$$

après le passage du courant.

On voit que le passage du courant dans le sang aurait pour résultat de remplacer par du sodium le potassium des globules.

Lorsque le courant électrique passe d'un milieu chimique dans un autre, on peut désigner le premier milieu comme positif, le second comme négatif ; le résultat du passage du courant est, dans le milieu positif, le remplacement de ses anions par ceux du milieu négatif et, pour ce dernier, le remplacement de ses cations par ceux du milieu positif.

Démonstrations expérimentales. — Les notions développées jusqu'ici sont déduites de la théorie moderne de l'électrolyse, en raison de la proposition que nous avons énoncée en disant ; *les tissus vivants sont des électrolytes, et les connaissances acquises par l'étude des électrolytes leur sont directement applicables.* On doit rechercher maintenant dans quelle mesure l'expérience confirme les déductions de la théorie.

Emploi de l'analyse chimique pour constater la pénétration électrolytique des ions. — La plupart des auteurs qui ont étudié expérimentalement l'absorption électrolytique ont cherché à démontrer cette absorption en révélant, par l'analyse chimique, la présence des ions absorbés dans les urines ou dans les tissus.

Constatation de l'absorption électrolytique par la production d'effets physiologiques. — On nous démontre l'absorption électrolytique par la production d'effets physiologiques : convulsions avec la strychnine, mydriase avec l'atropine, anesthésie avec la cocaïne, sudation avec la pilocarpine, etc.

Objections aux méthodes précédentes. — Aux méthodes de la constatation chimique et de la production des effets physiologiques, on objecta que l'absorption se faisait par la peau, sans l'intervention du courant ; et l'absorption électrolytique continua à être niée par la grande majorité des physiologistes et des médecins.

Méthode de la mise en série des animaux. — Au Congrès de l'Association Française pour l'Avancement des Sciences de Paris, en 1900, et au Congrès international d'Électrobiologie, nous avons présenté une méthode dans laquelle, employant des ions toxiques, les animaux étaient mis en série sur le même courant, de façon que le courant entrât dans l'un des animaux et sortît de l'autre par l'électrode ayant l'ion toxique. Dans ces expériences, un lapin ayant une anode de sulfate de strychnine ou une catode de cyanure de potassium est rapidement tué, tandis que les animaux témoins, soumis au même courant et aux mêmes contacts, mais ayant la strychnine à la catode, le cyanure de potassium à l'anode, résistent indéfiniment.

Des expériences analogues auraient donné à MM. Charpentier et Guilloz des résultats identiques.

L'objection relative à l'absorption cutanée par simple contact se trouve éliminée dans ces expériences par la résistance des animaux témoins.

Méthode des ions colorés. — A la séance de la Société française d'Électrothérapie d'avril 1901, nous avons présenté un autre mode de démonstration de l'introduction électrolytique des ions consistant dans l'emploi d'ions colorés ou d'ions très actifs : marquant les traces de leur passage. On place, par exemple, sur chaque bras une électrode formée d'un tampon de coton hydrophile imprégné d'une solution de permanganate de potasse ; on fait passer, de l'une à l'autre, pendant deux à cinq minutes, un courant d'un demi-milliampère par centimètre carré ; on lave bien chacun des deux bras ; il ne reste sous l'anode aucune trace de l'ion permanganique, tandis que sous la catode, la peau est ponctuée de cercles d'un brun noir, nettement circonscrits, d'un diamètre d'autant plus grand que le courant a passé plus longtemps ; ils mettent plusieurs semaines à disparaître et résultent de la pénétration et de la décomposition dans les tissus de l'ion permanganique qui remplit les glandes de bioxyde de manganèse.

Le courant ne pénètre que par les orifices glandulaires. — L'introduction électrolytique de l'ion permanganique, montre que le courant ne pénètre que par les glandes. Les ions très actifs, l'hydrogène, l'hydroxile OH, le soufre des sulfures, l'ion chromique, etc., donnent la même démonstration ; leurs actions caustiques et irritantes sont exactement réparties suivant la topographie glandulaire.

Résistance électrique du corps humain. — De nombreux travaux ont été publiés sur la résistance électrique du corps sans jeter beaucoup de lumière sur cette question. Il nous paraît plus avantageux de considérer la conductibilité en inverse de la résistance, $C = \dfrac{1}{R}$.

Méthode pour l'étude de la conductibilité. — Au Congrès de l'Association française pour l'Avancement des Sciences, et au Congrès international d'Électrobiologie, Paris 1900, nous avons présenté, pour l'étude de la conductibilité du corps humain, une méthode consistant à constituer un circuit avec une force électromotrice constante et une résistance du reste du circuit négligeable par rapport à la résistance du corps ; si l'on porte les intensités ainsi obtenues en ordonnées et les temps en abcisses, on obtient une courbe qui est celle de la conductibilité du corps aux divers temps de l'expérience. Cette courbe montre comment varie la conductibilité avec les conditions qui l'influencent, et comment en particulier elle varie avec les différents ions introduits dans la peau.

Vitesse des ions dans l'organisme. — Ainsi que nous l'avons fait remarquer dans notre communication à la Société française d'Électrothérapie, les parties variables de la courbe, correspondant aux périodes initiales de l'introduction d'un ion, expriment la proportion dans laquelle l'ion en question est entré dans la peau ; les conductibilités sont alors proportionnelles aux nombres des ions introduits. Lorsque la courbe prend son état permanent, la peau est comme saturée de l'ion nouveau ; il s'élimine par absorption générale avec sa vitesse d'introduction, et sa proportion sous l'électrode, dans les tissus dont il modifie la résistance, est devenue invariable. La courbe exprime alors la vitesse des ions, les différentes conductibilités se trouvent proportionnelles aux vitesses des différents ions. Cette méthode permet donc de comparer les vitesses des ions dans les tissus vivants, ou les résistances que l'organisme oppose aux déplacements ioniques. Les vitesses relatives des ions dans l'économie ne sont pas les mêmes que dans les solutions aqueuses et semblent en rapport avec les propriétés physiologiques ou pathologiques des ions ; c'est ainsi que l'organisme oppose une résistance très faible au déplacement des ions lithium et carbonique, une résistance très grande au déplacement des ions calcium, phosphorique et urique.

Modification de l'excitabilité. — Dans nos publications de 1900 nous avons montré que l'excitabilité des nerfs superficiels était modifiée profondément et de façons diverses par les différents ions.

Différentes actions des ions sur la peau. — Les ions agissent de façons très différentes sur la peau : l'ion lithium donne du purpura, l'ion arsénieux des bulles herpétiformes, l'hydroxyle OH des saillies acnéiformes, l'ion chromique des papules et des plaques, on peut ainsi produire les formes les plus variées des érythèmes et des dermatites.

Diffusibilité spontanée des ions. — La diffusion spontanée des ions introduits dans les tissus par la force électromotrice diffère beaucoup d'un ion à l'autre : tandis que l'ion permanganique se décompose en donnant du bioxyde de manganèse qui ne diffuse absolument pas, on peut suivre à l'œil, sous la peau, la diffusion de l'ion chromique qui se fait avec une vitesse d'environ un millimètre par minute ; certains ions, comme l'ion morphine, diffusent rapidement dans l'organisme entier.

Utilisation thérapeutique. — L'introduction électrolytique des ions est susceptible de nombreuses utilisations thérapeutiques, locales et générales. L'absorption générale, établie par les méthodes que nous avons mentionnées, se trouve suffisante, dans nos expériences, pour amener rapidement la mort des lapins. Nous avons plusieurs fois, sur nous-même, provoqué des phénomènes d'intoxication par l'introduction électrique des ions, en particulier de la morphine.

Dosage des ions introduits. — D'après la loi de Kohlraush la conductibilité d'un électrolyte est proportionnelle à la somme $u + v$ des vitesses respectives u et v de chacun des deux ions ; les parts contributives de chacun des deux ions au transport de l'électricité sont $\dfrac{u}{u+v}$ et $\dfrac{v}{u+v}$; c'est en multipliant par l'un ou l'autre de ces facteurs le produit de la quantité d'électricité Q, par l'équivalent électrochimique e que l'on aura le poids introduit de l'ion correspondant, soit $\dfrac{u}{u+v} \times Q \times e$ pour l'ion de vitesse u, $\dfrac{v}{u+v} \times Q \times e$ pour l'ion de vitesse v.

Vitesse d'introduction. — Aucune méthode ne permet de régler aussi bien la vitesse d'introduction des médicaments qui, dans la méthode électrolytique, est exactement proportionnelle à l'intensité du courant. Si l'on emploie des substances peu actives, iode, lithium, etc., on emploiera des électrodes de très grande surface permettant des intensités très élevées, telles que les électrodes Bains. Si l'on emploie des substances très actives, et surtout pour les applications locales, on choisira des électrodes de surfaces plus restreintes.

Les applications thérapeutiques générales et locales, dont est susceptible la méthode d'introduction électrolytique des médicaments, sont innombrables; on peut, grâce à elle, exercer non plus superficiellement, mais dans la profondeur des tissus normaux ou pathologiques, une action antiseptique, analgésique ou spécifique quelconque.

Les progrès de l'électrochimie, permettant de prévoir et de diriger les effets produits, offrent avec précision une quantité d'applications nouvelles, constituant pour l'électricité médicale une source de moyens aussi précieux que variés.

M. le Dr LEDUC.

Emploi du vide de Geissler pour la production des rayons chimiques. — La boule négative des tubes de Geissler est une source intense de rayons chimiques violets et surtout ultra-violets, exerçant une puissante action photographique, provoquant la fluorescence, déchargeant les corps électrisés. Elle produit très peu de rayons éclairants et de chaleur.

Pour les applications médicales, la source pouvant être placée très près de la peau, l'action peut atteindre et dépasser celle de l'arc électrique. On peut faire agir simultanément un grand nombre de tubes, concentrer les faisceaux avec des lentilles ou des miroirs et agir sur toute une région du corps ou même sur le corps entier.

L'emploi des tubes de Geissler n'imposant point l'immobilité, indispensable avec l'arc, les séances peuvent, sans fatigue, être beaucoup plus prolongées.

M. le Dr Henry BORDIER, Agr. à la Fac. de Méd. de Lyon.

Mécanisme de l'action de l'arc électrique dans la photothérapie. — Si avec l'appareil photothérapique de Finsen ce sont les radiations chimiques qui agissent, avec l'appareil de MM. Lortet et Genoud on pouvait se demander si les radiations calorifiques ne jouaient pas un certain rôle dans l'effet produit, l'arc électrique n'étant séparé de la région à traiter que d'*à peine 5 centimètres.*

M. Bordier a tranché très nettement la question en absorbant les radiations actiniques à l'aide d'une solution d'iode dans le chloroforme et circulant dans le compresseur à la place de l'eau ; il s'était assuré d'abord que cette solution violette est parfaitement transparente pour les rayons calorifiques et entièrement opaque pour les rayons chimiques.

Après une exposition de la peau de l'avant-bras pendant des temps variables, d'une à quatre minutes, il n'a pas été possible de constater le moindre érythème, alors qu'avec un liquide laissant passer les radiations chimiques, on voit apparaître un érythème pouvant aller, après quatre minutes, jusqu'à la vésication. Ce sont donc bien les rayons actiniques qui agissent dans cet appareil photothérapique.

Quant à l'absence de sensation de brûlure, elle est due, d'après M. Bordier, à ce que la chaleur provenant de l'arc et qui tendrait à élever la température de la peau est enlevée par conductibilité par la face du compresseur en cristal de roche, bien meilleur conducteur de la chaleur que les tissus.

M. le Dr LEUILLIEUX, à Conlie (Sarthe).

Dispositif de la machine statique pour les usages électrothérapiques et la franklinisation hertzienne. — Pour que la machine statique de Wimshurst donne son rendement maximum et un rendement aussi constant que possible, il convient qu'elle soit placée dans une atmosphère sèche, à l'abri des courants d'air et de la poussière.

Pour cela, je la fixe renversée à la partie la plus élevée de l'appartement, et si possible au plafond.

L'axe des plateaux, par ses poulies, repose directement sur les courroies, qui sont toujours ainsi tendues par une force constante ; le poids des plateaux et de l'axe.

Un collier métallique, placé au-dessus de l'échancrure, retiendrait le système rotatif dans le cas où une rupture se produirait au moment où les plateaux sont animés de 900 tours par minute, et quelquefois plus.

Dans ces conditions, la machine donne un courant très intense et remarquablement régulier.

De plus, ou supprime l'encombrement, la trépidation et le bruit surtout, si on a soin d'intercaler entre le plateau de la machine et l'aire d'appui une plaque de caoutchouc d'un centimètre environ d'épaisseur.

En mettant un condensateur à capacité variable à chacune des pièces polaires, reliant ces condensateurs par leur armature externe et en faisant éclater des décharges disruptives entre les pièces polaires de façon que la décharge satisfasse à l'inégalité $R < \sqrt{\frac{4l}{c}}$, on obtient très facilement les courants de haute fréquence avec une machine électrostatique médicale ordinaire.

M. le Dr H. BORDIER.

Résultats thérapeutiques des courants de haute fréquence dans le traitement du lupus. — C'est en employant le solénoïde à haute tension et l'excitateur à manchon de verre que l'auteur a essayé l'action des courants de haute fréquence sur deux malades atteintes de lupus tuberculeux. L'une avait un lupus non ulcéré de la joue gauche, l'autre un lupus ulcéré de l'aile du nez gauche. Dans les deux cas, le lupus existait depuis de nombreuses années.

Les séances furent faites en plaçant le manchon de verre à quelques millimètres des placards à traiter et leur durée varia entre trois et six minutes; elles avaient lieu deux fois par semaine. L'auteur fit sept à huit séances pour chaque malade.

Les résultats furent remarquables tant par l'efficacité que par la brièveté du traitement ; les malades sont guéries, la première depuis un an, la seconde depuis trois mois.

Dans la méthode de Finsen, il faut beaucoup plus de temps (deux à trois mois) et les résultats ne sont pas plus beaux. Il paraît donc indiqué de donner la préférence aux courants de haute fréquence, dont la mise en œuvre est bien plus facile que pour la photothérapie.

M. le Dr Félix BATTESTI, de Bastia.

Sur le paludisme en Corse. — 1° L'anophèle maculipennis (claviger de Grassi et Ficalbi) est, en Corse, le principal agent propagateur du parasite paludique, car on le rencontre toujours en abondance dans les localités palustres et jamais dans celles qui sont salubres ;

2º Dans certaines parties de la Corse, telles que la côte orientale, on peut contracter la fièvre paludéenne, même au mois de janvier, car les moustiques peuvent y hiverner facilement ;

3º Contrairement à la croyance générale, l'eucalyptus loin d'être un culicifuge donne, au contraire, asile aux moustiques, comme les autres arbres ; on peut donc continuer à le planter loin des habitations pour drainer l'humidité du sol, mais il faut se garder, comme on l'a fait jusqu'ici, d'en entourer les maisons, partout où il y a des moustiques ;

4º Il y a lieu, en pays palustres, de continuer comme par le passé à apporter la plus grande attention à la qualité de l'eau consommée en boisson, car, à défaut du paludisme dont l'agent spécial est le moustique, la mauvaise eau puisée dans des endroits marécageux peut donner naissance à des intoxications gastro-intestinales qui diminuent la résistance de l'organisme et ouvrent ainsi la porte à l'infection ou la compliquent ;

5º La quinine administrée à titre préventif à la dose de 15 centigrammes par jour, suffit le plus souvent pour préserver de l'infection à la condition toutefois de se conformer également aux règles de l'hygiène des pays palustres ;

6º Au début de toutes les affections fébriles, l'usage immédiat des purgatifs et des vomitifs *largâ manu* déblaie le terrain des infections qui peuvent coexister avec le paludisme (à moins qu'il ne s'agisse d'une infection Eberthienne) permettant à celui-ci de se démasquer et à la quinine qui est son remède spécifique d'agir sûrement et promptement. Pour les mêmes raisons, l'antisepsie intestinale est de rigueur et l'on fera bien de la pratiquer à titre prophylactique de temps à autre ;

7º L'État devrait chercher un procédé pratique pour mettre la quinine à la portée des plus petites bourses en essayant, par exemple, *dans les pays palustres* de la faire distribuer au prix coûtant (10 centimes le gramme) par les bureaux de poste et les facteurs ruraux qui délivreraient les paquets portant l'estampille officielle de garantie. Cela, en attendant les travaux d'assainissement qui s'imposent en Corse comme un droit à la vie.

Discussion. — M. DORNIER demande à dire quelques mots au sujet de la tendance qu'on a souvent à attribuer en pays palustres au miasme malarien de nombreuses affections qui y sont étrangères, tendance contre laquelle a été, bien vite, mis en garde M. le Dʳ Battesti. Bien plus, il a vérifié qu'en certains pays chauds passant pour infectés de paludisme, et en particulier à Gabès (Tunisie) les fièvres, dites rémittentes, typho-malariennes, étaient simplement de graves fièvres typhoïdes modifiées seulement par les influences thermiques. Il est à craindre que dans ces cas le traitement ne soit influencé désavantageusement par l'erreur étiologique, l'administration de la quinine ne devant être alors qu'un adjuvant du traitement.

M. le Dʳ Joseph MICHON, à Paris.

De l'influence de la découverte de Laveran sur la prophylaxie et la législation du paludisme. — L'auteur expose d'abord brièvement la théorie parasitaire du paludisme qui a eu pour point de départ la découverte par Laveran, dans le globule du sang des malariques d'un hématozoaire dont le cycle évolutif cause la fièvre paludéenne.

Cet hématozoaire a un double habitat, le moustique et l'homme. Le moustique, genre *Anopheles*, l'inocule à l'homme sain après s'être très probablement infecté lui-même sur l'homme malade.

Passant à la prophylaxie, l'auteur examine les diverses substances employées comme préservatifs, l'arsenic autrefois recommandé par Koch, et par certains médecins militaires français, l'euquinine récemment essayée par le professeur Celli, enfin la quinine qui, d'après la pratique de la plupart des médecins qui exercent dans les pays malariques, en Corse en particulier, donne, employée avec certaines précautions, les résultats les plus certains.

Il rapporte ensuite les essais de préservation mécanique, qui consiste à garnir les ouvertures des maisons de toiles métalliques, faits par Celli et Grassi sur des centaines d'employés des chemins de fer de l'Italie méridionale.

En dehors de ces moyens individuels, la lutte contre le paludisme ne peut être réellement efficace que par l'assainissement des pays contaminés. Le Parlement italien, dans une loi votée l'an dernier, a mis le Gouvernement en demeure de procéder à d'importants travaux.

Les pouvoirs publics, en France, ont, à plusieurs reprises, promis à la Corse l'assainissement général de la côte orientale ; M. Michon émet en terminant, le vœu que ces projets soient enfin mis à exécution dans un bref délai.

— 10 septembre —

M. H. BORDIER:

Sur le choix du métal à utiliser pour les électrodes employées en électrothérapie. — Lorsqu'une électrode reliée naturellement au pôle positif a servi pendant un certain temps avec des intensités élevées, comme cela est nécessaire par exemple dans le traitement des névralgies, on constate, si le métal employé est du cuivre nickelé (ce qui est le cas le plus fréquent), la formation d'un composé bleu qui finit par traverser la couche spongieuse pour arriver jusqu'à la peau qui se colore en bleu verdâtre.

M. Bordier, en examinant la face interne d'une telle électrode a vu qu'elle était recouverte d'une couche de carbonate et d'oxyde rouge de cuivre ; la résistance électrique par centimètre carré dépasse alors 50.000 ohms.

C'est là un gros inconvénient en électrothérapie, à cause de la mauvaise répartition des lignes de flux du courant et de la facile production des eschares.

En recherchant la façon dont les différents métaux se comportent vis-à-vis des actions électrolytiques dans ces conditions, M. Bordier a pu les classer dans l'ordre suivant où l'attaque électrolytique va en croissant : platine, aluminium, étain, nickel, cuivre, laiton, zinc. Il serait donc indiqué de choisir le platine. Mais son prix est évidemment trop élevé pour rendre son emploi pratique ; on pourra alors avoir recours à l'aluminium et, en effet, ce métal donne de bons résultats. Mais il est cependant possible de tourner la difficulté du prix élevé du platine, en employant du *cuivre platiné*, la couche de platine étant suffisamment épaisse. Le prix en est tout à fait abordable et les électrodes ainsi construites sont inaltérables, ainsi que l'a constaté M. Bordier.

M. le Dr LEDUC.

De la méthode des aspirations dans le traitement de la tuberculose laryngée. — Les aspirations de di-iodoforme impalpable, qu'il ne faut pas confondre avec les insufflations, permettent de réaliser avec beaucoup de facilité et de perfection un pansement permanent de toute la muqueuse laryngée. Elles ne provoquent aucune gêne, ni nausées, ni toux, et donnent un soulagement immédiat. Elles font régulièrement et rapidement disparaître les symptômes les plus dangereux, l'œdème et la dyspnée. Elles donnent une guérison durable de la laryngite tuberculeuse toutes les fois que l'état des poumons le comporte.

MM. Louis CAMOUS et E. GAYRARD, à Nice.

La tuberculose pulmonaire et la Riviera. — En résumé, le séjour dans un sanatorium d'altitude est tout aussi coûteux, sinon plus, qu'un séjour dans une ville de la *Riviera*; non seulement, il n'offre pas plus d'avantages, mais nous lui avons trouvé des inconvénients, de véritables désavantages.

D'une part, l'isolement du malade livré à ses propres réflexions, au milieu d'autres malades plus atteints que lui; d'autre part, toutes ces contre-indications médicales, tuberculose avancée, phtisie laryngée, artériosclérose, maladie du cœur, etc.

Enfin, à côté des malades, la Riviera a tenté la clientèle des heureux de la vie qui fuient les longs mois d'hiver, la clientèle des fatigués et des surmenés qui viennent un instant demander à notre soleil le réconfort nécessaire pour la reprise de la lutte et des affaires.

La réputation climatothérapique de la Riviera est maintenant bien justifiée. La situation florissante de toutes les villes du littoral en est la preuve formelle. Nice qui comptait 60.000 âmes, il y a quelque trente ans, en a actuellement, en 1901, 125.000. De tous côtés, ont surgi des villas au confort hygiénique moderne, bâties non par la spéculation, mais par des hivernants qui venus une première fois ont voulu s'y fixer.

Le séjour dans les villas d'hiver constitue, en somme, la cure climatothérapique de choix.

M. le Dr DELORE, Anc. chir. maj. de la Charité, à Lyon.

Cristaux en feuilles de fougère avec élimination d'urée dans des crachats de grippe.

M. le Dr Marceau BILHAUT, Chir. de l'hôpit. internat. de Paris.

Métatarsalgie, utilisation des rayons X pour déterminer les indications thérapeutiques. — Quand le médecin se trouve en présence d'un cas de métatarsalgie, il doit demander à l'examen radiographique le complément du diagnostic. En effet, la décalcification du squelette indiquerait l'imminence d'une lésion d'origine tuberculeuse; dans certains cas, au contraire, on apprendra qu'il existe une ostéite condensante.

Il sera rationnel de prendre la radiographie sous différents angles. La radiographie de profil pourra révéler, comme dans le cas qui nous occupe, la présence d'une exostose au-dessous de la tête du 3e ou du 4e métatarsien. On complètera en radiographiant le pied, dans la chaussure, et de préférence pendant une crise douloureuse.

Dans le cas où le traitement médical aura échoué et où la thérapeutique chirurgicale s'imposera, il faudra déterminer lequel des métatarsiens devra être réséqué. La radiographie viendra encore confirmer les données de l'examen clinique, tel qu'on le pratiquait avant l'utilisation des rayons X et permettra d'agir au point voulu.

———

M. le Dr BORDIER.

Rapport entre la quantité de chaleur dégagée par l'homme et la surface du corps. — M. BORDIER (de Lyon), fait connaître le résultat de ses recherches sur ce difficile problème de physique biologique.

Les quantités de chaleur ont été mesurées avec l'anémo-calorimètre de d'Arsonval, étalonné avec soin par un courant électrique ; la surface du corps de chaque sujet a été déterminée à l'aide de l'intégrateur de surfaces de l'auteur.

Sur trois sujets, A, B, C, les quantités de chaleur dégagées en une heure ont été trouvées au même instant de la journée, respectivement égales à 53 calories ; 45 calories ; 44,9 calories.

La surface du corps de chacun de ces hommes était de 194 décimètres carrés ; 170 décimètres carrés ; 167 décimètres carrés.

Le rapport des quantités de chaleur aux surfaces respectives de ces trois sujets est égal à 0,27 ; 0,264 ; 0,265 : ce qui veut dire que par décimètre carré, la quantité de chaleur dégagée est la même très sensiblement, soit 0 calorie,26. D'où la loi biologique importante : l'énergie calorifique produite par l'homme sain est proportionnelle à la surface de son corps.

———

M. le Dr CHALLAN de BELVAL, Méd. princ. en ret., à Marseille.

A propos du paludisme des plaines orientales de la Corse. — Il est de toute justice de reconnaître qu'après les hésitations de plusieurs savants étrangers Klebs, Crideli et Zielt notamment, c'est un médecin militaire français, le docteur Laveran qui, le premier, a nettement fixé la pathogénie de l'impaludisme, en montrant la spécificité des sporozaires de diverses formes qu'il a découverts dans le sang. C'est lui, de même qui nous a montré l'action de certains moustiques, gorgés de bactéries que produit la décomposition végétale putride au contact de l'eau saumâtre sous l'action d'une chaleur appropriée, et y trouvant les éléments, saprophytes ou parasites, dont l'introduction dans le sang humain provoque l'évolution des micro-organismes spécifiques qu'il a décrits sous le nom d'hématozoaires du paludisme. Lui encore qui nous a montré ces hématozoaires développés dans le sang, susceptibles d'y être repris par ces mêmes moustiques qui en ont apporté les germes, puis y être introduits de nouveau et reproduisant alors les mêmes manifestations symptomatiques, prouvant ainsi que les moustiques surtout ont le pouvoir de modifier les germes de la décomposition végétale, et de devenir les incessants propagateurs du paludisme. Mais il importe assurément, au moins au point de vue prophylactique, de rappeler que ces hématozoaires (comme sans doute aussi les spirilles auxquelles Heydenreich attribue la fièvre rémittente et les bactéries que Klebs et Crudeli disent avoir rencontrées dans le sol des pays marécageux et dans le sang des individus atteints de malaria, dont même, disent-ils, les cultures directes auraient par inoculation reproduit les manifestations habituelles du paludisme), ne sont rien autre qu'une conséquence de la décomposition des végétaux sous l'action de l'eau saumâtre et de la chaleur. Peu importe dès lors, bien entendu en se plaçant seulement au point de vue prophylactique, de préciser la nature de ces éléments nocifs qui, peut-être, ne sont rien que ces microzimas qu'un savant maître, le professeur Béchamp, a si nettement montrés être mis en liberté par la mort de la cellule végétale, et se trouvant dès lors dans les conditions nutritives appropriées à leur évolution complète. L'essentiel est d'avoir toujours présentes à la mémoire, *les conditions du développement* de ces divers agents nocifs, et de prendre les dispositions nécessaires pour s'en garantir. Or les agents sont de même origine, et la variété symptomatique des manifestations morbides qu'ils déterminent, de même aussi que la durée de l'incubation ne sont rien qu'une conséquence de la résistance phagocytaire essentiellement variable de chaque individu, l'expression de l'énergie de la défense contre l'attaque. On ne les rencontre pas là où il n'y a pas d'eaux stagnantes plus ou moins mélangées d'eau de mer — et les moustiques, alors qu'ils ne sont pas poussés par les vents, comme cela s'observe par exemple sur le plateau de Bonifacio, sont rares là où ils ne *trouvent pas les produits putrides de la décomposition végétale*, si manifestement nécessaires à la rapidité de leur développement. C'est là ce qu'il ne faut pas oublier, c'est là ce que le président de la Société des Médecins de la Corse, mon très respecté collègue de l'armée, le Dr Costa de Bastelica, a si clairement rappelé dans la puissante campagne qu'il poursuit en vue d'obtenir l'assainissement des plaines orientales de la Corse. « Ces vastes plaines, dit-il, autrefois admirablement drainées et cultivées, constituaient le grenier d'abondance des Romains. Les incursions barbaresques les ont ruinées, leurs habitants les ont alors abandonnées, et en ont fait ce qu'elles sont actuellement, le marais pestilentiel de la Corse. » L'énergique campagne du Dr Costa de Bastelica est son meilleur titre à la reconnaissance si légitime de ses concitoyens, à celle de l'humanité. Je demande au Congrès de s'associer à ses efforts, en sollicitant, dans un vœu bien motivé et nettement exprimé, l'action gouvernementale indispensable à l'assainissement rapide des plaines orientales de la Corse. Ce que la France a fait pour les plaines de la Métidja, il y a cinquante ans à peine, si terriblement nocives et aujourd'hui devenues le jardin de l'Algérie, elle peut et doit le faire également pour la Corse qui est une partie intégrante du territoire national.

M. le Dr BRÉMOND à Paris.

L'eau minérale de Pioule. — La Corse possède des sources minérales nombreuses qui ne sont pas assez connues, la Provence ressemble un peu à la Corse sur ce point. En effet si l'eau d'Orezza est connue dans le monde entier, les eaux corses de Guagno, de Guitera et d'Urbalacone sont à peu près ignorées sur le Continent. La Provence a, elle aussi, ses Guagno et ses Guitera. Pour n'en citer qu'une, je nommerai Pioule, dans le Var, dont la composition est, à peu de choses près, celle de Contrexéville.

Grammes.

Acide carbonique.	0,082
Bicarbonate de chaux.	0,435
— magnésie	0,029
— fer	0,003
— lithine.	0,002
Sulfate de chaux.	0,155
— magnésie	0,092
Chlorure de sodium	0,022
— potassium.	0,001
Silice	0,027
Alumine	0,003.

Comme sa sœur des Vosges, l'eau de Pioule convient très bien dans le traitement de la goutte, de la gravelle et des manifestations diverses de l'arthritisme. Vaut-elle mieux que Contrexéville? Non, elle produit les mêmes effets, mais elle appelle les buveurs aux sources en des temps différents. Tandis que goutteux et graveleux sont appelés à Contrexéville l'été, c'est l'hiver que nous appelons graveleux et goutteux à Pioule, sous le beau ciel de Provence qui n'est autre que celui de la belle et verdoyante Cyrnos.

M. Joseph BLONDIN, Professeur agrégé de l'Univ., à Paris.

Redresseurs électrolytiques Pollak. — Ces redresseurs sont constitués par deux ou quatre cellules électrolytiques contenant chacune une électrode en plomb, une électrode en aluminium et comme électrolyte une solution de phosphate de sodium. Quand la lame d'aluminium est anode, elle se recouvre d'une couche isolante et le courant est interrompu; quand elle est cathode, la couche disparaît et le courant passe. La combinaison de deux ou quatre de ces cellules permet de transformer les courants alternatifs en courant de même sens convenant pour la charge des accumulateurs, l'alimentation en moteur et des lampes à arc, etc.

M. le Dʳ POMPEANI, à Ajaccio.

Le traitement de la tuberculose pulmonaire à Ajaccio. — La moyenne de la température hivernale à Ajaccio est de 13° avec un écart maximum de 2°.

L'état hygrométrique avosine, à quelques dixièmes près, 70°. La pression barométrique est élevée (760) et uniforme. La ville est abritée des vents. Le sol granitique ne produit aucune poussière. Les pluies sont rares, le ciel presque toujours serein.

Nous pensons donc pouvoir tirer les conclusions suivantes :

Le climat d'Ajaccio est salutaire pour les tuberculeux depuis le mois de novembre jusqu'au mois de mai.

Il réunit toutes les conditions voulues de préservation locale.

Il est tonique et légèrement sédatif. Facilitant la cure d'air et la cure de repos, stimulant la nutrition il fait d'Ajaccio le lieu de prédilection pour un sanatorium.

M. le Dʳ LEDUC.

Opération du phimosis par le galvano-cautère. — Après anesthésie par injection de cocaïne au centième, on circonscrit un lambeau triangulaire inférieur par deux pinces placées de chacune des extrémités du tiers inférieur de l'orifice préputial à la racine du frein. Avec le galvano-cautère, maintenu au rouge sombre par un rhéostat, on sectionne le prépuce sur les bords internes des pinces ; on serre alors le frein jusqu'à la racine à l'aide d'une troisième pince, et l'on débride en dessous jusqu'à la racine, détachant complètement le lambeau triangulaire. On enlève les pinces, les lèvres des différentes sections restent accolées. Il n'y a ni douleur, ni hémorragie, ni plaie. On maintient une pommade antiseptique sur les sections. Le malade n'interrompt pas ses occupations. Le gland est toujours parfaitement dégagé, le frein bien débridé, la région n'offre plus d'anfractuosités pour loger les germes, ce qui diminue beaucoup le danger de contracter la syphilis. Il n'y a ni cicatrices apparentes, ni déformation.

———

Pansements intra-vaginaux avec le Nouet médicamenteux. — Les pansements intra-vaginaux avec des tampons recouverts de pommade sont très imparfaits et peu efficaces. Les pommades sont essuyées par la vulve et le vagin, il n'en arrive qu'une quantité insignifiante au contact de la partie malade. Les ovules fondent s'écoulent rapidement au dehors.

Les Nouets médicamenteux, constitués par une pommade renfermée dans une feuille de coton, formant une poche, attachée par un fil, bien recouverte de vaseline boriquée, sont introduits très facilement par les malades elles-mêmes. La pommade médicamenteuse pénètre entièrement, fond sous l'influence de la chaleur du corps ; la pression qu'éprouve le Nouet favorise son imprégnation et fait passer lentement le médicament de l'intérieur à l'extérieur vers la partie malade. On réalise ainsi facilement un pansement permanent.

Nous mettons le plus souvent dans le Nouet, la pommade suivante :

Ichtyol. . . . .⎫	
Airol . . . .⎬	6 grammes.
Glycérine	20 —
Vaseline	100 —

On peut, avec le Nouet médicamenteux, guérir les ulcérations du col, la plupart des métrites, périmétrites et salpingites. Déterminer la diminution des fibromes utérins, la cessation des hémorragies et des douleurs. Le Nouet est un moyen efficace pour lutter contre les douleurs et les hémorragies du cancer utérin. Il donne le moyen de traiter certains prolapsus.

———

M. le Dʳ J. REBOUL, Chirurg. des Hôp. de Nîmes.

Actinomycose du pied par inoculation directe. — C... Gabriel, 46 ans, tonnelier, demeurant à Nîmes, entre le 16 mars 1901 à l'Hôtel-Dieu de Nîmes, service de chirurgie, pour une petite tumeur de la face dorsale du pied droit.

Cette tumeur, apparue depuis quelques mois, et considérée d'abord comme un durillon sans importance, s'est étendue, devient le siège de démangeaisons, et enfin donne lieu à un suintement séro-sanguinolent. C... Gabriel se présente alors à la consultation externe de l'Hôtel-Dieu. L'interne de service, M. Dullin, l'admet et pense à un actinomycose. Je crois pouvoir confirmer ce diagnostic.

La tumeur siège sur la face dorsale du pied droit, au niveau du troisième métatarsien. Elle a 3 à 4 centimètres de diamètre ; peu saillante, sa périphérie se continue sans transition avec la peau saine. La surface de la tumeur est rouge violacé, sa consistance est élastique et cartilagineuse. On ne détermine pas de douleur très vive en la pressant entre les deux doigts ou en la comprimant sur le métatarsien correspondant. Le centre de la tumeur est ulcéré et présente un petit orifice par lequel la pression périphérique fait sourdre une sérosité trouble sanguinolente contenant des petits grains jaunes très visibles et l'extrémité d'un barbillet d'épi. A un examen microscopique extemporané, ces grains paraissent bien être des grains d'actinomycès.

Opération le 13 mars. Ablation large et profonde de la tumeur jusqu'au plan osseux et tendineux. Réunion partielle de la plaie. Pansement au naphtol camphré iodé. Suites normales. Le malade sort guéri à la fin du mois.

Examen de la tumeur. — Des préparations des grains jaunes contenus dans le liquide séro-sanguinolent que fait sourdre la pression de la tumeur, préparations colorées par le picro-carmin, montrent qu'il s'agit bien de grains d'actinomycès. — Dans la partie ramollie du centre se trouve un barbillet d'épi enchâssé profondément et parsemé de grains d'actinomycès. — La tumeur était formée de tissu conjonctif jeune, au centre, fibreux à la périphérie, formant résistance à l'envahissement de l'actinomycès.

Dans ce cas, le mode d'inoculation de l'actinomycès est bien clair ; le malade travaillait en sabots, surtout l'été, les pieds nus exposés aux poussières de bois et de paille qui abondent dans les ateliers de tonnellerie. Un jour, il a été piqué par un épillet, et ainsi s'est produite l'inoculation cutanée de l'actinomycès et la production ultérieure d'un actinomycose.

Ce cas est à rapprocher du fait d'actinomycose de l'ombilic que j'ai communiqué à l'Académie de Médecine, le 18 octobre 1898, et dans lequel il y avait eu aussi inoculation directe.

Ces observations indiquent un moyen prophylactique : les soins hygiéniques et les ablutions fréquentes sont nécessaires à tous ceux qui sont exposés aux poussières végétales.

———

M. le Dʳ **NEPVEU**, Prof. à l'Éc. de Méd. de Marseille.

Trois cas de syphilis cérébro-spinale, traités par le formamidate de mercure en injections intra-musculaires combinées avec le traitement ioduré. — *Guérison.* — Voici d'abord deux observations qui confirment la théorie syphilitique de l'ataxie locomotrice.

1° Homme de quarante-huit ans, marié il y a dix-huit ans, avait eu avant le mariage un chancre non traité, — trois enfants très bien, santé de la femme très bonne, — le malheureux est pris d'une ataxie locomotrice absolument confirmée (strabisme, douleurs fulgurantes, mictions involontaires). Diagnostic : ataxie locomotrice syphilitique. Le malade cède après un grande résistance à

mes prières, se laisse faire trente-neuf injections intra-fessières de formamidate de mercure à 1 gramme pour 100, avec une seringue de Le Pileur contenant 1 centigramme pour 1 gramme d'eau distillée ; disparition de tous ces
accidents, amélioration considérable.

2° Homme de quarante-cinq ans, léger strabisme, vertiges oculaires, marche
spéciale et douleurs fulgurantes, ataxie locomotrice au début. Aucun rensei-
gnement syphilitique. Même traitement : quarante injections intra-fessières tous
les deux ou trois jours, iodure de potassium à l'intérieur. Guérison complète.

3° Homme de trente-huit ans. Extrêmement robuste, a eu la syphilis il y a
huit ans, s'est peu traité, a eu des éruptions syphilitiques aux jambes il y a
quatre ans ; a eu de graves accidents congestifs cérébraux avec vertiges il y a
un an. Iodure de potassium et pilules de protoiodure d'hydrargyre, traitement
intermittent, les vertiges disparaissent. Cependant, cette année il est pris d'une
paralysie du releveur de la paupière gauche, avec dilatation de la pupille.
Trente-sept injections intra-fessières de formamidate de mercure, tous les deux
jours et iodure de potassium en potion à haute dose. Guérison complète en un
mois.

De nombreuses observations établissent suffisamment la théorie de l'origine
syphilitique de l'ataxie locomotrice ; pour ne pas insister davantage, je prends
la liberté de recommander spécialement le formamidate de mercure dont je
me sers depuis deux ans, il est presqu'incolore et très actif, je le préfère à tous
les sels usités jusqu'à présent.

Myxo-angiome caverneux mélanique en partie calcifié. — M. NEPVEU présente en
quelques mots l'histoire d'un *Myxo-angiome caverneux mélanique* de la région
supérieure et interne du coude gauche. Il avait débuté il y a dix-huit ans chez
une dame de la République Argentine, par de petites saillies en forme de graines
de millet. Ces petites tumeurs extrêmement douloureuses, prises d'abord pour
des névromes, avaient atteint le volume d'une aveline ; d'abord molles, elles
s'étaient durcies peu à peu et depuis lors, trois ans, n'étaient plus douloureuses.
Extirpées il y a un mois par un confrère qui a bien voulu me les confier, elles
étaient noires comme de l'ébène ; cette coloration noire disparaissait dans
l'alcool ; les tumeurs étaient en partie calcifiées, en partie myxomateuses ou
caverneuses. L'étude clinique fait ressortir la parfaite concordance des signes
offerts et des lésions microscopiques. Les ganglions de l'aisselle extirpés
n'offraient aucune lésion et l'examen du sang général n'offrait aucune des
altérations que M. Nepveu a décrites dans le sang lors de généralisation des
tumeurs mélaniques : c'était une mélanose localisée dans un myxo-angiome
caverneux en voie de nécrobiose et en partie calcifié, il a fallu des procédés
histologiques spéciaux pour déterminer la nature intime de cette tumeur :
bains prolongés dans diverses substances colorantes, etc.

M. le Dr **FAGUET**, à Périgueux.

Auto-panseur gynécologique. — L'appareil (auto-panseur gynécologique) qui est
une sorte de speculum, genre Fergusson, mais avec un piston, est destiné à
permettre aux malades de faire elles-mêmes régulièrement, facilement et anti-

septiquement les divers pansements vaginaux et péri-utérins qui leur sont conseillés, soit des ovules, soit des tampons imprégnés de diverses substances médicamenteuses. . .

M. LEUILLIEUX

Introduction électrolytique des sels de rubidium et d'indium dans les tissus. Application au traitement de la goutte et du rhumatisme. — L'anode est constituée par une solution de chlorure de rubidium ou d'indium à un pour cent.

L'électrode indifférente est placée aussi près que possible de la région traitée (pieds ou mains).

Le courant est de 30 milliampères sous 35 volts pendant 17 minutes.

Dans ces conditions l'introduction se fait sans aucune souffrance, simplement avec une sensation de pesanteur subjective très supportable.

Dès la troisième séance biquotidienne on constate très facilement par l'analyse spectrale de l'urine, les bandes d'émission caractéristique des métaux employés.

L'amélioration de la partie traitée est manifeste en ce qui concerne l'élément douleur, à partir de la seconde séance, au plus tard après la quatrième.

Pour la goutte, le ramollissement des tophi a lieu également après ce nombre de séances et l'élimination de l'ion urique est alors régulière, elle se continue encore quelques jours après la cessation du traitement, qui a déterminé un mouvement osmatique très marqué.

Ce traitement est symptomatique et non étiologique. Il convient donc de placer les malades dans les conditions diététiques appropriées.

M. A. LADUREAU, à Paris.

Nouveau traitement de la diphtérie au moyen de l'eau bromée.

— 12 Septembre —

MM. BORDIER et GILET (de Lyon).

Electrolyse des tissus animaux et des liquides de l'organisme. — Quand on électrolyse un tissu, on constate que si après un certain temps, on interrompt le courant et si on renverse la polarité des aiguilles-électrodes, puis, qu'on rétablisse le courant sans modifier la position du rhéostat, l'intensité subit tout d'abord une légère augmentation pour se mettre ensuite à décroître rapidement vers zéro.

MM. Bordier et Gilet (de Lyon) ont pu trouver la cause des phénomènes observés après le renversement du courant : l'élévation de l'intensité qui a lieu tout d'abord tient à la force électromotrice de polarisation de même sens que le courant principal et qui vient s'ajouter à celui-ci. La diminution de l'intensité et sa chute sont dues à des modifications chimiques opérées dans les tissus en contact avec les électrodes.

Le courant éprouve une trop grande résistance pour passer et l'on observe un dégagement de fumée, une odeur de viande grillée, de petites étincelles entre l'aiguille et le tissu coagulé, phénomènes dus à l'effet Joule. .

Mais si, comme l'ont fait les auteurs de ce travail, on introduit une goutte d'eau autour des aiguilles, on voit aussitôt l'intensité remonter pour redescendre assez vite ; si la quantité d'eau ajoutée est plus considérable, l'intensité croît jusqu'à sa valeur initiale et s'y maintient. L'eau agit ici comme électrolyte et rétablit la communication entre l'aiguille positive et le tissu.

MM. Bordier et Gilet ont étudié aussi l'électrolyse des liquides tels que le sang et l'albumine : ils ont constaté qu'après l'inversion, l'intensité subit une légère augmentation, puis qu'elle décroît ou qu'elle conserve à peu près sa valeur initiale, suivant les expériences. Avec ces liquides, la constance des phénomènes décrits pour les tissus ne s'observe pas ; cela tient aux conditions de formation de coagulums et à leur imbibition irrégulière par le liquide ambiant : ce qui le prouve, c'est que si on fait cuire l'albumine tout se passe exactement comme avec les tissus.

MM. BORDIER et NOGIER

Effet produit sur le courant induit d'une bobine par un électrolyte placé en dérivation sur la source primaire. — MM. Bordier et Nogier (de Lyon) font connaître un phénomène très intéressant qu'ils ont découvert récemment : ils ont vu que si on place en dérivation, aux bornes de la pile qui actionne la bobine primaire d'un appareil d'induction, deux charbons plongeant dans de l'eau acidulée, le courant induit de rupture devenait plus énergique.

L'explication du phénomène se trouve, d'après les auteurs de cette expérience, dans la force électromotrice de polarisation, développée pendant le temps d'ouverture du courant primaire. Quand le courant est rétabli, à sa force électromotrice vient s'ajouter celle de polarisation.

La dilution de l'eau acidulée fait varier le phénomène observé ; c'est avec une solution à 25 pour 1000, en volume, que l'effet est maximum.

La découverte de MM. Bordier et Nogier semble devoir être très féconde en applications pratiques.

M. le Dr LEUILLIEUX.

Injection de nirvanine en solution dans le sérum physiologique contre la neurasthénie.

M. le Dr Jules BOECKEL, à Strasbourg (Alsace).

Résection du gros intestin. — Les tumeurs du gros intestin (cæcum, côlon. ascendant, transverse, etc.), doivent être traitées par la résection intestinale. Elles sont généralement malignes, cancéreuses ou tuberculeuses : c'est une raison de plus pour faire une opération très large, très étendue, de dépasser les limites du mal, afin d'obtenir le résultat cherché, c'est-à-dire la survie la plus longue possible. Il est essentiel d'opérer dès qu'on aura posé le diagnostic, et de ne pas attendre que la cachexie fasse craindre une généralisation du mal.

J'ai fait quatre résections étendues de 15 à 30 centimètres soit du cæcum et du côlon ascendant, soit du côlon descendant. Une de mes opérées est morte de généralisation cancéreuse. Deux autres, présentées il y a trois ans à l'Académie de Médecine (octobre 1898), sont actuellement en vie et jouissent toutes deux d'une santé florissante ; l'une d'elles s'est mariée un an après mon intervention.

La dernière opération est plus récente. Elle date de l'été dernier et a été suivie d'un plein succès. La tumeur cancéreuse occupait le cæcum et cinquième du côlon ; l'iléon était enroulé sur le cæcum et faisait corps avec la tumeur ; celle-ci, dans son ensemble, avait les dimensions de deux poings d'adulte. L'opération, laborieuse, dura une heure et demie, mais ne présenta aucun accroc.

Je fis une anastomose iléo-colique latérale. L'opérée guérit au bout de quelques jours.

Comme conclusion, je dirai qu'en dehors de l'intervention chirurgicale, il n'y a pas de traitement capable de prévenir la guérison des tumeurs malignes du gros intestin. Elles entraînent fatalement la mort à brève échéance. Il faut donc les enlever le plus tôt possible.

Faite à temps et selon les errements de la chirurgie moderne, cette opération doit réussir.

Pratiquée largement, la résection intestinale permet d'obtenir la guérison de cette redoutable affection en quelques jours.

Elle assure, sinon la guérison définitive, du moins une survie très appréciable, ainsi que le prouvent les quelques faits que je viens de communiquer au Congrès.

M. MOSSÉ, Prof. à la Fac. de Médecine de Toulouse.

Recherches sur l'amélioration des diabètes soumis au régime des pommes de terre. — Les recherches de M. Mossé poursuivies depuis quatre ans et dont les premiers résultats ont été communiqués à l'Association française en 1898, à Nantes, ont confirmé que les pommes de terre peuvent être non seulement autorisées mais très utilement conseillées à la place du pain. Elles doivent être données à une dose trois fois plus élevée que la dose de pain habituellement consommé. Sous l'influence de cette substitution et contrairement à ce que l'on croyait jusqu'ici, il a pu constater une diminution de la soif, de la diurèse, de la glycosurie et une amélioration de divers symptômes liés à la glycémie (1).

M. le Dr LEDUC.

Courbe d'ascension thermométrique et calorimétrie clinique. — On prend, de minute en minute, la température axillaire jusqu'à ce qu'elle soit devenue constante ; on trace, en portant les températures en ordonnées et les temps en

---

(1) Les résultats successifs de ces recherches ont été communiqués à Nantes (1898), à Lille (1899) Paris (Congrès international, 1900), Paris, Soc. de Biologie (mai 1901).

abscisses, un courbe qui permet de juger d'un coup d'œil tous les détails de l'ascension thermométrique.

Les vitesses d'ascension thermométrique, à des distances égales, des températures finales, sont proportionnelles aux quantités totales de chaleur perdue par les sujets et l'on a, dans leur comparaison, un procédé de calorimétrie clinique simple et pratique, qui permet, mieux qu'aucun autre moyen, de mesurer l'intensité des combustions organiques.

Cette méthode montre que les combustions organiques sont intenses chez les tuberculeux, même avec des foyers circonscrits, faibles chez les goutteux. Les diabétiques et les obèses présentent la courbe des goutteux, des tuberculeux où la courbe normale suivant la catégorie à laquelle ils appartiennent.

La courbe d'ascension thermométrique révèle l'existence de foyers tuberculeux ne se manifestant par aucun autre symptôme.

Lorsque la température s'élève, comme dans la fièvre, ou lorsque le corps se trouve exposé au refroidissement, comme dans le bain froid, il se produit une réaction de défense, la résistance de la peau aux pertes de chaleur augmente, et la vitesse de l'ascension thermométrique diminue.

———

M. le Dr Gustave RAPPIN, Prof. à l'Éc. de Méd. de Nantes.

Action de l'urée sur les cultures en bouillons du bacille de la tuberculose et sur le cobaye tuberculeux. — Après avoir tenté vainement, pendant plus de trois ans, d'obtenir un sérum antituberculeux, par l'injection au chien et au cheval, des produits solubles ou toxines extraits des cultures du bacille de Koch, j'ai cherché à serrer de plus près le problème de la pathogénie de la tuberculose. Partant de ce fait d'observation clinique que chez l'arthritique, l'organisme ne semble pas se prêter volontiers à l'infection tuberculeuse, et que, d'autre part, dans ce sol organique, l'acide urique ou ses dérivés sont souvent en excès, je me suis demandé si ces composés n'auraient pas une certaine part dans cette immunité relative.

Pour vérifier cette hypothèse, j'ai cherché à cultiver le bacille de Koch dans des bouillons de veau glycérinés à 4 pour cent et additionnés dans des proportions variant de 0^{gr},10 à 1 gramme pour cent, les uns d'acide urique, les autres d'urate de soude, enfin les derniers d'urée, tous mis en comparaison avec des bouillons témoins.

Sur les bouillons à l'acide urique, les cultures ont végété aussi abondamment que sur les témoins, et ce résultat s'explique du reste par l'insolubilité presque complète de ce produit, elles n'ont pas été non plus impressionnées par l'addition de l'urate de soude, malgré la solubilité assez grande de ce composé, mais les résultats ont été tout autres avec l'urée.

L'action de ce composé sur le développement du bacille s'est montrée très nettement dans les différentes expériences, et s'est toujours traduite par un arrêt très marqué dans les bouillons additionnés de doses d'urée à partir de 0,30 ou 0,50 centigrammes; à un gramme pour cent, la végétation est toujours demeurée nulle, et la pellicule d'ensemencement reste telle qu'on la dépose à la surface du bouillon.

Cette action de l'urée sur le bacille de Koch paraît spécifique, car des bouillons de culture additionnés des mêmes doses de ce composé et ensemencés avec d'autres espèces, telles que le staphylocoque doré, le cobé, la bactéride charbonneuse, le læffler ou le bacille pyocyanique ont aussi abondamment cultivé que les bouillons témoins.

Les expériences déjà tentées pour le traitement de cobayes tuberculeux par l'injection ou l'ingestion de solutions titrées d'urée, semblent donner également, au moins dans quelques cas, des résultats très appréciables, surtout pour le maintien du poids des animaux ainsi traités, — et de ce côté, les recherches continuent.

— 13 septembre —

M. le Dr Charles-Félix FERRANDI, Médecin-maj. de 1re cl., à Ajaccio.

Note clinique sur l'action de la cocaïne dans la variole, et particularités de l'évolution de la vaccine. — M. FERRANDI donne le résumé de quatre observations, une de variole discrète, deux de varioloïde et une de variole confluente (cas, survenus dans la garnison d'Ajaccio pendant l'épidémie qui a sévi de septembre 1900 à juillet 1901 sur la population civile).

Le chlorhydrate de cocaïne a été administré par cuillère à soupe toutes les deux heures dans 150 à 200 grammes d'eau sucrée par jour. Dose quotidienne : 0,14 centigrammes dans le premier cas, 0,10 centigrammes dans les deux cas de varioloïde et 0,15 centigrammes dans la variole confluente. — Action de la cocaïne : décoloration et affaissement rapides des éléments éruptifs, dessication prompte des pustules, guérison en cinq à six jours en moyenne; absence remarquable de la douleur et de la dysphagie, malgré l'étendue de l'exanthème de la gorge, ce qui facilite l'alimentation des malades par le lait et le bouillon; un jour de fièvre seulement dans la variole confluente.

Explication du mode d'action de la cocaïne : elle paraît être, à doses moyennes et répétées (0,10 à 0,15 centigrammes par jour), un incitant des centres cérébro-spinaux. Elle agirait d'une façon analogue aux sérums, qui augmentent la vitalité des cellules en mettant l'organisme en état de défense, en aidant à la phago-citose, en modifiant et en supprimant ainsi les phénomènes de suppuration. Les applications de la cocaïne pourraient être étendues à plusieurs affections infectieuses, telle que la diphtérie (comme l'a fait Luton, de Reims), surtout dans les formes adynamiques où on pourrait l'associer à la strychnine.

Deux particularités curieuses sont citées ensuite; elles ont été constatées chez deux de ces malades au cours de l'évolution de la vaccine.

Le malade de la première observation, vacciné à deux ans, revacciné à dix-huit ans, est de nouveau revacciné avec succès au moment de son incorporation, et on assiste chez lui à l'évolution simultanée [d'une variole discrète et de la varioloïde, ce qui démontre la courte durée de l'immunité vaccinale chez certains sujets.

Chez le malade de la deuxième observation, vacciné au corps le 6 décembre 1899, on voit la vaccine complètement arrêtée dans son développement par la varioloïde, évoluer brusquement dans l'espace de vingt-quatre heures, treize jours après l'inoculation du vaccin, alors que la guérison de la varioloïde est complète depuis une semaine.

Contribution à l'étude clinique du paludisme en Corse. — L'auteur a observé que sur mille malades atteints de paludisme et traités depuis dix ans, diverses

modalités cliniques, des complications fréquentes et variées, et certains caractères en quelque sorte propres au pays.

Intermittence très marquée dans beaucoup de maladies : fièvre typhoïde,
bronchites aiguës, simples ou grippales.

Réveil du paludisme fréquent, même du paludisme le plus ancien, sous l'influence de causes banales; la grippe est une des causes les plus puissantes de ce
réveil. Récidives fréquentes et tenaces, anémie et cachexie d'emblée; cas de
rates énormes compatibles avec un état général satisfaisant.

Complications nombreuses du paludisme : pneumonie, bronchite, congestion
pulmonaire et pleurésie sèche. Une seule complication cardiaque seulement sur
mille; à l'autopsie, dépôts calcaires au niveau des valvules sigmoïdes de l'aorte.
Deux cas de néphrite aiguë, dont un compliqué d'albuminurie et d'hématurie. Deux
paralysies, dont une passagère et une persistante au niveau du tiers inférieur
du triceps crural chez un paludique atteint de cachexie palustre. Formes larvées,
cas curieux de diarrhée intermittente et d'arthralgie, trois accès pernicieux seulement, un à forme comateuse, un autre à forme syncopale et le troisième mor-
tel à forme à la fois convulsive et comateuse. Caractères particuliers des accès :
1° ils se produisent en Corse plus souvent de midi à six heures que le matin,
d'où nécessité de dépister le paludisme pour ne pas le confondre avec les fièvres
symptomatiques; 2° ils présentent, quoique très rarement, le type inverse ou à
stades renversés, deux cas dans lesquels la sueur était initiale et précédait nettement le frisson, bien que cette interversion soit niée formellement par tous les
auteurs, sauf Griesinger, niée surtout par M. Léon Colin, si compétent en
matière de paludisme.

Caractère commun à un nombre assez considérable de cas de paludisme. Les
fièvres rémittentes ou continues, par leur symptôme et leur marche, simulent
souvent, à s'y méprendre, la fièvre typhoïde. Fréquence de la typho-malarienne.
Nécessité d'installer dans les deux villes les plus importantes un laboratoire bactériologique.

Il serait utile d'émettre un vœu concernant l'assainissement des plaines de
la Corse, condition sans laquelle ce pays, malgré la lutte engagée avec raison
contre les moustiques, ne sera jamais délivré du fléau qui la désole et paralyse
tout progrès.

Discussion. — M. le Dr CAVALIÉ (de Béziers), signale l'association fréquente de
la tuberculose pulmonaire avec le paludisme chronique en Corse, et propose
d'appliquer le cacodylate de soude, surtout sous forme d'injections hypodermiques
au traitement de l'anémie palustre.

M. REBOUL (de Nimes). Dans les environs de Nimes où sévit le paludisme, fréquemment les affections chirurgicales sont compliquées.

———

M. le Dr Georges ALLAIRE, à Nantes.

Un cas de polyarthrite chronique déformante chez une fillette de onze ans.
— Chez une fillette de onze ans, atteinte de polyarthrite à la suite de rougeole,
nous avons étudié l'état des articulations à l'aide de la radiographie.

Les lésions des cartilages et des os sont les mêmes que celles que nous avions eu l'occasion d'observer sur les radiographies d'articulations d'adultes atteints de rhumatisme chronique.

Le rhumatisme chronique existe dans l'enfance. Il prend souvent la forme noueuse et entraîne un arrêt de développement du squelette dans les formes graves.

Les lésions articulaires restent les mêmes dans tous les rhumatismes chroniques quelle qu'en soit l'étiologie.

Les dénominations : rhumatisme chronique, athrite riche, polyarthrite déformante, rhumatisme noueux, etc., s'appliquent à un même état morbide.

Les lésions articulaires sont différentes dans les arthropathies nerveuses.

Ce qui nous amène à penser que le rhumatisme chronique a une étiologie le plus souvent infectieuse et que les phénomènes nerveux constatés ne sont que le résultat d'une irritation réflexe secondaire.

M. le Dr LÉTOQUART, à New-York.

Des médicaments que l'on devrait employer de concert avec les applications voltaïques (courant constant).

M. Eugène ROHR, Vét. en 1er au 17e d'artillerie à La Fère (Aisne).

Localisations secondaires du streptocoque gourmeux dans les parois intestinales, les lymphatiques et les mésentères. — L'auteur relate plusieurs observations de ces localisations du streptocoque gourmeux dans les parois intestinales, les lymphatiques et les mésentères. Le mode d'infection aurait lieu par généralisation, mais le plus souvent, en ce qui concerne ces lésions particulières, il serait la conséquence de la déglutition des sécrétions pathologiques gourmeuses, provenant de l'inflammation du pharynx et du pus des abcès péripharyngiens ouverts dans l'arrière-bouche ; à la faveur d'une érosion de la muqueuse intestinale le streptocoque pénétrerait dans les ganglions mésentériques. Le développement de ces lésions coïncide avec la disparition des abcès pharyngiens et de toute suppuration. Ces néoplasies sont parfois très volumineuses, l'une d'elles pesait 4 kilogrammes.

La durée du développement est variable ; dans un cas, elle était de cinq années.

L'ancienneté de formation est caractérisée par la densité plus grande du tissu scléreux, la disparition des parties vasculaires et l'épaississement du pus qui devient caséeux. Les troubles de la digestion et l'amaigrissement progressif surviennent lorsque déjà la lésion présente un certain développement.

Il est donc indiqué d'éviter ces métastases en entretenant plutôt les foyers de suppuration extérieurs. Les injections d'essence de térébenthine au poitrail remplacent avantageusement l'ancien séton auquel on n'avait pas recours sans raison.

MM. P.-J. CADIOT, Prof. et **F. BRETON**, Répét. à l'Éc. nat. vétér. d'Alfort.

La médecine canine. — Dans les écoles vétérinaires françaises, l'étude de la pathologie et de la chirurgie canines ne fait pas l'objet d'un enseignement particulier. Jusqu'ici, il n'existait pas non plus sur ce sujet d'ouvrages classiques ; il fallait se reporter aux gros traités des maladies des animaux domestiques, ouvrages dont la lecture est impossible aux personnes qui n'ont pas fait d'études spéciales approfondies. Tout autre qu'un vétérinaire ne pouvait en tirer la moindre indication.

Cette importante lacune de la littérature vétérinaire, MM. Cadiot et Breton viennent de la combler.

La *Médecine Canine*, qu'ils présentent à la Section est, sous un petit volume, une pathologie très complète ; elle rend accessible à tous ceux qui, à quelque titre que ce soit, s'intéressent à la santé des animaux, des notions jusqu'ici difficilement assimilables.

Ce volume, dans lequel de nombreuses figures aident à la compréhension du texte, se divise en treize chapitres correspondant : aux maladies de l'appareil digestif, de l'appareil respiratoire, de l'appareil circulatoire, de l'appareil urinaire, aux affections des organes génitaux, aux maladies du système nerveux, du sang et de la nuitrition, aux maladies infectieuses, aux maladies de la peau, aux affections de l'œil et de ses annexes, aux affections de l'oreille, aux affections chirurgicales, enfin, à la parturition.

Partout le traitement tient la plus large place. Chaque fois, le régime spécial est indiqué ; pas de formules complexes, une thérapeutique efficace, mais simple. La posologie est bien étudiée ; les doses sont fixées pour les plus petits comme pour les plus grands de l'espèce.

Les médicaments toxiques sont peu nombreux ; ils paraissent avoir été évités à dessein et c'est tant mieux, car l'on peut souvent guérir sans y avoir recours.

M. le Dr FOVEAU DE COURMELLES, à Paris.

Photothérapie. — Faits et résultats. — Les rayons X m'ont donné, en 1898, une légère amélioration du lupus, et, en 1900, une guérison complète pour un lupus très étendu de la face ; mais ils sont difficiles et dangereux à manier. Aussi, avec M. G. Trouvé, avons-nous les premiers (*Institut*, 24 décembre 1900), modifié heureusement le traitement encore plus complexe par la lumière chimique de Finsen, de Copenhague, mais si puissant dans la cure du lupus, de certains épithéliomas. Une lampe à incandescence à charbon spécial ou à arc voltaïque de 5 à 15 ampères est : 1° placée beaucoup plus près du patient, ce qui nécessite une moindre énergie, et 2° disposée au foyer d'un réflecteur parabolique ; on complète d'un concentrateur tronconique avec miroir encore, double lamelle de quartz, compresseur et grande circulation d'eau, pour remplacer l'appareil solaire ou l'arc de 80 ampères de Finsen. Le lupique s'appuie aussi fort que possible sur le compresseur de l'appareil, et ce n'est que dans ces conditions que, les hématies chassées, la lumière chimique opère ; ramollissement des chéloïdes, fistulant et dégonflant rapidement les abcès froids, guérissant en deux ou trois séances une plaque de lupus érythémateux et agissant avec succès également, mais plus lentement, sur le lupus vulgaire. Un appareil sphéroïdal avec charbons voltaïques centraux permet de ramener au centre les rayons réfléchis normalement sur l'enveloppe intérieure ; par suite, sans déperdition lumineuse, peut-on, à l'hôpital, agir sur plusieurs malades à la fois, et le Foveau-Trouvé ou Finsen simplifié, actuellement appliqué à l'hôpital Saint-Louis dans plusieurs services (docteurs du Castel, Balzer), y a donné et donne encore les heureux résultats dont nous citons des observations médicales. Il permet à volonté d'utiliser telle ou telle lumière, telle ou telle radiation, grâce à ses pièces interchangeables ; une sciatique, une névralgie, un rhumatisme se trouvent bien de la lumière et de la chaleur radiante combinées, alors qu'on ne laissera passer que les rayons chimiques, par circulation d'eau et quartz, contre les affections cutanées.

M. BAUR, à Lyon.

Action de l'ozone sur les globules rouges et sur la température centrale des animaux. — M. Bordier communique les résultats d'expériences faites dans son laboratoire par un de ses élèves, M. Baur, pour savoir si, oui ou non, sur un animal sain, les inhalations d'air ozonisé et de titre connu modifient le nombre des globules rouges de cet animal.

Deux cobayes ont eu leurs globules comptés pendant huit jours : avant toute inhalation, la moyenne a été : cobaye A, 4.650.000 ; cobaye B, 4.850.000. Pendant huit jours, ces animaux furent soumis à une inhalation de 10 minutes d'air ozonisé à 0 milligr. 23 d'ozone par litre.

La numération faite tous les jours, pendant et après les inhalations, a fourni les moyennes suivantes : cobaye A, 4.531.000 ; cobaye B, 4.899.000. Il n'y a donc eu, ni dans un cas ni dans l'autre, augmentation de globules, contrairement à ce que certains auteurs avaient avancé.

En étudiant la température centrale d'animaux soumis aux inhalations, on a trouvé une élévation constante produite par l'ozone et allant presque toujours à 1° centigrade. Cette élévation s'explique par les oxydations plus fortes dans les tissus dues aux propriétés éminemment oxydantes de l'ozone.

M. le Dr Martin VINCENTI, à Ajaccio.

Traitement de la variole par l'antipyrine et la framboise. — Dans la dernière épidémie de variole que nous avons eue à Ajaccio, je constate le fait suivant :

Au début de l'épidémie et alors qu'il n'y avait eu qu'un cas de variole, je fus appelé auprès d'une femme âgée de vingt-cinq ans. Celle-ci se plaignait d'une forte migraine et de douleurs dans toute sa personne ; je crus à une courbature générale et j'ordonnai 2 gr. 50 d'antipyrine dans 200 grammes de sirop de framboise, à prendre par cuillerée à soupe d'heure en heure.

Le lendemain, je revis ma malade ; elle était debout et vaquait à ses affaires. « Votre potion, me dit-elle, m'a complètement dégagée ; j'ai eu une forte transpiration dans la nuit et tout a été fini, seulement j'ai quelques boutons sur le corps et sur la figure, comme vous le voyez. »

En effet, elle avait sept ou huit grosses pustules varioliques sur la figure et quelques autres semblables disséminés sur toutes les parties du corps.

Quelques jours après, l'épidémie variolique battait son plein en ville et, frappé du fait que je viens de vous citer, j'eus occasion d'employer la potion en question chez quatre enfants de cinq à huit ans et six personnes de dix-huit à trente ans.

Dans deux cas, tout est rentré dans l'ordre après une abondante transpiration sans aucune éruption.

Dans deux, nous avons eu une variole confluente qui a évolué normalement, et dans les six autres cas nous avons obtenu le même résultat que dans le cas que nous nous avons signalé.

L'antipyrine combinée à la framboise aurait-elle vraiment une influence sur le microbe de la variole ? Nous ne saurions l'affirmer, l'expérience n'est pas concluante, les malades soignés n'étant pas en assez grand nombre. Nous avons cru cependant devoir signaler le fait.

M. le Dr G. GAUTIER, à Paris.

Sur le bain hydro-électrique carbonique. — Ce nouveau traitement offre simplement des difficultés d'installation.

a) Le courant est amené à la baignoire, par le secteur alternatif ondulatoire; qui est bien la forme électrique possédant des avantages thérapeutiques incontestables dans le traitement de toutes les maladies de nutrition.

Sous 110 volts, une résistance quelconque, de 70 ohms, doit consommer 1 ampère pour le bon fonctionnement de l'inducteur, par rapport à la résistance du corps et de l'eau saturée d'acide carbonique.

Les résistances des fils de l'inducteur sont de 34 ohms et des fils de l'induit de 4 ohms 7. Ainsi construit, l'outillage permet d'obtenir une force électromotrice et une intensité progressives, répondant à tous les cas.

b) Notre appareil saturateur permet de préparer le bain avec autant de rapidité que le bain ordinaire.

L'eau, comme on sait, possède pour l'acide carbonique un pouvoir de dissolution qui est modifié par la pression et la température.

L'acide carbonique existant en excès dans l'eau, recouvre la surface du corps du malade, de nombreuses vésicules gazeuzes, donnant la sensation du velours, qui disparaissent et se reforment par le mouvement.

Ces vésicules agissent par leurs qualités excitantes sur les nerfs de là peau et par action réflexe sur le système nerveux tout entier et la circulation générale. Le malade, dans le bain hydro-électrique carbonique éprouve une très agréable sensation de chaleur, même à 30 degrés, qui est suivie d'un bien-être général.

Les maladies du cœur, du poumon, de l'intestin, de l'utérus, de ses annexes ; les affections des vaisseaux, l'obésité, le rhumatisme, l'arthritisme avec ses diverses manifestations, sont, grâce à ce traitement, nettement et avantageusement influencés.

M. Gustave PERRIER, Maître de conf. à la Fac. des Sciences de Rennes.

Sur l'alimentation par voie sous-cutanée. — Les expériences que j'ai publiées au Congrès de 1900 à Paris, et dans un mémoire ultérieur (1) m'ayant montré que les lapins n'assimilaient qu'en très petite quantité l'huile qu'on leur injectait sous la peau, j'ai pensé que le résultat de la saponification par la soude donnerait de meilleurs résultats. Les expériences faites dans ce sens m'ont prouvé qu'il n'en était rien, la mort survenant rapidement par suite de la causticité du mélange qui se dissocie en présence de l'eau des tissus avec mise en liberté de soude.

(1) Thèse de la Faculté de Médecine de Paris, 1900.

J'ai pratiqué aussi des injections d'huile à des chiens; ces animaux assimilent beaucoup mieux le corps gras. Ces expériences, étant incomplètes, feront l'objet d'une communication ultérieure.

M. le Dr TARGHETTA, à Nice.

La malaria d'après les recherches nouvelles sur les moustiques.

M. le Dr Dominique POLI, à Béziers.

Nouveau procédé de blépharoplastie de la paupière supérieure par lambeau facial. — Le Dr Poli décrit ainsi son procédé :

1er TEMPS. — *Taille d'un lambeau* pris sur la joue par trois incisions, l'une menée parallèlement au bord libre de la paupière inférieure, à 8 millimètres environ et allant de l'angle interne de l'œil à l'angle externe, qu'elle dépasse d'un centimètre; les deux autres se détachant verticalement de la première à chacune de ses extrémités et descendant sur la joue sur une longueur de 4 centimètres.

2° TEMPS. — Dissection de ce lambeau.

3e TEMPS. — Fermeture provisoire de la cavité orbitaire par la suture des deux paupières au niveau de leur bord libre.

4e TEMPS. — Application du lambeau sur l'emplacement de la paupière supérieure détruite ou enlevée, qui se fait en suturant le bord supérieur du lambeau au bord inférieur de la perte de substance.

5e TEMPS. — Après la prise complète du lambeau qui se fit dans un cas au dix-huitième jour, *l'œil est remis à découvert* par une incision libératrice allant d'une commissure à l'autre suivant une ligne à concavité supérieure.

Par ce procédé, on forme aux dépens du lambeau facial qui a été décrit, une large paupière, bien étoffée, actionnée par le sourciller, abritant l'œil d'une façon parfaite, et on n'a pas à craindre l'ectropion de la paupière inférieure.

Ce procédé paraît supérieur aux autres :

1° Parce que le lambeau facial bien nourri et non tordu est d'une prise rapide et sûre, et qu'on peut toujours lui donner l'ampleur nécessaire.

2° Il n'y a pas de plaie faciale, comme il y a une plaie temporale ou frontale, lorsqu'on prend un lambeau dans ces régions.

Nouveau procédé de préparation de la pommade à l'oxyde jaune de mercure. — La pommade à l'oxyde jaune de mercure préparée selon les indications fournies par le Codex, est difficilement utilisable, car, quelques soins que l'on ait mis à faire le mélange de l'excipient et de l'oxyde, il reste toujours quelques petits fragments de ce médicament à l'état libre, ce qui rend la pommade douloureuse et irritante.

Voulant obtenir un produit indolore, j'ai été conduit à faire le mélange à chaud de l'oxyde avec la vaseline ou la lanoline. De cette façon, les fragments un peu gros d'oxyde jaune, se trouvant dans de la vaseline liquide, tombent au fond et le produit obtenu, une fine émulsion, est indolore.

. Voici comment on procède : après avoir fait le mélange de l'oxyde et de la vaseline dans un mortier, on soumet ce mélange dans une capsule en terre l'action de la chaleur jusqu'à ce que des vapeurs commencent à se dégager, on retire alors du feu et on verse dans le pot qui doit contenir la pommade, en décantant avec soin de façon à ne pas faire couler le dépôt. On fait immédia-tement refroidir en mettant le pot au deux tiers dans de l'eau froide.

Cette pommade que j'ai expérimentée chez un grand nombre de malades atteints de diverses conjonctivites (surtout de conjonctivites phlycténulaires), d'ulcérations cornéennes avec ou sans iritis, d'herpès de la cornée, de kératites infectieuses ou interstitielles, n'a jamais provoqué la moindre douleur et m'a donné des résultats supérieurs à la pommade préparée selon le procédé ordinaire, sans doute parce que l'on peut employer des doses plus fortes d'oxyde, et parce qu'elle n'est pas irritante. Par ce fait même qu'elle est indolore, on peut l'employer dans un plus grand nombre d'affections oculaires.

Nouvelle pince à fixation du globe oculaire. — La pince que j'ai l'honneur de vous présenter est une pince à double fixation du globe oculaire.

Elle se compose de trois branches réunies à l'une de leurs extrémités, la branche médiane portant à son extrémité libre, une fourche dont les dentelures correspondent aux dentelures des extrémités des autres branches.

Cette pince permet de saisir la conjonctive bulbaire en deux endroits quelconques tout autour de la cornée et d'un même côté de la cornée, ce que l'on ne peut faire avec les autres modèles de pinces à double fixation.

Elle est surtout utile dans toutes les opérations où il faut autant que possible empêcher l'œil de pivoter autour de son axe antéro-postérieur et principalement dans l'opération de la cataracte.

Dans cette opération, l'œil étant maintenu immobile par la double fixation, la ponction, la contre-ponction et la taille du lambeau se font avec la plus grande aisance et la plus grande régularité.

De plus, chez les malades artérioscléreux dont la conjonctive est si friable, la double fixation permet de maintenir l'œil tandis que l'on ne ferait souvent que déchirer la conjonctive en employant la pince ordinaire à fixation.

M. le Dr Lucien BERTHOLON, à Tunis.

Note sur les effets d'une nouvelle toxine antituberculeuse. — M. Bertholon étudie les effets d'une toxine antituberculeuse sur l'organisme. Cette toxine a été isolée au laboratoire de l'Institut Pasteur de Tunis que dirige le Dr Loir. Cette toxine a la précieuse propriété d'arrêter le développement du bacille de Koch soit dans les expériences de laboratoire, soit sur l'organisme animal. De plus, elle n'est pas toxique pour l'organisme sain.

La toxine antituberculeuse injectée à des lapins tuberculisés artificiellement arrête chez eux le développement de la maladie. Un processus de réparation se fait. A l'autopsie, l'examen microscopique des poumons permet de constater la disparition des bacilles de Koch et la rareté des cellules géantes.

Encouragé par les expériences de laboratoire, M. Bertholon a essayé les effets de sa toxine sur des malades, en choisissant des phtisiques arrivés au dernier degré. Voici, d'après ses observations, l'action du médicament sur les divers appareils : 1º *Circulation.* Les injections sous-cutanées produisent une certaine tendance à la dépression cardiaque chez les cachectiques. Chez tous les malades, elles provoquent un processus de phagocytose, se traduisant par une congestion intense autour de chaque nodule tuberculeux. Si l'infiltration tuberculeuse est massive, une notable surface pulmonaire peut devenir imperméable, d'où phénomènes asphyxiques, et d'où le conseil de commencer par des doses faibles et espacées. — 2º *Appareil pulmonaire.* Chaque injection sous-cutanée de toxine fait diminuer de moitié la proportion des bacilles dans les crachats. Ceux-ci disparaissent totalement en cinquante ou soixante jours. Pendant cette période, l'abondance de l'expectoration diminue d'une façon régulière. Quand il n'y a plus de bacilles de Koch, l'expectoration cesse de diminuer, elle demeure stationnaire. Le processus ulcératif du poumon s'arrête par l'emploi de la toxine. L'auscultation revèle des phénomènes d'induration pulmonaire autour des points tuberculeux. — 3º *Appareil digestif.* En injections sous-cutanées, la toxine est sans effet, sur l'appareil digestif. Prise par la bouche, elle développe l'appétit. La diarrhée tuberculeuse si rebelle à tous traitements peut être coupée par son emploi. — 4º *Système nerveux.* La toxine en injections sous-cutanées fait disparaitre les douleurs ostéocopes si pénibles des phtisiques. Leur insomnie cesse. — 5º *Système osseux.* Ce médicament peut révéler la présence de tubercules osseux. Dans ces cas, son emploi détermine de violentes douleurs au niveau des points atteints. Il se fait, en même temps, une abondante phosphaturie.

En résumé, cette toxine paraît être un moyen très puissant de lutte contre la tuberculose. Les résultats obtenus sont des plus encourageants. M. Bertholon se propose de poursuivre ses recherches ultérieures sur ce sujet et d'en faire connaître les résultats.

———

M. le Dʳ **COSTA DE BASTELICA**, Corresp. de l'Acad. de Méd., à Ajaccio (Corse).

Sur le rôle des moustiques dans la propagation du paludisme et sur l'assainissement de la plaine orientale de la Corse. — Après un exposé sommaire de la théorie du microbe pathogène, l'auteur constate combien il est difficile, sinon impossible, de se faire une idée nette et précise de l'étiologie du paludisme, à l'aide de cette théorie, puisque — de l'aveu même de ses adeptes — « on ne connaît pas bien les conditions dans lesquelles les microbes du paludisme vivent et se reproduisent en dehors du corps humain, à moins de recourir à des hypothèses (1) ». Néanmoins « il est certain que les preuves expérimentales de leur existence — en tant que cause de toutes nos maladies — font défaut, puisque la fièvre palustre n'est pas inoculable aux animaux (2) ».

« A part quelques maladies contagieuses — telles que le charbon bactéridien, la septicémie, — on ignore jusqu'à présent la nature des autres, dans la pathologie humaine… (3) ».

« Tout comme les classiques contages, les microbes ne sont que de simples véhicules, qui transmettent au loin les propriétés nocives qu'ils ont puisées dans l'organisme où ils ont végété, et leur propriété morbigène n'est efficace que si l'organisme est en condition de se laisser impressionner ou dominer par elle…

« La spontanéité morbide reste donc debout avec toute sa puissance (4) ».

---

(1) LAVERAN. Séance de l'Académie de Médecine. — 31 janvier 1899.
(2) Professeur LABOULBÈNE.
(3) Professeur BOULEY.
(4) Professeur JACCOUD. Leçon d'ouverture, 1883.

En résumé, rien n'autorise à attribuer les fièvres palustres à un agent mystérieux tel que le microbe.

La vérité vraie c'est que l'étiologie de ces fièvres est multiple et complexe comme les produits variés de décomposition qui existent dans les marais, ou, si l'on aime mieux, dans les terrains malariques sous l'influence de la chaleur diurne, alternant avec le rayonnement de la nuit.

Après quelques observations personnelles, l'auteur cite l'exemple de la plaine orientale de la Corse, dont l'insalubrité proverbiale doit être attribuée uniquement à la présence des marais et des étangs qui se sont formés le long de la côte, après la chute de l'Empire romain ; chute qui fut le signal de l'émigration des habitants et entraîna la déchéance de cette magnifique contrée, abandonnée depuis à la libre action des forces de la nature...

Ici, le Dr Costa invoque le témoignage des auteurs qui se sont occupés de l'assainissement de cette contrée — *comparable à la Terre Promise et propre à toutes les cultures* (1) — et *à la production des denrées coloniales* (2) — *dont le climat, plus doux que celui de la Toscane, permettrait la culture de la canne à sucre, pendant que les céréales y donneraient le cent pour cent.* — contrée... *où il y a de la place pour deux grandes villes d'au moins 50.000 âmes et où la nature offre en abondance tout ce qui peut faire naître de grandes industries* (3)...

Mais pour rendre son antique splendeur à *cette terre promise* la première condition à remplir — condition *sine quâ non* — c'est de la *coloniser* (4) en accordant des concessions aux familles qui, bien volontiers, viendraient s'y établir ; car, nul ne l'ignore — *il n'y a pas d'ancre plus forte que la propriété*. Il n'y a pas d'assainissement possible et de culture profitable sans une population fixée et attachée au sol. C'est là qu'est l'avenir de l'agriculture et du bien-être général. C'est de cette mesure que la Corse doit attendre son relèvement et le remède au plus grand de ses maux : l'insalubrité.

M. le Dr Paul GIROD, Prof. à l'Univ. de Clermont-Ferrand.

Note sur l'action thérapeutique de l'acide carbonique administré par la voie intestinale. — Les expériences des docteurs Bergeon et Richet et mes recherches personnelles montrent que l'acide carbonique, introduit à l'état gazeux par l'anus, dans le rectum, s'échappe du poumon avec l'air expiré. Suivant la voie veineuse et la voie lymphatique, le gaz arrive, avec le sang de la veine porte et la lymphe du canal thoracique, à l'oreillette droite, et le ventricule droit l'envoie par l'artère pulmonaire, aux alvéoles pulmonaires. On peut donc, par ce procédé, baigner les alvéoles pulmonaires dans l'acide carbonique. Or, ce gaz est un microbicide énergique et un calmant puissant. Les inhalations rectales d'acide carbonique ont donc une application des plus larges au point de vue thérapeutique. Pour rendre pratique l'administration de l'acide carbonique par cette voie, j'ai fait établir par M. Serrès, préparateur à la Faculté de Besançon, un appareil d'une simplicité extrême. Le grand point est de pouvoir administrer un gaz *chimiquement pur*, exactement dosé comme quantité. Les cylindres gazogènes établis

----

(1) BLANQUI. Rapports à l'Académie des Sciences sur l'état économique et social de la Corse.
(2) MALTE-BRUN. *Abrégé de Géographie.*
(3) F. GRÉGOROVIUS. *Histoire des Corses.* .
(4) V. CONTE GRANDCHAMP. *La Corse et sa colonisation.* — Scipion GRAS. *Sur l'Assainissement du littoral de la Corse.* ·

par M. Serrès répondent aux desiderata et sont le résultat de minutieuses expériences. L'acide carbonique est un entraînant puissant ; en mettant dans les cylindres producteurs du gaz, des doses précises de créosote, hydrogène sulfuré, etc., on constate que l'acide carbonique entraîne ces produits par la voie pulmonaire. Les inhalations rectales d'acide carbonique simples ou rendues plus actives par des substances médicamenteuses entraînables, peuvent rendre les plus signalés services à la thérapeutique des voies pulmonaires et intestinales.

<hr />

M. Eugène ROHR.

Du tétanos traumatique. — Faits de contagion et injections préventives de sérum antitétanique. — Dans l'armée, et antérieurement avant l'emploi du sérum antitétanique, le tétanos entrait pour une bonne part dans les maladies nerveuses dont les statistiques annuelles enregistrent les pertes. De ce fait le dommage éprouvé par le Trésor représente 161.208 francs par an en moyenne (de 1879 à 1885).

L'auteur cite la transmission par un fumier infecté et plusieurs cas successifs constatés dans une écurie où, quatre ans auparavant, était mort un cheval tétanique. Des chevaux traités pour plaies graves qui avaient eu des injections préventives de sérum antitétanique, ont été placés dans cette écurie ; aucun n'a été contaminé, alors qu'un cheval n'ayant pas reçu de sérum, en raison d'une réception trop tardive de ce produit, a contracté la maladie.

Certaines circonstances indépendantes de l'auteur lui ont permis de reconnaître très tôt les premiers symptômes, aussi ses conclusions sont : « Que les cas de tétanos aigu ne seraient pas aussi communs qu'on paraît l'admettre généralement et classiquement. Les symptômes du début passent inaperçus dans la majorité des cas et le vétérinaire n'est souvent appelé que pour constater un tétanos à manifestations déjà graves. » Les malades dont le diagnostic précoce a été établi ont été guéris.

Le sérum antitétanique donne des résultats entièrement favorables. L'auteur ajoute même : « Nous avons cru remarquer, chez nos malades immunisés momentanément, une cicatrisation plus prompte des plaies qui revêtaient aussi un aspect meilleur. Les spores tétaniques, communs en effet dans une foule de milieux, doivent exister sur certaines plaies, et, si elles ne réalisent pas toujours l'infection générale, elles peuvent très bien avoir une action locale défavorable à la cicatrisation. »

Le sérum sera donc toujours largement employé. La première indication est la manifestation douloureuse de tout traumatisme.

<hr />

M. BORDIER.

Appareil pour mesurer la surface du corps de l'homme. (Intégrateur de surfaces.) — M. BORDIER (de Lyon), présente un appareil qu'il a fait construire pour mesurer rapidement la surface du corps de l'homme. Cette mesure aurait une grande importance dans l'étude de la nutrition, comme l'a déjà fait remarquer M. Bouchard : c'est, en effet, par la surface du corps que se dissipe dans le monde extérieur l'énergie calorifique que nous produisons et cette forme de l'énergie est de beaucoup la plus importante chez l'homme.

L'intégrateur de surfaces de M. Bordier se compose essentiellement de deux roues molettées dont les circonférences sont constamment enduites d'encre bleue ; ces molettes représentent les deux bases d'un cylindre évidé ; leur écartement est de 3 centimètres. Un système d'engrenages permet, par le mouvement de rotation des roues, d'enregistrer la surface recouverte par le cylindre quand on promène celui-ci sur la peau. En prenant certaines précautions indiquées par l'auteur, on arrive à faire une mesure très suffisamment précise pour les besoins cliniques.

Sur trois sujets, A, B, C, dont les tailles étaient de $1^m,73$, $1^m,66$, $1^m,63$, les résultats fournis par l'intégrateur ont été :

A. . . . .   194 décimètres carrés.
B.   170   —   —
C.   167   —   —

M. Bordier fait remarquer que son appareil permettra de suivre la marche des épanchements, pleurésie, ascite, par la mesure de la surface des régions intéressées et qu'en outre son intégrateur peut servir de thoracomètre très commode en prenant le tiers de la surface lue sur l'appareil quand celui-ci est promené sur chaque moitié du thorax.

VŒU PRÉSENTÉ PAR LA SECTION

(Voir page 53.)

13e Section.

ÉLECTRICITÉ MÉDICALE (1)

(1) La 13e Section a tenu ses séances avec la 12e Section, sous la présidence du Dr Leduc et avec le bureau de la 13e.

4e Groupe.

SCIENCES ÉCONOMIQUES

14e Section.

AGRONOMIE

PRÉSIDENT . . . .   M. A. LADUREAU, Ing. chim., à Paris.
VICE-PRÉSIDENT. . . . .   M. MASSIMI, Prof. départ. d'agric., à Ajaccio.
SECRÉTAIRE. . . . .   M. LACOUR, Ing., anc. Élève de l'Éc. Polytech.
SECRÉTAIRES ADJOINTS . . . . . . MM. BOYER, Prof. d'agric., à Sartène.
                                  SPOTURNO, à Ajaccio.

— 9 septembre —

M. A. LADUREAU.

DISCOURS DU PRÉSIDENT.

En prenant possession de la présidence que votre bienveillance que je m'efforcerai de justifier, m'a fait l'honneur de me confier l'année dernière, au Congrès de Paris, je me rappelle une pensée profonde de l'illustre voyageur, économiste, agronome et philosophe anglais qui s'appelle Arthur Young; la voici : « L'homme qui fait pousser deux épis de blé là où il n'en poussait qu'un a » bien plus de titres à la reconnaissance de l'humanité que le Grand Capitaine » qui a sacrifié des milliers d'hommes à la satisfaction de son ambition ! » Il est, ce me semble, impossible de condenser en moins de mots l'éloge de l'agronomie et de montrer par une comparaison plus éloquente, la supériorité de la science à laquelle, ici, nous consacrons nos labeurs, sur celles qui n'ont pas pour but la nourriture et le bien-être de l'homme.

Bien que je n'aie l'intention que de dire ici quelques mots, considérant que les meilleurs discours sont les plus courts et qu'un président qui se respecte ne doit pas abuser du droit qu'il a de prendre la parole pour ennuyer ses collègues, vous ne m'en voudrez pas, je l'espère, si je vous rappelle que l'agronomie est, quoique la plus récente, la plus utile des sciences de l'humanité et que c'est à ses progrès que l'homme civilisé doit d'abord sa nourriture végétale ou animale, ses boissons, ses vêtements, ses parfums, en un mot presque tout ce qui contribue à l'entretien de sa vie, de sa santé et à la plupart de ses satisfactions matérielles en ce monde.

Un programme aussi vaste ne peut être accompli que par des moyens très divers et très multiples : aussi la science agronomique est-elle constituée par la réunion de beaucoup d'autres.

Un agronome complet doit, en effet, être un ingénieur, un chimiste, un physicien, un météorologiste, un botaniste, un médecin, un géologue, un physiologiste, un minéralogiste, un entomologiste, etc.

C'est la diversité de ces sciences qui donne à nos sessions un intérêt si grand en appelant au sein de la 14e section des membres de beaucoup d'autres sections.

Vous allez, mes chers collègues, démontrer l'exactitude de mon affirmation en commençant vos travaux et en aidant ainsi de vos précieuses lumières, votre président à faire œuvre utile à Ajaccio.

Vous vous rappellerez en effet que si les questions générales ont toujours une part considérable dans les travaux de nos sections, il est néanmoins dans nos traditions de réserver une partie de notre temps à l'étude des questions locales les plus intéressantes pour le pays ou la région où se tiennent nos assises ; c'est notre manière, à nous, de reconnaître l'hospitalité qu'on veut bien nous offrir ; nous répondons à un bon procédé par un autre et nous laissons ainsi de bons souvenirs là où nous avons passé !

Eh bien ! je crois que c'est surtout dans ce beau pays de Corse, si merveilleusement doué au point de vue de la diversité des climats, des sols et des conditions météorologiques que la science agronomique trouvera un champ utile à exploiter.

On n'y a pas fait grand'chose jusqu'ici ; à quoi cela tient-il ? A vous, Messieurs, d'en indiquer les causes et d'en trouver les remèdes. Vous répéterai-je en terminant, le conseil que le vieux villageois de Lafontaine donnait à ses fils : « Travaillez, travaillez, c'est le fonds qui manque le moins ? »

Je crois que c'est inutile et que vous aurez tous à cœur de rendre à la Corse les services que vous pouvez lui assurer, en l'éclairant sur son avenir au point de vue des diverses productions et industries agricoles qu'elle peut entreprendre ou simplement améliorer.

Je vous remercie pour la bienveillance avec laquelle vous m'avez écouté. Permettez-moi maintenant d'intervertir les rôles et de vous écouter à mon tour.

————

M. DONATI, Prof. spéc. d'Agr., à Bastia.

La culture du châtaignier en Corse. — M. Donati qui expose toutes les conditions de la culture du châtaignier en Corse, signale les imperfections et les dangers des procédés de séchage actuellement employés et propose de leur substituer un système de four à claies à jour, alimentés par du bois ou du grignon d'olive. Il émet, en outre, un vœu sur le déboisement et les mesures à prendre pour l'empêcher.

————

M. Ernest **REGNAULT**, Présid. du Trib. civ. de Joigny.

L'organisation de la vente du blé et le crédit agricole. — M. REGNAULT préconise le warrantement dans des locaux loués à cet effet par des groupements de cultivateurs, locaux devant se trouver autant que possible dans le voisinage des gares de chemins de fer, et montre l'utilité que présenterait cette organisation principalement dans les années de récolte déficitaire. Il étudie, en outre, les cultures dérobées d'automne et montre quel intérêt elles présentent pour l'abaissement du prix de revient des cultures, par l'enfouissement de quantités notables d'azote dans le sol.

M. le Dr **PAPILLON**, à Paris.

La vente du blé. — M. le Dr PAPILLON insiste sur le rôle souvent néfaste qu'exerce la spéculation sur les produits agricoles, notamment du blé, et indique les mesures à prendre pour empêcher les marchés fictifs ; préconise la création de banques populaires analogues à celles qui existent en Allemagne et dans le nord de l'Italie ; termine en montrant l'utilité qu'il y aurait à créer des magasins à blé *(Élevators)* régionaux placés au voisinage d'une gare de chemin de fer.

M. LADUREAU.

L'exploitation de la Crau. — M. LADUREAU expose les résultats qu'il a constatés récemment d'une tentative d'exploitation du sol réputé stérile de la Crau d'Arles Cette tentative entreprise sur un domaine de 500 hectares, où l'on a établi des cultures de chênes truffiers, pruniers, abricotiers, pêchers, fraises et prairies, a donné d'excellents résultats, grâce à l'irrigation, et peut servir de modèle à bien des propriétaires corses pour leur maquis laissé jusqu'ici sans culture et qu'il suffirait, pour les mettre en valeur, de cultiver et d'irriguer convenablement.

M. SPOTURNO, diplômé de l'Éc. nat. d'Agric. de Montpellier, à Ajaccio.

L'arboriculture fruitière en Corse. — M. SPOTURNO passe en revue les inconvénients de la surproduction, la possibilité d'exporter le trop-plein, ainsi que les procédés de culture en usage dans le pays. Il énumère toutes les variétés d'arbres cultivées et indique les améliorations qu'on pourrait apporter aux méthodes d'exploitation actuellement employées.

— 10 septembre —

M. CORTEGGIANI, Prof. spéc. d'agric., à Corte

La reconstitution du vignoble dans l'arrondissement de Corte. — M. CORTEGGIANI traite de la reconstitution du vignoble dans l'arrondissement de Corte, et donne des aperçus très précis sur les porte-greffes, greffons, et sur tous les travaux culturaux nécessités par la vigne, principalement par la reconstitution.

Réunion de la 14ᵉ Section avec la 16ᵉ.

Discussion sur les octrois.

Voy. 16ᵉ Section, page 6.

— **11 septembre** —

M. MASSIMI, Prof. dép. d'agric., à Ajaccio.

La crise oléicole. — M. Massimi fait connaître les multiples causes qui entraînent cette branche de la culture à la ruine et fait entrevoir le moyen de relever l'oléiculture.

Discussion. — MM. Farcy, Lacour recommandent plus de soins dans la fabrication et l'augmentation du nombre des moulins dans les villages.

M. LACOUR, Ing., ancien Élève de l'Éc. Polytech., à Paris.

Formation de l'amidon dans le grain de blé. — Les expériences faites par M. Lacour tendent à montrer que l'amidon n'est qu'un changement de forme de la matière se trouvant dans les cellules du grain en formation, mais le processus de cette matière est encore peu connu.

Les expériences faites par M. Lacour tendent à montrer que l'amidon se produit par une double transformation de la cellulose en sucre d'abord, en amidon ensuite. Ces transformations ont lieu sous l'influence d'une diastase que M. Lacour espère isoler.

Discussion. — MM. Ladureau et Lacour discutent sur la formation de l'amidon et sont d'accord pour la comparer à ces formations de cellulose que l'on remarque en physiologie animale.

M. H. de MONTRICHER, Ing. civ. des Mines, à Marseille.

La fertilisation de la Crau par les produits du nettoiement de Marseille. — L'entreprise de la fertilisation de la Crau par les gadoues de Marseille a fait l'objet d'une communication de son fondateur, M. de Montricher, au Congrès de Marseille en 1891.

Fondée en 1887, elle n'a cessé d'étendre ses conquêtes culturales sur un sol inculte, véritable désert enclavé dans le département des Bouches-du-Rhône, d'une superficie de 45.000 hectares.

Les irrigations dues aux canaux de Craponne (1554) et de Boisgelin (1780), fournissant ensemble un contingent de 20 à 25 mètres cubes par seconde, ont contribué à la mise en culture d'environ la moitié de cette superficie. Mais outre que ce travail cultural n'a pu s'opérer que fort lentement, il ne pourrait désormais s'étendre, tous les contingents de la Durance disponibles étant employés.

Par l'emploi combiné des irrigations existantes et des gadoues de Marseille, utilisées comme fumure et comme support, riche en humus, la surface cultivée conquise sur le sol inculte depuis 1887 est de 5.000 hectares environ.

M. LADUREAU.

Introduction de plantes fourragères en Corse. — M. LADUREAU recommande l'essai de deux plantes intéressantes au point de vue de leur grand rendement cultural et qui s'adapteraient parfaitement à la Corse, l'Astragole en faux *(Astragolus falcatus)* et le Téosinte *(Reana luxurians).*

Il préconise, en outre, l'essai d'une nouvelle plante à gutta-percha qui croît abondamment dans le nord de la Chine et qui a été étudiée d'une manière très complète par M. J. Dybowski, directeur du Jardin Colonial de Nogent-sur-Marne; cette plante, dont on ne possède encore que peu de sujets en Europe, est l'*Eucomia Ulmoïdes.*

M. MASSIMI.

De la vaine pâture. —M. Massimi montre que la misère de la Corse est due en grande partie à cette cause, que si l'absentéisme, ce régime funeste au pays, profite des maigres rentes d'un bétail nomade, le bon agriculteur est souvent forcé d'abandonner la contrée pour échapper aux dégâts occasionnés par les troupeaux.

M. le Dr Joseph MICHON, à Paris.

De quelques hybrides de vigne producteurs directs. — L'auteur entretient la Section des hybrides producteurs directs qu'il a étudiés dans une visite qu'il a faite cet été chez les principaux hybrideurs.

Sans cesser de recommander aux viticulteurs de Corse de reconstituer-leurs vignobles par la greffe avec les meilleurs cépages français, surtout avec les cépages corses qui donnent un vin généreux d'une grande finesse, il expose qu'il y aurait intérêt à planter quelques-uns des hybrides producteurs directs de MM. Couderc, Seibel et Castel.

Quelques-uns de ces hybrides commencent à être cultivés en grand et se distinguent par leur vigueur, leur fertilité et leur résistance au phylloxera et aux maladies cryptogamiques.

Le climat et le terroir de la Corse pourraient avoir une heureuse influence sur la qualité de leur vin.

Bien entendu ces plantations ne devraient être faites qu'à titre d'essai. L'auteur a lui-même institué près d'Aleria un champ d'expériences, où il a planté l'année dernière et cette année une centaine de variétés.

— 13 septembre —

M. BOYER, Prof. spéc. d'agr., à Sartène.

Le littoral corse et la malaria. — M. Boyer considère la climatologie du littoral comparée à celle des pays avoisinants et tout est à l'avantage du nôtre ;

il considère la composition physique et chimique des sols qui le forme et passe ensuite aux causes de non-culture : la malaria en est la principale ; il donne un aperçu de la maladie, de ses causes et effets et recommande quelques palliatifs, le dessèchement et l'assainissement de nos côtes, principalement par les plantations d'arbres employées ailleurs, où elles ont si bien réussi.

Discussion. — M. François Cunéo d'Ornano considère l'endiguement des cours d'eau comme coûteux et insuffisant et qu'il vaut mieux dessécher en curant les cours d'eau et fossés, l'eau pouvant ainsi rentrer à tout instant dans son lit. Considère que ces travaux de curage sont mal exécutés et qu'il vaudrait mieux que l'État prenne cette besogne à sa charge en se remboursant par la voie du percepteur.

M. Armand entre dans ses idées.

M. Ladureau cite de nombreux cas en Algérie, la plaine de la Metidja entre autres, assainis par des plantations d'eucalyptus.

M. LADUREAU.

La mélasse dans l'alimentation du bétail. — M. Ladureau traite ensuite le rôle de la mélasse dans l'alimentation du bétail et cite des cas où les copeaux de bois, tourbe, fanes de maïs, extrémités de roseau mélangés à la mélasse ont été très bien acceptés par le bétail et appelle sur ce point l'attention des éleveurs corses.

Dénaturation de l'alcool. — Il développe ensuite un nouveau procédé de dénaturation de l'alcool que l'on peut résumer par la formule suivante de M. Ladureau :
Faible volume, faible poids, faible prix ; cela est à considérer, car l'alcool sera bientôt une des grandes productions nationales ; elle dégrèvera d'autant la production sucrière, déjà bien embarrassée de tout le stock qu'elle possède.

M. MASSIMI.

Le déboisement du châtaignier. — M. Massimi traite le déboisement de la Corse en châtaigniers et montre les dangers que présente cette situation. Les causes sont dues surtout à la facilité qu'on a d'en vendre le bois aux fabricants d'extraits tannifères..

L'industrie laitière en Corse.

M. Ernest REGNAULT.

L'agriculture de l'avenir. — L'auteur analyse le mécanisme du crédit mutuel agricole et montre les résultats qu'on en peut attendre au point de vue du capital nécessaire à la culture. Il conteste, quant à présent, l'utilité de la création de magasins coopératifs pour la vente du blé, et établit que dès maintenant le capital de production est à la portée de tous par la généralisation possible des cultures dérobées, moyen économique d'accroître la fertilité, en s'affranchissant de l'importation des engrais azotés du commerce.

M. C. LEGENDRE, Dir. de la *Rev. scient. du Limousin*, à Limoges.

Revision du cadastre et cartes agronomiques communales. — Les cartes agronomiques n'existent qu'en petit nombre. Le cadastre est à refaire. Ces grands et utiles travaux peuvent être menés en commun ou séparément.

Il y a à vaincre l'égoïsme des propriétaires, qui redoutent d'être plus fortement imposés ; la décourageante inertie de la bourgeoisie jouisseuse qui s'éloigne de toute initiative pouvant reporter sa pensée vers un avenir dont elle feint d'ignorer les troublantes perspectives.

Les cartes agronomiques et la revision du cadastre peuvent cependant se faire à peu de frais si l'on adopte une organisation consistant dans la création de comités cantonaux dont une Société régionale, comme la *Société d'études scientifiques du Limousin* unifierait les travaux. C'est le seul moyen de lutter victorieusement contre le collectivisme gouvernemental dont on est menacé.

M. Legendre, supposant son plan adopté, conseille la confection, pour chaque commune, de cartes d'assemblage à l'échelle de $\frac{1}{10.000}$, et de de feuilles détaillées à l'échelle de $\frac{1}{1.000}$.

Les prélèvements de terre seront marqués par un chiffre rouge inscrit dans une circonférence.

Parmi les membres du comité, on trouvera les personnes assez instruites pour faire ce travail et procéder à l'analyse physico-chimique du sol, tout cela sans grands frais.

La situation n'est plus, en effet, ce qu'elle était en 1830 et, sans parler des élèves des écoles agronomiques, les instituteurs doivent tous être en mesure d'aider le comité.

Il ne restera plus à faire que l'analyse chimique. C'est pour celle-là seulement que des fonds devront être réunis. Or, que faut-il ? deux ou trois cents francs par commune. Il n'y a pas de commune où cette faible somme ne puisse être mise à la disposition du comité.

La bourgeoisie, battue en brèche par le quatrième État qui veut sa place, comprendra que son intérêt est de retrouver la force et l'énergie dont elle fit preuve autrefois, de se réconcilier avec la classe ouvrière, de faire une place aux restes de la noblesse et du clergé, afin d'espérer une fusion réunissant en un seul bloc tous les enfants de la France.

La maladie des Châtaigniers. — M. LE GENDRE expose l'utilité du Châtaignier et l'intérêt de conserver aux habitants des régions granitiques cet arbre que M. Juge de Saint-Martin a si justement appelé *l'Arbre du pays.*

Les dévastateurs dont la présence a été constatée par M. le professeur Crié, sont-ils venus s'implanter sur un arbre sain ou leur multiplication est-elle simplement l'effet d'un état de morbidité résultant d'une mauvaise culture?

14

Pour M. Le Gendre, la seconde hypothèse est la vraie. Toutefois, il pense avec M. Filhoulaud que le climat exerce une fâcheuse influence sur le Châtaignier en produisant, au moment du dégel, des éclats de tronc où la sève afflue et se décompose, en contraignant cette sève à reconstituer les rameaux grillés par les gelées de printemps ou d'automne.

La fin du travail est consacrée à l'énumération des moyens de donner à l'arbre la vigueur qui lui est nécessaire.

On ne doit pas hésiter à abattre le Châtaignier trop vieux dont des ouragans successifs ont brisé les grosses branches, ce qui a eu pour conséquence la pourriture de l'intérieur du tronc.

Le Châtaignier isolé ou planté en bordure donne plus de fruits que le Châtaignier en quinconce. Mais là où la nature du sol ne permet pas d'autre culture profitable, on constituera utilement une châtaigneraie en ayant le soin d'espacer suffisamment les arbres. Alors on pourra souvent labourer le sol et y dérouler une culture de céréales.

Si cette culture ne peut se faire, il n'en faudra pas moins enlever le bois mort, aérer la terre, détruire les mousses et laisser sur place les feuilles mortes qui entretiennent une bienfaisante humidité.

M. Le Gendre n'ignore pas que les bactéries ravagent les taillis, mais ceci vient le plus souvent de ce que ces taillis sont faits de vieilles souches, qu'ils existent depuis fort longtemps et que le sol est épuisé.

M. CUNÉO D'ORNANO, Présid. de la Soc. d'agr. d'Ajaccio.

L'exploitation des forêts en Corse. — Ces forêts, qui s'étendent sur une superficie de 140.000 hectares, dont 7/10 aux communes et 3/10 seulement à l'État, constitueraient une source importante de revenus, si l'Administration de la Marine ne refusait pas systématiquement les bois de provenance corse, tandis qu'elle les accepte, sous la dénomination de bois du Nord, quand ils lui sont fournis par le commerce génois qui les achète en Corse à vil prix. Il conviendrait donc de faire cesser cet état de choses.

L'enlèvement du bois mort est autorisé dans les forêts domaniales ; l'Administration forestière délivre une autorisation individuelle qui doit être présentée à toute réquisition des gardes. Les forêts communales sont soumises à un régime différent. Un arrêté préfectoral détermine la date et fixe les jours où l'enlèvement du bois mort pourra avoir lieu sous la surveillance des gardes communaux. Mais, pour bénéficier de cette tolérance, il faut se faire inscrire à la mairie, et le garde dresse procès-verbal contre tous ceux qui ne sont pas portés sur la liste communiquée par la mairie. M. Cunéo signale les inconvénients de cette formalité et en demande la suppression.

L'État ne tolère pas d'animaux dans ses forêts. Les communes accordent cette autorisation, moyennant une redevance ; le pâturage est interdit pendant les cinq ou six années qui suivent l'exploitation. M. Cunéo voit dans cette longue période d'interdiction de pâturage la cause de nombreux incendies de forêts et estime qu'il conviendrait de la réduire à deux ans.

Discussion. — M. REGNAULT fait observer que ce serait la ruine des forêts à brève échéance.

M. Boyer estime que les incendies ne peuvent être efficacement prévenus en Corse que par l'application du système de responsabilité collective employé ailleurs avec succès.

Enfin, M. Cunéo termine sa communication en rappelant, à propos de l'écobuage, qui ne peut être pratiqué avant le 1ᵉʳ octobre, que l'Administration peut autoriser cette opération en août et septembre; il suffit d'en faire la demande.

M. FÉRET.

Sur le reboisement des terrains salés.

M. le Dʳ F. HEIM, Agr. à la Fac. de Méd. de Paris.

Documents relatifs à quelques plantes économiques dont l'introduction et l'exploitation mériteraient d'être tentées en Corse. — En inscrivant au programme de ses travaux la question des « cultures coloniales en Corse », la section d'agronomie de l'Association Française a, sans doute, voulu marquer l'intérêt qu'elle attache aux essais qui pourraient être tentés dans cette île, concernant les plantes économiques susceptibles d'y être introduites et d'y fournir des produits utiles. Nous pensons donc répondre aux préoccupations de la section, en groupant ici un certain nombre de documents relatifs à la valeur économique de plantes, spontanées dans des climats présentant des analogies avec celui de la Corse.

Ces documents ont trait à :

l'Arganier (*Argania sideroxylon*, Roem. et Schult, Sapotacées), son huile, les usages alimentaires et industriels auxquels elle peut se prêter, la valeur nutritive de son fruit;

la graine de Chan (*Salvia Chia*, Labiées), dont l'huile, apte à la fabrication du savon, est susceptible d'emploi comme huile de graissage et huile alimentaire, et le tourteau riche en matières azotées et amylacées;

à la cire de certains *Myrica* de l'Amérique centrale, croissant dans les régions à climat tempéré, et dont le produit serait une matière première de grande valeur pour les industries de la savonnerie et de la stéarinerie ;

au produit guttoïde fourni par *Eucommia ulmoïdes* Oliv., dont la valeur industrielle n'a pas été fixée jusqu'à ce jour. (Nous exposons les résultats acquis par des essais d'extraction chimique et mécanique, portant en particulier sur l'écorce, et sur la composition de l'huile de la graine, sous-produit dont la valeur ne serait pas négligeable);

au produit guttoïde du Fusain du Japon (*Evonymus japonicus*, Thunb., Célastracées). (Nous estimons le rendement des divers organes, la composition de la gomme qu'il fournissent et son intérêt économique possible.)

VŒUX PROPOSÉS PAR LA SECTION

Voir pages 51, 53.

15ᵉ Section.

GÉOGRAPHIE

PRÉSIDENT D'HONNEUR . . . . . M. le Dʳ HAMY, Memb. de l'Inst., Prof. au Muséum de Paris.
PRÉSIDENT. . . . . M. F. FARJON, Présid. de la Ch. de Com. de Boulogne-sur-Mer (1).
VICE-PRÉSIDENT . . . . M. JULES DE GUERNE, Memb. de la Soc. de Zool.
SECRÉTAIRE . . . . M. LOUIS WOUTERS, Publiciste.

— **9 septembre** —

M. le Dʳ Henri ARNAUD, à Montpellier.

Une ville extraordinaire. — L'auteur étudie la configuration du sol de la ville de Montpellier (Hérault) et des environs. Il y a observé :

1° Un *plateau central*, autour duquel se trouve une première circonvallation à peu près circulaire ; puis des rangées circulaires de *monticules*, au nombre de trois, successives, séparées par des sortes de vallées également circulaires. Le tout est entouré par une *ceinture des eaux* (Hérault, Vidourle, etc.).

2° Dix-huit *chemins naturels*, serpentant à partir du plateau central jusqu'à la périphérie, à travers les trois rangées de monticules, sans jamais se croiser ni se rejoindre.

Les *monticules* sont plus ou moins nettement séparés les uns des autres par les *chemins naturels* ; il y en a donc en tout cinquante-quatre dans les trois rangées ; et il y en a cinquante-cinq dans tout le territoire montpelliérain, si on y compte le *plateau central*.

De telles particularités n'ont jamais été signalées en aucun point de l'univers.

M. J. de REY-PAILHADE, Ing. civ., à Toulouse.

Unification des mesures angulaires pour les cartes de l'armée de terre et pour les cartes de la Marine. — Tout le monde connaît les avantages de la division centésimale du quart de cercle, qui est exclusivement employée par le Service géographique de l'armée française et par le Service du cadastre. Malgré les avantages et ces exemples, la Marine a continué de se servir du degré sexagésimal qui date des Chaldéens.

(1) En remplacement de S. A. le prince Roland Bonaparte empêché de venir au Congrès.

Aujourd'hui on s'occupe activement dans toutes les branches de la science d'appliquer le système décimal à toutes les grandeurs.

Les nombreux mémoires que j'ai publiés sur cette question depuis 1893 et les expériences pratiques exécutées dernièrement sur six navires de guerre français ont démontré d'une manière manifeste que l'emploi du système décimal simplifierait et abrégerait la durée des calculs nautiques. Le seul obstacle un peu sérieux à l'adoption de ce système rationnel de divisions angulaire de la circonférence est le manque de *Tables astronomiques*, calculées dans le système décimal.

Pour combler cette lacune, je demande à la Section d'émettre le vœu suivant :

« La Section de géographie émet le vœu que le ministre de l'Instruction publique fasse publier tous les ans, des éphémérides du soleil et des principaux astres, calculées dans la division centésimale du quart de cercle. »

Les tables de vingt pages environ, peu coûteuses, serviront à l'enseignement dans les écoles d'hydrographie et permettront enfin d'unifier les cartes de terre et de mer.

Discussion. — M. ARNAUD présente quelques objections à la substitution du système décimal au système par six :

1° Inconvénients de modifier un usage depuis longtemps établi sans apporter une amélioration incontestable et notable.

2° Les nombres 6 et 10 résultent de la multiplication de deux nombres premiers (2 × 3, 2 × 5). Logiquement et par suite de l'ordre numérique, le nombre 3 doit passer avant le 5. Il ne me paraît pas admissible qu'on n'en tienne pas compte et qu'on fonde une unité nouvelle sur le nombre 10 (2 × 5) en négligeant absolument l'unité qu'on pourrait avoir avec le nombre 6 (2 × 3).

3° Au lieu d'un avantage, la proposition faite tend à un résultat inférieur, en pratique, puisque le cercle divisé en 400 parties n'est divisible que par 2 et 5, tandis que la division en 360 est divisible par 2, 3 et 5.

4° La substitution proposée nous enlève un point de repère rigoureux et géométrique, qui est l'égalité de la corde de 60° (côté de l'hexagone) avec le rayon du cercle.

5° La division actuellement admise n'est autre chose, en définitive, que le système de 6 × 6 = 36 et multiplié par 10 pour la commodité des calculs et la possibilité de la divisibilité par 5. Tout y repose donc essentiellement sur le nombre 6. Or il en est de même de la nature terrestre. Mon observation m'a démontré que tout y est basé sur le nombre 6, et qu'en dehors de lui il n'y a rien de réel, ni peut-être de possible.

6° Si on réduit le système actuel de numération angulaire en système par 6 pur et simple, on voit qu'il y a encore avantage à l'employer par rapport au système décimal.

En effet, il y a neuf modes de division exacte possible du cercle dans le premier système ; il n'y en a que huit au plus dans le système décimal ; et il y manque la principale, celle du *carré de 6*. Il n'y a pas de racine carrée exacte dans le système décimal, proposé.

7° Dans la mesure des angles et degrés, le système décimal est encore, à la rigueur, praticable ; dans la mesure du temps, il ne l'est pas : l'unité du temps, la *seconde* et cette autre unité plus durable, qu'on appelle *le jour*, sont en effet intimement rattachées l'une à l'autre par le système *par six* et on ne conçoit pas la possibilité de modifier cet engrenage nécessaire pas plus que les deux termes extrêmes auxquels il aboutit.

— 10 septembre —

M. RÉMOND.

Critique du rapport fait à l'Académie de Toulouse sur les concours de 1901.

Évolution périodique des climats, expliquée par la variation continue de l'inclinaison de l'axe terrestre.

M. Eugène PAYART, à Londres, W.

La Corse, perle de la Méditerranée, mérite d'être plus visitée par les Français.
— M. E. Payart considère qu'à l'occasion du Congrès scientifique d'Ajaccio, il serait du plus haut intérêt pour la France et pour la Corse de convoquer aussi à ce Congrès des délégués des Chambre de Commerce, des Syndicats industriels et agricoles — lesquels visitant le pays, se rendront *de visu* bien vite compte des cultures, des industries, des exploitations diverses — et mettront à profit les études qu'ils auront pu faire — c'est le rôle du producteur.

L'intérêt produit plus de progrès que l'étude.

La question minière paraît devoir être de grande importance pour la Corse. Trois concessions de mines ont abouti à des essais d'exploitation; — une Compagnie anglaise a aussi obtenu récemment la concession d'une mine (de cuivre) dans l'arrondissement de Bastia — le seul arrondissement où les concessions aient été demandées. D'autres parties de l'île méritent d'être étudiées.

M. Payart conseille de provoquer l'étude des richesses minières de la Corse par un ou plusieurs groupes de l'École des Mines. La Sardaigne regorge de minerais ignorés il y a trente ans; actuellement 15.000 hommes y travaillent à l'exploitation des mines, lesquelles ont rendu pour 28 millions de francs en 1899.

Il constate que la Corse n'est pas du tout connue ni visitée par les Français — et que tout le travail des ports, des voies ferrées et autres, de l'industrie, des cultures, des forêts, des carrières, etc., etc., est fait par des ouvriers italiens, embauchés chaque saison ou à l'année — au nombre de 25.000 à 30.000, sur lesquels 10 0/0 environ se fixent en Corse et y font souche. L'élément principal de la population du versant oriental de l'île est composé de Lucquois, Pisans, Génois, etc., tandis que le Corse émigre sur l'Algérie ou la France, se fait soldat ou devient fonctionnaire, sacrifiant le vieux domaine des ancêtres.

M. Paul GOURRET, à Marseille.

Topographie de la flore de l'étang de Berre.

— **13 septembre** —

M. Jules HENRIET, à Marseille.

Ethnologie générale, Sociologie et Géographie économique des Pays musulmans.
— L'Ethnographie générale des Pays musulmans a donné lieu à de grandes confusions. La précision scientifique moderne permet aujourd'hui d'éliminer d'innombrables erreurs. Les études sur les races, puis celles des langues, des religions et des mœurs, et enfin les rapports internationaux de l'industrie et du commerce, ont centralisé d'abondants et précieux renseignements. Les Pays musulmans peuvent se subdiviser en quatre parties principales :

1º Pays sémitiques : Arabie, Syrie, Égypte, Tripolitaine, Tunisie, Algérie et Maroc ;

2º Pays indiens des vallées du Pendjab ;

3º Pays européens orientaux : Empire Ottoman, provinces caspiennes de la Russie, Perse, Afghanistan ;

4º Pays turcomans du centre occidental de l'Asie.

I. — Les Sémites sont rebelles à toute civilisation européenne. Malgré des efforts réitérés : Syriens, Égyptiens, Algériens et autres, résistent à toute pénétration des mœurs européennes. Par contre, l'Afrique centrale en entier semble destinée à subir l'influence islamique.

II. — Les Indiens du Pendjab s'islamisent très facilement. La civilisation musulmane trouve un champ de propagande sympathique, là où le christianisme ne rencontre le plus souvent que des résistances hostiles.

III. — Les pays européens orientaux, depuis le commencement du XIXᵉ siècle, tendent à reprendre partout leur hégémonie politique et à se dégager de l'influence islamique imposée par la domination turque. Les Slaves du Bas-Danube, ceux du massif des Balkans, ainsi que les Hellènes de la péninsule et des îles de l'Archipel, se sont complètement libérés des Ottomans ; ils christianisent très facilement les musulmans restés fixés dans l'Europe méridionale. L'Asie-Mineure s'hellénise activement à l'ouest, ainsi que vers le nord et aussi dans un grand nombre de régions du sud.

L'Arménie s'agite fébrilement. Elle tend à réunir en un seul faisceau ses provinces turques, russes et persanes. Malgré les persécutions sanglantes, l'islamisme est rigoureusement tenu en échec dans toutes les vallées du Taurus et du Caucase.

La Perse a depuis longtemps adopté un islamisme essentiellement différent des rites habituels. Les Persans sont des ennemis acharnés des Turcs. Persans, Afghans et Béloutchis répudient toute influence doctrinale et politique émanant soit de La Mecque, soit de Constantinople.

IV. — Les pays turcomans, tout en subissant la civilisation slave importée par les Russes, se modifient difficilement. Ils reçoivent de constants apports par les exodes turcs provenant de l'Empire Ottoman. Actuellement, sauf à Constantinople, les Turcs ont presque complètement abandonné l'Europe, ils se retirent graduellement de l'Asie-Mineure, mais en se retirant dans le Turkestan, ils le renforcent moralement au moins momentanément.

M. H. BARRÉ, Bibliot. principal de la ville de Marseille.

Monographies départementales. — Les provinces de France ont retrouvé leurs titres et repris conscience de leur vie propre. Chaque unité tend à jouir du maximum d'autonomie compatible avec les besoins de la cohésion nationale. Ce phénomène sociologique correspond au développement de la production intellectuelle dans toutes les branches relatives aux questions régionales ; mais pour lui donner toute sa puissance, il serait avantageux qu'on pût réaliser des publications sérieuses sur l'Histoire et la Géographie de chaque région. Afin d'obtenir ce résultat, on pourrait provoquer une entente entre les corps élus, les Administrations et les Sociétés savantes des départements, pour publier à des intervalles fixes et assez rapprochés des monographies historiques, géographiques et statistiques qui auraient l'avantage de donner l'autorité dont elles manquent à un grand nombre d'institutions provinciales.

Pour aboutir à un résultat pratique, une commission spéciale pourrait être organisée dans chaque département. Elle se proposerait d'établir une monographie suivant un type à déterminer par l'Institut (Académie des Sciences morales et politiques). Ces publications, après refonte et mise au courant des dernières données statistiques, devraient être rééditées au moins tous les vingt ans.

M. Émile BELLOC, Chargé de missions scientifiques, à Paris.

Les lacs réservoirs des Pyrénées.

M. TURQUAN

Cartes relatives à la population de la Corse.

VŒU PROPOSÉ PAR LA SECTION

Voir page 53.

16e Section

ÉCONOMIE POLITIQUE ET STATISTIQUE

PRÉSIDENTS D'HONNEUR . . . . . . MM. A. VEBER, Prés. du Cons. gén. de la Seine.
LANDRIN, Memb. du Cons. mun. de Paris.
Délégués du Conseil municipal de Paris.
PRÉSIDENT. . . . . M. G. SAUGRAIN, Avoc. à la Cour d'appel de Paris.
VICE-PRÉSIDENT . . . . M. FAURÉ-HÉROUART, Maire de Montataire.
SECRÉTAIRE . . . . M. F. BESNARD, Maire de Joigny.

— 9 septembre —

M. BUFFET, à La Couture-Boussey, (Eure).

La loi sur les accidents du travail. — La loi sur les accidents du travail n'est qu'une réclame électorale ; elle est onéreuse pour les patrons et sans profit pour les ouvriers.

Les conflits relatifs aux indemnités sont tranchés, comme autrefois, par les tribunaux, avec cette différence qu'au lieu d'avoir contre lui un patron quelconque, personnage plus ou moins influent, l'ouvrier se trouve actuellement en face d'une puissante Compagnie d'assurances, d'où il s'ensuit pour lui un désavantage évident.

Quant au patron, pour éviter la ruine résultant d'une catastrophe possible qui le forcerait à immobiliser des sommes considérables, il est obligé de s'assurer, augmentant d'autant ses frais généraux. S'il n'a pas les moyens nécessaires, il ne s'assure pas, et en cas de sinistre c'est l'État qui se substitue à lui pour indemniser les victimes. Il en résulte alors que le patron ayant déjà fait le sacrifice pour assurer son personnel est encore obligé de participer indirectement à désintéresser celui de son confrère imprévoyant puisque l'argent donné par l'État provient d'impôts mis sur le travail de tous. Pour être juste il faudrait que cette loi rende l'assurance obligatoire, contraignant les employeurs à ne prendre que le nombre d'ouvriers qu'ils sont susceptibles de garantir contre les risques professionnels en les assurant. D'autre part l'État s'étant fait assureur, on peut dire que cette loi injuste n'est qu'un impôt déguisé, mis sur le travail national au détriment du commerce et de l'industrie, préjudiciable pour les patrons et sans avantages pour les ouvriers au profit desquels elle est censée avoir été faite.

M. le Dᵣ M. BILHAUT, à Paris.

Utilisation de la radiographie comme contrôle à la suite des accidents du travail.

———

M. GIGNOUX, Présid. de la Soc. amic. des Stat. climat. de la Corse, à Ajaccio.

Situation économique de la Corse.

———

Services maritimes postaux. — Les services maritimes postaux sont, pour la Corse, une question de vie ou de mort.

70 millions de marchandises importées annuellement dans l'île, 10 millions exportés par elle, dix ou douze mille Italiens venant tous les ans y faire des travaux de toute nature, et le nombre toujours croissant des passagers, fonctionnaires, malades, touristes et voyageurs de toute sorte, constituent un énorme trafic qui demande rapidité et bon marché.

Depuis dix ans, les concessions légales faites aux Compagnies Valéry et Morelli n'existent plus. Un marché de gré à gré, tout à l'avantage de la Compagnie Fraissinet, qui fait les 19/20 des transports, et qu'aucune condition de tarifs ne lie, a été consenti par le Gouvernement. Cette Compagnie fait un service qui n'est nullement du goût du public, ni des étrangers, et a abouti à des nolis exorbitants. Les transports de Marseille et de Nice en Corse sont plus chers que de Marseille à Alger et à Tunis, et aussi chers que de France en Égypte et à Constantinople.

Il est facile de comprendre que cette situation est désastreuse pour le pays.

Nous supplions le Congrès de recommander, aux pouvoirs publics, une prompte adjudication régulière des services maritimes postaux de la Corse.

———

M. le Dᵣ M. BILHAUT.

Le sanatorium pour tuberculeux au point de vue sociologique.

Discussion. — Le Dᵣ PAPILLON. Le *Sanatorium* que l'engouement actuel tend, bien à tort, à généraliser, doit être considéré sous le rapport Médical, Économique, Social, et ne comporte qu'une catégorie de tuberculeux.

———

M. J. CURIE, Lieut.-Col. du gén. en ret., à Versailles.

La représentation proportionnelle dans les élections municipales. Observations concernant le projet de loi présenté à la Chambre des députés par M. Mirman, dans la séance du 18 décembre 1899. — M. CURIE reproche au projet de loi de consacrer une erreur d'arithmétique que M. Hagenbach-Bischoff avait signalée longtemps avant que le canton de Genève l'eût insérée dans sa loi électorale.

Cette erreur consiste, après avoir divisé le total des *chiffres électoraux* des différentes listes par le nombre total des sièges qu'il s'agit de répartir, pour obtenir le *quotient électoral* par lequel on divise ensuite les chiffres électoraux des différentes listes, pour avoir les nombres de sièges à attribuer à ces listes, si le total de ces nombres n'atteint pas le nombre des sièges disponibles, à donner un siège de plus aux listes qui ont les chiffres électoraux les plus forts.

Ce procédé, de même que celui qui a été adopté à Neuchâtel et qui consiste à favoriser les listes pour lesquelles la division par le quotient électoral, a donné les plus forts restes, est fautif et doit être remplacé par le procédé de M. d'Hondt ou par celui de M. Hagenbach.

M. Curie s'étonne que le projet renonce à appliquer la représentation proportionnelle dans les villes de plus de 100.000 âmes et admettre le vote uninominal par quartier, qui est aussi défectueux que le scrutin de liste ordinaire par département, comme il l'a fait voir au Congrès de 1889.

— 10 septembre —

M. DONATI.

De l'économie générale de la Corse.

DISCUSSION SUR LA SUPPRESSION DES OCTROIS

M. LE PRÉSIDENT rappelle qu'il a mis à l'ordre du jour de la section la question suivante :

De la suppression des droits d'octroi sur les boissons hygiéniques. — Incidence des taxes de remplacement créées dans différentes villes. — Conclusions à en tirer pour ou contre la suppression complète des octrois. — Étude des taxes de remplacement qui seraient alors à créer.

Il a pensé que cette question pouvait présenter cette année un intérêt spécial. Beaucoup de municipalités se préoccupent, en effet, de supprimer complètemen les droits d'octroi.

Cette suppression nécessitant la création de nouveaux impôts locaux, il semble utile de passer en revue les taxes, fort différentes suivant les villes, créées en exécution de la loi du 29 décembre 1897.

On pourrait ainsi observer les effets produits par toutes ces taxes, étudier leur rendement, et l'expérience faite dans chaque ville sur une taxe déterminée profiterait à toutes les autres.

M. le Président constate que cette pensée a été comprise et il remercie les maires et les délégués des villes qui ont bien voulu répondre à son appel en faisant le voyage de Corse et en assistant au Congrès, ainsi que toutes les municipalités qui ont envoyé des documents destinés à faciliter l'étude de cette importante question.

M. LE MAIRE DE SAINT-NAZAIRE. — A Saint-Nazaire les droits sur les boissons hygiéniques ont été ramenés au minimum prévu par la loi du 29 décembre 1897.

Droits sur les vins	anciens : 2 fr. 60 c. par hectolitre.	
	nouveaux : 1 fr. 70 c.	—
Droits sur les cidres	anciens : 1 fr. 40 c.	—
	nouveaux : 0 fr. 95 c.	—

Cette diminution de droits à été compensée par une surélévation du droit sur l'alcool porté de 18 à 40 francs par hectolitre.

Les frais de perception sont restés les mêmes.

Cette augmentation sur l'alcool n'a pas influé sur la consommation de 1900. Les résultats financiers de cet exercice sont satisfaisants.

Il n'en sera pas de même de ceux de 1901, si on en juge par les résultats connus des trois premiers mois. L'augmentation du droit général sur l'alcool porté de 156 fr. 25 c, à 250 francs par hectolitre, a diminué la consommation d'une manière très appréciable et cette diminution ne sera vraisemblablement pas compensée par l'augmentation de la consommation des boissons hygiéniques.

M. le Maire de Douai. — La ville de Douai a subi, non sans exprimer ses doléances, l'application de la loi du 29 décembre 1897.

Tout en constatant l'effet désastreux produit par cette loi sur les finances municipales, le Conseil municipal a dû rechercher les moyens de combler le déficit produit dans le budget par le dégrèvement des boissons hygiéniques.

Les boissons dites hygiéniques comprennent la bière, le vin, le cidre et les eaux minérales.

Le droit d'octroi qui existait sur la bière était de 2 fr. 25 c. l'hectolitre ; il devait être abaissé à 1 fr. 50 c., d'où une prévision de perte sur les bières importées du dehors de. . . . . Fr.   33.377 99
et réduction de l'abonnement de MM. les brasseurs de la ville dans la proportion d'un tiers, soit . . . .   53.300 »
Le vin payait à l'entrée en ville 3 fr. 50 c. ; devant payer 1 fr. 70 c., perte. 20.124 37
Le cidre payait 1 fr. 50 c. ; devant payer 0 fr. 95 c., perte . . .   136 02
Les eaux minérales, du droit de 5 francs devront passer à celui de 0 fr. 95 c., perte 1.139 52

Le total de ces diverses sommes est de . . . . Fr.   108.077 90

Cette dernière somme est une simple prévision qui pourra se trouver modifiée par la suite, mais cette prévision a été très soigneusement établie par M. le Préposé en chef de l'octroi d'après la moyenne des entrées pendant les exercices antérieurs.

C'est principalement au remaniement du tarif de l'octroi que la ville de Douai a demandé les ressources indispensables pour équilibrer le budget de la ville et qui pouvaient être obtenues par l'augmentation de quelques taxes d'octroi, et principalement de la taxe de l'alcool.

L'alcool payait à Douai 18 francs l'hectolitre. Le Conseil a adopté la taxe maxima autorisée par le tarif général, soit 45 francs l'hectolitre, d'où une recette supplémentaire évaluée à 35.600 francs.

En outre le Conseil a demandé au Parlement le vote d'une loi accordant une surtaxe de 15 francs à l'hectolitre, correspondant à une recette de 25.500 francs.

Les vermouths, vins de liqueurs, etc., payent d'après la quantité d'alcool qu'ils contiennent. L'application du droit nouveau et de la surtaxe à ces liquides permet de prévoir une augmentation de 2.000 francs.

Au règlement de l'octroi, les vins en cercles et ceux en bouteilles étaient soumis au même droit, la bouteille étant considérée comme litre. Ces derniers ont été imposés à 0 fr. 10 c. la bouteille. Le rendement de cet impôt peut être évalué à la somme de 2.900 francs.

La viande était divisée en quatre catégories :

1° Bœufs, vaches, taureaux, génisses, à la taxe de Fr.   6   » les 100 kilogrammes.
2e Veaux, à la taxe de . . . . : . . .   7 50   —
3° Moutons, brebis, à la taxe de . . . .   9 »   —
4° Agneaux, chevreaux, à la taxe de . . . . . . 10 »   —

La taxe uniforme de 7 fr. 50 c. les 100 kilogrammes a été adoptée. La plus-value de recette devant résulter de cette modification est prévue pour 12.600 francs. Les bouchers y trouveront des facilités pour sortir des viandes de la ville, puisqu'il ne sera plus tenu compte, pour l'entrée comme pour la sortie, que des quantités sans distinction d'espèce.

Ces diverses taxes produiront les sommes suivantes :

L'alcool . . . . Fr.   35.600
La surtaxe 25.500
Les vermouths 2.000
Les vins en bouteille . . . . :   2.900
La viande 12.600
                                    TOTAL . . . . Fr.   78.600

Le Conseil a estimé que la perception des droits, étendue à diverses parties du territoire suivant la délimitation indiquée et un nouveau règlement d'octroi, complétera la somme de 108.000 francs qui est indispensable. Cependant une moins-value se produira dans les recettes, le Parlement n'ayant pas encore autorisé la Ville à percevoir la surtaxe de 15 francs sur l'alcool.

Quant aux frais de perception, ils étaient en 1900 de 78.779 francs pour un produit de 735.245 francs ; il est probable qu'aucune diminution ne se produira sur cet article en 1901.

M. LE MAIRE DE CHAMBÉRY. — Le Conseil municipal de Chambéry projette de supprimer complètement les droits d'octroi. Il a d'abord, à partir du 1er janvier 1901, simplement ramené les droits d'octroi sur les boissons hygiéniques aux maxima prévus par la loi de 1897, mais à partir du 1er janvier 1902, ces droits sur les boissons hygiéniques seront totalement supprimés. Cette suppression totale enlevait au budget de la ville une ressource de 155.000 francs, dont 90.000 francs pour dégrèvement partiel et 65.000 francs en plus pour la suppression totale.

Pour faire face à la diminution de recettes de 90.000 francs, les taxes suivantes avaient été votées par le Conseil municipal.

a) Élévation du droit sur l'alcool jusqu'au double des droits d'entrée, décimes compris, taxe dont le rendement est estimé à . . . . Fr.   15.300

b) Établissement d'une licence municipale à la charge des commerçants de boissons, taxe dont le rendement total est évalué à 36 660

c) Perception d'une taxe de 30 centimes par bouteille sur tous les vins en bouteilles, qui ne se cumulera pas avec celle applicable aux vins en cercles . . . . ʃ 2.100

                              A reporter . . . . . . Fr.   54.060

Report . . . . . . Fr.   54.060

d) Taxes égales aux taxes en principal, établies sur les voitures et
voitures automobiles 3.000

e) Taxe semblable sur les billards publics et privés   690

f) Taxes semblables sur les cercles, Sociétés et lieux de réunion. .   750

g) Taxes semblables sur les chiens 3.600

h) Surtaxe de l'alcool, à raison de 30 centimes par litre d'alcool pur.   18.000

i) Impôt sur toutes les successions ouvertes sur le territoire de
Chambéry, à raison de trois décimes additionnels aux droits de l'État
(principal et décimes compris) : Évaluation. . . . . . .Fr.   24.000

Éventuellement, pour le cas où cette taxe sur les successions ne
serait pas voté par le Parlement :

j) Taxe de 3 0/0 sur les valeurs locatives des locaux d'habitation
frappés de la contribution personnelle mobilière, à l'exception de ceux
d'une valeur locative inférieure à 200 francs.

Évaluation. 24.000

TOTAL des taxes de remplacement nécessaires pour le dégrèvement
partiel à effectuer à partir du 1er janvier 1901 . . . . Fr.   104.100

Les Taxes *i* et *j* n'ont pas été autorisées par le Parlement, qui a d'ailleurs
réduit la surtaxe sur l'alcool à 20 francs l'hectolitre. Mais depuis le 1er janvier
1901 et en vue de la suppression totale des droits sur les boissons hygiéniques,
qui doit s'effectuer à partir du 1er janvier 1902, le Parlement a autorisé un
impôt de 2 fr. 25 c. 0/0 sur le revenu net des propriétés bâties et de 2 francs 0/00
sur la valeur vénale des propriétés non bâties

M. LE MAIRE DE VERVINS. — La ville de Vervins a complètement supprimé les
taxes d'octroi à partir du 1er janvier 1901. D'après la moyenne des cinq dernières
années, ces taxes rapportaient 30.635 francs ; si le vide créé dans la caisse
municipale par la suppression de l'octroi avait dû être uniquement comblé par
les centimes additionnels, le centime étant de 339 francs, il eût fallu voter
91 centimes nouveaux ; cela n'eût pas été équitable car quatre cent quatre-vingt
seize contribuables seulement auraient eu à supporter la charge de la réforme,
cela n'eut pas même été prudent, la ville pouvant, dans l'avenir, avoir à faire
face à des emprunts dont les annuités devront être garanties par des
centimes additionnels.

Le Conseil municipal a donc établi les taxes de remplacement suivantes :

1° Alcool. Élévation de la taxe de 6 francs à 15 francs par hectolitre ; produit
sur une année moyenne de 353hl,60 . . . . Fr.   5.304   »

2° Licence municipale de 15 francs ; produit sur cinquante-six
débitants.   840   »

3° Droit proportionnel de 5 0/0 sur la valeur locative des maisons
d'habitation et magasins des habitants ; produit sur une valeur de
25.710 francs. 1.285 50

4° Taxe sur les chiens. Élévation de la taxe de 8 francs à 12 francs
pour la première catégorie et de 2 francs à 3 francs pour la seconde ;
produit sur 167 de la première catégorie, 38 de la seconde   706   »

A reporter. . . . . . . Fr.   8.435 50

Report . . . . . . Fr. 8.135 50

5° Instruments à clavier. Droit de 10 francs par instrument ; produit sur 80 instruments . . . . 800 »

6° Taxe sur les locaux d'habitation, non compris les locaux affectés au commerce et à l'industrie, 5 0/0 de la valeur locative ; produit sur une valeur de 252.260 francs . . . . 12.613 »

7° Imposition de 30 centimes additionnels au principal des quatre contributions directes. . . . . Fr. 10.184 70

Total 31.733 20

En substituant aux droits d'octroi des taxes directes, sauf celles sur l'alcool, le Conseil municipal de Vervins a eu pour but de remplacer des taxes qui avaient pour assiette les besoins, par des taxes nouvelles reposant sur des propriétés et des objets et qui atteindront sinon toute la richesse, du moins quelques-uns de ses éléments.

M. Louis Péridier, anc. Juge au Trib. de Com. de Cette. — Comme taxe de remplacement des octrois, M. Péridier propose un impôt sur le cubage des constructions.

Établissement de l'impôt. — L'État imposerait le cubage de toutes les constructions en pierres, en bois ou tous autres matériaux, les hangars, caves, sous-sols, navires, barques, embarcations, habitations roulantes, en un mot toute construction couverte d'une manière quelconque, celui des murs, dallages de trottoirs, pavages de toute espèce, palissades en bois, poteaux, voies ferrées, remblais, etc.

L'importance de la taxe serait fixée d'après le cubage, qui aurait été inventorié.

Cette taxe serait la même pour la ville et pour la campagne.

Le département y ajouterait la sienne.

La commune en ferait de même en faisant une différence entre l'agglomération et les champs.

Il s'ensuivrait que la taxe serait plus forte à la ville qu'aux champs, ce qui serait juste.

Les personnes ou Sociétés qui occuperaient de grands locaux paieraient plus que les autres, ce qui serait juste.

Détaxes et sursis. — En cas de vacance des locaux, le propriétaire obtiendrait des sursis pour le paiement, jusqu'à ce que la vacance cesse. Il paierait alors l'arriéré sous déduction d'un tant pour cent à fixer et par acomptes annuels ne dépassant pas 25 0/0 de la somme arriérée ainsi réduite.

Locataires. — Les propriétaires feraient payer par les locataires l'impôt leur incombant d'après le cubage de l'appartement ou des locaux occupés. Les parties des immeubles communes à tous, telles que vestibules, escaliers, etc., concerneraient le propriétaire. Ce dernier se trouverait donc chargé en raison de la richesse et du luxe des constructions.

Perception. — Le propriétaire, responsable de l'impôt de ses locataires, en ajouterait le montant à ses quittances de loyer. En cas de non-paiement des quittances, le percepteur serait avisé par lui, afin que ce fonctionnaire réclame au débiteur de l'impôt la totalité de la quittance dans les formes administratives. Lorsque le percepteur remettrait au propriétaire la somme lui revenant, il retiendrait la proportion des frais.

Ainsi serait assurée au propriétaire la régularité du paiement des loyers, en retour du service rendu à l'État en garantissant et facilitant la rentrée de l'impôt.

Proportionnalité. — L'impôt serait proportionnel, puisqu'il frapperait le *volume occupé* par les personnes, mais :

Progressivité. — Il serait *progressif* quant aux personnes, puisqu'il frapperait plus fort sur celui qui prend beaucoup de place que sur celui qui en prend moins. De plus :

Facultativité. — Il serait *facultatif* dans une certaine mesure. En effet, celui qui n'aurait pas ou ne voudrait pas avoir d'abri ne paierait *rien*, celui qui n'occuperait qu'une pièce paierait *fort peu*, celui qui occuperait de grands locaux paierait *beaucoup*.

Direct. — L'impôt serait *direct*, pour les particuliers, les fonctionnaires, les industriels, les commerçants et les agriculteurs ; mais :

Indirect. — Il serait *indirect* pour les actionnaires et obligataires des Sociétés par actions.

Égalité. — Il importe peu que la marchandise pauvre, qui occupe beaucoup plus de place qu'une valeur égale en marchandise riche, se trouve plus chargée de frais d'impôt. L'égalité se rétablit dans une certaine mesure par suite de ce que la marchandise riche coûte plus à surveiller que l'autre.

Navires étrangers. — Tous navires, barques et embarcations étrangers paieraient l'impôt en proportion du temps pendant lequel ils resteraient dans les eaux françaises.

Premier effet de la réforme. — Le premier effet de l'établissement de l'impôt serait, je crois, de faire réduire l'importance des locaux occupés, mais cela ne serait que momentané. Le commerce et l'industrie ayant leurs coudées plus franches pour travailler, il n'est pas douteux que cette diminution serait vite changée en augmentation.

Avantages. — Il n'y aurait plus de temps à perdre en formalités de douane, de régie, d'enregistrement, pour déclarations de toute espèce aux autres Administrations. Il convient d'ajouter à cela que l'on économiserait les appointements de fonctionnaires devenus inutiles en grande partie, et que ces individualités redeviendraient productives au lieu de rester inertes ou nuisibles.

Ouvriers. — L'ouvrier n'ayant presque plus d'impôt à payer trouverait une amélioration dans son sort, même sans augmentation de salaire.

Opposition. — Il faut compter que les fonctionnaires trouveront que cette réforme a tous les défauts et qu'ils feront l'impossible pour la faire échouer. Cela leur enlèverait l'espoir de caser facilement leurs enfants dans les Administrations de l'État ; mais les autres personnes qui travaillent, au risque de perdre ce qu'ils ont ou ce qu'ils ont gagné, ne doivent pas s'arrêter à leurs discours intéressés. Ils doivent insister pour la simplification des formalités administratives.

Liberté. — Et pour la liberté du travail.

M. FAURE, Préposé en chef de l'octroi de Limoges. — Un siècle d'existence et un siècle de lutte. Telle est l'histoire de cette institution des Octrois contre laquelle se sont simultanément acharnés les pouvoirs publics, les divers partis politiques et les économistes. Livrée sans défense aux plus véhémentes diatribes, elle n'a pu répondre que par la longue énumération des services rendus, mais toujours debout, elle reste comme impassible devant cette accumulation d'efforts qui semblent attester d'autant plus son indispensabilité qu'ils sont plus violents et plus répétés. C'est que, malgré elles, les municipalités en ont fait la pierre angulaire de leur édifice fiscal et que l'on sent que ce géant ne peut s'écrouler qu'en les ensevelissant sous ses ruines.

L'Octroi, nous l'avons vu par l'étude de celui de Limoges, est à la vie municipale ce qu'est le sang artériel à la vie de l'individu : avec lui ont été possibles les dotations des établissements charitables, les travaux d'embellissement, les mesures d'hygiène, les écoles, les casernes, tout ce qui constitue l'élégance, le charme et le bien-être, l'outillage en un mot des grands centres. Supprimez-le, et en vain vous chercherez ailleurs les millions qui vous sont nécessaires pour parachever votre œuvre ou la rendre durable. Ah! sans doute, à ce bouc émissaire, vous reprochez, sans aucun souci de la vérité historique, ses lointaines origines et lui faites un crime de ses procédés vexatoires et inquisitoriaux comme aussi de son caractère hypocrite. Mais, alors, que ne cherchez-vous, comme un jour nous avons, sans succès, tenté de le faire, à l'établir sur des bases plus rationnelles et plus démocratiques? Non, c'est un cadavre qu'il vous faut, ou plutôt que vous affectez de demander, car la conviction vous manque et vous sentez bien que sans cet Octroi, il en serait fait de vos vastes conceptions et de vos rêves humanitaires.

Et, du reste, qu'avez-vous donc à mettre à sa place et quelle est la panacée que vos fertiles imaginations ont décidé de lui substituer? Répondez et votre impuissance sera manifeste si vous reconnaissez, avec M. Bardoux, que supprimer l'Octroi est un mot et que le remplacer constitue le problème.

. . . .

Examinerons-nous les divers projets soumis au Parlement depuis une vingtaine d'années? Un tel travail nous conduirait au delà des limites que nous nous sommes tracées et ne ferait que rendre plus obscure une question que seul le Sénat paraît avoir le désir d'approfondir et pour laquelle il n'a pu trouver qu'une solution bâtarde, ainsi que nous espérons pouvoir le démontrer par la suite.

Si donc il est prouvé, d'une part, que les charges qui pèsent sur le pays imposent aux Pouvoirs l'obligation de ne disposer en faveur des communes d'aucune des ressources dont ils disposent; si, d'autre part, il est établi que les villes ne peuvent, livrées à elles-mêmes, résoudre le problème de la suppression, pourquoi, alors, agiter à chaque instant un sujet aussi irritant? Sans doute on nous objectera qu'il est difficile de revenir sur les engagements pris devant les électeurs et d'adorer demain ce qu'hier on voulait brûler. Nous ne demandons pas de tels sacrifices et laissons à chacun le droit de médire à sa guise des Octrois; mais est-ce être trop exigeant que conseiller à ces convaincus, d'attendre des jours meilleurs et, par exemple, la réalisation de l'impôt unique et progressif sur le revenu ou encore le monopole de l'alcool?

Du reste, qu'on le veuille ou non, il est impossible aux adversaires irréductibles de ne pas se rendre compte qu'un esprit nouveau a singulièrement atténué l'hostilité d'antan. L'élément démocratique, en arrivant au pouvoir, s'est de lui-même assagi. Quand il lui a été donné d'administrer les finances d'une commune, de préparer un budget et, suivant une expression familière, de faire honneur à ses affaires, il a compris que l'Octroi était l'âme de la machine; loin de trouver son rendement excessif, il le veut plus élevé encore, parce que, ouvrier, il songe à l'ouvrier, parce que, peu fortuné, il pense aux déshérités et parce que, enfin, ayant beaucoup promis il lui faut beaucoup tenir.

15

Devenu le dispensateur des deniers communaux, il calcule la part contributive de son ménage dans les produits de l'Octroi et, tarif en mains, il se rend compte que la plupart des denrées qu'on consomme chez lui ne sont pas taxées; bien plus, il sait et ne craint pas de dire que ce qu'il faut surtout à l'ouvrier c'est la garantie contre le chômage et du travail, il en procurera, tant que l'argent ne fera pas défaut.

Jadis, à cet ouvrier, on a pu faire croire que l'Octroi paralysait le développement de l'industrie dans les grands centres. Demandez-lui aujourd'hui ce qu'il en pense et, sans hésiter, il vous dira que les matières premières et les combustibles sont exonérés des taxes. Affirmez devant lui que les droits sont une entrave à l'approvisionnement des villes et, spontanément, il vous conduira sur les marchés où abondent les provisions de toutes sortes, car son action s'exerce maintenant sur tous les rouages administratifs et il n'entend pas qu'on critique sa gestion. Ennemi juré de la fiscalité, il est devenu fiscal à son tour ; au gabelou dont il blâmait le zèle il reprochera son apathie et trouvera étrange qu'on laisse hors limites les agglomérations qui s'y sont formées.

A la vérité, cette compréhension de son rôle ne parviendra pas à faire taire ses préférences pour l'impôt que l'ouvrier ne paierait pas, mais le chiffre énorme des cotes irrécouvrables a pu modifier son engouement pour l'impôt direct qui représente une somme toujours trop forte alors qu'on ne s'aperçoit pas de l'Octroi. Quant à réclamer le contingent à la propriété bâtie, il se tient en défiance contre la répercussion et ne paraît pas avoir beaucoup d'enthousiasme pour des combinaisons dont le dernier mot appartiendrait au propriétaire.

. . . .

Nous nous en tiendrons à ces généralités qui ne sont qu'une réfutation bien sommaire des critiques formulées contre les Octrois et le commencement d'un programme de réformes dont nous n'avons voulu, intentionnellement, citer que quelques-unes, car ce n'est pas nous seul qui pouvons construire de toutes pièces un édifice nouveau.

En écrivant cette dernière partie d'un travail que nous reconnaissons bien imparfait, à chaque instant abandonné quand nos occupations nous appelaient ailleurs, peut-être repris lorsque nous pouvions disposer d'un instant, nous n'avons fait que céder aux sollicitations de personnes qui tenaient à connaître nos propres sentiments sur la question des Octrois afin, sans doute, de pouvoir elles-mêmes se faire une opinion.

Que le lecteur qui aura eu la patience ou la bonne volonté de nous suivre à travers les six derniers siècles, pour leur demander quelques révélations, nous pardonne notre insuffisance et, sans ajouter trop d'importance à la forme, nous tienne seulement compte de notre bonne volonté.

D'après une vieille légende, le cygne, lorsqu'il était près de mourir, faisait entendre un chant mélodieux et, d'après l'histoire, les martyrs avant d'entrer dans l'arène, saluaient César. Si rien dans cette étude ne rappelle ces accents suaves et plaintifs pas plus que cette résignation devant la mort et cette politesse devant le bourreau, c'est que notre foi dans l'avenir reste entière et que nous dédaignons les attaques dont notre institution est l'objet. Nous relèverons donc le défi de nos obstinés détracteurs et à ceux qui sont assez sages ou seulement assez prudents pour ne pas méconnaître nos services, nous dirons : Aidez-nous à corriger certaines imperfections et dans les Octrois rajeunis, modernisés, vous trouverez assez d'argent pour réaliser vos programmes.

M. F. BESNARD, maire de Joigny, fait observer que tous les membres de la Section semblent être d'avis qu'il y a lieu d'étudier le moyen de supprimer les octrois, mais que les opinions diffèrent en ce qui concerne les taxes de remplacement à créer. Il exprime l'avis, déjà développé par M. Landrin dans la séance du 10 septembre, à savoir que la suppression des octrois doit être imposée par l'État et il ajoute que, selon lui, il n'est pas admissible que tel objet paie, en France, divers droits, selon qu'il sera introduit dans une ville ou dans une autre ; qu'un système unique doit être envisagé et que le législateur seul doit être chargé de l'examen de cette question importante. Qu'il lui semble que tous les systèmes de taxes de remplacement préconisés prouvent que l'accord est loin de se faire ; que la suppression des octrois, vestiges du moyen âge, devrait être la conséquence forcée d'une répartition plus équitable de l'impôt que nos législateurs font miroiter depuis longtemps aux yeux des électeurs, et il termine en souhaitant qu'à l'approche des élections de 1902 les Chambres prennent enfin l'initiative d'une réforme dans ce sens.

M. LE Dr PAPILLON. — Les taxes de remplacement des octrois doivent être considérées sous le rapport *fiscal* : c'est le point qui attire tout d'abord l'attention ; c'est la difficulté instante. Il y a ensuite le côté *économique*, qui intéresse non seulement les villes à octroi, mais toute la région avoisinante et, pour une grande ville consommatrice comme Paris, qui intéresse toute la France ; il y a enfin et surtout le côté *moral et social*, c'est le plus important ; mais, c'est aussi le plus difficile à résoudre, parce qu'il touche à l'idole du jour, à la puissance électorale intangible, au mastroquet. Le conseil municipal de Paris n'a pas osé lui appliquer la licence municipale que la loi autorise, comme il n'a pas osé tripler ou quintupler la location de place des terrasses de café ; et l'absinthe, et les vins relevés, animés par des alcools industriels, continuent leur action de dégénérescence physique et morale sur notre nation que caractérise un travail moins productif, et un arrêt dans l'accroissement de la population. Ce qu'il faudrait, ce serait que l'État abandonne aux communes le principal de l'impôt foncier, les portes et fenêtres, cet impôt contre la santé des populations, et le principal des patentes. Pour dédommager l'État, on lui donnerait le monopole de la rectification et de la vente des alcools industriels ; et si cela ne suffisait pas pour compenser les abandons faits par l'État, majorer quelques articles de douane constituant l'*octroi de frontière*.

———

MM. LANDRIN et Adrien VEBER, Conseillers municipaux de Paris.

En ce qui concerne l'abolition totale de l'octroi, l'aide de l'État doit être demandée, sous forme d'abandon aux communes de certaines impositions, de préférence celles reposant sur les objets immobiliers sis dans chaque commune. En général les taxes directes devraient plutôt être communales, et les taxes indirectes nationales.

Expérience des taxes établies à Paris en remplacement des droits d'octroi
sur les boissons hygiéniques.

Les taxes sur les cercles; les chevaux et voitures, les automobiles et les taxes additionnelles d'enregistrement ne sont pas ou très peu critiquées. Il n'en est pas de même des autres taxes actuellement en vigueur et qui peuvent se résumer ainsi :

A la charge du proprié-taire.

0,50 pour 100 de la valeur vénale des propriétés non bâties, à l'exception de celles appartenant à la Ville, au Département et à l'Assistance publique.

2,50 pour 100 du re-venu net de la propriété bâtie, soit :
- 1,875 pour 100 des revenus bruts des lo-caux d'habitation ou de commerce.
- 1,50 pour 100 du re-venu brut des usines.

A la charge du locataire ou de l'occupant, rentier.

Ayant un loyer au-dessous de 500 francs.   Néant.

Ayant un loyer au-dessus de 500 francs.
- Taxe locative : 1 pour 100 du loyer réel d'ha-bitation.
- Taxe d'enlèvement d'ordures ménagères : 0,80 pour 100 du loyer réel.

A la charge du locataire ou de l'occupant, commer-çant ou usinier.

Taxe locative.
- 1 pour 100 du loyer réel des locaux commer-ciaux et industriels.

Taxe pour l'enlève-ment des ordures mé-nagères.
- Usines : néant.
- Commerce : 1 pour 100 des locaux com-merciaux.

La charge se trouve donc répartie à peu près également entre le locataire et le propriétaire, quand ce dernier n'impose pas au locataire la nouvelle contri-bution.

Le produit de ces diverses taxes avait été chiffré ainsi :

0,50 pour 100 de la valeur vénale des propriétés non bâties, soit sur 515.405.570 . . . . Fr.   2.577.028   »

2,50 pour 100 du reve-nu net de la propriété bâtie, ou :
- 1,875 pour 100 du revenu brut des locaux d'habitation et de com-merce, soit sur 849.089.092 fr. .   15.920.420   »
- 1,50 pour 100 du revenu brut des usines, soit sur 27.686.185 fr.   415.293   »

1 pour 100 taxe locative sur le loyer réel des locaux d'habi-tation de commerce ou d'usine, soit 648.900.684 francs. . . .   6.489.006   »

0,80 pour 100 taxe d'enlèvement d'ordures ménagères sur tous les locaux d'habitation et de commerce, soit sur 675.501.631 francs . . . .   5.404.013   »

TOTAL. . . . . Fr.   30.805.760   »

A ces chiffres il faut ajouter un demi-centime additionnel aux quatre contributions directes, soit. . . . .   333.500   »

TOTAL. . . . . Fr.   31.139.260   »

En dehors de ce chiffre il faut tenir compte du nouveau taux de répartition de la contribution mobilière, par suite de la suppression du prélèvement sur l'octroi de l'antique somme de 4.600.000 francs. L'ancien système était proportionnel pour les loyers de 1.375 francs et au-dessus et dégressif pour les loyers de moins de 1.375 francs. Le nouveau n'est jamais proportionnel; mais en fait il reste dégressif pour les loyers de 1.550 francs et au-dessous et, s'il est progressif pour les loyers de plus de 1.550 francs, la progression reste constamment modérée et n'a jamais rien d'arbitraire. Enfin, il ne peut s'agir d'imposer à la contribution personnelle-mobilière les locataires au-dessous de 500 francs et qui sont exemptés de cet impôt depuis 1869 (Voir : annexe n° 5).

Les récriminations les plus vives sont venues du côté de la propriété immobilière, mais elles n'ont rien appris. Et il reste acquis que c'est la propriété qui a le plus profité de toutes les améliorations d'hygiène et de voirie, et de tous les travaux payés avec le produit de l'octroi, puisque la valeur locative des immeubles parisiens n'a cessé de s'accroître d'environ une dizaine de millions par an. — Sur l'imposition spéciale de la valeur vénale de la propriété non bâtie, nous renvoyons à l'annexe n° 6 à ce sujet, comprenant la note de M. Fontaine :

Quant au commerce, pourquoi ne paierait-il pas, lui aussi, sa contribution à la rédemption de l'octroi ? Sa situation, également privilégiée à Paris, est une source de revenus et de richesses, au surplus c'est lui qui est le moins chargé d'impôts et qui paie le moins de centimes additionnels comme le montre le relevé suivant :

Centimes additionnels

Foncier.	140,80	dont communaux. . .		77,97
Portes et fenêtres.	103,33	—	. .	51,45
Personnelle-mobilière . .	132,34	—	. .	55,65
Patente	101,98	—	. .	28,65
Foncier, taxe en principal.	100	avec les centimes. . .		240,80
Portes et fenêtres, —	100	—	. . .	203,33
Mobilière, —	100	—	. . .	232,34
Patente, —	100	—	. . .	201,98

Cependant, nous reconnaissons que les raisons qui ont amené précédemment une imposition moindre du commerce, militent encore en sa faveur, surtout en ce moment de crise relative, et que, parmi les taxes de remplacement, c'est la taxe commerciale dont on pourrait envisager la diminution, si les éventualités s'y prêtent.

L'économie générale de nos taxes de remplacement de l'octroi sur les boissons hygiéniques peut se résumer ainsi :

Ont été demandés :

Au luxe des cercleux et des gens qui vont en voiture : un million et demi;

Au commerce et à l'industrie : cinq millions et demi;

A la propriété immobilière : vingt et un millions ;

Aux loyers supérieurs à 500 francs : douze à treize millions.

La classe riche est seule frappée; la classe moyenne n'est pas imposée en proportion des bénéfices qu'elle retire du dégrèvement des boissons hygiéniques.

La réforme profite partiellement aux loyers moyens, et totalement aux loyers inférieurs à cinq cents francs, c'est-à-dire à la classe ouvrière la plus pauvre.

Enfin, ainsi·que le démontre un économiste dans la première annexe du présent rapport (étude de M: Alfred Neymarck, directeur du journal *Le Rentier*),

Produit des taxes de remplacement assimilées aux contributions directes

DÉSIGNATION des TAXES	PRÉVISIONS de l'administration municipale	PRÉVISIONS du Ministère des finances	MONTANT des rôles	DIFFÉRENCES	
				en plus	en moins
	fr.	fr.	fr. c.	fr. c.	fr. c.
1° Taxe foncière (propriétés bâties). . . .	15.825.000	(1) 16.625.000	16.335.713 25	»	289.286 75
2° Taxe sur la valeur vénale des propriétés non bâties. . . .	(2) 4.500.000	4.500.000	2.577.027 85	»	1.922.972 15
3° Taxe pour l'enlèvement des ordures ménagères. . . .	4.845.000	4.845.000	5.404.013 05	559.013 05	»
4° Taxe locative (locaux d'habitation) .	3.233.000	3.233.000	3.191.153 65	»	41.846 35
5° Taxe locative (locaux commerciaux et industriels) . . .	3.000.000	3.000.000	3.297.853 19	297.853 19	»
6° Taxe municipale sur les chevaux, voitures et automobiles. . .	800.000	800.000	986.955 »	186.955 »	»
7° Taxe municipale sur les cercles. . . .	700.000	700.000	668.485 »	»	31.515 »
Totaux. . . .	32.903.000	33.703.000	32.461.200 99	1.043.821 24	2.285.620 25

Sur les prévisions, déficit de 1.241.799 01

Les quatre rôles trimestriels supplémentaires sur la taxe locative sur les locaux industriels et commerciaux, chevaux et voitures et sur les cercles réduiront ce déficit d'environ. . . . . . .   40.000 »

(1) M. le Ministre des Finances a majoré de 800.000 francs le chiffre de prévision de l'administration municipale, par cette raison que la Ville n'avait pas fait entrer en ligne de compte la valeur des constructions neuves. En fait, cette valeur avait été comprise dans la valeur locative totale pour 18 millions, représentant 450.000 francs d'impôt.

(2) Cette prévision était basée sur le dépouillement de documents officiels; les matrices foncières des propriétés non bâties de la Ville de Paris, qui accusaient, non compris les propriétés appartenant à la Ville, au Département de la Seine et à l'Assistance publique, une superficie totale de 6.781.287 mètres carrés de terrains nus assujettis à la contribution foncière des propriétés non bâties. Les travaux du cadastre ont révélé qu'il n'existait plus en fait que 2.670.467 mètres carrés de terrains nus à Paris. Il en est résulté, de ce chef, un notable déficit sur le produit prévu de la taxe municipale. Un grand nombre d'articles vont disparaître de la matrice de la contribution foncière des propriétés non bâties, en 1902.

la combinaison de nos diverses taxes de remplacement a opéré une discrimination juste et rationnelle des revenus.

Et ces taxes ont donné le rendement qui avait été prévu. (Le mécompte de la taxe sur les terrains non bâtis provient uniquement de ce que les bases d'évaluation reposaient sur des documents de l'État erronés, et parce qu'elle a été établie avant la confection du cadastre).

La Direction des contributions directes de la Seine établit, chaque année, pour le compte de l'État, la matrice de la contribution foncière des propriétés non bâties. C'est sur ce *document officiel* que M. Fontaine avait relevé très exactement le nombre et la superficie des propriétés non bâties, *assujetties à l'impôt foncier*.

Or, les travaux du cadastre nous ont révélé que la plus grande partie des terrains *imposés* ne se retrouvait plus sous la forme de propriété non bâtie. Beaucoup de ces terrains ont été, par suite des opérations successives de voirie, depuis quarante ans, dévolus à la voie publique, beaucoup ont été divisés et couverts de constructions. Ce qu'il y a de plus étonnant, c'est que les propriétaires imposés à tort pour ces terrains qu'ils ne possédaient plus, continuaient à payer un impôt qu'ils ne devaient à aucun titre, préférant acquitter une contribution, d'ailleurs insignifiante, plutôt que d'adresser des réclamations, — qui cependant, auraient été accueillies.

M. Charles TOUREILLE, Licencié en droit, Inspect. de l'Octroi de la Ville de Nimes.

L'octroi et la loi du 29 décembre 1897 ; suppression des droits sur les boissons hygiéniques. — La loi du 29 décembre 1897 a obligé les villes à dégrever les boissons hygiéniques (vins, bières, limonades, eaux minérales). La ville de Nimes a, depuis le 19 janvier 1901, totalement supprimé les droits sur ces objets (auxquels elle a joint les vinaigres et les raisins frais), elle a ainsi créé dans son budget un déficit annuel de 229.500 francs ; pour le combler elle a dû faire appel à des taxes directes (licences municipales, six centimes additionnels, majoration sur la contribution des véhicules et chevaux), produisant 187.000 francs, et à des taxes indirectes (sur l'alcool et sur divers objets du tarif de l'octroi), rapportant 110.000 francs. Un déficit de 25.000 francs avait été escompté. Néanmoins la Ville s'est trouvée, le 16 août, obligée de voter 80.000 francs de nouvelles taxes d'octroi afin d'équilibrer son budget. Seul, de tous les impôts communaux, l'octroi a pu assurer l'encaissement, dans quatre mois, de cette somme indispensable pour assurer la marche normale des services municipaux.

Les consommateurs n'ont, en aucune mesure, profité de la réforme des boissons ; les prix du vin, de la bière, des limonades et eaux minérales ne se sont pas ressentis des dégrèvements effectués qui ont cependant, dans certains cas, atteint 9 centimes par litre.

L'octroi de Nimes rapporte encore 1.350.000 francs et coûte 9 0/0 pour frais de perception.

On ne peut pas encore formuler de conclusions précises pour ou contre le remplacement complet des octrois. Malgré l'insuccès partiel et peut-être passager, mais dans tous les cas réel, qu'ont éprouvé les villes dans cette réforme, on ne doit pas complètement renoncer à l'idée de voir disparaître les octrois. Cette réforme, qui intéresse l'ensemble de la nation, ne peut être effectuée que grâce au concours de l'État ; les villes n'ont *aucun intérêt personnel* à supprimer cette source de revenus. Dans les pays où cette réforme a été opérée, les communes, bien qu'aidées par l'État, n'ont pas retiré tous les avantages promis. Les taxes indirectes, en effet, permettent seules d'avoir dans les budgets communaux les augmentations et l'élasticité qui facilitent les grands travaux. Les municipalités qui, dans l'état actuel, supprimeraient leur octroi, doivent s'attendre à de cruels mécomptes financiers.

M. H. LENOBLE. — La création de taxes de remplacement est la première conséquence de la suppression des octrois.

Il est nécessaire, en effet, de trouver une compensation aux recettes qui disparaissent avec les octrois, mais la création de ces taxes demande une étude très complète du système fiscal, et c'est pour avoir élaboré trop hâtivement les taxes actuelles créées par la loi du 31 décembre 1900 que le législateur a fait une œuvre mauvaise qu'il importe de réformer si l'on reprend la question plus vaste de la suppression totale des droits d'octroi ; il est donc intéressant de signaler quelques-unes des conséquences les plus fâcheuses de ces taxes :

1° Modification de l'assiette de l'impôt qui, de proportionnel, se trouve devenir progressif ;

2° Inégalité de la répartition entre les divers contribuables ;

3° Amoindrissement de la propriété immobilière ;

4° Fuite des capitaux ;

5° Danger social résultant de ce qu'une catégorie de contribuables ne paie aucune sorte d'impôt.

Vœu formulé : Que les taxes de remplacement soient établies de façon à constituer un impôt proportionnel et non progressif, et que ces taxes portent sur l'universalité des citoyens.

M. RAMÉ approuve complètement la réforme. Tout ce que l'on dit contre les octrois est exact. On les a supprimés, on a bien fait. Il se permet de critiquer non les taxes de remplacement, mais seulement leur application. Le Conseil municipal de Paris a écarté du paiement de ces taxes les sept huitièmes des habitants, et il craint qu'il n'y ait des surprises dans la perception ; que la taxe ne soit trop lourde pour la partie de la population qui la supportera seule.

On a arrêté la perception à ceux-là qui sont propriétaires, et à ceux qui paient plus de 500 francs de loyer par an. Mais tous les autres sont en bien plus grand nombre ; leur proportion par rapport aux premiers est immense, et la taxe eût d'autant plus produit, d'autant moins suscité de réclamations, eût été d'autant plus facile à percevoir que l'on eût demandé moins à chacun.

Il rappelle encore que la réforme a procuré un bénéfice net annuel de 40 francs environ à chaque habitant de Paris et qu'à ce compte les plus pauvres d'entre eux eussent dû être appelés à payer leur compensation, qui, proportionnellement à leur situation, n'aurait atteint qu'une très minime partie du bénéfice par eux réalisé.

A la suite de la discussion sur les octrois, plusieurs vœux ont été adoptés par la section. (Voir page 53.)

M. Pierre BOISSIER, Ing. civ., à Marseille.

Les grèves, leurs conséquences et leur solution rationnelle.

Discussion. — M. A. Chardonnet dit qu'il faut faire des réserves sur l'appréciation formulée par l'auteur de la communication au sujet du jugement rendu par le Conseil des Prud'hommes de Reims dans une affaire de grève de l'usine Margotin.

Sur la réclamation faite par seize ouvriers au nom de leurs camarades, le jugement qui est intervenu a été rendu pour onze ouvriers seulement.

Le Conseil des Prud'hommes n'a pas encore statué sur la demande formée par les cinq autres.

Depuis, le Conseil des Prud'hommes a donné raison à ces cinq ouvriers en condamnant M. Margotin à 100 francs de dommages-intérêts pour chaque ouvrier; mais ce jugement, en contradiction complète avec le premier jugement, a été cassé par le tribunal de commerce, qui a donné raison en tous points à M. Margotin.

M. Henriet. — Il n'est peut-être pas rigoureusement exact de dire que les grèves sont néfastes pour tout le monde. Les grèves sont un moyen violent de résoudre certaines questions sociales, au moins provisoirement. Les grèves ne seraient pas nécessaires si les parties en désaccord pouvaient s'entendre au préalable. Pour éviter les grèves, il faudrait des arbitrages puissants. Or, les arbitrages de cette nature n'existent pas et c'est peut-être une grosse illusion que de chercher à en organiser.

Cela est bien évident ; une grève, si anodine qu'elle soit, est toujours nuisible immédiatement soit aux ouvriers, soit aux patrons qui la provoquent ou qui la subissent. Mais lorsque les conflits sont calmés, les résultats des grèves sont en général avantageux pour toutes les parties, aussi bien aux patrons qu'aux ouvriers. Si des industries particulières ont eu beaucoup à souffrir de l'importance ou de la fréquence des grèves, l'industrie en général n'a rien à regretter, car les grèves en libérant les ouvriers de certaines coutumes indignes de notre époque ont relevé et ennobli la main-d'œuvre occupée dans les usines et manufactures.

Les grèves ont eu pour conséquences directes : l'élévation des salaires, l'abaissement du nombre des heures de la journée légale et l'organisation d'institutions sociales destinées à améliorer moralement les ouvriers et leur famille.

Il y a de nombreux excès à déplorer dans les grèves, cela est un fait certain. Dans ces regrettables luttes, il est très rare que la liberté du travail n'ait pas à souffrir.

Les personnes qui suivent de près les débats provoqués par les grèves, ne pensent pas que la législation publique puisse intervenir avec efficacité pour faire disparaître les grèves. Tout au plus pourrait-on par quelques dispositions toutes spéciales en atténuer les procédés violents ou irritants.

Les grèves ne disparaîtront qu'avec une meilleure éducation sociale, non pas seulement des ouvriers, mais aussi des patrons. Il y aurait beaucoup moins de conflits aigus, si les représentants du capital et les représentants de la main-d'œuvre avaient de constants rapports entre eux. Les ouvriers s'abandonne-raient plus difficilement aux influences et aux excitations des politiciens et des habiles, s'ils étaient moins dédaignés des chefs d'industrie.

Lorsque patrons et ouvriers auront des institutions d'éducation sociale qui leur seront communes, on pourra être certain que le nombre des grèves dimi-nuera sensiblement. Il faut cesser de considérer les ouvriers comme des êtres inférieurs, toujours placés dans l'obligation d'obéir sans observation. Actuelle-ment les ouvriers ne sont plus des auxiliaires en servage, mais des collabora-teurs, avec lesquels il est nécessaire de continuellement débattre la condition des contrats du travail.

Cependant il y a lieu de prendre en très sérieuse considération la très consciencieuse proposition de notre collègue M. Pierre Boissier. Cette proposi-tion renferme des dispositions pratiques, elle mérite d'être examinée avec attention pour l'ensemble des réformes qu'elle présente.

M. Alfred LACOUR, Ing., à Paris.

Le crédit populaire. — Le crédit populaire est l'ensemble des institutions ayant pour but de fournir les capitaux nécessaires, pour l'industrie qu'ils exercent ou le commerce qu'ils font, aux travailleurs des classes les plus modestes.

Il faut écarter de ces institutions toute idée de charité. Il faut également éviter la politique et une banque populaire ne doit être l'œuvre d'aucun parti. Créées en Allemagne par le député Schulze-Delitz, les banques populaires se sont considérablement développées dans ce pays. Le système allemand est celui de la solidarité complète des sociétaires. En Italie, au contraire, la banque de Milan fondée par M. Luzzati, pose le principe de la responsabilité limitée qui est plus favorable à l'extension des affaires ; aussi la banque de Milan a pris un très grand développement. La banque populaire de Cannes (Alpes-Maritimes) a été fondée en 1875 sur le modèle de celle de Milan et elle a prospéré dans les limites des ressources du pays où elle a pris naissance.

Quel que soit le mode adopté, les bases caractéristiques d'une banque popu-laire se résument ainsi ; la plus grande modicité possible de la valeur des actions afin de faciliter leur diffusion ; le vote uninominal de tous les action-naires dans les assemblées constitutives et dans toutes les assemblées générales ; l'élection d'un conseil d'administration et de censeurs ; la participation de tous les employés aux bénéfices de la société.

Il serait à désirer que de nombreuses banques populaires se fondent dans les centres industriels et commerçants ; elles sont un moyen efficace de combattre le socialisme en démontrant, selon l'expression de Léon Say : *que le capital n'est tyrannique que par son absence et qu'au lieu de le maudire, il faut que chacun l'attire à soi et puisse en conquérir sa part.*

M. D.-A. CASALONGA, Ing.-Conseil, à Paris.

Proposition d'un projet de loi française sur les brevets d'invention. — M. CASALONGA, après avoir montré la haute importance des lois qui régissent la propriété industrielle, et les progrès récents faits en Allemagne qui en avait été jusqu'en 1870, presque complètement dépourvue, cherche à préciser la nature de la propriété qui résulte de l'invention, sa différence d'avec la propriété foncière ou mobilière et la nécessité d'en limiter la durée. Il repousse l'*examen préalable*, dont il fait ressortir les inconvénients ; tient pour trop rigoureux le principe de la *nouveauté absolue*, pour plus équitable celui de la *nouveauté relative*. Il montre pourquoi il est désirable et juste que les *brevets d'invention* soient indépendants ; que leur *durée* soit augmentée ; qu'ils ne soient pas astreints à une *exploitation effective* obligatoire ; que l'*introduction* des objets fabriqués à l'étranger *ne soit pas défendue*, et que les licences ne soient pas obligatoires, étant donné que l'*expropriation* pour cause d'utilité publique serait maintenue.

M. D.-A Casalonga montre aussi les inconvénients de la procédure et de la juridiction actuelle. Il exprime l'opinion que les juges appelés à statuer sur ces matières devraient y être préparés, et s'en occuper d'une manière exclusive ; ils devraient, en outre, être assistés de suppléants experts, sans préjudice de l'expertise actuelle. La taxe pour le dépôt des demandes devrait être modérée, et croître annuellement d'une faible quantité. Un sursis de trois mois devrait être enfin accordé, pour le paiement de chaque annuité, moyennant une faible surtaxe. Sur ce dernier point tout le monde est d'accord depuis longtemps, et le Ministre actuel du Commerce en a fait l'objet d'une proposition au Parlement et qui a été reprise par l'initiative parlementaire ; mais la rigueur qui, de ce fait, frappe l'inventeur, continue à sévir malencontreusement. M. D.-A. Casalonga exprime même l'avis, qu'il se réserve de justifier, qu'il serait facile, équitable, productif, que la loi à éditer sur ce point eût un effet rétroactif.

———

M. le Dr F. BRÉMOND, à Paris.

De l'extension aux intoxications industrielles de la loi de 1898 sur les accidents du travail. — Sur tous nos monuments publics figurent trois mots admirables symbolisant la République : Liberté, Égalité, Fraternité.

La belle idée que ces termes expriment se trouve-t-elle bien réalisée dans toutes nos institutions? Quelques vieux républicains en doutent et je suis de ceux-là.

Pour ne citer qu'un exemple pris dans un milieu qui m'est familier — celui de l'hygiène publique — il me semble que, malgré le vent de socialisme qui souffle à jet continu, l'égalité n'existe pas pour une catégorie de citoyens fort intéressante, celle des invalides du travail.

En effet, nos législateurs ont voté, le 9 avril 1898, une loi de préservation sociale excellente, assurant un morceau de pain aux ouvriers blessés au cours de leurs travaux. Cette loi protectrice fait le plus grand bien aux travailleurs des usines, des manufactures, des mines et des carrières; elle vient en aide aux veuves et aux orphelins des industries du bâtiment, de la mécanique, des transports, des filatures, des tissages, de la métallurgie, mais elle ne fait rien, absolument rien, pour les malheureux ouvriers accomplissant une besogne toxique.

Et, pourtant, nombreux sont les métiers qui empoisonnent ceux qui les exercent : allumettiers, dont la mâchoire est nécrosée par le phosphore; étameurs de glaces, paralysés par le mercure; cérusiers, torturés par la colique de plomb; caoutchoutiers enivrés par les vapeurs du sulfure de carbone; coupeurs de

poils, sécréteurs et chapeliers, plus ou moins saturés d'arsenic; criniers, tan-
neurs et peaussiers, tributaires du charbon ou de la pustule maligne; aucun de
ces empoisonnés ne recueille le moindre bénéfice de la loi sur les accidents.

Cela est profondément regrettable et fait bien voir que les ouvriers malades
ne sont pas égaux devant la réparation des dommages subis par le fait du
travail.

Si la loi sur les accidents constitue, en principe, une mesure de prévoyance
très humaine et très sage, elle a, entre autres défauts, celui de ne point s'appliquer aux intoxications. Pour que l'ouvrier paralysé, estropié, infirme, impotent,
devenu incapable de gagner sa vie, ait droit à une indemnité, il faut que son
incapacité de travail soit le résultat d'un accident soudain, rapide, aigu, reten-
tissant : chaudière qui fait explosion, meule qui éclate, échafaudage qui croule,
roue qui broie, bielle qui brise, courroie qui scalpe, peigne qui déchire; mais si
l'ouvrier a été empoisonné obscurément, lentement, sans bruit, par petites doses
successives, il n'a rien à attendre légalement des patrons au service desquels il
a pris son mal.

Il y a là une douloureuse anomalie, voisine de l'injustice que j'ose signaler
aux socialistes véritables, sénateurs, députés ou conseillers généraux. A ceux de
ces représentants du peuple qui ne se payent pas — ou ne payent pas leurs électeurs — de mots vides ou de phrases creuses, je viens dire humblement, au
nom de la sainte égalité :

Tous les invalides du travail ont droit à la même sollicitude, qu'ils soient
mutilés ou qu'ils soient empoisonnés; toutes les femmes en deuil sont également intéressantes et méritent d'être secourues, qu'elles soient veuves d'un
peintre tué par la céruse ou d'un mécanicien broyé par un engrenage.

M. Gaston SAUGRAIN.

Des retraites ouvrières. — M. G. Saugrain passe en revue les différentes propositions de lois relatives aux retraites ouvrières et fait un exposé détaillé du projet
qui vient d'être discuté au Parlement; mais dans une réunion scientifique
telle que celle-ci, il n'est pas possible d'examiner tous les détails d'application ;
aussi se bornera-t-il à étudier l'utilité des retraites ouvrières, utilité qui est
contestée par beaucoup d'économistes. Certes il serait préférable que ces retraites
fussent inutiles, que les ouvriers aient assez de prévoyance et que leurs salaires
soient assez élevés pour que tous fassent des économies leur permettant au cas
d'invalidité ou de vieillesse de subvenir à leurs besoins et à ceux de leur famille.
C'est là un idéal vers lequel on doit tendre, mais malheureusement les faits
montrent qu'il n'en est pas encore ainsi, et le législateur a le devoir de se placer
en face des faits tels qu'ils sont et non tels qu'ils devraient être; il doit s'efforcer
de perfectionner le régime social et non, supposant le problème résolu, légiférer
comme si la société était parfaite.

Il n'est pas douteux que la plupart des ouvriers arrivent à la vieillesse sans
ressources suffisantes pour vivre; tout le monde regrette leur imprévoyance et
on déplore qu'ils n'aient pas économisé pendant qu'ils pouvaient travailler afin
de se ménager une petite retraite. Ces économies, chacun trouve qu'ils avaient le
devoir de les faire, c'était leur intérêt à eux et à leur famille, et, en même temps,

c'était l'intérêt de l'État, à la charge de qui ils tomberont lorsqu'ils seront sans ressources. Il semble donc que l'on soit tout naturellement conduit au principe d'une loi qui sanctionnerait ce devoir de prévoyance en rendant ces économies obligatoires. Cette loi ne détruirait pas l'esprit de prévoyance comme on l'a prétendu; elle obligerait ceux qui y seraient soumis à épargner pour se constituer une faible retraite, mais elle ne leur assurerait jamais qu'un minimum de ressources que les ouvriers prévoyants s'efforceraient d'accroître au moyen d'épargnes supplémentaires.

M. Gaston Saugrain reconnaît cependant que cette loi serait une atteinte à la liberté que doit posséder chaque homme de disposer comme il l'entend de ce qu'il a gagné et de ce qui est ainsi devenu sa propriété. Ce n'est qu'au nom d'un principe d'autorité qu'on peut prélever une part du salaire quotidien de chaque ouvrier, sous prétexte qu'on ne le juge pas assez sage pour gérer lui-même la totalité du produit de son travail et qu'on estime qu'il est bon d'en confisquer une partie pour la lui rendre une trentaine d'années plus tard, s'il vit encore. C'est là, bien certainement, une atteinte à la propriété individuelle, atteinte regrettable; mais il est surprenant que l'on ait attendu si longtemps pour faire cette constatation et pour condamner des pratiques qu'hier encore on approuvait bien haut. Les économistes eux-mêmes n'encouragent-ils pas les départements, les communes, les sociétés industrielles, les patrons en général, à constituer des retraites en faveur de leur personnel. Or, ces retraites sont toujours formées au moyen d'un prélèvement plus ou moins apparent sur le salaire de l'ouvrier. L'atteinte à la liberté de disposer du produit de son travail n'est-elle pas la même que celle qui résulterait de l'adoption de la loi; elle est même bien plus prononcée lorsque, comme cela existe pour les pensions de l'État, l'ayant droit à la retraite ne peut plus quitter l'emploi qu'il occupe sans abandonner tous les prélèvements antérieurement faits sur son traitement. Il y a là une violation très nette de la liberté du travail, l'employé ne pouvant plus changer de patron sous peine d'une amende représentant la somme nécessaire au repos de ses vieux jours.

Comment se fait-il donc que l'on admette ces infractions aux principes économiques lorsqu'il s'agit de fonctionnaires de l'État et qu'on ne veuille pas d'une loi qui s'appliquerait à l'ensemble des ouvriers. Voudrait-on soutenir que ces derniers doivent être naturellement plus prévoyants? C'est cependant une vertu bien difficile à acquérir que la prévoyance. Le raisonnement au moyen duquel on reconnaît l'utilité de privations présentes et certaines en vue d'avantages lointains et aléatoires est relativement complexe et il faut une réelle force de caractère pour en faire l'application. Or, on veut que les ouvriers, souvent illettrés, n'ayant généralement que des salaires très faibles, aient assez de puissance de raisonnement et une volonté assez ferme pour se priver du nécessaire en vue d'un avenir lointain, alors que l'on reconnaît que des fonctionnaires instruits, possédant souvent des ressources personnelles, ne sont pas capables de cette sage prudence que l'on exige de ceux qui vivent au jour le jour. Il vaut mieux avouer que la prévoyance est une qualité rare et que si elle est nécessaire, les ouvriers plus que d'autres, ont besoin d'une organisation qui la leur facilite.

M. Gaston Saugrain termine sa communication en rappelant que l'État a déjà fait un premier pas dans la voie de la création des retraites ouvrières et que la loi du 29 juin 1894 les a organisées en faveur des ouvriers mineurs. Il ne semble pas que ces retraites soient moins utiles aux autres ouvriers. Aussi espèret-il que cette question sera prochainement résolue par une loi mieux étudiée que le projet qui vient d'être discuté et que le Parlement a renvoyé pour enquête aux diverses organisations syndicales.

M. Léon GUIFFARD, Avocat à la Cour d'Appel de Paris.

La jeunesse française et la colonisation. — Dans la seconde moitié, et plus particulièrement dans le dernier quart du xixe siècle, la France a fait d'énormes sacrifices d'hommes et d'argent pour se constituer un important empire colonial. Il faut maintenant songer à la mise en valeur de ce vaste domaine. Cette œuvre est dévolue à la jeunesse française, que ses qualités d'initiative, en même temps que la difficulté croissante de vivre sur le sol de la mère-patrie, désignent pour entreprendre l'exploitation des colonies. Jusqu'ici, en dépit de l'aide apportée aux jeunes gens par nombre de sociétés auxiliaires de la colonisation, les résultats n'ont pas été brillants.

L'auteur, après avoir étudié le fonctionnement actuel de la colonisation, a cherché à déterminer les causes de son insuccès relatif, en même temps que les moyens de mieux faire. Il a fait ressortir les points sur lesquels doit se porter l'attention de ceux qui veulent travailler utilement à notre expansion coloniale : éducation générale et instruction technique des jeunes colons, travaux d'utilité publique nécessaires pour rendre les colonies habitables ; soins, hygiène et avantages matériels à assurer aux colons. Il estime « qu'en totalisant les solutions de ces problèmes, on aura la solution du grand problème de la colonisation ».

Chambre de Commerce de Calais.

Projet de loi sur le règlement amiable des différends relatifs aux conditions de travail.

VŒUX ÉMIS PAR LA SECTION

Voir page 53.

Ouvrages

PRÉSENTÉS A LA SECTION

Coïson. — *Cours d'économie politique* (1er volume).

Roubaud. — *L'Organisation du travail.*

Lantier. — *Une Source du Nil scientifique.*

Toureille. — *La Question des octrois.*

Lenoble. — *Commentaire pratique des taxes de remplacement des droits d'octroi de la ville de Paris, supprimés sur les boissons hygiéniques, à l'usage des propriétaires et des locataires.*

17e Section.

PÉDAGOGIE ET ENSEIGNEMENT

PRÉSIDENT . . . . M. H. DE MONTRICHER, Ing. civ. des Mines, à Marseille.
SECRÉTAIRE . . . . M. A. ANDRÉ, Insp. de l'Enseig. prim., à Reims.

— 9 septembre —

M. DE MONTRICHER.

ALLOCUTION PRONONCÉE EN OUVRANT LA SÉANCE

Messieurs,

En ouvrant la première séance de nos travaux, je dois tout d'abord offrir en votre nom et au mien un juste tribut de reconnaissance et d'éloges à mes éminents prédécesseurs, Laisant, Ém. Levasseur, Bérillon, Émile Ferry, Trabaud, etc.

J'ai à cœur également de remercier mes collègues qui, à la séance de clôture de la session de 1900, m'ont fait l'honneur de m'appeler à recueillir dans la présidence de notre Section un héritage un peu lourd mais que je ne laisserai pas déchoir, grâce à votre bienveillance et à votre actif concours.

Parmi les questions proposées à vos délibérations, l'une des plus importantes est, sans contredit, celle de l'enseignement populaire et de l'éducation sociale.

A l'Exposition universelle de 1900, le grand œuvre de la solidarité sociale, vivifié par l'esprit scientifique, mit partout sa note dominante ; et, sous sa féconde et salutaire influence, la plupart des Congrès internationaux firent à l'enseignement populaire, à l'éducation sociale et à l'extension universitaire une large place.

Acquises à la cause du progrès, la Corse et sa gracieuse capitale Ajaccio tiendront à honneur de participer au mouvement d'où procèdera une humanité meilleure.

J'en ai pour preuves les travaux de la Société amicale des stations climatériques de la Corse, de la station hivernale d'Ajaccio et des progrès de l'île.

Sous l'impulsion de son honorable président M. Gignoux, cette vaillante Société a mis dans son programme l'enseignement public à tous ses degrés.

Autour de la petite phalange que forme la Société si bien nommée des Progrès de l'Ile, viendront se grouper tous les bons vouloirs, toutes les forces vives qui tendront à faire aboutir et à perpétuer l'œuvre du Congrès d'Ajaccio de 1901.

M. ANDRÉ, Insp. de l'Ens. prim., à Reims.

L'œuvre des voyages scolaires. — Les voyages ont été considérés de tout temps comme un facteur puissant dans l'éducation. Depuis l'antiquité, on répète qu'ils forment la jeunesse et complètent l'homme. Cet utile complément d'éducation prend de nos jours une place de plus en plus grande dans les systèmes d'enseignement.

Voyager, pour l'enfant, c'est plus qu'un plaisir, c'est un vrai bonheur. Aussi le voyage de vacances promis aux écoliers les plus méritants est-il considéré, à juste titre, comme l'un des plus puissants moyens d'émulation dont on peut disposer à l'école primaire.

C'est en se basant surtout sur ces considérations générales que M. ANDRÉ a fondé, en juillet 1897, à Reims, une œuvre nouvelle d'éducation et d'instruction populaires : *l'Œuvre des Voyages scolaires.*

Tous les ans, dans le courant du mois d'août, l'œuvre forme deux sortes de caravanes scolaires :

1° Une *caravane d'honneur,* composée des élèves ayant obtenu à la fin de l'année scolaire, le certificat d'études primaires avec la mention *très bien.* Ce groupe, qui comprend généralement 25 à 30 enfants effectue un voyage de 3 à 5 jours;

2° *Cinq caravanes cantonales* qui profitent d'une excursion d'un jour ou deux et qui réunissent, dans chacun des cantons de la deuxième circonscription d'inspection primaire de Reims, tous les élèves, garçons et fillettes désignés, suivant les dispositions d'un règlement, par les *libres suffrages* de leurs camarades de classe.

Toutes les écoles de la circonscription sont représentées dans les caravanes cantonales par un ou plusieurs élèves. En principe, il y a un petit excursionniste par classe de cinquante élèves, ou par fraction de cinquante.

Et tous les bénéficiaires doivent remplir certaines conditions d'âge, d'assiduité et de bonne conduite (onze ans au moins, quatorze au plus; moins de dix absences non légitimes durant l'année scolaire : plusieurs inscriptions au tableau d'honneur de l'école).

Désirant encourager à la fois l'effort moral et l'effort intellectuel, beaucoup plus que le succès, l'Œuvre des voyages scolaires n'exige pas des excursionnistes la possession du certificat d'études primaires, mais la plupart d'entre eux, par suite des dispositions prises, sont pourvus de ce modeste diplôme.

Quelques jours avant l'excursion, l'itinéraire des voyages est porté à la connaissance des familles par les soins des instituteurs et des institutrices qui sont chargés de transmettre également aux touristes les instructions relatives au voyage avec la carte d'identité délivrée par le Président de l'Œuvre.

Sur la présentation de cette carte, chacun des membres participants obtient à la gare la plus rapprochée de sa résidence, un billet d'aller et retour, avec réduction de 50 0/0 sur le prix double du billet simple.

L'élève prend lui-même son billet dont le prix lui est remboursé, car l'Œuvre supporte tous les frais du voyage des élèves et des maîtres surveillants.

La Société est assurée contre les accidents qui pourraient survenir en dépit de la vigilance des directeurs et surveillants. — Tous les élèves doivent faire la relation écrite de leur voyage.

Jusqu'à ce jour, les excursions organisées ont réussi à souhait et les doutes qu'on avait émis sur la portée pratique de l'institution se sont dissipés.

16

L'Association a déjà formé vingt-neuf caravanes, comprenant au total 1.475 personnes, tant élèves, qu'instituteurs ou institutrices chargés de la surveillance, dont 380 ont visité, l'an dernier, pendant quatre jours, Paris, l'Exposition universelle et Versailles. (Il y a un maître surveillant pour un groupe de dix enfants.)

Pour réunir les ressources nécessaires à la réalisation de son programme, l'Œuvre a sollicité le concours de tous ceux qui, dans la circonscription, s'intéressent à l'éducation de la jeunesse. Créée pour les enfants du peuple, elle a mis les adhésions à la portée de toutes les bourses, même des plus humbles. Ainsi, à côté des membres *bienfaiteurs* et des *membres fondateurs* qui versent respectivement, une fois pour toutes, une somme de 100 francs ou de 10 francs, il y a les membres *honoraires souscripteurs* et *donateurs*, dont les cotisations annuelles sont de 2 francs, de 1 franc et de 50 centimes.

Le comité d'organisation a voulu aussi que l'Œuvre fût pour les enfants une occasion de remplir, dès le jeune âge, le beau devoir de la solidarité. C'est pourquoi, chaque année, on demande aux élèves d'âge scolaire de faire au profit de leurs camarades les plus méritants, le sacrifice *volontaire d'un décime*, en s'inspirant de la devise placée en tête des statuts de la Société : *Tous pour un ! Un pour tous !*

Cette légère offrande, librement consentie et uniforme, afin de tenir tous les enfants sur le pied de l'égalité la plus parfaite, est une simple manifestation du devoir social que l'on a tenu à provoquer.

En habituant les élèves des écoles à discerner le vrai mérite et à s'incliner devant lui; en les incitant, dès le jeune âge, à songer aux autres; en les initiant, dès l'école, à l'exercice d'un des plus importants devoirs civiques; en groupant les meilleurs d'entre eux en caravanes cantonales pour un plaisir commun, en stimulant l'initiative individuelle, l'Œuvre des voyages scolaires prépare efficacement à la vie civique et à la vie sociale, et peut être classée parmi les institutions fécondes qui vivent aujourd'hui à côté de l'école républicaine.

M. GIGNOUX, Présid. de la Soc. amic. des stat. climat. de la Corse, à Ajaccio.

Note sur l'instruction.

M. H. de MONTRICHER, à Marseille.

Enseignement populaire et extension universitaire. — L'extension universitaire a fait l'objet de différentes tentatives d'organisation en France, depuis la création de l'Université populaire du faubourg Saint-Antoine, à Paris (avril 1898), due à un ancien ouvrier typographe, M. Deherme.

Des universités populaires ont été fondées dans la plupart des arrondissements de Paris et dans un certain nombre de ville de province.

Afin d'établir un lien entre ces unités éparses, la Société des Universités populaires a été créée sur l'initiative de M. Ch. Guieysse, mais cette Société, simple comité consultatif, ne paraît pas avoir exercé, jusqu'à présent, une action efficace sur la marche des U. P.

Pour faire l'éducation sociale des masses et répandre plus aisément dans toutes les classes de la population « l'essentiel de l'esprit scientifique », il semble pré-

férable de grouper, par ville ou par région, les sociétés diverses qui collaborent
à l'œuvre de l'éducation populaire.

Une organisation qui peut être citée comme modèle est « la Fédération de
l'Enseignement supérieur du peuple », dont le siège est à Marseille et qui réunit,
dans un même but, les Associations amicales d'anciens élèves du Lycée et des
Écoles primaires, l'Association générale des Étudiants, l'Amicale des Instituteurs,
les Mutualitées scolaires et les Sociétés laïques d'enseignement populaire.

Après discussion, la dix-septième section du Congrès demande que l'extension universitaire soit basée sur les deux éléments essentiels suivants : 1° comité
central composé des délégués des Sociétés dénommées ci-dessus ; 2° liaison établie entre ledit comité et les groupes ou cercles, ayant pour objet l'instruction
mutuelle et l'éducation sociale de l'ouvrier, dans des lieux de réunion ouverts
en permanence.

Discussion. — M. HENRIET : l'enseignement populaire fonctionne depuis longtemps à Marseille, mais en raison des progrès accomplis dans l'extension des
cours d'adultes, cet enseignement était devenu relativement insuffisant.

En 1896, la fondation à Marseille d'une section de l'Association polytechnique
est venue modifier profondément les errements antérieurement adoptés. Le fondateur de la section de l'Association polytechnique de Marseille a su réunir
autour de lui un groupe véritablement remarquable de personnes d'un grand
savoir et d'un dévouement sans bornes.

Malheureusement on s'est fait beaucoup d'illusions sur la portée du nouvel
enseignement offert aux classes populaires. Le succès n'a pas répondu aux
efforts et aux espérances auxquelles on avait cependant droit.

En faisant l'historique des anciennes œuvres post-scolaires de la ville de Marseille, puis en examinant la valeur des créations récentes provenant de l'espèce
de renaissance ayant l'année 1896 pour origine, l'auteur a étendu ses observations sur l'ensemble des institutions organisées en France et dans les principaux
pays étrangers. Les études sur l'enseignement post-scolaire et l'éducation sociale,
aborderont les questions les plus délicates de sociologie comparée ; elles formeront un recueil à consulter.

MM. le Dᵣ COURJON et GRANDVILLERS, à Lyon.

*Traitement, assistance et éducation des enfants anormaux ; nécessité de la création
d'établissements médico-pédagogiques.* — Ce travail comprend quatre chapitres.
Dans le premier, se trouvent la définition et la classification des anormaux, et de
ce classement les auteurs ne retiennent que deux groupes principaux : le
groupe A, idiots, nerveux ou non et le groupe B, nerveux non idiots. Le
groupe A se subdivise à son tour en idiots hydrocéphaliques, myxœdémateux,
microcéphaliques et méningitiques. Au groupe B appartiennent les épileptiques
et les hystériques. Quant aux causes les plus communes de l'idiotie, elles
peuvent être congénitales ou accidentelles, héréditaires ou personnelles. Les
principales sont : l'alcoolisme, les maladies vénériennes, le surmenage physique
ou intellectuel, les privations, etc., en un mot, tout ce qui peut amener un
affaiblissement, une déchéance de l'espèce ; les chutes ou les coups pendant la
gestation, les complications lors de l'accouchement, la méningite, les traumatismes céphaliques, la masturbation, les émotions violentes, les crises nerveuses
fréquentes, etc.

Le deuxième chapitre traite de la curabilité de l'idiotie et passe en revue les différents traitements : Traitement préventif, traitement chirurgical, traitement médical et enfin traitement moral ou éducation psycho-physiologique. C'est la partie réellement intéressante de ce travail au point de vue pédagogique. Avec Séguin, les auteurs estiment que le but de cette éducation est d'arriver à rendre les idiots capables de devenir des hommes utiles, fût-ce dans les positions les plus humbles, dans les emplois les plus modestes et les plus simples ; leur donner la capacité de faire un travail dont le produit compense leurs besoins. Passant à l'étude des moyens à employer, les auteurs, pour se mieux faire comprendre, prennent un idiot gâteux, ne sachant ni marcher, ni se servir de ses mains, ne pouvant fixer son attention, incapable de percevoir, d'observer, de regarder, de penser même et de parler, en un mot un idiot complet. Ils montrent par quelles séries de pratiques et d'exercices employés, suivant les cas concurremment ou successivement, ils arrivent à rendre cet enfant propre, capable de marcher, de se servir de ses mains, d'analyser les sensations de ses différents sens, de faire usage de la parole, etc. De là, à apprendre, à lire, à écrire, à connaître un métier, il n'y a qu'un pas et bien souvent il y arrive. Alors le but est atteint : « Faire un travail dont le produit compense les besoins. »

Le troisième et le quatrième chapitre font ressortir la situation précaire des anormaux en France et la nécessité de créer des asiles-écoles ainsi qu'il en existe dans les pays civilisés aussi bien de l'Amérique que de l'Europe. Jusqu'à présent Paris, seul en France, a depuis longtemps le privilège d'une organisation de ce genre. La province, à son tour, s'ébranle en faveur de ces malheureux et comme toujours, c'est Lyon qui donne le signal. Son Conseil général vient, en effet, de voter une subvention en faveur de l'œuvre privée du Dr Courjon à Meyzieux (Isère). D'autres Conseils généraux de la région sont tous prêts à suivre ce salutaire exemple, il faut que l'assistance publique et la bienfaisance privée appuient toutes les tentatives individuelles et favorisent la création sur différents points de la France de ces asiles-écoles. Tel est le vœu que les auteurs de ce travail émettent en faveur de cette classe de déshérités, vœu auquel de la 17e Section de l'Association Française veut bien s'associer.

— **11 septembre** —

M. le Dr Henri PEYRÉ, Présid. de l'Union franç. de la Jeunesse, à Paris.

Projet d'union des Sociétés laïques d'enseignement populaire. — Cette union aurait surtout pour but, tout en sauvegardant l'autonomie des Sociétés adhérentes :

1° De centraliser les vœux de ces Sociétés ;

2° D'étudier et de soutenir auprès des pouvoirs publics les intérêts généraux de celles ci ;

3° De faciliter les relations entre les diverses Sociétés françaises, de fournir à chacune d'elles, au besoin, des professeurs ou des conférenciers ;

4° De créer, dans les principales villes de France, des centres de vues pour projections ;

5°. D'établir des relations avec les groupements similaires de l'étranger, en créant un bureau international de renseignements.

Discussion. — Les membres de la 17e Section estiment que la création demandée rendrait de réels services à la cause de l'enseignement populaire. Ils souhaitent que la question soit bientôt mise à l'étude, mais ils expriment le vœu que les mots « *et d'éducation sociale* », soient ajoutés au titre proposé par l'Union française de la Jeunesse.

———

— 13 septembre —

M. H. de MONTRICHER.

Enseignement de l'hygiène dans les cours d'adultes et les écoles primaires.

———

VOEUX ÉMIS PAR LA SECTION

(Voir pages 51, 52.)

18ᵉ Section.

HYGIÈNE ET MÉDECINE PUBLIQUE

PRÉSIDENT . . . . M. le Dʳ F. BRÉMOND, anc. Insp. du trav. dans l'indust., à Paris (1).
SECRÉTAIRE . . . . M. le Dʳ M. BILHAUT, Chirurg. de l'Hôp. internat. de Paris.

— **10 septembre** —

M. le Dʳ FOVEAU de COURMELLES, à Paris.

Leçons de choses et matériel scolaire au point de vue de l'hygiène. — L'hygiène infantile comporte deux réformes administratives urgentes : les leçons de choses en plein air et le changement du matériel scolaire.

Les leçons de choses comprenant la vue des choses et des découvertes, sur le lieu même où elles se trouvent, sont beaucoup trop rarement faites, quoique admises en principe et dans les programmes. Une description de plante, une vue d'usine, une visite de produits..., en apprennent bien plus que de longues descriptions. D'autre part, elles ont l'avantage de faire circuler l'enfant, de le faire remuer à un âge où ce besoin, comprimé par nos méthodes actuelles, est indispensable. D'autre part encore, et dans les campagnes où le nombre des élèves est peu considérable, la place scolaire généralement peu ménagée, bien des exercices d'instruction, dessin, lecture, pourraient se faire en plein air, où les poumons se dilateraient, et respireraient abondamment.

Le matériel scolaire est uniforme pour tous les enfants d'une même classe, quelle que soit leur taille. Ne peut-on, puisque des modèles hygiéniques existent, que le brevet de l'un d'eux a été offert gracieusement au Ministère de l'Instruction publique, soit adopter l'un d'eux, soit s'en inspirer, pour approprier une table à chaque enfant, selon sa taille. Rien n'est plus simple, par extinction de mobilier actuel, de le remplacer peu à peu par le système adopté. L'enfant pourrait ainsi, à volonté, travailler debout ou assis, sur des tables de même hauteur — ce qui faciliterait la surveillance et les leçons des maîtres — mais dont les bancs s'exhausseraient à volonté avec la taille de l'enfant. Ses poumons ne seraient pas comprimés, sa colonne vertébrale incurvée, des heures et des années durant, comme ils le sont actuellement, contrairement à toutes les lois de l'hygiène.

(1) En remplacement du Dʳ Tachard, empêché de venir au Congrès.

M. Alfred FÉRET, à Paris.

Une maison selon l'hygiène à Paris en 1901. — M. A. FÉRET fait remarquer que les magnifiques constructions de l'Exposition universelle de 1900 ont donné un superbe essor à l'art de construire. Des beautés architecturales diverses se sont multipliées suivant leur situation topographique, en attirant l'attention générale. La ville de Paris a constitué un concours et récompensé les lauréats.

M. Féret exprime le vif regret de ne pas voir les planchers bas des magasins pourvus de dalles en verre, leur transparence éclairerait les sous-sols en leur donnant une valeur commerciale par l'annexion aux magasins de vente. Un béton général établi avant la construction en assurerait l'assainissement.

L'auteur, ayant en vue la suppression des mansardes, lucarnes et les châssis de toit, fait la description d'une maison neuve de Paris, qui réalise son vœu par l'établissement d'une toiture formée par des chevrons légèrement courbés découpés dans des madriers permettant de faire des fenêtres régulières aux sixième et septième étages.

Cet essai avait déjà été mis à exécution par M. Féret, qui en a fait la communication à l'Association française pour l'avancement des sciences, au Congrès de Nantes, en 1898, sous le titre : *la Maison rurale*, développement de la partie habitable, en expliquant que ces modifications étaient applicables aux maisons de ville, ce qui est démontré par l'application.

———

M. H. DE MONTRICHER, à Marseille.

L'hygiène et le recensement de 1901. — L'étude de la démographie démontre qu'il existe une corrélation directe entre les conditions hygiéniques d'une population et l'abaissement de la mortalité. Il résulte de cette constatation que la natalité peut s'élever si la population adulte est moins éprouvée par les phénomènes morbides susceptibles de l'atteindre.

La courbe générale moyenne de la natalité va constamment en décroissant. Cette décroissance s'observe depuis 1815 environ, mais elle s'est accentuée d'une manière inquiétante depuis 1872 à 1875.

La courbe de la mortalité s'améliore graduellement, grâce aux travaux d'assainissement public et aux meilleures conditions de la vie privée. L'hygiène pénètre actuellement dans les milieux sociaux, soit par l'enseignement public, soit par les mœurs générales.

Dans les tableaux graphiques indiquant les courbes démographiques en France, on remarque une coïncidence sensible entre les courbes de la natalité et de la mortalité ; elles peuvent presque se superposer ; de là la stagnation de la population française.

Dans les nations étrangères, Angleterre, Allemagne, Suisse, Italie, Belgique, la mortalité a sensiblement diminué depuis trente ans, mais la natalité a suivi une progression décroissante analogue. Les deux courbes démographiques ont une tendance au parallélisme, l'écart entre elles se maintient ou s'accroît légèrement. De là résulte un accroissement de population qui peut être calculé comme capital placé à intérêt composé, le taux de l'intérêt étant l'écart moyen entre la mortalité et la natalité. Cet écart ou taux d'accroissement de la population varie de 1 à 2 0/0, excepté en France, où il est nul. Il tend à diminuer dans les grandes villes où la densité de la population est contraire à une bonne hygiène. D'autre part, le recensement de 1901 révèle une tendance à une diminution de la densité urbaine et à l'extension des faubourgs des agglomérations. Cette constatation marque une évolution heureuse due aux moyens de transport rapides et économiques mis à la disposition de toutes les classes de la population.

Enfin les abaissements corrélatifs de la mortalité et de la natalité correspondent à un accroissement de la vie moyenne.

Discussion. — M. V. TURQUAN. Les courbes de natalité et de mortalité dressées avec un si grand soin par M. de Montricher, ont l'avantage de permettre une étude comparée des principaux phénomènes démographiques. Cependant, malgré leur exactitude, car elles paraissent dressées sur les documents statistiques les plus précis, elles pourraient prêter à la critique et n'indiquent pas toujours la résultante réelle de la natalité.

Les coefficients de natalité étant toujours établis sur l'ensemble de la population, il en résulte inévitablement une certaine erreur. Pour pouvoir donner des indications ayant une valeur indiscutable, des coefficients de natalité devraient être exclusivement dressés sur l'ensemble de la population mariée. Par cette méthode, on pourrait se rendre compte avec plus de facilité des courbes moyennes de l'accroissement ou de la diminution des natalités.

Quand on établit le schéma de l'échelle des âges, on voit combien la surface des graphiques relatifs aux personnes mariées diffère de la surface du graphique général d'une population. Si on considère le graphique d'ensemble de l'échelle des âges d'un peuple, sa courbe extérieure affecte une forme sinusoïdale, tandis que si on considère spécialement les nuptialités, l'extérieur de la courbe prend la forme d'une pyramide plutôt renflée à l'époque où on se marie le plus.

Au sujet de la natalité, il y a lieu d'attirer l'attention des membres de la Section sur l'énorme mortalité infantile qui sévit en France. D'après les plus récentes statistiques, près d'un quart des enfants naturels meurt avant d'atteindre la première année et un cinquième des enfants légitimes a disparu au bout d'un an dans la plupart des départements.

Il y a de grandes et radicales réformes à demander aux pouvoirs publics et surtout aux mœurs françaises, en faveur des enfants en bas âge et des enfants moralement abandonnés. Les Sociétés protectrices de l'enfance sont insuffisantes, mal dotées et trop peu nombreuses.

La question de l'allaitement exerce aussi une très grande influence sur la mortalité infantile. Bien que le rôle des nourrices, — ou plus exactement des remplaçantes, — soit à l'ordre du jour dans les milieux mondains, on ne voit pas que des solutions précises s'imposent aux préoccupations de l'opinion publique.

Quoique les graphiques dressées par M. de Montricher demandent encore quelques compléments pour qu'ils puissent atteindre l'objectif qu'ils se proposent, il convient de les multiplier, à les tenir au courant et surtout par des études peut-être fort longues, à prendre autant que possible le commencement du xixe siècle pour l'origine des indications qu'ils représentent. Malheureusement, souvent les documents manquent pour les établir avec sûreté.

La conclusion des présentes observations est qu'il est urgent d'appeler l'attention du gouvernement, et surtout celle des Sociétés dues à l'initiative privée, sur la mortalité infantile qui, réellement, dépeuple la France.

M. Jules Henriet. — Au nom de la Société de Statistique de Marseille que je représente et en mon nom personnel, je suis heureux de pouvoir féliciter publiquement notre savant collègue M. de Montricher, pour le très intéressant, très original et très substantiel travail qui vient d'être soumis à l'examen de la section d'hygiène et de médecine statistique.

La démographie est une science dont les origines sont encore toutes récentes. Les collections de documents et surtout les analyses statistiques, sont relativement rares et parfois même bien difficiles à centraliser. Les tableaux graphiques dressés par M. de Montricher, possèdent non seulement une valeur par eux-mêmes, mais au point de vue exclusivement scientifique, par les observations qu'ils condensent, ils caractérisent un ordre d'enseignement pratique certainement trop méconnu.

La démographie comparée, relative aux recensements entrepris au commencement du xxe siècle, nous démontre un accroissement continuel de la population urbaine, aux dépens de la population rurale. Les moralistes blâment sans cesse l'accroissement ininterrompu des villes, ils se plaignent aussi de la dépopulation des campagnes. Malgré des efforts de toute nature, entrepris pour arrêter, au moins pour essayer d'atténuer le mouvement des paysans vers les villes, l'exode est permanent, non seulement en France, mais aussi dans toute l'Europe, on peut même dire dans toutes les villes de l'univers. Au total, la civilisation a peut-être plus gagné aux grandes agglomérations, que le moral n'y a perdu.

Relativement aux coefficients de natalité, il est urgent de ne pas les considérer comme des indications absolues : pour obtenir de l'exactitude, il est nécessaire de leur appliquer de sérieux correctifs. Pour Marseille, par exemple, l'immigration étrangère adulte étant considérable, quantité de naissances sont comptées en Italie tandis que les décès des nouveaux venus entrent dans les recensements français. Si on tenait compte de cette particularité, le coefficient de la natalité marseillaise se relèverait beaucoup.

Cette observation peut s'appliquer à la France entière. L'immigration belge, allemande et surtout l'immigration italienne, modifient considérablement les courbes de natalité et de mortalité. Si on pouvait éliminer les éléments étrangers, on trouverait incontestablement que les coefficients de natalité par rapport aux graphiques de nuptialité, donnent des résultats meilleurs que l'ensemble des moyennes. C'est certainement en faisant abstraction des étrangers qu'on arriverait à posséder des coefficients vrais.

Pour le Royaume-Uni des Iles-Britanniques, l'influence de l'émigration est aussi à considérer, mais dans le sens inverse. La grande émigration irlandaise cause inévitablement une perturbation dans la courbe des natalités de l'ensemble du royaume, elle amoindrit le coefficient des mortalités, puisqu'un nombre considérable d'émigrants irlandais va mourir en Amérique.

En matière de sciences sociales, il est bon d'être prudent dans le maniement des chiffres. La rigueur des mathématiques, si nécessaire en ce qui concerne les sciences exactes et appliquées, est absolument incompatible avec les phénomènes moraux. Les mathématiques sont certainement des outils précieux, dont il est sage de se servir, mais en matière de statistique et surtout quand il s'agit de tirer des conclusions ressortant de groupements de chiffres, on risque souvent de n'obtenir que de grosses erreurs.

Toutes les villes d'Europe ont sans cesse un énorme accroissement de population, mais en même temps elles tendent à une densité moindre. Par les grands travaux de viabilité entrepris au travers des vieux quartiers et par la reconstruction des habitations occupées par les ouvriers, la population urbaine se déplace et s'étend dans les quartiers suburbains.

L'usage des tableaux graphiques pour les études sociales comparées, n'est pas suffisamment populaire en France. Il serait à désirer que sa vulgarisation fût plus répandue, aussi il faut remercier bien sincèrement M. de Montricher pour les efforts persévérants qu'il fait depuis longtemps dans ce sens, soit dans les institutions d'éducation sociale avec lesquelles il est en relation, soit dans les sociétés savantes où il collabore.

Les tableaux graphiques ne sont pourtant pas une nouveauté, il furent mis en pratique pour la première fois vers 1789 dans un ouvrage appelé : Traité d'arithmétique linéaire du commerce et des finances, publié en Angleterre par Playfair. Comme le dit avec tant de justesse M. Yves Guyot, dans son ouvrage sur la science économique : « Les graphiques rendent plus nettes et plus évidentes certaines démonstrations. Ils indiquent l'axe des moyennes, les minima et les maxima, ils donnent un aperçu complet de tous les éléments d'une question et montrent avec netteté de quelle manière les moyennes sont obtenues. »

Étant donnée la valeur des tableaux graphiques dressés par M. de Montricher et en considération des services que cette méthode employée dans les démonstrations peut rendre dans les classes de l'enseignement public, il y a lieu d'en solliciter la généralisation, surtout dans les cours et conférences concernant l'éducation sociale du peuple.

Le Délégué de la Société de Statistique de Marseille émet le vœu, à titre d'indication, pour le développement et la vulgarisation des sciences sociales dans les classes populaires : « Que les Pouvoirs publics favorisent la confection et la publication des tableaux graphiques de démographie comparée, en invitant les Conseils généraux et les Conseils municipaux à subventionner largement les ouvrages de ce genre. »

M. V. TURQUAN, Membre du Cons. sup. de Statistique, à Lyon.

Sur la mortalité des enfants de 0 à 1 an protégés par l'État.

Discussion. — En félicitant M. Turquan de son intéressante communication, M. BRÉMOND exprime un regret. Il eut été, dit-il, très intéressant de diviser les morts en deux catégories : celle des enfants élevés par la mère ; celle des enfants confiés à des mercenaires. Aussi bien pour les légitimes que pour les irréguliers, cette statistique eût démontré, une fois de plus, que la mortalité frappe surtout le petit être systématiquement éloigné de la maison où il est né, où il se trouverait dans les meilleures conditions pour vivre.

M. le Dr E. PAPILLON, à Paris.

Sur la dépopulation de certains départements. — M. de Montricher nous expose et nous montre que la mortalité s'est abaissée par les progrès de la science de l'hygiène, et sa pénétration dans les divers milieux sociaux.

M. Turquan met en relief l'énorme mortalité infantile en France et indique la question de l'allaitement.

Le docteur Brémond précise davantage et nous montre que la mortalité frappe davantage l'enfant éloigné des soins maternels, cet enfant devenant plus ou moins abandonné.

Toutes ces raisons sont justes et valables ; mais il en est une autre qui n'est pas mentionnée et qui devrait être mise en évidence, parce qu'elle est la cause directrice. L'arrêt ou le ralentissement de l'accroissement de la population, est, avant tout, une question d'ordre économique, comme l'est la dépopulation des campagnes, comme l'est encore la dépopulation de certains départements : parce que le coût de la vie est pénible à gagner ; voilà la cause dominante. Ajoutez-y la centralisation politique et administrative et une mauvaise loi militaire et sociale qui déracine les jeunes gens, et vous aurez les indications des remèdes qu'il faudrait pour empêcher l'écroulement ou l'annihilation de notre puissance nationale.

M. le Dr **TACHARD**, Méd. princ. de 1re classe, Direct. du Service de santé du 11e corps d'armée.

Des lavoirs publics ou privés.

Soit à la ville soit aux champs, lorsque les hasards de la flânerie vous conduisent aux environs des lavoirs, dont la présence est rélévée de loin par les bruyants bavardages des laveuses, on est trop souvent conduit à faire cette réflexion saugrenue : comment peut-il sortir du linge propre d'une eau aussi sale ? Comment des gens délicats, qui ne tremperaient pas leurs doigts dans cette eau immonde, acceptent-il que leurs mouchoirs, leurs vêtements les plus intimes soient soumis à cette promiscuité, dont l'innocuité est rien moins que démontrée ? S'il s'agit de pauvres gens, peinant, suant, exposés à des traumatismes, même insignifiants de la peau, ne pouvant prendre les soins nécessaires de propreté corporelle, comment ne pas redouter l'usage de linges sortant de véritables cloaques, dont l'eau a une teneur bactérienne supérieure à celle de certains égouts ?

Ces considérations générales ne sont-elles pas suffisantes pour provoquer de la part des pouvoirs publics des mesures de protection générale, en défendant la collectivité et en imposant aux entrepreneurs de lavage certaines obligations. Pourquoi enfin ne pas ranger tous les lavoirs publics dans la nomenclature des établissements insalubres, incommodes et dangereux ; ne pas rectifier le Décret du 3 mai 1881 qui est muet sur la question des lavoirs, et ne pas armer tous les Maires de moyens d'action suffisants ?

Qu'il s'agisse de bateaux flottants, de buanderies urbaines, de lavoirs bâtis, ou de lavoirs de fortune comme à la campagne, il n'est ni admissible ni licite que le linge soit lavé dans de l'eau malpropre. C'est cependant ce qui a lieu et j'ai lu la formule suivante sur un lavoir du reste fort mal tenu. « On changera l'eau du lavoir lorsqu'elle sera trop sale ».

Cette question des lavoirs n'est pas neuve, et si jusqu'ici la législation actuelle a considéré comme superflue l'opinion des hygiénistes, il n'en reste pas moins indispensable d'émouvoir à ce sujet l'opinion publique, de faire comprendre à tous que ces établissements ne sont pas inoffensifs, et qu'il faut redouter leur influence au point de vue de la transmission des maladies.

Sans allonger cette note inutilement, il est facile en quelques lignes de donner un aperçu historique de la question. Donnons les noms de Gérardin, de Trebuchet,

de Beaugrand, de Miquel, de Brouardel, de Vallin ; renvoyons au 3ᵉ volume
de l'Encyclopédie d'hygiène de Rochard, pages 844 et suivantes ; nous aurons à
peu près épuisé l'ensemble des documents scientifiques sur cette question, si
nous y ajoutons la communication faite à l'Académie le 16 avril 1901 par
Delorme, une note d'Oriou dans le nᵒ 6 des Archives de médecine militaire, un
travail de Ferrier dans le nᵒ 7 de la Revue d'Hygiène de 1901.

Nous n'avons pas la prétention d'être complet ; bien des noms, bien des
travaux particuliers né sont pas relevés ici ; mais quoique incomplète cette
énumération démontre que les lavoirs n'ont guère jusqu'ici sollicité l'attention
scientifique.

Notre but sera atteint si nous parvenons à démontrer l'existence d'une lacune
dans la réglementation actuelle des établissements classés, et si nous parvenons
à faire ranger les lavoirs dans la seconde ou au moins dans la 3ᵉ classe des
établissements insalubres, car jusqu'ici les prescriptions imposées aux lavoirs à
Paris ou dans la banlieue « n'ont été formulées que dans l'intérêt exclusif de la
santé et de la sécurité des laveuses ». Besançon, in Revue d'Hygiène, août 1901.

Depuis longtemps notre attention a été attirée sur ce sujet, aussi avons-nous
proposé de mettre à l'ordre du jour du congrès les seconde et troisième questions
qui sont connexes, elles doivent cependant être traitées à part, et prouver scientifiquement, 1ᵒ que les lavoirs étant à peu près tous mal établis doivent être tous
classés et surveillés, 2ᵒ que l'hygiène du linge de corps n'est pas une quantité
négligeable. C'est ce que paraissent démontrer les recherches faites par nous
depuis quelques années, recherches que nous allons résumer dans cette note, le
plus brièvement possible.

Nos observations ont été faites sur les lavoirs de Bretagne en général et plus
particulièrement sur ceux de la ville de Nantes. Dans cette dernière ville, nous
avons compté sur les bords de la rivière de l'Erdre, entre la Passerelle des cours
et le pont de la Motte-Rouge, soit sur une longueur d'environ 800 mètres,
18 grands bateaux-lavoirs et une quantité de bateaux plus petits recevant seulement 5 ou 6 laveuses, tandis que les grands en abritent une vingtaine.

Notre attention s'est portée aussi sur certains lavoirs publics dont une auge
remplie d'une purée savonneuse forme l'unique élément de lavage et de rinçage,
etc., etc. — Les eaux de lavoirs ont été analysées bactériologiquement à l'Institut Pasteur dirigé par M. le Dʳ Rappin qui a bien voulu contrôler nos recherches. Nos analyses ne donnent jusqu'ici qu'un élément d'appréciation et nous
nous proposons de combler la lacune que nous allons signaler : les anaérobies
n'ont pas jusqu'ici fait l'objet de recherches suffisantes ; et cependant c'est de
ce côté, pensons-nous, que doivent être dirigés les travaux à venir pour permettre, en s'aidant d'analyses chimiques, de préciser exactement le degré
d'altération et d'infection des eaux de lavoir, et de déterminer les dangers que
ces eaux font courir à la santé publique soit qu'elles se déversent dans un
fleuve, soit qu'elles s'écoulent dans un égout ou à la surface du sol.

Nous passerons sous silence les détails un peu fastidieux de ces analyses pour
ne donner que les résultats généraux, dont chacun pourra tirer des conclusions
pratiques.

Avant d'entrer dans le détail, nous dirons tout d'abord que dans ces eaux de
lavoirs les variétés aérobies ne sont pas nombreuses. Bien que les bouillons mis
en culture subissent en peu d'heures un travail de putréfaction rapide, bien
que sur plaques de Pétri les colonies soient tellement nombreuses que la liquéfaction de la gélatine vienne souvent en quarante-huit heures interrompre la

numération, il y a cependant une pauvreté désespérante d'espèces, que viendra sans doute expliquer la recherche des anaérobies, facteurs principaux de la putréfaction et de l'infection. Avant tout nous faisons nos réserves sur ce point délicat qui n'a fait jusqu'ici l'objet d'aucun travail spécial de notre part.(1).

La constatation de ces faits conduit cependant à expliquer la pauvreté microbienne et le mécanisme d'infection de ces eaux stagnantes fortement saturées de matières organiques.

Étudions par exemple ce qui se passe dans l'Erdre dont le courant est à peu près nul dans sa traversée de Nantes.

Les aérobies vrais ou facultatifs versés dans cette rivière ne sauraient y vivre longtemps, n'y trouvant pas l'oxygène nécessaire, et étant tués par l'acide sulfhydrique et l'hydrogène carboné ou phosphoré qui se dégage de l'eau. Dans ce milieu ammoniacal les anaérobies trouvent au contraire un milieu favorable à leur travail réducteur ; mais l'apport des matières organiques étant constant, leur combustion complète est impossible dans ce milieu sulfhydrique et ammoniacal où la matière minérale ne peut s'organiser et où les végétations cryptogamiques sont elles-mêmes réduites à quelques espèces très inférieures.

Les toxines tuent les aérobies, la lutte des anaérobies est paralysée par l'excès de gaz fétides dont les bulles viennent constamment crever à la surface, et ainsi l'épuration spontanée par travail microbien devient impossible et le degré de saturation s'accroît tous les jours.

CHAPITRE PREMIER

Analyses des eaux de lavoirs.

Caractères généraux. — Toutes les analyses d'eaux de lavoir ont des traits communs qu'il y a lieu de résumer ici.

Les cultures en bouillon donnent lieu constamment à un travail de fermentation putride ; au bout de vingt-quatre heures d'étuve à 37°, qu'il s'agisse de bouillons ordinaires ou phéniqués, il devient nécessaire de placer ces cultures sous une hotte sous peine de rendre le laboratoire inhabitable.

Les cultures sur gélatine ne sont pas d'un précieux secours, car la numération est toujours prématurément arrêtée par la liquéfaction. Leur odeur putride est intolérable lorsqu'on soulève les couvercles.

Sur gélose la numération est possible, mais en raison de la température de fusion, il est probable que beaucoup d'organismes sont détruits. Je considère cependant ce milieu comme le meilleur pour les recherches de cette nature.

Le lait directement coloré au tournesol est un excellent milieu ; puisqu'on peut en même temps noter sa coagulation et son virage au rouge.

Les petits animaux de laboratoire sont des réactifs précieux ; les souris sont fatalement tuées ; mais les cobayes résistent souvent à l'injection intra-péritonéale d'eaux de lavoir savonneuses, louches et infectes.

Ce qui complique les recherches, c'est la difficulté réelle d'opérer des sélections rigoureuses et de faire l'isolement des espèces ; aussi dans bien des cas, des cultures qui semblent le résultat de *B. coli* parfaitement pur contiennent encore des associations de microcoques, de cocci, etc., etc., qui ne permettent

---

(1) Voir dans les *Annales d'Hygiène*, le travail du Dr Bordas : Putréfaction des matières organiques dans l'eau.

pas d'obtenir les réactions nettes et classiques du *B. coli*. La difficulté rencontrée dans ces analyses est très grande, et chacune exigerait de longs mois pour pouvoir donner des résultats positifs et certains. C'est en somme un travail qui est encore entièrement à faire.

Une condition commune à toutes ces eaux de lavoirs, c'est la présence d'une proportion variable de savon qui ne doit pas être sans action sur la vitalité des germes contenus dans ce milieu alcalin. La présence du savon dans l'eau peut bien modifier la vitalité des germes, mais on ne saurait admettre qu'une eau même fortement savonneuse constitue pour le linge un désinfectant sérieux; on sait, en effet, combien la trame serrée des étoffes imprégnées de sang ou de pus se laisse difficilement pénétrer par la solution savonneuse, et c'est sur ce fait qu'est basée la pratique des hôpitaux militaires de l'immersion préalable des linges tachés, dans des cuves d'eau pure. Pendant cette opération les matières albuminoïdes deviennent plus solubles et se laissent après coup pénétrer par le le savon.

Préoccupé de cette question, je priai M. Fortineau, préparateur au laboratoire bactériologique de l'École de médecine de Nantes, d'étudier l'action du savon en solution sur diverses cultures pathogènes. Il prit le *B. coli*, l'Eberth et le staphylocoque qu'il traita dans des solutions savonneuses à 0^{gr},25 0/0, 0^{gr},50 0/0 et 1^{gr} 0/0. D'après ses recherches, le *B. coli* résiste dans un milieu à 1 0/0. Le staphylocoque et l'Eberth, au contraire, tout en poussant bien dans une solution à 0^{gr},25 0/0, se développent lentement dans le bouillon à 0^{gr},50 0/0 et meurent dans le bouillon à 1 0/0.

D'après Reithoffer, une solution de savon vert à 0^{gr},50 0/0 détruit en cinq minutes les germes cholériques ; mais il est moins actif pour le germe typhique et n'agit qu'en solution à 10 0/0 au moins ; il semble rester sans action sur les microbes du pus. Nous voilà en face de deux opinions qui appellent de nouvelles recherches, et comme j'ai trouvé dans les eaux de lavoirs le pneumocoque, d'innombrables cocci, du charbon, du *B. coli* très virulent pour les petits animaux, j'en arrive à regarder d'un très mauvais œil, les cuves des blanchisseuses remplies d'épaisses solutions savonneuses, d'un blanc impur, au milieu desquelles elles plongent, sans souci de notre santé, les linges qu'elles sont sensées rendre propres.

CHAPITRE II

Détail des recherches.

Nous allons résumer très brièvement l'ensemble de nos recherches bactériologiques faites pendant les années 1898, 1899, 1900 et 1901, au laboratoire de l'Institut Pasteur, de Nantes, sous le contrôle de notre excellent ami le docteur Rappin.

Première analyse.

La première analyse a été commencée le 23 février 1898, elle a porté sur trois échantillons d'eau prélevés de la manière suivante et traités suivant la méthode générale de Chantemesse :

1° Eau de robinet d'amenée ; 2° eau de la surface du bassin-lavoir ; 3° eau du lavoir remuée et prise dans le fonds du bassin.

Les deux premières ont été mises en solution au millième, la dernière en solution plus étendue à 1 pour deux mille.

L'eau remuée a été injectée le 23 février dans le péritoine d'un cobaye et de deux souris blanches ; l'une de ces souris qui avait reçu deux tiers de centimètre cube mourut dans la nuit du 24 au 25 ; le sang du cœur resta stérile, l'exsudat péritonéal donna des cultures liquéfiantes et du *B. coli.*

La seconde souris est morte le 7 mars, elle avait reçu un tiers de centimètre cube.

Le cobaye a survécu à une injection de 1 centimètre cube, jusqu'au 8 mars. Son sang est resté stérile dans le bouillon et sur gélose.

Le 28 février une troisième souris est inoculée avec deux tiers de centimètre cube de l'eau du fond du bassin conservée au laboratoire et préalablement filtrée sur Chamberland. Elle mourut le 6 mars. A l'autopsie rien à constater microscopiquement ; pas d'abcès. — Le sang du cœur a été ensemencé sur bouillon lactosé et sur gélose.

Le 8 mars le bouillon lactosé a fermenté, et sur la gélose il s'est developpé un voile gris recouvrant toute la surface.

Dans le bouillon lactosé nous trouvons de nombreux microcoques et des éléments en chaînettes que nous ne dénommerons pas streptocoques puisque les préparations ne prenaient pas le Gram.

Tous les animaux ont donc succombé, soit à la suite de l'injection de l'eau telle qu'elle était prise au lavoir, soit sous l'effet des toxines développées dans cette eau conservée au laboratoire et filtrée avant l'expérience.

Culture en plaques de Pétri sur gélose le 23 février.

Eau du robinet. — Solution au 1 0/00 — 25 février, numération 3.000 au centimètre cube.

Eau de surface du lavoir. — Solution au 1 0/00 — 25 février, numération 685.000 au centimètre cube.

Eau du fond du lavoir. — Solution au 1/2000. — 25 février, numération 370.000 au centimètre cube.

Les jours suivants la numération a été impossible à cause de la multiplication des colonies.

Les éléments figurés sont des cocci très nombreux qu'on n'a pu identifier, des tétragènes, des diplocoques encapsulés, de très fins bacilles, des espèces voisines du B. coli, si ce n'est du B. coli associé à d'autres organismes.

Nous faisons également des cultures en bouillons phéniqués ; au quatrième passage, on trouve des bacilles ne prenant pas le Gram, coagulant le lait et faisant fermenter la lactose ; on peut les identifier au B. coli, car les cultures sur gélatine ne sont pas liquéfiantes.

Dans cette série de recherches, en dehors du B. coli aucun élément pathogène n'a été identifié.

Deuxième analyse.

La deuxième analyse pour contrôler les résultats de la première a été commencée le 14 mars sur trois échantillons d'eau du même lavoir pris dans les mêmes conditions.

Les ensemencements ont été uniformément faits sur gélose à 1/2000 tant pour l'eau d'amenée que pour les eaux de lavoir prises à la surface ou dans la profondeur.

L. — Eau normale.

Injecté à souris n° 1. — 1 gramme d'eau dans le péritoine. Mort le 16 mars.
Injecté à cobaye n° 2. — 3 grammes d'eau dans le péritoine. A survécu.

L'. — Eau de la surface.

Injecté à souris n° 4. — 1 gramme dans le péritoine. Mort le 26 mars de streptococcie.
Injecté à souris n° 5. — 1 gramme dans le péritoine. Mort le 18 mars.

L''. — Eau troublée du fond.

Injecté à souris n° 6. — 5 gouttes dans le péritoine. Mort.
Injecté à souris n° 7. — 5 gouttes dans le péritoine. Mort le 16 mars de charbon (?).

L'''. Cobaye n° 8. — Injecté 3 grammes dans le péritoine. Mort le 17 de péritonite ; contenu du gros intestin jaunâtre, diarrhéique, mélangé de gaz fétides.

A l'autopsie de la souris n° 1 on trouve une péritonite pariétale et viscérale avec exsudat séreux.

Dans cet exsudat on trouve des B. mobiles ne prenant pas le Gram.

Le sang pris dans le cœur n'a rien donné en bouillon.

A l'autopsie de la souris (L') n° 5, lésions de péritonite aux deux feuillets, hémorragie intestinale, une anse voisine du cæcum est remplie de sang, foie congestionné, rate hypertrophiée, congestion des poumons aux sommets, pas d'exsudat péricardique. Dans le sang examiné directement on trouve des organismes en diplocoque qui nous paraissent après examen par le procédé de Franckel être des pneumocoques ; colorée au Zielh, la capsule est mise en évidence. La souris est morte de pneumonie sans doute.

Le sang du cœur de la souris n° 7 morte le 16 a été ensemencé en bouillon et sur 2 tubes de gélose.

Dans la culture en bouillon se développent des éléments sporulés, prenant le Gram, et analogues à la bactérie du charbon.

Le bouillon sert à ensemencer une boîte de gélose mise à l'étuve à 36° le 21 mars.

Sur la plaque de gélose ensemencée avec le bouillon contenant le sang du cœur vient se développer une culture très riche, d'aspect floconneux, dans laquelle nous rencontrons des B. sporulés ; cette culture n'est pas pure ; après plusieurs sélections on obtient le 24, sur gélose, des colonies confluentes, floconneuses, et dans le bouillon des B. sporulés qui sont probablement ceux du charbon. Le même jour, deux cobayes sont inoculés ; le premier reçoit 3 centimètres cubes de bouillon dans le péritoine, le second 3 centimètres cubes d'une émulsion obtenue avec la culture sur gélose. Les deux animaux sont morts lentement ; des raisons de service ont interrompu ces intéressantes observations, ce qui nous empêche de tirer une conclusion ferme.

Ce fait bien qu'incomplet a cependant un grand intérêt, car vers la même époque quelques cas de charbon étaient signalés chez des ouvriers travaillant dans une usine de brosserie qui utilise des crins exotiques et déverse ses eaux usagées dans l'Erdre, non loin du lavoir.

Nous ne retiendrons de ce fait que l'identification positive du pneumocoque trouvé dans l'eau de la surface des eaux du lavoir ; et l'identification probable d'un charbon atténué dans sa virulence, ayant pour provenance le fond du lavoir...

Les résultats de la numération sont les suivants :

    L. — 14.000 colonies.

    L'. — 57.000 colonies.

    L''. — 123.000 colonies.

La différence énorme entre ces deux résultats de numération est sans importance ; le bassin de lavage n'avait pas été nettoyé peut-être, depuis longtemps dans le premier cas, il pouvait l'avoir été récemment dans le second.

Dans ces deux expériences nous avons fait sans résultat des cultures anaérobies dans les tubes de Vignal.

Troisième analyse.

Analyse des eaux du même lavoir, commencée le 10 juin 1898.

Ensemencement sur gélatine de six boîtes de Pétri mises à la cave à 17°. — Le 16, la liquéfaction est partout complète, l'odeur est fétide. — La numération a donné 62.000 colonies au centimètre cube.

L'ensemencement sur gélose, mise en étuve de Roux réglée à 38°, donne une culture qui commence à pousser le 13, et ne se modifie plus après le 16. La numération donne 69.000 colonies.

La recherche de l'indol en eau peptonée le 25 n'a rien donné ; les bouillons même phéniqués ont une odeur fétide ; on y trouve des B. très mobiles ne prenant pas le Gram ; probablement B. coli.

Tout l'intérêt de cette expérience se trouve dans les résultats obtenus chez les animaux. L'eau mise à l'étuve fut gardée au laboratoire et filtrée au Chamberland le 17 pour rechercher l'action des toxines.

Un cobaye de 660 grammes reçoit le 17 juin à 4 heures 20 centimètres cubes d'eau filtrée dans le péritoine. Le 24, il a perdu 30 grammes de son poids. Le 6 juillet il est rétabli. Il meurt le 29 octobre. A l'autopsie rien d'anormal ; la mort est due probablement à une affection gastro-intestinale épidémique qui a fait mourir déjà une dizaine de cobayes du laboratoire.

Un second cobaye de 600 grammes est inoculé dans le péritoine à 4 h. 20, le 17 juin, avec 4 centimètres cubes du produit de colmatage de la bougie, dilué dans de l'eau stérilisée. Il meurt le lendemain 18 juin à 11 heures du matin. Autopsie. Péritonite généralisée. Poumons congestionnés, sérosité louche dans les séreuses pulmonaire et cardiaque.

Une souris qui a reçu le même produit dans le péritoine à la dose de 1 centimètre cube succombe le 18 à 10 heures.

Les recherches faites avec le sang du cobaye n'ont rien donné de positif ; nous n'avons pu identifier les organismes rencontrés qui étaient un mélange de bacilles fins et mobiles avec des éléments en bâton, au milieu d'innombrables staphylocoques ; les B. ne prenaient pas le Gram. Il s'agit sans doute du B. coli, car le lait a été coagulé.

Le sang du cœur de la souris a donné les mêmes bacilles fins ; le 30 les cultures en bouillon sont infectes. La sérosité péritonéale a fait coaguler le lait le 23 ; dans la culture sur pomme de terre nous trouvons des B. mobiles ne prenant pas le Gram et que nous pouvons identifier au B. coli.

Un troisième cobaye de 720 grammes a été également inoculé le 17 juin, avec 4 centimètres cubes du magma provenant du dépôt filtré sur papier Chardin, dans le tissu cellulaire sous-cutané du flanc droit. Un abcès se développe' et est complètement cicatrisé le 6 juillet. Dans l'examen qui a été fait du pus, on n'a trouvé que des staphylocoques et quelques bacilles dont nous n'avons pu poursuivre l'identification.

. En résumé, nous n'avons pas rencontré en dehors du B. coli des espèces pathogènes bien classées, mais cependant l'injection intra-péritonéale du colmatage de la bougie détermine la mort en moins de vingt-quatre heures, ce qui indique la virulence excessive de ces éléments qui ne doivent pas produire des toxines dangereuses puisque le cobaye a résisté à leur action.

Les eaux du lavoir peuvent cependant être dangereuses pour l'homme, s'il présente sur la peau des solutions de continuité, puisque le cobaye inoculé dans le tissu cellulaire a eu des accidents locaux de suppuration staphylococcique.

Quatrième analyse.

Nouvelle expérience commencée le 28 octobre 1898 sur les eaux du même lavoir.

L'ensemencement sur gélatine au deux-millième donne à la numération 172.000 colonies au centimètre cube.

Les cultures sont faites en bouillon ordinaire et phéniqué, pour recherches en Elsner et en eau peptonée. Nous n'avons jamais obtenu la réaction nette de l'indol, sauf dans le bouillon du grand matras qui, même à froid, donne la coloration rouge.

Les bouillons ont tous une odeur infecte, insupportable.

Les résultats des cultures ont été beaucoup moins intéressants que ceux qu'ont donnés les inoculations aux animaux.

Le 29, un premier cobaye de 230 grammes a reçu dans le flanc 2 centimètres cubes de bouillon ordinaire laissé à l'étuve vingt-quatre heures, il est mort le 30. On ne trouve à signaler, à l'autopsie, qu'un énorme exsudat au point inoculé.

L'exsudat ensemencé dans un tube de gélatine donne une colonie liquéfiante en entonnoir de baciles immobiles ne prenant pas le Gram ; cette culture en bouillon est fétide et donne de l'indol.

Le sang prélevé dans le cœur donne dans le bouillon un léger voile et un léger dépôt dans le fond ; les B. sont mobiles et décolorés par le Gram.

Le 7 novembre, un cobaye de 450 grammes reçoit une injection péritonéale de 3 grammes de bouillon ordinaire du petit matras ensemencé et mis à l'étuve le 28 octobre. L'opération, faite à 6 heures du soir, a tué ce cobaye le lendemain 8 novembre, à 11 heures du matin, soit en dix-sept heures.

A l'autopsie, noyau apoplectique dans le lobe supérieur du poumon droit. Congestion du foie et de la rate ; muqueuse intestinale rouge, hémorragie péritonéale.

Le sang du cœur est resté stérile.

Rien d'important dans les cultures faites avec l'exsudat péritonéal.

Le 10 novembre, une souris est inoculée avec 1 centimètre cube de bouillon de culture ensemencé avec une colonie poussée sur Elsner.

L'injection est faite dans le tissu cellulaire du dos. Elle meurt le 23 novembre, et à l'autopsie on trouve la peau recouvrant la moitié du ventre et du dos

gangrénée, laissant les muscles à nu sous un exsudat concret. Pas d'épanchement abdominal. Rougeur diffuse de tous les organes, rate très augmentée de
volume.

Dans l'exsudat on trouve des B. en navette ayant les bouts colorés et le centre
plus clair.

Le sang du cœur ensemencé dans le bouillon donne une abondante culture
dès le lendemain 24, avec ce bouillon on obtient par piqûre sur un tube de
gélatine une culture en clou, blanche, non liquéfiante, B. de mobilité nulle,
ne prenant pas le Gram.

Sur tube de gélose en piqûre le 25 novembre, culture large à la base, s'amin-
cissant vers la pointe et surmontée d'une petite calotte. Bâtonnets immobiles
ne prenant pas le Gram.

La gélose bleue est à peine rougie ; le lait est coagulé.

L'examen microscopique confirme les caractères précédents et nous permet
d'affirmer la présence du pneumo-bacille de Friedlander.

Dans les préparations extemporanées de l'exsudat, les B. étaient encapsulés.

Cinquième analyse.

Terminons cette étude par l'analyse sommaire des résultats fournis par l'eau
de l'Erdre prélevée sur quatre points différents entre le pont la Motte-Rouge
et la passerelle, là où sont espacés dix-huit grands bateaux-lavoirs. Rappelons
qu'à son embouchure, l'Erdre est retenue par une haute écluse, que sur le
parcours indiqué ci-dessus la rivière sert d'égout à ciel ouvert à une usine de
brosserie, etc... et à une population de 30,000 habitants. L'eau de cette partie
de la rivière est constamment recouverte de pellicules irisées, elle exhale une
odeur infecte et l'on voit en été de nombreuses bulles gazeuses crever à la
surface.

L'Erdre est donc matériellement un égout à ciel ouvert, et l'eau qu'elle
contient, malgré sa richesse bactérienne, n'arrive pas spontanément à s'épurer.

Le 5 juillet 1899, je tentai de faire une analyse bactériologique. Recherche
presque inutile, en raison de la nature même de l'eau, où les dix-huit bateaux-
lavoirs déversent à chaque instant leurs eaux d'essangeage les plus impures.

Les ensemencements des quatre échantillons d'eau en boîtes de gélatine faits
le 5, ont amené le 7 la liquéfaction complète de toutes les plaques ; toutes
répandent une affreuse odeur de putréfaction.

Les cultures en bouillon simple ou phéniqué se recouvrent d'un voile dès le
6 et ont une odeur sulfhydrique intolérable.

L'eau peptonée faite le 7 juillet a, le 17, une franche odeur ammoniacale, et
un tube trempé dans l'HCl dégage de très abondantes vapeurs.

Dans ces eaux peptonées nous n'avons pas la réaction de l'indol.

Les cultures en plaque sur gélose ont donné des colonies dont certaines renferment des B. mobiles, ne prenant pas le Gram, coagulant et rougissant le lait
tournesolé.

Le 5, deux cobayes ont été inoculés.

Le premier, du poids de 710 grammes, a reçu dans le péritoine 2 grammes
d'eau prise au pont la Motte-Rouge. Il meurt le 23, ne pesant plus que
350 grammes.

Je n'ai pas fait l'autopsie.

Le second, du poids de 650 grammes, a reçu dans le péritoine 1^{gr},80 d'eau prélevée à la passerelle ; il meurt le 27 juillet, ne pesant plus que 349 grammes, son agonie a été très longue.

A l'autopsie, pas de péritonite ; pas d'épanchement. Les organes ne présentent rien d'anormal. Hépatisation de la base du poumon droit, pas de liquide dans les plèvres ni dans le péricarde.

Le sang du cœur est resté stérile.

Ces derniers résultats, en quelque sorte négatifs, puisqu'ils n'ont fait rencontrer positivement que le B. coli mêlé à de nombreux agents liquéfiants se passent néanmoins de tout commentaire.

CONCLUSIONS.

Nous pourrions multiplier les documents, mais les faits résumés ci-dessus paraissent suffisants pour entraîner cette conviction que les lavoirs, quels qu'ils soient, sont des établissements dangereux puisqu'on y trouve des éléments de suppuration, le pneumo-bacille, le streptocoque, peut-être le charbon, toujours le B. coli ou les paracoli, des tétragènes, etc., etc.; qu'il est urgent de demander par suite aux pouvoirs publics de classer ces établissements, d'imposer aux lavoirs existants des améliorations en rapport avec les progrès de l'hygiène ; de soumettre les projets de constructions nouvelles à l'étude des Conseils d'hygiène départementaux, et d'armer les maires des pouvoirs nécessaires pour sauvegarder dans toute l'étendue de leurs communes la santé de leurs administrés.

CHAPITRE III

Hygiène du linge de corps.

Comme il est d'observation que bien des gens encore ne prennent d'autre soin de propreté corporelle que de changer périodiquement de linge, il n'est peut-être pas inutile de rappeler ici les recherches de Remmlinger. (Voir *Médecine moderne*, nos 33, 34, 35, avril 1896), qui, dans ses expériences, a trouvé dans l'eau du bain d'un militaire une moyenne de 530 millions de microbes.

Les germes rencontrés étaient des espèces banales, des saprophytes dont la présence sur le corps n'est pas quantité négligeable, puisque leur présence ralentit les fonctions de la peau et doit entraver l'absorption de l'oxygène.

J'ajouterai à ces considérations que sur une peau déjà sale, s'il se fait une excoriation même superficielle, si cette excoriation se trouve en contact avec une étoffe mal lavée, il peut se produire des associations microbiennes dangereuses, et parfois des infections dont les suites peuvent être graves.

Il importe donc de démontrer que le lavage du linge et des effets, tel qu'il se fait aujourd'hui, ne donne aucune sécurité, et que ce que nous appelons du linge propre, n'est en somme qu'un linge contenant des quantités considérables de germes dont certains peuvent être pathogènes.

Cette opinion n'est plus pour nous une simple hypothèse, c'est un fait démontré par l'expérience.

Les ecthyma des jeunes cavaliers, les affections furonculeuses des fantassins sont à notre avis imputables à l'état de la peau du soldat, qui n'est douché régulièrement qu'une fois par mois, et aux germes retenus dans les vêtements après le lavage fait par les entrepreneurs de blanchissage.

Cette importante question mérite d'être étayée sur des faits. Nous allons en fournir sommairement quelques-uns.

Première analyse.

Le 7 mars 1898, nous passons à l'autoclave un morceau de drap de pantalon avec ses doublures. Les fragments sont placés dans une boite de Pétri stérilisée à leur sortie de l'étuve, et le lendemain ils sont immergés dans un lavoir public à côté des vêtements qu'on y fait tremper.

L'immersion a duré une heure quarante-cinq minutes.

Au laboratoire, ayant pris 10 grammes de drap et 10 grammes de doublure, nous les plongeons dans 500 grammes d'eau stérilisée où nous les laissons macérer trente minutes.

Après avoir agité plusieurs fois, 1 centimètre cube est prélevé dans chaque ballon et sert à ensemencer cinq plaques de gélose mises à l'étuve à 35°.

Le 9, rien n'a encore poussé. Le 10, commence la numération; elle est complète le 16 et donne : drap, 18.000 colónies ; doublures, 56.000 colonies au centimètre cube d'eau.

Plusieurs colonies chromogènes jaunes, roses, grises.

Le 11, nous trouvons dans une colonie venant des doublures des bacilles mobiles ne prenant pas le Gram.

Le 18 mars, nous trouvons les mêmes éléments dans un tube de bouillon ensemencé le 12 avec une colonie venue du drap.

Les circonstances nous ont empêché de poursuivre cette expérience, qui a été reprise à nouveau ultérieurement.

Deuxième analyse.

Le 9 janvier 1899, j'ai pris des effets lavés dans l'Erdre au mois d'octobre précédent. Les effets ont été lavés avec de l'eau stérilisée et bouillie, et cette eau de lavage a servi à préparer des dilutions au 1/1000 dans l'eau stérilisée.

La numération sur plaque de Pétri donne 109.000 colonies au c³.

Le 13, la liquéfaction arrête la numération.

Dans les cultures sur bouillon ordinaire, nous trouvons des B. divers dont nous faisons la sélection ; nous trouvons des tétragènes en grand nombre. (La présence des tétragènes a été signalée dans les cavernes tuberculeuses.)

Dans un bouillon phéniqué, au troisième passage, nous avons trouvé le B. coli avec tous ses caractères ; même résultat sur Elsner; mais dans l'eau peptonée nous ne trouvons pas d'indol. Le bouillon lactosé a fermenté, le lait tournesolé a viré et s'est coagulé.

Un cobaye de 300 grammes a reçu dans le péritoine, le 16 janvier, 2 c³ de bouillon ordinaire mis à l'étuve à 38° le 9 janvier. Il meurt le 18, ayant perdu 35 grammes de son poids.

L'examen extérieur du cadavre prouve que l'animal a succombé à une affection gastro-intestinale grave; à l'anus, la muqueuse rectale fait une forte hernie.

Dans le péritoine, exsudat séreux très abondant ; la surface du foie est recouverte de fausses membranes jaunâtres ; la rate est grosse ; l'intestin est distendu par les gaz ; l'exsudat séreux abondant dans les plèvres ; arborisation sur la muqueuse de l'intestin grêle.

L'examen microscopique immédiat du sang et de la sérosité péritonéale fait penser qu'on a affaire au charbon, et dès le 18 la sérosité et le sang sont mis en culture dans le bouillon pour les ensemencements sur milieux réactifs.

Le 19, la surface du bouillon ensemencé avec le liquide péritonéal est recouverte d'un voile léger dans lequel nous reconnaissons de gros bâtonnets prenant avidement le Gram ; sur pomme de terre, un ensemencement du 19 donne, le 23, une pellicule gris sale, d'aspect gaufré ; sur gélatine en piqûre, le 21, commence la liquéfaction en entonnoir ; le 23, elle est nettement floconneuse.

Le sang du cœur cultivé a donné les mêmes réactions.

On est donc positivement en présence d'une culture de charbon ; les circonstances m'ont empêché de rechercher sa virulence sur le lapin.

Quelques mois après, dans les mêmes effets, le charbon a été recherché sans résultat.

Cette expérience se passe de tout commentaire.

Laissant de côté les autres analyses faites, terminons par deux recherches récentes faites spécialement en vue du Congrès.

Troisième analyse.

Le 12 juillet dernier, je fis lessiver à domicile quatre échantillons de tissus qui furent ensuite savonnés dans l'Erdre, dans le milieu de l'espace compris entre les deux ponts, soit à l'extrémité de la rue de Bouillé exactement. Ces tissus sont séchés à l'ombre, comme cela a lieu la moitié du temps au moins à Nantes.

Le même jour, je prends 2 grammes de chacun des quatre tissus et je les fais macérer dans 100 grammes de bouillon ordinaire placé à l'étuve de 30°.

Une demi-heure après l'ensemencement, il est prélevé dans chaque bouillon, avec le fil de platine non recourbé, de quoi ensemencer de la gélatine en boîtes de Pétri.

1° Tissu de tricot (bas).

Le 14 juillet, le bouillon est devenu épais comme une purée ; il est tellement putride qu'on ne peut plus longtemps le laisser dans le laboratoire.

Le 15, avec un fil de platine on inocule un bouillon, et avec cette dilution on sème sur gélose pour faire la détermination des colonies. Le même jour, les cultures sur gélatine sont liquéfiées.

Le 17, la numération sur gélose est impossible en raison de la confluence. On y trouve des bâtonnets mobiles ne prenant pas le Gram. L'étude sur les différents milieux donne les réactions d'un paracoli-bacille ; la fermentation de la lactose a été faible, un séro-diagnostic au dixième a été négatif.

2° Tissu de laine (couverture).

Mêmes opérations. Bouillon putride. Liquéfaction de la gélatine. Sur gélose, colonies innombrables.

A l'examen microscopique, petits bâtonnets très mobiles ne prenant pas le Gram et faisant fermenter la lactose.

3° Tissu de coton plissé (chemise au-dessus du poignet).

Même résultat. Nous y trouvons en plus une sarcine blanche et un bâtonnet qui paraît sporulé.

Un cobaye inoculé avec une émulsion de ce produit se porte bien encore aujourd'hui, 30 août.

4° Tissu de coton non plissé (morceau de chemise).

Rien de spécial ; on trouve dans les cultures un long bâtonnet prenant le Gram, probablement le B. *subtilis*, ainsi que de petits bâtonnets n'ayant que peu d'action sur les milieux réactifs.

L'aspect, la couleur et l'odeur des bouillons, la liquéfaction rapide de la gélatine montrent que le linge mis en expérience a été dangereusement souillé pendant son lavage dans l'Erdre, fait très soigneusement au savon blanc.

Tout le linge lavé dans cette partie de la rivière est donc remis à ses propriétaires dans un état putride qui en rend l'usage dangereux.

Il importait de savoir si la vitalité des germes se conservait dans les tissus ; pour cela, ayant plié avec soin nos tissus d'expérience et les ayant conservés dans un tiroir à l'abri de toute autre contamination, nous avons recommencé comme ci-dessus toutes nos expériences dans les mêmes conditions le 3 août.

Les résultats ont été absolument identiques, sauf que, dans le n° 1, on a trouvé un germe donnant toutes les réactions du pyocyanique ; pour le déterminer, un cobaye a été inoculé le 26 août. Le 29 août, l'animal vit encore ; il est probable que le séjour prolongé du linge dans un tiroir a fait perdre aux germes leur virulence. Si le temps ne m'eût manqué, j'aurais essayé de lui rendre sa virulence par passage sur la souris.

Dans le bouillon n° 2 (couverture de laine), avec une colonie d'apparence éberthiforme, on obtient une agglutination immédiate au dixième ; le sérodiagnostic est négatif au cinquantième.

Rien à dire des autres milieux.

En somme, les tissus conservés dans un tiroir n'ayant à peu près rien perdu de leur putridité après trois semaines de conservation, c'est avec terreur qu'on pense qu'un mouchoir de poche qu'on porte à son visage a pu sortir d'une pareille sentine, qu'une chemise infectée recouvre votre corps, que le pain repose sur une nappe aussi dangereuse. N'y a-t-il pas lieu de s'émouvoir, et n'est-il pas prudent d'exiger que le linge de corps, etc., ait plus que des apparences grossières de propreté ? Il faudra lutter contre la routine ; mais si on veut, on peut, sans de grosses difficultés, remédier à une situation antihygiénique pleine de périls (1).

L'ensemble de ces faits appelle une autre démonstration.

Le linge de corps, traité comme il l'était jadis, dans de bonnes conditions de lessivage et de lavage dans de l'eau propre, présente-t-il des qualités bactériologiques différentes ?

C'est ce qui semble résulter des recherches faites sur ma demande par M. Fortineau.

Quatrième analyse.

Deux flacons de bouillon de 50 grammes sont ensemencés, l'un avec un morceau d'un centimètre carré d'une chemise bien lavée dans un ménage, le second avec un égal fragment de mouchoir de même origine.

Ces bouillons, mis à l'étuve à 37°, sont à peine troublés le second jour et n'ont pas d'odeur désagréable. Dans le voile qui recouvre la surface, on ne trouve que le B. *subtilis*.

(1) Faisons remarquer que, dans nos expériences sur les animaux, nous n'avons jamais observé de tuberculose, ce qui semble démontrer que la vitalité du B. de Koch est détruite par les eaux ammoniacales et putrides de l'Erdre comme par les eaux stagnantes et savonneuses des lavoirs.

Un cobaye, inoculé dans le péritoine avec 1 c³, ne donne signe d'auc un trouble.

Ici encore, point n'est besoin de commentaires ; le linge lavé dans de l'eau propre n'a pas d'histoire.

CONCLUSIONS

Jadis, tout finissait par des chansons, c'était amusant, et le ridicule parfois tuait le microbe ; aujourd'hui, la mode est de faire une ligue. Voilà l'objet d'une très utile et très inoffensive ligue, ligue contre le mauvais blanchissage.

Notez que je n'invective pas le corps de métier des blanchisseurs ; je sais de très bonnes ménagères, laveuses du bord de l'Erdre, qui font cuire leurs choux dans le bouillon de culture qu'elles ensemencent tous les jours. Puis qu'elles boivent cette eau, vous leur ferez difficilement croire qu'on ne peut pas y laver une chemise sale. Excusons-les, parce qu'elles ne savent pas ; mais, chers collègues des hôpitaux, exercez une surveillance active sur le linge que vous fournissent les administrations hospitalières. J'ai des documents sur cette question ; ils sont si navrants que je préfère les garder par devers moi. Que de complications nosocomiales nous épargnerions à nos malades, si nous les placions dans de bonnes conditions de propreté ! Propreté, il y a tout un livre à écrire à ton sujet, faisons une ligue en ton honneur.

Croyez-moi, comme on faisait jadis, lavons notre linge en famille, les proverbes ont toujours raison.

M. le Dr HUBLÉ, Médecin-Major de 1re classe au 52e rég. d'Infant., à Montélimar.

Le sac à linge sale dans les casernes. — Le linge de corps du soldat, dans l'armée française, est changé obligatoirement, en temps de paix, une fois par semaine au moins. Dans la pratique, cet échange est hebdomadaire, l'échange à intervalles plus rapprochés est l'exception. Il y a lieu d'encourager le renouvellement et le lessivage du linge de corps de l'homme de troupe à des intervalles périodiques aussi courts que possible.

Dans la plupart des casernes, en attendant le moment de donner au blanchissage leur linge sale, les hommes ne savent où manutentionner ces effets, imprégnés de sueur et de poussière, plus ou moins souillés d'excrétions.

Quelque nombreuses et prévoyantes que soient les instructions relatives aux mesures destinées à assurer la santé du soldat, il n'en est pas qui réglemente la manutention du linge sale, entre l'instant où l'homme s'en dépouille et celui du blanchissage, celui-ci pouvant n'avoir lieu qu'au bout de plusieurs jours.

Faute d'avoir à leur disposition un local ou un récipient *ad hoc*, il arrive trop souvent que les hommes dissimulent leur linge sale sous le matelas de leur lit. Cette pratique, à la fois contraire à l'hygiène et aux règlements, occasionne des punitions à ceux qui commettent cette faute.

Il serait par suite très désirable, à notre avis, que dans tous les corps de troupe on mît réglementairement à la disposition de chaque homme un sac à linge sale. Les essais faits dans ce sens dans certains corps méritent d'être poursuivis et généralisés. Un tel sac confectionné avec de la toile d'effets hors de service ne donnerait lieu à aucune dépense. Il serait suspendu au fer de la couchette et fréquemment lessivé.

Ce point d'hygiène des chambrées étant réalisé contribuerait évidemment à éviter la diffusion des maladies transmissibles dans les casernes.

Une mesure semblable devrait être adoptée dans tous les établissements où un certain nombre de personnes vivent en commun (lycées, collèges, écoles, séminaires, communautés, cités ouvrières, etc.).

———

M. Edmond **PHILIPPE**, Ing. civil, à Paris.

Les Lavoirs. — Si, comme le prétendent ceux que les progrès de l'hygiène n'intéressent pas, les communications scientifiques sont d'autant meilleures qu'elles sont courtes, je vais, pour ceux-là, m'efforcer d'obtenir cette qualité.

La question à l'ordre du jour est celle-ci :

« Les lavoirs de campagne et l'hygiène du linge de corps. »

Par les lavoirs de campagne, j'ai compris les lavoirs à la campagne ; c'est donc de ceux-ci que je vais vous entretenir. Je les considère comme désastreux pour la santé publique par suite de la contamination des rivières résultant du rejet dans les cours d'eau des eaux d'essangeage.

L'essangeage est, comme vous le savez, l'opération qui consiste à mouiller le linge avant de le lessiver.

Or, Miquel (1) a trouvé 25 millions de bactéries par centimètre cube dans les eaux d'essangeage.

Pour avoir un terme de comparaison, il suffit de rapprocher ce chiffre de 25 millions de bactéries trouvées dans les eaux d'essangeage de celui de 7 à 8 millions qui est la proportion contenue dans les eaux d'égout.

Le danger de la contamination des cours d'eau, par les lavoirs établis dans les campagnes, serait à faire connaître et aussi à faire connaître les dangers auxquels s'exposent les personnes chargées du blanchissage du linge des malades atteints d'affections contagieuses.

Ces dangers connus, nul doute que, pour s'y soustraire, les blanchisseuses ne procèdent, avant le triage, à l'essangeage du linge en plongeant celui-ci dans l'eau d'un réservoir contenant une solution à 2 0/0 de crésyline, moyen recommandé, du reste, par le docteur René Dardeau, dans son savant mémoire sur la désinfection du linge (2), ou dans une eau de bicarbonate de soude à 5 0/0 Baumé, ce qui prépare le linge à être lessivé.

Vu son faible prix : 30 et 35 centimes le litre, la crésyline peut être recommandée sans, pour cela, augmenter le coût du blanchissage.

L'essangeage *avant triage, dans un liquide antiseptique,* a le très grand avantage de supprimer complètement la contamination par les poussières, et l'essangeage étant fait en eau *dormante,* c'est-à-dire dans une cuve, de ne rejeter aux égouts ou à la rivière qu'un liquide stérilisé.

Je crois que l'essangeage dans un liquide antiseptique avant triage du linge, est le point le plus important pour un lavoir hygiénique et qu'il devrait être interdit de procéder différemment, surtout pour le linge d'hôpital.

Qu'enfin les lavoirs ruraux qui contaminent les cours d'eau devraient être réglementés.

Ici, je vais citer un fait personnel : j'ai installé en France un certain nombre

———

(1) MIQUEL. *Recherches en bactéries des eaux d'essangeage. Revue d'Hygiène,* t. VIII, p. 135.
(2) J.-B. Baillière et fils, année 1901.

de lavoirs, et, dans mes établissements, par raison d'économie et aussi par routine; je dois avouer qu'on ne procède pas toujours comme je viens de l'indiquer, mais cela revient au même, on fait usage, comme antiseptique pour l'essangeage du linge, de bicarbonate de soude à 5 0/0 Baumé ; cela a l'avantage de préparer le linge à l'opération du lessivage.

Je vais, maintenant, chercher à démontrer que toutes les opérations qui suivent l'essangeage ont pour effet de stériliser le linge.

Aujourd'hui, l'usage des lessiveuses à vapeur est très répandu et c'est ainsi que je monte mes lavoirs ; de plus, comme dans mes lavoirs on coule du matin au soir sans arrêt, je procède par petites quantités de linge, dans des lessiveuses séparées, ne contenant, souvent même, que le linge d'une seule famille : on place dans ces lessiveuses, le linge essangé, comme il vient d'être dit, on l'arrose de lessive froide et c'est au moyen d'un jet de vapeur qui met le liquide en mouvement que ce dernier s'échauffe progressivement et est porté rapidement à l'ébullition.

En procédant ainsi, aucune tache sanguine n'est indélébile.

L'eau bouillante alcaline à 5 0/0 Baumé, portée et maintenue pendant vingt minutes, temps nécessaire pour le lessivage, à la température de 100°, détruit les bactéries charbonneuses, celles du tétanos, etc. (1).

L'eau de savon agit de même, et, dans la plupart des lavoirs convenablement installés, le savonnage ne se fait plus à la main, mais au moyen d'appareils dénommés batteuses, tambours laveurs, ou même savonneuses à vapeur.

Or, dans ces appareils, le linge est agité dans une eau savonneuse maintenue bouillante ; et nous avons vu, d'après les expériences faites et rapportées dans le savant ouvrage du docteur René Dardeau, que, dans ces conditions, quelques minutes suffisent pour détruire toutes les bactéries.

Aussi, après avoir été essangé, lessivé et savonné comme il vient d'être dit, le linge peut être considéré comme stérilisé ; c'est ainsi, du reste, que l'a considéré, dans son rapport, le docteur Ferrier (2).

Après rinçage, le linge est séché dans des étuves à air chaud, puis repassé, soit à la main, soit dans des repasseuses à vapeur.

Pour un repassage normal, voici les températures auxquelles le linge se trouve soumis :

Repassage mécanique à vapeur : 135° à 160° ; repassage à la main au fer : 170° ; lorsque le fer se refroidit au-dessous de 130°, le repassage ne peut plus avoir lieu.

Ces températures stérilisent le linge.

CONCLUSIONS.

1° Fait dans ces conditions ci-dessus relatées, le blanchissage du linge doit être considéré comme produisant une désinfection complète, c'est ce que je tenais à constater ;

2° Nous devons recommander l'essangeage du linge AVANT TRIAGE *dans une eau de soude à 5 0/0 Baumé;* ceci, non seulement pour protéger la santé des ouvrières blanchisseuses chargées du triage, mais encore pour éviter la contamination extérieure par les poussières ;

(1) Dr René DARDEAU. *De la Désinfection du linge.* J.-B. Baillière et fils, 1901. Pages 33-50 et suivantes.

(2) *Revue d'Hygiène et de Police sanitaire.* T. XXIII, n° 7, 20 juillet 1901, p. 617.

3° Nous devons proscrire les lavoirs ruraux et même les bateaux-lavoirs installés dans les grandes villes, si ce n'est en leur imposant *qu'avant de procéder à l'immersion du linge dans lesdits cours d'eau*, il devra être soumis, pendant deux heures environ, à l'opération de l'essangeage dans un liquide antiseptique;

4° De plus, il devrait être interdit de jeter dans les rivières les eaux d'essangeage non stérilisées par le fait d'une addition de crésyline ou de bicarbonate de soude à 5 0/0 Baumé. Nous avons vu que ces eaux, lorsqu'elles ne sont pas stérilisées, contiennent jusqu'à 25 millions de bactéries au centimètre cube, c'est-à-dire trois ou quatre fois autant que les eaux d'égout.

Sous le bénéfice de ces observations, je crois qu'on peut considérer les lavoirs publics comme absolument hygiéniques et la stérilisation du linge comme complète.

Des faits paraissant contredire mes affirmations ont été énoncés par divers membres du corps médical; mais ces faits ne provenaient pas des opérations du blanchissage ou du repassage, mais de linge blanchi ayant séjourné dans des locaux contaminés (1).

M. Alfred FÉRET, à Paris.

Le sommeil de l'adulte, hygiène et esthétique. — M. A. FÉRET, de Paris, fait remarquer que le sommeil étant un des principaux facteurs de la vie, puisque nous lui donnons le tiers de notre existence, il y a lieu de rechercher le moyen le plus normal pour l'obtenir.

Il considère comme nuisible la composition actuelle du lit où le traversin et l'oreiller en soulevant la tête, fatiguent les organes de la poitrine et les ligaments des vertèbres du cou.

Déjà, dans nos travaux du jour, nous avons en partie la position courbée, de sorte que le repos de la nuit devant nous délasser serait plus assuré en dormant sur une surface plane. Que l'on ne s'inquiète pas de cette position, le milieu du corps étant plus lourd, la pente s'en fait d'elle-même.

Le traversin sera d'abord supprimé, puis l'oreiller après un certain temps.

M. Féret recommande que le lit du nouveau-né soit horizontal et qu'il en soit de même dans la suite; le thorax s'en trouvera plus développé et la taille plus droite. La suppression des alcoves s'impose et des rideaux simplement posés à titre décoratif.

M. le Dʳ Alfred JEAN, ancien Chef de Clinique à la Faculté de Médecine de Paris.

Intoxication par des casseroles émaillées (Observation personnelle). — Une demi-heure après avoir mangé de la compote de rhubarbe préparée dans une casserole émaillée neuve, je fus pris de coliques abdominales et lombaires extrêmement violentes, suivies à quelques minutes de paralysie complète des deux avant-bras, des mains, de l'orbiculaire des lèvres et de la langue, avec fourmillements et engourdissement. Ces phénomènes paralytiques durèrent trois heures et disparurent peu à peu après l'ingestion d'un vomitif.

Il s'agissait d'un véritable empoisonnement suraigu par le plomb. Le fond de

----

(1) BROUARDEL. *Le Secret médical*, année 1893.
Il s'agit d'une blanchisseuse dont le linge des clients avait séjourné dans la chambre de son enfant atteint de diphtérie et dont lesdits clients avaient été contaminés.

la casserole était complètement désémaillé et laissait voir à nu la coloration noire de la tôle.

Dans ces conditions, j'ai demandé s'il ne serait pas possible, pour la fabrication de l'émail servant à des usages culinaires, d'obtenir au point de vue de la fusibilité, une réglementation et une surveillance analogues à celles qui existent pour l'étamage des ustensiles de cuisine.

Discussion. — M. Ed. Philippe : Les émaux sont fabriqués à des températures diverses, mais on recherche dans l'industrie à abaisser le chiffre de cette température, dans un but d'économie. De là l'emploi d'un mélange fait avec les sels de plomb dont le prix de revient est moins considérable.

Il serait bon de veiller à l'application des règlements administratifs.

— 13 septembre. —

M. Émile LONCQ, Sec. du Cons. départ. d'Hyg. pub. de l'Aisne, à Laon.

Sur les Conseils d'hygiène départementaux.

M. le Dr Félix FERRANDI, Médecin-Major de 1re cl., Dir. de l'Hôp. milit. d'Ajaccio.

Construction hygiénique et économique d'un sanatorium à Ajaccio. — L'auteur de la communication a pris comme modèle le sanatorium de Wald dans le canton de Zurich, du type pavillon central avec deux pavillons latéraux, et qui a coûté 548.000 francs.

Le sanatorium projeté à Ajaccio, serait construit aux environs, à 5 kilomètres de la ville, sur la route des Sanguinaires et à 200 mètres de la mer, à l'abri des vents du nord, de l'est et de l'ouest, sur un emplacement constamment ensoleillé, c'est-à-dire en plein midi. Cet établissement pourrait recevoir aussi bien des malades atteints de tuberculose pulmonaire (particulièrement les formes torpides) que des diverses tuberculoses locales de l'adulte et de l'enfant. D'après les calculs aussi approximatifs que possible, il coûterait 270.000 francs. Mais au lieu d'avoir trois étages comme le sanatorium suisse, il n'en aurait que deux, et pourrait loger 84 malades.

Après la communication, la Section a émis un vœu.

M. le Dr LÉDÉ, Médecin Inspecteur des Enfants du premier âge, à Paris.

Prophylaxie des maladies contagieuses dans les crèches.

La transmission des maladies contagieuses chez les enfants placés en nourrice.

M. le Dʳ F. BRÉMOND.

Insalubrité des maisons. — Dans les maisons parisiennes les mieux tenues, il existe une cause d'insalubrité dont on ne se méfie pas assez, c'est la malpropreté des façades intérieures des courettes et particulièrement des courettes couvertes par un plancher, au niveau de l'entresol ou du premier étage. Sur ces façades intérieures s'accumulent les poussières nocives provenant du battage des tapis. J'ai fait, avec mon ami le Dʳ Barlerin, de nouvelles recherches sur la nature de ces poussières. Deux échantillons ont été recueillis avenue de l'Opéra et rue Saint-Denis. Ils ont été délayés dans un peu d'eau glycérinée stérile et injectés à des cobayes. Les animaux ont présenté de la fièvre dès les premiers jours, en même temps que la région inoculée devenait le siège d'un abcès, dans le pus duquel nous avons constaté la présence du staphylocoque pyogène. Les cobayes ont maigri puis repris de l'embonpoint. Sacrifiés le douzième jour, ils n'avaient aucun ganglion tuberculeux.

Dans une deuxième expérience, deux cobayes ont été inoculés le 30 mai avec un centimètre cube de la solution. L'un est mort le cinquième jour après avoir eu de la diarrhée. Le sang examiné contenait un bacille court, en navette qui, ensemencé sur divers milieux, a présenté les caractères du coli-bacille. L'autre cobaye a survécu.

Nous nous proposons de refaire des expériences avec des poussières prises dans les courettes de maisons moins bien tenues que celles de l'avenue de l'Opéra et de la rue Saint-Denis, mais déjà il nous paraît démontré que les façades intérieures des beaux immeubles constituent une cause d'insalubrité, relevant de la loi du 13 avril 1850 et exigeant l'intervention des municipalités possédant une Commission des logements insalubres.

M. le Dʳ Gustave REYNAUD, Méd. en chef des colonies en retraite, à Marseille.

Les sanatoria pour malades coloniaux, en France. — Des sanotaria destinés aux coloniaux sont indispensables pour parfaire l'œuvre excellente des rapatrie ments hâtifs.

Les sanatoria, édifiés en Europe, seront situés en dehors des agglomérations urbaines importantes.

Pour permettre le retour en Europe, dans toutes les saisons, aux « invalides coloniaux » de toutes les provenances et de tous les degrés, ces sanatoria doivent être situés dans les régions les plus tempérées de l'Europe, de préférence dans le Midi de la France au voisinage des ports d'arrivée.

Il y a lieu, en raison des indications diverses fournies par les états des « invalides coloniaux » ; (malades, convalescents, débilités) d'établir des *stations basses* (1ᵉʳ degré) et des *stations d'altitude* (2ᵉ degré). Tous les rapatriés invalides feront un stage dans les stations du 1ᵉʳ degré et y subiront une sélection avant d'être envoyés dans les stations du 2ᵉ degré.

Les *stations d'altitude* ne seront pas situées au-dessus de 1.400 mètres environ. Les *stations basses* auront avantage à être au voisinage de la mer et en pleine campagne. Le Sud-Est de la France continentale et la Corse offrent la plus grande somme d'avantages climatériques.

Les sanatoria des coloniaux seront édifiés, aménagés et administrés avec le souci du confort nécessaire, mais aussi avec la simplicité qui permettra de ne pas dépasser le prix moyen de 2.500 francs par lit pour frais de premier établissement et de 2 fr. 50 c. par jour de frais de traitement individuel.

L'urgence des sanatoria coloniaux s'impose à l'opinion, aux pouvoirs publics, aux Sociétés privées et publiques, comme conséquence de l'expansion coloniale.

———

M. GIGNOUX, Présid. de la Soc. amicale des Stat. climat. de la Corse, à Ajaccio.

L'eau en général. — Les eaux à Ajaccio et à Bastia. — L'eau est la première nécessité de tout être vivant. Elle est salée ou douce.

Sous le rapport de l'eau salée (eau de mer), Ajaccio et Bastia sont dans une situation excellente.

Il n'en est pas de même en ce qui concerne l'eau douce pour Ajaccio.

I. — AJACCIO.

Il y a deux catégories d'eau douce :
1° Propreté, lavage, arrosage, ménagère ;
2° Potable.

Le canal de la Gravona.

Octroyé à la ville d'Ajaccio et à sa banlieue, par le Second Empire ; c'est le principal agent pour la première catégorie ; il faudrait :

1° Augmenter le débit, au moyen d'un barrage mobile en planches, sur le barrage du point de départ, et de réparations au canal, où il y a des pertes ;

2° Supprimer les vols et gaspillages d'eau ;

3° Diminuer et régler le débit des prises d'eau des établissements publics, des places et des rues ;

4° Supprimer le déversement du trop-plein à la mer et l'envoyer vers le scudo, au moyen d'un canal à pente légère à partir du grand réservoir ;

5° Élever les eaux, le plus possible, au moyen de turbines, moulins à vent et béliers hydrauliques (système Vidal Beaume) ;

6° Défendre les abords du canal, autant que possible, afin d'éviter les jets d'immondices et cadavres d'animaux ;

7° Doubler dans les quartiers supérieurs la canalisation souterraine qui est insuffisante.

Eaux potables.

A cet égard, la situation d'Ajaccio est mauvaise. Quoi qu'en en dise, l'eau de la Gravona, parcourant dix-huit kilomètres à ciel ouvert, n'est pas saine à boire.

Le principal agent d'eau potable à Ajaccio est *Lisa*. Cette prise est insuffisante et a besoin de grandes réparations. Il faut la capter complètement, la conduire dans un grand réservoir placé aussi haut que possible, et la distribuer par des canons-fontaines un peu partout en ville.

L'eau de Lisa et les petites fontaines particulières (Balestrino, Comte Peraldi, Château Conti, Guitera, 4° Chalet Gignoux, Lucchetti, Belvédère, Levie Ramolino, Fontaine du Salario) ne suffisent pas. Il faut créer des eaux potables pures et abondantes, au moyen d'une ou plusieurs prises d'eau forcée, soit sur le torrent de la Gravona, soit sur les autres torrents de la banlieue d'Ajaccio. C'est une dépense d'environ 300.000 francs. Mais elle est nécessaire et urgente.

Les observations ci-dessus sont recommandées au patriotisme éclairé du Conseil municipal d'Ajaccio.

II. — BASTIA.

Quoique n'ayant pas eu l'énorme secours du Gouvernement, Bastia est bien plus avancée qu'Ajaccio au point de vue hydraulique, une eau excellente et abondante inonde Bastia, au moyen de l'énorme réservoir du Bivinco. Ce réservoir, situé à 200 mètres au-dessus de la mér, conduit l'eau à Bastia par des tuyaux en fonte souterrains, et à pression forcée. L'eau, pour Bastia, n'est qu'une question de bonne distribution intérieure.

M. Ch. MOROT, Vétér. Insp. de l'Abattoir de Troyes.

Des moyens propres à assurer la salubrité des viandes alimentaires circulant en dehors des localités d'abatage (Résumé). — Les viandes de boucherie et de charcuterie vendues pour l'alimentation humaine sont de deux sortes. Les unes sont fournies par des animaux sacrifiés à l'endroit même où elles sont consommées (viandes *locales*) ; les autres proviennent d'animaux tués dans d'autres communes (viandes *foraines*). Dans les villes, les premières offrent souvent des garanties de salubrité, parce que l'abattoir est soumis à une inspection sanitaire ; les secondes en sont généralement complètement dépourvues ou n'en présentent que d'insuffisantes, alors même qu'elles ont été contrôlées au moment de l'introduction. En effet, la plupart d'entre elles sortent de petits abattoirs publics et de tueries particulières mal inspectés ou plus souvent manquant de toute surveillance.

Ces établissements reçoivent en abondance des animaux en mauvais état, infectés ou suspects qui, après égorgement, sont spécialement *parés* et *maquillés* pour donner le change même à des yeux exercés. Les viscères, les ganglions lymphatiques, la plèvre et le péritoine sont enlevés avec soin et jetés au fumier, quand ils sont le siège d'altérations pathologiques. Les lésions du tissu musculaire sont profondément recherchées et toujours écartées quand elles sont manifestement apparentes.

En cas de tuberculose généralisée, de pyémie, de septicémie, de ladrerie, etc., des spécialistes habiles — et le nombre en est grand dans chacun de nos départements — arrivent facilement ainsi à préparer des quartiers et morceaux indûment présentables qui auraient été rejetés à la suite d'une visite complète faite avant puis après l'abatage, mais qui passent dans la consommation avec l'inspection partielle effectuée sur les viandes foraines introduites dans diverses villes. En effet, il est impossible de se prononcer sur l'état de santé d'un animal dont on n'examine que des fragments. Cet examen n'a pas plus de valeur que celui qui consisterait à estimer la valeur et la qualité d'une montre sur la vue seule du verre et de la chaîne.

Certaines municipalités ont cherché à remédier à cette pratique défectueuse par des moyens de contrôle plus efficaces. A cet effet, elles ont imposé aux viandes une ou quelques-unes des conditions suivantes : présentation 1° en morceaux volumineux, 2° en quartier seul, 3° en plusieurs quartiers, 4° en moitié, 5° en bête entière, 6° avec adhérence d'un ou plusieurs viscères, 7° avec certificat de visite sanitaire des animaux à la localité d'origine, 8° avec estampille sanitaire du lieu d'abatage, etc.

En attendant que les abattoirs publics et les tueries particulières de toute la France soient sérieusement inspectés, il importe de préserver des dangers des viandes foraines, non inspectées préalablement au lieu d'abatage, toutes les communes pourvues de tueries et d'abattoirs réellement contrôlés.

Dans ce but, *il y a lieu de prohiber la circulation intercommunale des viandes de boucherie et de charcuterie non accompagnées d'un certificat d'inspection sanitaire complète au lieu d'abatage et ne portant pas l'estampille officielle de la commune d'origine, à moins qu'elles ne soient transportées sous forme d'animaux entiers avec les principaux viscères adhérents aux quartiers, avec la plèvre, le péritoine et les ganglions lymphatiques intacts.*

M. PHILIPPE.

Projet d'exposition en Corse. — C'est depuis quelques heures à peine que la plupart d'entre nous foulent pour la première fois le sol de la Corse, et, à travers toutes les séductions de ce séjour, — charme incomparable du climat, beauté des paysages, affectueuse sympathie des habitants, — un fait principal se dégage qui doit laisser à votre esprit une impression profonde : c'est l'étrange indifférence, l'extraordinaire oubli dans lesquels est abandonnée cette terre, si française pourtant à tant de titres.

Ce qui manque à la Corse, c'est d'être connue et appréciée, et d'être connue, non seulement comme lieu de curiosité pour le caractère spécial de ses mœurs ou le pittoresque de ses paysages, mais comme pouvant être la source d'inépuisables richesses, par sa fécondité, par l'abondance et la diversité de ses productions et par la puissance des ressources que laisse pressentir à l'industrie un sous-sol à peine exploré sur quelques points.

J'estime qu'il appartient à notre Association de provoquer, autant qu'il est en son pouvoir, une réaction contre un tel état de chose et il me semble qu'un des moyens les plus efficaces serait la réunion en Corse d'une exposition régionale et nationale.

VOEUX ÉMIS PAR LA SECTION

(Voir pages 53, 54.)

19e Sous-Section.

ARCHÉOLOGIE

Président. . . . . M. ENLART, Membre de la Soc. des Antiquaires de France.
Secrétaire. . . . . M. JOIN-LAMBERT.

— **9 et 10 septembre** —

M. ENLART, Président.

Excursion à Bonifacio.

Dès le soir du 8 septembre, les membres de la Sous-Section d'Archéologie, profitant du départ du vapeur de Bonifacio, ont été visiter cette ville et y ont passé la journée du 9.

Bonifacio est de beaucoup la ville la plus curieuse de la Corse au point de vue de l'archéologie du Moyen Age, car elle a gardé des édifices de toutes les époques depuis le XIIe jusqu'au XVIe siècle.

La citadelle de Bonifacio, dont M. le capitaine Forton nous a fait les honneurs avec une extrême obligeance, contient des parties d'anciens remparts dont il serait difficile de préciser la date et un curieux puits taillé dans le roc avec escalier de descente, qui rappelle le *Puits de Joseph* de la citadelle du Caire.

Il est très regrettable que l'ancien donjon circulaire ait été démoli l'année dernière. La porte de la ville est datée de 1598 et tout auprès une inscription génoise du XVe siècle, accompagnée d'un joli bas-relief de Saint-Georges, commémore la construction d'un bastion.

L'architecture civile est représentée par plusieurs édifices du XIIIe siècle, tous ornés de frises d'arcatures : les plus remarquables sont l'hôtel de ville avec son perron couvert, une maison à fenêtre géminée et une autre maison presque entière ; l'art de la dernière période gothique a laissé la porte à linteau richement sculpté de la maison dite de Charles-Quint. Ces œuvres participent surtout de l'architecture italienne.

Bonifacio contient deux églises intéressantes : la cathédrale Sainte-Marie Majeure et Saint-Dominique, église du château. La cathédrale a quelques parties des XIIe et XIIIe siècles ; ses voûtes d'ogives semblent ajoutées ; elle contient quelques sculptures italiennes, fragments de retable des XIIIe et XVe siècles ;

18

bénitier et tabernacle du xvᵉ siècle encore gothiques ; chaire et fonts baptis-
maux de la Renaissance. A l'extérieur, on remarque deux porches dont le plus
vaste, très large, sert de halle, et le clocher d'un style gothique particulier qui
rappelle ceux de Nicosie (Sicile) et de Soleto (Terre d'Otrante) et plusieurs
monuments d'Espagne. On peut le rattacher au style aragonais et le dater du
xivᵉ ou du xvᵉ siècle.

L'église Saint-Dominique est un édifice du Moyen Age presque intact : une
partie des murs et le clocher appartiennent au style roman du xiiᵉ siècle et ont
été bâtis par les Templiers ; l'appareil à assises alternées est lombard ; le
clocher octogone est d'une grande élégance ; il est planté sur sa base carrée de
façon que quatre angles correspondent aux milieux de celle-ci, c'est là une
disposition particulière au Limousin. Un crénelage italien du xvᵉ siècle termine
cette tour très originale. La façade percée d'une rose, les deux portails et toute
l'architecture intérieure sont dans le style gothique du Midi de la France et
datent du xiiiᵉ siècle et peut-être en partie du xivᵉ siècle. Cette refaçon est
l'œuvre des Dominicains. La particularité la plus remarquable est l'absence de
doubleaux dans les bas-côtés. Parmi les objets d'art conservés dans l'église, il
faut noter une curieuse suite de petits tableaux de la Passion appartenant à la
Renaissance italienne et quelques tombeaux, dont deux datent du xivᵉ siècle et
un autre, de 1469, orné d'anges tenant des blasons, qui est une œuvre assez
intéressante de la Renaissance italienne.

Au retour, nous avons visité Sartène qui ne contient rien de curieux au
point de vue archéologique, mais nous étions dédommagés d'avance par la visite
aussi pittoresque que curieuse de Bonifacio. Il est grandement à souhaiter que
ses habitants se rendent compte de la valeur de ses souvenirs historiques, avant
qu'il soit trop tard, car on nous a dit et nous avons pu constater que divers
édifices intéressants ont été mutilés ou démolis dans ces dernières années.

— 11 septembre —

M. Et. MICHON, Conserv. adj. au Musée du Louvre, Membre résid. de la Soc. des Antiq. de France.

Les ruines d'Aléria. — M. E. Michon décrit d'abord les restes de constructions
romaines qui se rencontrent à Aléria : un groupe désigné sous le nom de « Sala
reale » et de « Palazzi » et montrant des tracés d'*opus reticulatum* et d'enduits ;
un amphithéâtre ou cirque de petites dimensions ; la chapelle de Sainte-
Laurine, qui paraît avoir été abandonnée au Moyen Age ; enfin quelques traces
d'un sanctuaire, dans l'île escarpée qui s'élève au milieu de l'étang de Diane.

Pour l'époque antérieure à la domination romaine, M. Michon mentionne la
fondation d'Aléria par les Phocéens, rapportée par Hérodote. Quelques vases de
fabrication étrusque, d'autres à figures rouges sur noir, d'un beau style grec ;
des objets d'argent ; quelques substructions, de temples sans doute, en grand
appareil, remontent à cette époque.

Discussion. — M. le Président remercie M. Michon d'avoir fait bénéficier le
Congrès de ses travaux inédits et le félicite vivement du résultat de ses fouilles.

La Pyramide des Corses à Rome. — Après avoir résumé l'affaire des Corses, M. Étienne Michon montre que Louis XIV exigea, dès le début des négociations qui suivirent l'affaire, l'érection d'une pyramide commémorative à Rome. Il l'obtint par le traité de Pise en 1664 et la pyramide fut achevée le 26 mai 1664 par les soins de l'auditeur de Rote, M. de Bourlemont. La pyramide fut représentée sur plusieurs médailles et sur un bas-relief conservé dans les collections du roi d'Angleterre et provenant d'un des groupes de colonnes élevées sur la place des Victoires. En juin 1668, Clément VIII obtint de l'ambassadeur de France la démolition du monument et fit disparaître en même temps l'inscription de la colonne élevée en mémoire de l'abjuration de Henri IV par un Français, le prieur Charles d'Anisson.

Une courte discussion s'établit sur les représentations de monuments de Rome figurés sur plusieurs médailles et sur le bas-relief.

M. le Président adresse à M. Michon ses remerciements et ses félicitations pour ce travail intéressant l'histoire de la France et celle des Corses.

— 23 septembre. —

M. **Julien-Marcel FAURE**, Directeur de l'Octroi de Limoges.

Histoire de l'Octroi de Limoges de 1370 à 1900. — M. FAURE, directeur de l'Octroi de Limoges présente une *Histoire de l'Octroi de Limoges de 1370 à 1900*, dont la partie rétrospective est du domaine de l'archéologie.

A l'aide de documents anciens et des registres consulaires, M. Faure établit, en effet, que l'octroi qu'il dirige remonte exactement à 1370, époque à laquelle Limoges-Château, après le sac de Limoges-Cité par le prince Noir, se plaça sous la dépendance immédiate de Charles V. Comme ville mouvant directement de la Couronne, Limoges obtint alors la confirmation de tous les privilèges seigneuriaux et l'octroi de certaines taxes comme le surprêt et le prélèvement de quatre deniers par livre sur toutes les marchandises conduites en ville pour être vendues.

Dès le principe, l'impôt fut perçu par les garde-portes en deniers et par prélèvements, mais c'est absolument à tort, affirme M. Faure, qu'on attribue à l'octroi une origine féodale : les droits patrimoniaux et seigneuriaux étaient féodaux, l'octroi, lui, était un impôt royal par excellence, que jamais un seigneur n'obtint l'autorisation d'établir et que la monarchie mit, au contraire, à la disposition des communes pour faciliter leur émancipation.

Entre temps, M. Faure consacre quelques pages à l'administration des consuls, dont il vante les vertus civiques et qu'il montre comme appliquant le referendum pour toutes les questions importantes.

Plus tard il étudie les réformes de Colbert dont la surveillance s'exerce sur la comptabilité des communes et qui, faisant argent de tout, met aux enchères jusqu'aux emplois de contrôleur et receveur d'octroi.

Enfin, M. Faure, après avoir esquissé un portrait de Turgot, physiocrate et trouvé Louis Vergnaud, le grand orateur de la Gironde, sur les genoux d'un receveur d'octroi, son père, arrive à la Révolution.

A ce moment le vieil octroi était tellement accaparé par le Trésor qu'il dut subir le sort des autres impôts indirects.

Discussion. — M. JOIN-LAMBERT exprime le regret que M. Faure n'ait pas exposé à la Sous-Section d'Archéologie dans quelles conditions le droit d'octroi a été accordé à Limoges; il est probable que c'est en échange de garanties ou d'avantages financiers.

M. MULLER, Bibl. de l'Éc. de Méd. de Grenoble.

Histoire de La Paroisse et des mines abandonnées de Brandes-en-Oisans.

Excursion dans le Nord de la Corse.

A la fin du Congrès, la sous-Section d'Archéologie a fait une excursion dans le nord de l'île. A Corte, elle a visité la forteresse qui garde quelques vestiges du moyen âge, un pont gothique et l'église principale dont le clocher lombard et encore tout à fait roman porte la date de 1483 et la signature du maître d'œuvres Francesco Dasido.

Les excursionnistes ont ensuite visité près de Bastia la chapelle de Suerta; près de Saint-Florent la cathédrale ancienne de Nebbio; à Murato l'église Sainte-Marie, curieuse par son clocher triangulaire, et Saint-Michel, dont Mérimée a remarqué avec raison le porche et les sculptures; autour de Murato les églises ruinées de Rapalle et de Pieve; puis la ville entièrement détruite de Mariana, où se dressent presque intactes les grandes églises de la Canonica et de San Perteo; enfin, entre Calvi et l'Ile-Rousse, la curieuse église d'Aregno. Tous ces monuments appartiennent sans partage à l'architecture lombarde; ils sont intéressants à plus d'un titre et notamment par leurs sculptures barbares qui mériteraient une étude. Plusieurs de ces édifices sont certainement du xiie siècle; d'autres ne peuvent, d'après certains détails, être antérieurs au xive. Le style gothique paraît n'avoir régné qu'à Bonifacio.

20ᵉ Sous-Section.

ODONTOLOGIE

PRÉSIDENT. . . . . M. le Dr GODON, Dir. de l'Éc. Dentaire de Paris.
VICE-PRÉSIDENTS . . . . MM. DELAIR.
                                      VIAU.
SECRÉTAIRE . . . . M. le Dr SAUVEZ, Prof. à l'Éc. Dentaire de Paris.
SECRÉTAIRE ADJOINT . . . . . . M. VICHOT.

— 9 septembre —

M. le D^r Ch. GODON, Dir. de l'Éc. Dentaire de Paris, Président de la Sous-Section.

La nouvelle Section d'Odontologie à l'Association française pour l'avancement des sciences. — En ouvrant aujourd'hui la première séance de la Section d'Odontologie de l'Association française pour l'avancement des sciences, nous éprouvons un sentiment de gratitude envers les administrateurs de cette grande Association et particulièrement à l'égard du secrétaire, M. le professeur Gariel, pour l'honneur qu'ils nous ont fait en accueillant favorablement notre demande de création de cette Section.

Nous devons également remercier tous ceux qui, en France ou à l'étranger, ont appuyé cette demande, tous ceux qui ont adhéré à cette première session et sont venus prendre part à nos travaux.

Il faut voir dans la création de cette Section, en considérant les circonstances à la suite desquelles elle s'est produite, une véritable consécration des résultats obtenus depuis vingt-cinq ans par les dentistes dans le développement de leur science, consécration dont nous sentons tout l'honneur et tout le prix.

Il faut y voir aussi, non pas une orientation nouvelle, mais plutôt la conséquence logique de l'évolution scientifique de l'Odontologie dans la voie d'autonomie qu'elle poursuit, autonomie en rapport avec ses besoins, le degré de son extension et la situation spéciale qu'elle occupe au milieu des sciences appliquées en général et des sciences médicales en particulier au début du xxᵉ siècle.

Le magnifique succès obtenu par nos Congrès nationaux et principalement par le troisième Congrès dentaire international de 1900 a démontré péremptoirement que nous étions d'accord avec la grande majorité des dentistes de tous les pays dans l'œuvre d'organisation et d'orientation professionnelles que nous avons entreprise. Cette démonstration vient d'être confirmée à nouveau par les réunions de Londres et de Cambridge de la Fédération Dentaire internationale.

Mais, ces diverses assemblées, quelque nombreuses et quelque libérales qu'elles soient, affectent un caractère strictement professionnel, dans lequel nous aurions tort de vouloir nous renfermer exclusivement.

Après avoir enfin constitué cette grande union dentaire nationale et internationale, plus complète même qu'on ne pouvait l'espérer, il s'agit maintenant d'aller conquérir pour notre science, dans les diverses manifestations de la vie sociale, la place qui lui est légitimement due, afin de rendre au public le maximum de services que nous permettent les progrès de la dentisterie moderne.

L'Association française pour l'avancement des sciences est parmi ces manifestations une des plus belles, une des plus élevées. Les savants les plus éminents, dans toutes les branches des connaissances humaines, se réunissent chaque année avec tous ceux qui s'intéressent au progrès d'une science particulière ou des sciences en général sans distinction de titres, de grades ou de parchemins, pour apporter chacun dans leur section respective le résultat de leurs recherches et de leurs découvertes ; ils forment ainsi, par leur groupement, l'encyclopédie vivante des connaissances humaines nouvelles qu'ils répandent dans la vie publique en applications multiples, pour concourir au bien de nos semblables.

Nous avons pensé, et vous avez partagé cette manière de voir, qu'au milieu de ces sciences spéciales, que parmi ces savants, il y avait place maintenant pour l'odontologie et pour les odontologistes.

Nous avons pensé également que, dans ce cadre nouveau, nous arriverions à mieux dégager et à mieux grouper l'élite scientifique de notre profession, nécessaire à notre nouvelle cité odontologique, car, comme le dit le professeur Izoulet, l'auteur distingué de la *Cité moderne :* « L'élite est nécessaire dans toute cité nouvelle, aussi nécessaire à un organisme social que le cerveau à un organisme animal ; la fleur et le fruit de la pensée ne s'épanouissent que dans une élite et c'est là surtout qu'il les faut aller chercher. »

Dois-je ajouter qu'il y avait aussi un autre motif d'un ordre un peu moins élevé, quoique très pressant celui-là, qui justifiait la création de notre Section?

Il devenait difficile pour le moment de continuer d'une manière régulière en dehors des grandes villes la réunion en France de nos Congrès nationaux, créés peut-être un peu prématurément par Paul Dubois, et dont pourtant nous avons apprécié l'utilité pour le développement de notre vie corporative.

L'Association française nous offre, à ce point de vue, tous les avantages matériels d'une grande organisation fonctionnant avec méthode et succès depuis trente ans.

Nous devons donc nous féliciter, qu'en nous faisant une place dans son sein, l'Association française ait assuré la continuité de nos réunions annuelles dans les diverses parties de la France.

Comme vous le voyez, deux pensées principales ont inspiré cette création : l'une d'ordre scientifique, l'autre d'ordre matériel. Dans ces conditions quel doit être le programme des travaux de la Section ?

Un de nos confrères, M. le Dr Mahé, dans une lettre publiée par *l'Odontologie* (1), a exprimé très nettement sa manière de voir, ses craintes et ses espérances à ce sujet. Elles peuvent se résumer ainsi :

Il ne faut pas que la Section d'Odontologie de l'Association française continue et remplace les Congrès dentaires. Elle ne doit pas être comme eux une réu-

(1) Voir *l'Odontologie*, p. 510.

nion professionnelle où l'on traitera de questions intéressant purement notre
« métier », mais une réunion scientifique où l'en s'en tiendra « aux sources,
aux principes, à la théorie, aux côtés scientifiques réels » par lesquels l'Odontologie se rattache à la science générale, à la physique, à la chimie, à la mécanique, à la biologie. Quant aux déductions pratiques, on les tirera et on les
exposera ailleurs dans nos réunions purement professionnelles. Il conclut ainsi :
pas d'applications, pas de procédés, pas de résultats, pas d'observations, pas de
présentations, pas de démonstrations.

Il est évident qu'en théorie nous sommes de l'avis de notre honorable
confrère. Aussi avons-nous d'abord écarté du programme de nos travaux toutes
les questions d'un intérêt purement corporatif pour en laisser l'examen à la
Fédération Dentaire nationale, que nous avons pour ces motifs convoquée en
même temps que le Congrès de l'Association française ; puis nous avons placé
en tête de l'ordre du jour les communications scientifiques portant sur l'anatomie, l'histologie, la physiologie, la pathologie, la bactériologie, la thérapeutique, etc., suivant en cela ce qui a été fait dans nos divers Congrès.

Nous n'avons pas cru devoir écarter de l'ordre du jour les questions d'enseignement dentaire, car elles nous ont paru offrir plus d'intérêt dans notre Section que dans la Section d'enseignement de l'Association française. Quant à
l'hygiène dentaire publique, il me semble qu'elle est à sa place ici et qu'on
ne saurait trop lui donner d'importance et d'attention. Il reste les présentations et les démonstrations de procédés ou d'instruments intéressant les dentistes. Sur ce point nous ne partageons pas, pour le moment du moins, les idées
un peu trop radicales de notre confrère Mahé. Quand les Congrès dentaires
nationaux auront repris une périodicité que nous souhaitons au moins triennale,
le programme de la Section d'Odontologie pourra être purement scientifique ;
mais en attendant, on ne saurait se priver d'un élément susceptible d'attirer
nos confrères en nombre suffisant pour faire vivre la Section, ce qui est tout
d'abord le point important. Du reste, s'il y avait inconvénient à ce que les
présentations et les démonstrations figurassent directement dans la Section,
il serait possible de les rattacher, avec les questions corporatives, à la réunion
de la Fédération Dentaire nationale, ce qui donnerait ainsi satisfaction à tout le
monde.

Avant de terminer, laissez-moi vous dire un mot de l'administration de notre
Section. Le Conseil de l'Association française m'a désigné cette année pour
organiser et présider cette Section par suite de l'initiative que j'avais prise de
sa création (1), mais il est entendu que, tout à fait les maîtres dans votre
Section, vous désignerez vous-mêmes, pour les années suivantes, le président
et les membres du bureau. Le Bureau de la Fédération Dentaire nationale,
en adhérant à cette création, a désigné comme membres du bureau pour m'être
adjoints à titre consultatif pour cette année en qualité de vice-présidents,
MM. Viau et Siffre, M. Sauvez comme secrétaire, et M. Stévenin, comme secré-
taire-adjoint. Je pense que vous voudrez bien, en reconnaissance du concours
dévoué qu'ils m'ont apporté dans l'organisation de la Section, les confirmer
dans ces fonctions pour cette session, au moins ceux qui sont présents.

Quels seront maintenant les résultats de cette création ? Nous nous trouvons
un peu en présence d'un enfant qui vient de naître ; nous avons tout fait pour

(1) Voir *Bulletin de l'Association française* de novembre 1900 et *l'Odontologie* du 30 novembre
1900, p. 523 et 15 mars 1901, p. 235.

écarter de son berceau les nombreux accidents qui menacent le jeune âge et nous avons lieu d'espérer qu'il se développera en force et en savoir pour réaliser les espérances que sa naissance a pu faire concevoir.

Dans tous les cas je dirai avec le rédacteur du *Dental Cosmos*, dont nous avons cité l'intéressant article (1), que cette création nous vaut déjà un premier résultat : la reconnaissance officielle de l'Odontologie comme branche distincte de la biologie, ayant comme champ d'action l'étude et la recherche de tout ce qui se rattache aux dents, à la fois chez l'homme et chez les êtres organisés d'un ordre inférieur, et aussi celle de la dentisterie comme science spéciale, dans la conception la plus large et la plus élevée.

Cette création est un pas de plus dans la voie de l'autonomie que nous réclamons et elle constitue ainsi comme la formule de nos aspirations et de nos revendications au sujet de la place que nous souhaitons de voir réserver maintenant à notre science dans toutes les manifestations officielles, publiques ou privées de la vie sociale où elle peut utilement intervenir. Nous voulons dire par là que nous souhaitons de voir créer, comme l'a fait si libéralement l'Association française pour l'avancement des sciences, dans l'enseignement, dans l'hygiène, dans l'assistance *des Sections spéciales d'Odontologie*. Nous le souhaitons autant pour ramener la paix dans notre profession, que pour faciliter les progrès et l'évolution de la science odontologique.

————

M. J. CHOQUET, Prof. à l'Éc. Dentaire de Paris, à Paris.

Contribution à l'étude de l'arrêt de la carie dentaire. — J'ai démontré dans des travaux antérieurs la justesse de la théorie émise par Galippe au sujet de la continuation de la carie dentaire dans des obturations faites avec tout le soin désirable, en reproduisant sur les dents d'un animal vivant, le mouton, les ravages occasionnés par les divers micro-organismes que l'on rencontre ordinairement (2).

Le but que j'envisage depuis plusieurs années et auquel je suis arrivé est d'enrayer les progrès de la carie dentaire, en tuant les microbes cachés dans la dentine, sans cependant tuer par la même occasion l'organe vital de la dent, la pulpe dentaire. La marche à suivre pour opérer est la suivante :

1º Nettoyage mécanique de la cavité à obturer, au moyen de la fraise;

2º Déshydratation à l'air tiède auquel on associe ensuite l'action de l'alcool à des titres successifs, jusqu'à l'alcool absolu;

3º Séchage à l'air chaud et remplacement de l'alcool par le mélange : alcool, xylène, essence de géranium et hydronaphtol. Des dents traitées de cette façon en laissant à demeure pendant vingt-quatre heures une obturation provisoire à la gutta, n'ont donné aucun résultat comme développement microbien, après ensemencement dans les divers milieux de culture, de parcelles de dentine colorée par l'action de la carie.

En outre, le traitement tel qu'il est indiqué plus haut, présente la particularité de permettre à l'organe pulpaire de réagir et cette réaction se produit sous forme de dentine secondaire.

De ces expériences, il résulte qu'aujourd'hui la carie dentaire peut être enrayée d'une façon indiscutable.

(1) Voir *l'Odontologie* du 30 juin 1901, p. 612, et la *Dental Review* de mai 1901.
(2) Académie des Sciences. — Société de Biologie, 1900.

Discussion. — M. le Dr SAUVEZ. — J'ai suivi avec intérêt les expériences de M. Choquet, au courant desquelles il m'a mis depuis un certain temps. J'ai expérimenté sa méthode; je l'emploie et je la fais employer fréquemment chez moi. Je trouve son idée excellente, ses expériences concluantes, et je suis heureux que la première session de la Section d'Odontologie de l'Association française pour l'Avancement des sciences ait, par une bonne fortune, à son ordre du jour une communication d'ordre scientifique comme celle-ci.

Aussi, comme j'en pense beaucoup de bien au point de vue général, je puis la discuter très librement, en me faisant un peu l'écho des objections qui lui ont été opposées par nos confrères qui n'ont pu se rendre ici, MM. Mendel-Joseph, Loup et Mahé, en résumant ces objections pour permettre à notre ami Choquet d'y repondre. Je veux me placer, pour la discussion, au point de vue uniquement pratique, c'est-à-dire, en un mot, discuter quel avantage le praticien peut retirer aujourd'hui de la méthode Choquet dans le traitement des dents.

Pour cette discussion, je vais supposer que je me trouve en présence de caries de degrés différents et que j'emploie la méthode, et je vais considérer d'abord son emploi dans le traitement des caries du premier et du second degré.

M. Choquet fait remarquer que, dans notre pratique journalière, nous nous contentons de faire le curettage des cavités en enlevant les débris de dentine infectée et d'assurer la rétention; puis que nous pratiquons notre obturation lorsque nous avons comme paroi une dentine blanche résistante sur laquelle notre instrument grince en produisant le *cri dentinaire.*

Avec cette simple manœuvre, nous dit M. Choquet, on n'obtient qu'une cavité dont les parois sont loin d'être aseptiques, et il démontre, preuves en mains, que si, au moment où le dentiste va pratiquer l'obturation, on touche le fond de la cavité avec un fil de platine stérilisé, on peut ensemencer avec ce fil un bouillon de culture approprié.

Donc, le dentiste pratique couramment son obturation sur une dentine qui n'est pas aseptique. M. Choquet prouve également, d'autre part, que si l'on emploie sa méthode, on obtient une cavité dont les parois sont rigoureusement aseptiques, et il cite plus de 800 obturations pratiquées ainsi avec succès.

Tout cela est vrai, je le reconnais parfaitement; mais je réponds à M. Choquet que, dans la pratique courante, le curettage normal suffit : le nombre de 800 obturations faites depuis deux ans avec succès ne m'arrête pas, parce que je sais que, dans le monde entier, on en fait journellement, depuis cinquante ans seulement, par exemple, un nombre beaucoup plus considérable, et que dans la clientèle nous voyons couramment des dents atteintes de caries des premier et second degrés obturées il y a dix ans, vingt ans, et parfois trente ans, qui n'ont pas bougé et leur pulpe est encore vivante. Donc, dans la pratique il ne me paraît pas nécessaire d'avoir recours à cette méthode, et, dans l'état actuel de nos connaissances, nous pouvons affirmer la guérison radicale, complète d'une carie du premier et du deuxième degré quand cette carie a été curettée comme nous le faisons tous normalement et quand l'obturation a été bien pratiquée.

Mais il serait ridicule et antiscientifique d'écarter d'emblée une méthode qui donne une garantie d'asepsie, sous le prétexte qu'on peut réussir sans elle, et je me rallierais très bien à l'emploi courant de la méthode pour les caries des premier et deuxième degrés, quoique cet emploi doive augmenter la durée de l'opération, si je savais qu'en l'employant j'ai non seulement une certitude d'asepsie de plus, mais que je n'ai, d'autre part, aucune crainte à avoir.

Or, ne doit-on avoir aucune crainte? Les substances employées ne risquent-elles pas d'agir sur la pulpe qui meurt pour le moindre traumatisme et parfois sans cause appréciable?

Si, par malheur, cette mortification survenait, la coloration de la dent changerait et, dans le cas de nouvelle carie ou de récidive, il arriverait que les micro-organismes, au lieu de trouver une dent vivante apte à réagir et à former de la dentine secondaire, ne rencontreraient plus que des canalicules vides, qui seraient des chemins tout préparés pour aller s'installer dans les canaux.

Je sais bien que M. Choquet pense pouvoir garantir la persistance de la vitalité de la pulpe et amener également cette sécrétion de dentine secondaire en assurant en plus l'asepsie de la cavité. Il nous le démontre même sur des dents de chien.

Mais on peut toutefois se demander si l'application de cette méthode n'est peut-être pas plus dangereuse pour l'avenir et la défense de la dent, étant donnée la mortication possible de la pulpe, que la simple antisepsie mécanique que nous savons scientifiquement incomplète, mais pratiquement suffisante, et qui a derrière elle des années multiples et des millions de succès.

L'exemple de la persistance de la vitalité de la pulpe dans la dent de chien ne me suffit pas, car cet organe est peut-être plus résistant chez cet animal.

Donc, pour ces deux degrés de carie, je conclus aujourd'hui en disant :

Avec le procédé courant j'ai la certitude presque mathématique du succès; avec le nouveau il est possible qu'il arrive un accident. La nouvelle méthode ne me paraît donc pas nécessaire.

Dans la carie du troisième degré l'emploi de la méthode ne me paraît pas non plus nécessaire, puisque le résultat clinique du traitement classique est presque absolu.

Mais pour le quatrième, c'est autre chose. Là, nous avons beaucoup de chances d'obtenir un bon résultat, par la méthode classique; mais je pense qu'aucun opérateur ne peut affirmer la certitude de la guérison. Il y a les plus grandes probabilités ; il n'y a pas certitude.

Nous sommes certains, quand le traitement est bien fait, ce qui n'est pas toujours facile ni possible, étant données les anomalies qu'on rencontre dans la pratique, nous sommes certains, dis-je, ou à peu près, de l'antisepsie du canal ou des canaux radiculaires, mais non de l'antisepsie des canalicules dentinaires.

Or, M. Choquet nous démontre, ce qui, à ma connaissance, n'avait jamais été fait avant lui, que le tissu dentinaire en entier est imbibé de son mélange antiseptique et même le cément, puisque cet organe présente les réactions chimiques montrant sa pénétration intime par les agents antiseptiques.

Dans ce cas donc, il n'y a pas à hésiter à employer le traitement; la seule raison qui pourrait faire hésiter serait la crainte de léser la vitalité du ligament alvéolo-dentaire, qui est la seule partie vivante de la dent; mais la clinique montre qu'il n'y a pas à s'en préoccuper.

Donc, pour résumer, je dirai : la nouvelle méthode est inutile pour les caries du premier, du deuxième et du troisième degré : elle est tout indiquée dans le traitement des caries du quatrième degré.

M. le Dr ROLLAND. — Je viens de voir traiter cette question à un double point de vue théorique et pratique. Théoriquement, il y a un avantage scientifique, et l'esprit est satisfait. En faisant passer les éléments antiseptiques dans les canaux dentinaires, l'auteur a fait une désinfection totale, et a de ce fait réalisé

sur les traitements précédents un avantage sérieux, puisqu'il donne une certitude, au lieu d'une sécurité relative. Laissons de côté les objections pour arriver
à la question du danger indiqué par M. le Dr Sauvez. Toucher le mal là où il
réside, n'est pas empêcher la pulpe de continuer ses fonctions. Les phagocytes
vont venir lutter, et c'est aller trop loin que d'objecter que le danger réside
dans l'incitation artificielle qu'il crée, car celle-ci crée la cicatrice, elle l'excite,
et arrête non la vie, mais la mort.

M. Cunningham. — Vous n'avez envisagé que les échelons déterminés de la
carie, mais la question est surtout intéressante en ce qui concerne l'échelon
intermédiaire du deuxième et du troisième degré. Déjà le sulfate de cuivre était
employé avec succès dans ce cas, mais il colore la dentine; il est vrai que la
coloration est une sécurité en donnant une certitude de la pénétration.

Miller a proposé des médicaments pour coiffer la pulpe sans la mortifier, et
pour moi la méthode Choquet est la suite de ces études.

Le coiffage est le plus dangereux côté de notre pratique, et la méthode Choquet doit être utile dans ce cas; mais il faut subordonner les résultats pratiques
à ceux du laboratoire.

M. Seigle. — Pour ma part, je détruis d'ordinaire la pulpe dans le cas du
deuxième degré très proche du troisième, car je crains la pénétration des micro-
organismes dans la pulpe, à cette phase. Nous pouvons toujours essayer la méthode Choquet, qui n'est du moins pas condamnable.

M. Kelsey. — Je ne partage l'avis ni de droite, ni de gauche. Jusqu'ici, sans
connaître la sécurité absolue, les résultats étaient bons quand même. D'ailleurs
la coloration de la dentine survenant après l'obturation est due à la substance
obturatrice employée. Les micro-organismes enfermés doivent d'ailleurs mourir, car sans cela les accidents consécutifs se produiraient.

M. Choquet. — Je répondrai à M. Kelsey : c'est absolument inexact, car les
agents actifs de la carie se divisent en deux classes opposées : les aérobies et les
anaérobies, c'est-à-dire des individus vivant avec ou sans air. La coloration ne
provient pas d'infiltration, car elle serait localisée à la périphérie; or elle réside
dans la partie profonde et est bien due à la présence des micro-organismes; mais
ce qui est vrai, c'est qu'il s'est produit parmi eux une sélection, due à l'absence
de la salive.

A M. Seigle, je dirai : ma méthode n'est pas du tout destinée à faire du coiffage et je ne partage pas son avis. Je me base sur la théorie de Galippe. Si l'on
prépare de la façon ordinaire, une carie nettement atteinte du deuxième degré,
la dentine nous apparaît blanche, mais elle n'est pas saine pour cela, et elle est
infestée de micro-organismes visibles avec un fort grossissement, les canalicules
de la dentine sont élargis et de véritables masses microbiennes se rencontrent
vers l'organe pulpaire. Pour peu que la dent manque de calcification, il y a de
véritables lacunes et le résultat à la longue serait la contamination de la pulpe.
Donc le nettoyage ordinaire est insuffisant, et si à la microscopie, on ajoute la
bactériologie, on trouve des micro-organismes se développant dans les cultures
de résidus du deuxième degré peu avancés.

A M. Cunningham, je dirai : je n'opère pas du tout comme Miller; en 1887,
ses expériences ont toujours porté sur la dentine ramollie, tandis que mon point

de départ c'est que dans une obturation quelconque nous détruisons à coup sûr tous les germes morbides. En un mot j'opère sur la dentine qui paraît saine, donc il n'y a aucun rapport. Je l'ai déjà dit, je ne suis pas partisan du coiffage. Il est faux de dire que dans le deuxième degré avancé, il y a déjà des micro-organismes dans la pulpe. Il y avait en effet les symptômes cliniques se traduisant par une réaction de l'organisme sous la forme de pulpite ; cela est prouvé. Donc le point de vue à envisager est le suivant : affirmer définitivement que nous arrêtons la carie, mettre toutes les chances de non-récidive de notre côté.

A M. le Dr Sauvez, je dirai que la considération de la pulpe de l'homme par rapport à celle du chien peut très bien être faite, car elles présentent toutes deux la même histologie ; de plus nous avons affaire à un organe présentant la même forme, le même bulbe, et si le sujet est à maturité, la pulpe peut être identifiée à celle de l'homme.

Au point de vue physiologique, les résultats sont les mêmes. Au sujet du quatrième degré je suis de son avis : les résultats sont merveilleux. Mais dans le coiffage les résultats sont mauvais.

On a parlé du sulfate de cuivre, il colore la dent, et c'est l'inconvénient ; or nous ne pouvons la stériliser qu'à ce prix.

Quant à la théorie de M. Loup, que nous devons laisser l'organe réagir seul c'est absolument irrationnel, cela équivaudrait à abandonner une maladie quelconque à elle-même, au lieu de la soigner. Mes expériences sont assez concluantes pour permettre de démontrer que, loin d'être nuisible, ma méthode, en intervenant, aide l'organe à réagir. Quand M. Loup ajoute que l'antisepsie est la création d'un milieu impropre à toute vitalité, je ne sais sur quels documents il se base, mais si Pasteur avait raisonné ainsi, nous en serions encore à l'existence de la pourriture d'hôpital. Donc, je préconise ma méthode dans le deuxième degré qui me paraît sain, mais ne l'est certainement pas. Mes expériences datent de plus de six ans, et les résultats en sont excellents.

M. Godon. — Je suis certainement l'interprète de tous en adressant mes remerciements à M. Choquet pour sa communication si intéressante. Elle a démontré, avec la discussion qui s'en est suivie, l'utilité de la Section d'Odontologie dans l'Association française. La carie dentaire est malheureusement trop répandue et son traitement est encore bien insuffisant. Nous avons assez pu le constater ici-même pendant ce voyage. Le traitement de la carie est donc d'utilité générale. A Londres nous rappellions, il y a un mois, les théories d'Herbert Spencer sur l'éducation : dans l'évolution, l'art précède la science, mais il ne peut plus progresser sans le concours de celle-ci. M. Choquet nous en donne ici par sa communication une preuve nouvelle. De plus, si les praticiens habiles peuvent prétendre obtenir des résultats souvent satisfaisants avec les procédés d'obturation qu'ils emploient habituellement, il n'en est pas moins vrai que les statistiques prouvent que bien des cas, quoique habilement traités, n'ont duré que fort peu. L'antisepsie scientifique que nous propose M. Choquet est donc utile et nous apporte un procédé certain de contrôle qui nous faisait défaut. On a fait très heureusement à son auteur toutes les objections, on lui a reproché entre autres la possibilité de dépasser la mesure. Il nous répond : non, et sur ce point le dernier mot doit rester à l'expérience. C'est à nous praticiens à faire l'essai de la méthode nouvelle.

M. MENDEL-JOSEPH, à Paris.

Des conditions de la sensibilité de la dent. — L'auteur étudie dans son travail l'une des conditions, et la plus importante, de la sensibilité de la dent : l'innervation de l'organe central de la dent, la pulpe, et le mode de terminaison et de distribution nerveuse dans cet organe. Il passe en revue la plupart des travaux qui furent consacrés à ce sujet et fait ressortir la divergence des opinions professées par les auteurs à ce sujet. L'auteur les ramène tous à trois groupes distincts :

a) Selon les uns : Boll, Mummery, Morgensterne, les fibres nerveuses de la pulpe, après avoir formé au-dessous de la couche odontoblastique un plexus plus ou moins serré, traversent cette couche odontoblastique et pénètrent dans les canalicules de la dentine. Morgensterne, va même jusqu'à prétendre que ces fibres nerveuses intra-dentinaires sont pourvues de leur gaine médullaire.

b) Suivant les autres : comme Legros, Magitot, Coleman, Smith, Sudduth, Boedecker, les terminaisons nerveuses sont en continuité avec les odontoblastes. H. Smith considère même les odontoblastes comme de véritables corpuscules nerveux terminaux.

c) Enfin, Retzius et Hubert émettent l'opinion que ces fibres nerveuses sensitives de la pulpe se terminent librement dans la couche périphérique des odontoblastes, parfois entre celle-ci et la dentine. Il n'y a point de fibres nerveuses pénétrant dans la dentine ; ces fibres, de plus, n'offrent aucune connexité soit avec les odontoblastes, soit avec quelque autre élément cellulaire de la pulpe.

Discussion. — M. CHOQUET : Je croyais trouver, dans le travail de notre confrère Mendel, quelque chose de plus précis et je regrette vivement de ne pas le voir parmi nous pour la discussion ; il ne conclut pas et je relève quelques erreurs bibliographiques telles que celles-ci : M. Mendel-Joseph dit que Magitot a été le premier à étudier les terminaisons nerveuses (1868) ; or, c'est Nasmyth qui, en 1847, fit le premier travail à ce sujet. Le travail du Dr Gizy en 1900 est laissé dans l'ombre et c'est lui qui, à l'heure actuelle, tient la tête au sujet des travaux concernant la terminaison des canalicules dans la dentine et la terminaison des fibrilles nerveuses. M. Mendel-Joseph cite Mummery, de Londres, comme ayant été le premier à colorer les fibrilles nerveuses avec du tannin et du fer, mais ne parle pas des expériences de Tripier, en 1869, pour la coloration des fibrilles nerveuses générales ; c'est moi qui, il y a six ans, ai préconisé cette méthode de coloration. Hopewel Smith ne croit pas que les odontoblastes forment la dentine et la dent proprement dite ; dans certains cas de sujets non arthritiques, j'ai remarqué des dents saines atteintes de pulpite. Si l'on casse la dent, on trouve dans l'épaisseur de la pulpe des nodules ou calcosphérites de dentine pure et simple. En se rapportant à l'histologie de la pulpe on trouve dans une coupe la couche odontoblastique localisée dans la portion coronaire dans la profondeur, et des odontoblastes disséminés dans le centre de l'organe ; ces cellules ont pu occasionner de la pulpite et la formation de calculs dans l'épaisseur de l'organe. Ramon y Cajal est également laissé dans l'ombre par M. Mendel-Joseph et pourtant il a obtenu un prix à l'Académie de Médecine pour un travail ayant trait à la coloration des terminaisons nerveuses. La méthode d'Underwood est également omise — méthode de coloration des fibrilles nerveuses par le chlorure d'or. Je regrette donc beaucoup que M. Mendel-Joseph ne soit pas ici pour pouvoir discuter plus complètement sa communication.

M. DELAIR, qui préside la séance, remercie M. Mendel-Joseph de sa très intéressante communication tout en regrettant son absence et en espérant qu'à une session suivante, il complétera par ses travaux personnels les conclusions du travail qu'il a présenté.

————

MM. Louis RICHARD-CHAUVIN et Léon RICHARD-CHAUVIN fils, à Paris.

De la technique des obturations de porcelaine. — Les auteurs de la communication entrent dans les plus minutieux détails de la technique des obturations de porcelaine. Ils établissent d'abord : que pour obtenir des blocs qui ne soient pas altérés par la salive, il est indispensable d'employer de la porcelaine dure, fusible cependant à une température accessible. C'est ainsi qu'ils emploient, comme porcelaine dure, la matière qu'en céramique on appelle la *couverte* qui est une *pigmatite* servant à vernir la pâte de fond, qui ne serait fusible qu'à une température beaucoup plus élevée. La pigmatite, classée dans les porcelaines dures, fond entre 1350 et 1400 degrés.

Pour obtenir des blocs faits de cette matière, il fallait disposer d'une source de chaleur suffisante, inutilisée jusque-là. Les auteurs ont eu recours à l'oxygène comprimé dans un cylindre muni d'un robinet et d'un détenteur spéciaux.

Après avoir rappelé la technique des promoteurs des obturations d'émail, MM. Richard-Chauvin entrent dans les détails de la prise des empreintes des cavités à combler. Ils insistent tout particulièrement sur les minutieuses précautions que l'opérateur ne doit négliger en aucune circonstance, s'il veut obtenir un bloc homogène et d'un ajustage parfait. Le manuel opératoire de l'obturation de porcelaine, au point de vue de la fusion de celle-ci, est plus difficile que celui des obturations d'émail fusible ; aucun détail n'est négligé par les auteurs pour éclairer leurs confrères à cet égard.

Dans la deuxième partie de la communication il est question d'une nouvelle méthode d'empreintes. Le vice capital des obturations au moyen des blocs d'émail ou de porcelaine c'est précisément le manque de *justesse absolue* des blocs en contact avec la cavité. Les empreintes sont prises avec une feuille d'or pour l'émail, avec une feuille de platine pour la porcelaine. La place occupée par ces substances empêche la matière obturatrice de se juxtaposer exactement. Somme toute, entre la cavité et le bloc il y a l'épaisseur de la feuille métallique qui, disparaissant après la cuisson, est remplacée par du ciment, matière essentiellement désagrégeable. Les auteurs ont imaginé d'employer la galvanoplastie pour supprimer cette épaisseur. Ils prennent l'empreinte de la cavité avec une substance plastique devenant très dure, « le ciment », puis ils font, après avoir cuivré ou plombaginé, déposer une couche de platine sur cette empreinte. Ils obtiennent ainsi une cupule de platine qui représente exactement la cavité qui, de cette façon, a été moulée à l'envers.

Ce procédé est encore à l'étude ; lorsqu'il sera du domaine pratique on obtiendra des empreintes absolument exactes, et le problème du moulage de *l'envers de la cavité* sera résolu.

Discussion. — M. CUNNINGHAM regrette que M. Richard-Chauvin ait omis de signaler ses travaux personnels sur la porcelaine, critique Herbst sur sa méthode d'obturation par le verre, rappelle ses essais avec le fourneau Fletcher et pense que la question de coloration des blocs de porcelaine est une question artistique qui ne peut être résolue que par une longue pratique.

M. Godon remercie M. Richard-Chauvin de sa communication qui complète si heureusement ses précédentes communications sur le même sujet. Il rappelle la séance de la Société d'Odontologie dans laquelle il fixa les indications de l'emploi de la porcelaine, la limitant aux dents antérieures en réservant pour les dents du fond les obturations à l'or et à l'amalgame qui sont plus solides et plus durables ; il signale la difficulté de la prise de l'empreinte et de la rétention du bloc de porcelaine. Rappelant le procédé de la double empreinte qu'il a préconisé, il indique une méthode d'empreinte partielle de la cavité, il laisse un assez grand vide occupé par de la cire ou de la gutta entre le fond de la cavité et la feuille de platine pour qu'il puisse être fait dans celle-ci quelques points de rétention qui n'empêchent pas la sortie de l'empreinte et dans lesquels vient se loger la porcelaine formant ainsi des petits tenons au milieu du ciment. On peut de plus, par cette méthode sur laquelle il n'a encore qu'une courte expérience, obtenir des bords plus soignés.

M. Touvet-Fanton rappelle sa méthode de prise de l'empreinte par l'emploi de la gutta, qui permet d'obtenir des bords rentrants en employant comme matrice le mélange de plâtre et de terre recouvert de borax.

M. Seigle critique la méthode Chauvin par la longueur du manuel opératoire et préconise l'emploi de la méthode Downie.

M. Sauvez signale ses insuccès au début de l'emploi de la méthode Chauvin, mais croit que cette méthode est une voie parfaite au point de vue de l'esthétique et de la thérapeutique dans les caries du collet.

M. Lemerle relève les objections de M. Cunningham au sujet de l'omission de son procédé dans le travail de M. Chauvin.

— 10 septembre —

M. KELSEY, de Marseille.

Présentation d'une seringue spécialement à l'usage des médecins et dentistes.

Discussion. — M. Godon. — Cet appareil est ingénieux. Vous avez pu voir qu'il met à notre disposition à la fois une seringue pour l'eau chaude et l'eau froide et antiseptique si l'on veut, de l'air froid, de l'air chaud, l'action du thermocautère et un réservoir stérilisateur.

M. Rolland. — Cet appareil est bien construit et offre l'avantage d'avoir sous la main les principaux instruments nécessaires. Cependant on pourrait le modifier avantageusement en lui donnant la forme d'une fontaine.

M. le Dr Georges **ROLLAND**, à Bordeaux.

De l'anesthésie générale au point de vue théorique et pratique. — Le Dr ROLLAND présente les considérations physiologiques dont il s'est inspiré pour la préparation d'un mélange anesthésique qu'il dénomme somnoforme.

Le but proposé était de former un élément anesthésique inoffensif permettant toutes les interventions chirurgicales, sur un malade à jeun ou non, assis ou couché, sans que, de son fait, il fût arrêté dans ses occupations ordinaires. Il fallait donc obtenir une anesthésie instantanée et certaine, durable, sûre et sans suites.

Dans le somnoforme, mélange de chlorure et de bromure d'éthyle et de chlorure de méthyle, se reproduit la rapidité d'assimilation et de désassimilation de l'O par le globule sanguin pendant les actes respiratoires et circulatoires. En vingt-quatre secondes, un globule parti du ventricule gauche y revient ayant transporté et épuisé son O. De même doit faire un anesthésique, et c'est ainsi que le somnoforme, par sa tension supérieure à celle de l'O, se substitue à lui, imprègne l'hémoglobine, agit sur le système nerveux et anesthésie.

Les causes de mort : syncopes initiales d'irritation et les intoxications bulbaires ne se produisent pas ; il n'est ni irritant, ni peu éliminable, comme le chloroforme et l'éther.

C'est sur lui-même qu'a expérimenté le Dr Rolland, sur des animaux ensuite, enfin sur plus de six cents cas de grande ou petite chirurgie. Il annonce certaines recherches qu'il communiquera. Il s'anesthésie lui-même suivant les indications faites, et plusieurs membres se font également somnoformer.

Discussion. — M. SEIGLE : Peut-on employer ce moyen anesthésique pour de longues opérations ?

M. ROLLAND : Certainement.

M. TOUVET-FANTON. — Le mélange anesthésique qu'emploie le Dr Rolland pour l'anesthésie générale est le même dans ses éléments fondamentaux que celui que nous connaissons sous le nom de coryl, et que nous employions depuis longtemps pour l'anesthésie locale. Je suis d'autant plus heureux de féliciter M. Rolland en le voyant présenter une méthode très nette d'anesthésie générale avec ce même produit, que nous avons tous pu remarquer qu'il nous arrivait de faire avec le coryl de l'anesthésie générale involontairement, à tel point que, pour ma part, j'en fais une règle à peu près constante. Voici comment je procède après avoir fait la réfrigération du champ opératoire.

Je passe à la réfrigération extérieure des trajets nerveux sur la peau de la face, et enfin reportant le jet de coryl dans la cavité buccale, je prie mon malade de faire une longue et forte aspiration. Il se produit alors un moment de stupeur, que j'utilise pour l'opération.

L'avantage du produit employé est de ne laisser qu'un moment d'anéantissement très passager. Et celui-ci est-il plutôt agréable et provoque de plus, chez l'opéré, un état de gaieté, qui pourrait faire donner au produit employé le qualificatif de gaz hilarant, avec plus de raison certainement qu'au protoxyde d'azote.

Et je répète que je suis heureux de voir ici le Dr Rolland ériger en une

véritable méthode un procédé que nous n'employions que d'une façon approximative, je le félicite et de cette méthode et de la simplicité avec laquelle il a su
l'appliquer.

M. LE Dᵣ ROLLAND. — C'est précisément, en effet, à la suite de cas fortuits
d'anesthésie générale, comme en vient de signaler M. Touvet-Fanton, que j'ai
été amené à mettre en pratique la méthode que je vous expose.

M. LE Dᵣ SAUVEZ. — Pourquoi ajoutez-vous du chlorure de méthyle au chlorure d'éthyle ?

M. LE Dᵣ ROLLAND. — C'est pour éviter la grande détention que présente le
chlorure de méthyle seul ; son action serait d'ailleurs trop fugace.

M. THUILLIER. — Y a-t-il des contre-indications ?

M. LE Dᵣ ROLLAND. — J'en arrive presque à pouvoir répondre non.
Sans doute on peut toujours mourir, et bien des cas de mort sous un anesthésique quelconque ne sont pas dus à des causes indiquées comme contre-indi-
cation palpable : des anévrismes miliaires du côté du cerveau, par exemple,
peuvent provoquer la mort avec n'importe quel anesthésique.
Mais en raison de la fugacité qui rapproche ce produit de l'action de l'oxygène, j'ai moins d'accidents à redouter, puisqu'il s'élimine vite et qu'il suffit
de quelques secondes pour que l'état normal soit rétabli dans l'organisme.

M. LE Dᵣ GODON. — Vous n'avez pas parlé du bromure d'éthyle.

M. LE Dᵣ ROLLAND. — J'ai été lassé de ce produit en constatant la période
suffocante et l'action convulsivante qu'il produisait.

Après ces explications, M. Rolland prend le cornet, y verse le *somnoforme*, s'en-
dort lui-même et se réveille dans les conditions qu'il a indiquées ; anesthésie
ensuite MM. de Trey, Vichot, Delair. Le temps demandé par chaque anesthésie
varie entre dix-huit et trente secondes pour chaque anesthésie amenée à
résolution. Les patients déclarent avoir éprouvé d'agréables sensations en s'en-
dormant et ne ressentir que du bien-être à leur réveil. Aucune lourdeur de
tête, aucun malaise ne suit le réveil.

M. TOUVET-FANTON signale quelques cas de céphalée observés par lui quelques
heures après les opérations qu'il a citées précédemment et demande au Dᵣ Rolland s'il a observé cette particularité.

M. LE Dᵣ ROLLAND ne l'a pas observée. — L'assemblée et les opérés constatent
qu'après quelques moments de stupeur, d'anéantissement pendant lesquels les
sensations ressenties sont celles d'un bien-être passif, ils retrouvent vite leur
état normal.

M. GODON remercie M. Rolland de sa très intéressante communication et des
démonstrations concluantes qu'il vient de faire.

———

M. SEIGLE, à Bordeaux.

Méthode suivie dans l'enseignement de la prothèse à l'École Dentaire de Bordeaux.
— L'enseignement de la prothèse dans les écoles dentaires, pour qu'il soit fait d'une manière effective, est et sera toujours la question difficile à résoudre par les professeurs chargés de ce service.

Si l'on compte que l'élève ne passe que trois années à l'École, temps exigé par la loi de 1892, et que ce temps est presque entièrement absorbé par les études du programme scientifique et par la clinique, nous voyons que la prothèse est à peu près délaissée, et que l'élève saura peu de chose de cette partie si essentielle de son art, à la fin de son stage scolaire.

Étant chargé à l'École Dentaire de Bordeaux du cours théorique de prothèse, je cherchai à rendre ces cours aussi intéressants et intelligibles que possible, en soignant les détails, me proposant de mettre trois ans à épuiser mon sujet ; mais mon auditoire fondit peu à peu.

Je compris que je faisais fausse route, et alors, au lieu de dilater mon cours, je le concentrai, je le simplifiai et dans l'année je passai en revue toutes les grandes lignes de la prothèse dentaire ; de ce fait, l'élève assidu put entendre pendant trois ans les mêmes leçons répétées, ce qui lui permit de mieux les comprendre et d'en tirer profit.

En résumé, j'essaye de donner des vues d'ensemble simples et concrètes à l'élève, je ne l'arrête pas aux détails, je lui fais voir les choses principales. Ainsi je tâche d'adapter mon effort aux exigences de la loi et de donner pour ma part à l'élève un bagage aussi important que ce laps de temps le permet. L'assiduité des élèves à mes cours, leurs excellentes réponses aux examens semblent encourager et récompenser une méthode qui s'éloigne des méthodes anciennes, qui voulaient que la prothèse commençât par le balai et le nettoyage des vitres de l'atelier, et c'est pour ceci que j'ai cru intéressant de la soumettre à votre attention et à votre critique.

————

— 11 septembre —

M. Léon DELAIR, à Nevers (Nièvre).

Méthode nouvelle de prothèse restauratrice vélo-palatine. — Les appareils vélo-palatins en caoutchouc souple employés jusqu'à ce jour affectent le plus possible la forme concave et les dimensions anatomiques du voile du palais. Juxtaposés sur les débris du voile naturel, ils rétablissent intégralement l'isthme du gosier et s'opposent à la régurgitation des boissons et des aliments par les fosses nasales ; c'est leur seul avantage.

Plus compliqués que ceux-ci, les appareils volumineux et creux, obturant entièrement la cavité naso-pharyngienne, préconisés par Kinsgley, Préterre et le Dr Cl. Martin, rendent la déglutition facile et améliorent la prononciation. Mais leur fabrication est des plus délicates, les sujets auxquels ils sont destinés doivent faire des efforts inouïs et persévérants pour s'accoutumer à les porter, ce qui fait que cette méthode n'est pas en faveur.

J'emploie depuis des années l'appareil que je présente aujourd'hui et dont j'ai toujours obtenu de bons résultats. Ce dernier n'imite pas du tout dans sa forme le voile naturel, il n'en a artificiellement que le rôle physiologique qui est d'obturer ou d'ouvrir alternativement la cavité naso-pharyngienne pendant la phonation ou la déglutition. Il est convexe et a ceci de particulier qu'il se termine à l'arrière par une sorte de clapet qui se relève derrière les piliers postérieurs et s'applique contre le pharynx. Un petit mécanisme simple actionné par un ressort de caoutchouc lui permet de recevoir l'impulsion des débris du voile naturel. Ce voile à clapet mince est facile à exécuter par le dentiste, mais il est impossible à un sujet de s'y habituer d'emblée. Je tourne donc la difficulté en procédant par étapes et en plaçant d'abord et seulement l'appareil dentaire base. Quelque temps après je lui ajoute pour l'accoutumance, un vestige de voile, qui pèse un gramme et demi, que je remplace, deux semaines environ après, par un plus long qui pèse deux grammes et demi, puis par un troisième du poids de quatre grammes, enfin par le dernier de cinq grammes et demi. Sitôt ce dernier adapté, le son de la voix s'améliore, l'air ne s'échappant plus par les fosses nasales et peu à peu le sujet s'apprend à parler normalement.

L'appareil base est en or ou en caoutchouc durci, le voile à clapet est en caoutchouc mou, les deux sont réunis par une charnière.

Discussion. — M. Sauvez loue M. Delair, surtout de la progression obtenue pour l'accoutumance du malade par ses trois voiles de grandeurs différentes, et de la simplicité de ses appareils. Il rend hommage à M. Delair pour ses travaux si intéressants, si complets dans cette branche si délicate de la restauration prothétique.

M. Godon rappelle quelques cas de sa pratique personnelle qui lui causèrent d'énormes difficultés d'exécution et loue surtout la simplicité de la confection de ces appareils et la progression de leur application.

— **11 septembre** —

M. Ed. **TOUVET-FANTON**, Chef de Clin. à l'Éc. Dent. de Paris.

Le problème relatif à la dispense du parallélisme des soutiens multiples dans les appareils de restauration intéressant les maxillaires. — Sa résolution. — Conséquences sur l'hygiène et sur le jeu physiologique des organes intéressés.

I. — PIVOT A ROTULE.

Le volume de nos appareils courants de restauration et leurs moyens de fixation offrent de tels inconvénients, qu'on devrait les considérer à l'époque actuelle comme des procédés d'un autre âge. Grâce aux progrès de la thérapeutique dentaire, en effet, l'appareil dit « à pont » restreignant ses dimensions à celles des organes naturels, et fixé dans ceux-ci, devrait être utilisé de préférence à tout autre, toutes les fois que le maxillaire conserve des éléments de soutien suffisants pour se prêter à son édification.

Les inconvénients, d'ordre pathologique, qui s'opposaient jusqu'ici à ce choix, résultaient du fait que l'on était obligé : ou bien, de *sceller* les pivots ou couronnes artificielles fixes supportant cet appareil, après les racines ou couronnes naturelles, ce qui est absolument contraire à l'hygiène du milieu bucal,

et aux fonctions physiologiques des organes intéressés ; ou bien, de placer paral
lèlement entre eux ces éléments de maintien de l'appareil, et de les faire glisser
dans des gaines scellées dans les racines naturelles d'une façon également parallèle, ce qui, outre la grande difficulté d'y parvenir, n'immobilisait pas moins
les organes naturels d'une manière antiphysiologique.

Ces inconvénients n'ont plus de raison d'être. L'usage de pivots (ou couronnes)
à rotule fixés à l'appareil, mais restant par leur rotule doués d'une mobilité
conoïde, permet de les glisser dans les gaines fixées dans les racines, sans que
ces gaines soient nécessairement parallèles entre elles, l'appareil ou « pont »
restant mobile sur les rotules. — Ce problème très controversé de la dispense
du parallélisme des soutiens multiples, est ainsi, *grâce à cette mobilité du pont,*
mathématiquement résolu : on se trouve en somme ramené *à la possibilité de
déplacer une droite de longueur fixe (le pont) sur deux autres droites quelconques de
position donnée* (les axes des tubes scellés dans les racines). — L'appareil, dans
ces conditions, satisfaisait donc à l'hygiène par la possibilité d'être retiré à loisir.
Mais de plus, les efforts qui, par leur inégale répartition, faisaient tendre à
rupture les appareils fixés à demeure et entraînaient par cela même des accidents pathologiques ou mécaniques, s'exercent ici d'une façon absolument homogène sur les différents points d'appui, grâce aux petits déversements, pratiquement insaisisables, de l'appareil : *La rotule dont l'organe artificiel est muni représente pour celui-ci ce que le ligament périostique est pour l'organe naturel quant à
l'élasticité physiologique.*

II. — ROTULE RÉTENSIVE PAR FORCEMENT.

Un autre mode de fixation moins parfait, mais d'application plus simple,
puisqu'il supprime les pivots eux-mêmes, tout en pouvant aussi dispenser « *pratiquement* » du parallélisme, peut leur être adjoint ou substitué. La *rotule réten-
sive par forcement* rappelle le système d'attache employé comme fermoir des
objets de maroquinerie. Il se compose d'un réceptacle creux, résistant, scellé
dans la racine, et d'un bouton sphérique échancré différemment qui, en y
pénétrant à forcement, forme rotule, et maintient l'appareil auquel il est scellé
de son côté.

Discussion. — M. GODON remercie M. Touvet-Fanton de ses communications
sur la suppression du parallélisme des pivots par l'emploi des pivots à rotule
et sur un nouvel appareil employé pour la rétention des appareils amovibles.
C'est un travail excessivement intéressant, solidement argumenté par son
auteur. M. Touvet-Fanton a raison dans sa critique des appareils inamovibles,
mais on rencontre parfois des appareils de ce genre placés dans la bouche
depuis huit, dix ans et plus. Le procédé de M. Touvet-Fanton est la solution
d'un problème résolu d'une façon mathématique et présentant un très grand
intérêt.

<hr />

M. le Dr AMOÉDO, de Paris.

Les dents du Pithecanthropus Erectus de Java. — En 1891, M. le docteur Eugène
Dubois, médecin militaire hollandais, trouva à Java, dans un terrain qui appartiendrait au pliocène supérieur ou au quaternaire le plus ancien, des débris de
squelettes consistant en une calotte crânienne, deux dents molaires et un
fémur.

Ces dents ont été décrites par les anatomistes qui les avaient examinées avant nous comme étant : l'une, la deuxième molaire supérieure, et l'autre, la troisième molaire supérieure.

Or, d'après notre examen, nous avons trouvé qu'il y avait erreur dans ces descriptions.

En effet, il nous semble que la deuxième molaire a tous les caractères de la première molaire ; aussi estimons-nous qu'il s'agit d'une première grosse molaire supérieure gauche, et non pas d'une deuxième molaire.

Quant à la dent de sagesse, troisième molaire supérieure droite, nous trouvons, contrairement à ce qui a été dit, que, quoique plus grande que le type ordinaire, la forme de sa couronne est normale, puisque son plus long diamètre, au lieu d'être antéro-postérieur, est bien transversal, c'est-à-dire normal.

————

Les Épulis. — Le chirurgien-dentiste, par l'inspection fréquente qu'il fait de la bouche des malades soignés pour les dents, est mieux placé que tout autre spécialiste pour établir le diagnostic des épulis à leur début.

Toutes les épulis (sarcomateuses, fibreuses, épithéliales, etc.) peuvent être traitées à cette première période de la même manière :

Nettoyage du tartre séreux du collet des dents sous la gencive et cautérisation de la petite tumeur avec l'acide chromique pur, porté avec une spatule en platine ou en bois. Conseiller l'emploi du permanganate de potasse à 1 pour 4.000 pour l'hygiène de la bouche.

Lorsque la tumeur est un peu plus grande : section de la tumeur, cautérisation ignée profonde jusqu'à l'os et, s'il est nécessaire, extraction des dents voisines.

A une période plus avancée de leur développement, il faut adresser le malade à un chirurgien.

————

Les sinusites maxillaires. — Le chirurgien-dentiste, par la connaissance qu'il a des dents et par le contact qu'il a avec ses malades en les soignant, peut, mieux que les rhinologistes, établir le diagnostic des sinusites à leur début, avant même que les malades s'en ressentent.

C'est d'abord la fétidité nasale qui met le dentiste en éveil, et puis l'état des dents.

Les sinusites, dans la plus grande partie des cas, sont d'origine dentaire.

Voici le traitement que nous conseillons :

A l'état de simple catarrhe : des lavages de la cavité du sinus à l'eau oxygénée, pratiqués à travers le canal radiculaire sans avulsion de la dent.

A l'état de collection purulente : extraction de la dent avec lavages à l'eau oxygénée, puis au permanganate ou au chlorate de potasse.

A l'état de végétations : acide chromique suivi de lavages.

A l'état de nécrose : acide lactique, avec lavages consécutifs par des antiseptiques non irritants.

MM. G. OTT et DE TREY

Nouvelles spécialités.

M. SEIGLE.

De l'unification des méthodes de redressement à propos d'un cas. — Dans le but de faciliter la pratique de l'orthopédie dentaire, aux générations futures des chirurgiens-dentistes sortant de nos écoles, peu experts à la mécanique dentaire, à cause du temps relativement trop court passé dans ces écoles et que le programme scientifique exigé par la loi absorbe presque entièrement, j'ai recherché parmi tous les systèmes d'appareils de redressement connus jusqu'à ce jour celui qui correspondrait le mieux par sa simplicité de fabrication à la généralité des cas.

Si j'en juge par les résultats obtenus dans des bouches présentant des anomalies de toutes sortes et dont les moulages en plâtre, avant et après l'opération, que j'ai l'avantage de vous soumettre, reproduisent fidèlement les dessins, je puis dire que l'appareil que je vous présente est bien l'appareil idéal correspondant à tous les cas et de fabrication plus simple.

Cet appareil se compose :

A. D'une cuvette en caoutchouc couvrant une partie plus ou moins grande du palais et de deux gouttières latérales emboîtant les grosses et les petites molaires de chaque côté.

B. A cet appareil on adapte une bande de platine ou d'or assez épaisse. Les points d'attache de cette bande se font dans l'épaisseur des côtés externes des gouttières molaires. La bande est donc en forme d'arc de cercle, prisonnière dans le caoutchouc sur les parties latérales, libre sur le partie antérieure où elle s'applique sur les incisives et les canines.

Le jeu de cet appareil, qui est très simple, consiste, si on se trouve en présence de dents en antéversion, à interposer entre la bande de platine et la face antérieure de ces dents des bandes de caoutchouc que l'on attache à la bande de platine et que l'on augmente graduellement d'épaisseur, jusqu'à parfait alignement.

Si nous avons affaire à l'anomalie contraire, c'est-à-dire à la rétroversion, nous prenons nos points d'appui sur la cuvette, dans l'épaisseur de laquelle nous incorporons des chevilles de bois d'ichory faisant pression sur la face postérieure de la dent à sortir.

En résumé, avec ces deux mouvements combinés, on peut mener à bonne fin tous les cas de redressements qui peuvent se présenter, comme il est facile, du reste de se rendre compte par les moulages de bouches présentés.

Discussion. — M. LEMERLE. — Je trouve que l'appareil de M. Seigle n'est autre que celui de Gaillard père, présenté il y a vingt-cinq ans, mais qu'en outre celui de Gaillard offre des avantages considérables sur celui de M. Seigle. Il ne prend d'abord pas le palais, de plus il n'emploie pas de chevilles de bois, qui en se corrompant attaquent les dents, mais emploie les fils de caoutchouc. On peut lui reprocher d'être inamovible, mais c'est un avantage si l'on constate que le patient, généralement un enfant, ne peut le retirer. Fixé par des fils d'argent passés entre les dents, l'opérateur peut le retirer pour le nettoyer, et comme il est tout en métal, il n'y a qu'à le flamber pour le stériliser.

M. VICHOT : Comment procédez-vous pour le maxillaire inférieur? Évitez-vous la fronde.

M. Seigle : De la même façon — et j'évite la fronde.

M. Kelsey : Il eût fallu voir les résultats éloignés.

M. Seigle : Je répondrai à M. Lemerle que je n'ai pas prétendu apporter un procédé nouveau, mon but unique était, comme professeur, d'apporter un appareil type du plus simple moyen en vue de l'éducation des élèves.

Les chevilles de bois ne peuvent carier les dents, car elles sont changées d'abord, et de plus l'appareil est retiré et lavé à discrétion. Le fil de caoutchouc est souvent très difficile à faire tenir.

A M. Kelsey, je dirai que l'appareil de contention mis en dernier lieu, peut être gardé, comme pour tous les cas d'ailleurs, autant de temps qu'il est nécessaire.

M. F. DUCOURNAU

Fistule sous-mentonnière d'origine dentaire par mortification pulpaire traumatique. — La fistule sous-mentonnière qui fait l'objet de cette communication offre un certain intérêt au point de vue du diagnostic, de l'affection et de son traitement.

Les dents de la mâchoire inférieure avaient un aspect sain, pas de caries, pas d'ébranlement, ni de décoloration de l'émail ; le diagnostic était donc difficile à établir et le traitement, bien qu'énergique, qu'on fit subir à cette affection, n'eut aucun résultat.

Lorsque le malade vint me consulter, il s'était écoulé quelques semaines de la dernière intervention chirurgicale et la fistule, momentanément disparue, venait de se rouvrir.

Après avoir examiné la bouche et enlevé le tartre qui existait à la face interne des dents antérieures et à leur collet externe, je posai à mon malade quelques questions qui me mirent sur la voie du mal dont il souffrait. En effet, il ressentait à la percussion sur l'incisive médiane gauche une légère sensation différente de celle des autres dents. Je conclus que cette dent était la coupable et j'en fis la trépanation dans le sens vertical de la racine, cette trépanation confirma mon diagnostic et quelques injections antiseptiques eurent bientôt raison de la fistule et amenèrent sa guérison radicale.

Ce traitement eut lieu en 1889 et mon malade conserve encore sa dent en parfait état.

M. Georges CUNNINGHAM, à Cambridge.

Les dents des enfants Corses. — Ces dents sont souvent malpropres, mais elles sont meilleures que celles des enfants Anglais.

D'après une statistique, sur 66 enfants 22 ont une bonne dentition et 21 ont des dents cariées.

Suivant des chiffres fournis par la Préfecture, il n'y a pas d'exemptions du service militaire pour mauvaise dentition.

On constate beaucoup d'irrégularités, mais des voûtes palatines élevées.

L'auteur a fait traduire en corse son opuscule qui est distribué dans toutes les écoles irlandaises et il se propose de le faire publier dans un journal local pour vulgariser les soins hygiéniques.

EXCURSIONS[1]

Les excursions en Corse ont été trop nombreuses et trop individuelles pour que nous puissions en donner un compte rendu, même sommaire. La plupart des congressistes venus en Corse ont visité les différentes parties de l'île, qui avant, qui pendant ou après le Congrès et tous sont revenus séduits par les beautés pittoresques de ses montagnes et de ses vallées. Du nord au sud tous les points principaux ont été le rendez-vous de groupes de touristes, Bastia, le cap Corse, Calvi, l'Ile Rousse, Sartène, Propriano, Bonifacio.

Les environs d'Ajaccio, La Punta, Bastelica, La Carrosaccia ont été le prétexte de courses nombreuses et de petites excursions fort animées et fort joyeuses.

Le beau temps a du reste favorisé ces promenades.

Une seule excursion avait pris un caractère plus général, c'est celle du jeudi 12 septembre. Cent vingt membres de l'Association sont allés ce jour-là par chemin de fer à Vizzavona et à Corte. Le brouillard n'a pas permis malheureusement de jouir complètement du coup d'œil à la Foce de Vizzavona et des merveilleux aspects de la forêt; mais il n'a duré que quelques instants et en descendant sur Corte, on a pu admirer dans toute leur grandeur les sites de cette belle vallée, le trajet si pittoresque et les travaux d'art du chemin de fer dont l'ensemble rappelle la ligne si curieuse du Saint-Gothard.

L'impression générale a été celle d'un pays où la nature a prodigué ses ressources les plus précieuses, ses tableaux les plus enchanteurs, mais où l'homme s'efforce peu de le mettre en valeur tant pour lui-même que pour attirer les voyageurs ou les résidents d'hiver. Les beaux hôtels d'Ajaccio demanderaient des succursales fort réduites, fort diminuées, mais un peu confortables dans les principaux centres de cette belle île.

[1] Voyez page 132, la visite de la Section de Botanique à l'établissement de M. Strasser-Ensté, à La Carrosaccia.

TABLE DES MATIÈRES

PREMIÈRE PARTIE

Décret I
Statuts III
Règlement VII

LISTES

Bienfaiteurs de l'Association XVI
Membres fondateurs XVII
— à vie XXIV
Liste générale des membres XXXIX

CONFÉRENCES FAITES A PARIS EN 1901

BLANCHARD (R.). — Du rôle des insectes dans la propagation des maladies 1
CHARPY (G.). — L'étude scientifique des métaux et ses conséquences industrielles . 1
CORNUAULT (É.). — La force motrice par le gaz 2
HALLER (A.). — L'industrie de l'indigo 2
BOLAND (H.). — Au pays de la vendetta : la Corse pittoresque 28
DESLANDRES (H.). — Le soleil 28
FOUREAU (F.). — Mission saharienne 28
RENARD (le Cᵉˡ Ch.). — La navigation aérienne 47

CONGRÈS D'AJACCIO

DOCUMENTS OFFICIELS. — LISTES. — PROCÈS-VERBAUX.

Assemblée générale du 13 septembre 51
— 14 — 53
Conseil d'Administration. — Bureau. — Anciens Présidents 55
Délégués de l'Association 56
Présidents, Secrétaires et Délégués des Sections 57
Commissions permanentes 61
Liste des anciens Présidents 62
Délégués des Ministères 63

Bourses de Session   63
Liste des Sociétés savantes, etc., représentées.   63
Journaux représentés   64
Programme général de la Session.   66

SÉANCE GÉNÉRALE

SÉANCE D'OUVERTURE DU 8 SEPTEMBRE

PRÉSIDENCE DE M. LE PROFESSEUR E.-T. HAMY

M. LE MAIRE D'AJACCIO. — Allocution.   67
M. MONTIGNY, Secrétaire général de la Préfecture de la Corse   67
M. HAMY (E.-T.). — Discours d'ouverture : Un chapitre oublié de l'histoire de
        l'Anthropologie française   69
M. FERRY (É.). — L'Association française en 1900-1901   79
M. GALANTE (É.). — Les Finances de l'Association   84

PROCÈS-VERBAUX DES SÉANCES DES SECTIONS

PREMIER GROUPE. — SCIENCES MATHÉMATIQUES.

**1ʳᵉ et 2ᵉ Sections. — Mathématiques, Astronomie, Géodésie
et Mécanique.**

            BUREAU   89
[O 2 e] COLLIGNON (Éd.). — Recherches de formules approximatives pour le par-
                        tage d'un arc de cercle en p parties égales   89
[O 2 ?]   —   Problème des courbes dans lesquelles le rayon de cour-
                        bure est une fonction donnée de la normale   89
[S 4 b β] CASALONGA (D.-A.). — Considérations sur l'application des principes de la
      thermodynamique aux moteurs à fluides carburés à combustion intérieure . . .   90
[X I 3] ARNOUX (G.). — Arithmétique graphique; correspondance entre les espaces
      . . . .   arithmétiques et les congruences.   90
[I]   —   Solution des équations arithmétiques du troisième degré
                        de module premier impair.   91
[T 4 c + S 4 b β] NADAL (J.). — Théorie de la machine à vapeur.   91
[531.7] DE REY-PAILHADE. — Sur l'utilité d'adopter une unité de puissance des
                        machines, vraiment décimale.   91
[523.79]   —   Sur l'utilité et les avantages de la publication
                        annuelle d'éphémérides du soleil et des princi-
                        paux astres, calculées dans la division centésimale
                        du quart de cercle.   92
[K 5 d] RIPERT (L.). — Sur les triangles parallélogiques   92
[K 8 a]   —   Notes sur la géométrie du quadrilatère   93
[I 1] CADENAT (A.). — Un nouveau système de numération : le système littéral . .   93
[M¹ 6 h] BARISIEN (le C E.-N.). — Sur une génération du Limaçon de Pascal. . . .   93
[620.1] FÉRET (R.). — Déformations et tensions rémanentes pendant le décharge-
      ment d'un prisme fléchi imparfaitement élastique.   95
            DE LA BROSSE. — Sur les installations hydro-électriques dans la région
      des Alpes.   95
[A 3 g] PERRIN (R.). — Méthode géométrique pour la séparation et le calcul des
      racines des équations numériques.   95

[S 2] Fontaneau (É.). — Du mouvement stationnaire des liquides. 96
[H.4] Jamet (V.). — Sur les équations anharmoniques. 96
[526.58] Lallemand (Ch.). — Le Nivellement général de la France, ses progrès de
    1890 à 1901. 96
[526.9].   —   La réfection du Cadastre et la Carte de France . . . 97
[523.53] Libert (L.). — Contribution à ses précédentes recherches dans le domaine
    des étoiles filantes. 98

3ᵉ et 4ᵉ Sections. — Navigation, Génie civil et militaire.

Bureau. 99
de la Brosse. — Les installations hydro-électriques dans la région des
    Alpes. 99
[627.1] Dou. — Influence des phénomènes de biologie marine sur les effets de
    colmatage et d'atterrissement. 99
[627.4:914.7] Belloc (Ém.). — Sur les travaux hydrauliques faits dans les Pyré-
    nées 100
[551.4] Cottancin (P.). — Sur la loi scientifique P. Cottancin pour la circulation
    des eaux 100
Ouvrage présenté à la Section 101

DEUXIÈME GROUPE. — SCIENCES PHYSIQUES ET CHIMIQUES

5ᵉ Section. — Physique.

Bureau. 102
[538.01] Blondin (J.). — Théorie tourbillonnaire de l'électricité et du magnétisme. 102
    Discussion : M. Lacour. 102
[538.56] Turpain (A.). — Les phénomènes de résonance électrique dans l'air raréfié.
    — Fantôme du champ hertzien. 103
[77.852] Londe (A.). — 1° Expéditeur à grande vitesse pour la chronophotographie ;
    2° Appareil pour l'étude de la durée de combustion des éclairs magnésiques . . 103
[532.73] Leduc (Dr S.). — Études expérimentales sur la diffusion. 104
    Discussion : M. Lacour 104
[537.71] de Rey-Pailhade. — Sur l'utilité d'adopter un système décimal d'unités
    électro-magnétiques 104
[536—72—73] Casalonga (D.-A.). — Des Principes I et II de la Thermodynamique. 105
[534.43] Amans (Dr P.). — Recherches phonographiques. 106
[621.7:553.8]   —   Enfilage automatique des perles 106
[77.061] Lacour (A.). — Photographies positives obtenues directement sans passer
    par le négatif. 106
[537.512] Turpain (A.). — Interrupteur-inverseur pour bobines d'induction. . . 106
[538.561]   —   Sur deux modes d'entretien de l'excitateur de Hertz ;
    mode d'entretien dissymétrique et mode d'entretien
    symétrique. 106
[535.87] Foveau de Courmelles (Dr) et Trouvé (G.). — Nouveaux appareils pour
    l'étude des diverses radiations lumineuses. 107
Ouvrage présenté à la Section 107

6ᵉ Section. — Chimie.

Bureau. 108
de Rey-Pailhade. — Nouvelles recherches sur le philotion. 108
Oechsner de Coninck. — La chimie de l'uranium 108

[**547.23**] Marsh (F.). — Contribution à l'étude de l'acétylène 109

[**546.58**] Granger (A.). — Sur.un iodoantimoniure de mercure 109

[**545:546.22**] Leseur (F.). — Sur le dosage du soufre dans les·matières organiques. 100

Guye.(Ph.) et Aston (Mlle E.). — Sur le pouvoir rotatoire de l'acide valérique actif 109

— Influence de la température sur le pouvoir rotatoire des.liquides 109

Dutoit (P.) et Friderich (L.). — Sur la tension superficielle de quelques
liquides organiques . . .· 109

Ouvrages présentés à la Section. 109

7e Section. — Météorologie et Physique du Globe.

Bureau 110

[**551.57:523.3**] Clos (Dr D.). — De l'influence de la lune sur la pluie 110

[**538.71:45.9**] Moureaux (T.). — Distribution des éléments magnétiques en Corse
au 1er janvier 1896 110

[**551.57:45.9**] Raulin (V.). — Sur les observations pluviométriques faites en Corse,
de 1855 à 1899. 111

[**551.51**] Raclot (l'Abbé). — Résultantomètre 111

Zenger. — Les tremblements de terre et l'action périodique de l'électricité
d'origine cosmique. 111

[**551—57—48;44.32**] Maillet (Éd.). — Sur la prévision des crues de la Marne à
Chaumont à l'aide des hauteurs de pluie. 111

[**551.55:44.35**] Balédent (l'Abbé P.). — Sur les orages (Vallée de l'Oise) 112

[**551.51:44.32**] Raclot (l'Abbé). — Rôle des vents sur le plateau de Langres. . . 112

Maze (l'Abbé). — La genèse des services météorologiques publics 113

— Un programme d'observations combinées au xviiie siècle,·
étude sur les thermomètres de cette époque. 113

Beleze (Mlle M.). — Cyclone du 1er juin 1901 à Montfort-l'Amaury et aux
environs 113

[**551.57:44.78**] Marchand (Ch.-Ém.). — Études sur l'altitude, l'épaisseur et la
constitution.des nuages inférieurs dans la région pyrénéenne . . . . . · 113

TROISIÈME GROUPE. — SCIENCES NATURELLES

8e Section. — Géologie et Minéralogie.

Bureau·. 114

[**551.77:44.94**] Peron (P.). — Étages crétaciques supérieurs des Alpes-Maritimes. 114

[**553.28:965**] Brives (A.). — Géologie des terrains pétrolifères de Relizane (Algérie). 115

[**551.71:965**] Ficheur (E.). — Le massif ancien du littoral de la Berbérie. — Son
influence sur la tectonique des chaînes littorales de l'Algérie 115

Discussion : M. Peron. . . . : 116

[**563.93:551.78:44.41**] Valette (Dom A.). — Notes sur quelques stellérides de la
craie sénonienne des environs de Sens (Yonne). . . . . · . 117

Lez (A.). — Les sources d'eau potable, leur choix, leur amélioration . . . 117

Peron. — Sur la constitution géologique de la Corse 117

Payart. — La question minière en Corse 118

Castelnau. — Carte hypsométrique de la Corse 118

[**551.77**] de Grossouvre (A.). — Sur la transgression cénomanienne. 118

[551.782:45.9:965].Brives (A.). — Sur le parallélisme des terrains miocènes de Corse et d'Algérie 118

Gentil (L.). — Résumé stratigraphique du bassin de la Tafna 119

Joleaud. — Sur l'existence probable d'un lambeau bartonien dans le golfe d'Ajaccio 119

[551.4:45.9] Ferton (C.). — Nouvelles preuves de l'existence du détroit de Bonifacio à l'époque néolithique; climat de Bonifacio pendant cette période 119

Briquet (J.). — Sur la glaciation quaternaire des hauts sommets de la Corse 119

[551.31:45.9] Meunier (Stanislas). — Études sur la cause de la disparition des anciens glaciers de la Corse et des pays analogues 119

Gauthier. — Sur les échinides fossiles recueillis en Perse et en Égypte. 120

[563.9:44.93] Michalet. — Sur l'étage cénomanien des environs de Toulon et ses échinides 120

[561:44.93] Laurent (L.). — Contribution à l'étude de la végétation du sud-est de la Provence (Bassin de Marseille) 120

[551.48] Belloc (Ém.). — Sur les excavations, les barrages et les seuils lacustres. 121

[564.3:551.76:44.41] Peron. — Sur les Nérinées du terrain jurassique de la vallée de l'Yonne 121

[554.475] — Sur la tectonique de la région N.-E. du département de Tarn-et-Garonne 122

Ramon et Dollot. — Études géologiques dans Paris et la banlieue 122

[551.7:44.63] de Grossouvre (A.). — Sur le détroit de Poitiers : Étude paléogéographique 122

9e Section. — Botanique.

Bureau 123

Gauchery. — Notes anatomiques sur l'hybridité 123

[581.160] Gerber (Dr). — Sur un cas curieux de cleistogamie chez les crucifères. 123

[581.13:546.3] Coupin (H.). — Contribution à l'étude des substances toxiques pour les plantes 123

Bonnet (Dr Ed.). — Essai d'une bio-bibliographie botanique de la Corse . 123

[581.179] Ledoux (P.). — Sur la Régénération expérimentale des organes foliaires chez les acacias phyllodiques 124

Beleze (Mlle M.). — Liste des plantes adventices des environs de Montfort-l'Amaury 124

Jobert et Thierry. — Sur la résistance du café de Libéria aux attaques de l'anguillule 125

[581.16] Jodin (H.). — Structure et développement de l'ovaire des Nolanés. . . . 125

[583.976:581.22] Delacour et Gerber. — Branches anormales de Cupularia viscosa Godr. et Gren. des environs d'Ajaccio 125

[583.48] Arnaud (H.). — Nécessité d'admettre une famille des Eryngiées ou Astrantiées 125

[589.2:45.9] Hariot. — Énumération des champignons récoltés en Corse jusqu'à l'année 1901 125

[581.46] Dutailly (G.). — Le staminode des Parnassia 126

[578.8] Coupin (H.). — Sur un appareil colorant automatiquement les coupes verticales 126

[579] Lignier (O.). — Sur une canne pour excursions botaniques 126

Jadin (F.). — Essai de classification des Simarubacés au point de vue anatomique 127

Beleze (Mlle M.). — Quelques observations concernant le mimétisme que présentent certains végétaux des environs de Montfort-l'Amaury et de la forêt de Rambouillet 127

[583.55] GERBER (Dr). — Observations sur Centaurea Calcitrapa L. 127

[581.17:589] LESAGE (Dr). — Germination des spores de Penicillium dans l'air alternativement sec et humide 127

QUÉLET (Feu Dr). — Quelques espèces critiques ou nouvelles de la flore mycologique de France. 128

[630:45.9] STRASSER-ENSTÉ. — De quelques réformes à apporter à l'horticulture et à l'agriculture en Corse 128

[581.22] RUSSELL (W.). — Cas de fasciation observés chez un Chondrilla juncea de l'île de Corse 128

[678:59.7] HEIM (Dr F.). — Contribution à l'étude des lianes caoutchoucifères de l'Indo-Chine française 129

COUPIN (H.). — La couleur des fleurs de la flore française 130

[581.22:583.51] GUÉGUEN et HEIM (F.). — Variations florales tératologiques d'origine parasitaire chez le chèvre-feuille 130

[581.14:583.491] DUCAMP (L.). — De la présence de canaux secréteurs dans l'embryon de l'Hedera Helix L. avant la maturation de la graine. 131

— Note tératologique sur le typha latifolia L. 132

BELEZE (Mlle M.) — Le Rumex maritimus en Seine-et-Oise 132

[716:49.5] GERBER (Dr). — Rapport sur la visite de l'Association française pour l'Avancement des Sciences à l'Établissement horticole de la Carrosaccia 132

10ᵉ Section. — Zoologie, Anatomie et Physiologie.

BUREAU. 140

[632:595.4] GERBER (Dr). — Zoocécidies provençales : 1° Phytoptocécidie de Clematis flammula (L.) 140

[632] . 2° Phytoptocécidie de Centaurea aspera. 140

3° Anomalies florales de Erodium Ciconium Willd 141

[632] MÉNEGAUX. — Sur la biologie de la Galéruque de l'Orme 141

Discussion : MM. GIARD et LAMEY. 142

[591.167:597] STEPHAN (P.). — A propos de l'hermaphroditisme de certains poissons 142

[597.5] BELLOC (Ém.). — Observations sur une variété de Tinca vulgaris 143

[591.9:45.9] CAZIOT (le Ct). — Comparaison entre les faunes terrestres et fluviatiles des deux îles Corse et Sardaigne 143

[591.15] JOURDAIN (S.). — Déchéance de l'œil chez les Mulots 143

[591.42:595.4] — Appareil respiratoire des Gamases 144

[639] FABRE-DOMERGUE et BIÉTRIX. — Appareil à rotation pour l'élevage des œufs et des larves des poissons marins. 144

[591.48] ALEZAIS (Dr). — Quelques adaptations fonctionnelles du rachis cervical chez les mammifères. 145

[591.17:597.5] STEPHAN (P.). — Remarques sur la constitution de la vésicule germinative des Téléostéens. 145

[591.34:595.7] XAMBEU (le Cap.). — Mœurs et métamorphoses des Insectes Pectinicornes 146

[591.44:595.7] BORDAS (Dr L.). — Recherches sur les glandes venimeuses du Latrodectus 13-guttatus Rossi ou Malmignatte. 146

[594.6:45.9] LOCARD (A.). — Observations sur les Mollusques testacés marins des côtes de la Corse 147

BELEZE (Mlle M.). — Nos oiseaux de France, l'hirondelle 147

[564·3] PERON (P.). — Sur les Nérinées jurassiques et la structure de leur coquille. 147

[595.76:45.9] VODOZ. — Observations sur la forme des Coléoptères de la Corse, suivies d'un catalogue des Coléoptères de l'île avec courtes notes biologiques . . 148

[532.71:591.17] Leduc (Dr). — Cytogenèse expérimentale 148
[553.8:594.1] Dubois (R). —. Sur le mode .de formation des perles dans. Mytilus
edulis 149
Discussion : M. Giard. 150
[611.84:595.2] Kunstler (J.) et Gineste (Ch.). — Contribution à l'étude de l'œil.
composé chez les Arthropodes. 150
[591.47:595.7] Amans (Dr). — Géométrie descriptive et comparée des ailes dures . 150
[590.7:44.79] Chudeau. — Note sur le laboratoire de biologie maritime de Biarritz. 151
[595.79:45.9]. Ferton (Ch.). — Les Hyménoptères de la Corse (Apiaires, Sphégides,
Pompilides et Vespides). 152
[595.79:591.5] — Sur les mœurs du Stizus fasciatus Fabr. (Hyménoptères). 152
[597:45.9] Roule (L.). — Les Poissons du littoral de la Corse 152
Gourret. — Sur quelques Annélides sédentaires du Golfe de Marseille
Hydroïdes, Potamoceros et Hermella) 152
[595.3:45.9] Chevreux (Ed.). — Amphipodes recueillis par la Melita sur les côtes
occidentale et méridionale de la Corse, juillet-août 1891. 153
Giard (A.). — Sur la régénération chez les larves de Polydora. 153
Houard. — Zoocécidies recueillies en Algérie. 153
Cligny. — Mission de la Vienne. — Le plankton pélagique au large des
côtes bretonnes 153
Ouvrage présenté à la Section 153

11ᵉ Section. — Anthropologie.

Bureau. 154
[571.94:45.9] Michon (E.). — Les menhirs sculptés en Corse. 154
[571.92:45.9] Chantre (E.). — Nécropole préhistorique de Cagnano près Luri
(Corse). 154
Discussion : MM. Letourneau, Hamy, Chantre et Michon. 155
[571.2:44.32] Pistat (L.). — Ateliers et Stations préhistoriques du canton de Ville-
en-Tardenois (Marne) 155
Discussion : MM. Dr Delisle et Chantre. 156
[572.94:45.9] Ferton (Ch.). — Les premiers habitants de Bonifacio, leur origine. 156
[571.29:45.9] — Poterie néolithique trouvée à Bonifacio 156
[573.7:62] Chantre (E.). — L'indice céphalique des Égyptiens actuels comparé à
ceux des autres peuples de la vallée du Nil 156
[573.3:44.58] — L'homme quaternaire dans le bassin du Rhône . . . 157
Flamand (G., B., M.). — Sur l'utilisation comme instruments néolithiques
de coquilles fossiles à taille intentionnelle (littoral du Nord-Africain) 158
[571.25:65] Debruge (A.). — Recherches sur le préhistorique des environs d'Aumale
(Algérie) 159
[571.24:44.47] Delort (J., B.). — Excursions au nord de l'ancienne Séquanie. . 160
[573] Poutiatin (le Pce P., A.). — Questions d'Ethnographie 161
[571.95:44.36] Coutil (L.). — L'allée couverte du Trou aux Anglais, commune
d'Aubergenville (Seine-et-Oise). 161
[494] de Charencey (Ch. Gouhier). — Sur quelques dialectes est-altaïens. . . . 162
[572.952] — Sur les races du Japon 162
[620.9:44.99] Muller (H.). — Contribution à l'histoire de la Paroisse et des
Mines abandonnées de Brandes en Oisans 162
[246.962] Chantre (E.). — Cabanes votives des fellahs de la Haute-Égypte. . . . 162
[571.81:44.78] Regnault (F.). — La grotte de Tibiran (Hautes-Pyrénées), suite de
l'étude sur les puits fossilifères 163
[571.81:44.72] Rivière (Ém.). — L'Abri sous Roche de Morsodon. 163

[571.25:44.59] Capitan (Dr). — Note préalable sur les fouilles exécutées au Puy-
Courny   164
    Girard (Dr H.). — Étude des proportions du tronc chez les jaunes et les
. . . . . .   noirs   164
    —   Observation anthropométrique d'un Danakil   165
. . . —   . . . Notes sur les Méos du Haut-Tonkin   165
    Tommasini (fils). — Survivances linguistiques dans la langue corse. . . .   166
[571.25:44.59] de Mortillet (A.). — Recherches palethnologiques dans les alluvions tortoniennes du Puy-Courny (Cantal)   166
    Lacouloumère et Baudouin (Dr M.). — Le dolmen de Saint-Gilles-sur-Vie
(Vendée), fouilles de 1901   167
    Vœu émis par la Section   167

12e et 13e Sections réunies. — Sciences médicales et Électricité médicale.

    Bureau   168
[537.33:615.84] Leduc (Dr S.). — Rapport sur l'électrochimie médicale   168
[537.53]   —   Emploi du vide de Geissler pour la production
    des rayons chimiques   176
[537.832:615.84] Bordier (Dr H.). — Mécanisme de l'action de l'arc électrique
dans la photothérapie   176
    Leuillieux (Dr). — Dispositif de la machine statique pour les usages
électrothérapiques et la franklinisation hertzienne   176
[538.56:615.84] Bordier (H.). — Résultats thérapeutiques des courants de haute
fréquence dans le traitement du lupus   177
[616.936:45.9] Battesti (Dr F.). — Sur le paludisme en Corse   177
    Discussion : M. Dr Dornier   178
[616.936] Micron (Dr J.). — De l'influence de la découverte de Laveran sur la
prophylaxie et la législation du paludisme   178
[537.33:615.84] Bordier (H.). — Sur le choix du métal à utiliser pour les électrodes employées en électrothérapie   179
[616.246] Leduc (Dr). — De la méthode des aspirations dans le traitement de la
tuberculose laryngée   180
[616.246:44.94] Camous (L.) et Gayrard (E.). — La tuberculose pulmonaire et la
Riviera   180
    Delore (Dr). — Cristaux en feuilles de fougère avec élimination d'urée
dans des crachats de grippe   180
[537.531.2:616.71] Bilhaut (Dr M.). — Métatarsalgie, utilisation des rayons X
pour déterminer les indications thérapeutiques   180
[612.5] Bordier (Dr). — Rapport entre la quantité de chaleur dégagée par
l'homme et la surface du corps   181
[616.936:45.9] Challan de Belleval (Dr). — A propos du paludisme des plaines
orientales de la Corse   181
[615.79:45.9] Bremond (Dr). — L'eau minérale de Pioule   182
[537.512:537.33] Blondin (J.). — Redresseurs électrolytiques Pollak   183
[616.246:45.9] Pompeani (Dr). — Le traitement de la tuberculose pulmonaire à
Ajaccio   183
[615.84:617.558.76] Leduc (Dr). — Opération du phimosis par le galvano-cautère   184
[615.76]   —   Pansements intra-vaginaux avec le Nouet médi-
    camenteux   184
[616.949] Rebour (Dr J.). — Actinomycose du pied par inoculation directe . . .   184
[616.951:616.832.7] Nepveu (Dr). — Trois cas de syphilis cérébro-spinale, traités
par le formamidate de mercure en injec-
tions intra-musculaires combinées avec
le traitement ioduré. — Guérison   185

[616.993] Nepveu (Dr). — Myxo-angiome caverneux mélanique en partie calcifié. 186

[618—108—15] Faguet (Dr). — Auto-panseur gynécologique 186

Leuillieux. — Introduction électrolytique des sels de rubidium et d'indium dans les tissus. Application au traitement de la goutte et du rhumatisme. 187

Ladureau (A.). — Nouveau traitement de la diphtérie au moyen de l'eau bromée. 187

[537.33:612.11] Bordier et Gillet. — Électrolyse des tissus animaux et des liquides de l'organisme 187

[537—33—511]   —   et Nogier. — Effet produit sur le courant induit d'une bobine par un électrolyte placé en dérivation sur la source primaire 188

Leuillieux. — Injection de nirvanine en solution dans le sérum physiologique contre la neurasthénie 188

[617.153.5] Bœckel (Dr J.). — Résection du gros intestin. 188

[583.79:616.63] Mossé. — Recherches sur l'amélioration des diabètes soumis au régime des pommes de terre 189

[536.3:610] Leduc (Dr). — Courbe d'ascension thermométrique et calorimétrie clinique. 189

[589.95] Rappin (Dr G.). — Action de l'urée sur les cultures en bouillon du bacille de la tuberculose et sur le cobaye tuberculeux. 190

[615.781.6:616.912] Ferrandi (Dr C., F.). — Note clinique sur l'action de la cocaïne dans la variole, et particularités de l'évolution de la vaccine. 191

[616.936:45.9]   —   Contribution à l'étude clinique du paludisme en Corse. 191

Discussion : MM. Dr Cavalié et Reboul 192

[537.531.2:616.991] Allaire (Dr G.). — Un cas de polyarthrite chronique déformante chez une fillette de onze ans 192

Létoquart (Dr). — Des médicaments que l'on devrait employer de concert avec les applications voltaïques (courant continu). 193

[589.95:611.38] Rohr (E.). — Localisations secondaires du streptocoque gourmeux dans les parois intestinales, les lymphatiques et les mésentères. 193

Cadiot (P., J.) et Breton (F.). — La Médecine canine. 193

[615.831] Foveau de Courmelles (Dr). — Photothérapie. — Faits et résultats . . 194

[612.111] Baur. — Action de l'ozone sur les globules rouges et sur la température centrale des animaux 195

[616.912] Vincenti (Dr M.). — Traitement de la variole par l'antipyrine et la framboise 195

[615.84] Gautier (Dr G.). — Sur le bain hydro-électrique carbonique. 196

[616.63] Perrier (G). — Sur l'alimentation par voie sous-cutanée. 196

Targhetta (Dr). — La malaria d'après les recherches nouvelles sur les moustiques 197

[617.77] Poli (Dr D.). — Nouveau procédé de blépharoplastie de la paupière supérieure par lambeau facial. 197

[615.732.6]   —   Nouveau procédé de préparation de la pommade à l'oxyde jaune de mercure. 197

[617.91:617.7]   —   Nouvelle pince à fixation du globe oculaire. 198

[615.37] Bertholon (Dr L.). — Note sur les effets d'une nouvelle toxine antituberculeuse 198

[616.936:45.9] Costa de Bastelica (Dr). — Sur le rôle des moustiques dans la propagation du paludisme et sur l'assainissement de la plaine orientale de la Corse. 199

[615.62] Girod (Dr P.). — Note sur l'action thérapeutique de l'acide carbonique administré par la voie intestinale 200

[616.834:615.37] Rohr (E.). — Du tétanos traumatique. — Faits de contagion et inject_ préventives de sérum antitétanique. . . . . , , .   201

[519.18:612.79] Bordier.—Appareil pour mesurer la surface du corps de l'homme (Intégrateur de surface).   201

       Vœu émis par la Section   202

QUATRIÈME GROUPE. — SCIENCES ÉCONOMIQUES

14ᵉ Section. — Agronomie.

     Bureau. . . . . , . . .   203

     Ladureau (A.). — Discours du Président.   203

[634.152.1:45.9] Donati. — La culture du Châtaignier en Corse   204

[633.21.019] Regnault (E.). — L'organisation de la vente du blé et le crédit agricole.   205

[633.21.019] Papillon (Dr). — La vente du blé   205

[338.12:44.91] Ladureau. — L'exploitation de la Crau.   205

[634.1:45.9] Spoturno. — L'arboriculture fruitière en Corse.   205

[634.63:45.9] Corteggiani. — La reconstitution du vignoble dans l'arrondissement de Corte   205

     Réunion de la 14ᵉ Section avec la 16ᵉ.   206

[634.153.1] Massimi. — La crise oléicole   206

     Discussion : MM. Fargy et Lacour.   206

[581.13:633.2] Lacour. — Formation de l'amidon dans le grain de blé.   206

     Discussion : MM. Ladureau et Lacour.   206

[631—112—633] de Montricher (H.). — La fertilisation de la Crau par les produits de nettoiement de Marseille.   206

     Ladureau. — Introduction de plantes fourragères en Corse.   207

     Massimi. — De la vaine pâture   207

[634.643] Michon (Dr J.). — De quelques hybrides de vigne producteurs directs .   207

[616.936:45.9] Boyer. — Le littoral corse et la malaria   207

     Discussion : MM. F. Cunéo d'Ornano, Armand et Ladureau   208

[636.132.3] Ladureau. — La mélasse dans l'alimentation du bétail   208

       —   Dénaturation de l'Alcool.   208

[634.152.1] Massimi. — Le déboisement du Châtaignier   208

       —   L'industrie laitière en Corse.   208

     Regnault (E.). — L'agriculture de l'avenir.   208

     Legendre (G.). — Revision du cadastre et cartes agronomiques communales.   209

[632.1:634.152.1] —   La maladie des Châtaigniers   209

[634.9:45.9] Cunéo d'Ornano (F). — L'exploitation des forêts en Corse.   210

     Discussion : MM. Regnault   210

                Boyer et Cunéo   211

     Féret. — Sur le reboisement des terrains salés . . . . , . .   211

[633:45.9] Heim (Dr F.). — Documents relatifs à quelques plantes économiques dont l'introduction et l'exploitation mériteraient d'être tentées en Corse   211

     Vœux émis par la Section.   211

15ᵉ Section. — Géographie.

     Bureau.   212

[551.4:44.84] Arnaud (H.). — Une ville extraordinaire.   212

     de Rey-Pailhade (J.). — Unification des mesures angulaires pour les

cartes de l'Armée de Terre et pour les cartes de la Marine. 212
    Discussion : M. ARNAUD 213
RÉMOND. — Critique du rapport fait à l'Académie de Toulouse sur les
    concours de 1901. 214
— Évolution périodique des climats, expliquée par la variation
    continue de l'inclinaison de l'axe terrestre 214
[945.9] PAYART (E.). — La Corse, perle de la Méditerranée, mérite d'être plus
visitée par les Français. 214
GOURRET (P.). — Topographie de la flore de l'étang de Berre 214
[297:572] HENRIET (J.). — Ethnologie générale, sociologie et géographie écono-
mique des Pays musulmans 215
BARRÉ (H.). — Monographies départementales. 216
BELLOC (Ém.). — Les Lacs réservoirs des Pyrénées. 216
TURQUAN. — Cartes relatives à la population de la Corse 216
Vœu émis par la Section 216

16ᵉ Section. — Économie politique et Statistique.

BUREAU. 217
[331.82] BUFFET. — La loi sur les accidents du travail. 217
BILHAUT (Dr M.). — Utilisation de la radiographie comme contrôle à la
suite des accidents du travail. 218
GIGNOUX. — Situation économique de la Corse 218
[351.816:45.9] — Services maritimes postaux 218
BILHAUT (Dr M.). — Le sanatorium pour tuberculeux au point de vue sociologique. 218
    Discussion : M. le Dr PAPILLON 218
[352.004] CURIE (le Col. J.). — La représentation proportionnelle dans les élec-
tions municipales. Observations concernant le projet de loi présenté à la Chambre
des députés par M. Mirman, dans la séance du 18 décembre 1899 218
DONATI. — De l'économie générale de la Corse 219
[352.1] DISCUSSION SUR LA SUPPRESSION DES OCTROIS :
— SAUGRAIN (G.). — Exposé de la question. 219
— MAIRE DE SAINT-NAZAIRE 219
— — DOUAI. 220
— — CHAMBÉRY 221
— — VERVINS 222
— PÉRIDIER (L.). — Établissement de l'impôt. 223
— FAURE (Limoges). 224
— BESNARD, MAIRE DE JOIGNY 227
— PAPILLON (Dr) 227
— LANDRIN et VEBER (A.) (Paris). 227
— TOURBILLE (C.) (Nîmes). — L'octroi et la loi du 29 décembre 1897 ; suppres-
sion des droits sur les boissons hygiéniques 231
— LENOBLE (H.). — Création des taxes de remplacement. 232
— RAMÉ. 232
BOISSIER (P.). — Les grèves, leurs conséquences et leur solution rationnelle. 233
    Discussion : MM. CHARDONNET et HENRIET 233
[332.77] LACOUR. — Le crédit populaire. 234
[608.944] CASALONGA (D. A.). — Proposition d'un projet de loi française sur les
brevets d'invention 234
[614.8:331.8] BRÉMOND (Dr F.). — De l'extension aux intoxications industrielles de
la loi de 1898 sur les accidents du travail 235
[351.5:331.8] SAUGRAIN (G.). — Des retraités ouvrières. 236

[325.3:944] Guiffard (L.). — La jeunesse française et la colonisation. 238

   Chambre de Commerce de Calais. — Projet de loi sur le règlement
amiable des différends relatifs aux conditions du travail. 238

   Vœux émis par la Section 238

   Ouvrages présentés à la Section. 239

17⸱ Section. — Pédagogie et Enseignement.

   Bureau. 240

   de Montricher. — Allocution 240

[613—69—76] André. — L'œuvre des voyages scolaires. 241

   Gignoux. — Note sur l'instruction. 242

[378.13] de Montricher (H.). — Enseignement populaire et extension universitaire 242

     Discussion : M. Henriet 243

[371.9] Courjon (Dr) et Grandvillers. — Traitement, assistance et éducation des
enfants anormaux : nécessité de la création d'établissements médico-pédagogiques 243

[379.19] Peyré (Dr H.). — Projet d'union des Sociétés laïques d'enseignement
populaire. . . . . \ 244

   de Montricher (H.). — Enseignement de l'hygiène dans les cours d'adultes
et les écoles primaires. 245

   Vœux émis par la Section 245

18⸱ Section. — Hygiène et Médecine publique.

   Bureau. 246

[614.07] Foveau de Courmelles (Dr). — Leçons de choses et matériel scolaire au
point de vue de l'hygiène 246

[690.614] Féret (A.). — Une maison selon l'hygiène à Paris en 1901 247

[312.614] de Montricher (H.). — L'hygiène et le recensement de 1901 247

     Discussion : MM. V. Turquan. 248

      —   et J. Henriet. 249

   Turquan (V.). — Sur la mortalité des enfants de 0 à 1 an protégés par
l'État. 250

     Discussion : M. Dr Brémond. 250

   Papillon (Dr É.). — Sur la dépopulation de certains départements . . . 250

   Tachard (Dr). — Des lavoirs publics ou privés. 251

   Hublé (Dr). — Le sac à linge sale dans les casernes. 264

[648.614] Philippe (Ed.). — Les Lavoirs 265

[613.79] Féret (A.). — Le sommeil de l'adulte, hygiène et esthétique. 267

[615.928] Jean (Dr A.). — Intoxication par des casseroles émaillées (observation
personnelle). 267

     Discussion : M. Ed. Philippe 268

   Loncq (Ém.). — Sur les Conseils d'hygiène départementaux. 268

[613.56:614—542:45.9] Ferrandi (Dr F.). — Construction hygiénique et économique d'un sanatorium à Ajaccio 268

   Ledé (Dr). — Prophylaxie des maladies contagieuses dans les crèches. . . 268

     —   La transmission des maladies contagieuses chez les enfants
placés en nourrice 268

[628.4] Brémond (Dr F.). — Insalubrité des maisons 269

[613.56:944] Reynaud (Dr G.). — Les sanatoria pour malades coloniaux, en France. 269

[628.1.45.9] Gignoux. — L'eau en général. — Les eaux à Ajaccio et à Bastia . . . 270

[614.31] Monot (Ch.). — Des moyens propres à assurer la salubrité des viandes alimentaires circulant en dehors des localités d'abatage 271

Philippe. — Projet d'exposition en Corse 272

Vœu émis par la Section 272

19ᵉ Sous-Section. — Archéologie.

Bureau. 273

Enlart. — Excursion de la Sous-Section à Bonifacio 273

Michon (Et.). — Les ruines d'Aléria. 274

Discussion : M. Enlart 374

Michon (Et.). — La pyramide des Corses à Rome. 275

Discussion : M. Enlart. 275

[352.1.09:44.66] Faure (J.-M.). — Histoire de l'Octroi de Limoges de 1730 à 1900. 275

Discussion : M. Join-Lambert. 276

Muller. — Histoire de la Paroisse et des mines abandonnées de Brandes-en-Oisans 276

Excursion dans le nord de la Corse 276

20ᵉ Sous-Section. — Odontologie.

Bureau 277

Godon (Dʳ Ch.). — La nouvelle Section d'Odontologie à l'Association française pour l'Avancement des Sciences 277

[617.62] Choquet (J.). — Contribution à l'étude de l'arrêt de la carie dentaire . . 280

Discussion : MM. Dʳ Sauvez 281

— Dʳ Rolland. 282

— Cunningham, Seigle, Kelsey, Choquet 283

— et Godon. 284

[617.60] Mendel-Joseph. — Des conditions de sensibilité de la dent. 285

Discussion : MM. Choquet 285

— et Delair 286

[617.60] Richard-Chauvin (Louis) et Richard-Chauvin (Léon). — De la technique des obturations de porcelaine. 286

Discussion : MM. Cunningham 286

— Godon, Touvet-Fanton, Seigle, Sauvez et Lemerle . 287

Kelsey. — Présentation d'une seringue spécialement à l'usage des médecins et dentistes. 287

Discussion : MM. Godon et Rolland. 287

[615.781] Rolland (Dʳ G.). — De l'anesthésie générale au point de vue théorique et pratique 288

Discussion : MM. Seigle, Rolland, Touvet-Fanton 288

— Dʳ Rolland, Dʳ Sauvez, Thuillier, Dʳ Godon, Touvet-Fanton. 289

[617.6.09] Seigle. — Méthode suivie dans l'enseignement de la prothèse à l'École Dentaire de Bordeaux 290

[617.60] Delair (L.). — Méthode nouvelle de prothèse restauratrice vélo-palatine. 290

Discussion : MM. Sauvez et Godon 291

[617.60] Touvet-Fanton (Ed.). — Le problème relatif à la dispense du parallélisme des soutiens multiples dans les appareils de restauration intéressant les maxillaires. — Sa résolution. — Conséquences sur l'hygiène et sur le jeu physiologique des organes intéressés 291

Discussion : M. Godon 292

[611.31:569] AMOEDO (Dr). — Les dents du Pithecanthropus Erectus de Java . . .   292
[617.60]   —   Les épulis.   293
[617.23:611—71] —   Les sinusites maxillaires   293
       OTT (G.) et DE TREY. — Nouvelles spécialités.   293
[617.64] SEIGLE. — De l'unification des méthodes de redressement à propos d'un
cas.   294
       Discussion : MM. LEMERLE, VICHOT   294
          —   SEIGLE et KELSEY   295
[611.31:617.23] DUCOURNAU (F.).— Fistule sous-mentonnière d'origine dentaire par
mortification pulpaire traumatique.   295
[611.31:45.9] CUNNINGHAM (G.). — Les dents des enfants corses.   295

       EXCURSIONS   296

IMPRIMERIE CHAIX, RUE BERGÈRE, 20, PARIS. — 13072-8-01.

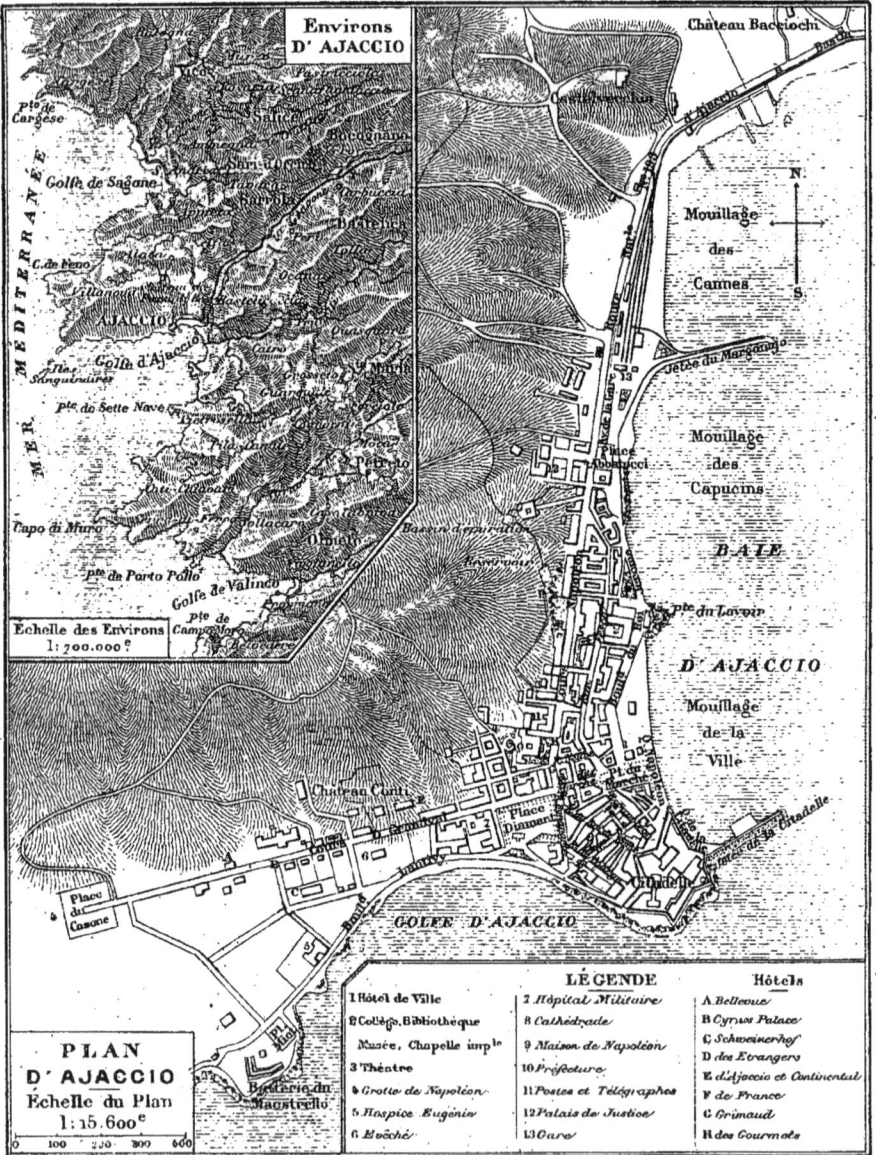

Environs
D' AJACCIO

Château Bacciochi

MER MÉDITERRANÉE

Pte de
Cargèse

Golfe de Sagone

C. de Feno

AJACCIO

Iles
Sanguinaires

Golfe d'Ajaccio

Pte de Sette Nave

Capo di Muro

Pte de Porto Pollo

Golfe de Valinco

Pte de
Campomoro

Échelle des Environs
1: 700.000ᵉ

N
S

Mouillage
des
Cannes

Jetée du Margonajo

Mouillage
des
Capucins

BAIE

Pte du Lavoir

D' AJACCIO

Mouillage
de la
Ville

Route de la Citadelle

Château Conti

Place
Dumont

Citadelle

Place
du
Casone

GOLFE D'AJACCIO

Bastion du
Maestrello

LÉGENDE		Hôtels
1 Hôtel de Ville	7 Hôpital Militaire	A Bellevue
2 Collège, Bibliothèque	8 Cathédrale	B Cyrnos Palace
Musée, Chapelle impⁿᵉ	9 Maison de Napoléon	C Schweizerhof
3 Théâtre	10 Préfecture	D des Etrangers
4 Grotte de Napoléon	11 Postes et Télégraphes	E d'Ajaccio et Continental
5 Hospice Eugénie	12 Palais de Justice	F de France
6 Evêché	13 Gare	G Grimaud
		H des Gourmets

PLAN
D'AJACCIO
Échelle du Plan
1:15.600ᵉ

0   100   200   300   600

Gravé et Imp. par Erhard Frères Paris.

PLAN D'AJACCIO ET DE SES ENVIRONS

www.ingramcontent.com/pod-product-compliance
Lightning Source LLC
Chambersburg PA
CBHW060952220326

41599CB00023B/3692